ネットワーク科学

ひと・もの・ことの関係性を
データから解き明かす新しいアプローチ

池田裕一・井上寛康・谷澤俊弘 [監訳]
京都大学ネットワーク社会研究会 [訳]

Network
Science

Albert-László Barabási

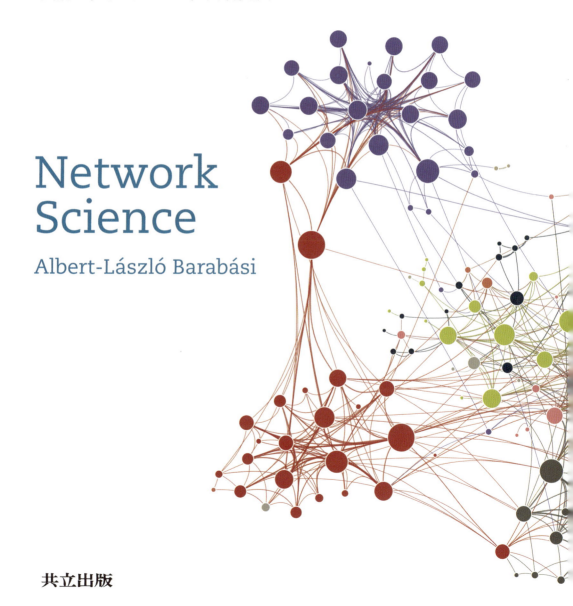

共立出版

NETWORK SCIENCE
by Albert-László Barabási

Copyright ©2016 Albert-László Barabási
All rights reserved.

Japanese language edition published by KYORITSU SHUPPAN CO., LTD.

訳者まえがき

　本書は，ネットワーク科学の第一人者アルバート・ラズロ・バラバシ教授（ノースイースタン大学）による，今後，古典となりうるネットワーク科学の教科書です．物理学，生物学，コンピュータサイエンス，工学，経済学，社会科学などの非常に広い範囲にわたる現実のネットワークを取り扱った学部生と大学院生向けの教科書であり，大変魅力的なフルカラーの書籍にまとめられています．また，多くの数式を用いた説明や豊富なオンライン資料などは，さまざまな分野の学生や研究者がネットワーク科学を自分のものにするための大きな助けとなると考えます．

　本書の翻訳は，京都大学ネットワーク社会研究会での教員と学生の共同プロジェクトによって行われました．このプロジェクトの特徴は，学生と教員のフラットな関係性に基づいた，個人ではないチームでの協働にあります．監訳者は，池田裕一（京都大学大学院総合生存学館・教授），井上寛康（兵庫県立大学大学院シミュレーション学研究科・准教授），谷澤俊弘（高知工業高等専門学校ソーシャルデザイン工学科・教授）の3名です．池田は（1）ネットワーク科学，（2）データ科学，（3）計算科学を，井上は（1）ネットワーク科学，（2）社会および経済シミュレーションを，谷澤は（1）ネットワーク科学，（2）相転移や臨界現象などを対象とする物性理論を，それぞれ専門分野とする研究者・教育者です．このように，3名の監訳者は，ネットワーク科学を共通の専門分野としてもつだけでなく，本書がカバーする広い範囲にわたる関連分野を専門分野としてもっているため，相互補完的な関連性のもとでプロジェクトを円滑に進めることができました．

　学生教員の混成チームでの協働とした理由は，二つの目的を実現するためです．まず，一つめは，言うまでもなく，ネットワーク科学を学ぼうとする読者にとっての使いやすさです．学生を含む多くの人にとって読みやすい文章を用いて，ネットワーク科学の正確な内容を理解しやすい翻訳書を提供することを目指しました．8名の学生の参加を得て，この目的は実現することができたと考えています．

　もう一つの目的をご理解いただくには，監訳者の一人である池田が所属する京都大学大学院総合生存学館について説明する必要があります．総合生存学館は京都大学の最も新しい大学院であり，グローバル問題やユニバーサル問題について，分野横断・文理融合アプローチを用いて，解決策を提言するだけでなく社会実装すべく実践的な研究に取り組んでいます．また，総合生存学は，従来のように教員から学生へ一方的に知識を授けるのではなく，学生とともに創る新しい学問でもあります．

　しかしながら，個別の学問分野で研究してきた教員が分野横断・文理融合アプローチを用いることには簡単ではありません．そこで，総合生存学館では，課題ごとに設定された，専門分野の異なる複数の教員

が共同で教育研究に取り組む複合型研究会という新しい仕組みを編み出しました．この複合型研究会では，従来の研究室とは異なり，学生は複数の研究会に所属でき，新規参加・脱退も自由です．現在，10の複合型研究会が活動しており，このうちネットワーク社会研究会は最初に設立された研究会のひとつです．

ネットワーク科学は最も際立った学際的な学問です．読者は，本書を読み進めることによって，この新しい学問の基礎を理解して，発展・現状・展望を自分のものにすることができるでしょう．これは，ネットワーク科学に興味をもっている学生だけでなく，広く分野横断的な研究に取り組む学生や研究者にとっても大きなメリットとなるものと考えます．広く分野横断的な研究を行う学生がネットワーク科学の成果を容易に活用できるようにすること，これが，学生教員チームで本書を翻訳したもう一つの目的なのです．

本翻訳プロジェクトは，学生教員の混成チームで，次のような手順で進めました：① 下訳作成（A, B, C：6人）→ ② 相互チェック・下訳改訂（A, B, C：6人）→ ③ 再相互チェック・再改訂（監訳者3名）→ ④ ゲラ原稿完成（池田）→ ⑤ ゲラチェック（a, b, c：8人）→ ⑥ 最終改訂・脱稿（監訳者3名）．ここで，A, B, Cは3つの翻訳チーム，a, b, cは3つのゲラチェックのチームを意味します．監訳者の担当チームは，池田裕一（A, c），井上寛康（B, b），谷澤俊弘（C, a）です．また，ネットワーク社会研究会に所属する学生の担当チームは，岩崎総則（A），キーリー・アレックス・竜太（B），田中勇伍（C），中本天望（a），佐藤大介（a），佐田宗太郎（b），向井達郎（b），栗木駿（c）です．このうち，特に，キーリー，田中の2名の学生は下訳作成と下訳改訂で大いに貢献してくれました．

翻訳内容については，原著の誤りの訂正をふくめて万全を期しましたが，誤りがないと言い切ることは到底できません．そのような誤りについての責任は，ネットワーク社会研究会の学生ではなく，監訳者にあることは言うまでもありません．お気づきの点は，監訳者へご指摘いただきますようお願いします．

本書の翻訳プロジェクトの実施にあたっては，多くの関係者からご協力をいただきました．すべての関係者のお名前を挙げることができませんが，以下に特に大きいお力添えのあった方々に名前を挙げて感謝の言葉を述べます．まず，バラバシ教授には，池田がボストンとパリでお会いして翻訳の途中過程を説明した際に，数々の具体的な助言をいただけるだけでなく，技術的サポートをノースイースタン大学のスタッフへ依頼していただきました．これは，プロジェクトを進めるにあたり，大きな励みとなりました．ニューヨーク州立大学ビンガムトン校の佐山弘樹教授には，本翻訳プロジェクトを開始するにあたり数々の有益なご助言をいただきました．また，第10章の感染症の基礎と専門用語については，感染症研究の権威であります光山正雄先生（京都大学名誉教授）に誤りのご指摘およびコメントをいただきました．さらに，京都大学リーディングプログラム思修館に関係したすべての教職員の方々に感謝いたします．総合生存学館の他の複合型研究会の主催教員にも，改めて敬意を表するとともに，これからの総合生存学の教育研究を協力して進めていただくことをお願いする次第です．最後になりましたが，共立出版株式会社の石井徹也編集部部長には翻訳プロジェクトを温かく見守っていただきました．深く感謝申し上げます．

監訳者のひとりとして
池田裕一　理学博士
京都大学・大学院総合生存学館・教授
2019年2月　早春の京都にて

目 次

訳者まえがき　iii
まえがき　vii
第0章　ネットワーク科学の誕生　1
第1章　序論　25
第2章　グラフ理論　47
第3章　ランダム・ネットワーク　77
第4章　スケールフリーの性質　121
第5章　バラバシ・アルバート・モデル　175
第6章　進化するネットワーク　215
第7章　次数相関　247
第8章　ネットワークの頑健性　285
第9章　コミュニティ　335
第10章　感染現象　397
参考文献　452
索引　469

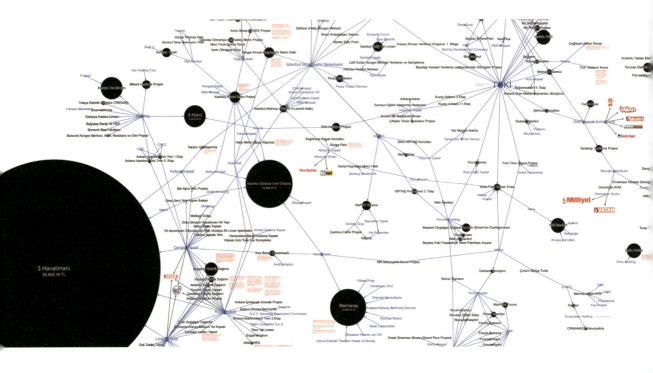

図 0 芸術とネットワーク：はく奪のネットワーク

2013 年，市民の憩いの場であるゲジ公園の取り壊しがきっかけとなって，数千の活動家や抗議運動の人々が参加することとなった緑地再開発計画に対する抗議運動がトルコで起こった．この運動では，ツイッターやWWW などを用いたオンラインの抗議活動を用いて支持者を増やしていた．ここで重要であったのは，所有はく奪のネットワークであった．これは，芸術家，法律家，活動家，ジャーナリストたちが，共同して暴き出した，イスタンブールの政治家やビジネスエリートたちの背後にある複雑な金銭的つながりのネットワークである．2013 年の Instanbul Biennial（イスタンブールでの芸術展示会）で最初に展示されたこのネットワークがここに再録されており，"はく奪"のプロジェクトが黒の円で描かれている．円の大きさがそのプロジェクトの金銭的な大きさを表している．会社やメディアは青で直接プロジェクトにつながれている．業務上の犯罪は赤で，トルコへのオリンピック招致の支援者は紫で表されている．Istanbul Biennial のサポーターは青緑で表されている．このネットワークは Yaşar Adanalı, Burak Arıkan, Özgül Şen, Zeyno Üstün, Özlem Zıngıland と何人かの匿名の参加者によって，Graph Commons を用いて作成された（http://graphcommons.com/）．

まえがき

ネットワーク科学の授業を行う　vii
謝辞　xiv

ネットワーク科学の授業を行う

　ネットワークから物事を見るということは，現在の相互につながれた世界を理解する人にとって不可欠のものである。この教科書は，そのような見方を共有する上で，私が最適と思われるものになっている。そして誰もがちょっとしたネットワーク科学者になる機会も提供できる。この教科書を書くにあたり，トピックの選択や資料を提示する際にたくさんの選択肢があったが，すべてを定量的かつ初心者にもわかりやすくなるように心がけた。同時に私は，我々の世界にある多くの複雑なシステムに関する見方・考え方にたくさん触れられるようにも心がけた。これらを同時に実現するのはなかなか難しいことなので，歴史的な背景を添えながら研究上の発展を述べつつ，重要な発見の起源やその応用の記載については囲み記事 Box を用いることにした。

　このまえがきには二つの目的がある。一つは，この教科書をまとめる契機となった授業を詳述し，この教科書を最大限活用する実践的なヒントを述べることである。もう一つ，同じくらい重要なこととして，この教科書執筆を助けてくれた多くの人々の名前を挙げて謝意を表すことである。

オンラインの抄録

　ネットワーク科学には，非常にすぐれたコンテンツや情報

がオンラインに豊富にある。それゆえに，この教科書のいたるところで，オンライン上の資料—動画，ソフトウェア，インタラクティブツール，データセットやデータソース—に紐づけられたたくさんのオンライン教材が示されている。これらの教材は http://networksciencebook.com のウェブサイトでアクセス可能である。

このウェブサイトは私がネットワーク科学の授業で用いた PowerPoint のスライドも含んでおり，このスライドの内容が，この教科書に反映されている。ネットワークを教える人であれば誰でもこのスライドを使ってもらって構わない。また，各自の授業に合わせて改変いただいて結構である。教育に関する限り，このスライドを用いることについて私に問い合わせていただく必要はない。

ネットワーク科学の始まりが実証的であることから，この教科書も実際のネットワークの分析にかなり重点を置いている。それゆえ，いろいろなネットワーク上の特徴の検証のために，研究上よく用いられている 10 個のネットワークを取り上げている。これら 10 個は，ネットワーク科学が取り上げる，社会，生物，技術，情報システム上のネットワークであり，その幅広さを示す意味でも選ばれた。オンライン抄録は，この教科書を通じて取り上げられるこれら 10 個のデータを提示している。これらのデータに，ネットワーク科学のさまざまなツールが適用されていく。

最後に，英語と異なる言語で教えている人たちのために，ウェブサイトの方も翻訳プロジェクトが進んでいる。日本語サイトでは表紙イメージとオンライン資料を提供している。

ネットワーク科学の授業

私はこれまでに二つの異なるやり方でネットワーク科学を教えてきた。一つめは物理学，計算機科学と工学を学ぶ学部と大学院生を対象とした一学期分の授業である。もう一つは三週間で二単位分の授業で，経済学や社会科学を学ぶ学生向けの授業である。このテキストはこれらの教育経験に基づいて作られている。一学期の授業の方では，教科書のすべてを対象とし，発展的話題に入っている証明や逸話なども扱った。短い方の授業では，主なセクションだけを扱い，発展的話題と次数相関を扱った第 7 章を省いた。

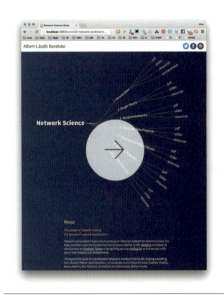

オンライン資料 1

networksciencebook.com

このウェブサイトは教科書そのものや，各章で触れられている動画，ソフトウェア，インタラクティブツールへのアクセスを提供している。他にもネットワーク科学の授業で用いたスライドや本の中のデータセットも提供している。

両方の授業で重要なのは，次に述べる宿題や研究プロジェクトである．

宿題

長い方の授業では，各章の最後にある演習のうちのいくつかを宿題として学生に課した．これにより研究対象に対する技術的な習熟性や問題解決の能力を確認した．教科書をカバーする宿題を2回に分けて出題した．

Wiki 課題

ネットワーク科学に関する概念や用語を学生に選ばせて，それをWikipediaのページにすることを課題としている（**図1**）．この課題の難しさは，取り上げる価値が十分にありながら，まだ記事になっていない事柄を見つけることである．このWiki課題によって，学生は考察対象を統合・抽出し，それをわかりやすい百科事典形式で提示する能力を身につけることができる．また，この課題によって，学生が将来的にWikipediaに継続的にコミットすることも促しうる．同時に，Wikipediaにおけるネットワーク科学の記事が充実することとなり，コミュニティに貢献することができる．異なる言語でネットワーク科学を教育している人は，その言語においてWikipediaに貢献することを考えるとよい．

社会ネットワーク分析

ネットワーク分析のウォーミングアップとして，この授業の受講学生が作るネットワークを学生に分析させる．これを実施するには少しばかりの準備とティーチングアシスタント1名が必要である．最初の授業で，教員は受講者名簿を渡し，自分の名前があるか，もしなければ加えるように指示する．アシスタントはできあがった名簿を受け取り，授業中に名簿を印刷して配布する．授業の最後に，この授業に来る前から知っている学生をチェックするように，それぞれの学生に指示する．次に，顔と名前が一致するように，彼らに自己紹介を簡単にしてもらう．これは教員にとっても受講学生を知るよい機会である．この名簿から受講学生の作るネットワークが得られる．それぞれのノードには，性別や，どの課程に所

Wiki 課題

1. ネットワーク科学に関係するキーワードを一つ選び，それがWikipediaに載っていないことを確認せよ．関係するというのは非常に広く捉えてよい．技術的なこと（次数分布），ネットワークに関係した事柄（テロリストのネットワーク），ネットワークの具体例（金融ネットワーク），ネットワーク科学の学者，などである．他にもネットワークに関係していると考えられるならば，何でも構わない．

2. オリジナルの記事を作ることは考えなくてよい．その代わりにその課題に関係している資料（研究論文や本など）を2から5個程度探し，それらの内容をカバーするような要約を，参考文献，グラフ，表，図，写真とともに，簡潔で自己完結的な百科事典記事として記載すればよい．その際，Wikipediaの著作権と特筆性に関する項目に目を通すこと．

3. Wikipediaにそのページをアップロードし，リンクを我々に送ること．匿名では記事を投稿できないので，Wikipediaにサインアップする必要がある．また，記事が管理者によって削除されないように．記事がきちんと書かれていないとき，参照が適切でないとき，百科事典のスタイルになっていないときに削除されうる．

4. 評価は，あなたの記事が理解しやすいか，関連性があるか，自己完結しているか，正確か，によって行う．

図1　Wiki 課題のガイドライン

属しているのかなどの情報が加えられ，より豊かなものになる。そのネットワークを匿名化したものを，学期が半分程度進んだところで配布する。課題は，（それまでに習った）ネットワーク科学のツールを用いて，このネットワークの性質を分析することである。この課題によって，学生たちは，彼ら自身がメンバーとなっている比較的小さいネットワークを調べて理解することができる。これは最終プロジェクトでもっと広範なネットワーク分析を行う上での準備となる。この課題は，学生はネットワーク分析のオンラインツールについて馴染みができるように，ソフトウェア演習の後で課されるべきである。

最終プロジェクト

　最終プロジェクトは，この授業で最もやりがいのあるところである。これによって学生はここまでに獲得したすべての知識を結合し，利用する機会が得られる。学生は興味のあるネットワークを選び，描画し，それを分析する。下記の手順により，この課題はより実りあるものとなるであろう。

(a) このプロジェクトは二人組で行う。もしクラス編成が許すならば，ペアは異なる背景をもつ学生どうしで組むようにする。学部生は大学院生と，または異なる課程（例えば，物理学と生物学）同士がペアを組むとよい。これにより学生は自分たちが普段慣れている世界や専門性の外に出るという，学際的研究で不可欠なことを学ぶことができる。教員はペアを作ること自体にはできるだけ介入せず，学生自身に行わせる方がよい。

(b) 授業が始まって数週間が経ったところで，プロジェクトの予備発表に授業の一回を使う。それぞれのグループは5分のプレゼンテーションを5枚以下のスライドで行い，選んだデータセットについてプレビューする（**図2**）。学生は彼ら自身でデータを集めるように指示される――ネットワーク分析のために用意されたデータをダウンロードするだけといったことは受け入れない。実際のところ，このプロジェクトの重要な目的の一つは，ネットワークを描画する際に必ず行わなければならない選択や妥協を経験するということにある。料理本のレシピにおける材料

予備的プロジェクト

5分以下で5枚のスライドを発表する：

・自分が調べるネットワークについて説明する。ノードとリンクについて説明する。
・どうやってデータを集めるか説明する。そして推測されるネットワークサイズ (*N,L*) について説明する。この際，ノードは100以上とすること。
・どのような問題を調べようとするのかについて説明する。ただし，その問題についてはプロジェクトや授業が進むにつれて変化することも許容する。
・なぜそのネットワークを調べようと思ったのかについて説明する。

図2　予備的プロジェクトのガイドライン

間のつながりや，小説あるいは歴史的文章中の登場人物間のかかわりを，手動で描画することは差支えない。また，ネットワークの形になっていないようなウェブサイトやデータベースを自動でダウンロードするなど，デジタル的なデータの取得ももちろん推奨されるが，学生はそのデータをネットワーク解析に適した形に直す必要があるだろう。例えば，Wikipedia からデータを集めることはできるが，その際に書き手・科学者と考え方の間の関係性を明らかにすることが必要となろう。

(c) この最終プロジェクトの目的は，学生のネットワーク分析の能力を鍛えるということであり，このことに常に留意することが重要である。したがって，学生はデータをネットワークの観点から見ることに常に集中すべきであり，そのデータから引き起こされる別の面白そうな問題に気を取られて，この目的から逸れないようにしなければならない。

(d) 最終プロジェクトの発表をもってこの授業は終了する。クラスのサイズにもよるが，一回か二回の授業が充てられるだろう（図 3）。

Wikipedia におけるキーワードの選択や，研究プロジェクトのパートナー選び，最終プロジェクトのトピック選びなどに際しては，学生が脇道にそれてしまわないように，絶えず教員からフィードバックを与えるべきである。このために，毎回の授業の最後の 10 分は教員からの問いかけに充てる。もう分析するネットワークは選んだか。それらのノードやリンクは何か。どのようにデータを取得するか理解しているか。最終プロジェクトのパートナーは決まったか。Wikipedia に載せる単語は決めたか。Wikipedia によってカバーされてないかどうかもチェックしたか。その単語に関係する資料は集めたか。これらの問いに関する答えは，「まだ」であったり，曖昧な，または，しっかりとしたアイデアであったりする。それらに対して，その適切さや計画の実現可能性について，すべての学生が見える形でフィードバックをかけることにより，その他の学生にとっても，アイデアを形にしたり，共通の関心をもっていそうなパートナーを見つけたりする手助けになるであろう。普通は数回の授業が終わった段階で，全員がパートナーを見つけられていて，最終プロジェクトや Wikipedia

---

最終プロジェクト

それぞれのグループは 10 分で最終プロジェクトを発表する。制限時間厳守のこと。最初のスライドでは発表者の所属，名前を述べる。

データ自身とデータの収集法について説明する。どのように研究を進めたのかについて理解してもらうため，データのさわりの部分を見せる。

ノード数 N とリンク数 L を提示する。もし時間によって変わるなら，その変化についても説明する。それから次数分布，平均パス長，クラスター係数，$C(k)$，重みの分布 $P(w)$（重みがある場合）の計測結果を提示する。コミュニティを可視化する。頑健性，拡散性，次数相関について，それぞれのプロジェクトにふさわしいものは何でも議論する。

上記を計測するだけでは不十分である。計測後にどのような洞察を得たかについて議論しなければならない。

・どのような結果を期待していたか。
・ネットワークにまったく規則性がないとしたら，どのようなものになると考えるか。
・結果は期待とどのように異なったか。
・それぞれの量から何を考えたか。

採点基準は，以下のとおりである。

・ネットワークツールの使い方（完全性 / 正確性）
・情報や洞察をネットワークツールとデータから得る能力
・プロジェクトと発表の全体的な質

最後に，一言。レポートを書く必要はない。発表資料の pdf ファイルをメールするだけでよい。

図 3　最終プロジェクトのガイドライン

> **複雑ネットワーク：シラバス**
>
> (1) 第1週
> ・授業1　Ch.1：序論
> ・授業2　Ch.2：グラフ理論
>
> (2) 第2週
> ・授業1　Ch.3：ランダム・ネットワーク
> ・授業2　Ch.3：ランダム・ネットワーク
>
> (3) 第3週
> ・授業1　Ch.4：スケールフリーの性質
> ・授業2　Ch.4：スケールフリーの性質
> 宿題1の配布(第1章から第5章までの演習)
>
> (4) 第4週
> ・授業1　Ch.5：バラバシ・アルバート・モデル
> ・授業2　Ch.5：バラバシ・アルバート・モデル
>
> (5) 第5週
> ・授業1　予備的プロジェクトのプレゼンテーション
> ・授業2　演習：グラフの描画, ビンの設定, フィッティング
>
> (6) 第6週
> ・授業1　演習：Gephi と Python
> 宿題1の回収
> 宿題2の配布(クラスのネットワーク分析)
> ・授業2　ゲストスピーカー
>
> (7) 第7週
> ・授業1　Ch.6：進化するネットワーク
> ・授業2　Ch.6：進化するネットワーク
>
> (8) 第8週
> ・授業1　ゲストスピーカー
> 宿題2の回収
> ・授業2　Ch.7：次数相関
> 宿題3の配布(第6章から第10章までの演習)
>
> (9) 第9週
> ・授業1　Ch.8：ネットワークの頑健性
> 宿題4の配布 (Wikipedia Page)
> ・授業2　Ch.8：ネットワークの頑健性
>
> (10) 第10週
> ・授業1　Ch.9：コミュニティ
> ・授業2　Ch.9：コミュニティ
> ムービーナイト：Connected(Annamaria Talas による作品)
>
> (11) 第11週
> ・授業1　Ch.10：感染現象
> ・授業2　Ch.10：感染現象
>
> (12) 第12週
> ・授業1　ゲストスピーカー
> ・授業2　Ch.10：感染現象
> 宿題4の回収
>
> (13) 第13週
> ・授業1　ゲストスピーカー
> ・授業2　公開授業(最終プロジェクトに関する議論)
>
> (14) 第14週
> ・試験　最終プロジェクトのプレゼンテーション(1グループ10分)

図4　複雑ネットワーク：シラバス

週2コマで4単位のネットワーク科学の授業の週ごとのスケジュールである。

のキーワードも選ぶことができているはずである。

ソフトウェア

Gephi，Cytoscape や NetworkX などの，さまざまなネットワーク分析や可視化ソフトウェアの解説のための授業を一回行う。一学期間の長い方の授業では，フィッティングや対数ビンなど数値にかかわる処理の仕方や，可視化について授業をさらにもう一回行う。これらの授業では，すぐにツールの使い方を試せるように，学生に自分の PC を持ってくるように指示する。

ムービーナイト

通常の授業時間とは別に，夜に学生を集め，Annamaria Talas 監督による映画 *Connected* の上映会を行い，一回の授業とする。これは 1 時間のドキュメンタリーで，ネットワーク科学に貢献した多くの研究者が出演しており，この分野の重要性がよくわかるものである。この夜の上映会自体は大学に広く告知され，他分野からいろいろな人が新たに参加できるよい機会となっている。

ゲストスピーカー

一学期を用いる授業では，ネットワーク科学の研究に関するセミナーをしてもらうべく，ネットワーク科学分野の研究者を招待する。これは学生がこの分野の最新の研究について触れる機会となる。これは授業の最後の方（必ずしもそうである必要はないが）で行っている。最後の方であれば，学生はネットワーク科学の理論的なツールについて理解しており，また学生は最終プロジェクトに集中している段階である。このセミナーはローカルな研究者コミュニティにも周知，公開され，そこでの議論を目にすることで，最終プロジェクトに関する新たな見方やアイデアについての刺激を受けられるはずである。

図 4 は一学期の授業の場合のシラバスである。このスケジュールに従って，実際に我々は授業を行ったので，参考になるであろう。**図 5** は一学期の授業の場合の採点方法についての詳細である。

成績評価の内訳

(1) 課題 1（宿題 1）：15%
(2) 課題 2（宿題 2）：15%
(3) 課題 3（クラスのネットワーク）：15%
(4) 課題 4（Wikipedia）：15%
(5) 予備的プロジェクトのプレゼンテーション：採点しない。フィードバックのみ
(6) 最終プロジェクト：40%

図 5　一学期の授業での成績評価の内訳

謝辞

どのような本であれ，本を書くということは孤独に耐えながらの作業である。その例に漏れず，この教科書執筆も，2011年から2015年にかけての私の自由時間のほとんどを費やすこととなった。その大部分は，ボストンやブダペストで私がよく行っていたたくさんのコーヒーハウスのうちの一軒や，その他，世界のどこの場所であれ，私の使える午前中の時間を使っての孤独な作業だった。とはいえ，この本は，私一人だけで書きあげたものであるとは到底言えない。この4年間を通して，多くの人々が，この教科書執筆というプロジェクトを前進させていくために，時間と専門知識を分け与えてくれたし，同僚の研究者たち，友人，研究室のメンバーと，このプロジェクトについて議論を重ねてきた。私は，また，この本の各章を誰にでも使ってもらえるよう，インターネット上に公開し，多くの人々から価値あるフィードバックを受け取ってきた。この節では，この教科書執筆という長い旅路の中の数々のステージで手助けをしてくれたプロフェッショナルたちのネットワークに謝意を献げたいと思う。

数式・ネットワーク図・シミュレーション

教科書に書かれていることは，すべて正しくなければならない。理論通りに，重要な公式は導出可能でなければならず，また，記述されている実測値は，現実のデータに適用したときに，理論の予測通りになっていなければならない。このことを実現する唯一の方法は，すべての計算，測定，シミュレーションを繰り返し点検することである。これは大変な作業だったが，そのほとんどを Márton Pósfai がやってくれた（**図 6**）。彼は，ボストンの私の研究室に滞在中に，このプロジェクトに加わり，ハンガリーのブダペストでの博士課程期間中もずっとこの仕事をやってくれた。彼はすべての式の導出を点検し，必要なら，再導出も行った。すべてのシミュレーションと測定を実行し，教科書内の図と表を準備してくれた。図や表を準備することは，多くの場合，それだけで小さな研究プロジェクトになってしまった。その結果，いくつかの物理量は，予測した通りにはうまくいかず，強調することをやめることにしたり，他の物理量の重要性がわかってきたりすることもあっ

図 6 　数学チーム

Márton Pósfai は，この教科書の数式計算，シミュレーション，実測を担当した。

図 7 デザインチーム
Mauro Martino，Gabriele Musella，Nicole Samay が各章や図の見映えを良くし，この本がエレガントで一貫したスタイルをもつようにしてくれた。Kim Albrecht はこの本のオンライン版をデザインしてくれた。

た。彼のネットワーク科学の文献についての深い理解と注意深い仕事のおかげで，この本の内容を豊かにする数多くの洞察を得ることができた。Márton の絶ゆまぬ献身がなかったら，私はこの教科書の記述について，今のように深い理解と信頼性をもつことはできなかっただろう。

デザイン

美しく，かつ，視覚に訴える本を作るという計画は，私の研究室のデータ視覚化の専門家である Mauro Martino によって始められた。彼は，各章の最初の草稿を作り，目を魅く多くのイラストを，私たちといっしょにいる最後の時まで，デザインしてくれた。Mauro が IBM 研究所のデザイナーチームのリーダーとして異動した後，Gabriele Musella がデザイン担当を引き継いだ。彼は，配色について決め，この本全体を通して，各色にどのような意味をもたせるかについての基本方針を示し，ほとんどの図やイラストを描き直してくれた。彼は 2014 年の秋まで私たちとともに働いたが，彼も自分の夢みていた仕事に就くためにロンドンに戻らなければならなくなった。そこで，デザインの仕事は，Nicole Samay に引き継がれることとなった。彼女は，最終段階に近づいたこの本全体のデザインの総仕上げを，休むことなく，黙々とやってくれた（図 7）。この本のウェブサイトは Kim Albrecht のデザインによるもので，現在でも Mauro とともにこの本がオンラインでも同じように見えるようにしてくれている。

各章の始めにある写真やイラストは視覚的デザインの重要な要素であり，ネットワークと芸術の間の相互作用を表現している。これらの写真やイラストの選定にあたり，何人かの芸術家やデザイナーからのアドバイスや議論が役に立った。その中には学術界で働いているものもあり，実際に芸術の現場で働いているものもいる。ノースイースタン大学芸術デザイン学科の Isabel Meirelles と Dietmar Offenhuber，コロンビア大学の Mathew Ritchie，それから，サンフランシスコ芸術

図 8　編集チーム
Payam Parsinejad, Amal Al-Husseini, Sarah Morrison は，毎日この本のために働き，編集と誤りの訂正作業を行った．

図 9　正確さと権利
Philipp Hoevel は，私たちの最初の読者であり，最終の編集者である．図版等の使用許諾に関する権利問題は Brett Common が担当した．

大学の Meredith Tromble は，私が芸術とデータ科学やネットワーク科学との接点を探索する手助けをしてくれた．

タイピングや編集などの日常作業

　私は今でも古いタイプの著者で，コンピュータではなく鉛筆で原稿を書いている．このようなわけで，私は，手書きの原稿，訂正，要望などを各章にまとめてくれる編集者やタイピストがいなければ途方に暮れてしまう．Sabrina Rabello と Galen Wilkerson はこのプロジェクトの始まりを助けてくれた．しかし，編集作業の大部分は，Payam Parsinejad, Amal Al-Husseini, Sarah Morrison の三人によるものである（図 8）．Payam Parsinejad は，このプロジェクトの最初の 1 年を通して働いてくれた．彼が研究に戻らなければならなくなった後，私のネットワーク科学の授業の学生だった Amal Al-Husseini が我々に加わり，最後まで留まってくれた．Sarah Morrison の助けも同じくらい重要である．彼女は私の元助手であり，イタリアの Lucca に移った後にプロジェクトに加わった．彼女の時宜を得た正確な編集作業は，この本の完成にとって本質的に重要であった．

　ウェブページとして公開される前に，すべての章は Philipp Hoevel によって最終チェックされた（図 9）．彼は，私の研究室を訪問中にこのプロジェクトに加わり，ベルリンの自分の研究室に戻った後も私たちと働き続けてくれた．Philipp は，科学的内容から記号の使い方にいたるまで，すべてをきちんとした手順に則って見直してくれ，この本の最初の読者，かつ最終的な点検者となってくれた．

Brett Common は，この教科書にある図版すべての使用を法的に保証するために一所懸命働いてくれた。この作業はそれだけで一大プロジェクトとも言うべきものであり，最初に予想したよりも，はるかに大変で困難なものであった。

演習

　各章の最後にある演習は Roberta Sinatra が担当した（**図 10**）。私の研究室に所属する研究者として，Roberta は 2014 年の秋学期に私といっしょにネットワーク科学の授業を受け持ち，この内容を教えるうちに明らかになった多くのタイプミスや誤解の訂正についても助けてくれた。

科学的な内容

　この教科書執筆のプロジェクトを通して，私は，数多くの科学者や学生から，コメント，要望，アドバイス，もっと明確にすべき箇所，その他，多くの重要なことを教えられた。それらをすべて思い出すことは不可能ではあるが，試みたいと思う。

　Chaoming Song はスケールフリー・ネットワークの次数分布のべき指数を評価することを手伝ってくれ，また，連鎖破たんに関連する文献を見つける手助けをしてくれた。数学者 Endre Csóka の助けによって，Bollobás モデル中の微妙な点が明らかになった。最適化モデルについては Raissa D'Souza との，適応度モデルについては Ginestra Bianconi との，Ravasz アルゴリズムについては Erzsébet Ravasz Reagan とのすばらしい議論から，私は多くのものを得た。Alex Vespignani は感染現象と次数相関について多くのことを教えてくれた。Marian Boguña は空手クラブトロフィーのスナップ写真を撮ってくれた。Huawei Shen は研究論文の将来の引用回数を計算してくれた。Gergely Palla と Tamás Vicsek は，CFinder アルゴリズムの理解を助けてくれ，Martin Rosvall は InfoMap アルゴリズムの鍵となることがらを指摘してくれた。Gergely Palla, Sune Lehmann と Santo Fortunato はコミュニティ検出の章に関して大変に重要なコメントを寄せてくれた。Yong-Yeol Ahn は感染現象についての章の初期バージョンを書き進める手助けをしてくれた。Kate Coronges は最初の四つの章をもっ

図10　演習
Roberta Sinatra は教科書の各章の最後にある演習問題を作成した。

と明確にする助けをしてくれた。Ramis Movassagh，Hiroki Sayama，Sid Redner はいくつかの章について注意深いコメントを寄せてくれた。

出版

Simon Capelin はケンブリッジ大学出版局の編集者で私とは長いつきあいである。彼は，まだ準備もできていない頃から，私にネットワーク科学の教科書を書くようにと励ましつづけてくれた。彼はまた，何度も締切を伸ばして，この本の完成を見るまで忍耐強く待ち続けてくれた。Róisín Munnelly はこの本の実際の出版作業を助けてくれた。

さまざまな研究機関

この本は，いくつかの研究機関が刺激的な環境と支援基盤を提供してくれなければ，実現しなかっただろう。まず初めに，そして最大の，感謝をノースイースタン大学のリーダーシップにささげたい。総長の Joseph Aoun，学長の Steve Director，学部長の Murray Gibson と Larry Finkelstein，そして，学科長の Paul Champion はネットワーク科学の真のチャンピオンチームであり，ネットワーク科学をノースイースタン大学の主要な学際的研究テーマの一つへと育てあげてくれた。彼らの絶ゆまぬ支援のおかげで，物理学，数学から社会学，政治学，計算機科学，健康科学にいたるあらゆる分野から，ネットワークを専門に研究する素晴らしい研究者を何人も雇用することができ，ノースイースタン大学はこの分野を主導する研究機関となったのである。彼らはまた，ネットワーク科学を専攻する博士課程の新設や，Alessandro Vespignani を長とするネットワーク科学研究所の設立も支援してくれた。

Brigham and Women's Hospital のネットワーク医学部門と Dana Farber Cancer Institute (DFCI) の生物学癌システムセンターを通して，ハーバード・メディカル・スクールのポストを得たことで，分子生物学や医学にネットワーク科学を応用していく道が開かれた。DFCI の Marc Vidal と Brigham の Joe Loscalzo は，同僚として，また，メンターとして，この分野で私がどのような仕事ができるかを示してくれた。大いに感謝する。その経験はこの本にも同様に役立っている。

中央ヨーロッパ大学 (CEU) の客員教員のポストと，そこで

私が教えたネットワーク科学の夏期集中授業によって，経済学や社会科学を基礎知識にもつ学生たちと出会うこととなった。この経験がこの教科書の内容のアウトラインを決めている。Balázs Vedres が CEU にネットワーク科学部門を作る構想をもち，George Soros は，私がそこへ加わることが力になると確信させてくれた。総長の John Shattuck や，学長の Farkas Katalin と Liviu Matei の絶ゆまぬ支援により，CEU はネットワーク科学の素晴らしい教育プログラムをもつこととなり，中央ヨーロッパでネットワーク科学専攻の博士課程が初めて生まれることとなったのである。

　すべてを始めることになった場所にも感謝したい。まだ私が若い助教であったとき，ノートルダム大学は何かこれまでとは違ったことを考えるための支援と静かな環境を私に与えてくれた。そして，大きな感謝を Suzanne Aleva にささげる。彼女はノートルダムからノースイースタンへと私が研究室を移す際にもついてきてくれ，私が何ものにも邪魔されずに科学に集中できる環境を 10 年以上かけて築いてくれたのである。

　最後に，私の子どもたち，Dániel，Izabella，Lénárd，そして，私の妻，Janet には本当に感謝している。彼女たちは，私がこの本に数えきれないほどの時間をかけることを受け入れてくれた。彼女たちの理解がなければ，この「ネットワーク科学」という教科書は決して完成することはなかっただろう。

図 0.0　芸術とネットワーク：塩田千春
塩田千春はベルリンで活動するインスタレーション芸術家である。彼女は，通常の物体を包み込み，相互に織り交ざった毛糸の網を創りあげている。これらのネットワークはランダムに見えるが，秩序と無秩序の間の緊張感が反映されている。その緊張感こそがネットワーク科学が問題とするものである。

第 0 章
ネットワーク科学の誕生

序論

　今や，ネットワークに関する会議，ワークショップ，スクールなどが毎年 10 回ほど開かれ，100 冊を超える書籍や四つの論文誌が出版されている。また，多くの大学でネットワーク科学の専門課程が設置され，三つの大陸でネットワーク科学の博士の学位を取得することが可能となり，いくつもの資金配分機関が何億ドルもの研究資金をこの分野のために配分するようになっている。それを見ると，産声をあげてから 10 年ほどのネットワーク科学という研究分野は成功の道をまっすぐにひた走ってきたように思われがちである。しかし，このような成功に継ぐ成功だけに目を奪われていると，最も魅惑的な次の疑問を見落としてしまうことになるかもしれない。この分野はどのようにしてこれほど早く成長することができたのであろうか。

　この疑問に対する偏りのない解答を私は提供しようとは思っていない。そういう単純な理由から，**個人的な序論**ということができる。それとはまったく逆に，本章では，ある一人の観点から見たネットワーク科学の出現を回顧しようと思っている。その一人の話とは，私が最もよく知っている人，すなわち私自身の話である。これは，勝者の行進というような話ではない。私の目的は，数々の後退と爆発的な前進を伴いながら，私が歩んできた，曲りくねった，そして，折り重なった旅の過程を思い出そうということである。その旅程を鳥の目で上から俯瞰するのではなく，森を抜けようと試みた折に，私が繰り返しぶちあたった忘れがたい一本一本の木に焦点を当てようと思う。私たちのたどった道のように，科学的な発見は決して教科書に書かれているように真っ直ぐ順調なもの

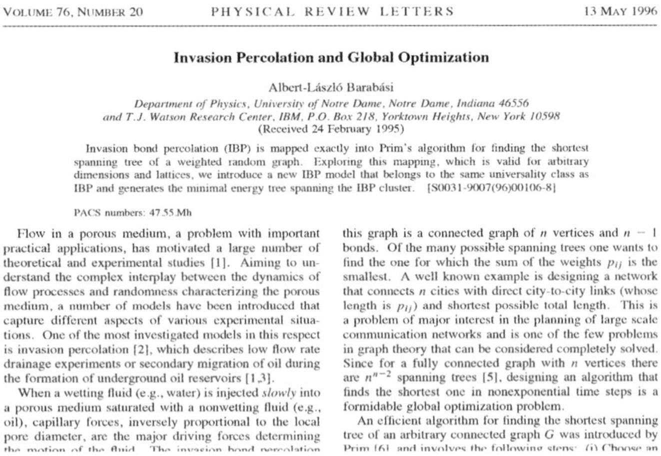

VOLUME 76, NUMBER 20 PHYSICAL REVIEW LETTERS 13 MAY 1996

Invasion Percolation and Global Optimization

Albert-László Barabási
Department of Physics, University of Notre Dame, Notre Dame, Indiana 46556
and T.J. Watson Research Center, IBM, P.O. Box 218, Yorktown Heights, New York 10598
(Received 24 February 1995)

Invasion bond percolation (IBP) is mapped exactly into Prim's algorithm for finding the shortest spanning tree of a weighted random graph. Exploring this mapping, which is valid for arbitrary dimensions and lattices, we introduce a new IBP model that belongs to the same universality class as IBP and generates the minimal energy tree spanning the IBP cluster. [S0031-9007(96)00106-8]

PACS numbers: 47.55.Mh

Flow in a porous medium, a problem with important practical applications, has motivated a large number of theoretical and experimental studies [1]. Aiming to understand the complex interplay between the dynamics of flow processes and randomness characterizing the porous medium, a number of models have been introduced that capture different aspects of various experimental situations. One of the most investigated models in this respect is invasion percolation [2], which describes low flow rate drainage experiments or secondary migration of oil during the formation of underground oil reservoirs [1,3].

When a wetting fluid (e.g., water) is injected *slowly* into a porous medium saturated with a nonwetting fluid (e.g., oil), capillary forces, inversely proportional to the local pore diameter, are the major driving forces determining the motion of the fluid. The invasion bond percolation

this graph is a connected graph of n vertices and $n-1$ bonds. Of the many possible spanning trees one wants to find the one for which the sum of the weights p_{ij} is the smallest. A well known example is designing a network that connects n cities with direct city-to-city links (whose length is p_{ij}) and shortest possible total length. This is a problem of major interest in the planning of large scale communication networks and is one of the few problems in graph theory that can be considered completely solved. Since for a fully connected graph with n vertices there are n^{n-2} spanning trees [5], designing an algorithm that finds the shortest one in nonexponential time steps is a formidable global optimization problem.

An efficient algorithm for finding the shortest spanning tree of an arbitrary connected graph G was introduced by Prim [6], and involves the following steps: (i) Choose an

図 0.1 **1994 年～1995 年：私の最初のネットワーク論文**

1994 年の冬休み中に生まれた私の最初のネットワーク論文 [1] は，計算機科学でよく知られたアルゴリズムである最小全域木問題を，統計物理学でさかんに研究されている問題の一つである侵入パーコレーションに対応付けたものである。この論文がそれから長く続くこととなるネットワーク科学とのかかわりの端緒となった。

ではない，ということを知ってほしいのである。

最初のネットワーク論文 (1994)

私がネットワークというものに魅せられたのは，1994 年 12 月に，IBM の伝説的研究所であるワトソン研究所での私の短いポスドク期間が始まって数か月が過ぎたころであった。クリスマス休暇が近づき，ワトソン研究所の活動がひと段落するので，私はその休みの期間を利用して私の雇用者についてもう少しよく知ろうと考えた。その当時，IBM と言えば計算機の代名詞だったので，私は計算機科学への導入となるような本を探しにワトソン研究所の図書館へ行った。

この分野ではどのようなことがおもしろいのであろうかという好奇心から，いろいろなアルゴリズムから始まり，ブール論理，NP 完全性などの一連の問題が取り扱われている一冊の本を手にして図書館を出た。その本の中で最小全域木に焦点を当てた一つの章が特に私の興味を引いた。この本で説明されているクルスカル法が侵入パーコレーションと呼ばれる統計物理学の問題に対応することに気がついたからである。クリスマスからきっかり 2 か月後の 1995 年 2 月 24 日にネットワークについての最初の論文を *Physical Review Letters* に投稿し [1]，物理学と計算機科学の二つの分野でさかんに研究されているネットワーク問題が等価であることを示した（**図 0.1**）。著名な物理学論文誌に単著論文を掲載できたことは疑いもなく素晴しい業績の一つということになるが，その論文が引き起こした本当の衝撃はもっとずっと深いものであった。

この論文は，そのときには明らかでなかった知的洪水を引き起こすいくつもの門の錠を開け，それから数十年間にわたる私のネットワークとの深いかかわりの端緒となったのである．

失敗その1：第2論文 (1995)

現実のネットワークについて知れば知るほど，それらネットワークについて我々はほんのわずかなことしかわかっていないことに気づき，私は不思議な気がした．当時私はニューヨークに住んでおり，マンハッタンの舗装された道の下に，電線や電話線やインターネットのケーブルが驚くべき複雑さで張りめぐらされていることを想像した．グラフ理論では，これらのネットワーク中のリンクは無作為に張られているものとしているが，それは私にはあまり意味がないように思えた．私たちが依存している数々のネットワークにはその成り立ちを支配する法則があるはずである．この法則を見つけ出すことは，秩序と乱雑さの狭間についての修練を積んできた一人の統計物理学者に相応しい挑戦であった．

それからの数か月間，私はランダム・グラフについてのBéla Bollobásの素晴しい本に没頭した[2]．この本は私にErdősとRényiの古典的な研究[3]のことを教えてくれた．また同時に私はStuart Kauffmannの未来への示唆に富んだ本[4]からネットワークが生物学にとっていかに重要であるかに気づくこととなった．この2冊の本では，二つの非常に異なった視点が相対立している．それは，定理の連鎖によって構築されるドライな数学的な世界と数学の制約などお構いなしにあちこちへと飛びまわるKauffmannの想像力の生み出す世界である（図0.2）．

ポスドクになって8か月が過ぎたころ，私はノートルダム大学の教員職のポジションを得ることができたので，IBMでの残りの4か月間，ネットワークについての第2論文に集中することにした．その題名は，「ランダム・ネットワークのダイナミクス：連結性と一次転移」というもので，ネットワークのトポロジー変化がもつ意味を探ろうという私の最初の試みであった[5]．論文はBollobásとKauffmannの世界を融合したもので，ネットワーク構造の変化がブール型システムのダイナミクスにどのように影響するかを問題としたものである（図0.3）．もとになる観察結果は単純なものである．ラン

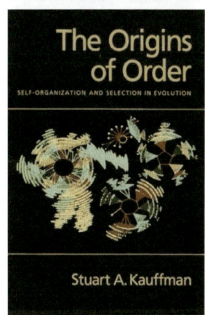

図0.2　1995年：秩序か乱雑さか

私のネットワーク科学に向けての旅路の初期にインスピレーションを与えてくれた3冊の本のうちの2冊である．1994年にIBMワトソン研究所の図書館で私が借りた最初の本は，計算機科学における50の問題というような題名であったかと思うが，見つけることができなかった．

図 0.3　1995 年〜1997 年：出版されなかったネットワーク論文

私のネットワーク論文の第 2 弾であり，ネットワーク・トポロジーのもつ役割について調べた最初の論文である。四つの論文誌に掲載拒絶された後，1995 年 11 月にオンライン・プレプリント・サーバーの ArXiv に投稿した。結局，論文誌に出版することは断念した。

v:cond-mat/9511052v2　13 Nov 1995

Dynamics of Random Networks: Connectivity and First Order Phase Transitions

Albert-László Barabási

Department of Physics, University of Notre Dame, Notre Dame, IN 46556.

(February 1, 2008)

Abstract

The connectivity of individual neurons of large neural networks determine both the steady state activity of the network and its answer to external stimulus. Highly diluted random networks have zero activity. We show that increasing the network connectivity the activity changes discontinuously from zero to a finite value as a critical value in the connectivity is reached. Theoretical arguments and extensive numerical simulations indicate that the origin of this discontinuity in the activity of random networks is a first order phase transition from an inactive to an active state as the connectivity of the network is increased.

ダム・ネットワークの平均次数を変化させると，ブール型システムは動的相転移を示す。よって，ある系の振る舞いを解釈するためには，その背後にあるネットワークの構造を完全に考慮することが必要となる。

　この論文は，細胞ネットワーク，インターネット，ワールド・ワイド・ウェブ（WWW）などを混ぜ合わせたものから着想を得たものである。しかし，これらのトピックは，これまで私が論文を出版してきたいつもの論文誌には取り扱われていなかったものであった。そのため，私は自分のもともとの研究分野である物理学の範疇内ではっきりとした応用例を見つけようと苦心した。最終的に，物理学者の間でさかんに調べられている神経ニューラルネットワークの文脈における結果を論文に書くこととした。このコミュニティならネットワークについて肯定的に捉えてくれるだろうと思ったのである。だが，私は間違っていた。その後ネットワーク科学へ向かう 4 年間の道程で多くの失敗をするが，これがその最初となった。

　1995 年 11 月 10 日に私は最終原稿を *Science* に郵送し，材料研究学会 MRS の年次大会のためボストンに戻った。その学会で，学際領域に興味をもっている *Nature* の編集者である Philipp Ball に，私の見つけた新しい分野，ネットワーク科学，について私がどんなに魅せられているかを語る機会を得

た。そこで，数週間後，私の投稿した論文が *Science* に査読にも回されずに掲載拒絶された後，*Nature* にならもっと興味をもってもらえるかもしれないと期待して，その原稿を Philipp に送ったのである。その期待は的中し，論文は査読へと回された。

しかし，査読者たちはそれほど魅力的とは思わなかったようだった。一人は査読レポートにこのような無愛想なコメントを書いてきた。

1. 研究のそもそもの動機がよくない。
2. 技術的に非常に限定的である。
3. 時間発展とインターネットについての考察は具体的なものではない。

査読者からのそのコメントはもちろん正しいものであった。私はそもそもなぜネットワークについて考えなければならないかを説明できていなかった。それは私の頭の中では全部明らかなことであった。しかし，博士号を取得して1年ほどしか経っておらず，4年前に何とかものにしたばかりの英語という言葉で書かなければならなかった私は，それらのアイデアを適切なストーリーに翻訳することがまだできなかったのである。

私はがっかりして，1996年4月25日にその論文を *Physical Review Letters* に再投稿した。そこでもうまく行かず，長い査読過程の後に掲載拒絶された。最初の投稿から2年後の，1997年11月21日，私はその論文を *Europhysics Letters* に再投稿した。そこで，私の「ネットワーク科学への道」での二番目の大失敗を私は経験しようとしていたのである。

失敗その2：WWWのネットワーク図 (1996)

第2論文を何とか出版しようともがいている間，さらに前進するためには，ここまでこだわってきたグラフ理論的な取扱いを断念する必要があるという思いが確信に変わってきた。物理学者が得意な道，すなわち現実の世界を見てそこから着想を得る，という道を採るべきなのである。そのためには，図示されたネットワーク，正確に言えば，現実のネットワークを図示したものが必要である，と私は思った。

Tim Berners-Lee が WWW のもとになったコードを書いて

から5年が経過してはいたが，グーグルが設立される2年前で，WWWがちょうど活発に利用され始めたところだった。JumpStation，RBSE Spider，WebCrawlerなどの検索エンジンがさまざまな研究室で共同開発され，WWWのリンク構造が図示されようとしていた。1996年2月に，このようなデータのサンプルが得られるかもしれないと思い，そのようなクローラーを走らせている何人かの研究者に電子メールを送った（**図0.4**）。完全なネットワーク図が一つ得られれば理想的であるが，それが無理でも，個々のノードのもつリンク数がわかれば十分だった。「私は過去のデータのヒストグラムが作りたいだけなのです。」と私は書いた。3年の後に，「WWWの次数分布」と名付けることになるものを求めていたのである。

誰一人としていやとは言わなかった。しかし，誰一人としてわざわざ返事をくれもしなかったのである。そして，一通でも返事がくればと待つ間，私の第2論文は最後の一撃をくらった。*Europhysics Letters* にも論文掲載を拒絶されたのである。

この時点までの私のネットワーク科学への旅路では失望させられることばかりであった。第2論文は四つの論文誌に見てもらい，査読に3度回された。査読者の誰も間違っているとは言わなかった。査読者のコメントは，単純なもので，それがどうしたのか，という内容であった。それから，現実のデータを見てみようという私のもう一つの計画もゆっくりと袋小路に追い詰められていた。失望させられた上に論文出版と研究費獲得に対するプレッシャーもあって，ネットワークの研究から，より安全策である量子ドットの研究へと軸足を移そうとしていた。

実際のところ，そうするより他にどうしようもなかった。助教のポストに就いて2年が経過し，研究室立ち上げのために支給された資金も底をつきかけ，テニュアを得られる望みもあやしくなっていた。ネットワークについてはものになるテーマと信じてはいたが，この3年間で私が示せたものといえば，一本の論文と一連の失敗だけであった。しかし，より伝統的なテーマに移ったことは功を奏した．1997年の終わりに，私は2件の研究費を獲得し，何人かの学生と博士研究員を一人雇うことが可能になったのである。

```
Date: Fri, 09 Feb 1996 10:34:17 -0500
From: Albert-Laszlo Barabasi <alb@nd.edu>
To: ████████████████████.gov
Cc: alb@nd.edu
Subject: Robots
X-Url: ██████████████████████.html

Dear ██████,

I am doing some research on random networks and their statistical mechanical properties.
The best available real word example of such networks is the WWW with its almost ran-
dom links. To try out my approach I need some data that that Robots could provide without
much difficulty. I friend of mine (who knows much more about the dangers of writing and
operating a poorly working- robot) convinced me that instead of attempting to write my
own robot, I should rather check if somebody with an already running robot could either (i)
help me with the data I need or (ii) allow me to use his/her robot for this purpose.

    I wonder if you are willing to give me a help in this direction? Of course, any help will
be carefully acknowledged when the results of this research will be published (this is all-
academic, non-profit basic research).

When a robot visits a new site, it finds a number of external links (pointing to other home
pages). I need statistics regarding this number. Robots regularly collect this information,
since this is how they assemble their database. Thus the only thing I need is to have the
robot write this info into a file in a structured form, that would
allow me to extract this information. Maybe some of the robots do save the obtained data in
a format that would allow me to simply collect these numbers.

For example, if the robot visits the home page http://www.new.homepage.edu/bbb.html it
finds that there are for example four
links there, pointing to the addresses:
http://www.aps.org/xxx.html
http://www.my.best.friend/home.html
http://www.my.hobby/joke.html
http://www.my.preffered.newspaper/news.html

So the type of list I could most use is this one (or something
equivalent):
http://www.new.homepage.edu/bbb.html
HAS LINKS TO:
http://www.aps.org/xxx.html
http://www.my.best.friend/home.html
http://www.my.hobby/joke.html
http://www.my.preffered.newspaper/news.html

Moreover, to start with it would be enough less information, for
example a just listing the number of links he found:

4

After visiting a fair number of home pages the table would look
like this:

4
2
3
2
0
19
10
1
0
1

How many datapoints do I need? Well, I wish to make a simple histogram of the previous
data, thus I need enough data to obtain a smooth histogram. This histogram will be the
starting point of my investigation.

    I hope you are willing to help me to obtain this information. If you are not running your
robot currently, but are willing to lend me your code so that I can run from my computer
to collect this data (I have an IBM RISC 6000 that I could use for this purpose), that is also
a solution. Again, I do not plan to use the robot for any other purpose than collecting this
(and similar) statistics on the connectivity of the web. If you are interested in more details
regarding the nature of the scientific questions I am investigating, I am happy to provide it
to you.

    laszlo


Albert-Laszlo Barabasi
Assistant Professor
```

図 0.4　1996 年：データをください

1990 年代半ばにウェブクローラーを製作している計算機科学者宛に，WWW のトポロジーについてのデータを共有させてもらえるように依頼すべく，私が送ったいくつかの電子メールのうちの一つ．今から振り返れば，データを送っても大丈夫とは思ってもらえなかったように思う．誰からも返事がなかったのも無理はない．スケールフリー・ネットワークを発見できるだけのデータを得るためには，Hawoong Jeong が私の研究室に加わり，我々自身のためのクローラーを作ってくれるまで，さらに 2 年間待たなければならなかった．私がもともと望んでいたように，1996 年にそのデータを得ていたなら，スケールフリー・ネットワークは 3 年早く発見されていたであろう．

再起動 (1998)

　1997 年，私はシカゴに住み，一日おきにノートルダム大学に通勤していた。退屈な 2 時間のドライブの時間潰しとして，私は本を朗読したテープを聴き始めた。ある日のこと，私は図書館で Isaac Asimov の「ファウンデーション」(銀河帝国の興亡，銀河帝国興亡史) を借り出した。私が子どものときにむさぼり読んだ一冊である (**図 0.5**)。第二ファウンデーションの不思議な世界へすべりこんだとたん，私は何百年の未来にわたる人間の運命を予測するハリ・セルダンの能力のとりこになった。魅惑的で，手が届かず，それでいてある抽象的な次元においてはあってもよさそうな…。最高の SF 小説である。

　ノートルダムとシカゴを結ぶ 90 号線のまわりに延々と続く単調なとうもろこし畑の中を運転していると，私の心に数々の突拍子もない疑問が生じ，思いをめぐらせた。Asimov の話が現実のものになったらどうであろうか。人間の社会のように複雑なシステムの未来を，予測することができる方程式系を立てることは可能なのであろうか。これを実現するために私ができることは何であろうか。量子ドットについての私の研究はまさに実を結ぼうとしていたが，Asimov は，これまでに経験したさまざまな行き詰まりにもかかわらず，私を魅了して止まないあの問題へと引き戻し続けた。そう，あのネットワークと複雑系の問題へと。

　私は，1998 年の初めには，もう一度やってみようという気になっていた。ネットワークに関係した新しい研究プロジェクトの概略を描くことから着手し，3 月には Réka Albert を，ノートルダムで最もエレガントなレストラン，Sorins での昼食に誘った。Réka は大学院での研究を始めてまだ 1 年半であったが，すでに輝かしい経歴を歩んでいた。彼女の粒状媒質についての論文は Nature の表紙をちょうど飾ったところであり，進行中のプロジェクトが生み出す結果はまだ予備的なものではあったが，前途有望なものであった。私がその昼食で目論んでいたことは，分別のあるものであればとても考えないことであった。彼女を非常にうまくいっている研究プロジェクトから手を引き，そのかわりに，ネットワークについて調べてみるように説得するつもりであった。

　最も優秀な学生に私のネットワーク十字軍に加わるように

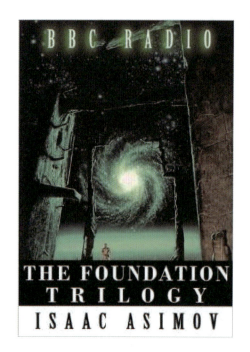

図 0.5　1997 年：再起動
ネットワークに立ち戻る気持ちを私に与えてくれた Asimov の SF 三部作。

頼んだとき，私は彼女の励ましとなることをほとんど持ちあわせていなかった。彼女には，このテーマについての私の第 2 論文 [5] は四つの論文誌に掲載拒絶され，出版することができなかったことを言わなければならなかった。ネットワーク研究をやっている研究者コミュニティは存在せず，それについての論文誌もないし，研究資金もない。このテーマに関心をもつ人はいなさそうであることも正直に打ち明けなければならなかった。その時，彼女は今歩んでいるサクセス・ストーリーが突然に終わりを告げるかもしれない危機に直面していたのである。

しかし，私は成功するためには危険を冒さなければならないことも話した。私の見たところ，ネットワークはそのような賭けに値するものであった。

その昼食の終わりに，私は Réka にぎっしりとタイプされた文書を渡した。それは私のネットワーク科学についての初期の知見をまとめたものであった。私は，ネットワークのトポロジーを定量化するために 6 か月，ネットワークダイナミクスに対するトポロジーの影響を理解するためにさらに 6 か月が必要だろうと見積っていた。その後で，現実の問題に移り，ネットワークのトポロジーとダイナミクスがともに時間発展する様子を調べることができると考えていた。

私は完全に的をはずしていた。私はネットワーク・トポロジーのもつ魅惑的なほどの豊かさを予見することができていなかった。しかし，それはその当時は大した問題ではなかった。大事なことは，Réka はいつもの静かで優雅な様子で，この危なっかしいネットワーク研究への旅路に加わることに同意してくれた，ということであった。

失敗その 3：スモールワールド (1998)

1999 年以前，ネットワークを研究していたコミュニティがなぜあれほどばらばらに存在していたのかは，いまだに不思議である。一方の端には，1940 年代に遡る起源をもつ，小さくはあるが活発な社会ネットワークの研究コミュニティがあった。実際，スモールワールド問題について我々が今日知っていることのかなりの部分は，1960 年頃に社会科学者の Ithiel de Sola Pool と数学者の Manfred Kochen によって書かれた，ほとんど知られていない論文中にある。彼らの仕事は 1978 年

まで出版されないままであったが [6]，プレプリントは社会ネットワークコミュニティの間で広く行き渡っており，これがもととなって 1967 年 Stanley Milgram のスモールワールド実験が行われた [7]。そして，Milgram の仕事がもととなって，四半世紀後，脚本家 John Guare は「6 次の隔たり」という言葉を生み出すこととなった。

Pool と Kochen はグラフ理論家 Erdős と Rényi が同時期に用いたものと同じモデルによって考えを進めたが，どの社会学の論文を見ても，この時期にランダム・グラフについて書かれた大量の数学の文献に気づいていたという証拠を見つけることはできない。また一方の端には Erdős と Rényi の先駆的な仕事に触発されたランダム・グラフについての広範な文献がある。しかし，グラフ理論の研究者の誰一人として社会ネットワークの研究コミュニティには気づいてはおらず，またスモールワールドに言及するものもいなかった。

この分野間のギャップは二つのコミュニティの発した疑問が異なっていたことの現れである。グラフ理論家たちは相転移，部分グラフ，最大連結成分などに注意したのに対し，社会科学者たちはスモールワールド性，弱い紐帯，コミュニティなどに注意した。また，社会科学者たちは 100 を超えるノード数をもつネットワークなど考えたこともなかったのに対し，数学者たちにとっては $N \to \infty$ の極限だけが興味を引く対象であった。

1998 年，Watts と Strogatz のスモールワールド・ネットワークに関する論文 [8] が *Nature* に出版されたとき，最初に思い浮かんだのは，3 年前に同じ論文誌にネットワークについての第 2 論文を出版しようとして果たせなかったことであった。彼らの論文を読んだとき，どうして私が失敗したのかが痛いほどよくわかった。私の問題の捉え方が間違っていたのである。どちらの論文もランダム・ネットワークの枠組みを使っていた。しかし，私は脳科学者に向けた論文を書きながら，物理学者だけが興味をもつ問題提起を行っていた。それに対し，Watts と Strogatz が提起した問題は社会学に深い起源をもつものであり，彼らの論文では，「6 次の隔たり」という言葉はそれだけで意味ある何かを語ってくれる素晴らしい言葉であった。

同時に，スモールワールド・モデルは，Réka と私がその当時追いかけていた問題にとっては，袋小路であるように思わ

れた．物理学者として，我々はランダムさからは生まれないパターンに注目していた．したがって，我々は，固体物理学にいつも登場し，調べ尽くされている規則格子や，ErdősやRényiの純粋なランダム・ネットワークモデルを超えた現象を探していた．ワッツ・ストロガッツ・モデルは，我々が避けたかった規則格子とランダム・ネットワークという両極端の間にあるものであった．そこで，彼らの論文については，我々が進もうとする方向から目を逸らせることになってしまうと考えて，脇に置くこととした．数か月後に，スモールワールドの枠組みが我々の行程に思いがけない助けとなるとわかって，もう一度その論文を引っ張り出すこととなった．

WWWのネットワーク図 (1998)

1998年にHawoong Jeongがポスドクとして私のグループに加わった頃，Rékaと私はすでにネットワークにどっぷりと漬かっていた．韓国の名門校であるソウル国立大学を卒業したHawoongは，コンピュータについてとてつもない知識をもっていた．1998年秋のある夜，私は，その頃の彼の研究プロジェクトである量子ドットの進捗状況について話そうと，彼のオフィスに立ち寄った．どういうわけか，我々の話はネットワークに入り込み，WWWのトポロジーに関する実際のデータを得ようとしたときの私の失敗について彼に話すことになってしまった．私は彼に，ウェブクローラーのその当時の言い方である，ロボットの作り方を知っているかを尋ねた．Hawoongは，作ったことはないが，作ってみましょうと言ってくれた．そして，本当に彼は作ってくれたのである．数週間後，HawoongのロボットはWWW上を忙しく這い回っていた．そして，WWWの構造を調べるという，以前は失敗に終わった私の第二の計画が復活することとなった．

我々は，Hawoongの集めてくれたデータを使って，私が1996年にあきらめたこと（**図0.4**），すなわち，WWWの次数分布を測定することからまた始めることにした．そうしたのは，単純な疑問からである．WWWはそのパーコレーションしきい値に達しているのであろうか．ErdősとRényiによれば，リンク密度がある臨界値より小さければ，そのネットワークは多数の孤立クラスターに分裂しているが，ひとたびリンク密度が臨界値に達するや，ネットワークとして検知で

きるような巨大連結成分が出現する。

　WWW が多数のバラバラな成分に分裂したままなんてことはありうるだろうか。それとも，その当時みんながそう思っていたように，すでに一つの大きいネットワークになっているのであろうか。その結果はどうあれ，それは大変に興味深い疑問であった。その答えを得るためには，WWW の次数分布が必要だったが，今や，Hawoong のロボットがそれを教えてくれる。そのデータを見たとき，我々は本当に驚いた。そこで見たものは，ランダム・ネットワーク理論の予測するポアソン分布ではなかった。そのかわりに，私たちを出迎えてくれたのは，べき則であったのである。

　Hawoong のデータを見たとき，私は，ネットワークについてこれまでの 4 年間で私が得たすべての知識から決別しなければならないことにショックを受けた。べき則の次数分布をもつネットワークのことなど文献には何の記述もなかったのである。実際のところ，この時点まで，次数分布に注目するものなど誰もいなかった。ランダム・グラフの文献と社会ネットワークの文献の双方とも，ポアソン分布を当然のものとしていた。我々が見ているべき則は，WWW 上には膨大なリンク数をもつノード，すなわち，ハブが存在することを示していた。ハブのようなはずれ者はランダムな世界では存在が許されない。ハブを説明できるモデルは存在しなかったのである。

　Hawoong に送った電子メールのうちで今も残っているあるメールによると，私は 32 歳の誕生日である 1999 年 3 月 30 日に第 3 論文を書き始めている。私たちが発見したことは，単純なこと，すなわち，WWW は新しいタイプのネットワークで，それまでにないやり方で構成されたものということである。その発見に論文の焦点を合わせたい気持ちは山々であった。しかし，それをやってはいけない，ということが私にはわかっていた。その時までに，私は第 2 論文が失敗したのは，その科学的内容とはほとんど関係がなく，どのような枠組みにストーリーをはめ込むかに問題があったためであるという確信があった。観察結果に内在する科学的な価値に焦点を合わせてしまうと，論文は無味乾燥になり過ぎてしまい，*Nature* の編集者を興奮させられないだろう。そこで，私はその代わりにトロイの木馬作戦を取ることにした。6 次の隔たりの下にその発見を隠すことにしたのである（**図 0.6**）。我々はその論文に，ワールド・ワイド・ウェブの直径，というタイトル

をつけ，WWW 上の隔たりは実際には 6 次ではなく 19 次であることは書かずにおき，*Nature* へと郵送した [9]。

発見 (1999)

論文を投稿してすぐに，私はスペインとポルトガルへの 2 週間の旅へと出発した。その旅の最後はポルト大学でのワークショップだった。イベリア半島を横断するドライブの間，私はある疑問についてずっと考えずにはいられなかった。なぜハブが，そして，べき則が生じるのであろうか。

WWW がなぜそれほど特別なのかを理解するために，我々は他のネットワークについてもっと知らなければならなかった。そこで，ヨーロッパへの飛行機に乗り込む前に，私は，さらにその他のネットワーク図についても，いろいろと調べてみることを決意した。最初のネットワーク図は，ノートルダム大学の計算機科学者である，Jay Brockman によるもので，IBM が製造したコンピュータチップの配線図であった。Duncan Watts は我々に電力網図を送ってくれた。Brett Tjaden はハリウッド俳優データベースを共有してくれた。私は，それらのデータを私の旅行中に分析するように Réka に委ねていた。

1999 年 6 月 14 日，私はすでにポルトにいたが，そこへ Réka が進行中の作業の詳細を送ってくれた。その電子メールの最後に，思いついたように，彼女は次の一行を加えていた。「次数分布も同じように見てみたのですが，ほとんどすべての系（IBM，俳優の共演，電力網）の次数分布は次数の大きいところでべき則に従います。」

この Réka の一文は，稲妻のように私を撃った。もうワークショップでの講演に注意を払うことなどできなかった。私の心はその意味するところの周りをぐるぐると巡っていた。もし，WWW とハリウッド俳優の共演ネットワークのようにまったく異なるネットワークで同じべき則の次数分布が生じるのなら，WWW で我々が以前に見た性質は普遍的なものである。したがって，何か共通の法則やメカニズムがあって，それが出現しているに違いない。そして，それが，俳優の共演ネットワークやコンピュータチップの配線図や WWW のように異なるシステムに当てはまるのなら，その理屈は基本的かつ単純である必要がある。

図 0.6　1999 年：19 次の隔たりチーム

WWW のトポロジーについての論文が出版されて間もない 2000 年に Business 2.0 のために撮影された写真。Réka Albert，Hawoong Jeong，そして私である。

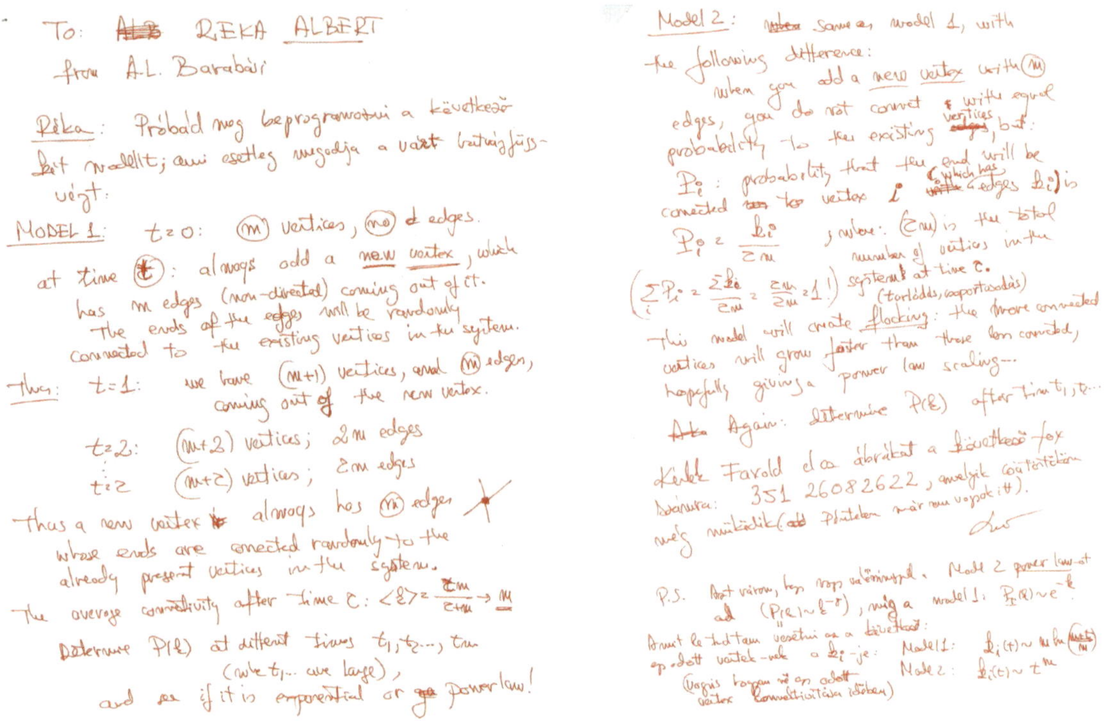
To: RÉKA ALBERT
from A.L. Barabási

Réka: Próbáld meg beprogramozni a következő két modellt; ami esetleg megadja a várt hatványfüggvényt:

MODEL 1: t=0: (m) vertices, (no) edges.
at time (t): always add a new vertex, which has m edges (non-directed) coming out of it. The ends of the edges will be randomly connected to the existing vertices in the system.
Thus: t=1: we have (m+1) vertices, and (m) edges, coming out of the new vertex.
t=2: (m+2) vertices; 2m edges
t=τ (m+τ) vertices; τm edges
Thus a new vertex always has (m) edges whose ends are connected randomly to the already present vertices in the system.
The average connectivity after time τ: $\langle k \rangle = \frac{\tau m}{\tau + m} \to m$
Determine P(k) at different times $t_1, t_2, \ldots, t_m$ (where $t_1 \ldots$ are large), and see if it is exponential or power law!

Model 2: same as model 1, with the following difference:
when you add a new vertex with (m) edges, you do not connect with equal probability to the existing vertices, but:
P_i: probability that the end will be connected to vertex i (which has k_i edges) is
$P_i = \frac{k_i}{\tau m}$, where: (τm) is the total number of vertices in the system at time τ.
$\left(\sum_i P_i = \frac{\sum k_i}{\tau m} = \frac{\tau m}{\tau m} = 1!\right)$
This model will create flocking (torlódás, csoportosodás): the more connected vertices will grow faster than those less connected, hopefully giving a power law scaling…
Again: determine P(k) after time $t_1, t_2, \ldots$
Kérlek Faxold el az ábrákat a következő fax számra: 351 26082622, amelyik csütörtökön még működik (ezt pénteken már nem kapok itt).
Laci

P.S. Azt várom, hogy nagy valószínűséggel, Model 2 power law-t ad ($P(k) \sim k^{-\gamma}$), míg a model 1: $P_I(k) \sim e^{-k}$.
Amit le tudtam vezetni az a következő: egy adott vertex-nek a k_i-je: Model 1: $k_i(t) \sim m \ln\left(\frac{m+t}{m}\right)$
Model 2: $k_i(t) \sim t^{m}$
(vagyis hogyan nő egy adott vertex konnektivitása időben)

図 0.7　1999 年：スケールフリー・ファックス

1999 年 6 月 14 日，ポルトガルのポルトから Réka に送ったファックス。スケールフリー・ネットワークの起源を説明し，今日ではバラバシ・アルバート・モデルと呼ばれているアルゴリズムと，次数分布の指数を計算するための連続体理論のアウトラインがハンガリー語と英語が入り交じった文章で記述されている（第 5 章参照）。

集中して考えるために静かな場所に行く必要があった。そこで，私はワークショップ会場を出て，会期中の宿舎となっている神学校 *Casa Diocesana* に引っ込むことにした。

しかし，それほどの時間はかからなかった。大学から神学校へ 15 分ほど歩く間に答が見つかった。私は，宿舎の部屋で必死になっていくつかの計算をし，そのアイデアを数式にして Réka にファックスして，そのちょっとした結論を確かめるために，少しばかりの数値シミュレーションをするように頼んだ（**図 0.7**）。

数時間後，彼女からの答えが電子メールで届いた。大変に驚いたことに，うまくいったのである。**成長**と**優先的選択**という，二つの材料だけに依存する簡単なモデルによって，WWW とハリウッド俳優の共演ネットワークで我々が見つけたべき則を説明できたのである。

急げ！ (1999)

ポルトガルの後，私にノートルダムで使える時間は 7 日間しかなかった。その後，トランシルバニアでの 1 か月の休暇に入るのである。しかし，私はこのような発見をしながらま

るまる1か月間もただ手を拱いていることなどできなかった。したがって，私が論文を書くために使える時間は，ポルトガルにいるあと2日間とアメリカでの7日間しかない。

私はすぐに取り掛かりたかった。しかし，私のガールフレンドは，この旅の最後の2日間は仕事をしないと私が約束したことを思い出させた。私たちはリスボンで最後の2日間を過ごすことを計画していた。そこで，私は論文を書くのはリスボンからニューヨークまでの8時間のフライトまでお預けにして，リスボンの街を探索するため彼女につき合った。しかし，私の頭はネットワークから離れることはなかった。論文は私の頭の中でサンタクルーズの狭い通りをあちこち歩き回る間に形を成していったのである。

飛行機が離陸するやいなや，私は狂ったようにタイプし始めた。ちょうどイントロダクションを書き終ったとき，客室乗務員が私のとなりの乗客にコーラを手渡し損ね，私のキーボードの上にグラスの中身をぶちまけてしまった。そんなわけで，その客室乗務員は，私の真新しいノートパソコンと飛行機の中で論文の第一稿を仕上げてしまおうという私の夢の両方を台無しにしてしまった。

しかし，私はあきらめることはできなかった。アクシデントを起こして心から申し訳なさそうな客室乗務員からタブレット端末を借りることができたので，それで原稿を書くことになった。そして，その週の終わりには論文は *Science* に投稿されたのである。

しかし，私は被害妄想に陥っていた。この時点で，二つの論文が投稿されていた。最初のものはWWWに関してスケールフリー・ネットワークを発見したことを報告したもので，*Nature* の査読に回っていた。二番目のものは，ちょうど *Science* に投稿されたところで，スケールフリー性は普遍的なものであり，それがどうして生まれるかを説明する理論を提案したものである。疑いもなく，*Nature* と *Science* はあらゆる論文誌の中で最も高名な二つであったが，同時に論文の不採択率が大変に高いことでも有名であった。投稿論文のうち出版される論文は10％に満たないということは，我々の論文が二つとも掲載拒絶される確率は81％を超えるということである。もっと悩ましいことに，二つの論文がともに掲載される確率は1％にもならない。

以前の私のネットワーク論文は2年間棚晒しにされた挙句，

出版をあきらめた。この二つの論文も同じような運命をたどったなら？そして，その間に他の誰かが同じ発見をしてしまったなら？その現象は，非常に確かで明白なものなので，独立に誰かが発見してしまうということは十分にありうる。私には代替策が必要だった。

物理学のコミュニティでは *Nature*, *Science*, *Physical Review Letters* などの論文誌の短い報告の後には，その結果について詳しく説明した「長い論文」が書かれることが期待されている。そこで，続く 7 日間に Réka, Hawoong, そして私は長い論文も書いた。私は *Physica A* の首席編集員である Gene Stanley に電話をして，我々のできたてほやほやで最高に熱々の論文を送るが，掲載の可否について早々に決定してもらえるか，と尋ねた。私の言う熱々の問題について彼がどれほど信を置いてくれたのかは疑わしいが，ともかく，彼はすぐに動くと約束してくれた。

私の被害妄想に十分な根拠があることがわかるのに数日しかかからなかった。トランシルバニアにある私の故郷，Csíkszereda に私が到着するやいなや，*Science* から掲載拒絶の報せが届いたのである。がっかりはしたが，その論文の重要性には確信があったので，私はそれまでに決してやったことがないことを実行した。心を変えてもらえないかと無謀な期待をして，論文を却下した編集者に電話をしたのである。

驚いたことに私は成功し，彼は論文を査読に回してくれた。数か月後，1％の確率しかないシナリオは現実のものとなった。*Nature*, *Science*, そして *Physica A* のすべてが我々の論文を受理してくれたのである [9, 10, 11]。ネットワーク科学についての私の 5 年にわたる停滞が思いもかけず，また，喜ばしくも報われた瞬間であった。

信じて飛び込んでみよう (1999)

当時，私の研究室は 4 人の大学院生と一人のポスドクといううつつましい規模で，Réka 以外のすべては表面物性と量子ドットの研究をしていた。論文が *Science* に受理された数日後，私は，グループミーティングを招集し，メンバーにあることを言い渡した。それは，何人かにはショッキングであろうことは疑いなかった。私は彼らに物性物理学はもうやらないと告げた。理由は簡単である。私の時間と注力を本当にやり

たいテーマと資金が提供されているテーマの双方に分割させたくはなかった。それで，私のテニュア審査まであと3年という時期ではあったが，私は研究分野を量子ドットからネットワークへと変えることに決めた。私はグループメンバーのそれぞれに選択権を与えた。この新しい旅に加わるか去るかである。二人の学生が船から降りた。そして，残りのものが私とともに，この新しい未知の旅路へと乗り出したのである。

失敗その4：研究資金 (1999)

　確立された研究分野であれば，そこで良い仕事をしさえすれば，研究費を得るのは時間の問題にすぎない。しかし，存在すらしない研究分野に入ってしまったら，めまいがするほどの困難が待っている。

　量子ドットの研究をするために，アメリカ国立科学財団 (National Science Foundation, NSF) から私の研究室に新規の研究費の交付が決まった，ということは良い報せであった。ところが，私はもうそのテーマを追求する気がなかった，ということはまずかった。もちろん，その研究費を得ておいて，そのテーマをやっているふりをすることはできたかもしれないが，そんなことをしても気分は良くない。そこで，私はNSFのプログラムマネージャーに連絡をして，その研究費をネットワーク研究に振り替えて使用することはできないか尋ねた。

　マネージャーは，それはできないと言った。やると約束したことをやるか，あるいは，NSFに研究費を返却するかのどちらかである。これはまさにジレンマであった。まったく興味を失ってしまったプロジェクトを追いかける研究費は持っているが，変革を起こすかもしれない問題を追いかけるための研究費を持っていないのである。

　結局，私は自分の夢を追いかける方を選び，研究費を返却した。しかし，これによって私の研究グループは大変に不安定な状況に陥った。新しい研究費が何としても必要だったが，ネットワークを研究分野として認めてくれる資金提供機関などなかった。そんなとき，アメリカ国防高等研究計画局 (Defense Advanced Research Projects Agency, DARPA) が「攻撃を受けてもそれに耐えてサービスを提供し続けることができる未来のネットワークを可能にする」技術を募集していることに気づいた。

振り返ってみれば，この公募は計算機科学で活発に研究されているネットワーク技術の専門家に向けて行われたものであることは明らかである．しかし私は，そもそもネットワークのトポロジーとそれが内包する脆弱性を理解することなくして，故障に強いネットワークを構築することなど誰にもできないと確信していた．我々が発見したばかりのスケールフリー性とそれに伴うネットワーク内のハブは DARPA が開発しようとしているどのような技術に対しても影響を与えるに違いない．我々が Nature と Science で報告した洞察をもってすれば，必ずこの問題に正解を与えることができる，と私は心を決め，研究提案書を書くことに没頭した．

ただ，我々には「成功の決定的証拠」が必要であるとは感じていた．DARPA のプログラムマネージャーに，ネットワーク・トポロジーが頑健性の鍵である，と確信させる「何か」である．そこで，Réka は，構成要素のランダムな機能不全を模倣するため，スケールフリー・ネットワークから無作為にノードを取り去るシミュレーションを開始した．そして，この無作為な故障の結果をハブのみが取り去られた攻撃に対する結果と比較した．その違いはドラマチックなものであった．スケールフリー・ネットワークは無作為な故障に対しては驚くべき頑健性を示すが，また同時に，ハブへの攻撃に対しては驚くほど脆弱であった．我々は，ネットワーク・トポロジーが，機能不全に対する耐性にとって鍵となる役割を果たしていることを，紛うかたなく示すことができたと確信し，急いでこの発見を提案書に取り込んだ（**図 0.8**）．

11 月 1 日の締め切りに間に合うよう提案書を送った後，私は Réka と Hawoong に我々が提案書の中で定式化した問題はあまりにエキサイティングなので，DARPA が資金提供に関して動いてくれるまで待ちきれないと持ちかけた．我々はすぐに取りかからなければならない．そこで，我々は発見したことをさらに深め，Science に原稿を送ったが，またもや査読にも回されずに掲載拒絶された．

私は再度編集者に電話をしたが，彼の見解によれば，この論文は我々の以前の Science 論文からほとんど進歩していない，ということだった．私はびっくり仰天したが，彼の気を変えさせることもできなかった．そこで，我々は論文原稿を Nature に再投稿した．

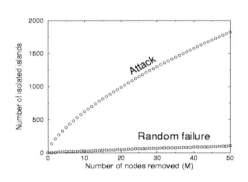

図 0.8　1999 年：頑健性に資金を
1999 年 11 月 1 日に DARPA に提出した研究提案書中の図で，ネットワークの（無作為な）機能不全と攻撃への耐性に対する影響を示したもの．元々のキャプションは 1 年後 Nature に出版された我々の故障耐性に関する論文を予見している [12]．

「べき則の次数分布をもつネットワークの連結性が攻撃と無作為に起きる故障に対する影響．我々は，40,000 個のノードをもち，次数 k をもつノードの割合が $p(k) \sim k^{-3}$ であるような，べき則ネットワークを作った．攻撃はシステム中で最もリンクを多くもつノードに対して行われる．

攻撃の効果を調べるため，我々はネットワークから最も多くのリンクをもつ M 個のノードを取り除いた．上側の曲線は孤立クラスター数を M の関数として描いたものであり，たとえば，最もリンク数の多いノードから 10 個を取り除いただけで，ネットワークは互いに連結していない 500 個のクラスターに分かれてしまうことを示している．無作為な故障はシステム内のどのノードにも一様に影響を与えるが，大部分のノードは少ししかリンクをもたないので，ネットワーク全体には大して影響しない．実際のところ，無作為に M 個のノードを取り除いたとしても数個のクラスターしか分かれず，全体の連結性は実質的には変化しない．」

数か月後，DARPA は我々の提案を却下した。しかし，*Nature* は論文の掲載を許可してくれ，その表紙に取り上げてくれた [12]（**図 0.9**）。

失敗その 5：「滑稽なほど間違っている」

科学における大発見の際には必ず，宇宙全体の均衡を回復するため，その発見を地上から消し去ってしまうことが自らの生涯をかけた使命であるかのように感じる研究者が出てくるようである。もし，ネットワーク科学がその画期的な力によって立つには，そのような不倶戴天の敵を持たねばならない。

John Doyle は，カリフォルニア工科大学の制御理論家でありネットワークの専門家を自称しているが，十数年にわたり，数々のインタビュー中でネットワーク科学を批判してきた。そのインタビューの一つで，彼は「滑稽なほど間違っている」と言ったことがある。スモール・ワールド性については，最初こそ驚かされるものの，容易に導出することができ，それを裏づける研究の歴史も何十年とある。しかし，スケールフリー性については，それとはまったく異なっており，そこからそもそも我々が答えることすらできない多くの疑問が生じた。もし，スケールフリー性がそんなに普遍的なのであれば，なぜ何十年も見過ごされてきたのか。成長と優先的選択はスケールフリー性の数多くある説明のうちの一つに過ぎないのではないか。べき則ならパレートの法則があることは知っているが，どうしてそれとは違うと言えるのか。Béla Bollobás などは，ブダの城で初めて会った折に，もっと単刀直入に，厳密な数学的証明がないのであれば，スケールフリー性など「存在しない」とまで言ったのである。

これらは，当然問われるべき疑問ではあったが，よくない結果も伴った。数学的にしっかりとした訓練を受けた研究者だけがスケールフリーという概念の上に考察を重ねていくことができる。生半可な理解でできた空虚に，混乱と誤解が入り込む余地が生じた。この空虚が，ジャーナリストたちがマイクを向けるたびに John Doyle が発した大げさな批判の言葉で埋められてしまったのである。

それから，ゆっくりと潮目が変わってきた。José Mendes，Sergey Dorogovtsev，そして，Sid Redner が，レート方程式を用いてスケールフリー・ネットワークの連続体理論をしっかりと

図 0.9　2000 年：アキレス腱

Nature の 2000 年 7 月 27 日号の表紙。DARPA への（採択されなかった）提案に触発された我々の論文「複雑ネットワークの攻撃と故障に対する耐性」[12] を取り上げている。

した数学的基盤の上に置いた [13, 14]。Béla Bollobás と何人かの共同研究者は，ある画期的論文において，スケールフリー性の厳密な証明を与えた [15]。Shlomo Havlin は彼の指導する学生とともにネットワークの頑健性とパーコレーション理論との関係を明らかにし [16]，Bollobás と Oliver Riordan は厳密な証明を与えた [17]。スケールフリー性がネットワークの振る舞いをどれほど深く変えてしまうのかについての一連の発見が論文として出版され始めた。Romualdo Pastor-Satorras と Alessandro Vespignani による，スケールフリー・ネットワークでは，疫病伝播しきい値が消失してしまうという今や古典的といってよい結果もその一例である [18]。このような状況下で，研究者コミュニティは，ネットワークにおいて次数分布が果たす中心的な役割の意味に気づき始めた。この教科書を通して見ていくように，6 次の隔たり，頑健性，コミュニティ構造のようなネットワークの特徴のすべては，このような歴史において解釈されなければならない。ネットワーク科学が提供してきた数多くの基本的な問いによりネットワークに興味を引かれた何百人もの研究者たちとともに，ネットワーク科学は次第に形を成してきたのである。

まとめ

ここまでのできごとの回想を成功の連続と見ることはたやすいだろう。これ以降の 10 年間で，我々の 1999 年の *Science* 論文は物理科学の分野で最も引用された論文となった。2000 年の故障と攻撃に対する耐性についての *Nature* 論文は，雑誌の表紙を飾っただけではなく [12]，ネットワークの頑健性についての我々の理解に大きい影響を与えた。Réka と私はあとに続く 1 年間をネットワークに関する総説を書くことに費やした。その総説は，この分野の知的基盤を形成するものとなり，最終的には *Reviews of Modern Physics* で最も引用された論文となった [19]。それから，全米アカデミーによって発行された，全米研究評議会 (United States National Research Council) の 2005 年の報告書では**ネットワーク科学**という新しい学術用語が生まれ，合衆国政府に，この新しい研究分野を既存のものとは異なる研究領域と認め，数百万ドルの研究費を投じるように勧告している。最終的には，ケンブリッジ大学出版，オックスフォード大学出版のような権威ある科学

的書物の出版社や，IEEE のような第一級の工学学会がネットワーク科学の最新情報をカバーする論文誌を創刊している．どのような基準から見ても，この新しい研究分野は産声を上げた後，活気に満ちた学際的コミュニティによって育て上げられてきたと言ってよい．

科学は成功への道を真っ直ぐに進むものではない（**図0.10**）．多くの場合，新しいアイデアがものになるまでに何年もの熟成期間が必要である．スケールフリー・ネットワーク理論は例外であって，アイデアが浮かんでから論文投稿まで10日間しかかからず，一撃で決めてしまった仕事であると見えるかもしれない．しかし，問題に取り組み始めてからまったく実りがないように思われた5年間がなければ，その後の一撃が火を吹くことは決してなかったであろう．

ネットワーク科学は，科学における共同作業と良き師弟関係の大切さを思い出させてくれる．Réka と Hawoong がこの旅に加わる前，私が生み出したものと言えば思いつきと失敗の連続だけだった．WWW のネットワーク図を描き出してくれる Hawoong の技がなければ，我々がスケールフリー性を発見することはなかった．数学を自在に操る Réka の能力はスケールフリー・モデルの背後にある理論を発展させるのに本質的であった．Northwestern 大学の医師であり研究者である Zoltán Oltvai が我々にネットワーク理論を分子生物学に応用することに確信を持たせてくれなかったら，そして，辛抱強くたんぱく質とその代謝が織り成す迷宮を案内してくれなかったら，我々がネットワークを研究することは決してなかったであろう [20, 21, 22]．これらは個人の仕事ではなく，真の意味で，共同作業による発見であった．

今日では，数多くの研究分野がネットワーク科学を自分たちの研究分野が生み出したものであると考えている．数学者たちが，グラフ理論を念頭に置き，ネットワーク科学は自分たちが生み出した数学の一分野であると主張するのも無理はない．社会学者たちが社会ネットワークを調べ始めてから，もう何十年が経過している．物理学は，ネットワーク科学に普遍的な概念を与え，さらに，今やネットワークを調べる際に欠くことのできない道具を提供してくれた．生物学は細胞内反応のネットワーク図を作るために何百万ドルもの資金を投資してくれた．計算機科学はアルゴリズムという視点を与え

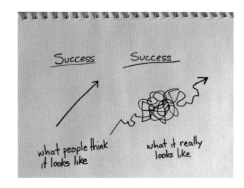

図 0.10　成功への異なる道筋
ある漫画家が描いてくれた成功への道．数々の失敗と袋小路にいろどられており，私のネットワーク研究の初期の様子はこのようなものであった．

てくれ，非常に大きいネットワークを調べることを可能にしてくれた。工学は社会インフラを構成するネットワークを調べるために多大な努力を提供してくれた。これほど多くの異なる分野が互いに補い合い，新しい研究分野を生み出してきたことは驚くべきことである。

　この教科書は，ネットワーク科学という魅力溢れる旅路を進んでいく中で，研究者コミュニティが成し遂げてきた驚くべき進歩を記すものである。ネットワーク科学がこれほどの成功をおさめ続けていられるのは，この研究者コミュニティが多くの既存の学問を超越する学際的性質を持続できているからであり，個々の科学者が自分たち独自の視点を持ち込むことができているからである。さまざまなアイデアや視点のぶつかり合いこそが，ネットワーク科学の強さであり知的推進力なのである。

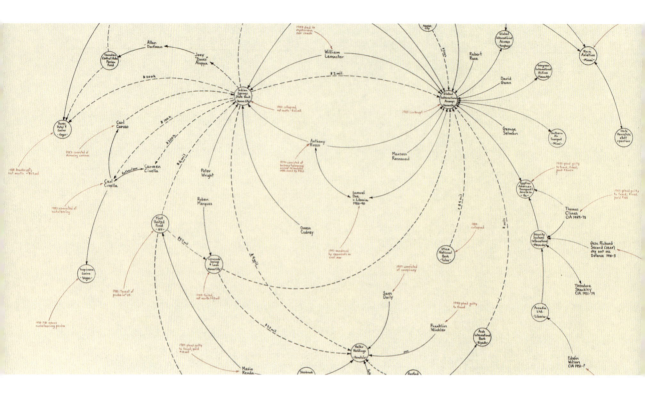

図 1.0 芸術とネットワーク：Mark Lombardi

Mark Lombardi (1951-2000) は，"the uses and abuses" を著した米国の芸術家である．彼の作品は，注意深い研究に基づいている．数千ものインデックスカードが遺っており，彼が精力を傾けたことを示している．Lombardi はそれらのカードを手書きのダイアグラムにまとめあげた．結果的には，これらのダイアグラムは自然に芸術となっていった [23]．本図は，*Global International Airway and Indian Spring Sate bank* と題する，1977 年から 1983 年の間に，鉛筆や木炭を用いて紙に描かれた作品である．

第 1 章
序論

1.1 相互連結性ゆえの脆弱性　25
1.2 複雑系の中心にあるネットワーク　27
1.3 ネットワーク科学を助ける二つの力　29
1.4 ネットワーク科学の特徴　31
1.5 社会的インパクト　33
1.6 科学的インパクト　40
1.7 まとめ　43
1.8 演習　45

1.1 相互連結性ゆえの脆弱性

　一見して，図 1.1 の 2 枚の衛星写真は，人口密集地帯は明るく輝き，人の住んでいない森や海は暗く写っているだけで，大きい違いがないように思われる．しかし，よく見てみると違いがあることに気がつく．トロント，デトロイト，クリーブランド，コロンバスやロングアイランドのあるところは，図 1.1a では明るく輝いているが図 1.1b では暗くなっている．これは映画「アルマゲドン」の続編からの合成画像ではなく，2003 年 8 月 14 日の米国北東部の実際の写真なのである．すなわちアメリカの八つの州の 4500 万人と，さらに（カナダの）オンタリオ州の 1000 万人の人々が電力を失った広域停電の前後の写真である．

　2003 年の広域停電は，連鎖破たんの典型例である．電力網のあるノードにおいて局所的な停電が生ずると，隣接するノードの負荷が増える．その追加負荷が取るに足りない大きさであれば，隣接ノードはその負荷を吸収できるため，その停電が他の地域へ大きく広がることはない．しかし，追加負荷が隣接するノードにとって過大である場合は，そのノードから隣のノードへと次々に追加負荷の影響が広がっていく．その結果として，連鎖破たんに直面することになる．このような

図 1.1　2003 年のアメリカ北東部停電
(a) 2003 年 8 月 13 日午後 9 時 29 分 (EDT) のアメリカ北東部，停電 20 時間前の衛星写真
(b) 上記と同じ，停電 5 時間後の衛星写真

現象の影響の大きさは，最初に故障したノードの位置と負荷を吸収する能力によって決まる。

連鎖破たんは，多くの複雑系で観察されている。たとえばインターネットでも，故障しているルーターを回避するようにルート変更して通信をしようとするときに発生しうる。また，日常的運用時でも，サービスが不能となるような攻撃が行われることがある。結果として，まったく問題のないルーターに対して過大な負荷がかけられ，利用できないようになる。金融システムにおいても，連鎖破たんを目の当たりにする。たとえば 1997 年には，東南アジア諸国の中央銀行が行う信用取引を国際通貨基金 (International Monetary Fund, IMF) が制限したことにより，複数の企業が債務不履行に陥り，世界的な株式市場の暴落へとつながっていった。また，2009 年から 2011 年の金融危機は，連鎖破たんの典型的な事例としてよく取り上げられる。アメリカでの信用危機が世界経済を麻痺させ，数多くの銀行，企業，さらには州をも破綻させた。また，連鎖破たんが人為的に起こされることもある。例としては，テロ組織を弱体化させるために彼らに対する資金供給を枯渇させようとする国際社会の努力が挙げられる。同様に，がんの研究者は，患者のがん細胞を死滅させるために，人間の細胞で生ずる連鎖破たんを利用しようとする。

アメリカ北東部の広域停電は，本書のいくつかの重要なテーマを明示している。第一に，連鎖破たんを避けるためには，最初に連鎖破たんを起こすネットワークの構造を理解しなければならない。第二に，たとえば電力の流れのように，こうしたネットワーク上で起きる動的なプロセスをモデル化しなければならない。最後に，ネットワークの構造とダイナミクスの相互作用が，系全体の頑健性に対してどのように影響するか，明らかにしなければならない。連鎖破たんはランダムに起きて，予測不能であるように見えるかもしれないが，それらは再現可能な法則に従っており，ネットワーク科学のツールを用いて定量化し，予測することができる。

広域停電は，また，別の大きいテーマを明示している。それは**相互連結性ゆえの脆弱性**である。実際，電力が使われ始めた当初，各々の都市にはその場所で使うための発電施設と電力網があった。しかし，電気は貯蔵することができないため，発電と同時に消費しなければならない。それゆえ，近隣の都

市を送電線でつないで，発電した余剰電力を共有し，必要に応じて他都市から電力を供給してもらえるようにすることは経済的に理にかなっていた。今日我々が安価に電力を利用できるのは，このような都市間をつなぐ電力網，すなわちネットワークのおかげである。このネットワークは，一対のノード間の接続の積み重ねによって生み出され，あらゆる生産者と消費者を一つのネットワークとして結び付けている。それによって安価に発電した電力を直ちにどこにでも届けることができる。電力供給網は，ネットワークによって我々の生活が計り知れないほど便利になった素晴らしい事例なのである。

しかし，ネットワークの一部であるということには落とし穴も存在する。たとえばオハイオ州のどこかでヒューズが飛ぶという局所的な故障が，もはや局所的なもので済まなくなることがある。こうした故障はネットワークのリンクを通して伝播し，明らかに本来の問題とは関係がない他のノードにまで影響を与えることになる。一般的に，相互接続性は驚くべき非局所性を生じさせる。情報，ミーム，商慣習，電力，エネルギー，ウイルス，などは，それぞれの社会・技術ネットワークによって拡散し，その発生源からどれだけ距離があるかにかかわらず，我々の間近なところまで到達してくるのである。それゆえ，ネットワークは便利さとともに脆弱性も持ち合わせている。ポジティブと思われる特性が広がることを促進して，逆にネットワークを脆弱にするネガティブなことを抑制する要因を発見することが本書の目的の一つである。

1.2 複雑系の中心にあるネットワーク

「私は，来世紀は複雑性の世紀であると思う。」

Stephen Hawking

我々は，絶望的なほど複雑な系に取り囲まれている。たとえば，数十億人の個人間で協力を必要とする社会，または数十億の携帯電話をコンピュータや衛星と統合する通信インフラを考えてみればよい。また，世界を論理的に解き明かし理解する我々の能力は，脳に存在する数十億個のニューロンの首尾一貫したはたらきによるものである。さらに我々が存在しているのは，生物学的な視点からいえば，細胞内での何千もの遺伝子と代謝物質の間の途絶えることのない相互作用によるものである。

> **Box 1.1　複雑**
> (1) 多くの相互に結合した部分からなるもの；化合物；複合物：複雑な高速道路網
> (2) 要素や構成単位の配置が，極めて煩雑な，あるいは込み入っている様子：作り込まれた機械
> (3) 極めて煩雑な，あるいは込み入っていて，理解するのも対処するのも困難である様子：複雑な問題
>
> 出典：Dictionary.com

これらの系は，系の構成要素の知識からは全体の挙動を推測することが難しいという特徴を捉えて，**複雑系**と呼ばれる（**Box1.1**）。我々の日常生活，科学，経済において複雑系が担う重要な役割を考えると，その理解，数学的記述，予測，最終的にはその制御が，21世紀における大きい知的・科学的挑戦の一つである。

21世紀初頭におけるネットワーク科学の誕生は，科学がこの挑戦に応えることができるという明確な証拠である。実際に，それぞれの複雑系の背後には，系の構成要素の間の相互作用を記述する複雑なネットワークが存在する。

(a) 遺伝子，たんぱく質と代謝物質の間の相互作用を記述したネットワークによって，これらの構成要素が生きた細胞として統合されている。この**細胞ネットワーク**が存在することこそが，生命の前提条件なのである。

(b) **神経ネットワーク**と呼ばれる，ニューロン間のつながりを記述した配線図は，脳がどのように働いているかを理解する上で，また我々の意識にとって，鍵となる。

(c) **社会ネットワーク**と呼ばれる，仕事上の関係，友人関係，家族のあらゆる結びつきを総合したものは，社会の構造をよく表現しており，知識・行動・資源の拡散を規定する。

(d) **通信ネットワーク**は，有線あるいは無線のインターネット接続によって，どの通信デバイスが相互作用しているかを記述したものであり，現代の通信システムの中核をなすものである。

(e) **電力網**は発電機と消費者と送電線のネットワークであり，実質的にすべての現代の技術に対してエネルギーを供給している。

(f) **取引ネットワーク**によって，財とサービスを交換する仕組みを維持することができる。第二次世界大戦以降に世界が享受した物質的繁栄は，これによってもたらされた（**図1.2**）。

図1.2　経済の背後にあるすぐにそれとはわからないネットワーク

これは，大英博物館の展示「100のモノが語る世界の歴史 (the History of the World in 100 Objects)」において，99番目として選ばれたクレジットカードである。クレジットカードは，通常気づかれることもなく見逃がされがちな経済・社会のつながりを基盤とする，高度に相互接続された現代経済の性質を鮮明に示すものである。

このカードは，ロンドンを本拠地とする，香港上海銀行 (HSBC) によって，2009年にアラブ首長国連邦で発行されたものである。このカードは，アメリカを本拠地とする VISA の規約に従う一方で，利子 (riba) を設定しないことで有名なイスラム取引法 (Fiqhal-Muamalat) に従って運用され，イスラム金融の原則を堅持している。このカードはアラブ首長国連邦のムスリムだけに限定されたものではなく，非イスラム諸国にも提供され，厳格な倫理規定に同意する限り誰でも利用できるものとなっている。

ネットワークは21世紀における最も革新的な技術の中核をなすものであり，グーグル，フェイスブック，シスコ，ツイッターに至るまで，あらゆるものに力を与えた。結局のところ，そのはたらきが明らかになるよりもはるかに広く，ネットワークは科学や技術，ビジネスや自然に浸透している。し

たがって，**複雑系の背後にあるネットワークを深く理解しない限り，決して複雑系を理解することはできないのである。**

21 世紀の最初の 10 年におけるネットワーク科学に対する関心の急速な高まりは，以下のような発見に起因するものである．すなわち，それぞれの複雑系が多様であるのは明らかであるにもかかわらず，その系の背後にあるネットワークの構造と進化は，共通の原理や法則によって生み出されている，ということが発見されたことによる．それゆえ現実のネットワークでは，大きさや性質，古さや対象範囲が驚くほど異なるにもかかわらず，ほとんどのネットワークは共通の組織化原理によって生み出されている．ひとたび構成要素の性質や，それらの間の相互作用の正確な性質を無視してしまえば，得られたネットワークは互いに異なるというよりむしろ類似したものになる．次節ではこの研究分野の誕生を牽引した諸々の要因と，それらの科学・技術・社会への影響について論じる．

1.3 ネットワーク科学を助ける二つの力

ネットワーク科学は新しい学問である．その正確な起源については議論の余地があるかもしれないが，この分野が新たな学問として誕生したのは 21 世紀に入ってからのことである．このことは明確である．

なぜ，200 年早くネットワーク科学が存在しなかったのか．ネットワーク科学の研究対象であるネットワークの多くは決して新しくはない．たとえば，代謝ネットワークは生物の起源に遡り，40 億年の歴史をもつ．そして，社会ネットワークは人類と同じくらい古い．さらにまた，多くの学問は，生化学から社会学，さらには脳科学まで，何十年もそれら自身のネットワークを取り扱ってきた．多くの研究を生み出す数学の一分野であるグラフ理論は，1735 年以降グラフを研究している．したがって，ネットワーク科学を **21 世紀の科学** という理由が存在するだろうか．

21 世紀初頭に，個別の研究分野を超えて，新しい学問の出現を引き起こした特別なことが起きた（**図 1.3**）．このことがなぜ 200 年前ではなく今起きたのかということを理解するためには，ネットワーク科学の出現に貢献した二つの力を検討する必要がある．

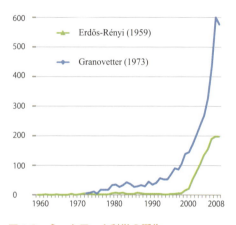

図 1.3 ネットワーク科学の誕生

ネットワークの研究には，グラフ理論と社会学の二つをルーツとする長い歴史がある一方で，現代のネットワーク科学の主要部分は 21 世紀初めのわずか 10 年間に出現した．

グラフ理論におけるランダム・ネットワーク研究の始まりを告げる Paul Erdős と Alfréd Rényi による 1959 年の論文 [3] と，社会ネットワークに関する論文で最も引用数の多い Mark Granovetter の 1973 年論文 [24] という二つの古典的文献の引用数の推移によって，ネットワークに対する関心の爆発的な高まりがよく示されている．図は，各々の論文が出版以来得た毎年の引用数を示している．両方の論文はその学問の範囲内では高く評価されたが，それらの分野外への影響は限定的であった．21 世紀のこれらの論文への引用数の爆発的な増加は，これらの古典的出版物に対して新たに学際的な関心を当てた，ネットワーク科学の誕生の結果である．

1.3.1 ネットワーク図（マップ）の出現

何百から何十億もの相互作用する連結成分からなる系の詳細な挙動を記述するために，系の配線図（マップ）が必要である。社会システムにおいては，あなたの友人，あなたの友人の友人，そのまた友人という関係性についての正確なリストが求められる。WWWにおいては，このマップによって，どのウェブページが互いにつながっているかがわかる。細胞においては，このマップは，遺伝子，たんぱく質，代謝物質に関する結合作用や化学反応の詳細なリストということになる。

過去においては，こういったネットワークのマップを作るための道具がなかった。またそれらの背後にある膨大な量のデータを記録することは，同等に難しいことであった。デジタル革命によって，効果的で高速のデータ共有方法と安価なデジタル記憶装置がもたらされたことにより，我々が現実のネットワークに関係するデータを収集して，それらをまとめ，共有し，そして分析する能力は根本的な変化を遂げた。

これらの技術的進歩のおかげで，ちょうど20世紀から21世紀の変わり目で，我々はネットワークのマップ作成の爆発的な増加を目の当たりにすることとなった（**Box1.2**）。その例は，以下のように多岐に渡る。1) はじめてインターネットの大規模なマップを提供したCAIDA (Center for Applied Internet Data Analysis) やDIMES (Distributed Internet MEaSurement infrastructure) などのプロジェクトから，生物学者によって数百億ドルを費やして実験的に作成された，人類の細胞内におけるたんぱく質相互作用のマップ，2) フェイスブック，ツイッター，リンクトインなどの社会ネットワーク企業によって行われた，我々の友人関係や職業上の結びつきを正確に記録するための努力，そして3) 哺乳類の脳の神経接続を体系的にたどろうとする，米国国立衛生研究所のコネクトームプロジェクトなどである。20世紀の終わりになって，こうしたマップが突如利用可能となったことに刺激されて，ネットワーク科学は誕生した。

1.3.2 ネットワークの特徴の普遍性

我々が自然または社会で出くわすさまざまなネットワークの違いを列挙することは容易である。たとえば，代謝ネットワークのノードは小さい分子であり，リンクは化学と量子力

Box 1.2　ネットワーク・マップの起源

ネットワーク科学者によって今日研究されているわずか二，三のマップだけが，ネットワークを研究する目的で作られたものである。ほとんどのマップは他のプロジェクトの副産物で，ネットワーク科学者の手によってマップとして形成されたにすぎない。

(a) 細胞内における化学反応のリストは，150年間にわたり生化学者によって一つ一つ発見されたものである。1990年代には，それらが中央データベースに集められ，一つの細胞内の生化学ネットワークを整理する初めての機会となった。

(b) さまざまな映画に出演する俳優のリストは，従来は新聞や本，百科事典などに情報が散乱していた。インターネットの出現で，これらのデータはimdb.comのような中央データベースに集められ，そして映画の熱狂的ファンの好奇心に火をつけることとなった。そのデータベースによって，ネットワーク科学者がハリウッド映画の背後にある，俳優の共演ネットワークを再構築することが可能となった。

(c) 何百万もの研究論文の著者のリストは，従来は数千の論文誌の目次に情報が散乱していた。近年，Web of Science，グーグル Scholar，そしてその他のサービスによって包括的なデータベースに集約され，そしてネットワーク科学者が共同研究ネットワークの正確なマップを再構築することを可能としている。

初期のネットワーク科学の多くは，既存のデータベースからネットワークを捉え抽出するというような研究者の独創性によって発展してきた。今日のネットワーク科学では，十分に資金を得た研究が協働してネットワーク図を作成し，生物学的システム，コミュニケーションシステム，あるいは社会システムにおける正確な配線図を捉えることに焦点を当てるように変化してきている。

学の法則によって定められる化学反応である．またWWWの
ノードはウェブ文書であり，リンクはコンピュータのアルゴ
リズムによって接続が保証されているURLである．また社会
ネットワークのノードは個人であり，リンクは家族の，職業上
の，友人関係の，あるいは面識のある人間関係を表している．

　これらのネットワークを生み出した過程もまた大いに異なっ
ている．たとえば，代謝ネットワークは，数十億年の進化に
より形成され，WWWは何百万もの個人と組織の集合的な行
動によって形成され，社会ネットワークは数千年前に起源を
もつような社会規範によって形成されている．大きさ，性質，
範囲，歴史と進化におけるこの多様性を考えると，これらの
系の背後にあるネットワークが大きく異なっていたとしても，
驚きはしないであろう．

　ネットワーク科学の鍵となる発見は，以下のとおりである．
**科学，自然，技術のさまざまな領域に現れるネットワークの
構造は似通っていて，それは同じ組織化原理によって支配さ
れている．したがって，これらの系を研究するために，共通
の数学的ツールを用いることができる．**

　この普遍性は，本書で紹介している原則の一つである．我々
は特定のネットワークの特性を明らかにしようというだけで
はなく，いかなる時もそれがどれだけ幅広く適用できるかと
いうことを問うのである．我々はまた，ネットワークの進化
を規定する法則と，それがネットワークの挙動に与える影響
とを明らかにすることによって，それらの起源を理解しよう
とするのである．

　まとめると，多くの学問分野がネットワーク科学への重要
な貢献をしたが，別の学問分野で遭遇したネットワークに関
する正確なマップのデータが利用できるようになったことが，
新たな分野の出現をもたらした．これら多様なマップのおか
げで，ネットワーク科学者はさまざまなネットワークの特徴
に関する普遍的な性質を理解することができるようになった．
この普遍性が，ネットワーク科学の新しい学問領域の基盤と
なっているのである．

1.4　ネットワーク科学の特徴

　ネットワーク科学はその主題によってだけでなく，その方
法論によっても定義される．本節では，複雑系を理解するた

めにネットワーク科学が採用しているアプローチの主たる特徴を検討する。

1.4.1 学際的な性質

ネットワーク科学は，異なる学問分野どうしが円滑に交流することができるような言語を提供する．実際，系の背後にある配線図の特徴を理解し，不完全でノイズの多いデータセットから情報を抽出し，故障や攻撃に対する系の頑健性を理解するという仕事に，細胞生物学者，脳科学者とコンピュータサイエンスの専門家は同じように直面している（**図 1.4**）．

たしかに，各々の学問は，その学問分野ごとに異なる，重要な目的・技術的詳細・課題をもっている．しかし，これらの分野における多くの課題に共通する性質が存在するため，各々の学問分野を超えてツールやアイデアが発展することとなった．たとえば，1970 年代の社会ネットワークの文献に出てきた媒介中心性の概念は，今日，インターネット上で高い通信量をもつノードを特定する上で主要な役割を担っている．同様に，グラフを分割するためにコンピュータサイエンスの専門家によって開発されたアルゴリズムは，医療においては異常部位を特定し，大きい社会ネットワークにおいてはコミュニティを検出するなど新たな適用分野を見出してきた．

1.4.2 経験的かつデータ主導の性質

ネットワーク科学のいくつかの主要な概念は，数学的に豊かな分野であるグラフ理論に起源をもっている．ネットワーク科学をグラフ理論から区別するのは，その経験的な性質，すなわちデータ，機能と有用性に対する観点である．後の章で述べるが，ネットワーク科学は，特定のネットワークの特性を記述するための抽象的な数学的な道具を開発することだけでは，決して満足しない．開発される各々の手法は現実のデータで検定され，そしてその価値はその手法によって見出される系の性質と挙動に関する新しい事実やその含意によって判断される．

1.4.3 定量的かつ数学的な性質

ネットワーク科学の発展に貢献する，あるいは適切にその

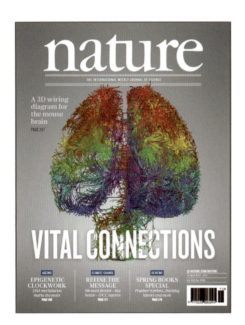

図 1.4　脳のマッピング
ネットワーク科学によって爆発的に広まっている応用領域は脳研究である．完全な神経系の配線図は，小さい線虫である C エレガンスについては昔からわかっていた．しかし，より大きい動物の神経細胞の結合に関するデータは最近まで存在しなかった．この状況は，脳の精密な配線図を作成することができる技術を開発しようとする科学界の多大な努力によって，変化しつつある．図は，シアトルのアレン研究所の研究者が作成した実験マウスの包括的なマップを報告する *Nature* の 2014 年 4 月 10 日号の表紙である [25]．

手法を使用するためには，その背後にある数学的な体系を習得することが不可欠である．ネットワーク科学はグラフを扱うためにグラフ理論から数式を借用し，無作為性を扱い普遍的な組織化原理を探求するために統計物理学から概念枠組みを借用した．近年この分野は，工学から借用した概念（たとえば制御理論や情報理論）によってネットワークの制御原理を理解できるようになり，また統計学から借用した概念によって，不完全でノイズの多いデータセットから情報を抽出できるようになる，などの恩恵を受けている．

ネットワーク分析ソフトウェアの開発により，ネットワーク科学の手法がより広範なコミュニティに提供され，この分野の知的基盤と十分に深い数学的理解をもたない人々にさえ利用可能となっている．それでも，この分野を前進させ，効率的にその手法を使うためには，その理論的枠組みを習得することが必要となる．

1.4.4 計算に関する特徴

実際に関心の対象となる多くのネットワークの大きさと，その背後にある尋常でない量の補助データのために，ネットワーク科学者は，常に手に負えないほどの数々の計算上の困難に直面している．それゆえ，この分野は実際に数値を計算することを重視するという特徴をはっきりと備え，アルゴリズム，データベース管理やデータマイニングから積極的に知見を借用している．一連のソフトウェア・ツールが，これらの計算問題に対処するために利用可能となっており，それによってさまざまなレベルの計算技能をもつ専門家が，それぞれに関心のあるネットワークを分析することが可能となっている．

まとめると，ネットワーク科学の習得には，この分野のそれぞれの側面をよく理解する必要がある．それらの組み合わせによって，現実のネットワークの性質を理解するために必要な，多面的な手法と視点とが得られるのである．

1.5 社会的インパクト

新しい研究分野のインパクトは，その知的到達点，および，その応用範囲とポテンシャルによって示される社会的インパクトの両方によって測ることができる．ネットワーク科学は若

い研究分野であるが，そのインパクトはあらゆる分野に及ぶ。

1.5.1 経済的インパクト：WWW 探索から社会ネットワーク

グーグル，フェイスブック，ツイッター，リンクトイン，シスコ，アップル，アカマイなど，21 世紀において最も成功している企業は，その技術とビジネスモデルをネットワークに依存している。実際のところ，グーグルは人類がこれまでに作成した最も大きいネットワーク図の作成を行っており，WWW の包括的かつ継続的なネットワーク図を絶えず更新しているだけではない。その探索技術は WWW のネットワーク特性に深く関係している。

地球全体の社会ネットワークを精密に描き出すことを目論む企業であるフェイスブックの出現とともに，ネットワークは特に人々によく知られるようになってきた。フェイスブックは最初のソーシャルネットワーキングサイトではないし，おそらく最後のものでもないであろう。ツイッターやリンクトインなどの属するソーシャルネットワークサービスの業界全体は数百万のユーザーの興味を引くために競い合っており，ネットワーク科学者によって開発されたアルゴリズムが，お友達紹介から広告に至るまで，その競争の手助けをすることとなっている。

1.5.2 健康：薬品設計から代謝工学まで

2001 年に完了したヒトゲノム計画は，人類の全遺伝子の最初の網羅的なリストを完成させた [26, 27]。しかしながら，細胞の機能や病気の原因を完全に理解するには，遺伝子の網羅的リストだけでは不十分である。遺伝子，たんぱく質，代謝物，細胞の部品が互いにどのように相互作用するかについての正確なマップが必要なのである。実際のところ，食物処理から環境変化の探知までのほとんどの細胞過程は分子ネットワークに依拠している。これらの分子ネットワークの詳細解明は病気の原因究明に役立つであろう。

分子ネットワークの重要性への認識の高まりが，**ネットワーク生物学**の誕生をもたらした。これは，細胞ネットワークの振る舞いを解明するための生物学の新しい分野である。医学における並行した動きとして，人間の病気におけるネットワー

クの役割を明らかにするための新しい分野，ネットワーク医学が挙げられる（図 1.5）。

　薬品開発において，ネットワークは特に重要な役割を果たしている。**ネットワーク薬学** [28] の最終ゴールは，深刻な副作用をもたらさずに病気を治癒することができる薬品を開発することである。数百万ドルを投資する細胞ネットワークの構築から患者や遺伝子データを格納し，まとめ，分析するための道具やデータベースの開発にいたるまで，医療のあらゆるレベルでこのゴールは追及されている。

　いくつかの新しい企業は，健康や医療についてのネットワークからさまざまな恩恵を得ている。たとえば，GeneGo は科学的文献から細胞ネットワークのマップを集めている。また，Genomatica はバクテリアや人間の中の薬物ターゲットを同定するため代謝ネットワークが有する予測能力を使っている。近年，ジョンソン＆ジョンソンのような大手製薬企業は，未来の薬物開発にむけてネットワーク医学へ巨額の投資を行っている。

1.5.3　セキュリティ：テロとの戦い

　テロリズムは 21 世紀の病弊であり，テロリズムとの戦いには，世界中で多くの資財と人材が投入されている。テロ活動に対応するための責任を負うさまざまな法執行機関において，ネットワークに基づく思考はますます存在感を増し，テロ組織の資金調達ネットワークを崩壊させ，テロ組織のメンバーやその能力を明らかにすることを手助けする敵対者のネットワークを構築するのに使われている。この分野における多くの仕事は機密扱いであるが，詳しく文書化されたいくつかのケーススタディが公開されている。サダム・フセインを見つけるための社会ネットワークの活用 [30]，2004 年 11 月のマドリッドでの列車爆破事件の犯人を見つけるための携帯電話ネットワークの解析，などが知られている。ネットワークの概念は軍事政策においても重要性を増してきており，分散型の柔軟な組織をもつテロリストや犯罪者ネットワークに対する低強度紛争に対処するための**ネットワーク中心的な武力衝突**という概念も生まれている [31]（図 1.6）。

　軍事的な応用の可能性が潜在的に数多くあることを考えると，ネットワーク科学の最初の学術的プログラムの一つがウ

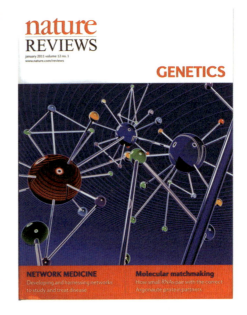

図 1.5　**ネットワーク生物学と医学**

主要な遺伝学の学術誌である *Nature Reviews Genetics* 誌の二つの号の表紙。この学術誌ではネットワークの衝撃が大きく注目された。一つはネットワーク生物学に注目した 2004 年の表紙 [22]（上）であり，もう一つはネットワーク医療に触発された 2011 年の表紙 [29]（下）である。

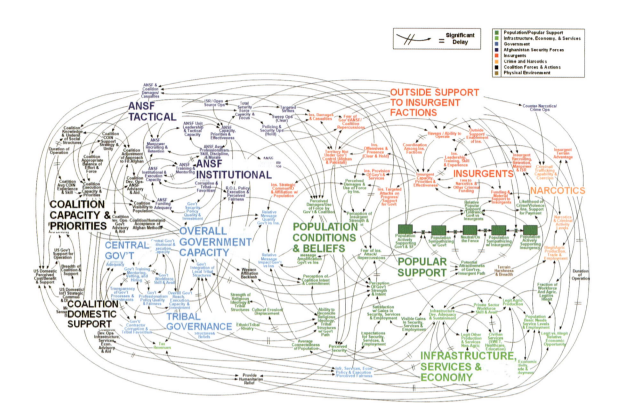

図 1.6　軍事活動の背後にあるネットワーク

このネットワーク図は，2012 年のアフガン戦争の間に，アフガニスタンでのアメリカの作戦計画を表現するために設計された．あまりに複雑で詳細なものを 1 枚の図表に表示しているために，マスコミからからかわれてきた一方で，これは現代の軍事活動が相互接続的であることを鮮明に描いている．今日では，幹部職や士官候補生はこの例から意思決定や作戦協働のためにはネットワーク・モデルが有効であることを学習している．実際，軍の将校の仕事では，必要な軍事的能力を確保するのみならず，信念や現地の人々の生活条件，または反乱軍の軍事作戦の資金源となっている麻薬の取引の影響などもまた考慮しなければならない．図は *New York Times* からの引用である．

エストポイントにある合衆国陸軍士官学校で始まったことは驚くことではないであろう．さらに，2009 年から陸軍研究所は 3 億ドルをかけて米国全体のネットワーク科学の研究拠点をサポートしている．

　ネットワークによってもたらされた知識と能力は誤って使われることがある．そのような事例の存在は，米国国家安全保障局 (NSA) による無差別ネットワーク構築活動により示されている [32]．テロリストによる将来の攻撃を防止することを口実として，NSA は米国内外の数億人の個人の交信をモニターして社会ネットワークの再構築を行った．これらの事例によって，ネットワーク科学者は，自分たちのもつツールや知識を倫理的に用いることを確かなものとしなければならない，という新たな社会的責任があるということに気づくこととなった．

1.5.4　感染症：致死ウイルスの拡散予測から蔓延阻止まで

　2009 年の大流行の初めに懸念されたほどには H1N1 の流

行は破壊的ではなかったが，感染症の歴史のなかで特別な役割を得ることになった．それは，感染経路や時間発展がピークに達する数か月前に正確に予測された最初の感染症であった（**オンライン資料 1.1**）[33]．これが可能となったのは，ウイルスの拡散における移動ネットワークの役割がわかってきたという本質的な進歩のおかげである．

2000 年以前では，感染についてのモデル化の主流は，社会的・身体的に同じ区分の中にいる人はその他の人すべてを感染させることができると仮定する，区分化に基づくモデルであった．ネットワークを基本とするモデル化の枠組みが出現することによって，根本的な変化が生じ，新しいレベルの予測が可能となった．今日では，感染症流行予測は，ネットワーク科学における最も活発な応用分野の一つで，インフルエンザの蔓延やエボラ熱の閉じ込めを予見している [33, 34]．感染症流行予測は，本書で取り扱うような生物学的，デジタル的，社会的なウイルス（ミーム）の蔓延を予測するモデルを可能とするいくつかの基本的な結果の源泉でもある．

これらの進歩のインパクトは，感染症学を超えた事例からも知ることができる．2010 年の 1 月に，携帯電話を通じたウイルス蔓延の発生の必要条件を，ネットワーク科学のツールは予測した [35]．最初の携帯電話感染の大流行は，中国において 2010 年の秋に始まり，ほぼ予測通りのシナリオに従って，毎日 30 万以上の携帯電話を感染させた．

1.5.5 神経科学：脳のマッピング

ヒトの脳は，数千億のニューロンが互いに結合しており，ネットワーク科学の観点から最も解明が進んでいないネットワークの一つである．その理由は単純である．ニューロンがつながる様子を示したマップがないためである．完全にニューロンのマップが手に入るのは，わずか 302 ニューロンからなる **C エレガンス線虫**についてだけである．哺乳類の脳についての詳細なマップは脳科学に革命を引き起こし，多くの神経的な脳の病気を理解し治療することが可能になるであろう．脳の研究はネットワーク科学の最も活発な研究分野の一つとなっている [36]．そのようなマップができれば革新的な影響が起こりうるという可能性に促されて，米国国立衛生研究所では，哺乳類の脳の正確なニューロンレベルのマップの作製

オンライン資料 1.1
H1N1 大流行の予測

2009 年に起きた H1N1 大流行のリアルタイム予測について最初の成功例である [33]．世界中の交通機関ネットワークの構造と動態を説明するデータに依拠したプロジェクトは，通常期待されるインフルエンザの 1 月から 2 月の流行時期とは異なり，H1N1 が 2009 年 10 月にピークを迎えると予測した．これは，ワクチン接種の時期が 2009 年 11 月では遅すぎて，結局のところ大流行の結果にほとんど影響を与えないということを意味した．このプロジェクトの成功は，人類にとって特に重要な領域における進歩を促進するために，ネットワーク科学が有効であることを示した．

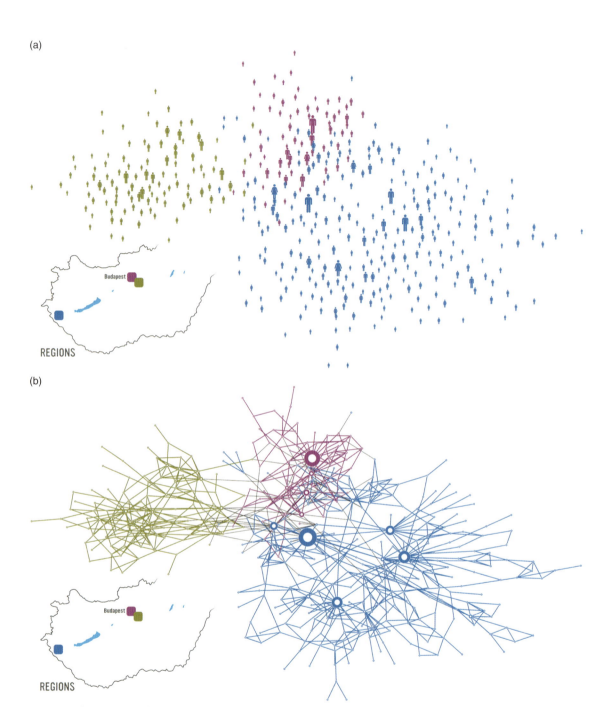

図 1.7 組織のマッピング

(a) 三つの主要な地区（紫色，黄色，青色）におけるハンガリー企業の被雇用者。経営管理部門では，上級経営者の意向を社員に伝えることが，現実の計画に何の影響も及ぼしていないことに気づいていた。企業内の情報伝達を高めるために，その企業の管理職社員たちは，経営組織の問題にネットワーク科学を応用する，筆者によって設立された企業である Maven 7 社に問い合わせた。

(b) 企業に影響を与える意思決定をするとき誰に助言を求めるのかを，各々の社員に質問するオンライン・プラットフォームを Maven 7 社は開発した。このプラットフォームは，組織上そして職業上の問題における情報源として，ある個人が別の個人を指名した場合にその二人の個人は結ばれているとして，マップを作成する。このマップでは，何人かの高い影響力をもった個人は大きいハブとして描かれる。

1.5 社会的インパクト

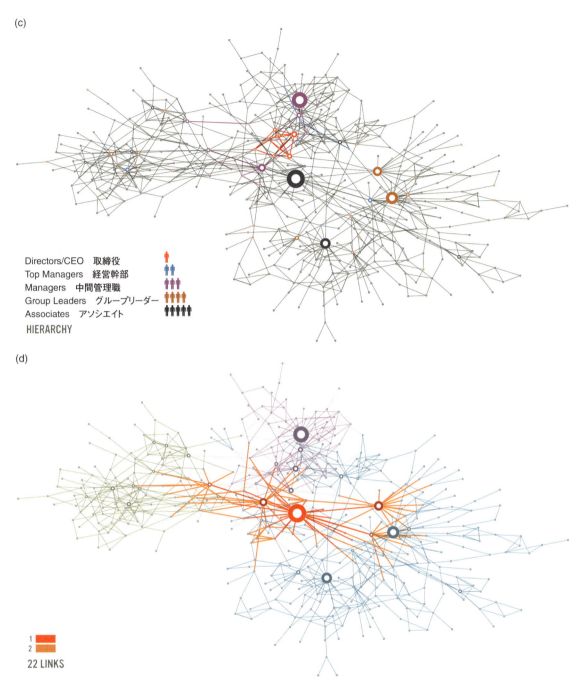

図 1.7 （続き）

(c) 企業の非公式ネットワーク内におけるリーダーの地位。赤色で示される取締役のノードはいずれもハブではないことに注意しよう。また，青色で示されている経営幹部もハブではない。中間管理職，グループリーダー，アソシエイトなどの低い職位の社員がハブとなっている。最も大きいハブ，すなわち最も影響力のある個人は，灰色のノードで表されるごく普通の社員である。

(d) 最大ハブに直結するリンク（赤色）とその次のノードにつながるリンク（オレンジ色）は，大部分の割合の社員はハブからせいぜい 2 リンクの範囲内にいることを示している。しかし，このハブはどのような社員なのであろうか。その人物は，安全問題を担当する社員であり，最高経営責任者以外のすべての社員につながっている。経営者の真の意向についての知識はほとんどないが，その人物は安全問題を担当する中で出会った社員から集めた情報を他の社員へ伝えることにより，実効的にあらゆる情報を伝達する中心人物となっている。

管理職は最大ハブの人物をクビにすべきか昇進するべきであろうか。この問題の最良の解決策は何であろうか。

を目指して 2010 年に**コネクトームプロジェクト**を開始した（**図 1.4**）。

1.5.6　経営管理：組織の内部構造の解明

　経営管理は表向きでは一連の業務命令によって進んでいくのだが，近年は，誰が誰とコミュニケートしているのかを捉えた，表面には現れないネットワークが組織の成功において重要な役割を果たすことがますます明らかになっている。このような**組織ネットワーク**のネットワーク図を正確に作ることによって，重要な部門間に相互作用が欠如していることが明らかになったり，異なる部門や製品を統合するに当たって重要な役割を演じる人を見つける手助けとなったり，高レベルの経営判断がさまざまな組織的問題を診断する手助けをしたりする。さらには，従業員の生産性は非公式の組織ネットワークにおける位置によって決まるとする経営管理の文献が増えてきている [37]。

　これに伴い，Maven 7 のように，組織の正確な構造を反映したマップを作製するツールや方法論を提供する企業が増えている。これらの企業では，オピニオンリーダーを特定することから，従業員間の動揺を抑えることに至るまで，知識と製品普及を最適化し，それぞれの特定の業務について最も効果が上がるよう，さまざまな多様性，大きさ，技量をもったチームをデザインするサービスを提供している（**図 1.7**）。**IBM** や **SAP** のような，すでに評価の確立した企業では，その事業に社会ネットワーキングを追加している。全般的に言って，ネットワーク科学の道具は，組織内の生産性を増加させイノベーションを加速するための，経営管理や事業において必須のものとなっている。

1.6　科学的インパクト

　科学の世界ほどネットワーク科学のインパクトが明白である場所はない。*Nature*, *Science*, *Cell*, *PNAS* (*Proceedings of the National Academy of Science*) のような最も有名な科学論文誌では，生物から社会科学に渡るさまざまな分野におけるネットワーク科学のインパクトを説明する総説や論説を載せている。たとえば，*Science* では，スケールフリー・ネットワークの発見から 10 周年を記念してネットワーク科学の特

集号を発行した（**図 1.8**）。

過去 10 年間で，ネットワーク科学に焦点を当てた国際会議，ワークショップ，サマースクール，ウインタースクールが毎年数多く開催されてきた。NetSci と呼ばれる非常に成功しているネットワーク科学の会議は，2005 年からこの分野の研究者を引きつけてきた。多くの国で，何冊もの一般向けの書籍がベストセラーとなり，ネットワーク科学を多くの人々へ知らしめることとなった。ほとんどの一流大学ではネットワーク科学の講義を用意して，幅広い分野の学生を引きつけている。そして，2014 年にはボストンにあるノースイースタン大学やブダペストにある中央欧州大学では，ネットワーク科学の博士課程プログラムを開始した。

科学の世界におけるネットワーク科学のインパクトを見るために，複雑系分野で最も引用数の多い論文の引用パターンを調べることが有益である。これらの論文は，バタフライ効果の発見，くりこみ群，スピングラス，フラクタル，神経ネットワークのような非常によく知られたものであり，累積で 2,000 から 5,000 の引用数がある。ネットワーク科学への興味の大きさを見るために，**図 1.9** において，これらの論文と最も引用される二つのネットワーク科学の論文：1998 年のスモールワールド・ネットワークの論文，1999 年のスケールフリー・ネットワークの論文，の引用パターンを合わせて示す。これらのネットワーク科学の二つの論文は，先行する研究がない中で，その引用数が急激に増加していることがわかる。

多くの学問分野において根本的な理解の枠組みを規定するという観点で，ネットワーク科学がインパクトをもたらしたことを他の指標も示している。たとえば，いくつかの研究分野で，ネットワーク科学の論文がその分野の主要論文誌にお

図 1.8　複雑系とネットワーク

2009 年 7 月 24 日出版の *Science* の特別号では，1999 年のスケールフリー・ネットワーク発見の 10 周年を祝して，ネットワークを特集した。

図 1.9　複雑系とネットワーク科学

引用パターンから見て，複雑系で最も引用された論文と比較した場合の，ネットワーク科学の科学的影響。1960 年代と 1970 年代の複雑系の研究は，Edward Lorenz の 1963 年のカオスに関する古典的研究 [38]，Kenneth G. Wilson のくりこみ群 [39]，そして Samuel F. Edwards と Phillip W. Anderson のスピングラスの研究 [40] が最も主要なものであった。1980 年代になり，複雑系の研究コミュニティは，パターン形成にその関心が移っていき，Benoit Mandelbrot のフラクタルの書籍 [41] や，Thomas Witten と Len Sander の拡散律則凝集モデルの導入 [42] がそれに続いた。同等の影響があったものに，John Hopfield の神経ネットワークに関する論文 [43] や，Per Bak, Chao Tang, Kurt Wiesenfeld の自己組織化臨界現象の研究 [44] がある。これらの論文は今日に至るまで複雑系についての我々の理解の枠組みを規定するものとなっている。この図は，スモールワールド・ネットワークに関する Watts と Strogatz の論文，そしてスケールフリー・ネットワークの発見を報告した Barabási と Albert の論文という，ネットワーク科学で最も引用されたこの二つの画期的な論文の年ごとの引用回数を比較している。

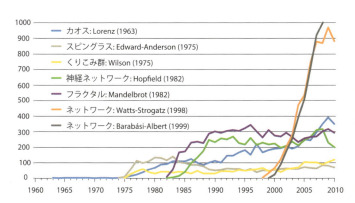

ける最も引用数の多い論文となった。

(a) Watts と Strogatz による 1998 年に *Nature* に掲載されたスモールワールド現象の論文，Barabási と Albert による 1999 年に *Science* に掲載されたスケールフリー・ネットワークの論文は，トムソンロイター社の物理科学分野において出版後 10 年間で最も引用された論文の上位 10 位に入った。2011 年には，Watts と Strogatz の論文は 1998 年に *Nature* に出版された論文で 2 番目に多く引用された論文となり，Barabási と Albert の論文は 1999 年に *Science* に出版された論文で最も多く引用された論文となった。

(b) Mark Newman による *SIAM* (*Society for Industrial and Applied Mathematics*) の総説論文は，出版から 4 年で，*SIAM* から発行されるあらゆる論文誌において最も多く引用された論文となった [45]。

(c) *Review of Modern Physics* は，1929 年から発刊されている最もインパクトファクターの高い物理学の総説論文誌である。2012 年まで，この論文誌において最も多く引用された論文は，ノーベル賞物理学者である Chandrasekhar によって 1944 年に書かれた "Stochastic problems in physics and astronomy" であった [46]。70 年以上にわたって，この論文は 5000 以上の引用を集めた。しかし，2001 年に出版されたネットワーク科学の最初の総説論文 "Statistical mechanics of complex networks" により，この記録は 2012 年に塗り替えられた [19]。

(d) Pastor-Satorras と Vespignani による，スケールフリー・ネットワークにおいては感染しきい値がなくなるという発見を報告した論文は，量子コンピューティングの論文とともに，2001 年に *Physical Review Letters* に出版された論文のうち最も多く引用された論文となった。

(e) Michelle Girvan と Mark Newman によるネットワークのコミュニティ解析の論文は，2002 年に *PNAS* に出版された論文のうち最も多く引用された論文となった [47]。

(f) 2004 年に出版された総説論文 "Network biology" は，遺伝学の最も有名な総説論文誌である *Nature Review Genetics* で出版された論文のうち 2 番目に多く引用された論文となった [22]。

科学の世界におけるこの特筆すべき熱狂に促され，米国政

府に政策提言する責務を負う米国国立アカデミーの一部門である全米研究評議会 (NRC) は，ネットワーク科学を精査した。NRC は二つの委員会を設立して，ネットワーク科学の分野を定義する提言を二つの報告書で行った [48, 49]（図 1.10）。これらの報告書は，新たな研究分野の出現を述べるだけでなく，科学，国家の競争力，安全保障におけるこの分野の役割を強調した。これらの報告書に続いて，全米科学財団 (NSF) はネットワーク科学専門の部局を設立し，陸軍研究所の支援によりいくつかの大学においてネットワーク科学センターが設置された。

ネットワーク科学は，科学者以外の人々へも刺激を与えてきた。これは，『新ネットワーク思考〜世界のしくみを読み解く〜』，『複雑な世界，単純な法則』，『スモールワールド・ネットワーク』，『つながり 社会ネットワークの驚くべき力』などのいくつかの一般向け書籍の成功によって拍車がかかった（図 1.11）。オーストラリアの映画製作者 Annamaria Talas によるドキュメンタリー映画は，世界中のテレビで多くの人々へネットワーク科学を知らしめ，いくつかの権威ある賞を受賞した（オンライン資料 1.2）。

ネットワークは芸術家をも刺激し，ネットワークに関係する芸術活動や，芸術家とネットワーク科学と結びつけるシンポジウムの開催へつながった [54]。*The Social Network* や *Six Degrees of Separation* のような映画の成功によって，ネットワークの考え方を探求する空想科学小説や短編小説の出版に拍車がかかり，今日ではネットワークは大衆文化に深く入り込んでいる。

1.7 まとめ

ネットワーク科学の出現は突然のように見えるが（図 1.3, 図 1.9），ネットワークの役割と重要性が社会的に広範に認知されてきたことによるものである。過去 2 世紀における二つの重要な科学革命を表す単語である「進化」（ダーウィンの進化論における最も一般的な用語）と「量子」（量子力学における最もよく使われる用語）の使用頻度の年次変化を，図 1.12 に示す。期待されるように，進化の使用は 1859 年のダーウィンによる『種の起原』の出版の後に増加している。量子は 1902 年に初めて使われてから，量子力学が物理学者の間に受け入

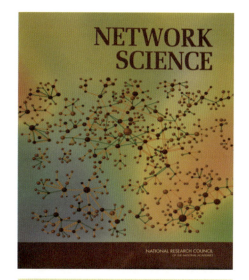
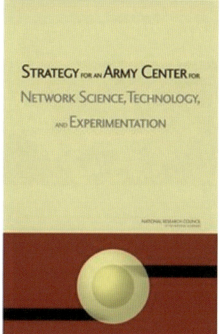

図 1.10　全米研究評議会 (NRC)

ネットワーク科学に関する二つの NRC の報告書は，新しい学問分野の出現について書かれ，研究と国家の競争力についての長期的な影響をまとめている [48, 49]。これらの報告書はこの分野への包括的な支援を提言している。たとえば，米国の大学にネットワーク科学の研究拠点を設立することや，全米科学財団内にネットワーク科学プログラムを設立することを促している。

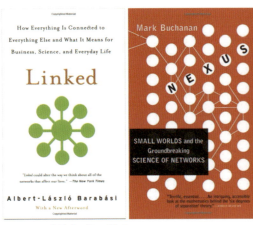 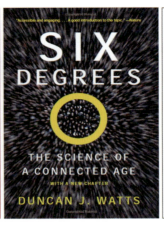 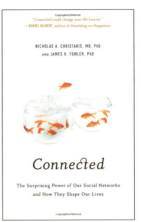

図 1.11　広範なインパクト

これら広く読まれている 4 冊の書籍は 20 か国語以上に翻訳され，ネットワーク科学を一般の読者向けに解説している [50, 51, 52, 53]。

オンライン資料 1.2
コネクティッド
Annamaria Talas 監督の，受賞ドキュメンタリー映画**コネクティッド**の予告編。これはネットワーク科学の導入となっており，俳優ケビン・ベーコンと数人のよく知られたネットワーク科学者を主役としている。

れられ大衆による認知がなされる 1920 年代までほぼ使われることはなかった。

　本図では，これらの用語とネットワークという単語の使用の比較により，ネットワークの使用は 1980 年代に急激に増加し，**進化**や**量子**をはるかに超えていることを示している。ネットワークという用語にはさまざまな使用法があるが，劇的な増加はネットワークの社会的認知の増加を反映している。

　進化論，量子力学，ネットワークによってもたらされた進歩の間に共通することがある。それらは知的本質や知識体系を伴う重要な科学分野であるだけでなく，理論的枠組みを提供していることにある。実際のところ，遺伝学の現在の進歩は進化論の上に築かれており，量子力学は化学から電子工学までの現代科学の広い範囲におよぶ進歩の基盤を提供している。同様に，ネットワーク科学は，社会ネットワークから薬品設計までの広い範囲の科学的問題について，新規なツールや視点を提供することを**可能にする基盤**である。

　このように，ネットワークは科学と社会の両方に例外的に大きいインパクトをもたらしたのであるから，我々はネットワークを理解して定量化するツールに習熟しなければならない。本書の以降の章は，この価値ある主題に充てられている。

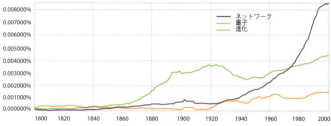

図 1.12 ネットワークの興隆

1880 年以来，書籍の中で用いられる**進化**，**量子**，**ネットワーク**という用語の頻度。このプロットは社会のネットワークに対する認識が 20 世紀の最後の数十年で急上昇していることを示しており，そのことはネットワーク科学の出現の基礎をなしている。このプロットはグーグルの ngram プラットフォームにより作成され，ある一年間に出版される書籍が**進化**，**量子**，**ネットワーク**に言及する割合を計算したものである。

1.8 演習

1.8.1 どこにでもあるネットワーク

三つの現実のネットワークを挙げ，それらのネットワークのノードとリンクは何であるかを述べなさい。

1.8.2 あなたの興味

あなたの個人的に最も興味のあるネットワークについて，以下の問いに答えなさい。

(a) そのネットワークのノードとリンクは何ですか。
(b) どれくらいの大きさですか。
(c) ネットワークの図を描くことができますか。
(d) なぜそのネットワークに興味がありますか。

1.8.3 インパクト

次の 10 年間で，ネットワーク科学が最も大きいインパクトをもたらすであろう分野について，あなたの考えを述べなさい。

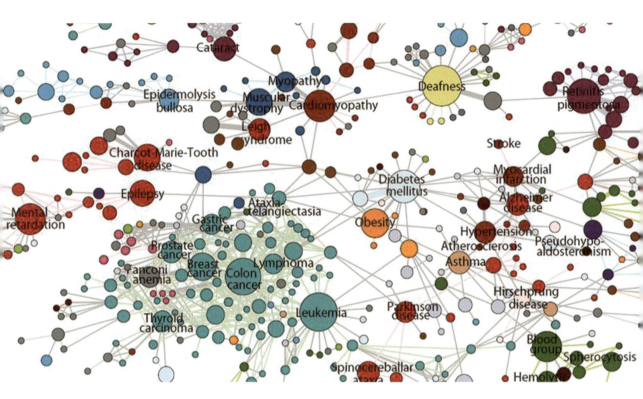

図 2.0　アートとネットワーク：疾病ネットワーク

共通の遺伝的起源をもつ病気をノードとし，それらがリンクによって結ばれている疾病ネットワーク。*PNAS* (*Proceedings of the National Academy of Science*) の補遺として出版され [55]，このネットワーク図は明らかに異なった疾病が遺伝子的に相互に結びついていることを図示するために作られた。時の経過とともに，分野の境界を越え，独自に価値を持ち始めることとなった。*New York Times* は，このネットワーク図のインタラクティブ版を作成し，ロンドンを拠点とし，世界でもトップクラスの現代アートギャラリーの一つであるサーペンタイン・ギャラリーが，ネットワークと地図に着目した展示会で展示した [56]。また，デザインや地図に関する数多くの書籍にも掲載されている [57, 58, 59]。

第 2 章
グラフ理論

2.1 ケーニヒスベルクの橋　47
2.2 ネットワークとグラフ　48
2.3 次数，平均次数，次数分布　51
2.4 隣接行列　55
2.5 現実のネットワークはスパース（疎）である　57
2.6 重み付きネットワーク　58
2.7 2部グラフ　58
2.8 経路と距離　60
2.9 連結性　65
2.10 クラスター係数　68
2.11 まとめ　69
2.12 演習　72
2.13 発展的話題 2.A　大域的クラスター係数　74

2.1　ケーニヒスベルクの橋

　いつどこで誕生したかを歴史の中に正確に位置づけられる研究分野はほとんどない。しかし，ネットワーク科学の数学的な土台であるグラフ理論ではそれが可能である。その起源は 1735 年の東プロシアの首都で，当時商業で栄えたケーニヒスベルクに遡ることができる。忙しなく行きかう貨物船団の交易のおかげで，市の行政当局は，町を取り囲んでいるプレーゲル川に七つの橋を架けることができた。このうちの五つはプレーゲル川の 2 本の支流の間にある優美な島，クナイフォフと町の本土を結んでおり，2 本は川の 2 本の支流をまたいでいた（**オンライン資料 2.1**，**図 2.1**）。この独特の構図から，同じ橋を 2 回渡ることなく七つの橋をすべて渡ることができるのか，という当時の難問が生み出された。多くの試みにもかかわらず，誰もそのような経路を見つけることはできなかった。そのような経路は存在しないとの厳密な数学的証明を，スイス生まれの数学者，Leonard Euler が提示する 1735 年まで，この問題は未解決のままであった [60, 61]。

オンライン資料 2.1
ケーニヒスベルクの橋
ケーニヒスベルクの問題と Euler の解決策を紹介した短いビデオを見てみよう。

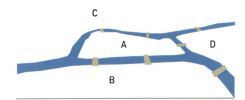
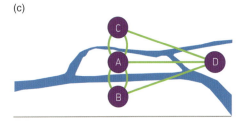

図 2.1 ケーニヒスベルクの橋

(a) ケーニヒスベルク（現カリニングラード，ロシア）の，Euler の時代の地図。

(b) ケーニヒスベルクの四つの陸地部分と，その間にかかる七つの橋を図示したもの。

(c) Euler は，それぞれが土地の小区画と一致する四つのノード（節点）（A，B，C，D）と，それぞれがその間の橋と一致する七つのリンクからなるグラフを構成し，同じ橋を 2 回渡らずに七つの橋を渡る一続きの経路が存在しないことを示した。ケーニヒスベルクの人々は，そのような経路を探すことは無駄であることを知り，1875 年に彼らは B と C との間に新しい橋を建設して，これら二つのノードのリンクの数を四つに増やした。その結果，奇数本のリンクをもつノードがただ一つとなり，そのような経路を見つけることができるようになった。あなたはその経路を見つけることができるだろうか。

　Euler は川によって分けられた四つの陸地部分を A，B，C，D の文字によって表現した（**図 2.1**）。次に彼は橋をもつそれぞれの陸地を線で結んだ。彼はノードが陸地の一画となり，リンクが橋となるグラフを作ったのである。そして Euler は簡単な観察を行った。もし二度同じ橋を通ることなくすべての橋を通る一つの経路が存在するなら，奇数のリンクをもつノードはこの経路の始点もしくは終点になるはずである。実際，奇数個のリンクをもつノードに到達すれば，未使用のリンクを残さずにそのノードから離れることはできないだろう。すべての橋を通過する一続きの経路は，唯一の始点と唯一の終点だけをもつ。したがって，奇数本のリンクをもつノードを三つ以上もつグラフにそのような経路は存在しない。ケーニヒスベルクのグラフには奇数個のリンクをもつノードが A，B，C，D と四つあるため，この問題の解となりうる経路は存在しなかった（**オンライン資料 2.1**）。

　Euler の証明は，数学的な問題をグラフで解決した最初の出来事であった。我々にとって，その証明には二つの重要なメッセージが含まれている。初めに，グラフで表現することにより，問題が単純化され扱いやすくなることである。次に，経路の存在は我々の経路を見つけようとする創意工夫に依存しないということである。むしろ，グラフのもつ性質に依存している。ケーニヒスベルクのグラフの構造で見たように，どれだけうまく工夫しても，経路は決して発見できない。言い換えると，ネットワークはその構造に我々の振る舞いを制限したり促進したりする性質を隠し持っている。

　ネットワークが系の特性にどのような影響を及ぼすかについて完全に理解するために，Euler の証明から生じた数学の部門であるグラフ理論に親しむ必要がある。本章では，ネットワークをグラフとして表現する方法を学び，次数や次数分布，経路や経路長などのネットワークの特徴量を紹介する。また，重みづけのあるネットワーク，有向ネットワーク，2 部グラフなども学ぼう。そして，本書を通して使っていくことになるグラフ理論の枠組みと言語を紹介していくことにしよう。

2.2 ネットワークとグラフ

　複雑系を理解したいのであれば，その連結成分がどのように相互作用しているかを知る必要がある。ネットワークとは

ある系において**ノード**や**頂点**と呼ばれる構成要素と，**リンク**や**エッジ**と呼ばれるそれらの間の直接的な相互作用の目録である（**Box 2.1**）。ネットワークによる表示は，性質，外見，または観点の大きく異なるさまざまな系を研究していく共通言語となる。実際，図 2.2 の三つのまったく異なる系は完全に同じネットワークとして表現できる。

図 2.2 では，二つの基本的なネットワーク・パラメータを説明している。

- ノード数は N で示され，その系内で連結されている要素の数を表す。N を**ネットワークの大きさ**と呼ぶことがある。ノードを区別するために，それらを $i = 1, 2, \ldots, N$ とラベル付けする。

- リンク数は L で示され，ノード間の相互作用の総数を表す。リンクはあまりラベル付けされることはなく，つながっているノードによって識別される。たとえば，リンク (2,4) はノード 2 と 4 とにつながっている。

図 2.2 によって示されるネットワークはすべて $N = 4, L = 4$ である。

ネットワークのリンクには**有向**と**無向**が存在する。ある系は有向リンクをもつ。WWW では，URL があるウェブ文書から別の文書を指し示す。また電話発信ネットワークでは，ある人から別の人に電話が発信される。他方，無向リンクをもつ系もある。たとえば，もし私がジャネットとデートをしているのなら，ジャネットもまた私とデートをしている，というような恋愛関係や，または双方向に電力が流れる電力網の送電線である。

すべてのリンクに向きがあるならば，そのネットワークは有向（または**ダイグラフ**）と呼ばれ，すべてのリンクに向きがなければそのネットワークは無向と呼ばれる。有向と無向のリンクを同時にもつネットワークもある。たとえば代謝ネットワークでは，ある反応は可逆的（例：双方向的，または無向）で，他方は不可逆的（有向）であり一つの方向にしか反応が起きない。

ある系を表す時にどのようなネットワークを選ぶかによって，ネットワーク科学をうまく使うことができるかどうかが決まるだろう。たとえば，2 者間のリンクをどのように定義

> **Box 2.1　ネットワークか，それともグラフか**
>
> 科学的な文献において，ネットワークとグラフという用語は区別せずに使われている。
>
> | ネットワーク科学 | グラフ理論 |
> | ネットワーク | グラフ |
> | ノード | 頂点 |
> | リンク | エッジ |
>
> しかし，これら二つの専門用語にはわずかな違いが存在する．すなわち，「**ネットワーク，ノード，リンク**」という用語の組み合わせはしばしば現実の系に用いられる。たとえば，ウェブページが URL によって結ばれている WWW，個人が家族・友人関係や職業上の関係性によって結ばれている社会ネットワーク，細胞内のあらゆる化学反応の全体的な関係性を表す代謝ネットワークである。対照的に，「**グラフ，頂点，エッジ**」という用語の組み合わせはネットワークの数学的表現について用いられる，すなわち WWW グラフ，社会グラフ（フェイスブックによって通俗的になった用語）あるいは代謝グラフといったぐあいである。しかし，これらの二つの専門用語が区別されることはめったになく，これらはしばしばお互いに同義語として用いられる。

するかによって，調べることのできる問いの性質が決まってしまう。

(a) 仕事をする際に，定期的に相互交流している人を結びつけることによって，**組織ネットワーク**，もしくは**職場関係ネットワーク**が得られる。そのネットワークは企業や組織が成功する上で鍵となる役割を担うだけでなく，組織研究での主要な関心事でもある（図 1.7）。

(b) 友人を結びつけることによって，**友人関係ネットワーク**が得られる。そのネットワークは考え方，製品，習慣が人々の間に拡散する上で重要な役割を担い，社会学，マーケティング，そして健康科学にとって関心の的である。

(c) 親密な関係にある個人を結びつけることによって，**性的ネットワーク**が得られる。そのネットワークは性的関係を通じて広がっていくエイズなどの感染症において重要であり，感染症学において関心の的である。

(d) 電話や電子メールを取り合う個人を結びつけるために，電話や電子メールの履歴を用いることによって，**知人ネットワーク**が得られる。そのネットワークは，職場関係，友人関係または恋愛関係などのリンクが一緒になったものであり，通信やマーケティングにとって重要である。

これら四つのネットワークにおいては，多くのリンクは重複しているが（ある同僚は友人であり，あるいは性的に親密な関係にあるかもしれない），これらのネットワークは使われ方や目的においては同一ではない。

グラフ理論の観点からはネットワークを作ることができるが，実質的に意味がない場合がある。たとえば，ジョンをジョンと，メアリをメアリとなどのように同じファースト・ネームをもつ人同士を結びつけることによって明確に定義され，ネットワーク科学の道具立てによってその性質を解析できるネットワークを得ることができる。しかしながら，そのようなネットワークの利用価値には疑問がある。したがって，ある系にネットワーク理論を適用するためには，探索しようと思う問題にとって意味をもつように，何をノードとし，リンクとするかを注意深く考察することから始めなければならない。

本書では，ネットワーク科学のツールを説明するために，次の 10 種類の現実のネットワークを用いる。**表 2.1** に示さ

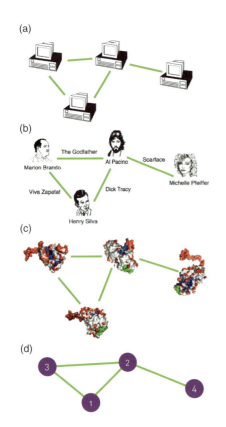

図 2.2 異なるネットワークであるが，同じグラフとなるもの

図は，以下の一部分を示している。
(a) ルーターと呼ばれる特別なコンピュータで相互接続されているインターネット。
(b) 同じ映画に出演した二人の俳優が結ばれているハリウッド俳優の共演ネットワーク。
(c) たんぱく質相互作用ネットワーク。このネットワークでは，細胞内において互いに結びつくことが実験によって明らかになっている二つのたんぱく質間にリンクが張られる。これらのネットワークはそれらのノードとリンクの性質はかなり異なっているが，(d) に示されるように，$N = 4$ のノードと $L = 4$ のリンクによって構成されるまったく同じグラフによって表現される。

表 2.1 現実のネットワーク

ネットワーク科学の道具立てを解説するために本書を通じて用いる 10 種類の現実のネットワークの基本的な特徴量。この表は，そのノードとリンクは実際には何を表すか，リンクが有向か無向か，ノード (N) とリンク (L) の数，そしてネットワークの平均次数を示している。有向ネットワークでは，平均次数は平均入次数および平均出次数と等しい（式 (2.5) 参照）。

ネットワーク	ノード	リンク	有向/無向	N	L	$\langle k \rangle$
インターネット	ルーター	インターネット接続	無向	192,244	609,066	6.34
WWW	ウェブページ	リンク	有向	325,729	1,497,134	4.60
電力網	発電所，変圧器	ケーブル	無向	4,941	6,594	2.67
携帯電話の発信	加入者	発信	有向	36,595	91,826	2.51
電子メール	電子メールアドレス	電子メール	有向	57,194	103,731	1.81
共同研究	科学者	共著	無向	23,133	93,439	8.08
俳優の共演	俳優	共演	無向	702,388	29,397,908	83.71
論文引用	論文	引用	有向	449,673	4,689,479	10.43
E. coli の代謝	代謝	化学反応	有向	1,039	5,802	5.58
たんぱく質相互作用	たんぱく質	結びついた相互作用	無向	2,018	2,930	2.90

れたこれらの**現実のネットワーク**は，社会的な系（携帯電話グラフや電子メールネットワーク），協働関係あるいは所属関係による系（共同研究ネットワークやハリウッド俳優の共演ネットワーク），情報系 (WWW)，技術系あるいは社会インフラ系（インターネットや電力網），生体系（たんぱく質相互作用や代謝ネットワーク），そして学術的な研究における参考文献の引用（論文引用ネットワーク）などであり，その大きさにおいて，E. coli 代謝ネットワークの $N = 1,039$ のノードと $L = 5,802$ のリンクから，論文引用ネットワークのおよそ 50 万ノードと 500 万リンクまで，顕著な多様性を示している。これらは，ネットワーク科学が精力的に適用されている種々の領域をカバーしており，ネットワーク科学の研究者によって，ネットワークの主要な特性を説明するためにしばしば利用される基準データセットである。**表 2.1** からわかるように，一部は有向であり，他方は無向である。後述する章において，それぞれのデータセットの性質や特徴について詳述するが，これらのデータセットを用いて実際に確認しながら，複雑系を理解するための探索の旅路に出ることにしよう。

2.3 次数，平均次数，次数分布

ノードのもつ重要な性質の一つは**次数**であり，他のノードへと向かうリンクの数を示している。次数は電話の発信グラフにおいては，ある人が携帯電話で発信をした回数（すなわちその人

が通話した人数)を表したものであり，あるいは，論文引用ネットワークにおいては，ある研究論文が引用された回数である。

2.3.1 次数

あるネットワーク内における i 番目ノードの次数を k_i とする。たとえば，図 2.2 によって示された無向ネットワークでは，$k_1 = 2, k_2 = 3, k_3 = 2, k_4 = 1$ となる。無向ネットワークでは，**全リンク数** L はノードの次数の合計として

$$L = \frac{1}{2}\sum_{i=1}^{N} k_i \tag{2.1}$$

と表される。ここで，因子 1/2 は，式 (2.1) の和においてそれぞれのリンクが 2 回カウントされていることを補正している。たとえば，図 2.2 においてノード 2 とノード 4 とを結ぶリンクは，ノード 2 ($k_2 = 3$) の次数として，そしてノード 4 ($k_4 = 1$) の次数として 2 回カウントされる。

2.3.2 平均次数

ネットワークのもつ重要な性質の一つに**平均次数**がある (**Box 2.2**)。無向ネットワークでは，それは

$$\langle k \rangle = \frac{1}{N}\sum_{i=1}^{N} k_i = \frac{2L}{N} \tag{2.2}$$

で与えられる。有向ネットワークにおいては，ノード i に向かうリンクの数である**入次数**，k_i^{in} と，ノード i から他のノードに向かうリンクの数である**出次数**，k_i^{out} を区別する。最後に**総次数** k_i は

$$k_i = k_i^{\text{in}} + k_i^{\text{out}} \tag{2.3}$$

のように与えられる。たとえば，WWW ではあるウェブ文書からリンクを張っているドキュメントの数が出次数であり，そのウェブ文書に向けてリンクを張っているドキュメントの数が入次数である。有向ネットワークにおける総リンク数は

$$L = \sum_{i=1}^{N} k_i^{\text{in}} = \sum_{i=1}^{N} k_i^{\text{out}} \tag{2.4}$$

である。式 (2.1) における因子 1/2 は上式では見られない。有向ネットワークにおいては，式 (2.4) におけるそれぞれの合

> **Box 2.2　統計学のおさらい**
>
> n 個の値 $x_1, \ldots, x_n$ からなるサンプルデータの特徴量は，以下の四つである。
>
> **平均**
>
> $$\langle x \rangle = \frac{x_1 + x_2 + \ldots + x_N}{N} = \frac{1}{N}\sum_{i=1}^{N} x_i$$
>
> n 次のモーメント
>
> $$\langle x^n \rangle = \frac{x_1^n + x_2^n + \ldots + x_N^n}{N} = \frac{1}{N}\sum_{i=1}^{N} x_i^n$$
>
> **標準偏差**
>
> $$\sigma_x = \sqrt{\frac{1}{N}\sum_{i=1}^{N}(x_i - \langle x \rangle)^2}$$
>
> **x の分布**
>
> 有向ネットワークでは，入次数 k_i を区別する。
>
> $$p_x = \frac{1}{N}\sum_{i} \delta_{x, x_i}$$
>
> ここで，p_x は以下の式に従う。
>
> $$\sum_{i} p_x = 1 \quad \left(\int p_x dx = 1 \right)$$

計は出次数と入次数を区別してカウントしているからである。有向ネットワークの平均次数は

$$\langle k^{\text{in}} \rangle = \frac{1}{N} \sum_{i=1}^{N} k_i^{\text{in}} = \langle k^{\text{out}} \rangle = \frac{1}{N} \sum_{i=1}^{N} k_i^{\text{out}} = \frac{L}{N} \qquad (2.5)$$

で与えられる。

2.3.3 次数分布

次数分布 p_k は，ネットワークにおいて無作為に選ばれたノードが次数 k をもつ確率を与える。p_k は確率であるので，規格化されており

$$\sum_{k=1}^{\infty} p_k = 1 \qquad (2.6)$$

を満たす。ノード数 N のネットワークでは，次数分布は規格化された度数分布であり，

$$p_k = \frac{N_k}{N} \qquad (2.7)$$

で与えられる（**図 2.3**）。ここで N_k は次数が k のノード数である（**図 2.4**）。したがって，次数 k のノード数は次数分布 p_k を用いて $N_k = Np_k$ のように得ることができる。

次数分布はネットワーク理論の中で中心的な役割を担い，

(a)
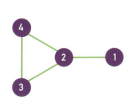

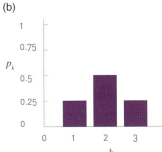

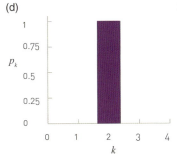

図 2.3 次数分布

ネットワークの次数分布は，式 (2.7) の比によってもたらされる。

(a) $N = 4$ である (a) のネットワークにおける次数分布が (b) に示されている。

(b) $p_1 = 1/4$（四つのノードのうちの一つは次数 $k_1 = 1$ をもつ），$p_2 = 1/2$（二つのノードが $k_3 = k_4 = 2$ をもつ），$p_3 = 1/4$（$k_2 = 3$ として）である。次数 $k > 3$ となるノードは存在しないので，$k > 3$ のときは常に $p_k = 0$ である。

(c) 各々のノードが同じ次数 $k = 2$ となる 1 次元格子。

(d) (c) の次数分布はクロネッカーのデルタを用いて $p_k = \delta(k-2)$ である。

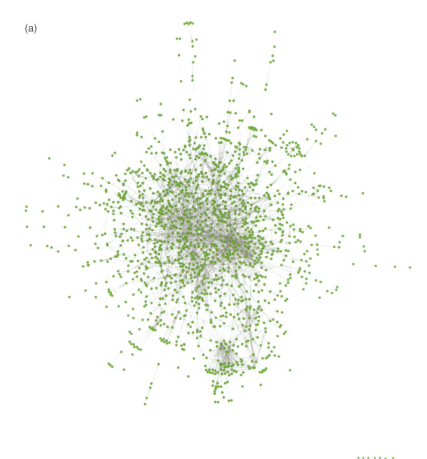

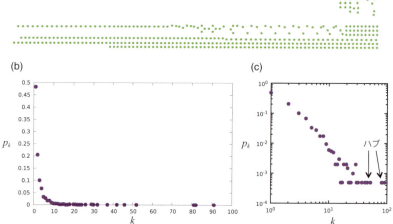

図 2.4　現実のネットワークにおける次数分布

多くの現実のネットワークでは，ノードの次数は広い範囲を取りうる。

(a) 酵母のたんぱく質相互作用ネットワークの図（**表 2.1**）。各々のノードは酵母のたんぱく質に対応し，リンクは実験によって発見された結合関係に対応する。下部に示されるたんぱく質は自己ループをもち，それゆえ $k = 2$ となる。

(b) (a) で示されたたんぱく質の関係性のネットワークの次数分布。観察された次数の幅は $k = 0$（孤立したノード）から $k = 92$（最大の次数をもち，ハブと呼ばれる）まで幅広い。それぞれの次数をもつノードの数についても大きい幅がある。約半数のノードが 1 の次数をもつ（例：$p_1 = 0.48$）一方で，最大のノードはたった一つしかない（例：$p_{92} = 1/N = 0.0005$）。

(c) 次数分布はいわゆる両対数グラフでしばしば示され，$\log k$ に対する $\log p_k$ の値をプロットするか，あるいは，(c) のように縦に対数軸を用いる。この表現方法の利点については第 4 章で論じる。

スケールフリー・ネットワークの発見につながった [10]。その一つの理由は，ネットワークの性質を計算するためにはほとんどの場合 p_k を知る必要があることにある。たとえば，あるネットワークの平均次数は

$$\langle k \rangle = \sum_{k=0}^{\infty} k p_k \tag{2.8}$$

のように書ける。もう一つの理由は，p_k の正確な関数の形が，ネットワークの頑健性からウイルスの拡散まで，多くのネットワークの性質を決定づけているからである。

2.4　隣接行列

　一つのネットワークを完全に記述するには，ネットワーク内のリンクをすべて追跡しなければならない。最も簡単にこれを行うには，リンクの完全なリストを準備すればよい。たとえば，図 **2.2** のネットワークは，四つのリンク {(1,2),(1,3),(2,3),(2,4)} を書き上げればただ一つに定まる。数学的取り扱いをするために，ネットワークはしばしば隣接行列によって表される。**隣接行列**は，N 個のノードをもつ有向ネットワークでは N 行 N 列の行列であり，その要素は

- ノード j からノード i に向いたリンクがあれば $A_{ij} = 1$
- ノード i とノード j の間にリンクがなければ $A_{ij} = 0$

とする。無向ネットワークの隣接行列は，リンク (1,2) に対して $A_{12} = 1$ と $A_{21} = 1$ のように，一つのリンクについて二つの要素をもつことになる。したがって，無向ネットワークについての隣接行列は対称である（図 **2.5b**）。

　ノード i の次数 k_i は隣接行列の各要素から直接計算することもできる。無向ネットワークについては，あるノードの次数は，隣接行列の行についての和をとっても，列についての和をとってもよく，

$$k_i = \sum_{j=1}^{N} A_{ji} = \sum_{i=1}^{N} A_{ji} \tag{2.9}$$

となる。有向ネットワークでは，隣接行列の行についての和は入次数，列についての和は出次数に等しく，

$$k_i^{\text{in}} = \sum_{j=1}^{N} A_{ij}, \quad k_i^{\text{out}} = \sum_{j=1}^{N} A_{ji} \tag{2.10}$$

図 2.5 隣接行列

(a) 隣接行列の要素のラベル付け

(b) 無向ネットワークの隣接行列。図では，あるノード（ここではノード2）の次数は隣接行列の適切な行あるいは列についての和として表されることを示す。図ではまた，リンク総数 L や平均次数 $\langle k \rangle$ などの基本的なネットワーク特徴量が隣接行列の要素を用いてどのように表されるかも示している。

(c) 有向ネットワークについて (b) と同じものを示している。

(a) 隣接行列

$$A_{ij} = \begin{pmatrix} A_{11} & A_{12} & A_{13} & A_{14} \\ A_{21} & A_{22} & A_{23} & A_{24} \\ A_{31} & A_{32} & A_{33} & A_{34} \\ A_{41} & A_{42} & A_{43} & A_{44} \end{pmatrix}$$

(b) 無向ネットワーク   (c) 有向ネットワーク

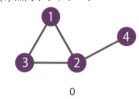   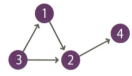

$$A_{ij} = \begin{pmatrix} 0 & 1 & 1 & 0 \\ 1 & 0 & 1 & 1 \\ 1 & 1 & 0 & 0 \\ 0 & 1 & 0 & 0 \end{pmatrix} \qquad A_{ij} = \begin{pmatrix} 0 & 0 & 1 & 0 \\ 1 & 0 & 1 & 0 \\ 0 & 0 & 0 & 0 \\ 0 & 1 & 0 & 0 \end{pmatrix}$$

$$k_2 = \sum_{j=1}^{4} A_{2j} = \sum_{i=1}^{4} A_{i2} = 3 \qquad k_2^{\text{in}} = \sum_{j=1}^{4} A_{2j} = 2, \; k_2^{\text{out}} = \sum_{i=1}^{4} A_{i2} = 1$$

$$A_{ij} = A_{ji} \quad A_{ii} = 0 \qquad\qquad A_{ij} \neq A_{ji} \quad A_{ii} = 0$$

$$L = \frac{1}{2} \sum_{i,j=1}^{N} A_{ij} \qquad\qquad L = \sum_{i,j=1}^{N} A_{ij}$$

$$\langle k \rangle = \frac{2L}{N} \qquad\qquad \langle k^{\text{in}} \rangle = \langle k^{\text{out}} \rangle = \frac{L}{N}$$

のように書くことができる。無向ネットワークでは，ノードから出ていくリンクの総数はノードに入ってくるリンクの総数に等しいことを考えると，

$$2L = \sum_{i=1}^{N} k_i^{\text{in}} = \sum_{i=1}^{N} k_i^{\text{out}} = \sum_{ij}^{N} A_{ij} \qquad (2.11)$$

である。隣接行列のゼロではない要素の数は $2L$，すなわち，リンク数の2倍に等しい。実際にノード i とノード j を結ぶ無向リンクは，j から i へのリンクとして $A_{ij} = 1$ と i から j へのリンクとして $A_{ji} = 1$ の二つの要素として隣接行列に入ってくる（**図 2.5b**）。

2.5 現実のネットワークはスパース（疎）である

さまざまな現実のネットワークでは，ノード数とリンク数は大きく異なる。たとえば，神経系が完全にマッピングされている唯一の生物である C エレガンスの神経ネットワークでは，ノード数は 302 ニューロンである。これとは対照的に，人間の脳は 1,000 億のニューロンをもつと推定されている ($N \approx 10^{11}$)。人間の遺伝子ネットワークは，ノードとして 20,000 個の遺伝子をもつ。社会ネットワークは 70 億ノード，WWW は 1 兆以上のホームページからなると考えられている ($N > 10^{12}$)。

いくつかのネットワークについてのノード数 N とリンク数 L をまとめた**表 2.1** を見ると，ネットワークの大きさ（総ノード数）が広い範囲に渡っていることがわかる。これらの内，俳優の共演ネットワークや E. coli（大腸菌）の代謝など，いくつかのネットワークでは系全体の配線図を完全に示しているが，WWW ネットワークや携帯電話の発信ネットワークなどネットワークのごく一部を例として示したものもある。

表 2.1 から，リンク数についても大きく異なることがわかる。N 個のノードからなるネットワークでは，リンク数 L は 0 から L_{max} まで変化しうる。ここで，L_{max} は

$$L_{max} = \binom{N}{2} = \frac{N(N-1)}{2} \tag{2.12}$$

であり，**図 2.6** に示す大きさ N の**完全グラフ**の全リンク数である。完全グラフでは互いにすべてのノードがリンクされている。

現実のネットワークのリンク数 L は L_{max} よりはるかに小さい。$L \ll L_{max}$ のとき，ネットワークはスパース（疎）であるという。たとえば，**表 2.1** に示すように WWW は 150 万リンクをもつ。もし，WWW ネットワークが完全グラフであれば，式 (2.12) よりリンク数は $L_{max} = 5 \times 10^{10}$ となる。したがって，WWW ネットワークはもちうるリンクのわずか 3×10^{-5} のリンクしかもたない。これは，**表 2.1** の他のネットワークについても同様である。現実のネットワークは，同じノード数の完全グラフに比べて，ごくわずかのリンク数しかもたない。

現実のネットワークがスパース（疎）であることは，隣接

図 2.6 完全グラフ

$N = 16$ ノード，式 (2.12) で得られる $L_{max} = 120$ リンクの完全グラフ。完全グラフの隣接行列は，すべての $i, j = 1, \ldots, N$ について $A_{ij} = 1$ で，$A_{ii} = 0$ となる。完全グラフの平均次数は $\langle k \rangle = N - 1$ である。完全グラフはしばしばクリークと呼ばれ，しばしばコミュニティ解析で用いられる。完全グラフについては第 9 章で議論する。

行列もスパースであることを意味する。完全グラフでは、すべての i, j について隣接行列の要素は $A_{ij} = 1$ である。対照的に、現実のネットワークではほとんどの行列要素は 1 ではない。表 2.1 と図 2.4a に示すたんぱく質相互作用ネットワークの隣接行列を図 2.7 に示す。この行列要素はほとんどが 0 であることがわかる。

現実のネットワークを研究するにあたって、スパース性は重要な性質である。たとえば、コンピュータ上に巨大なネットワークのデータを保存するにあたって、隣接行列のほとんどの要素は 0 に等しいので、隣接行列の全体ではなく、リンクのリストのみ（$A_{ij} \neq 0$ の成分のみ）を保存するのが効率的である。行列を用いた表示では、占有された大きなメモリ領域のほとんどは 0 であるということになってしまう（図 2.7）。

図 2.7 スパースな隣接行列

酵母のたんぱく質相互作用ネットワークの隣接行列で、2,018 のノードからなり、それぞれのノードは酵母たんぱく質を表現している（表 2.1）。隣接行列が $A_{ij} = 1$ となる場所に点が打たれており、相互作用が存在することを示している。$A_{ij} = 0$ において、点は存在しない。点の占める割合が小さいことはたんぱく質相互作用ネットワークがスパースであることを意味している。

2.6 重み付きネットワーク

これまで、すべてのリンクが同じ重み（$A_{ij} = 1$）をもつネットワークのみを取り扱ってきた。多くの応用では、リンク (i, j) が異なる重み w_{ij} をもつ、**重み付きネットワーク**を研究する必要がある。携帯電話ネットワークでは、二人の通話者の総通話時間が重みである。また、電力網では送電線を流れる電力量が重みとなる。

重み付きネットワークでは、隣接行列の要素は

$$A_{ij} = w_{ij} \tag{2.13}$$

のようにリンクの重みについての情報をもつ。研究の対象となるほとんどのネットワークは重み付きであるが、リンクに適切な重みを与えることができないことがある。そのような場合には、ネットワークを重みなしグラフで近似する。本書では、主に重みなしネットワークを取り扱うが、必要に応じて、重みづけをすることにより、どのようにネットワークの性質が変わるかについても述べることとする（**Box 2.3**）。

2.7 2部グラフ

2部グラフとは、ノードが U と V の二つの集合に分類され、U ノードと V ノードの間にのみリンクが張られるネットワークである。別の表現をすると、図 2.9 に示すように、U ノードを緑色に、V ノードを紫色に塗った場合、異なる色に塗ら

Box 2.3　Metcalfeの法則：ネットワークの価値

Metcalfeの法則によると，**ネットワークの価値**はノード数の2乗 N^2 に比例する。1980年ごろのコミュニケーション・デバイスの研究において Robert M. Metcalfe によって定式化されたこの法則の背景には，ネットワークを使う個人が増えるほどネットワークの価値が増えるという考えがある [62]。確かに，より多くの友人が電子メールを使うようになれば，自分にとっての便益も大きくなる。

1990年代後半にインターネットの普及が急速に進んだ頃には，Metcalfe の法則はインターネット企業の定量的な価値評価に使われた。この法則は，サービス価値はコネクション数（ユーザー数の2乗）に比例することを示唆する。一方，費用はユーザー数 N に線形に比例して増加する。したがって，企業のサービスが十分な数のユーザーを引き付けることができれば，ある大きい N において N^2 は N よりも大きくなるので（**図2.8**），十分な利益を上げることができる。このような理由によって，Metcalfe の法則は "それを作れば彼らはやってくる" という精神を後押しし，利益が得られ成長していくことへの信頼を生み出した [63]。

Metcalfe の法則は式 (2.12) に基礎を置き，これによると，N のユーザーからなるコミュニケーション・ネットワークの**すべてのリンクは同じ価値をもち**，ネットワークの全価値は $N(N-1)/2$（$\sim N^2$）に比例する。ノード数 $N = 10$ のネットワークでは，ノード間に $L_{max} = 45$ の異なる結合が可能である。ネットワークの大きさが2倍（$N = 20$）になると，リンクの数は2倍ではなくおよそ4倍の190となる。この現象は，経済学において**ネットワーク外部性**と呼ばれる。

Metcalfe の法則の妥当性を制限する二つの事実：

(a) ほとんどの現実のネットワークはスパースであり，ごくわずかのリンクだけが存在する。したがって，ネットワークの価値は N^2 に比例して増加せず，むしろ N の線形に比例して増加する。

(b) リンクは重みをもつため，すべてのリンクは同じ価値をもたない。一部のリンクは頻繁に使われるが，大部分のリンクはほとんど使われることはない。

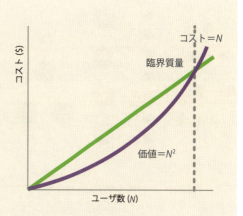

図 2.8　Metcalfe の法則

Metcalfe の法則によると，ネットワークを基盤としたサービスの費用は，ノード（ユーザーやデバイス）数について線形に増加する。対照的に，**便益**や**収益**は，その技術が可能とするリンク数 L_{max} に由来し，式 (2.12) に従って N^2 のように増える。したがって，ひとたびユーザーやデバイスの数が**臨界量**を超えると，その技術は収益性が大きくなる。

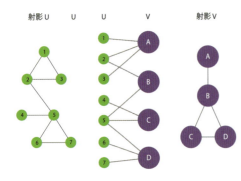

図 2.9　2 部グラフ

U と V と二つのノードのセットをもつ 2 部グラフがある。U セットのノードは V セットのノードのみに直接結びつく。したがって U と U，V と V，などの結びつきは存在しない。上の図は 2 部グラフから作ることのできる二つの射影を示している。射影 U は，2 部グラフにおいて二つの U ノードが同じ V ノードにつながっているときに，その二つの U ノードをリンクすることによって得られる。射影 V は，2 部グラフにおいて二つの V ノードが同じ U ノードにつながっているときに，その二つの V ノードをリンクすることによって得られる。

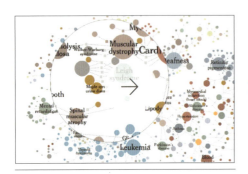

オンライン資料 2.2

疾病ネットワーク

高解像度の疾病ネットワークをダウンロードして [55]，*New York Times* によって作られたオンライン・インターフェースを用いてそのネットワークを調べてみよう。

れたノードの間にリンクを張ったネットワークである。

あらゆる 2 部グラフでは，**図 2.9** に示すように，二つの射影が可能である。最初の射影は，同一の V ノードにリンクがある二つの U ノードをつないだネットワークである。第二の射影は同一の U ノードにリンクがある二つの V ノードをつないだネットワークである。

ネットワーク理論では，さまざまな 2 部グラフを取り扱う。よく知られた例は，映画 (U) と俳優 (V) の二つの集合から構成される，ハリウッド俳優の出演ネットワークである。俳優が映画に出演すると，それらの映画と俳優の間にリンクが張られる。この 2 部グラフの一つの射影は，同じ映画に出演した俳優がリンクされた**俳優の共演ネットワーク**である。これが，**表 2.1** に示されたネットワークである。もう一つの射影は，少なくとも一人の同じ俳優が出演した二つの映画がリンクされた**映画ネットワーク**である。

医学では，2 部グラフの別の事例が知られている。ある病気の原因となる突然変異が生じ得る遺伝子をその病気とリンクした**疾病ネットワーク**を，**図 2.10** に示す。

最後に，**図 2.11** に示すように，**多部グラフ**，たとえば，料理，材料，およびそれに含まれる成分で構成される 3 部グラフを定義することもできる。

2.8　経路と距離

物理的な距離は，物理系の連結成分の間にはたらく相互作用を決めるのに主要な役割をはたす。たとえば，結晶中の二つの原子の間の距離，宇宙のなかの二つの銀河の間の距離は，これらの間にはたらく力を決める。

ネットワークにおいては，距離は少し難しい概念である。二つのウェブページの間の距離や，互いに知らない二人の個人の間の距離とは，一体何を意味するのであろうか？ ここでは物理的な距離は重要でない。二つのウェブページは，地球の反対側のコンピュータに置かれて，互いにリンクされているかもしれない。同時に，同じ建物に住む二人の個人が，互いに顔見知りでないこともありうる。

ネットワークにおいては，物理的距離は**経路長**によって置き換えられる。**経路**とは，ネットワークのリンクに沿ってたどることができる道筋である。**経路長**とは，その経路に含ま

2.8 経路と距離

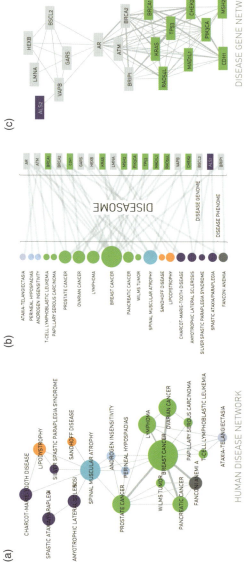
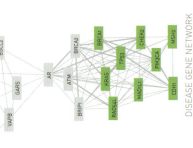
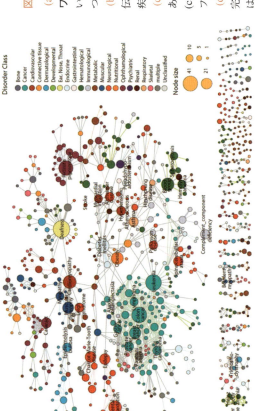

図 2.10 人の疾病ネットワーク

(a) 疾患と疾患遺伝子の関連を表す 2 部グラフの一つの射影が疾病ネットワークで、そのノードは疾病である。二つの疾病に同じ遺伝子が関連していればリンクされている。このことは二つの疾病が共通の遺伝的起源をもつことを意味する。

(b) 疾患と疾患遺伝子の関連を表す 2 部グラフのノードは、疾病 (U) と遺伝子 (V) である。遺伝子の突然変異がある疾病に影響がある場合に、その疾病はその遺伝子の関連とリンクされる。

(c) もう一つの射影は遺伝子ネットワークであり、そのノードは遺伝子である。二つの遺伝子が同じ病気に関連していればリンクされる。(a) から (c) の図は、ガンに焦点を当てた疾患と疾患遺伝子の関連を表す 2 部グラフの一部分である。

(d) 共有された 1,777 の疾患遺伝子によって 1,283 の疾患をリンクした、完全な疾患と疾患遺伝子の関連を表す 2 部グラフである [55]。詳細な地図は、オンライン資料 **2.2** を参照のこと。

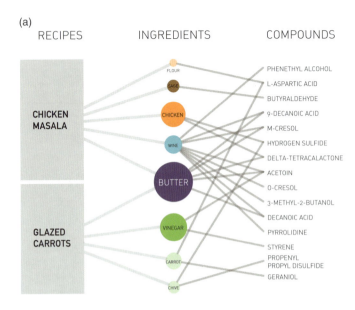

図 2.11 3部グラフ

(a) 料理，材料，化合物の 3 部グラフの構築。第一のノード・セットは，たとえばチキン・マサラのような料理であり，第二のセットはそれぞれの料理がもつ材料（たとえばチキン・マサラでは小麦粉，セージ，鶏肉，ワイン，バターである），第三のセットはそれぞれの材料の味をもたらす風味の化合物，または化学物質である。

(b) 材料ネットワーク，または風味ネットワークは，3 部グラフの射影である。それぞれのノードは材料を示し，ノードの色は食料のカテゴリーを示し，そしてノードの大きさは料理におけるその材料の利用率を示している。十分な量の風味の化合物を共有している場合に，その二つの材料はリンクされる。リンクの太さは共有された化合物の数を示している。文献 [64] による。

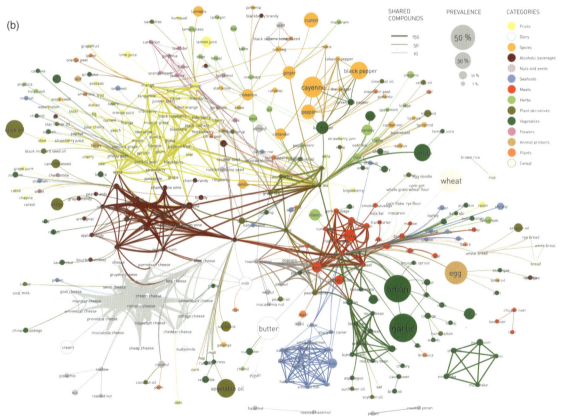

れるリンク数を意味する（**図 2.12a**）。ここで，いくつかの文章中では，一つの経路上のノードがすべて異なっていることを仮定していることに注意しよう。

ネットワーク科学において，経路は中心的な役割を果たす。次に，**図 2.13** にまとめられている，経路の最も重要な性質について議論しよう。

2.8.1 最短経路

ノード i とノード j の間の最短経路とは，最も少ないリンク数をもつ経路である（**図 2.12b**）。最短経路は，しばしばノード i とノード j の間の距離と呼ばれ，d_{ij} あるいは単純に d と書かれる。一組のノードについて，同じ経路長 d をもつ複数の最短経路がありうる（**図 2.12b**）。最短パスは，ループや交点をもたない。

無向グラフでは $d_{ij} = d_{ji}$ である。すなわち，ノード i とノード j の間の距離は，ノード j とノード i の間の距離と同じである。有向グラフでは，しばしば $d_{ij} \neq d_{ji}$ である。さらに，有向グラフにおいては，ノード i からノード j への経路が存在することは，ノード j からノード i への経路が存在することを意味しない。

現実のネットワークについて，二つのノード間の距離を決めることがしばしば必要になる。**図 2.12** に示すような小さいネットワークについては，これは簡単である。数百万ノードからなるネットワークでは，二つのノード間の最短経路を求めることはもっと時間がかかるであろう。最短経路の長さや，最短経路の数は，形式的には隣接行列から求めることができる（**Box 2.4**）。実際の計算では，**Box 2.5** で議論する幅優先探索 (Breadth-First-Search, BFS) アルゴリズムを用いる。

2.8.2 ネットワーク直径

ネットワーク**直径** d_{max} とは，最短経路の最大値である。別の言い方をすると，あらゆるノードの組み合わせにおける距離（最短経路長）の最大値である。**図 2.13** に示すネットワークの直径は $d_{max} = 3$ であることを確かめることができる。大きいネットワークについては，**Box 2.5** に書かれた幅優先探索 (Breadth-First-Search, BFS) アルゴリズムを用いて直径を

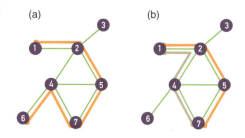

図 2.12 経路

(a) ノード i_0 と i_n との経路は n のリンクの順序つきリスト $P = \{(i_0, i_1), (i_1, i_2), (i_2, i_3), \ldots, (i_{n-1}, i_n)\}$ である。この経路の長さは n である。オレンジ色で示される経路は $1 \to 2 \to 5 \to 7 \to 4 \to 6$ というルートであり，その長さは $n = 5$ である。(b) ノード 1 から 7 までの最短経路，言い換えると距離 d_{17} は，ノード 1 と 7 をつなぐリンクが最小となる経路である。オレンジ色と灰色で示された二つの経路が示すように，同じ長さの複数の経路が存在しうる。ネットワーク直径はネットワーク内の最長距離であり，この場合，$d_{max} = 3$ である。

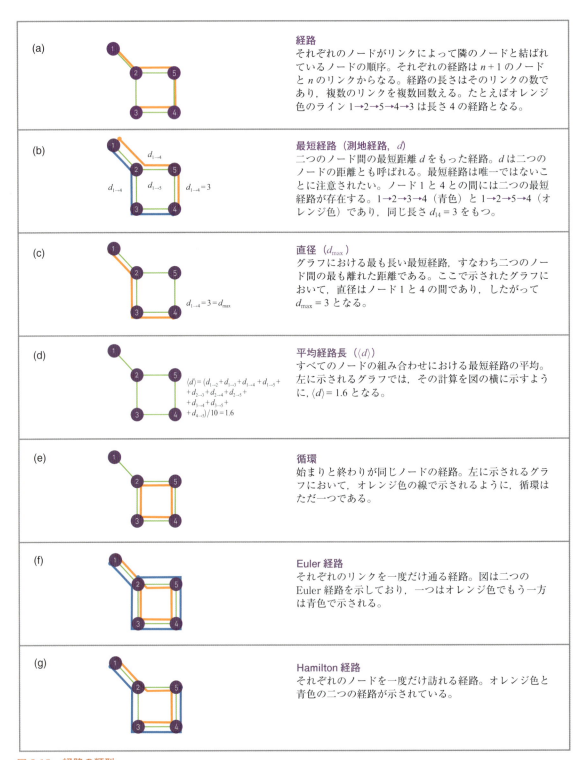

図 2.13　経路の類型

求める。

2.8.3　平均経路長

平均経路長 $\langle d \rangle$ とは，ネットワークのあらゆる組み合わせのノードの間の距離の平均値である。N ノードをもつ有向グラフでは，$\langle d \rangle$ は

$$\langle d \rangle = \frac{1}{N(N-1)} \sum_{\substack{i,j=1,\ldots,N \\ i \neq j}} d_{i,j} \quad (2.14)$$

である。ここで式 (2.14) は同じ連結成分（2.9 節参照）に含まれるノードの組み合わせについてのみ計算できる点に注意しよう。大きいネットワークについては，幅優先探索アルゴリズムを用いて平均経路長を計算できる。そのために **Box 2.5** で述べるアルゴリズムを用いて，最初に第一のノードと他のすべてのノードの間の距離を決める。次に，第二ノードと第一ノードを除く他のすべてのノードの間の距離を決める（無向ネットワークの場合）。この手順をすべてのノードについて繰り返す。

2.9　連結性

　もし，かけたい電話番号につながらなければ，電話はコミュニケーション手段として使い物にならないだろう。電子メールは，ある特定のメールアドレスにしか届かず，その他のアドレスには届けられないのであれば，もっと使い物にならない。これをネットワークの視点から見ると，電話やインターネットの背後にあるネットワークは，あらゆる二つのノードの間に経路を作ることができなければならないことを意味する。実はこれはあらゆるネットワークにおいて最も重要な機能なのである。すなわち，ネットワークでは**連結性**が保証されなければならない。本節では，連結性のグラフ理論による定式化を議論する。

　無向グラフでは，ノード i とノード j の間に経路があれば，これらのノードは**連結**されている。経路がない場合，d_{ij} = 無限大，でありこれらのノードは**非連結**である。図 **2.15a** に，二つの連結されていないクラスターから構成されるネットワークを示す。同じクラスターにおいてはいずれの二つのノード（たとえばノード 4 とノード 6）の間に経路が存在するが，異

Box 2.4　二つのノード間の最短パスの数

最短経路の数 N_{ij} とノード i とノード j の間の距離 d_{ij} は，隣接行列 A_{ij} から直接的に計算できる。

- $d_{ij} = 1$
  ノード i とノード j の間に直接のリンクがあれば $A_{ij} = 1$，リンクがなければ $A_{ij} = 0$ である。

- $d_{ij} = 2$
  ノード i とノード j の間に長さ 2 のリンクがあれば $A_{ik}A_{kj} = 1$，リンクがなければ $A_{ik}A_{kj} = 0$ である。ノード i とノード j の間の長さ 2 のパスの数は

$$N_{ij}^{(2)} = \sum_{k=1}^{N} A_{ik}A_{kj} = A_{ij}^2$$

である。ここで，$[\ldots]_{ij}$ は (ij) の行列要素を示す。

- $d_{ij} = d$
  もし，ノード i とノード j の間に長さ d のリンクがあれば，$A_{ik}\ldots A_{lj} = 1$，リンクがなければ $A_{ik}\ldots A_{lj} = 0$ である。ノード i とノード j の間の長さ d の経路の数は

$$N_{ij}^{(d)} = A_{ij}^d$$

である。

これらの関係式は，無向グラフ，有向グラフの両方について成立する。ノード i とノード j の間の距離は，$N_{ij}^{(d)} > 0$ となる d の最小値である。この方法はエレガントではあるが，大きいネットワークについては，**Box 2.5** に説明する幅優先探索アルゴリズムがより効率的である。

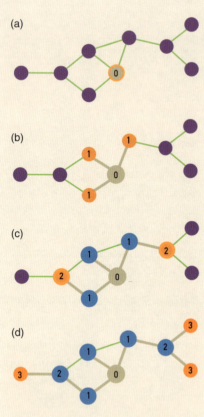

図 2.14 BFS アルゴリズムの適用

(a) オレンジ色のノードより始めて，"0" とラベル付ける。
(b) そして，すべての隣接ノードを "1" とラベル付ける。
(c) 次に "1" とラベル付けされたすべてのノードに隣接するラベル付けされていないノードを "2" とラベル付ける。
(d) この手続きを繰り返す。それぞれの繰り返しでラベルの数を増やして，ラベル付けされていないノードがなくなるまで続ける。ネットワークにおけるノード 0 とあらゆる他のノード i との最短経路，すなわち距離 d_{0i} はノード i のラベルによって与えられる。たとえば，ノード 0 と最も左のノードとの距離は $d=3$ である。

Box 2.5　幅優先探索 (BFS) アルゴリズム

BFS アルゴルズムは，ネットワーク科学において広く使われている。小石を池に投げ入れて広がる波紋を見るように，BFS はある特定のノードからその隣のノードへたどっていく。さらに，その隣のノード，またその隣のノードと繰り返したどっていき，目標とするノードに到達するまで繰り返す。目標とするノードに到達するまで広がる波紋の数が距離に対応する。

ノード i とノード j の間の最短距離は，以下のステップによって決められる（図 **2.14**）。

1. 0 とラベル付けしたノード i から始める。
2. ノード i に直接リンクしたノードを見つける。1 とラベル付けして，探索キューに入れる。
3. 探索キューから n とラベル付けした最初のノードを取り出す。そのノードに隣接するラベルの付いていないノードを探す。そのノードに $n+1$ とラベル付けして，探索キューに入れる。
4. 目標とするノード j を見つけるまで，上のステップを繰り返す。
5. ノード i とノード j の間の距離 d_{ij} は，ノード j のラベルである。ノード j がラベル付けされていない場合は，$d_{ij} = \infty$ である。

BFS アルゴリズムの計算複雑性は，ノード N とリンク L のネットワークにおいてコンピュータが d_{ij} を見つけるために必要な計算ステップ数で表され，$O(N+L)$ である。それぞれのノードは距離の計算に一度使われると探索キューから除かれ，それぞれのリンクは一度だけ調べられるので，計算複雑性は N と L の線形関数である。

2.9 連結性

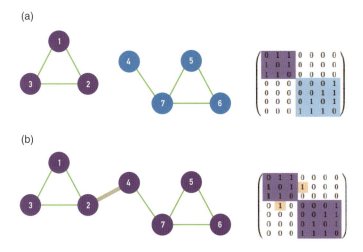

図 2.15　連結ネットワークと非連結ネットワーク

(a) 二つの非連結成分からなる小さいネットワーク。実際, (1,2,3) 連結成分のあらゆるノードの組み合わせにおいて, そして (4,5,6,7) 連結成分において経路が存在する。しかしながら, 異なる連結成分に属するノード間での経路は存在しない。

右のパネルはそのネットワークの隣接行列を示す。もしネットワークが非連結成分をもつならば, 隣接行列はブロック対角形に並べ直すことができ, すべての非ゼロ行列要素は対角に沿ってブロックに並べられ, ほかの行列要素はゼロとなる。

(b) 灰色で示される架橋と呼ばれる一つのリンクの追加によって, 非連結ネットワークは単一の連結成分へと変化する。この連結ネットワークでは, あらゆるノードの組み合わせについて経路が存在する。したがって, 隣接行列はブロック対角形に書くことはできない。

なるクラスターに属するノード（ノード 1 とノード 6）の間には経路が存在しない。

ネットワークにあるすべてのノード間がつながっている場合, **ネットワークは連結**である。一方, 少なくとも一組のノード間が $d_{ij} = \infty$ であれば, **ネットワークは非連結**である。図 **2.15a** に示されるネットワークは明らかに非連結であり, これらは部分ネットワークの**連結成分**, あるいは**クラスター**と呼ばれる。連結成分は, ネットワーク中のノードの部分集合であり, 同じ連結成分に属するあらゆるノードの間には経路が存在し, そのようなノードをこれ以上加えることができないところまで集めたものである。

もしネットワークが二つの連結成分をもつ場合, 適切な場所に置かれた一つのリンクによってそれらの連結成分をつなげば, ネットワークは連結となる（図 **2.15b**）。このようなリンクを**架橋**と呼ぶ。一般に, 架橋はそれを切ることによってネットワークが非連結となるようなリンクのことをいう。

小さいネットワークについては, ネットワークが連結なのか非連結なのかを視覚的に判断することができる。しかし, 数百万ノードからなるネットワークについては, 視覚的な判断は困難であろう。ネットワークの連結成分を見つけるには, 数学的で順序立った道具が必要となる。たとえば, 非連結ネットワークにおいては, 隣接行列をブロック対角形に並べ直すことができる。ここで, ブロック対角形とは, 非ゼロ行列要素は対角に沿って四角のブロックに並べられ, ほかの行列要素はすべてゼロであることをいう（図 **2.15a**）。それぞれの四

> **Box 2.6　ネットワークの連結成分を見つける**
>
> 1. 無作為に選択したノード i を開始ノードとして，BFS アルゴリズムを適用する（**Box 2.5**）。ノード i にリンクするすべてのノードを 1 とラベル付けする。
> 2. ラベル付けしたノードの総数が N に等しい場合，ネットワークは連結である。もし，ラベル付けしたノードの総数が N より小さい場合，ネットワークは複数の連結成分からなる。それらを見つけるためにステップ 3 に進む。
> 3. ラベル番号を一つ増やす。ラベル付けしていないノード j を選択して，ラベル付けする。BFS アルゴリズムを用いて，ノード j から到達できるノードをすべて見つけ，それらにラベルを付加する。ステップ 2 に戻る。

角のブロックが連結成分に対応する。隣接行列がブロック対角形となることは，線形代数を用いて判断でき，これによって連結成分を理解することができる。

実際には，大きいネットワークについては，BFS アルゴリズムを用いて効率的に連結成分を特定できる（**Box 2.6**）。

2.10　クラスター係数

クラスター係数は，ある所与のノードに隣接するノードが互いにリンクしている度合いを表す。次数 k_i をもつノード i について，**局所クラスター係数**

$$C_i = \frac{2L_i}{k_i(k_i - 1)} \qquad (2.15)$$

と定義される [8]。ここで L_i はノード i の k_i 個の隣接ノードの間のリンク数である。C_i は，**図 2.16a** に示すように，0 から 1 の間の値をとる。

- ノード i の隣接ノードが互いにリンクされてない場合は，$C_i = 0$ である。
- ノード i の隣接ノードが完全グラフをなす場合，すなわちそれらのノードがすべて互いにリンクしている場合は，$C_i = 1$ である。
- C_i は**二つの隣接ノードが互いにリンクする確率**である。結果として，$C_i = 0.5$ はノード i の隣接ノードは 50 ％ がリンクしている。

まとめると，C_i はネットワークの局所リンク密度の指標である。ノード i の隣接ノードが互いに密にリンクしていればいるほど，局所クラスター係数の値は大きくなる。

ネットワーク全体のクラスタリングの度合いは，すべてのノード $i = 1, \ldots, N$ についての C_i の平均値である**平均クラスター係数** $\langle C \rangle$ により捉えられる [8]。

$$\langle C \rangle = \frac{1}{N} \sum_{i=1}^{N} C_i \qquad (2.16)$$

確率的解釈に従えば，$\langle C \rangle$ は無作為に選択したノードの二つの隣接ノードが互いにリンクしている確率である。

式 (2.16) は無向ネットワークについて定義されたものであるが，クラスター係数は，有向，重み付きネットワークについても一般化することができる [65, 66, 67, 68]。ネットワー

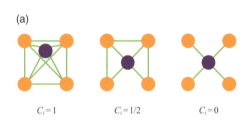

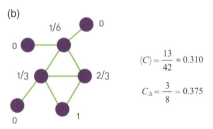

図 2.16　クラスター係数

(a) 中央のノードが次数 $k_i = 4$ で，三つの異なった隣接ノードの配置についての局所クラスター係数 C_i。局所クラスター係数はあるノード付近のリンクの局所密度を測定する。

(b) それぞれの局所クラスター係数がノードの隣に示されている小さいネットワーク。図の右側に，式 (2.16) に従ってネットワークの平均クラスター係数 $\langle C \rangle$，そして 2.12 節と式 (2.17) に従って大域的クラスター係数 C_Δ を示す。次数 $k_i = 0, 1$ のノードはクラスター係数がゼロであることに留意されたい。

クの文献で**大域的クラスター係数**という用語に出会うこともあるが，これについては**発展的話題 2.A** で説明する。

2.11　まとめ

　この章における速習コースでは，グラフ理論の理論的なコンセプトとネットワーク科学の道具を導入した。**図 2.17** にまとめたネットワークの初等的な特徴は，さまざまなネットワークを研究する際の正式な言語となる。

　ネットワーク科学において研究される多くのネットワークは，**表 2.1** に示すように，数千個あるいは数百万個のノードやリンクからなる。それらを研究するためには，**図 2.17** に示すような小さいグラフではなく，その範囲を超えたグラフを扱わなければならない。我々が出会うであろうものは，そのほんの一部を見てみても，たとえば**図 2.4a** に示す酵母のたんぱく質相互作用ネットワークのように大きく複雑である。このネットワークは複雑すぎて，配線図の視覚的な判断からその性質を理解することはできない。したがって，そのネットワークのトポロジーを理解するためにはネットワーク科学の道具を活用する必要がある。

　このネットワークの基本的な性質を研究するため，本章で導入した指標を使うことにしよう。**図 2.4a** に示す無向ネットワークは，ノードとして $N = 2{,}018$ のたんぱく質とリンクとして $L = 2{,}930$ の相互作用をもつ。したがって，式 (2.2) より，平均次数は $\langle k \rangle = 2.90$ であり，典型的なたんぱく質は近似的に 2 から 3 の他のたんぱく質と相互作用することを示唆する。しかし，この数値はいくぶん誤解を招きやすい。実際のところ，**図 2.4b, c** に示す次数分布 p_k は，大部分のノードはわずか数本のリンクしかもたないことを表している。正確には，このネットワークの 69% のノードは平均次数 $\langle k \rangle = 2.90$ よりも少ないリンクをもつ。これらの少ないリンクをもつ大部分のノードは，多くのリンクをもつ数少ないノード，すなわちハブと共存している。最大のハブは 92 ものリンクをもつ。このような次数の大きい差異は，第 4 章で議論するネットワークのスケールフリー性のもたらす帰結である。第 4 章では，次数分布の形がネットワークの頑健性や感染症の広がりなどのさまざまなネットワークの性質を決めることを見ていく。

(a)	Undirected 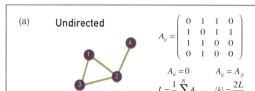 $A_{ij} = \begin{pmatrix} 0 & 1 & 1 & 0 \\ 1 & 0 & 1 & 1 \\ 1 & 1 & 0 & 0 \\ 0 & 1 & 0 & 0 \end{pmatrix}$ $A_{ii} = 0 \quad A_{ij} = A_{ji}$ $L = \frac{1}{2}\sum_{i,j=1}^{N} A_{ij} \quad \langle k \rangle = \frac{2L}{N}$		**無向ネットワーク** 決まった方向をもたないリンクを伴うネットワーク。 例：インターネット，電力網，共同研究ネットワーク。
(b)	Self-loops 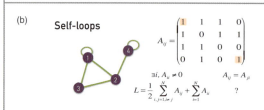 $A_{ij} = \begin{pmatrix} 1 & 1 & 1 & 0 \\ 1 & 0 & 1 & 1 \\ 1 & 1 & 0 & 0 \\ 0 & 1 & 0 & 1 \end{pmatrix}$ $\exists i, A_{ii} \neq 0 \quad A_{ij} = A_{ji}$ $L = \frac{1}{2}\sum_{i,j=1,i \neq j}^{N} A_{ij} + \sum_{i=1}^{N} A_{ii} \quad ?$		**自己ループ** 多くのネットワークでは，ノードはそれ自身とは作用しない，したがって隣接行列の対角要素はゼロである．すなわち $i = 1, ..., N$ において $A_{ii} = 0$ である．ある系では自己相互作用が可能であり，そうしたネットワークにおいて，自己ループはノード i がそれ自身に作用することを表現している． 例：WWW，たんぱく質相互作用。
(c)	Multigraph (undirected) 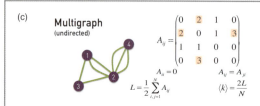 $A_{ij} = \begin{pmatrix} 0 & 2 & 1 & 0 \\ 2 & 0 & 1 & 3 \\ 1 & 1 & 0 & 0 \\ 0 & 3 & 0 & 0 \end{pmatrix}$ $A_{ii} = 0 \quad A_{ij} = A_{ji}$ $L = \frac{1}{2}\sum_{i,j=1}^{N} A_{ij} \quad \langle k \rangle = \frac{2L}{N}$		**多重グラフ／単純グラフ** 多重グラフでは，ノードは多重のリンク（すなわち並行リンク）をもつことが許される．したがって，A_{ij} は任意の正の整数となる．多重リンクをもつことのできない場合は単純ネットワークと呼ばれる。 例：友情，家族，職業上のリンクを区別する場合の社会ネットワーク。
(d)	Directed $A_{ij} = \begin{pmatrix} 0 & 1 & 0 & 0 \\ 0 & 0 & 1 & 1 \\ 1 & 0 & 0 & 0 \\ 0 & 0 & 0 & 0 \end{pmatrix}$ $A_{ij} \neq A_{ji}$ $L = \sum_{i,j=1}^{N} A_{ij} \quad \langle k \rangle = \frac{L}{N}$		**有向ネットワーク** 決まった方向をもつリンクを伴うネットワーク。 例：WWW，携帯電話の発信，論文引用。
(e)	Weighted (undirected) 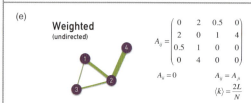 $A_{ij} = \begin{pmatrix} 0 & 2 & 0.5 & 0 \\ 2 & 0 & 1 & 4 \\ 0.5 & 1 & 0 & 0 \\ 0 & 4 & 0 & 0 \end{pmatrix}$ $A_{ii} = 0 \quad A_{ij} = A_{ji}$ $\langle k \rangle = \frac{2L}{N}$		**重み付きネットワーク** 重み，強度，もしくは流れのパラメータをもつリンクを伴ったネットワーク．リンクが重み w_{ij} をもつ場合，隣接行列の要素は $A_{ij} = w_{ij}$ となる．重みのない（2値）ネットワークでは，隣接行列はリンクが存在すること（$A_{ij} = 1$）あるいは存在しないこと（$A_{ij} = 0$）のみを示す。 例：携帯電話発信，電子メールネットワーク。
(f)	Complete Graph (undirected) 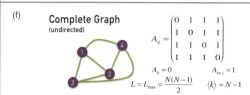 $A_{ij} = \begin{pmatrix} 0 & 1 & 1 & 1 \\ 1 & 0 & 1 & 1 \\ 1 & 1 & 0 & 1 \\ 1 & 1 & 1 & 0 \end{pmatrix}$ $A_{ii} = 0 \quad A_{i \neq j} = 1$ $L = L_{max} = \frac{N(N-1)}{2} \quad \langle k \rangle = N-1$		**完全グラフ（クリーク）** 完全グラフまたはクリークにおいて，すべてのノードは他のノードと互いにリンクされている。 例：すべての俳優がお互いに共演関係で結ばれる場合の，同じ映画に出演する俳優。

図 2.17 ネットワークの類型

ネットワーク科学では，グラフの基本的な性質によってネットワークを分類する．ここに最も一般的に現れるネットワークの類型をまとめる．また特定の性質をもつ現実の系を列挙する．多くの現実のネットワークはこれらの基本的なネットワークの特徴を合わせ持っていることに注意されたい．たとえば，WWW は有向の多重グラフで自己相互作用（自己ループ）をもつ．携帯電話の発信ネットワークは有向で重み付きで，自己ループをもたないネットワークである．

Box 2.5 で説明した BFS アルゴリズムによれば，ネットワーク半径は $d_{\max} = 14$ である．あるノードは互いに非常に近いが多くのノードは非常に離れているので，d の値に大きい幅があるだろうと考えてしまいがちである．しかし，図 2.18a に示す距離分布 P_d によれば，事実はこの考えと大きく異なる．P_d には 5 から 6 の間に明確にピークがあり，ほとんどの距離は比較的短く，$\langle d \rangle = 5.61$ の近傍にあることがわかる．実際，距離の分散は $\sigma_d = 1.64$ であり，多くの距離は $\langle d \rangle$ の近傍にあることがわかる．これらの特徴は，第 3 章で議論するスモールワールド性の現れである．

BFS アルゴリズムにより，たんぱく質相互作用ネットワークは連結ではなく，図 2.4a に孤立したクラスターやノードとして示される 185 の連結成分から構成されることがわかる．巨大連結成分と呼ばれる最大のものは総ノード数 2,018 のうち 1,647 ノードを含むが，ほかのすべての連結成分は非常に小さい．後の章で見ていく通り，このように連結成分が断片化していることは現実のネットワークによくあることである．

たんぱく質相互作用ネットワークの平均クラスター係数が $\langle C \rangle = 0.12$ であることが意味するのは，後の章で見るように，局所クラスタリングの次数が非常に高いということを意味している．図 2.18b に示すように，クラスター係数の次数依存性 $C(k)$ から，さらなる注意点が与えられる．大きい k での $C(k)$ が減少しているということは，次数の低いノードの局所クラスター係数が，ハブのクラスター係数に比べて非常に大きいことを意味する．したがって，次数の低いノードは隣接ノードの密なネットワークの中に位置づけられるが，ハブの隣接ノードはスパースである．これは，第 9 章で議論するネットワークの性質である**階層性**の帰結である．

最後に，視覚的な判断から興味深いパターンを見出すことができる．ハブは次数の小さいノードとリンクする傾向があるため，ネットワークは図 2.4a に示すようなハブ・アンド・スポーク形状をもつ．これは，第 7 章で議論する次数相関の帰結である．このような相関は，数多くのネットワーク上での過程に影響を及ぼす．さまざまな伝播現象やネットワークを制御するために必要なドライバー・ノードの数などがその例である．

図 2.4 と図 2.18 は，本章において導入したさまざまな指標

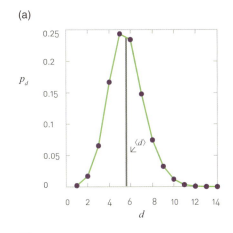

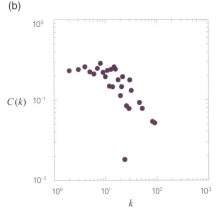

図 2.18　現実のネットワークの特徴

酵母のたんぱく質相互作用ネットワークは生物学者とネットワーク科学者によってよく研究されている．詳細なネットワーク図は図 2.4a に示されているが，このネットワークは 81 ％のたんぱく質がつながっている一つ大きい連結成分と，いくつかのより小さい連結成分をもつことを示している．
(a) たんぱく質相互作用ネットワークにおける距離の分布 p_d であり，二つの無作為に選ばれたノードがそれらの間の（最短経路の）距離 d をもつ確率を与える．灰色の縦線は平均経路長であり，$\langle d \rangle = 5.61$ である．
(b) 局所クラスター係数の平均値とノードの次数 k の関係．同じ次数 k をもつすべてのノードの局所クラスター係数を平均することによって得られる．

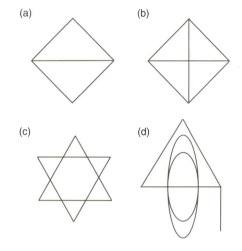

図 2.19 ケーニヒスベルク問題

が現実のネットワークの重要な性質を診断するために役立つことを示している。次章以降の目的は，ネットワークの特性を体系的に研究し，それによって私たちがそれぞれの複雑系について何を知ることができるかを理解することにある。

2.12 演習

2.12.1 ケーニヒスベルク問題

鉛筆を紙から離すことなく 1 本の線だけで描くことができるのは，図 2.19 の (a) から (d) のどの図のうちどれか答えなさい。また，その理由を答えなさい。

2.12.2 行列を用いた定式化

A を，自己ループのない無向，重みなしのネットワークの，$N \times N$ の隣接行列とする。$\mathbf{1}$ をすべての要素が 1 の N 成分の列ベクトルとする。つまり $\mathbf{1} = (1, 1, \ldots, 1)^T$ であり，上付き文字 T は**転置操作**を示す。行列形式で定数の乗算，列による行の乗算，転置やトレースなどの行列操作などを用いて，以下を定式化しなさい。ただし，総和記号 $\sum$ は使わないこと。

(a) ノードの次数 k_i $(i = 1, 2, \ldots, N)$ を要素としてもつベクトル $\mathbf{k}$
(b) ネットワークにおけるリンクの総数 L
(c) ネットワークにおいて，各々のノードがその他二つのノードにリンクされる三角形の数 T（ヒント：行列のトレースを用いる）
(d) ノード i の隣接ノードの次数の合計を i 番目の要素とするベクトル $\mathbf{k}_{nn}$
(e) ノード i の第 2 隣接ノードの次数の合計を i 番目の要素とするベクトル $\mathbf{k}_{nnn}$

2.12.3 グラフ表示

隣接行列は多くの解析的計算において役に立つグラフ表現である。しかしながら，あるネットワークをコンピュータに保存する必要があるとき，その行にそれぞれのリンクの始点と終点の i と j とを含む，$L \times 2$ 行列であるリンクリストを使って，コンピュータのメモリを節約している。

図 2.20 に示すネットワーク (a) と (b) について，以下の問いに答えなさい．

(a) 隣接行列を求めなさい．
(b) リンクリストを求めなさい．
(c) 図 2.20a に示すネットワークの平均クラスター係数を求めなさい．
(d) 図 2.20a においてノード 5 と 6 とのラベルを入れ替えると，隣接行列およびリンクリストはどのように変化するか答えなさい．
(e) 隣接行列を用いて推論できるネットワークの情報のうち，リンクリスト表現では推論できない情報は何か答えなさい．
(f) ネットワーク (a) について，（同じノードやリンクを使う可能性をもつ）長さ 3 でノード 1 から始まりノード 3 で終わる経路はいくつあるか答えなさい．またネットワーク (b) について，同じ問いに答えなさい．
(g) コンピュータを用いて，両方のネットワークについて，長さ 4 の循環の数を求めなさい．

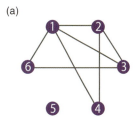

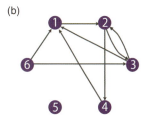

図 2.20 グラフ表現
(a) 六つのノードと七つのリンクの無向グラフ
(b) 六つのノードと八つの有向リンクの有向グラフ

2.12.4 次数，クラスター係数，連結成分

(a) 各々のノードが次数 $k = 1$ をもつ大きさ N の無向ネットワークを考えよう．N が満たすべき条件は何であるか答えなさい．このネットワークの次数分布はどのような関数形であるか答えなさい．そのネットワークのもつ連結成分はいくつであるか答えなさい．
(b) 各々のノードの次数が $k = 2$ でクラスター係数が $C = 1$ であるネットワークを考えよう．このネットワークはどのようなものであるか答えなさい．このネットワークについて，N が満たすべき条件は何であるか答えなさい．

2.12.5 2 部グラフ

図 2.21 に示す 2 部グラフを考えよう．

(a) その隣接行列を書きなさい．なぜブロック対角行列となるのか答えなさい．
(b) 紫色のノード，または緑色のノードからなる二つの射影

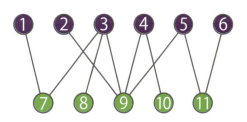

図 2.21 2 部グラフ
一方のセットが六つのノードであり，他方のセットが五つのノードである 2 部グラフ．これらのノードは 10 のリンクで結ばれている．

について，隣接行列をそれぞれ書きなさい．
(c) 2部グラフにおいて，紫色のノードの平均次数と緑色のノードの平均次数を計算しなさい．
(d) 二つのネットワークの射影について，平均次数を計算しなさい．(c) で得られた値と異なることは驚くべきことか考察しなさい．

2.12.6　2部グラフについての一般的考察

二つのセットが N_1 と N_2 のノードをもつ2部グラフを考えよう．

(a) そのネットワークのもつ最大リンク数 L_{max} を答えなさい．
(b) 大きさが $N = N_1 + N_2$ の非2部グラフと比べて，いくつのリンクが存在しないのか答えなさい．
(c) $N_1 \ll N_2$ の場合，全リンク数を最大リンク数 L_{max} で割った値に等しいネットワーク密度について考察しなさい．
(d) N_1 と N_2 と，2部グラフにおける二つのセットの平均次数 $\langle k_1 \rangle$ と $\langle k_2 \rangle$ とを結ぶ関係式を求めなさい．

2.13　発展的話題 2.A　大域的クラスター係数

ネットワークの文献において，あるネットワークにおいて閉じた三角形の総数を表す**大域的クラスター係数**を目にすることがある．実際，式 (2.15) における L_i はノード i を含む三角形の数であり，ノード i の隣接ノード間のリンクは三角形を形成する（**図 2.17**）．したがって，ネットワークの大域的クラスター化の強さの程度は，

$$C_\Delta = \frac{3 \times 三角形の数}{連結三重項の数} \tag{2.17}$$

で定義される**大域的クラスター係数**によって捉えられる．ここで**連結三重項**とは，A が B に結びつき，B が C に結びつくという三つのノード ABC の順序だったセットである．たとえば，A, B, C の三角形は三つの三重項，すなわち ABC, BCA そして CAB を作る．対照的に，B は A と C とに結びつくが A は C にリンクしないという A, B, C の連結ノードのチェーンは，単一の開かれた三重項 ABC を形成する．式 (2.17) の分子の因子 3 は，分母の三重項を数える際にそれぞれの三角形が 3 回数えられるためである．大域的クラスター係数の起源は，1940 年代の社会ネットワークの文献 [69, 70] であり，

C_Δ はしばしば**推移三重項比**と呼ばれた。

式 (2.16) で定義される平均クラスター係数 $\langle C \rangle$ と，式 (2.17) の大域的クラスター係数は等価でないことに注意されたい。N 個のノードからなる，ノード 1 と 2 とが互いにリンクされると同時に他のすべてのノードにリンクされ，そのほかのリンクが存在しないダブル・スター型ネットワークを考えてみよう。その時，局所的クラスター係数 C_i は $i > 3$ のノードでは 1 であり，$i = 1, 2$ では $2/(N-1)$ となる。そのことは，そのネットワークの平均クラスター係数が $\langle C \rangle = 1 - O(1)$ である一方で，大域的クラスター係数が $C_\Delta \sim 1/N$ であることを意味する。より極端でないネットワークについては，二つの定義は似たような値を示すようになるが，それらは依然としてお互いに異なっている [71]。たとえば，**図 2.16b** に示すネットワークでは，$\langle C \rangle = 0.31$ と $C_\Delta = 0.375$ となる。

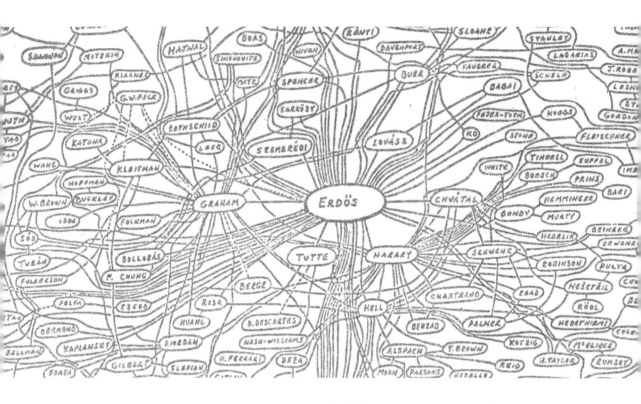

図 3.0　芸術とネットワーク：エルデシュ数

ハンガリーの数学者 Paul Erdős は数百もの研究論文を著したが，その多くは他の数学者との共著である．休むことなく他者と協働して数学に取り組んだ彼の研究スタイルからエルデシュ数は生まれた．エルデシュ数とは次のような数である．まず，Erdős 自身のエルデシュ数は 0 である．Erdős と共著論文を書いた研究者のエルデシュ数は 1 である．エルデシュ数 1 の研究者と共著論文を書いた研究者のエルデシュ数は 2 である．以下，同様である．もし，ある研究者の論文から始まる一連の共著関係をたどっていっても Erdős に行き着かなければ，その研究者のエルデシュ数は無限大である．多くの有名な科学者のエルデシュ数は小さい．Albert Einstein のエルデシュ数は 2 であり，Richard Feynman のエルデシュ数は 3 である．この図は，1970 年に，Erdős の親密な共著者の一人である Ronald Graham によって描かれた Erdős の共著者ネットワークである．Erdős の名声が高まるにつれ，この図に載っていることはある意味ステータスであるとみなされるようになった．

第 3 章
ランダム・ネットワーク

3.1 はじめに 77
3.2 ランダム・ネットワークモデル 78
3.3 リンクの数 79
3.4 次数分布 83
3.5 現実のネットワークはポアソン分布ではない 85
3.6 ランダム・ネットワークの成長 87
3.7 現実のネットワークは超臨界状態にある 92
3.8 スモールワールド 95
3.9 クラスター係数 101
3.10 まとめ：現実のネットワークはランダムではない 104
3.11 演習 106
3.12 発展的話題 3.A　ポアソン分布を導く 109
3.13 発展的話題 3.B　最大・最小次数 110
3.14 発展的話題 3.C　巨大連結成分 111
3.15 発展的話題 3.D　連結成分の大きさ 113
3.16 発展的話題 3.E　完全連結領域 115
3.17 発展的話題 3.F　相転移 116
3.18 発展的話題 3.G　スモールワールド補正 117

3.1　はじめに

　あるパーティを企画することを考えてみよう。そのパーティには 100 人の客が招かれ，その客はお互いをまったく知らないものとする [50]。ワインとチーズでパーティが始まると，まもなく二人あるいは三人のグループができあがりおしゃべりが始まる。ここで，あなたは招待客のひとりであるメアリーに，ラベルの貼られていない濃い緑色のボトルに入った赤ワインはレアなビンテージ物で，おしゃれな赤いラベルの赤ワインよりもずっとおいしいということを伝えるとしよう。もし，メアリーがこの情報を彼女の知り合いにだけ知らせるということなら，メアリーがこのパーティでこの時点までで会った人はそれほど多くないであろうから，あなたの高価なワインは安全であるように思える。

　しかし，招待客どうしは相手を代えながらおしゃべりを続

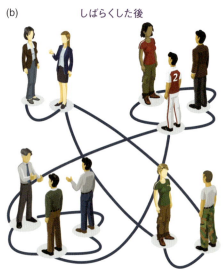

図 3.1 カクテルパーティからランダム・ネットワークへ

あるカクテルパーティで偶然に出会った顔見知りのネットワークの出現．
(a) 初めのうちはパーティの客が形成するグループは孤立している．
(b) それぞれがグループを変え混ざりあっていくことにより，孤立していた個人を単一のネットワークに結びつける目に見えないネットワークが出現する．

けると，まだ互いに知り合いではない客の間にも実は気づかぬ間に関係（経路）ができることとなる．たとえば，ジョンはまだメアリーとは会ったことがないとしても，この二人がともにマイクとは会ったことがあるとすれば，ジョンからマイクを通してメアリーへと目に見えない経路ができていることになる．時間が経つにつれて，招待客どうしのこのような目に見えない経路は徐々に入り組んだものとなっていく．このようにして，ラベル無しのボトルの秘密はメアリーからマイクへ，そしてマイクからジョンへと伝わり，急激に大きくなっていく知り合いの輪の中へと拡散していく（**図 3.1**）．

すべての招待客どうしが互いに知り合いになってしまえば，皆が高価なワインをグラスに注ぐであろうことは確かである．しかし，もしある客が別の客と知り合いとなるのに 10 分間はかかるとすると，自分自身以外の 99 人の客とすべて知り合うにはおよそ 16 時間もかかることになる．それならば，パーティの時間はそんなに長くはないので，パーティが終わった後でも高価なワインは少しばかりはまだ残っていて，楽しむことができると期待してもよさそうである．

しかし，それは誤りである．この章では，なぜそうなるのかを明らかにしよう．このパーティ問題はネットワーク科学におけるランダム・ネットワークモデルと呼ばれるものに対応する．ランダム・ネットワーク理論によれば，我々の高価なワインが危機にさらされる状態となるのに，パーティの招待客**全員**が知り合いになるまで待つ必要はない．それどころか，ある客が別の一人の客と出会い始めるとまもなく目に見えないネットワークが出現し，招待客全員に情報が伝わり始める．そのためパーティが始まるとほどなくして招待客全員がおいしいワインを堪能し始めるのである．

3.2 ランダム・ネットワークモデル

ネットワーク科学は，現実世界のネットワークがもつ性質を再現するモデルの構築を目指している．私たちが見たことのあるネットワークの多くは，結晶格子のように完全に規則正しくもなければ，蜘蛛の巣のようにわかりやすい放射状の構造をしているわけではない．それどころか，一見これらは無作為に紡がれたように見える（**図 2.4**）．ランダム・ネットワーク理論においては，この明白なランダム性を，**本当に**ラ

ンダムであるネットワークを作り，特徴づけることによって表現する。

　モデル化という観点からは，ネットワークは単にノードとリンクだけからできている比較的単純な対象であるといえる。しかし，どのノードにリンクを張れば現実世界の複雑さを再現できるのかを見抜くことは難しい。そこにおいて，ランダム・ネットワークの考え方は単純である。すなわち，リンクをノード間に無作為に張るだけである。これをもとに，次のようにランダム・ネットワークを定義することができる（**Box3.1**）。

　ランダム・ネットワークは，それぞれのノードの組み合わせに p の確率でリンクが存在する，N 個のノードから構成される。

　次のステップにより，ランダム・ネットワークを作ることができる。

1. N 個の孤立したノードから始める。
2. ノードの組み合わせを一つ選び，0 から 1 の間で乱数を生成する。乱数が p 未満であればそのノードの組み合わせをリンクで結び，p 以上であれば結ばないでそのままにしておく。
3. $N(N-1)/2$ 通りのすべてのノードの組み合わせについて手順 2 を繰り返す。

　これらの手順を経て得られたネットワークを，**ランダム・グラフ**，あるいは**ランダム・ネットワーク**と呼ぶ。Paul Erdős と Alfréd Rényi という二人の数学者がこうしたネットワークの性質を理解するために重要な役割を果たした。彼らの業績をたたえて，ランダム・ネットワークは**エルデシュ・レニィ・ネットワーク**とも呼ばれる（**Box3.2**）。

3.3　リンクの数

　あらゆるランダム・ネットワークは，同じパラメータ N と p で生成されても，少しずつ違った姿をしている（**図3.3**）。描かれたグラフが異なるだけでなく，リンクの数 L も異なる。ゆえに，決まった N と p によって与えられるランダム・ネットワークにいくつのリンクが存在するかを検討することには意義がある。

Box 3.1　ランダム・ネットワークの定義

ランダム・ネットワークには，以下の二つの定義がある。

$G(N, L)$ モデル

N 個のノードが L 個の無作為に張られたリンクで結ばれている，とするもので，Erdős と Rényi がランダム・ネットワークについての一連の論文の中でこの定義を使用した [3, 72, 73, 74, 75, 76, 77, 78]。

$G(N, p)$ モデル

N 個のノードがそれぞれの組み合わせにおいて p の確率でリンクによって結ばれている，とする Edgar Nelson Gilbert による定義である [79]。

すなわち，$G(N, p)$ モデルにおいて二つのノードが結ばれている確率 p を与えるのに対して，$G(N, L)$ モデルにおいてはリンクの総数 L を与える。$G(N, L)$ モデルではノードの平均次数 $\langle k \rangle$ は単純に $\langle k \rangle = 2L/N$ で求められるが，それ以外のネットワークの性質は $G(N, p)$ モデルのほうが求めやすい。本書においては，主要なネットワークの性質を計算しやすいだけでなく，現実世界においてリンクの総数が一定であることはほとんどあり得ないことから，$G(N, p)$ モデルの定義を採用する。

Box 3.2　ランダム・ネットワーク：簡単な歴史

図 3.2　ランダム・グラフ理論の創始者

(a) **Paul Erdős (1913-1996)**
ハンガリー出身で，類まれなる科学的業績と変わり者であることで知られる数学者。紛れもなく Erdős は数学史上で最も多くの論文を書いた数学者であり，500 人以上の数学者と共著論文を書き，エルデシュ数を生み出すもとになった。彼の伝説的な人柄と偉大なる業績は伝記 [81, 82] やドキュメンタリー [83] に記されている（オンライン資料 3.1）。

(b) **Alfréd Rényi (1921-1970)**
ハンガリー出身で，組み合わせ論やグラフ理論，数論の発展に非常に大きい貢献をした数学者。彼の業績は数学にとどまらない。レニィ・エントロピーはカオス理論で広く使われている。また彼がその発展の一翼を担ったランダム・ネットワーク理論はネットワーク科学のまさに中心である。ハンガリーにおける数学研究の中核である Alfréd Rényi Institute of Mathematics にその名が残されている。

ロシアからアメリカに移住した Anatol Rapoport (1911-2007) が，ランダム・ネットワークの研究をした最初の人物である。Rapoport はピアノの演奏者として成功するためには金持ちのパトロンが必要であることに気づき，その道を諦めた後に，数学に関心を持つようになった。数学者と生物学者がほとんどお互いに言葉を交わすことがなかった頃であったが，彼は数理生物学に集中することにした。Ray Solomonoff と 1951 年に書いた論文 [80] において，Rapoport はネットワークの平均次数を増やしていくと，ばらばらのノードが突然，巨大連結成分を含むグラフへと変化することを示した。

ランダム・ネットワーク研究は Paul Erdős と Alfréd Rényi の重要な仕事によって一つの高みに達した（**図 3.2**）。1959 年から 1968 年の間に出版された 8 本の論文 [3, 72, 73, 74, 75, 76, 77, 78] で，彼らは確率論と組み合わせ論をグラフ理論と融合し，数学の新たな領域として**ランダム・グラフ理論**を確立した。

ランダム・ネットワークの定義に関わるモデルは，Erdős と Rényi とは別に，Edgar Nelson Gilbert (1923-2013) によって導入されたが [79]，それは Erdős らが同じ課題について最初の論文を出版したのと同じ年のことであった。しかしながら，Erdős と Rényi の仕事のインパクトがあまりに圧倒的であったために，彼らがランダム・グラフ理論の正式な創始者だと考えられている。

「数学者はコーヒーを定理に変換する装置である」*Alfréd Rényi*（よく Erdős の言葉と考えられているがそれは間違いである。）

オンライン資料 3.1
「N は数」：Paul Erdős の人物像
1993 年に George Paul Csicsery の監督のもと制作された伝記ドキュメンタリー。Erdős の生涯や彼の科学的業績を垣間見ることができる [83]。

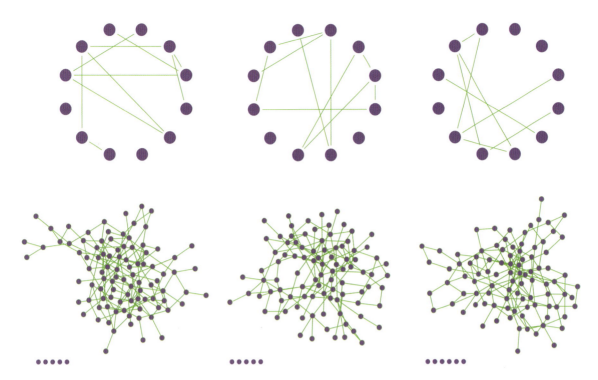

図 3.3 ランダム・ネットワークは本当にランダムである

上段
三つのグラフは，$p = 1/6$，$N = 12$ という同じパラメータによって生成されたランダム・ネットワークである。まったく同じパラメータを使っているにもかかわらず，見た目が異なるだけでなく，リンクの数も異なる ($L = 10, 10, 8$)。

下段
三つのグラフは，$p = 0.03$，$N = 100$ のランダム・ネットワークである。いくつかのノードは $k = 0$ となり，下のほうに孤立して表示されている。

ランダム・ネットワークにちょうど L のリンクが存在する確率は，次の三つの項の積となる。

1. リンクは $N(N-1)/2$ 通りの組の中で張られるが，もしリンクを L 本張るとすれば，その確率は p^L である。
2. 残りの $N(N-1)/2 - L$ 通りのノードの組においてリンクが張られない確率は，$(1-p)^{N(N-1)/2-L}$ である。
3. $N(N-1)/2$ 通りノードの組の間に L 個のリンクを張る組み合わせの数は

$$\binom{\frac{N(N-1)}{2}}{L} \tag{3.0}$$

通りある。したがって，生成されたランダム・ネットワークにおいてちょうど L 個のリンクが存在する確率は，

$$P_L = \binom{\frac{N(N-1)}{2}}{L} p^L (1-p)^{N(N-1)/2-L} \tag{3.1}$$

となる。

式 (3.1) は二項分布（**Box3.3**）であるので，ランダム・グラフのリンクの数についての期待値は，

$$\langle L \rangle = \sum_{L=0}^{\frac{N(N-1)}{2}} L p_L = p\frac{N(N-1)}{2} \tag{3.2}$$

となる．ここで，期待値 $\langle L \rangle$ は，二つのノードが連結される確率 p と，リンクを張ろうと試みるノードの組の総数 $L_{\max} = N(N-1)/2$ の積となる（第 2 章参照）．

式 (3.2) を使って，ランダム・ネットワークの平均次数

$$\langle k \rangle = \frac{2\langle L \rangle}{N} = p(N-1) \tag{3.3}$$

を得る．ここで，$\langle k \rangle$ は，二つのノードが連結される確率 p と，N 個のノードが存在するネットワークにおいて一つのノードがもつことができるリンクの最大数 $(N-1)$ との積によって与えられる．

まとめると，ランダム・ネットワークにおけるリンク数は生成されたネットワークによって異なる．その期待値は N と p で定められる．p を増加させればランダム・ネットワーク

Box 3.3　二項分布：平均と分散

偏りのないコインを N 回投げると，表と裏が同じ確率 $p = 1/2$ で出る．同様に確率が二項分布に従うとき，N 回投げたときにちょうど x 回の表が出る確率 p_x が求められる．一般的に二項分布は，2 種類の結果があるような試行を独立に N 回行ったときに，一方の結果が起きる回数を記述する．そのとき，一方の結果である確率を p，他方の結果である確率が $1-p$ とする．

二項分布は

$$p_x = \binom{N}{x} p^x (1-p)^{N-x}$$

で表される．二項分布の平均値（1 次のモーメント）は

$$\langle x \rangle = \sum_{x=0}^{N} x p_x = Np \tag{3.4}$$

である．この 2 次のモーメントは

$$\langle x^2 \rangle = \sum_{x=0}^{N} x^2 p_x = p(1-p)N + p^2 N^2 \tag{3.5}$$

である．したがって，標準偏差は

$$\sigma_x = \left(\langle x^2 \rangle - \langle x \rangle^2\right)^{\frac{1}{2}} = [p(1-p)N]^{\frac{1}{2}} \tag{3.6}$$

となる．式 (3.4) から式 (3.6) は，ランダム・ネットワークを特徴づける際に繰り返し用いられる．

はより密度の高いものになる。すなわち、リンク数の平均は $\langle L \rangle = 0$ から $L_{\max}$ まで線形的に増加し、ノードの平均次数は $\langle k \rangle = 0$ から $N - 1$ まで増加する。

3.4 次数分布

ランダム・ネットワークの生成においては、数多くのリンクが張られるノードもあれば、ほんの少ししか張られないか、まったく張られないようなノードもある（図3.3）。こうした差異は次数分布 p_k という概念で捉えることができる。これは無作為に選ばれたノードが k の次数をもつ確率である。本章では p_k を導出して、ランダム・ネットワークの性質について説明する。

3.4.1 二項分布

ランダム・ネットワークにおいてノード i がちょうど k 個のリンクをもつ確率は、次の三つの項の積となる [2]。

- k 個のリンクが存在する確率 p^k
- 残りの $N-1-k$ 個のリンクが存在しない確率 $(1-p)^{N-1-k}$
- 一つのノードからリンクを張ることができる $N-1$ 通りのうち k 本のリンクを選ぶ場合の数

$$\binom{N-1}{k}$$

結果として、ランダム・ネットワークの次数分布は二項分布

$$p_k = \binom{N-1}{k} p^k (1-p)^{N-1-k} \tag{3.7}$$

に従う。分布の形状はシステムの大きさ N と確率 p による（図3.4）。二項分布（**Box3.3**）によって、式(3.3)で示されたように、ネットワークの平均次数 $\langle k \rangle$、そして次数の2次のモーメント $\langle k^2 \rangle$ と分散 σ^2 を計算できる（図3.4）。

3.4.2 ポアソン分布

多くの現実のネットワークはスパース（疎）である。すなわち、それらにおいては $\langle k \rangle$ が N よりもずっと少ない（表2.1）。この制約条件下では、次数分布(3.7)はポアソン分布

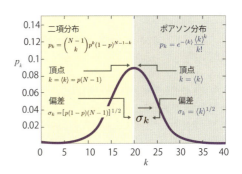

図 3.4　二項分布とポアソン分布

ランダム・ネットワークの次数分布は正確に二項分布（左半分）となる。N が $\langle k \rangle$ より十分に大きい場合は、二項分布はポアソン分布（右半分）でよく近似される。どちらの式も同じ分布を表しており同じ性質をもっているが、異なるパラメータで表現される。二項分布は p と N に依存するが、ポアソン分布はただ一つのパラメータ $\langle k \rangle$ のみに依存する。実際の計算でポアソン分布がよく使われるのは、この単純さのためである。

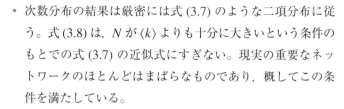

$$p_k = e^{-\langle k \rangle} \frac{\langle k \rangle^k}{k!} \qquad (3.8)$$

によってよりよく近似される（**発展的話題 3.A**）。これは，式 (3.7) と併せて，**ランダム・ネットワークの次数分布**と呼ばれる。

二項分布もポアソン分布も同じ数量を表現しており，それゆえこれらは同じような性質をもつ（**図 3.4**）。

- どちらの分布も $\langle k \rangle$ の付近に頂点ができる。p が大きくなればネットワークは密になり，$\langle k \rangle$ が大きくなると頂点は右に動く。
- 分布の幅（分散）もまた p ないし $\langle k \rangle$ によって定められる。ネットワークが密になればなるほど分布の幅も広くなり，すなわち次数の幅も大きくなる。

ポアソン分布の式 (3.8) を用いるとき，次のことに留意する必要がある。

- 次数分布の結果は厳密には式 (3.7) のような二項分布に従う。式 (3.8) は，N が $\langle k \rangle$ よりも十分に大きいという条件のもとでの式 (3.7) の近似式にすぎない。現実の重要なネットワークのほとんどはまばらなものであり，概してこの条件を満たしている。
- ポアソン分布の形をとる利点は，$\langle k \rangle, \langle k^2 \rangle, \sigma$ などの主要なネットワークの特徴量が，$\langle k \rangle$ という一つの指標により，非常に単純な形で表されることにある（**図 3.4**）。
- 式 (3.8) のポアソン分布は，明示的にノード数 N に依存しない。それゆえ，式 (3.8) から異なる大きさのネットワークの次数分布を求めることはできるが，平均次数 $\langle k \rangle$ は同じであり互いに区別できない（**図 3.5**）。

まとめとして，ポアソン分布はランダム・ネットワークの次数分布の近似でしかないが，その分析の容易さゆえに，p_k としてよく使われている。そのため本書においては，注記がない限り，ランダム・ネットワークの次数分布として，式 (3.8) のポアソン分布を用いる。そしてその主要な特徴として，ネットワークの性質はその大きさには無関係であり，平均次数 $\langle k \rangle$ という一つのパラメータだけに依存することが挙げられる。

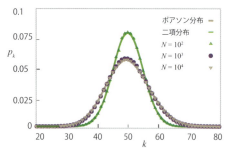

図 3.5 次数分布はネットワークの大きさと無関係である

$\langle k \rangle = 50$ で $N = 10^2, 10^3, 10^4$ のランダム・ネットワークの次数分布。

小さいネットワーク：二項分布
小さいネットワーク（$N = 10^2$）では，次数分布はポアソン近似に必要な N が $\langle k \rangle$ より十分に大きいという条件を満たさないので，式 (3.8) のポアソン分布は当てはまらない。したがって，小さいネットワークについては，厳密な二項分布 (3.7)（緑色の線）を使わなければならない。

大きいネットワーク：ポアソン分布
大きいネットワーク（$N = 10^3, 10^4$）では，次数分布は灰色の線によって示されるポアソン分布 (3.8) と区別できなくなる。ゆえに，大きい N では次数分布はネットワークの大きさとは独立となる。この図では，独立に生成された 1,000 以上のランダム・ネットワークの平均値を求めることによりノイズを軽減した。

3.5 現実のネットワークはポアソン分布ではない

ランダム・ネットワークにおけるノードの次数が0から$N-1$個の間で変化するならば,実際に生成したランダム・ネットワークにおいて,それぞれのノード次数にはどの程度の違いが生ずるだろうか。また,次数の高いノードは次数の低いノードと共存しうるのだろうか。最大次数と最小次数をもつノードの大きさを推定することにより,これらの問いに答えてみよう。

この世界の社会ネットワークがランダム・ネットワークモデルで表現できると仮定しよう。ランダムな社会,というと奇妙に聞こえるかもしれないが,そうとも言い切れない。なぜなら私たちが誰と出会い誰と知り合いになるかは,ランダムであることが非常に多いからである。

社会学者の推定では,平均的に,各個人はファーストネームで呼び合える仲の友人が1,000人いると言われている。すなわち,ネットワークの平均次数$\langle k \rangle$が1,000であることを意味する。ランダム・ネットワークに関してここまで理解してきたことを用いると,おおよそ7×10^9人のランダムな社会について興味深いたくさんの事実が得られる(**発展的話題 3.B**)。

- ランダムな社会において最も友人の多い人(最大次数をもつノード)は1,185人の友人をもつと予測される($k_{max} = 1,185$)。
- 最も友人の少ない人は816人であり($k_{min} = 816$),最大次数k_{max}や平均次数$\langle k \rangle$からそれほど大きくは離れていない。
- ランダム・ネットワークの次数分布の幅(標準偏差)σ_kは,平均次数$\langle k \rangle$の平方根である。すなわち,$\langle k \rangle = 1,000$のとき$\sigma_k = 31.62$となる。これは普通の人がもつ友人の数は$\langle k \rangle \pm \sigma_k$の幅,すなわち968〜1,032人という非常に狭い幅に収まるということを意味している。

まとめると,ランダムな社会においてはすべての人が同じぐらいの数の友人をもつことが期待される。それゆえもし人々が互いにランダムにつながれば外れ値は存在しない。すなわち超人気者や,数人しか友人がいないような取り残された人などは存在しない。この驚くべき結論は,次のランダム・ネッ

Box 3.4 どうしてハブは存在しないのか

ランダム・ネットワークにおいてハブ(非常に大きい次数をもつノード)が存在しない理由を理解するためには,次数分布 (3.8) にまで立ち返る必要がある。

まず,式 (3.8) にある$1/k!$という式が高い次数をもつノードが現れる確率を大幅に減らしていることがわかる。スターリングの近似式

$$k! \sim [\sqrt{2\pi k}]\left(\frac{k}{e}\right)^k$$

を用いると,式 (3.8) は

$$p_k = \frac{e^{-\langle k \rangle}}{\sqrt{2\pi k}}\left(\frac{e\langle k \rangle}{k}\right)^k \quad (3.9)$$

のように書き直すことができる。

次数kが$e\langle k \rangle$より大きいとき,括弧内の式が1より小さくなる。それゆえ,大きいkに対して,式 (3.9) においてkに従属する項,すなわち$1/k^{1/2}$や$(e\langle k \rangle/k)^k$は,kが大きくなるにつれて急速に小さくなる。全体として,式 (3.9) は,ランダム・ネットワークにおいてハブが観察される可能性は指数関数より早く減少することを表している。

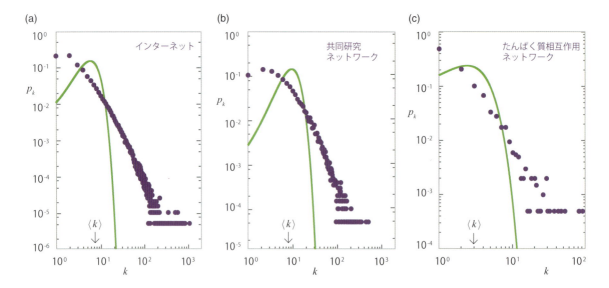

図 3.6　現実のネットワークの次数分布

(a) インターネット，(b) 共同研究ネットワーク，(c) たんぱく質相互作用ネットワーク（**表 2.1**）についての次数分布である．緑の線が，現実のネットワークから得た $\langle k \rangle$ を使って，式 (3.8) により描いたポアソン分布の予測に対応している．ランダム・ネットワークによる予測と現実のデータの間の大きい乖離は，ポアソン分布は高い次数をもつノードの大きさと頻度，さらに次数の低いノードの数を，かなり過小評価していることを示唆する．別の見方をすると，ランダム・ネットワークモデルは現実のネットワークに見られるより多数のノードが $\langle k \rangle$ 付近にあると予測する．

トワークの重要な性質から導かれる．それは，**巨大なランダム・ネットワークでは，ほとんどのノードの次数は平均次数 $\langle k \rangle$ の近辺にある**（**Box3.4**）．

この予測は現実とは大きくかけ離れている．1,185 人よりもはるかに多くの友人がいる人が確かにたくさん存在するということがその証拠である．たとえば，アメリカ合衆国のルーズベルト大統領の予定表には彼が個人的に会った 22,000 人の名前が記されている [84, 85]．同様に，フェイスブックの上で作られる社会ネットワークに関する研究によると，そのプラットフォームの限界値である 5,000 人の「友達」とつながっている人が数多く存在することが報告されている [86]．これらの現実との不一致の原因を理解するためには，現実のネットワークとランダム・ネットワークの次数分布を比較しなければならない．**図 3.6** に，三つの現実のネットワークにおける次数分布とそれぞれに対応するポアソン分布の予測値を示した．この図はランダム・ネットワークに基づく予測と現実のデータの間に構造的に相違があることを示している．

- ポアソン分布は高い次数のノードの数を著しく小さく見積もっている．たとえばランダム・ネットワークモデルによれば，インターネットの最大次数は約 20 となるはずである．しかし，データによると 10^3 もの次数をもつルーターが存在することが示されている．

- 現実のネットワークにおける次数分布の幅はランダム・ネットワークモデルが予測するよりはるかに広い。この違いは標準偏差 σ_k（**図 3.4**）で捉えることができる。インターネットが仮にランダムであったとすれば，$\sigma = 2.52$ と予想できる。測定値によると $\sigma_{\text{Internet}} = 14.14$ であり，ランダム・ネットワークモデルの予測よりもはるかに高い。この違いは**図 3.6** に示されるネットワークに限ったことではない。**表 2.1** に掲載されているすべてのネットワークにこの性質がみられる。

まとめると，ランダム・ネットワークモデルは現実のネットワークの次数分布を捉えることができないことが，現実のデータとの比較からわかる。ランダム・ネットワークにおいてはほとんどのノードがよく似た次数をもち，ハブは現れない。一方で，現実のネットワークではかなりの数の次数の高いノードがあり，また，次数にも大きい幅が見られる。これらについては，第 4 章でさらに議論する。

3.6　ランダム・ネットワークの成長

この章の初めに取り上げたカクテルパーティ問題は，刻一刻と変化する過程を含んでいる。最初は孤立した N 人の招待客（N 個のノード）である。その招待客がランダムに相手を選び知り合いとなることによって，そのノード間に徐々にリンクが張られていく。これは p が徐々に増加していくことに対応し，その p の増加はネットワークのトポロジーに驚くべき結果をもたらす（**オンライン資料 3.2**）。この過程を定量的に取り扱うため，まずネットワーク内の最大連結成分の大きさ N_G が平均次数 $\langle k \rangle$ によってどのように変化するかを調べよう。次に挙げる極端な二つの場合については容易に理解できる。

- $p = 0$ の場合：このとき平均次数 $\langle k \rangle = 0$ であるから，すべてのノードは孤立している。したがって，$N_G = 1$ であり，N が大きくなるにつれて $N_G/N \to 0$ である。
- $p = 1$ の場合：このとき平均次数 $\langle k \rangle = N - 1$ であるから，ネットワークは完全グラフであり，すべてのノードが一つの成分に属している。したがって，$N_G = N$ であり $N_G/N = 1$ である。

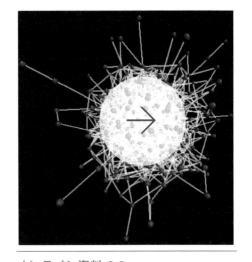

オンライン資料 3.2
ランダム・ネットワークの成長
リンクを張る確率 p が大きくなるにつれてどのようにランダム・ネットワークの構造が変化するのかを示すビデオ。小さい p のときはネットワーク内に巨大連結成分は存在しないが，p が臨界値に達するや突然にそれが現れる様子が鮮明にわかる。

平均次数$\langle k \rangle$が0から$N-1$に増加すると最大連結成分N_Gは1からNに徐々に増加すると思うかもしれない。しかし，図**3.7a**が示すように，そうはならない。$\langle k \rangle$が小さい間はN_G/Nは0のままであり，これはネットワーク内に大きいクラスターが存在しないことを示している。$\langle k \rangle$がある臨界値を超えたとたん，N_G/Nは0から増加し始める。これはネットワーク内に**巨大連結成分**と呼ばれる大きいクラスターが急に出現することを示している。ErdősとRényiは著名な1959年の論文で巨大連結成分が現れる条件は

$$\langle k \rangle = 1 \tag{3.10}$$

であることを予測した[3]。したがって，すべてのノードが平均1本以上のリンクをもつ場合に限りネットワークに巨大連結成分が現れるということになる（**発展的話題 3.C**）。

　巨大連結成分が現れるためには一つのノードにつき少なくとも1本のリンクが必要であることはそれほど驚くべきことではない。実際のところ，巨大連結成分が存在するためには，その中のすべてのノードが少なくとも一つの他のノードとつながっていなければならない。しかし，巨大連結成分が現れるためには，一つのノードにつきたった1本のリンクがあれば**十分**であることはいささか直観に反する。

　平均次数$\langle k \rangle$についての式(3.10)は，式(3.3)を用いてpについて書くことができ，

$$p_c = \frac{1}{N-1} \approx \frac{1}{N} \tag{3.11}$$

を得る。したがって，ネットワークが大きくなるほど，巨大連結成分が出現するのに十分なpの値は小さくなることになる。

　巨大連結成分の出現は，$\langle k \rangle$の値が変化することによってランダム・ネットワークに起きるさまざまな転移のうちの一つにすぎない。平均次数$\langle k \rangle$が取る値の範囲によって，トポロジー的に異なる以下の四つの領域に分けられる（図**3.7a**）。

亜臨界領域：$0 < \langle k \rangle < 1$ $\left(p < \dfrac{1}{N},\ \text{図 3.7b}\right)$

　平均次数$\langle k \rangle = 0$のとき，ネットワークはN個の孤立したノードからなっている。$\langle k \rangle$を大きくすることは，$N\langle k \rangle = pN(N-1)/2$本のリンクを張っていくことを意味する。しかし，$\langle k \rangle < 1$ということは，この領域ではまだリンクの数が少なく，ネットワーク内には小さいクラスターしか存在しない

3.6 ランダム・ネットワークの成長

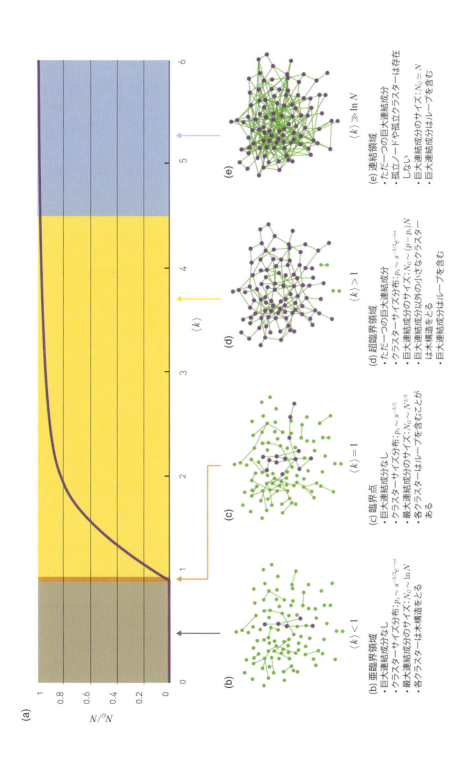

図 3.7 ランダム・ネットワークの成長

(a) エルデシュ・レーニイ・モデルにおける、平均次数 $\langle k \rangle$ の関数として表した巨大連結成分の相対サイズ。この図はゼロでない N_G/N をもつ巨大連結成分が出現する相転移が $\langle k \rangle = 1$ で起きることを表している。

(b)-(e) ランダム・ネットワークを特徴づける四つの領域におけるネットワークのサンプルとその性質。

(図 3.7b)。

最大クラスターを巨大連結成分とみなすことは可能である。しかし，この領域では全ノード数に対する最大クラスターの割合，すなわち相対的なサイズ N_G/N はゼロのままである。平均次数 $\langle k \rangle < 1$ の場合は，最大クラスターは大きさ $N_G \sim \ln N$ の木構造をしており，その大きさはネットワーク内の全ノード数 N に比べて非常にゆっくりとしか増加しない。その理由は，$N \to \infty$ の極限で $N_G/N \simeq \ln N/N \to 0$ となるからである。

まとめると，亜臨界領域においては，ネットワークはたくさんの小さいクラスターの集まりで構成され，そのクラスターの規模分布は式 (3.35) の指数分布に従っている。したがって，これらのクラスターはどれも同程度の大きさであり，明確に巨大連結成分とみなせるクラスターは存在しない。

臨界点：$\langle k \rangle = 1 \left(p = \dfrac{1}{N}, 図 3.7c \right)$

臨界点は，巨大連結成分が未だ存在しない領域（$\langle k \rangle < 1$）とただ一つの巨大連結成分が存在する領域（$\langle k \rangle > 1$）を分かつ境界である。この点では，最大クラスターの相対サイズは依然としてゼロである（**図 3.7c**）。実際，最大クラスターの大きさは $N_G \sim N^{2/3}$ である。その結果，N_G はネットワークの大きさ N に比べてずっとゆっくりと大きくなるため，$N \to \infty$ の極限で，$N_G/N \sim N^{-1/3} \to 0$ となる。

しかし，最大クラスターの大きさそのものについては，$\langle k \rangle = 1$ において明確な跳びがある。たとえば，世界の総人口と同程度のノード数 $N = 7 \times 10^9$ をもつランダム・ネットワークの場合，$\langle k \rangle < 1$ の領域での最大クラスターの大きさは $N_G \approx \ln N = \ln(7 \times 10^9) \approx 22.7$ である。これに対し，$\langle k \rangle = 1$ のときは，$N_G \sim N^{2/3} = (7 \times 10^9)^{2/3} \simeq 3 \times 10^6$ となり，5桁ほどのオーダーの違いによる跳びとなる。しかし，亜臨界領域と臨界点の両方では，最大成分はネットワーク中のノード総数のうちで無視できるほど小さい部分しか含んでいない。

まとめると，臨界点では大多数のノードは，式 (3.36) の分布に従う小さいクラスターに属している。べき則は広範な大きさのクラスターが共存していることを示している。これらの多数の小さいクラスターの構造はだいたいのところ木構造であるが，巨大連結成分はループを含み得る。臨界点でのネットワークのさまざまな性質は，相転移を起こしている物理系

と類似していることに注意しよう（**発展的話題 3.F**）。

超臨界領域：$\langle k \rangle > 1 \left(p > \dfrac{1}{N}, \text{図 3.7d} \right)$

この領域は，ネットワーク構造をもつ巨大連結成分が現れ始めるという意味で，現実の系において重要な領域である。臨界点近傍では巨大連結成分の大きさは

$$N_G/N \sim \langle k \rangle - 1 \tag{3.12}$$

となる。あるいは，式 (3.11) で与えられる p_c を用いて

$$N_G \sim (p - p_c)N \tag{3.13}$$

と書くことができる。したがって，巨大連結成分はネットワーク内で（ゼロでない）有限の大きさをもち始める。臨界点から遠ざかるほど，より多くのノードが巨大連結成分に含まれるようになる。式 (3.12) は $\langle k \rangle = 1$ の近傍でしか成立しないことを注意しておく。$\langle k \rangle$ が大きいときは N_G と $\langle k \rangle$ の間の関係は非線形となる（**図 3.7d**）。

まとめると，超臨界領域では，多くの孤立したクラスターが巨大連結成分と共存しており，その大きさの分布は式 (3.35) に従う。これらの小さいクラスターは木構造であるのに対し，巨大連結成分はループやサイクルを含んでいる。超臨界領域はすべてのノードが巨大連結成分に吸収されてしまうまで続く。

連結領域：$\langle k \rangle > \ln N \left(p > \dfrac{\ln N}{N}, \text{図 3.7e} \right)$

十分に大きい p については，巨大連結成分はすべてのノードやクラスターを吸収しているため $N_G \approx N$ となっている。孤立ノードがないネットワークは連結しているといわれる。このことが起きるのは平均次数が

$$\langle k \rangle = \ln N \tag{3.14}$$

のように全ノード数 N に依存する場合である（**発展的話題 3.E**）。この連結領域においても，大きい N について $\ln N / N \to 0$ であるから，ネットワークは依然として比較的疎のままであることに注意されたい。ネットワークが完全グラフとなるのは，$\langle k \rangle = N - 1$ の場合だけである。

まとめると，ランダム・ネットワークモデルによれば，ネットワークは滑らかにかつ徐々に形成されるのではない。小さい $\langle k \rangle$ で観察される孤立ノードや小さいクラスターが相転移

Box 3.5　グラフ理論におけるネットワークの成長

ランダム・グラフに関する文献では，連結確率 $p(N)$ は N^z のようにスケールすると仮定されることが多い。ここで，z は $-\infty$ から 0 まで変化するパラメータである [2]。Erdős と Rényi は，この z を変化させるとランダム・グラフにある性質が突然出現することを発見した。

あるグラフが，ノード数 $N \to \infty$ の極限で性質 Q をもつ確率が 1 に近づくならば，「そのグラフは性質 Q をもつ」という。すなわち，z の値を決めたとき，その z について，ほぼすべてのグラフが性質 Q をもつかもたないかのいずれかとなる。たとえば，z の値が $-3/2$ よりも小さいなら，ほぼすべてのグラフは孤立したノード，あるいは一つのリンクでつながっているノードペアだけを含んでいる。いったん z の値が $-3/2$ よりも大きくなったなら，大部分のネットワークは三つ以上のノードをつなぐ経路を含むようになる（**図 3.8**）。

図 3.8　ランダム・グラフの成長

グラフ中に異なる部分グラフが現れるいくつかのしきい値。これらのしきい値は $p(N) \sim N^z$ の関係における指数 z の値で定まる。$z < -3/2$ のときは，グラフは孤立ノードあるいはノードペアのみから成る。z が $-3/2$ を超えると次数 3 の木が現れ，$z = -4/3$ を超えると次数 4 の木が現れる。$z = -1$ では，すべての次数の木およびサイクルが現れる。次数 4 の完全部分グラフは $z = -2/3$ で現れ，z の値が増加するとさらに大きい次数の完全部分グラフが現れる。文献 [19] による。

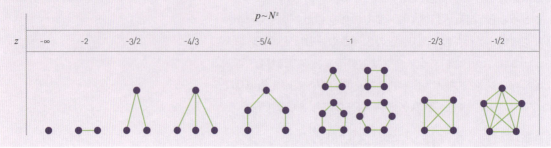

を通して一気に巨大連結成分を形成する（**発展的話題 3.F**）。$\langle k \rangle$ の値の変化により，四つのトポロジー的に異なる領域が認められる（**図 3.7**）。

ここにおける議論は実証的な観点に沿っており，特にランダム・ネットワークと実在のネットワークを比較するときに役に立つ。その一方で，数学的な研究は異なる視点を提供しており，ランダム・ネットワークの非常に多彩な振る舞いを明らかにしている（**Box3.5**）。

3.7　現実のネットワークは超臨界状態にある

ランダム・ネットワーク理論から得られる次の二つの帰結は現実のネットワークにとって重要となる。

1. いったん，平均次数が $\langle k \rangle = 1$ の値を超えると，ネット

ワーク内に，全ノードのうちの有限の割合を含む巨大連結成分が出現する。すなわち，$\langle k \rangle > 1$ のときにのみ，ネットワークとして認識されうるノード群が存在する。
2. 平均次数が $\langle k \rangle > \ln N$ である場合では，ネットワーク内のすべての連結クラスターは巨大連結成分に吸収され，ネットワーク全体が連結する。

現実のネットワークでは巨大連結成分が存在するための条件 $\langle k \rangle > 1$ は満たされているだろうか。そして，平均次数が $\langle k \rangle > \ln N$ の場合には，その巨大連結成分にはすべてのノードが含まれているのだろうか。それとも，ネットワーク内には依然として連結されていないいくつかのノードが残っているのだろうか。これらの疑問に答えるために，ある与えられた平均次数 $\langle k \rangle$ についての現実のネットワークの構造を，理論的な予測と比べてみよう。

現実のネットワークでは，平均次数は $\langle k \rangle = 1$ のしきい値をはるかに超えている。実際，社会学者は平均的な人には概して 1,000 人ほどの知人がいると見積もっている。人間の脳の典型的な神経細胞は 7,000 のシナプス結合を持っており，我々の体内の細胞ではそれぞれの分子が複数の化学反応に関与している。

この結論は**表 3.1** によっても裏づけられる。この表は，いくつかの無向ネットワークの平均次数をまとめたものであるが，どの場合においても $\langle k \rangle > 1$ となっている。したがって，現実のネットワークでは平均次数については $\langle k \rangle = 1$ のしきい値を十分に上回っており，それらのネットワークすべてにおいて巨大連結成分が存在することを意味する。それは**表 3.2** にまとめたネットワークにおいても同様である。

では，理論の二番目の予測に目を向けてみよう。現実のネットワークは，ネットワーク全体が一つの連結成分となるのか ($\langle k \rangle > \ln N$)，それとも，多くのクラスターに分かれるのか ($\langle k \rangle < \ln N$)，調べてみよう。地球規模の社会的なネットワークでは，超臨界領域と単一連結領域間の遷移は $\langle k \rangle > \ln(7 \times 10^9) \approx 22.7$ となるところで起きる。したがって，もしどの人にも平均して 2 ダース以上の知人がいるなら，どのような社会も単一連結成分からなっており，誰も知人がおらず孤立している人は存在しない。前述のとおり，社会ネットワークでは $\langle k \rangle \approx 1,000$ であるので，この条件は満たされ

表 3.1　現実のネットワークは連結しているだろうか

いくつかの無向ネットワークについての，ノード数 N，リンク数 L，平均次数 $\langle k \rangle$，および $\ln N$ の値。$\langle k \rangle > 1$ であれば巨大連結成分が存在し，$\langle k \rangle > \ln N$ であれば，すべてのノードが巨大連結成分に属しているはずである。すべてのネットワークは $\langle k \rangle > 1$ の領域にあるが，ほとんどのネットワークで $\langle k \rangle$ の値はしきい値 $\ln N$ よりも小さい（図 3.9）。

ネットワーク	N	L	$\langle k \rangle$	$\ln N$
インターネット	192,244	609,066	6.34	12.17
電力網	4,941	6,594	2.67	8.51
共同研究	23,133	94,439	8.08	10.05
俳優の共演	702,388	29,397,908	83.71	13.46
たんぱく質相互作用	2,018	2,930	2.90	7.61

ている。しかし，**表 3.1** に従えば，現実のネットワークの多くはこの条件を満たしていない。したがって，これらのネットワークはいくつかの非連結成分からなっているということになる。これはインターネットに関しては憂うべき予測である。というのは，ルーターの中には巨大連結成分とはつながっていないものがあることになり，そのようなルーターは他のルーターとは通信ができないからである。また，この予測は電力網についても問題である。電気を送ってもらえない顧客が必ずいることになるからである。理論から得られるこれらの予測は明らかに現実に起きていることと矛盾している。

ここまでをまとめよう。ほとんどの現実のネットワークは超臨界領域にある（**図 3.9**）。その結果，これらのネットワーク内には巨大連結成分が存在しており，このことは現実のネットワークを観察して得られる事実とも合致している。しかし，ランダム・ネットワーク理論によれば，巨大連結成分とともにその巨大連結成分とはつながっていない多数のクラスターも存在することになるが，いくつかの現実のネットワークではそのような多数のクラスターは明らかに存在していない。ただし，これらの理論的帰結は，もし現実のネットワークがエルデシュ・レニィ・モデルで正確に記述できるときに限り，すなわち，現実のネットワークがランダムであるときに限り，当てはまるということに注意されたい。以降の章で現実のネットワークの構造をさらに学んでいくにつれて，$\langle k \rangle > \ln N$ という条件が満たされていないのに，なぜ現実のネットワークでは全体がつながっているのかを理解できるようになるであろう。

図 3.9　大部分の現実のネットワークは超臨界状態にある

ランダム・ネットワーク理論で予測された四つの領域。**表 3.1** に挙げた無向ネットワークの平均次数（$\langle k \rangle$）の場所に×印を記した。この図はほとんどのネットワークは超臨界領域にあることを示している。したがって，それらのネットワーク内にはまだ巨大連結成分につながっていない成分がたくさん存在する。俳優の共演ネットワークだけが連結領域にあるが，これはすべてのノードが単一の巨大連結成分に属していることを意味する。亜臨界領域と超臨界領域の境界はつねに $\langle k \rangle = 1$ のところにあるが，超臨界領域と連結領域の境界は $\ln N$ のところにあり，これは系ごとに異なった値となることに注意しよう。

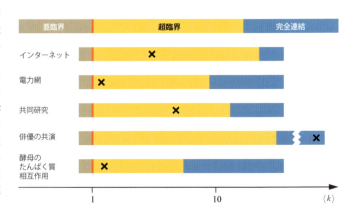

3.8 スモールワールド

スモールワールド現象は，**6次の隔たり**という言葉でも知られており，長く一般大衆を魅了してきた。これは，もし地球上で，どのように二人を選んでも，その二人は6人程度の知人を介してつながっていることを表している（**図3.10**）。同じ街に住んでいる人どうしがほんの数人の知人を介して知り合うことがあるということは不思議でも何でもない。しかし，スモールワールドという概念は地球の反対側にいる人どうしであってもほんの数人の知人を介してつながっていることを主張しているのである。

ネットワーク科学の言葉では，スモールワールド現象とは，**ネットワーク内で無作為に選ばれた二つのノード間の距離が短い**ことを意味する。この主張から二つの疑問が生じる。「短い」あるいは「小さい」とは何を意味するのか，すなわち，何に比べて短いのかということと，そのような短い距離が存在するということをどのようにして説明するのか，ということである。

どちらの疑問にも簡単な計算で答えることができる。平均次数$\langle k \rangle$のランダム・ネットワークを考えよう。このネットワーク内のどのノードについても，平均して

距離1のところに$\langle k \rangle$個のノードが，
距離2のところに$\langle k \rangle^2$個のノードが，
距離3のところに$\langle k \rangle^3$個のノードが，
…
距離dのところに$\langle k \rangle^d$個のノードがある。

たとえば，もし，一人がもつ知人の数が$\langle k \rangle \approx 1,000$であるとすると，我々一人一人について，距離2のところには10^6人，距離3のところには10億人，すなわち，地球上の全人口と同程度の人がいることになる。

より正確に述べると，最初に選んだノードから距離dまでのところにあると思われるノードの総数は

$$N(d) \approx 1 + \langle k \rangle + \langle k \rangle^2 + \cdots + \langle k \rangle^d = \frac{\langle k \rangle^{d+1} - 1}{\langle k \rangle - 1} \quad (3.15)$$

となる。

$N(d)$はネットワーク内のノードの総数Nを超えることはできないので，距離が際限なく大きくなることはない。最大

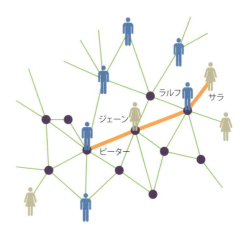

図3.10　6次の隔たり

6次の隔たりとは，世界のどこにいる二人であっても，6人以下の知り合いを介してつながっている，ということである。たとえば，サラはピーターと直接の知り合いでなくても，ラルフとは知り合いであり，ラルフはジェインを知っており，ジェインはピーターを知っているとしよう。この場合は，サラはピーターとは，三人の知り合いを介している。すなわち，3次の隔たりということになる。ネットワーク科学の言葉では，スモールワールド性とも呼ばれる6次の隔たりは，ネットワーク内の任意の二つのノード間の距離は思いもよらないほど小さいということを意味する。

表 3.2　6 次の隔たり

10 個のネットワークについての平均距離 $\langle d \rangle$ と最大距離 $d_{\max}$。最後の列は式 (3.19) による $\langle d \rangle$ であり，この値が平均距離の実測値をよく近似していることを示している。しかしながら，その一致は完全ではない。次章で，多数の現実のネットワークでは式 (3.19) に補正が必要であることを示そう。有向ネットワークでは平均次数と経路長はリンクの方向に沿って測定される。

ネットワーク	N	L	$\langle k \rangle$	$\langle d \rangle$	$d_{\max}$	$\dfrac{\ln N}{\ln \langle k \rangle}$
インターネット	192,244	609,066	6.34	6.98	26	6.58
WWW	325,729	1,497,134	4.60	11.27	93	8.31
電力網	4,941	6,594	2.67	18.99	46	8.66
携帯電話の発信	36,595	91,826	2.51	11.72	39	11.42
電子メール	57,194	103,731	1.81	5.88	18	18.4
共同研究	23,133	93,439	8.08	5.35	15	4.81
俳優の共演	702,388	29,397,908	83,71	3,91	14	3,04
論文引用	449,673	4,707,958	10.43	11,21	42	5.55
E. coli の代謝	1,039	5,802	5.58	2.98	8	4.04
たんぱく質相互作用	2,018	2,930	2.90	5.61	14	7.14

距離 $d_{\max}$，すなわち，ネットワークの直径は

$$N(d_{\max}) \approx N \tag{3.16}$$

とおくことで得られる。平均次数について $\langle k \rangle \gg 1$ と仮定し，式 (3.15) の分母と分子にある -1 を無視すると

$$\langle k \rangle^{d_{\max}} \approx N \tag{3.17}$$

となる。したがって，ランダム・ネットワークの直径として

$$d_{\max} \approx \frac{\ln N}{\ln \langle k \rangle} \tag{3.18}$$

を得る。これがスモールワールド現象の数学的定式化であるが，重要なのはその解釈である。

- 式 (3.18) は，ネットワークの直径 $d_{\max}$ が系の大きさ N とともに，どのように大きくなっていくかを表している。しかし，ほとんどのネットワークについては，式 (3.18) は，距離の最大値 $d_{\max}$ についてよりも，無作為に選ばれた二つのノード間の平均距離 $\langle d \rangle$ についてのよい近似となっている (**表 3.2**)。この理由は，最大距離 $d_{\max}$ は数少ない極端な経路の影響を強く受けてしまうのに対し，平均距離 $\langle d \rangle$ では，すべてのノードの組み合わせに関する平均をとることにより，そのようなゆらぎの影響が抑えられているからで

図 3.11 なぜスモールワールドは驚くべきことなのか

我々の距離についての直観は正方格子についての経験に多くを負っている。しかし，正方格子における距離はスモールワールド性を示さない。

1D：1 次元格子（長さ N の線分）ではネットワーク直径と平均経路長は N に線形に依存し，$d_{\max} \sim \langle d \rangle \sim N$ となる。
2D：2 次元正方格子では $d_{\max} \sim \langle d \rangle \sim N^{1/2}$ となる。
3D：3 次元立方格子では $d_{\max} \sim \langle d \rangle \sim N^{1/3}$ となる。
4D 以上：一般に，d 次元立方格子では $d_{\max} \sim \langle d \rangle \sim N^{1/d}$ となる。

このように N に関して多項式的な依存性をもつ場合，その距離は N の増加にともない式 (3.19) よりももっと早く大きくなる。よって，規則格子の場合は，経路長はランダム・ネットワークよりもかなり長くなってしまうのである。たとえば，もし人間のつながりのネットワークが 2 次元正方格子的なものであり，すぐ隣の人としか知り合いでないならば，任意の二人の間にはざっと計算して $(7 \times 10^9)^{1/2} = 83{,}666$ 人の人がいることになる。たとえ，一人の人が単純な正方格子のように 4 人ではなく現実の場合のように 1,000 人の知り合いがいるとして計算し直しても平均的な隔たりは式 (3.19) よりも何桁も大きいものになってしまう。

(a) 通常の線形の目盛で描いた格子ネットワークとランダム・ネットワークについての $\langle d \rangle$ の N 依存性。
(b) 両対数目盛で (a) を描き直したもの。

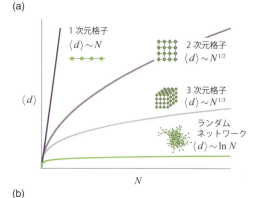

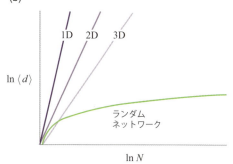

ある。したがって，典型的なスモールワールド性は，ノード間の平均距離 $\langle d \rangle$ がノード総数 N と平均次数 $\langle k \rangle$ にどのように依存するかを表す関係式

$$\langle d \rangle \approx \frac{\ln N}{\ln \langle k \rangle} \tag{3.19}$$

として定義される。

- 一般的に $\ln N \ll N$ であるから，平均距離 $\langle d \rangle$ が $\ln N$ に依存するということは，ランダム・ネットワークにおいてはノード間距離がネットワークの大きさに比べて何桁も小さいことを意味する。したがって，スモールワールド現象における「スモール（小さい）」という言葉は，**ネットワーク内のノード間平均距離あるいはネットワークの直径がシステムの大きさの対数に依存する**ことを意味する。したがって，「小さい」ということは，平均距離 $\langle d \rangle$ が，N や N のべきに比例するのではなく，$\ln N$ に比例することを意味する（図 **3.11**）。
- $1/\ln\langle k \rangle$ の因子は，ネットワークが密になるほど，ノード間距離は小さくなることを意味する。
- 現実のネットワークでは，式 (3.19) には系統的な補正因子が含まれる。これは $d > \langle d \rangle$ を超える距離にあるノードの数が急速に少なくなることが原因である（**発展的話題 3.G**）。

人のつながりのネットワーク（社会ネットワーク）に関して式 (3.19) の意味することを考えよう．ノード総数 $N \approx 7 \times 10^9$, および平均次数 $\langle k \rangle \approx 10^3$ を使うと，

$$\langle d \rangle \approx \frac{\ln(7 \times 10^9)}{\ln(10^3)} = 3.28 \qquad (3.20)$$

となる．したがって，地球上のすべての人はお互いに 3 ないし 4 の距離以内にいることになる．式 (3.20) の見積りは，世間に広く流布する「6 次（の隔たり）」よりも，おそらく現実に近い（Box3.6）．

式 (3.19) を含むランダム・ネットワークでのスモールワールド性に関して我々が知っていることの多くは，Manfred Kochen と Ithiel de Sola Pool の論文中にあるのだが，この論文のことはほとんど知られていない．その論文中で，彼らはスモールワールド性を数学的に定式化し，それが社会学的にどのような意味をもつかを深く掘り下げて議論している．この論文に啓発されて，よく知られている Milgram の実験が行われ，さらに，その実験が **6 次の隔たり**という言葉を生み出したのである（Box3.7）．

スモールワールド性は社会的なシステムを研究する中で発見されたのであるが，この性質は社会ネットワークを超える適用範囲をもっている（Box3.6）．それを示すため，**表 3.2** でいくつかの現実のネットワークに関する平均距離 $\langle d \rangle$ を式 (3.19) による数値と比べてみる．これらのシステムの出所の多様性や，そのノード数 N と平均次数 $\langle k \rangle$ のさまざまに異なる値にもかかわらず，式 (3.19) は実際に観測される平均距離 $\langle d \rangle$ のよい近似となっている．

ここまでをまとめよう．スモールワールド性は単に人々の想像力をかきたてるだけではなく，ネットワーク科学にとっても重要な役割を果たしている（Box3.8）．スモールワールド現象は，ランダム・ネットワークモデルの範囲内で，かなりの程度まで理解可能であり，それは，あるノードから距離 d のところにあるノード数が d について指数関数的に増加することが原因である．以降の章で，我々が出会う現実のネットワークでは平均距離は式 (3.19) の値から系統的にずれており，式 (3.19) はもっと正確なものに置き換えなければならないことがわかるだろう．しかしながら，ランダム・ネットワークモデルによって得られた，スモールワールド性がどうして生じるのかについての洞察は，その場合にも依然として正しい

Box 3.6　19 次の隔たり

WWW 上で無作為に選ばれた文書にたどり着くためには，何回クリックしなければならないだろうか．この質問に答えることは難しい．WWW のリンク関係を完全に記した地図は存在せず，完全な地図中の小さいサンプルのいくつかにアクセスするのが精一杯だからである．しかし，そのサンプルのサイズを大きくするにつれて WWW の平均距離がどのように増加するかを測定することは可能である．この方法は**有限サイズスケーリング**と呼ばれている．この測定結果から，WWW の平均距離 d はネットワークの大きさ N について次式のように増加することが示唆される [9]．

$$\langle d \rangle \approx 0.35 + 0.89 \ln N$$

1999 年に 8 億ほどの文書をもつ WWW のサンプルについての評価が行われた [87]．上の評価式によるとこの WWW のノード間の平均距離は $\langle d \rangle \approx 18.69$ となる．言い換えると，1999 年においては任意に選ばれた WWW 内の二つの文書は平均して 19 回のクリックでたどり着けることになる．これは **19 次の隔たり**として知られるようになった．それ以後の測定結果として 2 億の文書をもつ WWW のサンプルについては $\langle d \rangle \approx 16$ という結果が得られており [88]，これは評価式による $\langle d \rangle \approx 17$ とよく合っている．現時点では WWW 上には 1 兆ほどの文書があり（$N \sim 10^{12}$），評価式によると平均距離は $\langle d \rangle \approx 25$ となる．したがって，平均距離 d は固定された値ではなく，ネットワークが大きくなるにつれ，大きくなっていく．

平均距離が 25 というのは一般に流布している「6 次」よりもずいぶんと大きい（Box3.7）．この違いは容易に理解できる．WWW は社会ネットワークに比べて各ノードの平均次数が小さく，ノード総数が大きい．この両方の原因と式 (3.19) から，WWW の直径が大きくなるのである．

Box 3.7 6次の隔たり：実験による確認

スモールワールド現象が初めて実証的に調べられたのは 1967 年のことである。その年に，Stanley Milgram は，Pool と Kochen の仕事を基礎として，社会ネットワーク内のノード間距離を測定するための実験をデザインした [7, 89]。Milgram はマサチューセッツ州ボストンにいるある株式仲買人と，同じくマサチューセッツ州シャロンにいる神学生をターゲットとして選んだ。彼は次にカンザス州ウィチタとネブラスカ州オマハの住人を何人か無作為に選び，その人たちに，研究の目的とターゲットの写真，名前，住所，情報を簡単に記した手紙を送った。そして，彼らにターゲットの人物を最もよく知っていそうな友人，親戚，知人にその手紙を転送するように頼んだ。

数日のうちに，たった二人の人を伝って，最初の手紙が返ってきた。最終的には，全 296 通中 64 通の手紙が戻ってきたが，その中には 1 ダース近くの中間者が必要であるものもあった [89]。最終的にターゲットに届いた 64 通によって，Milgram はターゲットに手紙が届くために必要な中間者数を決定することができた（**図 3.12a**）。その結果，手紙が届くまでの中間者数の中央値は 5.2 であり，それは Frigyes Karinthy が 1929 年に洞察した数に驚くほど近い，比較的小さい数であることがわかった（**Box3.8**）。

Milgram は，知り合いどうしの作るネットワークの正確なマップをもっていなかったので，彼の実験では調査に参加した人たちの間の本当の距離を調べることはできなかった。今日では，フェイスブックがこれまでにまとめられた中で最も大規模な社会ネットワークのマップをもっている。研究によると，2011 年 5 月のフェイスブックの作る社会ネットワークは，7 億 2100 万人のアクティブなユーザーとその間の 680 億の向きをもたない友人どうしのリンクから成っており，ユーザー間の平均距離は 4.74 である（**図 3.12b**）。したがって研究の結果として，わずか「4次の隔たり」であることがわかったのであり [86]，Milgram の「6次の隔たり」よりも式 (3.20) の値に近いということになる [7, 89]。

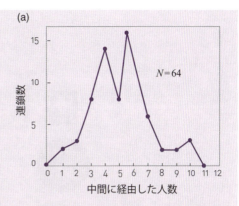

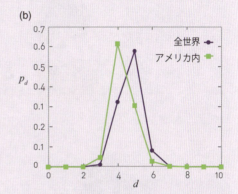

図 3.12 本当に「6次」なのか Milgram からフェイスブックへ

(a) Milgram の実験では当初の 296 通の手紙のうち，64 通が最終的な受取人に届いた。この図はその 64 通がどのくらいの人の手を介して届いたかの分布を示している。これを見ると，10 人の手を介して届いたものもある一方で，たった一人を介して届いているものもいくつかあることがわかる。この分布の平均は 5.2 であり，手紙が最終受取人に到達するまでに平均して 6 人の手を経ることが必要であることを示している。この実験から 20 年後，脚本家の John Guare はこれを「6次の隔たり」と名づけた。文献 [89] による。

(b) 全世界およびアメリカ内のフェイスブックユーザー間の距離の分布 p_d。フェイスブックのノード数 N とリンク数 L を式 (3.19) に用いると，平均距離は約 3.90 となり，文献 [86] で 4 次の隔たりとして報告されている結果に近いものとなる。

私はある知識人にどのくらいの中間者が必要であるかを尋ねた。彼はネブラスカからシャロンまで手紙が移動するには **100 人**かあるいはもっと多くの中間者が必要になるだろう，と答えた。

Stanley Milgram, 1969 年

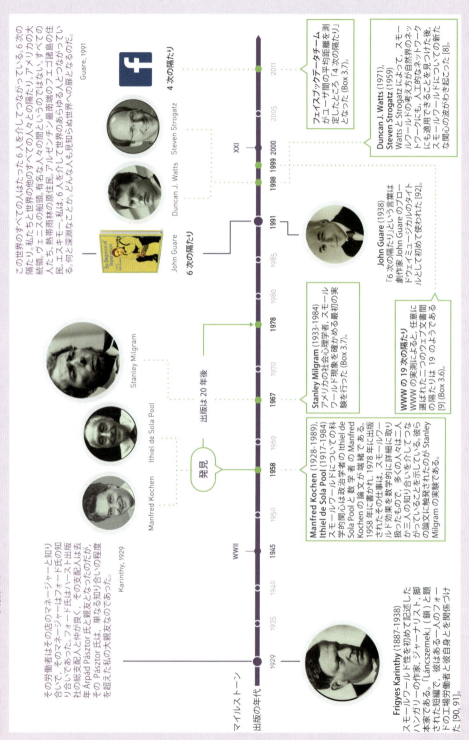

ものである。

3.9　クラスター係数

あるノードの次数がわかっても，そのノードの隣接ノード間の関係については何もわからない。それらの隣接ノードはすべてが互いに知り合いなのだろうか。それとも，それらはもしかするとお互いに孤立しているのだろうか。それは各ノードのクラスター係数 C_i を見ることによってわかる。クラスター係数はノード i の隣接ノードのもつリンク数の密度を測るものである。したがって，$C_i = 0$ であれば，ノード i の隣接ノード間にはまったくリンクがないことを意味する。また，$C_i = 1$ は，ノード i のどの隣接ノードについても，他のすべての隣接ノードとの間にリンクが張られていることを意味する（2.10 節参照）。

あるランダム・ネットワークのノードのクラスター係数 C_i を計算するためには，ノード i のもつ k_i 個の隣接ノード間のリンク数 L_i の期待値を見つもることが必要になる。ランダム・ネットワークでは，ノード i の任意の二つの隣接ノード間にリンクが張られる確率は p である。ノード i のもつ k_i 個の隣接ノード間で可能なリンクの総数は $k_i(k_i - 1)/2$ であるから，期待値 L_i は

$$\langle L_i \rangle = p \frac{k_i(k_i - 1)}{2}$$

となる。よって，ランダム・ネットワーク内のノード i のクラスター係数は

$$C_i = \frac{2\langle L_i \rangle}{k_i(k_i - 1)} = p = \frac{\langle k \rangle}{N} \tag{3.21}$$

となる。式 (3.21) から，二つのことがわかる。

(1) 平均次数 $\langle k \rangle$ の値が決まっている場合，ネットワークが大きくなるほど，各ノードのクラスター係数は小さくなる。その結果として，各ノードのクラスター係数 C_i は $1/N$ に依存して小さくなると期待される。ネットワークの平均クラスター係数 $\langle C \rangle$ も，同じく式 (3.21) に従うことに注意しよう。

(2) 各ノードのクラスター係数はそのノードの次数には依存しない。

式 (3.21) が成立していることを確かめるため，いくつかの

図 3.13 現実のネットワークのクラスタリングの様子

(a) ランダム・ネットワークについての式 (3.21) による値を現実のネットワークの平均クラスター係数と比べたもの。図中の点と色はそれぞれ**表 3.2** のネットワークに対応している。有向ネットワークは $\langle C \rangle$ と $\langle k \rangle$ を計算するために無向化している。緑色の線が式 (3.21) を現しており，ランダム・ネットワークでは平均クラスター係数は N^{-1} のように減少することを示している。それに対して，現実のネットワークでは $\langle C \rangle$ は N には依存しない。

(b)-(d) 次数 k をもつノードのクラスター係数 $C(k)$ の次数 k に対する依存性。それぞれ，(b) インターネット，(c) 共同研究ネットワーク，(d) たんぱく質相互作用ネットワークである。クラスター係数 $C(k)$ は，次数 k をもつすべてのノードのクラスター係数の平均値である。緑色の水平な直線は $\langle C \rangle$ に対応する。

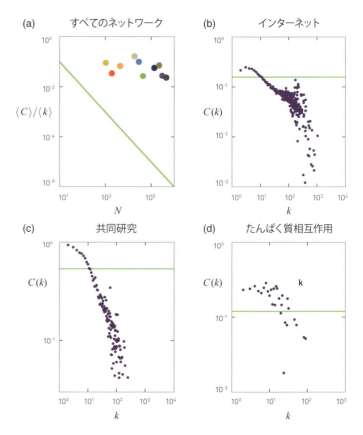

無向ネットワークについて $\langle C \rangle / \langle k \rangle$ の値を N の関数として描いた（**図 3.13a**）。$\langle C \rangle / \langle k \rangle$ の値は N^{-1} に依存して減少しないどころか，N にほとんど依存せず，式 (3.21) や上記のポイント (1) に反している。**図 3.13b–d** に，3 つの現実のネットワークについて C の次数 k_i への依存性を描いた。これを見ると，$C(k)$ はノードの次数が大きくなるとともに規則的に減少しており，これについても式 (3.21) および上記のポイント (2) に反している。

ここまでをまとめよう。ランダム・ネットワークモデルでは，現実のネットワークのクラスタリングの様子は捉えられない。現実のネットワークは同程度の N と L をもつランダム・ネットワークよりもずっと大きいクラスター係数をもつ。Watts と Strogatz [8] はランダム・ネットワークモデルを拡張することにより，大きいクラスター係数 $\langle C \rangle$ とスモールワールド性の共存の問題に対応できることを示した（**Box 3.9**）。しかし，この拡張によっても，大きい次数をもつノードが小さい次数のノードよりも小さいクラスター係数をもつことを説

Box 3.9 ワッツ・ストロガッツ・モデル

Duncan WattsとSteven Strogatzは，以下の二つの観察事実に基づき，ランダム・ネットワークモデルを拡張することを提案した[8]（図 **3.14**）。

(a) スモールワールド性

現実のネットワークでは，二つのノード間の平均距離は正方格子で期待されるようにネットワークの大きさ N に多項式的に依存するのではなく，式 (3.18) に示されるように N に対数的に依存する（図 **3.11**）。

(b) 大きいクラスター係数

現実のネットワークでは，同程度の N と L をもつランダム・ネットワークで期待される値よりもずっと大きいクラスター係数の平均値をもつ（図 **3.13a**）。

ワッツ・ストロガッツ・モデル（または**スモールワールド・モデル**とも呼ばれる）は，大きいクラスター係数をもつがスモールワールド性はもたない**規則格子**と，クラスター係数は小さいがスモールワールド性を示す**ランダム・ネットワーク**の間を内挿するものである（図 **3.14a-c**）。数値シミュレーションにより，つなぎかえのパラメータがある範囲内の値を取れば，モデルの平均経路長は小さいがクラスター係数は大きい値を取り，大きいクラスター係数とスモールワールド現象の共存を再現できることが示された（図 **3.14d**）。

ワッツ・ストロガッツ・モデルは，ランダム・ネットワークモデルを拡張したものであるので，ポアソン分布に見られるように可能な次数には上限がある。したがって，図 **3.6** に見られるような，大きい次数をもつノードは存在しない。さらに，ワッツ・ストロガッツ・モデルのクラスター係数 $C(k)$ は k に依存せず，図 **3.13b-d** に見られるような k 依存性は再現できない。また，以降の章で示されるように，スモールワールド性と大きいクラスター係数の共存を理解するためには，ネットワークの正確な次数分布から出発しなければならない。

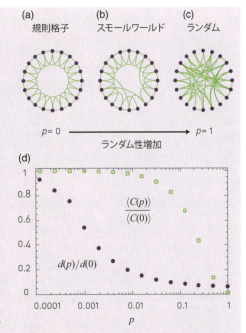

図 3.14 **ワッツ・ストロガッツ・モデル**

(a) 各ノードが最近接およびその次の近接ノードとつながっている輪状ネットワークから出発する。したがって，初期においては，各ノードのクラスター係数は $\langle C \rangle = 1/2$ ($p = 0$) である。

(b) 確率 p ですべてのリンクを無作為に選ばれたノードにつなぎかえる。p が小さいときは，ネットワークの大きいクラスター係数はほぼそのままであるが，ランダムなつなぎかえが長距離のリンクを生じさせることによりノード間の距離は劇的に減少する。

(c) $p = 1$ では，すべてのリンクがつなぎかえられることになるので，ネットワークは単なるランダム・ネットワークになる。

(d) リンクのつなぎかえの確率 p の関数として表した平均経路長 $d(p)$ とクラスター係数 $\langle C(p) \rangle$ の振る舞い。この $d(p)$ と $\langle C(p) \rangle$ は初期ネットワーク（すなわち (a) の $p = 0$ のネットワーク）での $d(0)$ と $\langle C(0) \rangle$ で規格化されていることに注意されたい。平均経路長 $d(p)$ が急激に減少することはスモールワールド現象が起き始めたことを意味する。この減少が起きている際でも，クラスター係数 $\langle C(p) \rangle$ は大きいままである。したがって，$0.001 < p < 0.1$ の範囲では，このネットワークで，短い経路長と大きいクラスター係数が共存することになる。この数値計算ではノード数 $N = 1{,}000$，平均次数 $\langle k \rangle = 10$ としている。文献 [8] による。

明できない。この $C(k)$ の振る舞いを説明できるモデルについては第9章で議論しよう。

3.10 まとめ：現実のネットワークはランダムではない

1959年に紹介されて以来，ランダム・ネットワークモデルが複雑なネットワークに対する数学的なアプローチ方法のほとんどすべてであった。このモデルは，複雑なシステムにおいて観察されたランダムに見えるネットワークは単純にランダムなものとして描くべきだとしている。そこで，複雑さをランダムさと同じものとみなしたのである。それゆえ私たちはこう問いかけなければならない。

本当に現実のネットワークがランダムであると信じられるだろうか

明らかに答えはノーである。私たちの身体のたんぱく質の間の相互作用は生化学の法則によって厳密に規定されており，細胞が化学的な構造物を機能させることはランダムではあり得ない。同じように，ランダムな社会では，あるアメリカ人の生徒がもつ友人のうち，クラスメートが含まれる確率と中国人の工場労働者が含まれる確率が同じ程度ということになってしまう。

現実には，我々は非常に複雑なシステムの背後に何らかの秩序があると考える。このような秩序が，システムの設計を具体化するようにネットワークの構造に反映され，結果として，完全にランダムな配位からは系統的に外れてくることになる。

ランダム・ネットワークがどの程度現実のシステムを表現できているか，あるいはできていないかは認識論的な議論によって決められるのではなく，系統的に行われる定量的比較によって決められなければならない。幸い，ランダム・ネットワーク理論がいくつかの定量的な予測を導くことから，この比較をすることができる。

次数分布

ランダム・ネットワークの次数分布は二項分布であり，N が k よりも十分に大きいときポアソン分布によって近似できる。しかし，**図 3.5** で示されるように，ポアソン分布では現

実のネットワークの次数分布を捉えることができない。現実のシステムでは，ランダム・ネットワークモデルによって説明できるよりもずっと多くのリンクをもつノードが存在するのである。

結合性

ランダム・ネットワーク理論によると，平均次数 $\langle k \rangle$ が 1 より大きいとき，どのようなネットワークにおいても巨大な構成部分が出現することが導かれる。この条件は我々が調べたネットワークでは満たされていた。しかしながら，多くのネットワークにおいては平均次数 $\langle k \rangle > \ln N$ の条件を満たさないので，孤立したクラスターに分かれているはずである（**表 3.1**）。実際には，いくつかのネットワークはクラスターに分かれていることもあるが，ほとんどのネットワークではそうではない。

平均距離

ランダム・ネットワーク理論によれば，平均距離は式 (3.19) によって求めることができ，これは観測された距離についての適切な近似となる。それゆえランダム・ネットワークモデルによりスモールワールド現象の出現を説明することができる。

クラスター係数

ランダム・ネットワークにおいて，各ノードのクラスター係数はノードの次数には依存せず，平均クラスター係数 $\langle C \rangle$ は $1/N$ のようにシステムの大きさに依存する．それとは対照的に，現実のネットワークにおいて測定された値によれば，クラスター係数 $C(k)$ はノードの次数が増加するにつれて減少し，システムの大きさとはほとんど独立である（**図 3.13**）。

これらを踏まえると，スモールワールド現象はランダム・ネットワークモデルによって合理的に説明することができる唯一の性質である．その他のネットワークの性質は，次数分布からクラスター係数に至るまで，現実のネットワークとは大きくかけ離れている。Watts と Strogatz によってエルデシュ・レニィ・モデルを拡張することが提案され，それによって大きいクラスター係数 C と小さい平均距離 $\langle d \rangle$ との共存をうまく説明できるようになったが，次数分布とクラスター係数 $C(k)$ については説明できない．実際，現実のネットワークについて学べば学ぶほど，**ランダム・ネットワークによって正確に**

記述されるような現実のネットワークは知られていない，という驚くべき結論に至るのである。

　この結論に対しては次のような疑問が投げかけられるべきであろう。もし現実のネットワークがランダムでないのであれば，なぜ私たちは丸々1章もランダム・ネットワークモデルに費やしたのか，と。その答えは単純である。このモデルが，現実のネットワークの性質をこれから探求する上で重要な比較・参照すべきものであるからである。ネットワークの性質を観察するたびに，もし仮にこれが偶然産み出されたものだとしたら，と問わなければならないだろう。このためいつもガイドとしてのランダム・ネットワークに立ち返る。もしある性質がランダム・ネットワークモデルにも存在するとしたら，ランダム性によってそれを説明できることになる。もしある性質がランダム・ネットワークに存在していないとすれば，何か別の秩序の存在を表すのであって，より深く掘り下げて説明することが求められる。したがって，ランダム・ネットワークモデルは多くの現実のシステムにおいては誤ったモデルかもしれないが，**ネットワーク科学においては重要であり続けるのである**（**Box3.10**）。

3.11　演習

3.11.1　エルデシュ・レニィ・ネットワーク

　$N = 3{,}000$ のノードをもち，互いに $p = 10^{-3}$ の確率で連結されている，エルデシュ・レニィ・ネットワークを考えてみよう。

(a) 期待されるリンク数 $\langle L \rangle$ を求めなさい。

(b) このネットワークはどの領域に存在するか述べなさい。

(c) このネットワークが臨界点にあるときの確率 p_c を求めなさい。

(d) 連結の確率 $p = 10^{-3}$ が与えられるとき，ネットワークにただ一つの連結成分だけが存在するときのノード数 N^{cr} を求めなさい。

(e) (d) のネットワークにおいて，平均次数 $\langle k^{cr} \rangle$ と無作為に選んだ二つのノード間の平均距離 $\langle d \rangle$ を求めなさい。

(f) このネットワークの次数分布 p_k を求めなさい。（ポアソン分布により近似しなさい。）

Box 3.10　ランダム・ネットワークとネットワーク科学

ランダム・ネットワークと現実のネットワークとの不一致から，重要な疑問が浮かび上がる。現実と適合しないにもかかわらず，なぜこれほど長い間この理論が生き延びたのか。答えは単純である。ランダム・ネットワーク理論は現実のシステムについての理論ではなかったからである。

Erdős と Rényi は最初の論文 [3] において，ランダム・ネットワークは「純粋な数学的観点以外からも面白いかもしれない。実際に，グラフの成長も，特定のコミュニケーション網（鉄道，道路，電力網など）の成長についての非常に単純化されたモデルであると考えられる」と書いている。しかし，このテーマについて書かれた彼らの一連の 8 本の論文 [3, 72, 73, 74, 75, 76, 77, 78] の中では，これが，彼らのアプローチが実際の問題にどのような意味をもち得るかについて言及した唯一の内容である。ランダム・グラフについてのその後の発展は，この問題が内在する数学的な挑戦によって牽引されたものであり，その応用によるものではない。

Thomas Kuhn に従って，ネットワーク科学をランダム・グラフから現実のネットワークの理論へのパラダイムシフトであると捉えたくなる [93]。現実には，1990 年代の終わりに至るまでネットワークというパラダイムは存在していなかった。この時期には，現実のネットワークの性質をグラフ理論によるモデルと比較する系統立った試みが行われなかった。Erdős と Rényi の仕事が数学の分野を超えて優れたものであると認められたのは，ネットワーク科学が誕生した後のことである（図 **3.15**）。

ネットワーク理論は Erdős と Rényi の貢献の大きさを減ずるものではなく，むしろ彼らの仕事の予期せぬ貢献を讃えるものである。この本で，ランダム・ネットワークと現実ネットワークの間の不一致について指摘するときには，主に教育上の理由からそれを行う。すなわち，現実のシステムの特徴を理解するための適切な基礎を示すために行うのである。

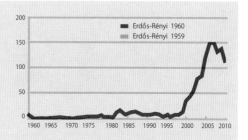

図 3.15　ネットワーク科学とランダム・ネットワーク

今日では Erdős と Rényi のモデルがネットワーク理論の礎石であると考えられているが，このモデルは数学の小さな一分野以外ではほとんど知られていなかった。このことは，Erdős と Rényi が 1959 年と 1960 年に発表した最初の二つの論文 [3, 72] の年ごとの引用数から理解できる。発表後 40 年にわたり，本論文の引用数は毎年 10 以下であった。スケールフリー・ネットワークに関する最初の論文 [9, 10, 11] において Erdős と Rényi の仕事がネットワーク理論の参照モデルとされた後，引用数は急速に増加した。

Box 3.11　早見表：ランダム・ネットワーク

定義：それぞれのノードの組み合わせに p の確率でリンクが存在する，N 個のノードから構成される

平均次数
$$\langle k \rangle = p(N-1)$$

リンク数の平均
$$\langle L \rangle = \frac{pN(N-1)}{2}$$

次数分布

二項分布型
$$p_k = \binom{N-1}{k} p^k (1-p)^{N-1-k}$$

ポアソン分布型
$$p_k = e^{-\langle k \rangle} \frac{\langle k \rangle^k}{k!}$$

巨大連結成分 (N_G)

$\langle k \rangle < 1$ ： $N_G \sim \ln N$

$1 < \langle k \rangle < \ln N$ ： $N_G \sim N^{\frac{2}{3}}$

$\langle k \rangle > \ln N$ ： $N_G \sim (p - p_c)N$

平均距離
$$\langle d \rangle \propto \frac{\ln N}{\ln \langle k \rangle}$$

平均クラスター係数
$$\langle C \rangle = \frac{\langle k \rangle}{N}$$

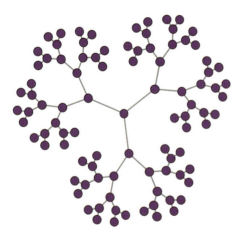

図 3.16　$k = 3, P = 5$ のケイリー樹

3.11.2　エルデシュ・レニィ・ネットワークを生成する

$G(N, p)$ モデルを用い，コンピュータを用いて $N = 500$ のノードをもち，平均次数 (a) $\langle k \rangle = 0.8$，(b) $\langle k \rangle = 1$，(c) $\langle k \rangle = 8$ である三つのネットワークを生成しなさい。また，これらを可視化しなさい。

3.11.3　円環ネットワーク

N 個のノードが円状に配置され，それぞれのノードが両側にある m 個の近隣ノードと連結されているネットワークを考えよう（すなわち，それぞれのノードは $2m$ の次数をもつ）。図 **3.14a** は $m = 2, N = 20$ のこのようなネットワークの例を示している。このネットワークの平均クラスター係数 $\langle C \rangle$ と平均距離 $\langle d \rangle$ を求めなさい。単純化するため，$(n-1)/2m$ は整数であるように N と m を仮定しなさい。N が1より十分に大きいとき，$\langle C \rangle$ と $\langle d \rangle$ がどのように変化するか求めなさい。

3.11.4　ケイリー樹

ケイリー樹は対称な樹であり，次数 k をもつ中心のノードから出発して形成される。中心のノードから距離 d にあるノードはいずれも次数 k をもち，距離 P のノードは次数が1となり葉と呼ばれる（図 **3.16** は $k = 3, P = 5$ のケイリー樹を示したものである）。

(a) 中心のノードから t 回目に到達できるノードの数を求めなさい。
(b) このネットワークの次数分布を求めなさい。
(c) 直径 d_{max} を求めなさい。
(d) ノードの総数 N によって直径 d_{max} を表しなさい。
(e) このネットワークはスモールワールド性を示しているか述べなさい。

3.11.5　スノッブなネットワーク

N 個の赤と N 個の青のノードがあるネットワークを考えよう。同じ色のノードの間にリンクが存在する確率を p，異な

る色のノードの間にリンクが存在する確率を q とする。$p > q$ のとき，同じ色のノードどうしが連結される傾向があることから，ネットワークはスノッブであるといえる。$q = 0$ のとき，ネットワークには同じ色のノードが連結された，最低でも二つの連結成分が存在する。

(a) 青のノードのみからなる「青」のサブネットワークの平均次数と，全体のネットワークの平均次数を求めなさい。
(b) 高い確率で一つだけの連結成分が現れるために必要な，p と q の最小値を求めなさい。
(c) 大きい N について，非常にスノッブなネットワーク $(p \gg q)$ においてすら，スモールワールド性をもつことを示しなさい。

3.11.6 スノッブな社会ネットワーク

上記で述べたモデルの次のような変種を考えてみよう。ノード数 $2N$ のネットワークがあり，そのうち赤と青が同数で，$2N$ のうち f の割合は紫であるとする。青と赤のノードは互いに連結されず $(q = 0)$，p の確率で同じ色のノードと連結されるとする。紫のノードは同じ確率 p で赤と青のノードに連結されるとする。

(a) 赤のノードと青のノードが互いにちょうど 2 ステップの距離にあるとき，赤と青の集団は**相互作用的**であると呼ぶ。集団が相互作用的であるために必要な紫の割合 f を求めなさい。
(b) 青または赤のノードの平均次数 $\langle k \rangle$ が 1 より十分に大きいとき，紫の集団の大きさについて述べなさい。
(c) このモデルが社会の（あるいは他の）ネットワークの構造に対してもつ含意は何か述べなさい。

3.12 発展的話題 3.A　ポアソン分布を導く

ポアソン型の次数分布を導くために，ランダム・グラフを特徴づける単純な二項分布 (3.7)

$$p_k = \binom{N-1}{k} p^k (1-p)^{N-1-k} \quad (3.22)$$

から出発する。右辺の最初の項は

$$\binom{N-1}{k} = \frac{(N-1)(N-1-1)(N-1-2)\cdots(N-1-k+1)}{k!}$$
$$\approx \frac{(N-1)^k}{k!} \tag{3.23}$$

のように書き換えられる。ここで，$k \ll N$ を最後の項で用いた。式 (3.22) の最終項は

$$\ln[(1-p)^{(N-1)-k}] = (N-1-k)\ln\left(1 - \frac{\langle k \rangle}{N-1}\right)$$

のように単純化できる。そして，対数関数の級数展開

$$\ln(1+x) = \sum_{n=1}^{\infty} \frac{(-1)^{n+1}}{n} x^n = x - \frac{x^2}{2} + \frac{x^3}{3} - \cdots, \ \forall |x| \leq 1$$

を使うことにより，N が k より十分に大きいとき，

$$\ln[(1-p)^{N-1-k}] \approx -(N-1-k)\frac{\langle k \rangle}{N-1}$$
$$= -\langle k \rangle \left(1 - \frac{k}{N-1}\right) \approx -\langle k \rangle$$

を得る。これは導出の中心となる**少数次数における近似**を示している。それゆえ，式 (3.22) の最終項は

$$(1-p)^{N-1-k} = e^{-\langle k \rangle} \tag{3.24}$$

となる。式 (3.22)，式 (3.23) と式 (3.24) を組み合わせて，ポアソン型の次数分布

$$p_k = \binom{N-1}{k} p^k (1-p)^{(N-1)-k} = \frac{(N-1)}{k!} p^k e^{-\langle k \rangle}$$
$$= \frac{(N-1)^k}{k!} \left(\frac{\langle k \rangle}{N-1}\right)^k e^{-\langle k \rangle}$$
$$= e^{-\langle k \rangle} \frac{\langle k \rangle^k}{k!} \tag{3.25}$$

が得られる。

3.13　発展的話題 3.B　最大・最小次数

　ランダム・ネットワークにおいて最も大きいノードの次数の期待値を見積もるために，N 個のノードから成るネットワークにおいて $k_{\max}$ より大きい次数をもつノードがせいぜい 1 個しかないような次数として，最大次数 $k_{\max}$ を定義しよう。数学的に言えば，これはポアソン分布 p_k において，$k \geq k_{\max}$

となる領域の面積がおよそ $1/N$ となるということである（**図 3.17**）。この領域の面積は $P(k)$ を p_k の累積度数分布として $1 - P(k_{\max})$ で与えられるのであるから，最大次数 $k_{\max}$ は

$$N[1 - P(k_{\max})] \approx 1 \tag{3.26}$$

を満たす。最大次数 $k_{\max}$ は整数値であり，厳密な等式による方程式は一般には解をもたないはずであるから，この式では等号 (=) ではなく近似的に等しいという記号 ($\approx$) を用いた。ポアソン分布に対しては，

$$1 - P(k_{\max}) = 1 - e^{-\langle k \rangle} \sum_{k=0}^{k_{\max}} \frac{\langle k \rangle^k}{k!} = e^{-\langle k \rangle} \sum_{k=k_{\max}+1}^{\infty} \frac{\langle k \rangle^k}{k!}$$

$$\approx e^{-\langle k \rangle} \frac{\langle k \rangle^{k_{\max}+1}}{(k_{\max} + 1)!} \tag{3.27}$$

となる。ここで，最後の項については，和を最大項で近似している。

全世界の人のつながりから成るネットワークを想定して，総ノード数 $N = 10^9$ および平均次数 $\langle k \rangle = 1{,}000$ とした場合，式 (3.26) と式 (3.27) を用いると最大次数は $k_{\max} = 1{,}185$ となるが，これはランダム・ネットワークでは極端に多くの交友関係をもつ人々（ハブ）が存在しないことを意味する。

同様の議論により，最小次数 $k_{\min}$ も見積もることができる。この $k_{\min}$ よりも小さい次数をもつノードがせいぜい一つであるという条件から，

$$NP(k_{\min} - 1) \approx 1 \tag{3.28}$$

と書くことができる。

エルデシュ・レニィ・ネットワークにおいては

$$P(k_{\min} - 1) = e^{-\langle k \rangle} \sum_{k=0}^{k_{\min}-1} \frac{\langle k \rangle^k}{k!} \tag{3.29}$$

となる。これを式 (3.28) に代入し $N = 10^9, \langle k \rangle = 1{,}000$ ととることにより，最小次数 $k_{\min} = 816$ を得る。

3.14　発展的話題 3.C　巨大連結成分

この節では，平均次数が $\langle k \rangle = 1$ となる点でネットワーク内に巨大連結成分が現れるということについて，Solomonoff と Rapoport [80] および Erdős と Rényi [3] によって独立に提

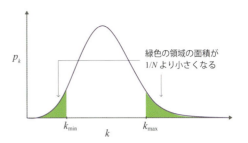

図 3.17　最小次数と最大次数
ネットワーク内の最大次数 $k_{\max}$ は，この次数よりも大きい次数をもつノードがせいぜい一つしかないような次数として見積もられる。この次数は，しばしば次数分布に現れる自然な上部カットオフと呼ばれる。計算上では，次数分布 p_k において $k > k_{\max}$ となる部分の面積が $1/N$ と等しくなるような次数 $k_{\max}$ として決められる。したがって，この領域のノード数は正確に 1 に等しくなる。最小次数 $k_{\min}$ も同様に決める。

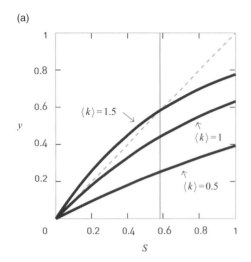

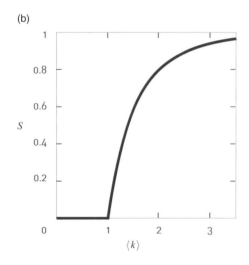

図 3.18　グラフによる解法

(a) 三つの紫色の曲線は，それぞれ $\langle k \rangle = 0.5, 1, 1.5$ に対応する $y = 1 - \exp[-\langle k \rangle S]$ の値をプロットしたものである．緑色の破線で表された対角線は $y = S$ であり，紫の曲線と破線との交点が式 (3.32) の解である．$\langle k \rangle = 0.5$ ときは $S = 0$ でしか交わらない．これは，巨大連結成分が存在しないことを示している．$\langle k \rangle = 1.5$ のときは $S = 0.583$ で交点をもつ（緑色の垂直線）．$\langle k \rangle = 1$ の曲線は臨界点直上にあり，ゼロでない S で交点をもつ領域と，$S = 0$ でのみ交点をもつ領域の境界を定める．

(b) 式 (3.32) で表された $\langle k \rangle$ の関数としての巨大連結成分の大きさ S のプロット．

文献 [94] による．

案された議論を紹介する [94]．

巨大連結成分 (giant component; GC) のノード数を N_G とし，巨大連結成分に属していないノード数の割合を $u = 1 - N_G/N$ としよう．もし，ノード i が巨大連結成分に属しているとすると，このノードはやはり巨大連結成分に属している別のノード j とつながっていなければならない．したがって，ノード i が巨大連結成分に属していない場合は次の二つである．

- ノード i とノード j の間にそもそもリンクがない．（このことが起きる確率は $1 - p$ である．）
- ノード i とノード j の間にリンクはあるのだが，ノード j は巨大連結成分に属していない．（このことが起きる確率は pu である．）

したがって，ノード i がノード j を介して巨大連結成分につながっていない確率は $1 - p + pu$ となるので，このノード i が自分以外のどの $N - 1$ 個のノードを介しても巨大連結成分につながっていない確率は $(1 - p + pu)^{N-1}$ となる．巨大連結成分に属していないノードの割合は u であるので，方程式

$$u = (1 - p + pu)^{N-1} \tag{3.30}$$

で定まる u を用いて，$N_G = N(1 - u)$ により，巨大連結成分のノード数が定まる．ここで，$p = \langle k \rangle/(N-1)$ を用い，式 (3.30) の両辺の対数をとることにより，$\langle k \rangle \ll N$ の場合，

$$\ln u = (N-1) \ln\left[1 - \frac{\langle k \rangle}{N-1}(1-u)\right]$$
$$\approx (N-1)\left[-\frac{\langle k \rangle}{N-1}(1-u)\right] = -\langle k \rangle (1-u) \tag{3.31}$$

を得る．ここで，$\ln(1+x)$ の級数展開を使った．

この式を指数関数の形に書き直すと，$u = \exp[-\langle k \rangle (1-u)]$ となる．巨大連結成分のノードの割合として $S = N_G/N$ とすると $S = 1 - u$ であるから，式 (3.31) は

$$S = 1 - e^{-\langle k \rangle S} \tag{3.32}$$

となる．この式は巨大連結成分の大きさ S を平均次数 $\langle k \rangle$ の関数として定めるものである（**図 3.18**）．式 (3.32) は簡単に見えるが，閉じた解をもたない．そこで，式 (3.32) の右辺の値を S の関数として，さまざまな平均次数 $\langle k \rangle$ についてプロッ

トすることによってグラフを用いて解くことにする。方程式がゼロ以外の解をもつには，右辺の値を表す曲線は，左辺を表す破線の対角線と交わらなくてはならない。平均次数 $\langle k \rangle$ が小さいときには，二つの線は $S = 0$ を共有するのみであり，これは小さい $\langle k \rangle$ については巨大連結成分の大きさがゼロであることを示している。平均次数 $\langle k \rangle$ があるしきい値を超えて初めてゼロより大きい解が現れる。

ゼロより大きい解が現れる $\langle k \rangle$ の値を決めるために，式 (3.32) の両辺を微分する。相転移点は両辺の微分係数が等しくなる点である。

$$\frac{d}{dS}(1 - e^{-\langle k \rangle S}) = 1$$
$$\langle k \rangle e^{-\langle k \rangle S} = 1 \tag{3.33}$$

$S = 0$ とおくことにより，相転移点は $\langle k \rangle = 1$ であることがわかる（**発展的話題 3.F**）。

3.15 発展的話題 3.D　連結成分の大きさ

図 3.7 では巨大連結成分の大きさについて調べたが，そこではある重要な疑問が手付かずのままであった。ある与えられた平均次数 $\langle k \rangle$ に対してどのくらいの数の連結成分（クラスター）があるのだろうか。その連結成分の規模分布（クラスターサイズ分布）はどのようなものだろうか。これらの疑問について議論するのが本節の目的である。

3.15.1　クラスターサイズ分布

ランダム・ネットワークにおいて，任意に選ばれたノードがノード数 s の連結成分（ただし巨大連結成分は除くものとする）に属する確率は

$$p_s \sim \frac{(s\langle k \rangle)^{s-1}}{s!} e^{-\langle k \rangle s} \tag{3.34}$$

となる [94]。ここで，$\langle k \rangle^{s-1}$ を $\exp[(s-1)\ln\langle k \rangle]$ で置き換え，s が大きいところで成立するスターリングの近似 $s! \approx \sqrt{2\pi s}\left(\frac{s}{e}\right)^s$ を使うと

$$p_s \sim s^{-3/2} e^{-(\langle k \rangle - 1)s + (s-1)\ln\langle k \rangle} \tag{3.35}$$

が得られる。したがって，このサイズ分布は二つの因子から

なる。ノード数 s のべき関数でゆっくりと減少する $s^{-3/2}$ の因子と，指数関数的に急激に減少する $e^{-(\langle k \rangle-1)s+(s-1)\ln\langle k \rangle}$ の因子である。指数関数因子は s の大きいところで支配的となることを考えると，この結果は大きい連結成分は存在し得ないことがわかる。**臨界点**である $\langle k \rangle = 1$ では，指数関数の指数部分がゼロとなり，p_s は純粋なべき則

$$p_s \sim s^{-3/2} \tag{3.36}$$

に従うことになる。べき則に従う減少は比較的ゆっくりであるから，臨界点においては異なる大きさの連結成分が広範囲に分布することになる。これは，相転移点直上での系の振る舞いに共通する性質である（**発展的話題 3.F**）。これは図 **3.19** に示す数値シミュレーションの結果ともよく合っている。

3.15.2　平均クラスターサイズ

この計算はまた連結成分（これは巨大連結成分を除くものであることを再度注意しておく）の平均の大きさ（平均クラスターサイズ）が

$$\langle s \rangle = \frac{1}{1 - \langle k \rangle + \langle k \rangle N_G/N} \tag{3.37}$$

となることを示している [94]。$\langle k \rangle < 1$ のときは巨大連結成分が存在しない（$N_G = 0$）ので，式 (3.37) は

$$\langle s \rangle = \frac{1}{1 - \langle k \rangle} \tag{3.38}$$

となるが，これは平均次数が臨界点 $\langle k \rangle = 1$ に近づくにつれて発散する。したがって，臨界点に近づくにつれて平均クラスターサイズは増加し，$\langle k \rangle = 1$ において巨大連結成分が出

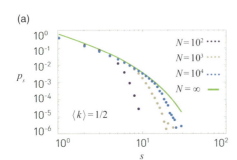
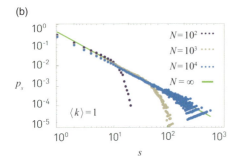
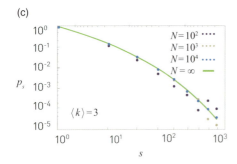
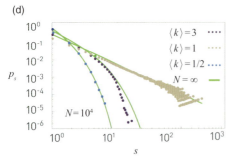

図 3.19　クラスターサイズ分布

ランダム・ネットワークでの巨大連結成分を除いた有限クラスターサイズの分布 p_s のプロット。

(a)-(c) 異なる $\langle k \rangle$ と N の値についての p_s のプロット。N が大きくなるにつれて p_s が式 (3.34) へと収束していくことがわかる。

(d) $N = 10^4$ のときの，さまざまな $\langle k \rangle$ についての p_s のプロット。$\langle k \rangle < 1$ の場合と $\langle k \rangle > 1$ の場合は p_s の分布は指数関数的であるが，臨界点 $\langle k \rangle = 1$ 直上では p_s の分布は式 (3.36) のようにべき則に従う。緑色の曲線は式 (3.35) に対応する。ランダム・ネットワークのクラスターサイズ分布の数値計算は 1998 年に初めて行われ [94]，複雑ネットワークについての関心が爆発的に高まる先駆けとなった。

現することを示している。数値シミュレーションの結果も N の大きいところでこの予想を支持している（**図 3.20**）。

式 (3.37) を用いて $\langle k \rangle > 1$ に対する平均クラスターサイズを求めるためには，まず，巨大連結成分の大きさを計算しなければならない。これは自己無撞着な方法で行うことができ，$\langle k \rangle > 1$ のときは，ほとんどのクラスターが巨大連結成分に次第に吸収されていくため，平均クラスターサイズは減少することがわかる。

式 (3.37) は任意に選ばれた一つのノードが属する連結成分の大きさを表すものであることを注意しておく。大きい成分に属するノードの方が小さい成分に属するノードよりも選ばれやすいため，これは偏りをもった尺度である。ノードの選ばれやすさは成分の大きさ s に比例する。この偏りを補正すれば，連結成分の大きさを一つ一つ調べていったときに得られる平均クラスターサイズとして

$$\langle s' \rangle = \frac{2}{2 - \langle k \rangle + \langle k \rangle N_G/N} \quad (3.39)$$

が得られる [94]。**図 3.20** は数値計算の結果であり，式 (3.39) を支持している。

3.16 発展的話題 3.E 完全連結領域

ほとんどのノードが巨大連結成分に属するようになる平均次数 $\langle k \rangle$ の値を求めるため，無作為に選んだノードが巨大連結成分につながるリンクをもたない確率を計算しよう。この領域では $N_G \simeq N$ となるため，この確率は $(1-p)^{N_G} \approx (1-p)^N$ となる。このような孤立ノード数の期待値は

$$I_N = N(1-p)^N = N\left(1 - \frac{N \cdot p}{N}\right)^N \approx Ne^{-Np} \quad (3.40)$$

となる。ここで大きい n について成立する近似式 $\left(1 - \frac{x}{n}\right)^n \approx e^{-x}$ を用いた。もし，p の値を十分大きくすれば，巨大連結成分につながっていないノード数がただ一つである点に到達する。そこでは，$I_N = 1$ であり，したがって，式 (3.40) より，p は $Ne^{-Np} = 1$ を満たさなければならない。その結果，完全連結領域に達する点での p の値は

$$p = \frac{\ln N}{N} \quad (3.41)$$

となり，これを $\langle k \rangle$ で表したものが式 (3.14) である。

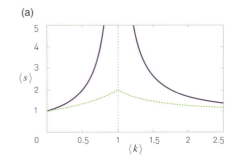

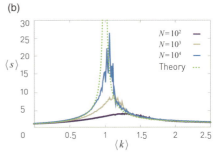

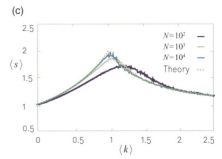

図 3.20 平均クラスターサイズ

(a) 式 (3.37) による平均クラスターサイズ（紫色の曲線）。これは無作為に選ばれた一つのノードが属するクラスターの平均サイズ $\langle s \rangle$ である。緑色の曲線は式 (3.39) による平均クラスターサイズ $\langle s' \rangle$。文献 [94] による。

(b) ランダム・ネットワーク内の平均クラスターサイズ。まずノードを一つ選び，そのノードが属するクラスターの大きさを決める。大きさ s のクラスターは s 回カウントされるので，この指標にはバイアスがかかっている。総ノード数 N が大きくなるほど計算結果は式 (3.37) に従うようになる。予想されるように臨界点 $\langle k \rangle = 1$ において，$\langle s \rangle$ は発散し，これは相転移現象の存在を支持している（**発展的話題 3.F**）。

(c) ランダム・ネットワーク内の平均クラスターサイズ。ここではどのクラスターも 1 回しか選ばれないようにして (b) でのバイアスを除いている。総ノード数 N が大きくなるほど計算結果は式 (3.39) に従うようになる。

3.17　発展的話題 3.F　相転移

ランダム・ネットワークでの $\langle k \rangle = 1$ における巨大連結成分の出現は，物理や化学で数多く研究されてきた**相転移現象**を想起させる [96]。次の二つの例を考えてみよう。

(i) **氷-水間の相転移（図 3.21a）**

高温では H_2O 分子は拡散的な運動を行い，分子どうしで小さい集団の形成と離散を繰り返す。冷却され 0 ℃となると，水分子は突如この拡散運動を止め，秩序と剛性をもった氷の結晶を形成する。

(ii) **磁性（図 3.21b）**

鉄のような強磁性金属は，高温においては，一つ一つの原子のスピンがでたらめな方向を向いているが，ある臨界温度 T_c 以下では，すべての原子のスピンが同じ方向を向き，金属全体が一つの磁石となる。

液体の凍結や磁性の出現は相転移現象であり，**無秩序相から秩序相への転移**の典型例である。実際，氷の結晶のもつ配位に関する完全な秩序と比べて，水の分子配位はかなり無秩序である。同様に，常磁性状態ではでたらめな方向を向いているスピンが，臨界温度 T_c 以下では，秩序が現れ，共通の方向を取り出すのである。

相転移を示す系がもつさまざまな性質は**普遍的**なものであ

図 3.21　相転移

(a) 氷-水間の相転移
水分子どうしを支えている水素結合（破線）は弱く，絶えずくっついたり離れたりを繰り返しつつ，局所的に秩序ある構造を保っている（左図参照）。温度を下げていくと，温度と圧力に関する相図（中央の図参照）が示すように，水は相転移を起こし，水（紫）から氷（緑）となる。氷の相では，一つの水分子は他の四つの分子としっかり結びついており，氷の格子を形成する（右図参照）。Web サイト http://www.lbl.gov/Science-Articles/Archive/sabl/2005/February/water-solid.html による。

(b) 磁性の相転移
強磁性体では，個々の原子の磁気モーメント（スピン）は二方向を向くことができる。高温では，それらの方向はばらばらである（右図）。この無秩序状態では，系全体の磁化 $m = \Delta M / N$ はゼロである。ここで ΔM は上向きスピン数から下向きスピン数を引いた数である。中央の相図は，温度 T を下げていくと，ある臨界温度 $T = T_c$ で系は相転移を起こし，ゼロでない磁化が現れることを示す。さらに温度 T を下げていくと，磁化 m は 1 に収束していく。この秩序相では，すべてのスピンは同じ方向を向いている（左図）。

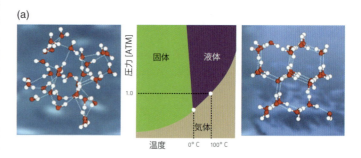

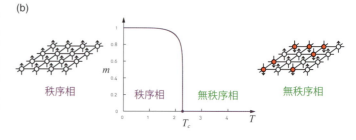

る。これは，高温のマグマが冷やされ石になる，またはセラミック物質を極低温に冷却することによって超伝導状態になるなど，さまざまな異なる系について，同じ定量的なパターンが見られることを意味する。さらに，臨界点とも呼ばれる相転移点近傍においては，多くの興味ある物理量がべき則に従って変化する。

ランダム・ネットワークにおける臨界点 $\langle k \rangle = 1$ 近傍で観察される現象は，多くの点で相転移現象と共通している。

- **図 3.7a** と磁性についての相図である**図 3.21b** がよく似ているのは偶然ではない。どちらの転移も無秩序相から秩序相への転移である。ランダム・ネットワークでは，これが，平均次数 $\langle k \rangle$ が $\langle k \rangle = 1$ を超えたところで巨大連結成分が出現することに対応している。

- 融点に近づくにつれ，さまざまに異なる大きさの氷の結晶が生じる。臨界点近傍での同じ方向のスピンをもつ原子の領域の大きさについても同様である。氷の結晶の大きさや磁化領域の大きさの分布はべき則に従う。同様に，$\langle k \rangle < 1$ や $\langle k \rangle > 1$ の領域では，クラスターサイズの分布は指数分布に従い，相転移点直上では p_s は式 (3.36) で表されるべき則に従う。これはさまざまに異なるサイズの成分が共存していることを示している。

- 臨界点では，氷の結晶や磁化領域の平均サイズは発散し，系全体が一つの氷あるいは同一方向のスピンをもつ領域になることを表す。同様に，ランダム・ネットワークにおいては，$\langle k \rangle = 1$ に近づくにつれ，平均クラスターサイズ $\langle s \rangle$ が発散する（**図 3.20**）。

3.18　発展的話題 3.G　スモールワールド補正

方程式 (3.18) は，ネットワークの差渡しの大きさ（ネットワーク直径）に関して，ノード数 N が非常に大きく，かつ d が小さい場合に近似的に成立する。実際，$\langle k \rangle^d$ が系のサイズ N に近づくに従って，$\langle k \rangle^d$ によるスケーリングは破綻する。$\langle k \rangle^d$ に関する展開を続けていくために十分なノード数がないからである。この有限サイズ効果により式 (3.18) には補正が必要になってくる。平均次数 $\langle k \rangle$ であるランダム・ネットワークでは，ネットワーク直径については

$$d_{\max} = \frac{\ln N}{\ln\langle k\rangle} + \frac{2\ln N}{\ln[-W(\langle k\rangle\exp-\langle k\rangle)]} \tag{3.42}$$

によって良く近似される [97]．ここでランベルトの W 関数 $W(z)$ は関数 $f(z) = z\exp(z)$ の逆関数の主分枝である．式 (3.42) の右辺第 1 項は式 (3.18) であり，第 2 項は平均次数に依存する補正項である．この補正項によりネットワーク直径はさらに大きくなる．ネットワークの周縁部に近づくとノード数の増加が $\langle k\rangle$ よりもゆっくりにならざるを得ないためである．補正の大きさは，式 (3.42) についてさまざまな極限を考えることにより明らかになる．

$\langle k\rangle \to 1$ の極限ではランベルトの W 関数は計算できて，直径は

$$d_{\max} = 3\frac{\ln N}{\ln\langle k\rangle} \tag{3.43}$$

となる [97]．したがって，巨大連結成分が現れるときのネットワーク直径は式 (3.18) よりも 3 倍大きくなる．この理由は，臨界点 $\langle k\rangle = 1$ ではネットワークは木構造，すなわち，ほとんどループをもたない長い鎖状構造をしており，そのことによって $d_{\max}$ が大きくなるためである．

$\langle k\rangle \to \infty$ の極限では，ネットワークは非常に密な構造をしており，式 (3.42) は

$$d_{\max} = \frac{\ln N}{\ln\langle k\rangle} + \frac{2\ln N}{\langle k\rangle} + \ln N\left(\frac{\ln\langle k\rangle}{\langle k\rangle^2}\right) \tag{3.44}$$

となる．したがって，$\langle k\rangle$ が増加すると，第 2 項および第 3 項は消え，式 (3.42) は式 (3.18) に収束することになる．

図 4.0 芸術とネットワーク：Tamás Saraceno

Tamás Saraceno は蜘蛛の巣と神経回路網に触発された芸術作品を製作している。建築家としての訓練を積んだ彼は，工学，物理学，化学，航空学，材料科学などからのさまざまな洞察からヒントを得て，インスピレーションと比喩の源泉としてネットワークを用いている。この写真は，マイアミ美術館に展示されている彼の作品で，彼の観点から見た複雑ネットワークの一例である。

第 4 章
スケールフリーの性質

- 4.1 はじめに 121
- 4.2 べき則とスケールフリー・ネットワーク 123
- 4.3 ハブ 127
- 4.4 スケールフリーの意味するところ 130
- 4.5 普遍性 135
- 4.6 超スモールワールド性 139
- 4.7 べき指数の役割 143
- 4.8 任意の次数分布をもつネットワークを作るには 146
- 4.9 まとめ 152
- 4.10 演習 154
- 4.11 発展的話題 4.A べき則 155
- 4.12 発展的話題 4.B べき分布をプロットする 160
- 4.13 発展的話題 4.C 次数分布のべき指数を推定する 163

4.1 はじめに

WWW は，文書をノードとし，ユニフォーム・リソース・ロケータ (URL) をリンクとするネットワークで，クリック一つで WWW 上の文書を行き交うことが可能である。WWW 上には推定 1 兆以上 ($N \approx 10^{12}$) の文書があり，その数は人間の脳のニューロン数 ($N \approx 10^{11}$) をも超え，人類が構築した最大のネットワークである。

我々の普段の生活における WWW の重要性は極めて大きいものである。それと同じように，ネットワーク理論の発展において WWW が果した役割も非常に大きい。WWW によって多くのネットワークの基礎的な特性の発見が促進され，WWW はネットワークを研究する標準的なテスト基盤となった。

クローラーというソフトウェアを用いると WWW のネットワーク図をマッピングすることができる。クローラーはあるウェブ文書からスタートして，その文書のリンク (URL) を識別する。そして，そのリンク先の文書をダウンロードし，さ

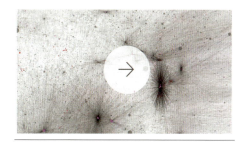

オンライン資料 4.1
WWW にズームイン
スケールフリー性の発見につながった WWW からの標本にズームインしていくオンラインビデオを見てみよう [9]。これは**表 2.1** に含まれ，**図 4.1** にも示されているネットワークで，その特徴量がこの本を通してテストされることになる。

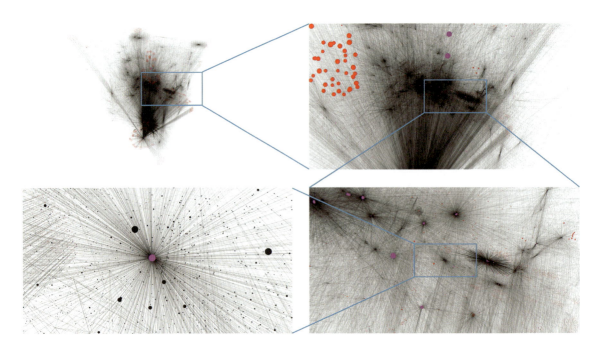

図 4.1 WWW のトポロジー

1998 年，Hawoong Jeong によってマッピングされた WWW 標本からのスナップショット [9]。一連のイメージによって，このネットワークのある一つの局所的領域が次々に拡大されていく様子が示されている。最初のパネルでは，325,729 個のすべてのノードが示されており，データセット全体の様子がわかる。50 以上のリンクをもつノードは赤，500 以上のリンクをもつノードは紫で描かれている。拡大図によって，ハブと呼ばれ，スケールフリー・ネットワークにはいつも現れる，非常に多くのリンクをもつノードが少数存在することがわかってくる。M. Martino の厚意による。

らにそれらの文書上のリンクの識別と文書のダウンロードを繰り返す。このプロセスの繰り返しによって WWW のネットワーク図が明らかとなる。グーグルや Bing などの検索エンジンは，クローラーを用いて新たな文書を識別し索引をつけることにより，WWW の詳細なマップを維持している。

ノートルダム大学の Hawoong Jeong は，世界で最初に WWW のネットワーク構造を理解することを目的にそのマッピングを行った。彼は 300,000 の文書と 150 万のリンクからなる nd.edu ドメインのマッピングを行った [9]（**オンライン資料 4.1**）。このマッピングの目的はランダム・ネットワークモデルと WWW のグラフの性質を比較することであった。実際のところ，1998 年には WWW はランダム・ネットワークによってうまく近似できると考えられていた。WWW 上の文書の内容は，個人や組織などの作成者の個人や組織としての関心が反映されている。それらの関心の多様性を考えると，それぞれの文書は無作為に選択された文書とリンクされていると推測できる。

図 4.1 が示すとおり，この推測は大方当たっている。WWW のネットワーク図にはかなりの程度ランダム性が見られるのである。しかし，より詳しく結果を見てみると，ランダム・ネットワークとの不可解な違いがあることがわかる。ランダ

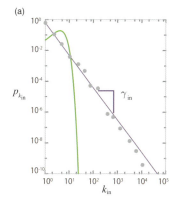
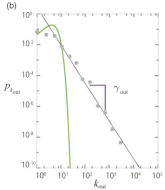

図4.2 WWWの次数分布

Albertらの1999年の研究[9]でマッピングされたWWW標本における(a)入次数分布と(b)出次数分布。次数分布は，べき則があれば直線となる両対数(log-log)軸でプロットされている（**オンライン資料4.2**）。プロット中の各点は実測値，直線は入次数については指数$\gamma_{in} = 2.1$，出次数については指数$\gamma_{out} = 2.45$のべき分布を表す。図中の緑の線はWWW標本の平均次数$\langle k_{in} \rangle = \langle k_{out} \rangle = 4.60$をもつポアソン分布を示す。

ム・ネットワークにおいては，ハブと呼ばれる非常に大きい数のリンクをもつノードは事実上存在しないのである。一方，**図4.1**では，少ない数のリンクをもつ多数のノードが，比較的少数のハブと共存している。

本章では，このようなハブがWWW特有のものではなく，ほとんどの現実のネットワークにおいて観察されることを示していく。このことは，スケールフリー性と呼ばれるネットワークの組織化原理の特徴の一つである。そこで，我々は実際に観察できるネットワークの次数分布を検証することにより，スケールフリー・ネットワークの存在を明らかにする。本章で紹介している分析と実証結果は，この本で解説しているモデルの基礎となるものである。実際に，コミュニティから拡散過程までいかなるネットワークの興味深い性質であれ，ネットワークの次数分布の観点から考察しなければならない。

4.2 べき則とスケールフリー・ネットワーク

もしWWWがランダム・ネットワークであるとすると，WWWの文書の次数はポアソン分布に従うはずである。しかし，**図4.2**が示すように，ポアソン分布はWWWの次数分布にうまく適合しないことがわかる。一方，両対数スケールで見てみると直線を描いており，これはWWWの次数分布は

$$p_k \sim k^{-\gamma} \tag{4.1}$$

で精度よく近似できることを示している。式(4.1)は**べき分布**と呼ばれ，指数γは**べき指数**である（**Box4.1**）。式(4.1)の対数をとると

$$\ln p_k \sim -\gamma \ln k \tag{4.2}$$

オンライン資料4.2
べき則のフィッティング
本章で説明するフィッティング手順を行うためのツールは以下のURLで入力できる。
http://tuvalu.santafe.edu/~aaronc/powerlaws/

が得られる。

式 (4.1) が成り立つとすると $\ln p_k$ は $\ln k$ に比例し，その直線の傾きがべき指数 γ である（図 4.2）。

WWW は有向ネットワークである。そのため，WWW 上の文書はある文書から他の文書に向かうリンクの数である**出次数** k_{out} と，その文書に他の文書から伸びるリンクの数である**入次数** k_{in} によって特徴づけられる。したがって，無作為に選ばれたある文書から他の文書に伸びるリンクの数 k_{out}（または $p_{k_{\text{out}}}$ と表す）と，無作為に選ばれたある文書に伸びるリンクの数 k_{in}（または $p_{k_{\text{in}}}$ と表す）は区別されねばならない。WWW の場合は，この $p_{k_{\text{in}}}$ と $p_{k_{\text{out}}}$ は両方ともべき則で近似

図 4.3　Vilfredo Federico Damaso Pareto (1848-1923)

イタリアの政治経済学者，哲学者であり，収入分布の理解と個人の選択の分析に対して重要な貢献をした。彼の名前がついている基本原理は，パレート効率性，パレート分布（べき分布の別名），そしてパレート則（80/20 則）など，数々ある。

Box 4.1　80/20 の法則と上位 1 パーセント

19 世紀の経済学者 Vilfredo Pareto（図 4.3）は，イタリアでは一部の富豪が国の富の大部分を握り，その他の大部分の国民は少額の富しか保有していないことを発見した。彼は，この格差がべき則に従うことを明らかとし，べき則を世界で初めて報告した人物となった [98]。彼のこの発見は，80％の富が 20％の人々によって握られているという **80/20 の法則**として有名な書物において紹介された。

80/20 の法則はさまざまな分野で当てはめられている。たとえば，経営学では利益の 80％は 20％の従業員によって生み出されているということが度々いわれている。同様に，決定の 80％は会議時間の 20％の内に行われるともいわれている。

80/20 の法則はネットワークにおいても存在する。WWW 上の 80％のリンクは 15％のウェブサイトにつながっており，80％の参考文献の引用は 38％の科学者のものであり，80％のハリウッド俳優の人的関係は 30％の俳優に集中している [50]。80/20 の法則は，べき則に従うもののほとんどに当てはまる。

2009 年の経済危機で，べき則は新たな注目を浴びた。「ウォール街を占拠せよ」と銘打ったデモ活動によって，上位 1％の富裕層が米国の総収入の 15％を得ているという事実に人々は注目し始めたのである。この 1％現象は収入格差の象徴であり，べき則に従う収入分布の性質によるものである。

できる。

$$p_{k_{\text{in}}} \sim k^{-\gamma_{\text{in}}} \tag{4.3}$$

$$p_{k_{\text{out}}} \sim k^{-\gamma_{\text{out}}} \tag{4.4}$$

ここで，γ_{in} と γ_{out} は，それぞれ入次数と出次数のべき指数である（**図 4.2**）。一般的に，γ_{in} と γ_{out} は異なる値をとり，**図 4.1** の場合も $\gamma_{\text{in}} \approx 2.1$ と $\gamma_{\text{out}} \approx 2.45$ である。

図 4.2 の実測結果は，ランダム・ネットワークを特徴づけるポアソン分布とはまったく異なる次数分布をもつネットワークが存在することを示している。そのようなネットワークは，文献 [10] で定義されるように，**スケールフリー**と呼ばれる。

スケールフリー・ネットワークとは，次数分布がべき則で近似できるネットワークである。

図 4.2 が示すように，WWW の場合はべき則がおよそ 4 桁のオーダーで当てはまっており，この次数分布はスケールフリー・ネットワークであると言える。この場合，スケールフリー性は入次数と出次数の両方に当てはまる。

スケールフリー性についての理解を深めるためには，べき分布をより明確に定義しなければならない。そのため，次に本書で使われる離散形式及び連続形式について説明する。

4.2.1 離散形式

ノードの次数は $k = 0, 1, 2, \cdots$ と自然数であることから，離散形式によって，あるノードが k のリンクをもつ確率 p_k は

$$p_k = Ck^{-\gamma} \tag{4.5}$$

である。定数 C は規格化条件により決められる。

$$\sum_{k=1}^{\infty} p_k = 1 \tag{4.6}$$

式 (4.5) により，

$$C = \frac{1}{\sum_{k=1}^{\infty} k^{-\gamma}} = \frac{1}{\zeta(\gamma)} \tag{4.7}$$

が得られる。ここで $\zeta(\gamma)$ はリーマンのゼータ関数である。したがって，$k > 0$ について，離散べき分布は

$$p_k = \frac{k^{-\gamma}}{\zeta(\gamma)} \tag{4.8}$$

となる．式 (4.8) は $k = 0$ において発散することに注意しよう．必要に応じて，他のノードへのリンクをもたないノードの割合を示す p_0 を別途決めることができる．この場合は，式 (4.7) の定数 C は p_0 を考慮して計算しなければならない．

4.2.2　連続形式

解析的な計算では次数がすべての正の実数値をとると仮定することがある．この場合，べき則の次数分布を

$$p(k) = Ck^{-\gamma} \tag{4.9}$$

と書く．規格化条件

$$\int_{k_{\min}}^{\infty} p(k)dk = 1 \tag{4.10}$$

を用いて

$$C = \frac{1}{\int_{k_{\min}}^{\infty} k^{-\gamma}dk} = (\gamma - 1)k_{\min}^{\gamma-1} \tag{4.11}$$

を得る．そのため，連続形式では次数分布は

$$p(k) = (\gamma - 1)k_{\min}^{\gamma-1}k^{-\gamma} \tag{4.12}$$

の形をとる．ここで，$k_{\min}$ はべき則 (4.8) が成り立つ最も小さい次数である．

　離散形式での p_k は，はっきりとした意味をもっている．それは，無作為に選択したノードが次数 k をもつ確率である．それに対して，連続形式での $p(k)$ はそれを積分したものだけが物理的解釈をもつ．

$$\int_{k_1}^{k_2} p(k)dk \tag{4.13}$$

これは無作為に選択されたノードが k_1 と k_2 の間の次数をもつ確率である．

　まとめると，その次数分布がべき則に従うネットワークはスケールフリー・ネットワークと呼ばれる．ネットワークが方向性を有する場合，スケールフリー性は入次数と出次数それぞれに当てはまる．数学的にスケールフリー・ネットワークの性質を調べる場合，離散形式か連続形式のいずれかを用

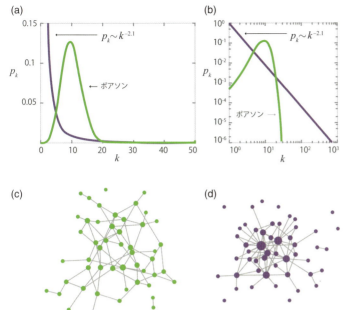

図 4.4 ポアソン分布とべき分布

(a) 線形軸プロットで，ポアソン分布関数を指数 $\gamma = 2.1$ のべき分布関数と比較したもの。どちらの分布の平均も $\langle k \rangle = 11$ である。
(b) 次数 k の大きい領域での二つの関数の違いがよくわかるように，上図 (a) を両対数軸でプロットしたもの。
(c) 平均次数 $\langle k \rangle = 3$，ノード数 $N = 50$ のランダム・ネットワーク。大部分のノードの次数が平均次数と同程度であることがわかる。
(d) 指数 $\gamma = 2.1$，平均次数 $\langle k \rangle = 3$ のスケールフリー・ネットワーク。多数の小さい次数のノードと少数の大きい次数のノードが共存していることがわかる。ノードの大きさが次数に比例するように描いている。

いることが可能である。スケールフリー性自体はどちらの形式を用いるかには依存しない。

4.3 ハブ

ランダム・ネットワークとスケールフリー・ネットワークの主要な違いは次数分布のテール部分，具体的には p_k の中で次数 k が高い値を示している部分の違いである。これを明確にするために，**図 4.4** でべき分布とポアソン分布を比較した。その比較から以下のことがわかった。

- k の値が小さいところでは，べき分布がポアソン分布を上回っている。これはランダム・ネットワークでは次数の小さいノードの数が少なく，それに比べてスケールフリー・ネットワークでは次数の小さいノードの数が多いことを示している。
- 平均次数 $\langle k \rangle$ の近辺では，ポアソン分布がべき分布を上回っている。これは，ランダム・ネットワークではスケールフリー・ネットワークと比較して $k \approx \langle k \rangle$ のノードが多数存在することを意味する。
- k の値が大きいところでは，k の値が小さいときと同様にべき分布がポアソン分布を上回っている。両者の差は p_k の

両対数グラフを見るとより鮮明にわかる（**図 4.4b**）。したがって，スケールフリー・ネットワークでは次数の大きいノード，すなわち**ハブ**の数がランダム・ネットワークよりも桁違いに多いことを示している。

ウェブを例にとって，これらの違いを実際に見てみよう。$k = 100$ のノードをもつ確率はポアソン分布では $p_{100} \approx 10^{-94}$ であるのに対して，p_k がべき則に従う場合は $p_{100} \approx 4 \times 10^{-4}$ となる。結果として，仮に WWW が $\langle k \rangle = 4.6$，大きさが $N \approx 10^{12}$ のランダム・ネットワークとすると，次数が 100 以上のノード数は

$$N_{k \geq 100} = 10^2 \sum_{k=100}^{\infty} \frac{(4.6)^k}{k!} e^{-4.6} \simeq 10^{-82} \qquad (4.14)$$

となり，実際上はまったく存在しないという結果である。対照的に，WWW は実際には $\gamma_{in} = 2.1$，$N_{k \geq 100} = 4 \times 10^9$ のべき分布であり，次数 $k \geq 100$ となるノードは 40 億以上存在する。

4.3.1　最も大きいハブ

現実のネットワークはすべて有限である。WWW のネットワークの大きさはノードの数 $N \approx 10^{12}$ 程度であり，ソーシャルネットワークの大きさは地球の総人口 $N \approx 7 \times 10^9$ と同じである。これらの数は莫大ではあるが有限である。これらのネットワークと比較すると，他の多くのネットワークの規模は小さいものである。たとえば，人間細胞の遺伝子ネットワークはおおよそ 20,000 の遺伝子があり，E. coli（大腸菌）の代謝ネットワークはたった 1,000 程度の代謝物しかない。このような事実を考えると，ネットワークの大きさはどのようにハブの大きさに影響を与えるのか，という疑問が湧いてくる。この疑問に答えるために，次数分布の**自然なカットオフ**である最大次数 k_{max} を計算しよう。これは，ネットワーク中のハブの最大次数を示している。

まず，指数分布

$$p(k) = Ce^{-\lambda k}$$

について計算を行うことが有益である。最小次数が k_{min} であるネットワークにおいて，規格化条件

$$\int_{k_{min}}^{\infty} p(k) dk = 1 \qquad (4.15)$$

によって $C = \lambda e^{\lambda k_{\min}}$ が導かれる。ここで，$k_{\max}$ を計算するために，N 個のノードをもつネットワークでは，$(k_{\max}, \infty)$ の領域にあるノードはせいぜい一つであるということを仮定する（**発展的話題 3.B**）。言い換えると，あるノードの次数が $k_{\max}$ を超える確率は $1/N$ ということである。

$$\int_{k_{\max}}^{\infty} p(k)dk = \frac{1}{N} \qquad (4.16)$$

式 (4.16) から

$$k_{\max} = k_{\min} + \frac{\ln N}{\lambda} \qquad (4.17)$$

が得られる。$\ln N$ は系の大きさ N の変化について緩やかに変化する関数なので，式 (4.17) により最大次数は $k_{\min}$ と大きくは変わらない。ポアソン分布については，より複雑な計算となるが，N の $k_{\max}$ への依存性は式 (4.17) から予測される対数依存性よりも緩やかなものとなる（**発展的話題 3.B**）。

式 (4.12) と式 (4.16) より，スケールフリー・ネットワークにおいては自然なカットオフは

$$k_{\max} = k_{\min} N^{\frac{1}{\gamma-1}} \qquad (4.18)$$

に従う。よって，ネットワークの規模が大きくなるほど，そのネットワーク中のハブの最大次数は大きくなる。$k_{\max}$ の N についての多項式依存性は，大きい規模のスケールフリー・ネットワークでは最も小さいノード $k_{\min}$ と一番大きいハブ $k_{\max}$ との間に桁違いの大きさの差があることを示唆する（**図 4.5**）。

指数関数とスケールフリー・ネットワークにおける最大次数の違いを明らかにするため，もう一度，**図 4.1** の $N \approx 3 \times 10^5$ のノードからなる WWW を検討しよう。$k_{\min} = 1$ であるので，もし次数分布が指数関数に従うとすると，式 (4.17) から $\lambda = 1$ のとき最大次数 $k_{\max} \approx 14$ となる。同規模のスケールフリー・ネットワークでは，$\gamma = 2.1$ のとき，式 (4.18) から $k_{\max} \approx 95{,}000$ となり，大きい差があることがわかる。**図 4.1** の WWW における最大入次数は 10,721 であり，スケールフリー・ネットワークで予測される $k_{\max}$ に匹敵する。この結果は，**ランダム・ネットワークではハブは事実上存在できない**が，**スケールフリー・ネットワークにおいてはハブが自然に存在する**という結論を，より強固なものとする。

以上の議論をまとめると，ランダム・ネットワークとスケー

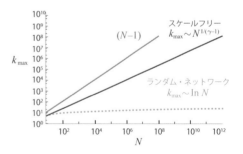

図 4.5 スケールフリー・ネットワークではハブの次数は大きい

同じ平均次数 $\langle k \rangle = 3$ をもつスケールフリー・ネットワークとランダム・ネットワークの最大次数（自然なカットオフ）。スケールフリー・ネットワークでは指数 $\gamma = 2.5$ とした。比較のため，完全グラフの場合に期待される $k_{\max} \sim N - 1$ という線形関係もプロットしている。すべての領域で，スケールフリー・ネットワークにおけるハブの次数は同じ N と $\langle k \rangle$ をもつランダム・ネットワークの最大次数よりも何桁も大きい。

ルフリー・ネットワークの相違点の鍵は，ポアソン分布とべき分布の形の違いである．ランダム・ネットワークでは，ほとんどのノードが同程度の次数をもち，ハブが存在しない．一方，スケールフリー・ネットワークにおいては，ハブは存在可能であるだけでなく，通常必ず存在するものである（**図4.6**）．さらに，スケールフリー・ネットワークにおいては，ノード数が多いほど，ハブの最大次数は大きいものとなる．実際に，ハブの規模はネットワークの規模に対して多項式的に大きくなるため，スケールフリー・ネットワークではハブの次数はかなり大きくなることが可能である．対照的に，ランダム・ネットワークにおいては，ノードの最大次数は N に対して対数的に，あるいは N より緩やかに大きくなる．これは，極めて大規模なランダム・ネットワークについても，ハブの次数は小さいということを示唆する．

4.4　スケールフリーの意味するところ

相転移の理論と呼ばれる統計物理学の一分野では，1960年代から1970年代にかけて，べき則が広範囲に調べられ，その中からスケールフリーという用語が生まれた（**発展的話題3.F**）．スケールフリーという用語をよく理解するためには，まず次数分布のモーメント（積率）を理解する必要がある．次数分布の n 次のモーメントは

$$\langle k^n \rangle = \sum_{k_{\min}}^{\infty} k^n p_k \approx \int_{k_{\min}}^{\infty} k^n p(k) dk \tag{4.19}$$

のように定義される．低次のモーメントは解釈上重要な意味合いをもつ．

- $n = 1$：最低次のモーメントであり，次数の平均 $\langle k \rangle$ である．
- $n = 2$：2次のモーメント $\langle k^2 \rangle$．これは分散すなわち $\sigma_k^2 = \langle k^2 \rangle - \langle k \rangle^2$ の計算に使うことができる．分散は**次数分布の広がり**を表し，その平方根 σ_k は標準偏差である．
- $n = 3$：3次のモーメント $\langle k^3 \rangle$．これは次数分布の歪みを表す．すなわち次数分布が平均 $\langle k \rangle$ を中心としてどれだけ対称的かということを表す．

スケールフリー・ネットワークでは，次数分布の n 次のモーメントは

4.4 スケールフリーの意味するところ

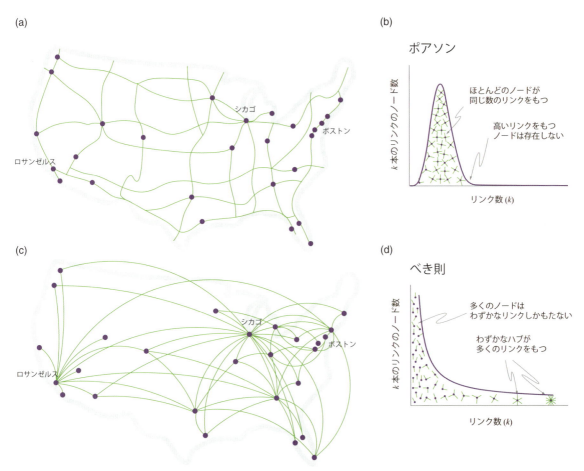

図 4.6 ランダム・ネットワークとスケールフリー・ネットワーク
(a) ランダム・ネットワークは，都市をノード，主要な高速道路をリンクとするアメリカ全土の高速道路網にいくぶん似ている。何百もの高速道路が通っている都市はないし，高速道路網から孤立している都市もない。
(b) ランダム・ネットワークの次数分布は釣鐘型の形状をもつポアソン分布に従う。そのため，多数のノードはほぼ同程度の次数をもち，大きい次数のノードはない。
(c) スケールフリー・ネットワークは，空港をノード，直行便をリンクとする航空輸送ネットワークに似ている。大多数の空港は小さく，ほんの少しの便しか就航していない。しかしながら，シカゴやロサンゼルスのように非常に大きい空港があり，それらが主要なハブの役割を果して多数の小さい空港を結びつけている。ひとたび，ハブが出現すると，それらがネットワーク上のノードのたどり方を変えてしまう。たとえば，もしボストンからロサンゼルスへ自動車で移動しようとすると，たくさんの都市を通過することになるだろう。しかし，航空ネットワークでは，いかなる目的地でも一つのハブ，たとえばシカゴ，を経由すれば到達することができる。
(d) べき分布をもつネットワークは大多数のノードのもつ次数は小さい。小さい次数をもつこれら多数のノードは，少数の大きい次数をもつハブによって互いに結びつけられている。文献 [50] による。

$$\langle k^n \rangle = \int_{k_{\min}}^{k_{\max}} k^n p(k) dk = C \frac{k_{\max}^{n-\gamma+1} - k_{\min}^{n-\gamma+1}}{n-\gamma+1} \qquad (4.20)$$

である。通常 $k_{\min}$ は（たとえば 1 などに）固定されており，系が大きくなるに従って最も次数の大きいハブ $k_{\max}$ は大きくなる。これは式 (4.18) でも示されている。それゆえ，n 次の

表 4.1　現実のネットワークにおける次数の違い

10 個の現実のネットワークの 1 次のモーメント $\langle k \rangle$ および 2 次のモーメント $\langle k^2 \rangle$ を示す（$\langle k_{\text{in}}^2 \rangle$ と $\langle k_{\text{out}}^2 \rangle$ は有向ネットワークにおいてのみ示す）。有向ネットワークでは，$\langle k \rangle = \langle k_{\text{in}} \rangle = \langle k_{\text{out}} \rangle$ としている。べき指数 γ もそれぞれのネットワークにおいて推定した。この推定には**発展的話題 4.A** で議論された手法を用いた。それぞれの値の横にある*印は，次数がべき分布（$k^{-\gamma}$）であることが統計的に有意と示されたこと表す。しかし，**印は指数的なカットオフを伴う式 (4.39) においての有意性を表す。この表において示されているとおり，電力網はスケールフリーではない。このネットワークの次数分布は，$e^{-\lambda k}$ に統計的に有意に一致したことから表中においては指数関数と示した。

ネットワーク	N	L	$\langle k \rangle$	$\langle k_{\text{in}}^2 \rangle$	$\langle k_{\text{out}}^2 \rangle$	$\langle k^2 \rangle$	γ_{in}	γ_{out}	γ
インターネット	192,244	609,066	6.34	-	-	240.1	-	-	3.42*
WWW	325,729	1,497,134	4.60	1546.0	482.4	-	2.00	2.31	-
電力網	4,941	6,594	2.67	-	-	10.3	-	-	指数関数
携帯電話の発信	36,595	91,826	2.51	12.0	11.7	-	4.69*	5.01*	-
電子メール	57,194	103,731	1.81	94.7	1163.9	-	3.43*	2.03*	-
共同研究	23,133	93,439	8.08	-	-	178.2	-	-	3.35*
俳優の共演	702,388	29,397,908	83.71	-	-	47.353.7	-	-	2.12*
論文引用	449,673	4,689,479	10.43	971.5	198.8	-	3.03**	4.00*	-
E. coli の代謝	1,039	5,802	5.58	535.7	396.7	-	2.43*	2.90*	-
たんぱく質相互作用	2,018	2,930	2.90	-	-	32.3	-	-	2.89*

モーメント $\langle k^n \rangle$ を理解するためには，式 (4.20) の $k_{\max} \to \infty$ における極限の振る舞いを考える必要がある。これはすなわち非常に大きいネットワークを考えることを意味する。そのような極限では，式 (4.20) により，n 次のモーメント $\langle k^n \rangle$ の値は，n と γ の相互作用によって決まることがわかる。

- もし $n - \gamma + 1 \leq 0$ ならば，式 (4.20) の右辺第 1 項，すなわち $k_{\max}^{n-\gamma+1}$ は $k_{\max}$ が大きくなるにつれて 0 になる。すなわち，$n \leq \gamma - 1$ を満たすすべてのモーメントは有限となる。
- もし $n - \gamma + 1 > 0$ ならば，$k_{\max}$ が大きくなるにつれて $\langle k^n \rangle$ は無限大となる。それゆえ，$\gamma - 1$ よりも高次のモーメントは発散する。

多くの現実のスケールフリー・ネットワークのべき指数 γ は 2 から 3 の間にある（**表 4.1**）。それゆえ，そのようなネットワークでは $N \to \infty$ の極限においては，$\langle k \rangle$ は有限である。一方で，2 次 $\langle k^2 \rangle$ やより高次のモーメント，すなわち $\langle k^3 \rangle$ などは無限大になる。この発散を理解することが"スケールフリー"という用語の理解に必要となる。より説明を加えるため，ここでたとえば，次数が正規分布であるランダム・ネットワークのような場合を考えてみる。そのときの次数はある一定の範囲に収まる傾向にあり，

$$k = \langle k \rangle \pm \sigma_k \tag{4.21}$$

のような形をしている．これを見れば，平均の次数 $\langle k \rangle$ とその標準偏差 σ_k はランダム・ネットワークとスケールフリー・ネットワークで大きさにおいてまったく異なることがわかる．すなわち，

- **ランダム・ネットワークは特定のスケールをもっている**
  次数がポアソン分布であるランダム・ネットワークでは，$\sigma_k = \langle k \rangle^{1/2}$ は常に $\langle k \rangle$ より小さいことになる．したがって，上述したように次数は $k = \langle k \rangle \pm \langle k \rangle^{1/2}$ の範囲にほぼ収まる．言い換えれば，ランダム・ネットワークのノードは似たような次数をもっているといえ，このことが $\langle k \rangle$ という次数の典型的な大きさ，すなわち "スケール" を与えることになる．

- **スケールフリー・ネットワークは特定のスケールをもたない**
  上記とは逆に，次数分布が $\gamma < 3$ のべき則に従うスケールフリー・ネットワークでは，1次のモーメントは有限であるが，2次のモーメントは発散する．この $\langle k^2 \rangle$（すなわち σ_k）の発散は，大きい N を考えたときに，次数の平均からのゆらぎが任意の大きさになりうる．もう少しかみ砕いて説明すると，無作為に選んだ一つノードについて，その次数は予想がつかない．次数は非常に小さいかもしれないし，非常に大きいかもしれない．したがって，$\gamma < 3$ のネットワークは意味のあるスケールをもたない．この性質は "スケールフリー" といわれる．（**図 4.7**）

たとえば，WWW の例の平均次数は $\langle k \rangle = 4.60$ である（**表 4.1**）．もし $\gamma \approx 2.1$ ならば，2次のモーメントは発散する．すなわち，WWW から無作為に選んだ文書がもつ入次数は $N \to \infty$ の極限で $k = 4.60 \pm \infty$ となる．よって，74.02％のノードは $\langle k \rangle$ 以下の入次数をもつので，無作為に選んだ文書がもつ入次数は多くの場合 1 や 2 となる．これは，たとえばグーグルやフェイスブックのように，数億のリンクをもつような文書となりうることを表している．

厳密に言うと，$\langle k^2 \rangle$ は $N \to \infty$ というときにだけ発散する．しかしながら，この極限において発散するということは我々の世界に存在する有限のネットワークともよく一致して

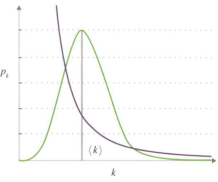

ランダム・ネットワーク
$k = \langle k \rangle \pm \langle k \rangle^{1/2}$
スケール：$\langle k \rangle$
スケールフリー・ネットワーク
$k = \langle k \rangle \pm \infty$
スケール：なし

図 4.7　内在的スケールをもたないということ
あらゆる指数的な制限がかかる（極限において指数的な速さで減衰する）ポアソン分布あるいは正規分布においては，無作為に選んだノードの次数はほぼ平均 $\langle k \rangle$ の近傍に存在する．したがって，$\langle k \rangle$ はそのネットワークに特定の "スケール" を与える．一方で，べき分布，すなわち2次のモーメントが発散する場合においては，無作為に選んだノードの次数は平均 $\langle k \rangle$ とは大きく異なっていてよい．それゆえに，平均 $\langle k \rangle$ は内在的スケールとはなりえない．次数分布が，内在的スケールをもたないべき分布となるネットワークのことを，スケールフリーと呼ぶ．

図 4.8 現実のネットワークの標準偏差は大きい

ランダム・ネットワークにおける標準偏差 $\sigma_k = \langle k \rangle^{1/2}$ は緑の点線で表されている。丸印は 10 個のうち 9 個の異なるネットワークの σ_k を表しており，計算には**表 4.1** での値を用いた。俳優の共演ネットワークは非常に大きい $\langle k \rangle$ と σ_k をもっているので，簡潔さのために省略した。それぞれのネットワークの σ_k は，同じ $\langle k \rangle$ をもつランダム・ネットワークで予想される σ_k よりも大きくなっている。唯一の例外は，電力網であり，スケールフリーではないが，やはり σ_k がランダム・ネットワーク付近にある。一方で，携帯電話の発信ネットワークはスケールフリーではあるものの γ が大きいことから，ほぼランダム・ネットワークに似た σ_k をもっていることがわかる。

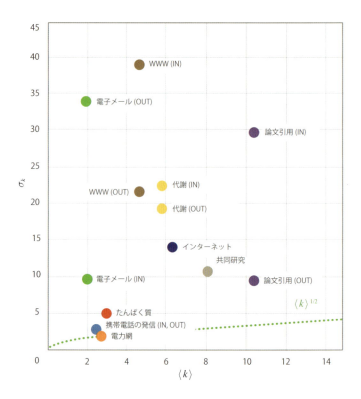

いる。**表 4.1** は $\langle k^2 \rangle$ を，**図 4.8** は標準偏差 σ を，10 の現実のネットワークについて示している。これらのほとんどのネットワークにおいては，σ は $\langle k \rangle$ よりもかなり大きく，次数の非常に大きい広がりを表している。たとえば，WWW の次数は $k_{\rm in} = 4.60 \pm 1,546$ であるが，この平均次数はほとんど意味をなさない。

　要約すると，スケールフリーという名前はシステムに内在的なスケールが存在しないことを示しており，一つのネットワークの中にまったく異なる次数のノードが混在することを表している。この特徴こそが，格子構造のような全部のノードが同じ次数をもつネットワーク ($\sigma = 0$) や，次数が非常に小さい範囲に収まるランダム・ネットワーク ($\sigma_k = \langle k \rangle^{1/2}$) と，スケールフリー・ネットワークとの決定的な違いである。次章以降では，この次数の 2 次モーメントの発散こそが，スケールフリー・ネットワークの最も興味を引く性質，たとえば無作為な故障に対する頑健性や，ウイルスの特異的な拡散などと深いつながりがあることを見ていく。

4.5 普遍性

WWWとインターネットという呼称はしばしばメディアなどで同じものであるかのように使われているが，それらは明らかに違うシステムである．WWWは情報のネットワークであり，そのノードは文書であり，リンクはURLである．一方で，インターネットはインフラ的なネットワークであり，そのノードはルーターと呼ばれるコンピュータであり，リンクは物理的な接続，すなわち導線や光ファイバーあるいはワイヤレス接続，などである．

この違いが重要な結果を生じる．ボストンのコンピュータにあるウェブページから同じコンピュータにある別のページへのリンクのコストと，ブダペストのコンピュータにある文書へのリンクのコストは同じである．一方で，インターネットの物理的な接続をボストンとブダペストに作るには，北米とヨーロッパにあるルーター間を接続する必要があるが，これは大変なコストを伴うものである．しかしながら，これらの違いにもかかわらず，WWWとインターネットの次数はべき分布でよく近似できる [9, 99, 100]．図 4.9 は，ある一部の大きいハブがほとんどリンクをもたない無数のルーターを束ねるというインターネットのスケールフリー性の特徴をよく表している．

過去10年間において，科学・技術・社会において非常に重要な現実のネットワークの多くで，スケールフリー性が見いだ

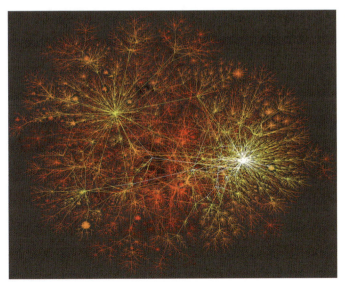

図 4.9　インターネットのトポロジー

21世紀初めの時点での非常に有名なインターネットの可視化である．カルフォルニア大学サンディエゴ校にあるCAIDAという組織においてデータの収集，解析，可視化が行われた．この図はインターネットのスケールフリー性をよく表している．非常に大きいハブがごく少数存在し，多数の小さいノードを束ねている．

図 4.10 多くの現実のネットワークはスケールフリーである

表 4.1 のネットワークのうちの四つのネットワークについて次数分布を示す。
(a) インターネットにおけるルーターのネットワーク
(b) たんぱく質相互作用ネットワーク
(c) 電子メールネットワーク
(d) 論文引用ネットワーク

それぞれのパネルにおいて，緑色の点線は同じ平均次数 $\langle k \rangle$ のランダム・ネットワークの次数分布を表している。図からわかるとおり，ランダム・ネットワークは現実のネットワークの次数 p_k とは一致しない。有向ネットワークについては，入次数分布と出次数分布を別々に示してある。

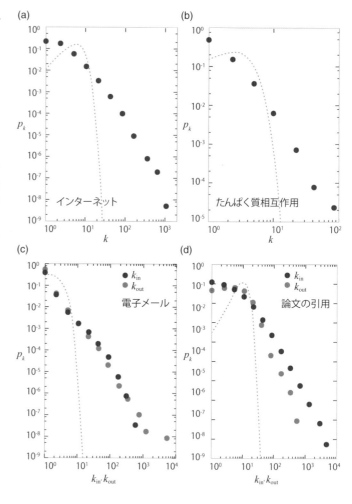

されている。その様子を**図 4.10** に表す。この図においては，インフラのネットワーク（インターネット），生物学のネットワーク（たんぱく質相互作用），コミュニケーションのネットワーク（電子メール），科学的なコミュニケーションのネットワーク（論文引用）の次数分布が示されている。それぞれのネットワークにおいては，次数分布はポアソン分布と大きく異なっており，べき分布がよい近似となっている。

スケールフリー性をもつ系は多岐にわたる（**Box4.2**）。実際に WWW は 20 年余りの短い歴史しかもたないが，たんぱく質の相互作用は 40 億年の進化の成果である。また，ネットワークの内容で見れば，ノードが分子であるネットワークもあれば，コンピュータのものもある。この多様性を考慮すると，スケールフリー性はネットワークの**普遍的**な特徴であるということができる。

4.5 普遍性

Box 4.2 スケールフリー・ネットワークの年表

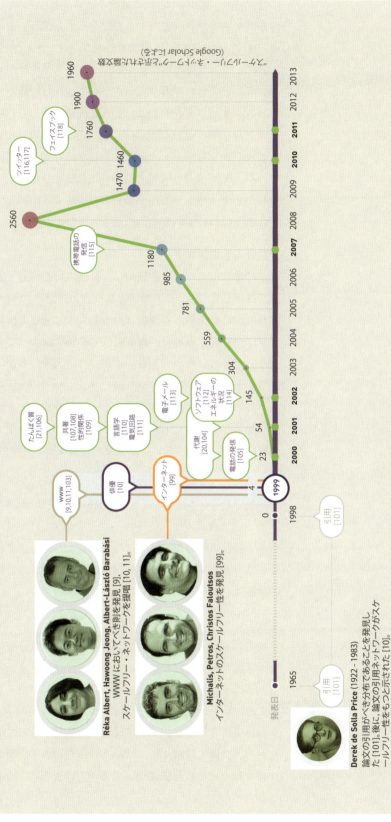

"我々は詳細に得られたデータにおけるすべての系においてスケール不変性を発見したことから、このスケール不変性はまだ観察されていない他の多くの複雑ネットワークにおいても発見される性質であると考えている。"

Albert László Barabási, Réka Albert, 1999

研究者の立場からは，次の重要な疑問が生じる。ネットワークがスケールフリーであることはどうすればわかるのだろうか。まず，ネットワークがスケールフリーであるかどうかは，次数分布をみれば即座にわかる。すなわち，次数が非常に小さいものと大きいものが，いくつもの違う桁にわたり混在している。また，ノードが似たような次数をもっている場合はランダム・ネットワークである。したがって，次数における指数の値がネットワークの特性を知るための重要な情報をもっており，次数 p_k の分布をフィットして，γ を推定するための道具が必要となる。ここでは分布を描画することとフィットすることについていくつかの点を整理しておく。

次数分布を描画する

この章で出てきた次数分布は，縦横の軸を両方とも対数目盛で描画しており，これは log-log（両方対数）プロットと呼ばれる。これを用いる理由は，もし大きく異なる次数をもつノードが存在する場合，線形目盛の描画ではすべてを表示することが難しいためである。本書では，次数分布が明瞭に見えるように，頻度を数える幅（ビン）を対数目盛で区切っている。これにより十分な観測数がそれぞれの点に含まれるように調整される。ネットワークの次数分布をプロットするための実践的なヒントについては**発展的話題 4.B** を参照されたい。

次数分布のべき指数を測る

次数分布のべき指数を推定する簡単な方法は，両対数プロットにおいて直線でフィットすることである。しかしながら，この方法は系統的なバイアスのため異なる結果，すなわち間違った γ が得られうる。γ を得るための統計学の道具は**発展的話題 4.C** を参照されたい。

現実のネットワークの p_k の形

現実のネットワークで観察される多くの次数分布は，純粋なべき則からは逸脱している。この逸脱はデータが完全に得られることはまれであることや，データ収集のバイアスなどによる。しかし，単なる不具合だけでなく，特定のネットワークが発生する重要なプロセスに関する情報をもっていることもある。**発展的話題 4.B** ではそういった逸脱を説明する。また第 6 章ではその起源について掘り下げよう。

Box 4.3 すべてのネットワークがスケールフリーではない

スケールフリー性が普遍的に見つかったからといって，すべてのネットワークがスケールフリーであるということではない。逆にいくつかの重要なネットワークはスケールフリーではないことがわかっている。

- 材料科学での結晶やアモルファスの材料における原子間の結合の中で見られるネットワークはスケールフリーではない。化学によって決められるように，これらのネットワークではノードはすべて同じ次数をもっている（図4.11）。
- Cエレガンスと呼ばれる線虫の神経ネットワーク [119]。
- 電力網。送電線でつながれた発電所や変電所のネットワーク。

スケールフリー性が現れるためには，ノードは任意の数のリンクにつながることができる能力が必要になる。ただし，これらリンクが同時に存在する必要はない。我々は知り合いといつもチャットしているわけではないし，細胞中のたんぱく質は潜在的な相互作用の相手といつもつながっているわけではない。スケールフリー性はノードがもちうるリンクの数，すなわちハブの最大の大きさが制限されているような系には現れない。そういった制限は材料によく見られるが，図4.11には材料がスケールフリーのトポロジーをもたないことが説明されている。

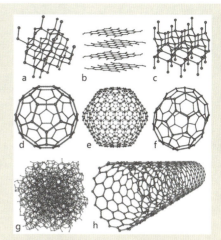

図4.11 材料のネットワーク
炭素原子は四つの電子だけを他の原子と共有するため，どのように原子を配置しようとも，4以上の次数をもつことはできない。したがって，ハブは存在せずスケールフリー性は発現しない。図はいくつかの炭素の同素体を表している。これらは炭素原子がさまざまな配置をとることによって，異なるネットワーク構造をもっている。この異なる配置によって，これらの材料は大きく異なる物理的あるいは電気特性的を示す。(a) ダイヤモンド；(b) グラファイト；(c) ロンズデーライト（六方晶ダイヤモンド）；(d) C60（バックミュンスターフラーレン）；(e) C540（フラーレンの一種）；(f) C70（フラーレンの一種）；(g) アモルファスカーボン；(h) 単層ナノチューブ。

まとめると，1999年にWWWのスケールフリー性が発見されて以来，科学的・技術的関心の高い多くの実在ネットワークがスケールフリーであることが発見された。その広がりは生物学，社会・言語のネットワークに及ぶ（**Box4.2**）。すべてのネットワークがスケールフリーであるわけではない。実際，電力網や材料科学などの多くの重要なネットワークはスケールフリー性を示していない（**Box4.3**）。

4.6 超スモールワールド性

スケールフリー・ネットワークにハブがあることから新たな疑問が生じる。ハブはスモールワールド性に影響を与える

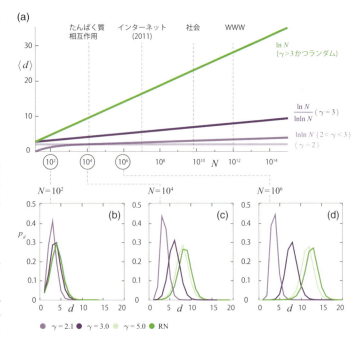

図 4.12　スケールフリー・ネットワークにおける距離

(a) スケールフリー・ネットワークを特徴づける四つの領域における平均パス長のスケーリング：定数 ($\gamma = 2$) の場合，$\ln \ln N$ ($2 < \gamma < 3$) の場合，$\ln N / \ln \ln N$ ($\gamma = 3$) の場合，$\ln N$ ($\gamma > 3$ とランダム・ネットワーク) の場合。点線はいくつかの現実のネットワークのおおよその大きさを表している。ほどほどの大きさである生物のネットワーク，たとえば，図中にあるような人のたんぱく質間の相互作用の場合は，ノード間の距離は四つの領域ではさほど差がないことがわかる (四つの直線の間で $\langle d \rangle$ に差がない)。ところが，社会ネットワークや WWW になるとその距離の差は歴然としてくる。これらからわかるように単なるスモールワールドの公式は明らかに距離 $\langle d \rangle$ を低く見積もってしまう。

(b)-(d) ネットワークのノードの大きさが $10^2, 10^4, 10^6$ であるときの距離について表している。これを見ると，N が小さいネットワーク (10^2) のときについては γ が異なることは距離に影響をほとんど与えないことがわかるが，一方で N が大きいネットワーク (10^6) のときについては γ によって距離が明らかに異なることを表している。これらのネットワークは $\langle k \rangle = 3$ とした静的モデルによって生成された [123]。

のだろうか。**図 4.4** はそれを肯定している。航空会社は二つの空港を移動するのに必要な乗り換えを減らすようにハブを正確に構築している。計算もこの見立てを支持しており，**スケールフリー・ネットワークにおける距離は，同等のランダム・ネットワークで観察される距離よりも小さいことがわかっている**。

平均距離 $\langle d \rangle$ は，系のノード数 N と次数分布のべき指数 γ に依存することは次式によって表される [120, 121]。

$$\langle d \rangle \sim \begin{cases} 一定 & \gamma = 2 \\ \ln \ln N & 2 < \gamma < 3 \\ \dfrac{\ln N}{\ln \ln N} & \gamma = 3 \\ \ln N & \gamma > 3 \end{cases} \tag{4.22}$$

次に，式 (4.22) が示す四つの領域における $\langle d \rangle$ の振る舞いを検討しよう。**図 4.12** には，その要約を示す。

特異な領域 ($\gamma = 2$)

式 (4.18) によると，$\gamma = 2$ においては系が大きくなるにつれ，ハブのもつ次数が線形的に大きくなる。すなわち $k_{\max} \sim N$ である。ネットワークは**ハブ・アンド・スポーク構造**をもち，すなわちすべてのノードが一つの中央ハブに接続され，互いに距離が近くなっている。この領域では，平均パス長は N に

依存しない。

超スモールワールド領域（$2 < \gamma < 3$）

式(4.22)によると，この領域では平均距離は $\ln \ln N$ に比例して大きくなる。すなわち，$\ln N$ に比例して成長するランダム・ネットワークに比べてさらにゆっくりと大きくなる。ハブが著しくパス長を縮めることから，我々はこれを**超スモールワールド**と呼ぶ [120]。ハブが大量の小さい次数のノードを束ねて，それらの間の距離を縮めるためである。

超スモールワールドの性質が意味するところを理解するため，世界の社会ネットワーク $N \approx 7 \times 10^9$ を再び考えてみよう。もし社会がランダム・ネットワークであるならば，N に依存する項は $\ln N = 22.66$ である。一方で，スケールフリー・ネットワークであるならば，N に依存する項は $\ln \ln N = 3.12$ である。すなわち，ハブによりノード間の距離は文字通り桁外れに小さくなる。

臨界点（$\gamma = 3$）

$\gamma = 3$ は，次数分布の 2 次のモーメントが発散しないため，特に理論的な観点から興味深い。このことから我々は $\gamma = 3$ を**臨界点**と呼ぶ。この臨界点において，距離は再びランダム・ネットワークと同じ $\ln N$ に依存するようになる。それに加えて，二重対数補正 $\ln \ln N$ により [120, 122]，距離はランダム・ネットワークよりは小さい値になっている。

スモールワールド領域（$\gamma > 3$）

この領域では $\langle k^2 \rangle$ は有限であり，平均距離はランダム・ネットワークで見られたスモールワールド性を示す（**Box4.4**）。ハブは依然として存在するものの，この領域ではさほど大きくもなければ数も多くなく，ノード間の距離を著しく小さくするような効果はもたらさない。

以上を合わせて考慮すると，ハブが目立つようになるとノード間の距離がより効果的に小さくなることを式(4.22)は示している。**図4.12a** は異なる γ でのスケールフリー・ネットワークの平均パス長のスケールを表しているが，このハブの効果をはっきりと見ることができる。小さい N ではこの四つの領域間でも距離の差はあまりないが，大きい N では相当な違いが見てとれる。

図4.12b–d は異なる γ と N をもつスケールフリー・ネッ

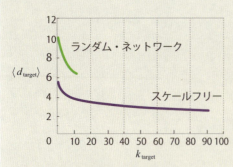

図 4.13　ハブにいかに近いか

この図は，次数が k_{target} のターゲットノードから次数が $k \approx \langle k \rangle$ であるノードまでの距離 $\langle d_{target} \rangle$ を，ランダム・ネットワークとスケールフリー・ネットワークについて示したものである。スケールフリー・ネットワークでは，ランダム・ネットワークよりも，ノードはハブに平均的に近い。ランダム・ネットワークにおける最も大きい次数は比較的小さいので，ランダム・ネットワークにおけるハブへの距離はスケールフリー・ネットワークに比べると大きくなる。いずれのネットワークも $\langle k \rangle = 2, N = 1,000$ であり，スケールフリー・ネットワークでは $\gamma = 2.5$ とした。

Box 4.4　我々は常にハブの近くにある

Frigyes Karinthy による 1929 年の短編 [90] は最初にスモールワールドという考え方を示したものであるが，その中で「ある有名人や人気者を知っている人を探すことは，なんでもない普通の人を知っている人を探すことよりも，常に簡単である」と述べている。言い換えると，我々はいつもハブのそばにいるが，リンクのないノードのそばにいるわけではない。この効果はスケールフリー・ネットワークでは特に顕著となる（図 4.13）。

このような効果はまたこのように言い換えられる。有名な科学者やアメリカ合衆国大統領はとてつもなくたくさんの知り合いをもつハブであるから，我々はそこに至るパスを見つけることに苦労はしない。同時に多くの最短パスがこれらのハブを通過していると言える。

ところが興味深いことに，実際に 6 次の隔たりについての実験をオンラインの世界で実施してみると，紹介を依頼していく一連のつながりの中の人たちは，ハブとなる人に依頼をするよりも，むしろ最短パスから外れるような人を選ぶ傾向があることがわかった [124]。この理由は自主規制と思われる。我々はハブの人たちは常に忙しいと考えるので，本当に困ったときにしか頼らないのであろう。このような理由から，忙しい人達にとって価値が特にないようなオンラインの実験のために，ハブとなる人たちには連絡しないと考えられる。

トワークのパス長の分布を示しているが，ハブが距離を縮める効果について改めて確認できる。$N = 10^2$ のときにはパス長の分布はほぼ重なっており，γ の違いがパス長の違いをもたらすようなことは起こらない。一方で $N = 10^6$ のときにはかなりパス長 $\langle d \rangle$ の分布が異なっており，γ が大きいほどパス長が大きくなることも見てとれる。図 **4.12d** は，べき指数が大きくなるほど，ノード間距離が大きくなることも示している。

まとめると，スケールフリー性はネットワークの距離にいくつかの効果をもたらすということになる。具体的には，

- スケールフリー性は平均パス長を小さくする。すなわち興

味あるほとんどのスケールフリー・ネットワークでは，単にスモールワールドというだけでなく超スモールワールドとなっている．小さい次数のたくさんのノードをつなぐハブという役割がこれほど大きいということである．

- 式 (4.22) が表しているように，スケールフリー性は $\langle d \rangle$ の系の大きさへの依存性を変える．γ が小さいほどノード間の距離が小さくなる．
- $\gamma > 3$（臨界点）のときだけ，ランダム・ネットワークが示したような平均距離が $\ln N$ に従うという状態が再び起きる（図 **4.12**）．

4.7　べき指数の役割

スケールフリー・ネットワークの多くの性質は次数分布のべき指数 γ の値に依存している．**表 4.1** をよく見てみると以下のような疑問が湧いてくる．

- γ は系によって異なるが，γ の変化はどのようにネットワークの性質に影響を与えるのだろうか．
- 現実のネットワークではほとんどの場合，次数分布のべき指数は 2 より大きいが，逆に $\gamma < 2$ というネットワークは実在しないのだろうか．

これらの疑問に答えるために，スケールフリー・ネットワークの性質が γ によってどのように変わるかについて議論していこう（**Box4.5**）．

特異な領域（$\gamma \leq 2$）

$\gamma < 2$ においては，式 (4.18) の $1/(\gamma-1)$ は 1 よりも大きくなるため，最大ハブがもつ次数はネットワークの大きさよりも速く成長する．このことから，十分大きい N については最大ハブの次数は系の全ノード数より大きくなり，つなぐべきノードがなくなってしまう．同様に，$\gamma < 2$ においては，平均次数 $\langle k \rangle$ は $N \to \infty$ の極限では発散する．この二つの性質は，この領域のスケールフリー・ネットワークがもつたくさんの奇妙な特徴の一部にすぎない．これは，より掘り下げた問題につながる．$\gamma < 2$ の大きいスケールフリー・ネットワークは，リンクが足りないために存在できない（**Box4.6**）．

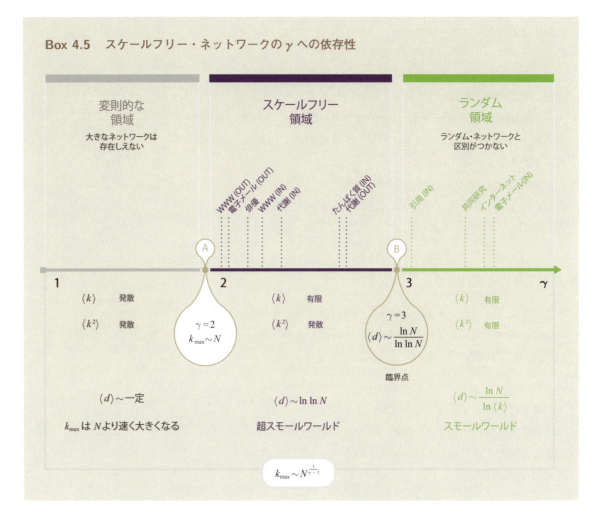

スケールフリー領域（$2 < \gamma < 3$）

　この領域では次数分布の 1 次のモーメントは有限であるが，2 次以上のモーメントでは $N \to \infty$ において発散する。結果として，この領域のスケールフリー・ネットワークは超スモールである（4.6 節参照）。式 (4.18) によると，1 より小さい $1/(\gamma-1)$ の指数で，ネットワークの大きさとともに k_{max} は大きくなる。ここで，最大ハブがもつリンクは，それにつながれているノードの数から考えると，次数のシェアは k_{max}/N で表されるが，この値は $k_{max}/N \sim N^{-(\gamma-2)/(\gamma-1)}$ のように小さくなっていく。

　次章で述べるように，スケールフリー・ネットワークに関する多くの興味深い特徴である頑健性や特異的な拡散現象などは，この領域と関係している。

4.7 べき指数の役割

Box 4.6 なぜ $\gamma < 2$ のスケールフリー・ネットワークは存在しないのか

$\gamma < 2$ のネットワークの何がそれほど問題か，ということを考えるにあたっては，それを実際に作ってみるとよい。次数列（与えられた次数分布に従い，すべてのリンクが未接続であるノードの集合）から単純グラフ（重複リンクや自己ループのないグラフ）を作ることができる場合，その次数列を**グラフィカル**と呼ぶ [125]。すべての次数列がグラフィカルというわけではない。たとえば，スタブ（あるノードの未接続リンク）の数が奇数であるとマッチできないスタブが存在する（**図4.14b**）。

次数列がグラフィカルであるかどうかは，ErdősとGallaiによるアルゴリズム [125-129] で調べることができる。そのアルゴリズムをスケールフリー・ネットワークに適用した場合，$\gamma < 2$ ならばグラフィカルな次数列の数は0になる（**図4.14c**）。すなわち，$\gamma < 2$ の次数分布は単純グラフではない。実際，この領域のネットワークの最大ハブの次数は N よりも速く成長する。自己ループや多重リンクがなければ，最大ハブはノードを使い果たし，$N-1$ という次数を超えることができない。

図4.14 $\gamma < 2$ のネットワークはグラフィカルではない

(a), (b) 二つの小さいネットワークについて，次数分布と次数列を示す。二つのネットワークは，ただ一つのノードの次数が異なる。(a)においてはネットワークを作ることはできるが，(b) についてはスタブが余ってしまうため不可能である。それゆえ (a) はグラフィカルであるが，(b) はそうではない。
(c) ある γ においてグラフ g がグラフィカルとなる割合。次数列をそれぞれの γ について $N = 10^5$ で生成され，それらがグラフィカルであるか調べた結果である。この図は $\gamma > 2$ ではネットワークはグラフィカルであることを示している。しかし $0 < \gamma < 2$ ではグラフィカルではない。
文献 [129] による。

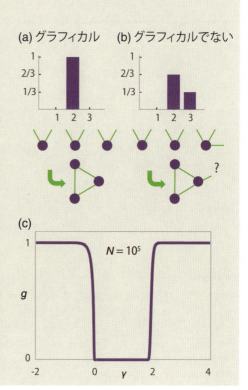

ランダム・ネットワーク領域 ($\gamma > 3$)

式 (4.20) によると，$\gamma > 3$ では1次と2次のモーメントが有限である。この領域においては類似した大きさのスケールフリー・ネットワークとランダム・ネットワークにおいて，どのような性質を比べてみてもほとんど差を認めることが困難である。たとえば，式 (4.22) はノード間の平均パス長がラン

ダム・ネットワークについて得られたスモールワールドの公式に収束することがわかる。この理由は，大きい γ においては次数分布 p_k が減衰するのが速すぎ，ハブの数も大きさも十分には発生しないためである。

　繰り返して言うと，大きい γ のスケールフリー・ネットワークはランダム・ネットワークと区別がつかない。実際のところ，次数分布がべき則に従うと言うためには，2 から 3 桁程度の大きさのオーダーにおいてべき分布が当てはまること（スケール）が必要である。したがって，$k_{\max}$ は最低でも 10^2 から 10^3 倍 $k_{\min}$ よりも大きくなければならない。式 (4.18) を書き換えると，望みのスケールでの観察に必要なノード数

$$N = \left(\frac{k_{\max}}{k_{\min}}\right)^{\gamma-1} \tag{4.23}$$

を知ることができる。たとえば，$\gamma = 5$ のスケールフリー・ネットワークについて知りたいとして，2 桁のスケールを求める（たとえば $k_{\min} \sim 1$ で $k_{\max} \approx 10$）とすれば，式 (4.23) から計算される必要なノード数は $N > 10^8$ である。このような大きさのネットワークを得るのはほとんど不可能である。どういうことかというと，指数の大きいネットワークは実際には可能性としてはたくさん存在しうるのかもしれないが，現実世界でそこまで成長することは無理であろう。このことはすなわち，そのようなネットワークは観測できないので，スケールフリーの特徴を確認することはできない。

　まとめると，スケールフリー・ネットワークの振る舞いは，次数の指数 γ にかなり依存することがわかった。理論的に面白い領域は $2 < \gamma < 3$ である。この領域では $\langle k^2 \rangle$ は発散し，スケールフリー・ネットワークは超スモールになる。興味深いことに，現実のネットワーク，たとえば WWW やたんぱく質の相互作用ネットワークなどは，この領域に属している。

4.8 任意の次数分布をもつネットワークを作るには

　エルデシュ・レニィ・モデルで作られたネットワークの次数分布はポアソン分布となる。しかしながら，この章で議論されてきた現実のネットワークにおいては，次数分布は明らかにポアソン分布とは異なる。したがって，どうすれば任意の次数 p_k をもつネットワークを作れるのか，という疑問が自

然に出てくる．この節では，この疑問に答えるために，よく用いられる三つのアルゴリズムについて議論する．

4.8.1 コンフィグモデル

あらかじめ決められた次数列を満たすネットワークを作るのに使われるコンフィグモデル (Configuration Model) を，**図4.15**に示す．このモデルで作られたネットワークでは，ノードはあらかじめ決められた次数 k_i をもつように無作為にリンクされる．結果として，このモデルで作られるネットワークは**あらかじめ決められた次数列をもつランダム・ネットワーク**と呼ばれる．このモデルで使われる手順を何度も同じ次数列に適用すれば，同じ p_k でありながら異なるネットワークを生成することができる（**図4.15b-d**）．しかし，いくつかの注意が必要である．

- 次数 k_i と k_j のノードの間にリンクが生じる確率は

$$p_{ij} = \frac{k_i k_j}{2L - 1} \tag{4.24}$$

である（L は系全体のリンク数）．実際に，ノード i のスタブは $2L - 1$ の他のスタブにつながりうる．すべてのリンクの中で k_j はノード j につながる．したがって，ある一つのスタブがノード j のスタブにつながる確率は $k_j/(2L - 1)$ である．ノード i は次数 k_i であるから，その可能性は k_i 倍となり，式 (4.24) を得る．

- アルゴリズムでは自己ループや多重リンクが禁じられていないので，でき上がったネットワークはそれらを含みうる．自己ループや多重リンクをもたないようにしてもよいが，そうすれば，完全なネットワークを作ることができないかもしれない．自己ループや多重リンクを禁止することで，いろいろなスタブ接続の確率が同一でなくなる．そのため，式 (4.24) は成り立たなくなり，解析が困難となる．しかしながら，もし N が十分に大きければ自己ループや多重リンクは無視できるほど少ないので，それを禁じる必要性は低い [94]．

- コンフィグモデルは，計算でよく用いられる．それは，式 (4.24) やそれに伴うランダム性のため，種々のネットワーク指標の計算が容易になるからである．

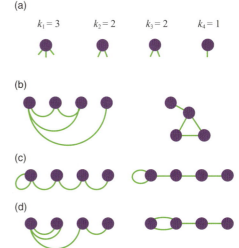

図 4.15 コンフィグモデル

コンフィグモデルはあらかじめ決められた次数をノードがもつようにしてネットワークを作ることができる [130,131]．アルゴリズムは次のステップからなる．

(a) 次数列

それぞれのノードに次数を割り当てる．ここではその割り当てを，リンクの相手先は決まっていないスタブにより表している．次数列は，あらかじめ求められている p_k の分布から解析的に作るか（**Box4.7**），あるいは現実のネットワークの隣接行列から作る．スタブは偶数個でなければならず，さもないと一つ余ることになる．

(b)-(d) ネットワークの構築

無作為にスタブの組を選んでつなぐ．すべてのスタブがつながるまでこれを繰り返す．そのスタブの選び方によって，異なるネットワークが得られる．ネットワークによっては，サイクル (b)，自己ループ (c)，多重リンク (d) を含みうる．$N \to \infty$ ならば自己ループや多重リンクができる期待値は 0 となる．

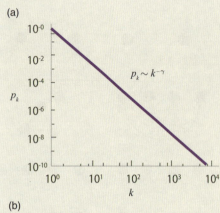

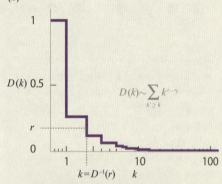

図 4.16　次数分布を作る
(a) 生成したい次数列に対する次数分布。
(b) 式 (4.25) を用いて，ある一様乱数 r に対して次数 k が得られる。

Box 4.7　べき分布の次数列を作る

　無向ネットワークの**次数列**はノードの次数の列となる。たとえば，**図 4.15a** の次数列は {3, 2, 2, 1} である。**図 4.15a** からわかるように，次数列だけではネットワークをただ一つに決めることはできず，どのスタブを結びつけるかによって異なるネットワークになりうる。

　事前に決められた次数分布から次数列を作るには，同じく事前に解析的に決められた次数分布，たとえば**図 4.16a** に示された $p_k \sim k^{-\gamma}$ のような分布から始める必要がある。ここでの目的は，次数分布 p_k に従う次数列 $\{k_1, k_2, \ldots, k_N\}$ を得ることである。これには**図 4.16b** に示される関数

$$D(k) = \sum_{k' \geq k} p_{k'} \qquad (4.25)$$

を用いるとよい。ここで $D(k)$ は 0 から 1 の間の値を取る。図は階段状になっているが，この k における段差が p_k に対応している。p_k に従う N 個の次数列を生成するためには，まず N 個の $(0, 1)$ の一様乱数 r_i ($i = 1, \ldots, N$) を作る。それぞれの r_i に対して**図 4.16b** から次数 k_i を得る。得られた $k_i = D^{-1}(r_i)$ が，ここで目的とする p_k の分布になっている。ただし，p_k はユニークではないことに注意する必要がある。すなわち，同じ次数分布 p_k をもつが，順番の異なる複数の $\{k_1, \ldots, k_N\}$ という数列が得られる。

4.8.2　次数保存ランダム化

　現実のネットワークのある性質について調べる際に，その性質がそのネットワークの次数分布だけによって予見可能なのか，あるいは次数分布以外の他の要素によって作り出されているのかが問題となることがある。これを検証するためには，現実のネットワークとまったく同じ次数分布をもち，無作為にリンクされたネットワークを作ることが必要となる。これは**次数保存ランダム化**によって可能となる（**図 4.17b**）[132]。アルゴリズムの背後にあるアイデアは非常に単純で，二つのリンクを無作為に選び，多重リンクにならないときにはそれらを交換するというものである。リンクを交換したとき，それに関係するノードは四つあることになるが，これらのノードの次数は変わらない。結果として，ハブはハブのまま，次

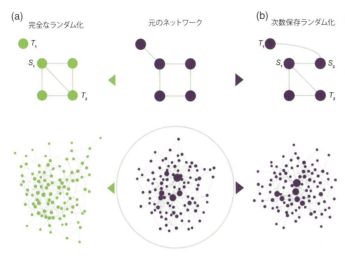

図 4.17 次数保存ランダム化

あるネットワークからランダム化したネットワークを作るためには二つの異なる方法があり，それらの方法から異なるネットワークを得られる [132]。

(a) 完全なランダム化

このアルゴリズムは元のネットワークと同じ N と L をもつランダム・ネットワーク（エルデシュ・レニィ・ネットワーク）を作る。このとき一つの元ノード（S_1）と二つの対象ノードを無作為に選ぶ。このとき元のノードがリンクしているノードが対象ノードのうちの一つであり T_1 とする。リンクしていないノードが T_2 である。ここで S_1-T_1 のリンクを張り替えて S_1-T_2 リンクとする。結果として，T_1 と T_2 の次数は変化する。この手続きをすべてのリンクについて一度だけ行う。

(b) 次数保存ランダム化

このアルゴリズムでは元のネットワークでノードがもっている次数はそのままで，そのリンク先を無作為に選んでネットワークを作る。二つのリンク元（S_1, S_2）と二つのリンク先（T_1, T_2）のノードを選ぶ。このとき S_1 と T_1，S_2 と T_2 がはじめのリンクであり，これを交換する。すなわち (S_1, T_2) と (S_2, T_1) のリンクを作る。明らかにこのとき次数については変化しない。この手順をすべてのリンクが最低 1 回張り直されるまで行う。

下の中央の図はスケールフリー・ネットワークである。左の図はランダム・ネットワークでありハブが消えてしまっている。右の図は次数保存ランダム化の様子であり，ハブはノードを変えずに存在しネットワークもスケールフリーのままである。

数の小さいノードはそのまま残るが，ネットワークのリンクはランダム化されている。このランダム化は，ノードの次数を保存しないような**完全なランダム化**とは異なる（図 **4.17**a）ことに注意しよう。完全なランダム化は，どのようなネットワークも次数がポアソン分布のエルデシュ・レニィ・ネットワークに変えてしまう。その次数分布は元の p_k とは無関係である。

4.8.3 隠れ変数モデル

コンフィグモデルで生じてしまう自己ループや多重リンクは，現実の多くのネットワークではあまり見られない。**隠れ変数モデル**（図 **4.18**）では，事前に決められた p_k には従うが，自己ループや多重リンクを含まないネットワークを作ることができる [133, 134, 135]。

このモデルでは，N 個の孤立したノードを用意し，ノード i に分布 $\rho(\eta)$ から選ばれた隠れ変数 η_i を与える。ネットワークの性質はこの $\{\eta_i\}$ によって決まる。隠れ変数の発生方法は以下の二つがある。

- 事前に決められた $\rho(\eta)$ から η_i を N 個無作為に選ぶ。得られたネットワークの次数分布は

$$p_k = \int \frac{e^{-\eta}\eta^k}{k!}\rho(\eta)d\eta \qquad (4.26)$$

となる。

- あらかじめ決めておいた η の列 $\{\eta_1, \eta_2, \ldots, \eta_N\}$ で決める。

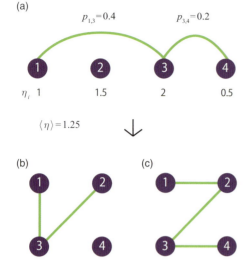

図 4.18 隠れ変数モデル

(a) N 個の孤立したノードに対して隠れ変数 η_i を割り当てる。この η_i は $\rho(\eta)$ という分布から得る方法と，数列 $\{\eta_i\}$ で与える方法がある。それぞれのノードの組を確率

$$p(\eta_i, \eta_j) = \frac{\eta_i \eta_j}{\langle \eta \rangle N}$$

でつなぐ。図ではノード (1,3) と (3,4) をつなぐ場合の確率を示している。
(b), (c) ノードをつなぐことにより (b) または (c) に図示するネットワークが得られる。いずれも (a) の η 列から得られうる別のネットワークである。このモデルで得られるリンク数の期待値は

$$L = \frac{1}{2} \sum_{i,j}^{N} \frac{\eta_i \eta_j}{\langle \eta \rangle N} = \frac{1}{2} \langle \eta \rangle N$$

である。ランダム・ネットワークと同様に，リンク数 L はネットワークによって異なる。またリンク数には指数関数的な上限がある。平均次数 $\langle k \rangle$ を調整するためには，リンクを一つずつ足していけばよい。η_i と η_j に従う形でノード i と j を無作為に選び出し，それらがつながれてなければつなぐ，という手順でそれを実行できる。

得られたネットワークの次数分布は

$$p_k = \frac{1}{N} \sum_j \frac{e^{-\eta_j} \eta_j^k}{k!} \qquad (4.27)$$

となる。

隠れ変数モデルはスケールフリー・ネットワークを作るのに特に簡単な方法といえる。実際，

$$\eta_i = \frac{c}{i^\alpha}, \quad i = 1, \ldots, N \qquad (4.28)$$

を隠れ変数 η の列とするならば，式 (4.27) より得られるネットワークの次数分布は k が大きければ

$$p_k \sim k^{-\left(1 + \frac{1}{\alpha}\right)} \qquad (4.29)$$

となる。それゆえ，α を適切に選ぶことにより $\gamma = 1 + 1/\alpha$ を調整できる。式 (4.26) からわかるように $\langle \eta \rangle$ を使って $\langle k \rangle$ を調整できる。式 (4.27) では $\langle k \rangle = \langle \eta \rangle$ である。

まとめると，コンフィグモデル，次数保存ランダム化，隠れ変数モデルは，事前に決められた次数分布に従うネットワークを作ることができる。そして，これらの作成方法はネットワークの特徴を解析的に調べる手助けとなる。具体的には，あるネットワークの特徴が，次数分布の結果なのか，それとも次数分布とは関係のない特徴なのかを峻別できる（**Box4.8**）。これらのアルゴリズムを使うにあたっては，次の制限に気をつける必要がある。

- アルゴリズムはあるネットワークが**なぜ**その次数分布をもつのかについては何も答えない．観察された次数分布 p_k が生じる理由に関する議論は第 6 章および第 7 章を参照のこと。

- いくつかの重要なネットワークの特徴，たとえばコミュニティ（第 9 章）や次数相関（第 7 章）は，ランダム化の過程で失われてしまう。

それゆえに，これらのアルゴリズムで作られたネットワークは絵画を映した写真のようなものである。最初はオリジナルのように思われるが，よくよく見てみるとキャンバスの素材感や筆使いの跡がないことがわかる。

ここで議論された三つのアルゴリズムは次のような疑問を

Box 4.8　スモールワールド性を調べる

学術論文では現実のネットワークの距離を式(3.19)のスモールワールドの式と比較することが多い。式(3.19)はランダム・ネットワークから導かれるものであるが，現実のネットワークの次数はポアソン分布ではない。ネットワークがスケールフリーである場合は，式(4.22)が適切な式となる。式(4.22)を見てみると，距離はNのスケールでのみ与えられていて，絶対的な値についてはわからない。そこで平均距離$\langle d \rangle$をNの関数でフィットするというアプローチではなく，現実のネットワークの距離が同じ次数分布をもつランダム・ネットワークの距離と同じであるかを問う別のアプローチが考えられる。次数保存ランダム化をこの問いに答えるために使うことができる。たんぱく質の相互作用ネットワークでの例を調べてみよう。

(i) 元のネットワーク

まず元のネットワークの距離の分布p_dを求め(図4.19)，$\langle d \rangle = 5.61$を得る。

(ii) 完全なランダム化

元のネットワークと同じNとLをもつ完全ランダム・ネットワークを生成する。p_dは目で見てわかるように右に移動している。$\langle d \rangle = 7.13$であり，元のネットワーク

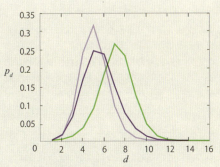

図 4.19　現実のネットワークのランダム化

たんぱく質相互作用ネットワークにおけるそれぞれのノードの組についての距離分布p_d(表4.1)。緑の線は完全ランダム化したネットワークのパス長の分布である。完全ランダム化によりネットワークはエルデシュ・レニィ・ネットワークとなるが，NとLはそのままである(図4.17)。薄い紫の線は次数保存ランダム化により得られたネットワークのパス長p_dを表している。これは各ノードの次数は元のネットワークと同じである。元のネットワークでは$\langle d \rangle = 5.61 \pm 1.64$，完全ランダム化では$\langle d \rangle = 7.13 \pm 1.62$，次数保存ランダム化では$\langle d \rangle = 5.08 \pm 1.34$である。

の$\langle d \rangle = 5.61$より明らかに大きい。このことから，たんぱく質の相互作用ネットワークは距離を短くするための何らかのからくりをもっていることが推察される。しかしながら，そのような結論は早急であろう。なぜなら，完全ランダム化によって次数分布が元のネットワークから変化するためである。

(iii) 次数保存ランダム化

元のネットワークがスケールフリーであるならば，次数分布を保存するようにランダム化したネットワークを参照すべきである。次数保存ランダム化を行った後にp_dを求めると，それは元のネットワークとほぼ同じであることがわかる。

まとめると，**ランダム・ネットワークでは，ハブが存在しないため，ノード間の距離を大きく見積もりすぎてしまう。次数保存ランダム化によって得られるネットワークではハブは壊されずに残るため，元のネットワークの距離と同じになっている。**この例は，ネットワークを調べる際に，正しいランダム化手法を選ぶことの重要性を示している。

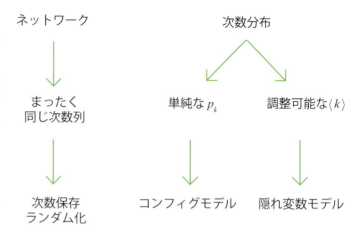

図 4.20　生成アルゴリズムを選ぶ
適切な生成アルゴリズムを選ぶにはいくつかの要素を考えなければならない。現実のネットワークや次数列から始める場合は，次数保存ランダム化を使うことにより，得られるネットワークの次数分布は元のネットワークと同じになる。自己ループや多重リンクは許されないが元の次数列は保存される。

事前に準備した次数分布 p_k から始める場合は，二つの選択肢がある。一つはコンフィグモデルであり，使い勝手のよいアルゴリズムとなる。たとえば，$k \geq k_{min}$ において $p_k = Ck^{-\gamma}$ である純粋なべき分布を得ることができる。

一方で，平均次数 $\langle k \rangle$ をコンフィグモデルで調整するのは難しい。なぜならコンフィグモデルでは k_{min} が平均次数を調整するためのただ一つのパラメータであるからである。$\langle k \rangle$ を調整したいのであれば，式 (4.28) で見たように隠れ変数モデルが便利である。この方法でも次数分布のテールの部分は $\sim k^{-\alpha}$ であり，リンク数 L を変えることにより $\langle k \rangle$ を調整できる。

提起する。どれを使うべきだろうか，次数列 $\{k_i\}$ から始めるべきか，あるいは次数分布 p_k から始めるべきか。自己ループや多重リンクはあってもよいのだろうか。図 4.20 はこの選択のための決定木である。

4.9　まとめ

スケールフリー性はネットワーク科学の発展において重要な役割を果たしてきた。これには二つの理由がある。

- WWW から細胞内のネットワークに至るまでの科学的あるいは実践的関心のある多くのネットワークは，スケールフリーであった。この普遍性によって，多くの分野においてスケールフリー性を考慮することは必然のものとなった。
- ハブがあることにより，系の振る舞いが根本的に変化する。超スモール性は，ハブがネットワークの性質に与える影響の大きさを教えてくれる。次章以降で，さらに多くの他の例と出会うであろう。

スケールフリー性が何をもたらすかについては引き続き議論するが，式 (4.1) で見たような完全なべき則は現実のネットワークで観察されることはまれであることに注意すべきである。その理由は，ネットワークのトポロジーに影響を与える多くのプロセスは，次数分布の形にも影響を与えるためである。後の章において，これらのプロセスを議論しよう。これらのプロセスは多様であり，それがもたらす p_k は複雑である。したがって，ネットワークが完全なべき則に従わないことは一般的である。むしろ，スケールフリー性によって，二

つの異なるクラスのネットワークが存在することに注意すべきであろう。

指数的に制限されたネットワーク

指数的に制限されたネットワークとは，その次数分布が大きい k において指数関数的あるいはそれより速く減衰するものである。その特徴から，$\langle k^2 \rangle$ は $\langle k \rangle$ よりも小さくなり，次数の分散は非常に小さくなる。このクラスのネットワークの p_k は，たとえばポアソン分布，正規分布，あるいは単純な指数分布となる（表4.2）。エルデシュ・レニィ・モデルとワッツ・ストロガッツ・モデルはこのクラスに属する最もよく知られたネットワークモデルといえる。指数的に制限されたネットワークには次数の外れ値がなく，結果としてすべてのノードが同じ程度の大きさの次数をもつ。このクラスに属する現実のネットワークの例としては，高速道路のネットワークや電力網などが挙げられる。

ファットテール・ネットワーク

ファットテールなネットワークとは，その次数分布が大きい k においてべき分布の裾野をもつものである。その特徴から，$\langle k^2 \rangle$ は $\langle k \rangle$ よりもはるかに大きくなり，次数にはかなりの分散が存在する。次数がべき分布式(4.1)となるスケールフリー・ネットワークがこのクラスに属する。外れ値，すなわち非常に大きい次数をもつノードが存在することになる。このクラスに属する現実のネットワークの例としては，WWWやインターネット，たんぱく質の相互作用ネットワーク，多くの社会ネットワーク，オンラインのネットワークである。

次数分布を正確かつ統計的に評価することが可能な場合もあるが，たいていの場合は得られたネットワークの次数分布が，指数的に制限されているのか，ファットテールであるかを決めるだけで十分である（**発展的話題 4.A**）。もし次数分布が指数的に制限されているならば，ランダム・ネットワークモデルがそのトポロジーを理解するための出発点として適切であろう。もし次数分布がファットテールならば，スケールフリー・ネットワークがよりよい近似となるだろう。後の章では，ファットテールであることの重要なサインは，$\langle k^2 \rangle$ の大きさであることを説明する。もし $\langle k^2 \rangle$ が大きいなら，系はスケールフリー・ネットワーク的な振る舞いをするであろう。もし $\langle k^2 \rangle$ が小さく，すなわち $\langle k \rangle (\langle k \rangle + 1)$ に近いならば，系

はランダム・ネットワーク的な振る舞いをするであろう。

　まとめると，現実のネットワークの性質を理解するためには，スケールフリー・ネットワークにおいて少数の大きいハブと多数の小さいノードが存在することを思い出すだけで十分であろう。ハブの存在はその系の振る舞いを大きく変えうる。本章では，スケールフリー・ネットワークの基本的な特徴について解説した。したがって，次のような重要な問いが残っている。現実するネットワークの多くが一体どうしてスケールフリーなのであろうか。次章では，この問いに答えよう。

4.10 演習

4.10.1 ハブ

　表 **4.1** に挙げた無向ネットワークについて，最大次数 k_max を計算しなさい。

4.10.2 フレンドシップ・パラドックス

　次数分布 p_k は無作為に選んだノードが k 個の隣接ノードをもつ確率を表している。しかしながら，リンクを無作為に選ぶ場合は，その片方のノードが次数 k である確率 $q_k = Akp_k$ となる。ここで A は規格化定数である。

(a) 次数がべき分布であり，かつ $2 < \gamma < 3$，最小次数 k_min，最大次数 k_max と仮定したときの A を求めなさい。

(b) コンフィグモデルでは，q_k は無作為に選んだノードの隣接ノードの次数が k となる確率である。このとき，無作為に選んだノードに隣接するノードの平均次数を求めなさい。

(c) $N = 10^4$，$\gamma = 2.3$，$k_\mathrm{min} = 1$，$k_\mathrm{max} = 1{,}000$ のネットワークにおいて，無作為に選んだノードに隣接するノードの平均次数を求めなさい。その結果をネットワークの平均次数 $\langle k \rangle$ と比較しなさい。

(d) (c) で明らかになった，あるノードに隣接するノードがもつ次数のほうが元のノードの次数よりも大きくなるというパラドックスが生ずる理由を説明しなさい。

4.10.3　スケールフリー・ネットワークを生成する

大きさが N であり，次数分布が指数 γ のべき分布であるネットワークを作るプログラムコードを書きなさい．具体的な処理については 4.9 節を参照のこと．次に $\gamma = 2.2$ で，それぞれ $N = 10^3, 10^4, 10^5$ ネットワークを生成しなさい．それぞれのネットワークについて自己ループ，多重リンクの割合を求めなさい．さらに，さまざまな N についてネットワークを作り，上記の割合を N の関数としてプロットしなさい．同じことを $\gamma = 3$ で行いなさい．

4.10.4　分布をマスターする

統計パッケージを含むソフトウェア，たとえば Matlab, Mathematica, あるいは Python の Numpy を用いて，それぞれ $\gamma = 2.2, 2.5, 3$ であるべき分布に従う 10,000 個の整数データを生成しなさい．$k_{\min} = 1$ として，**発展的話題 4.C** にあるテクニックを用いて，これらの分布をフィットしなさい．

4.11　発展的話題 4.A　べき則

べき則は，自然科学と社会科学の両分野に関係した複雑な歴史をもっている．同じ意味であるが名称が異なる用語として（間違って使われていることもあるが），**ファットテール**，**裾の重い分布**，**ロングテール**，**パレート分布**，あるいはブラッドフォード分布が挙げられる．これらに類似の分布として，**対数正規分布**，**ワイブル分布**あるいは**レヴィ分布**と呼ばれるものがある．この節では，ネットワーク科学で最もよく見られる分布とこれらのべき分布との関係について議論する．

4.11.1　指数的に制限された分布

多くの自然や社会に存在する量，たとえば人の身長や事故に遭う確率などは，制限された分布をもっている．これらに共通する性質は，x の大きいところで p_x は指数関数的に減衰する (e^{-x}) か，あるいは指数関数よりも速く減衰する (e^{-x^2/σ^2}) ことである．結果として，x の最大値は上限値 $x_{\max}$ により制限され，$\langle x \rangle$ とそれほど変わらない値となる．実際，制限のある p_x に従う N 個の値を作ってみると，$x_{\max} \sim \log N$，あるいはより遅いスピードでしか成長しないことがわかる．これ

Box 4.9　早見表：スケールフリー・ネットワーク

次数分布
離散形：
$$p_k = \frac{k^{-\gamma}}{\zeta(\gamma)}$$

連続形：
$$p(k) = (\gamma - 1)k_{\min}^{\gamma-1}k^{-\gamma}$$

最大ハブの大きさ
$$k_{\max} = k_{\min} N^{\frac{1}{\gamma-1}}$$

$N \to \infty$ のときの p_k のモーメント
$2 < \gamma \leq 3$: $\langle k \rangle$ は有限，$\langle k^2 \rangle$ は発散
$\gamma > 3$: $\langle k \rangle$ と $\langle k^2 \rangle$ は有限

距離
$$\langle d \rangle \sim \begin{cases} 一定 & \gamma = 2 \\ \ln \ln N & 2 < \gamma < 3 \\ \dfrac{\ln N}{\ln \ln N} & \gamma = 3 \\ \ln N & \gamma > 3 \end{cases}$$

は，外れ値，すなわち並外れて大きい x というのは生じにくいということである。そういった外れ値は実効的に存在し得ず，言い換えれば確率的にまず起きない。むしろ，このような制限された分布では多くの x は $\langle x \rangle$ の近傍に分布すると言うべきであろう。

大きい x の領域のことを**分布の裾（テール）**と呼ぶ。裾の部分にたくさんの値がない場合は，**裾の薄い**分布と呼ばれることがある。

解析的に最も簡単な制限のある分布は，指数分布 $e^{-\lambda x}$ である。ネットワーク科学で最もよく見られる制限のある分布はポアソン分布（またはポアソン分布が導かれる元の離散分布，すなわち二項分布）であり，これはランダム・ネットワークの次数分布として知られる。ネットワーク科学に限らなければ，最もよく見られる制限のある分布は，正規（ガウス）分布である（**表 4.2**）。

4.11.2　ファットテール分布

ファットテール，**裾の重い**あるいは**ロングテール（裾の長い）**分布は，大きい x において p_x が指数関数よりも緩やかに減衰することを意味する。そのような分布では，**外れ値**あるいは**レアイベント（まれな事象）**と呼ばれる非常に大きい x がしばしば存在する。式 (4.1) のべき分布はファットテール分布の最もよく知られた例である。ファットテール分布の一番の特徴は，x が数桁にわたる非常に広い範囲に分布することである。実際，このような分布では，x の最大値は $x_{\max} \sim N^{\zeta}$ のようにサンプルの大きさ N に対して変化する。ここで，この ζ は裾野の形を決めるべき指数 γ によって決まる。N^{ζ} が速く大きくなるので，レアイベントあるいは外れ値は容易に見つかるほど生じ，このようなハブが系の性質を決めることになる。

ネットワークにおけるファットテール分布の重要性は，以下のようないくつかの要因によって知ることができる。

- 現実のネットワークやモデルのネットワークにおいて，次数，リンクの重み，媒介中心性などのネットワーク科学における量はべき分布によって決まる。
- べき則は，適切なネットワークモデルにより解析的に予見される（第 5 章）。

4.11.3 クロスオーバー分布（対数正規分布，引き延ばされた指数分布）

もし観察された分布がべき分布と指数関数の中間の振る舞いをしているときは，二つの分布が乗り移る**クロスオーバー分布**がデータのフィットによく用いられる。これらの分布は，指数的に制限された分布（指数関数的なカットオフをもつべき分布），あるいは，そのような制限はないがべき分布より速く減衰する分布（対数正規分布あるいは引き延ばされた指数分布）であろう。ここではこのようなクロスオーバー分布について議論しよう。**指数関数的なカットオフのあるべき分布**は現実のネットワークの次数分布のフィットによく用いられる。その確率密度関数は

$$p(x) = Cx^{-\gamma}e^{-\lambda x} \tag{4.30}$$

$$C = \frac{\lambda^{1-\gamma}}{\Gamma(1-\gamma, \lambda x_{\min})} \tag{4.31}$$

ただし，$x > 0, \gamma > 0$ である。$\Gamma(x, y)$ は，第二種不完全ガンマ関数である。式 (4.30) の解析的形式がクロスオーバー（乗り移り）の性質をよく表している。すなわち，ファットテール分布の鍵となるべき則の項と，テールの指数関数的な制限を表す指数的な項とが組み合わされている。クロスオーバーの性質をよく調べるために，式 (4.30) の対数をとると，

$$\ln p(x) = \ln C - \gamma \ln x - \lambda x \tag{4.32}$$

を得る。$x \ll 1/\lambda$ の場合は，右辺は第 2 項が重要となる。これは x がべき指数 γ のべき則に従うことを示唆する。一方，$x \gg 1/\lambda$ の場合は，λx の寄与が $\ln x$ より大きくなるので，大きい x では指数関数的に振る舞う。

引き延ばされた指数分布（ワイブル分布）は，指数関数の中にもさらにべき則が入っていることを除けば，式 (4.30) に形式的にはよく似ている。引き延ばされたという名前は，累積分布が 1 から引き延ばされた指数関数 $P(x) = e^{-(\lambda x)^\beta}$ を引いた形式であるためである。これより確率密度関数は

$$P'(x) = Cx^{\beta-1}e^{-(\lambda x)^\beta} \tag{4.33}$$

$$C = \beta \lambda^\beta \tag{4.34}$$

となる。ほとんどの場合，x は 0 から $+\infty$ まで変化する。式

(4.33) の β は**引き延ばし指数**であり，確率密度関数 $p(x)$ の振る舞いを決定する。

- $\beta = 1$ の場合，通常の指数関数となる。
- β が 0 から 1 の間の場合，$\log p(x)$ と x のグラフを描くと，x が数桁にわたって引き延ばされた関数であることがわかる。この β の領域では，引き延ばされた指数分布と純粋なべき分布との違いはほとんどわからない。β が 0 に近づくにつれて，$p(x)$ はべき則の x^{-1} に近づいていく。
- $\beta > 1$ の場合，圧縮された指数関数になる。すなわち x は非常に狭い範囲をとる。
- $\beta = 2$ の場合，式 (4.33) はレイリー分布となる。

第 5 章および第 6 章では，いくつかのネットワークモデルの次数分布が引き延ばされた指数分布になることを議論する。

対数正規分布（ゴルトン分布またはジブラ分布）は，$\ln x$ が正規分布に従う場合に得られる。典型的な例として，数多くの独立した正のランダムな変数の積は対数正規分布に従うことが知られている。金融の分野では，一連の取引から得られる利益を対数正規分布で表すことがある。

対数正規分布の確率密度関数は，

$$p(x) = \frac{1}{\sqrt{2\pi}\sigma x} \exp\left[-\frac{(\ln x - \mu)^2}{2\sigma^2}\right] \quad (4.35)$$

である。これより，正規分布の指数の項の中にある x を $\ln x$ で置き換えたものが対数正規分布であるといえる。

べき分布のフィットにしばしば対数正規分布が使われる理由を理解するために，分散

$$\sigma^2 = \langle (\ln x)^2 \rangle - \langle \ln x \rangle^2 \quad (4.36)$$

は x の大きさのオーダーの典型的な広がりを表していることに注意しよう。それゆえ，$\ln x$ は正規分布に従うが，x は非常に広く分布することになる。σ の値に依存して，対数正規分布は数桁にわたってべき分布に似た振る舞いをするようになる。**表 4.2** に示すように，$\langle x^2 \rangle$ は σ について指数関数的に大きくなる。

まとめると，ファットテール分布が見られるほとんどの分野において，どの分布がデータに最もよくフィットするのかについて議論が続いている。頻繁に挙げられる候補は，べき分布，引き延ばされた指数分布，あるいは対数正規分布であ

4.11 発展的話題 4.A べき則

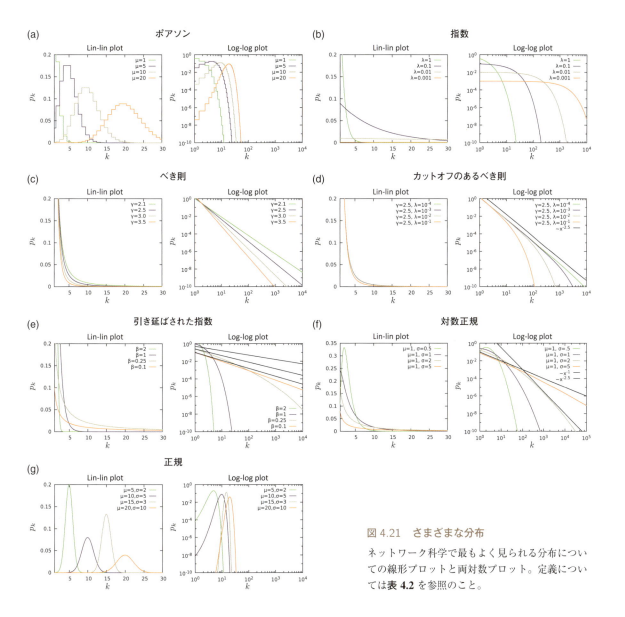

図 4.21 さまざまな分布

ネットワーク科学で最もよく見られる分布についての線形プロットと両対数プロット。定義については表 4.2 を参照のこと。

る（図 4.21）。多くの系ではこれらの分布のいずれかを峻別するにはデータが不足している。逆に言うと，観察したデータをフィットする限りにおいて，ベストフィットについての議論に終わりはない。

一方で，正確な力学的モデルについては解析的に予測される分布が明確にわかるので，このような議論は起きない。以降の章では，ポアソン分布，単なる指数分布，引き延ばされた指数分布，べき分布を生成するネットワークのモデルについて論じる。表 4.2 の他の分布については，いくつかのネットワークの次数分布をフィットするのにときおり使われる。た

表 4.2 ネットワーク科学における分布

ネットワーク科学で最もよく見られる分布を列挙する．それぞれの分布を，連続関数と離散関数のそれぞれについて，密度関数 p_x と正規化定数 C を示す．$\langle x \rangle$ と $\langle x^2 \rangle$ はネットワーク理論では重要であるため，これらの量の解析式をそれぞれのネットワークについて示す．

分布の種類	$p_x/p(x)$	$\langle x \rangle$	$\langle x^2 \rangle$
ポアソン（離散）	$e^{-\mu}\mu^x/x!$	μ	$\mu(1+\mu)$
指数（離散）	$(1-e^{-\lambda})e^{-\lambda x}$	$1/(e^\lambda-1)$	$(e^\lambda+1)/(e^\lambda-1)^2$
指数（連続）	$\lambda e^{-\lambda x}$	$1/\lambda$	$2/\lambda^2$
べき則（離散）	$x^{-\alpha}/\zeta(\alpha)$	$\begin{cases}\zeta(\alpha-2)/\zeta(\alpha), & \text{if } \alpha>2 \\ \infty, & \text{if } \alpha\leq 2\end{cases}$	$\begin{cases}\zeta(\alpha-1)/\zeta(\alpha), & \text{if } \alpha>3 \\ \infty, & \text{if } \alpha\leq 3\end{cases}$
べき則（連続）	$(\alpha-1)x^{-\alpha}$	$\begin{cases}(\alpha-1)/(\alpha-2), & \text{if } \alpha>2 \\ \infty, & \text{if } \alpha\leq 2\end{cases}$	$\begin{cases}(\alpha-1)/(\alpha-3), & \text{if } \alpha>3 \\ \infty, & \text{if } \alpha\leq 3\end{cases}$
カットオフのあるべき則（連続）	$\dfrac{\lambda^{1-\alpha}}{\Gamma(1-\alpha,1)}x^{-\alpha}e^{-\lambda x}$	$\lambda^{-1}\dfrac{\Gamma(2-\alpha,1)}{\Gamma(1-\alpha,1)}$	$\lambda^{-2}\dfrac{\Gamma(3-\alpha,1)}{\Gamma(1-\alpha,1)}$
引き延ばされた指数（連続）	$\beta\lambda^\beta x^{\beta-1}e^{-(\lambda x)^\beta}$	$\lambda^{-1}\Gamma(1+\beta^{-1})$	$\lambda^{-2}\Gamma(1+2\beta^{-1})$
対数正規（連続）	$\dfrac{1}{x\sqrt{2\pi\sigma^2}}e^{-(\ln x-\mu)^2/(2\sigma^2)}$	$e^{\mu+\sigma^2/2}$	$e^{2(\mu+\sigma^2)}$
正規（連続）	$\dfrac{1}{\sqrt{2\pi\sigma^2}}e^{-(x-\mu)^2/(2\sigma^2)}$	μ	$\mu^2+\sigma^2$

だし，ネットワークに関するそれらの分布の重要性についての理論的基礎付けはなされていない．

4.12 発展的話題 4.B　べき分布をプロットする

次数分布をプロットすることはネットワークの性質を分析する上で主要な作業である．プロットにはまず次数 k をもつノード数 N_k を得ることから始める．これは直接観察することにより得られる場合もあるし，モデルから求める場合もある．この N_k を用いて，$p_k = N_k/N$ を計算することができる．

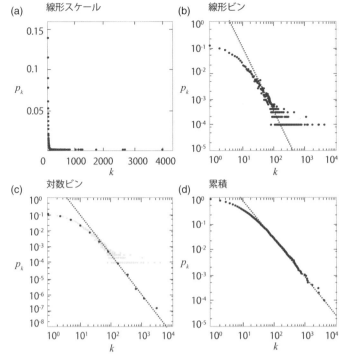

図 4.22 次数分布のプロット

本文で説明した四つの方法を用いて，$p_k \sim (k + k_0)^{-\gamma}$ の形において $k_0 = 10, \gamma = 2.5$ のときの次数分布をプロットした。

(a) **両線形スケール，線形ビン**
両線形では分布を見ることは不可能である。スケールフリー・ネットワークでは，両対数を常に用いることが必要である。

(b) **両対数スケール，線形ビン**
分布の裾は見えるようにはなっているが，大きい k のところに平らな部分がある。これが線形ビンの影響である。

(c) **両対数スケール，対数ビン**
対数ビンでは平らな部分は消え，大きい k のところまでスケーリングが伸びている。薄いグレーで (b) のプロットを重ねてある。

(d) **両対数スケール，累積**
累積次数分布を両対数で示した。

ここで重要なのはどのようなプロットがネットワークの性質を知るのに適しているかということになる。

4.12.1 両対数プロットを使おう

スケールフリー・ネットワークでは，1，2本しかリンクをもたない非常に多くのノードと数千，数万のリンクをもつ少数のハブとが共存している。次数 k の軸を線形で描画すると，大量の小さいノードが k の小さい値のエリアに押し込まれてしまい，ほとんど見分けることができなくなってしまう。同様に，p_k についても，小さい k と大きい k について数桁にわたる大きさの違いがあるため，縦軸すなわち p_k を線形で描画すると，大きい k の縦軸の値はほとんど 0 にしか見えなくなる（**図 4.22a**）。両対数プロットを使えばこれらの問題を解決できる。10 を底とする対数で対数軸を用いることもできるし（本書で一貫して用いる：**図 4.22b**），$\log p_k$ を $\log k$ の関数の形でプロットすることもできる（これも正しいが，少々読み取りにくい）。両対数プロットでは，$p_k = 0$ や $k = 0$ は $\log 0 = -\infty$ であるため表示されないことに注意しよう。

4.12.2　頻度を数える際に線形（等間隔）のビン幅は避けよう

しばしば論文で見かけるが間違っている方法は，単に $p_k = N_k/N$ を両対数でプロットすることである（**図 4.22b**）。これは線形ビンと呼ばれ，それぞれのビンは $\Delta k = 1$ である。スケールフリー・ネットワークについて，この線形ビンを使うと大きい k において平らな部分が現れる。すなわち，水平に点が並んでいるところが現れる（**図 4.22b**）。この平らな部分が現れる理由は簡単である。大きい次数のノードはそれぞれ一つずつしか存在しないため，$N_k = 0$（その k のノードは存在しない）あるいは $N_k = 1$（この k のノードは一つ存在する）である。線形ビンでは $p_k = 0$ は両対数プロットには現れず，ハブに対応する $p_k = 1/N$ が平らな部分を形成する。

この平らな部分は γ の推定に影響を与える。たとえば，線形ビンを使う**図 4.22b** のデータをべき分布でフィットすると，正しい値 $\gamma = 2.5$ とはかなり異なる γ が得られる。線形ビンでは小さい k においてたくさんの点が存在するため，それがフィットの結果に影響する。大きい k のビンにおいては，p_k の適切な推定のために十分なノードがない。結果として，この平らな部分がフィットを歪めることになる。言い換えると，大きい k の部分が正しい γ の見積もりには重要である。ビン幅を大きくするだけでは解決にならない。したがって，ファットテール分布に線形ビンを使うことは避けるべきである。

4.12.3　対数間隔のビン幅を使おう

対数ビンは線形ビンの不均一なサンプリングを解決する。対数ビンでは，次数ごとにビン幅を大きくする。このことによりいずれのビンにも同程度の数のノードが入ることになる。たとえば，ビン幅を 2 の倍数にすることができる。このとき $b_0 = 1$ がはじめのビンになるが，$k = 1$ のノードは全部ここに入る。二つ目のビンは $b_1 = 2$ であり，次数 $k = 2, 3$ のノードが全部ここに入る。同様に三つ目のビンは $b_2 = 3$ であり，次数 $k = 4, 5, 6, 7$ のノードは全部ここに入る。一般化すると n 番目のビンの幅は 2^n であり，その次数は $k = 2^{n-1}, 2^{n-1} + 1, \cdots, 2^n - 1$ である。ビンの幅の倍数はいくらでもよい。すなわち $b = c^n$ で $c > 1$ である。次数分布

は $p_{\langle k_n \rangle} = N_n/b_n$ であり，N_n は幅 b_n の n 番目のビンに入っているノード数であり，$\langle k_n \rangle$ は b_n のビンに入っているノードの平均次数である。

対数的に区切られたビンによる p_k を図 **4.22c** に示す。線形ビンの平らになっていた領域を超えて，スケーリングは大きい k まで拡張されている。したがって，対数ビンでは，まれにしか存在しない大きい次数のノードから有用な情報を得ることができる（**Box4.10**）。

4.12.4 累積分布を使おう

p_k の裾の部分から情報を得ることのできるもう一つの方法は，補累積分布

$$P_k = \sum_{q=k+1}^{\infty} p_q \tag{4.37}$$

をプロットすることである。これによって次数の大きい領域の統計的な重要性を強調できる。もし p_k が式 (4.1) のべき分布に従う場合，累積分布のスケールは

$$P_k \sim k^{-\gamma+1} \tag{4.38}$$

のようになる。累積分布は線形ビンで見られた平らな部分を消して，スケールする領域を拡大する（図 **4.22d**）。これにより，正確な次数分布の指数を推定できる。

まとめると，分布の特徴を正しく知るためには，次数分布のプロットを注意深く行うことが必要である。正しい方法を身につけることは，現実のネットワークの性質を理解するための助けとなるであろう（**Box4.10**）。

4.13　発展的話題 4.C　次数分布のべき指数を推定する

スケールフリー・ネットワークの性質は次数分布のべき指数に依存する（4.7 節参照）ので，γ を求める必要がある。しかしながら，実際のデータをべき分布でフィットするにはいくつか問題がある。最も重要な点として，次数分布のすべての範囲についてスケーリングがまず成り立たない。むしろ，小さい次数や大きい次数でのカットオフがみられる（**Box4.10**）。この節では，はっきりとしたスケールが成り立つエリアの両端の次数を，それぞれ $K_{\min}$ と $K_{\max}$ で表す。$K_{\min}$, $K_{\max}$ は

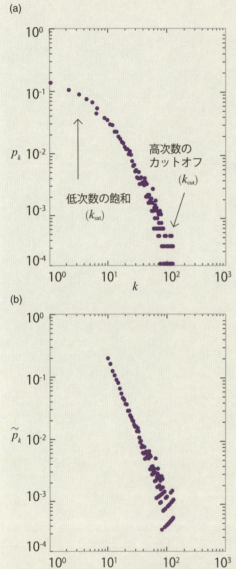

図 4.23 次数分布のスケーリング
(a) 現実のネットワークでは**低次数の飽和**や**高次数のカットオフ**によって純粋なべき則からの逸脱がよく見られる。
(b) 式 (4.40) で示された $(k+k_{sat})$ のスケーリング関数を使うことによって，次数分布はすべての次数でべき則に従うようになる。

Box 4.10 実際のネットワークの次数分布

現実のネットワークの次数分布が純粋なべき分布を示すことは極めてまれである。その代わりに多くの実存する系では次数分布は**図 4.23a** のような形となる。この図にはよく見られる傾向を含めてある。

- **低次数における飽和**は，べき分布からの逸脱として一般的である。p_k が $k < k_{sat}$ において平らになることである。これは純粋なべき分布に比べると低次数のノードの数が少ないことを示している。
- **高次数における**カットオフは，$k > k_{cut}$ において急速に減衰することである。これは純粋なべき分布に比べると少ない高次数ノードの数が少ないことを示している。これにより，最大ハブの大きさは式 (4.18) で予測されたものよりも小さくなる。高次数のカットオフは，ノードがもてるリンクの数に内在的な制限があるような場合に現れる。たとえば，並外れて多数の知り合いをもっていても意味のある関係を保つことは困難である，という場合である。

このようなカットオフは頻繁に現れるので，次数分布は

$$p_k = a(k+k_{sat})^{-\gamma}\exp\left(-\frac{k}{k_{cut}}\right) \quad (4.39)$$

のような式でフィットされることがある。ここで，k_{sat} は次数の飽和を，指数の項は高次数のカットオフを表す。スケーリングを最大に引き出すために，

$$\tilde{p}_x = p_x \exp\left(\frac{k}{k_{cut}}\right) \quad (4.40)$$

を $\tilde{k} = k+k_{sat}$ の関数としてプロットする。式 (4.40) により $\tilde{p} \sim \tilde{k}^{-\gamma}$ であるので，**図 4.23b** に示すように，飽和とカットオフを補正することができる。

低次数の飽和，または高次数のカットオフが見られる場合に，ネットワークがスケールフリーではないという主張がときどき見られる。これはスケールフリー性についての誤った認識である。まずスケールフリー・ネットワークの性質は低次数の飽和とは関係がない。高次数のカットオフは，2次のモーメント $\langle k^2 \rangle$ の発散を制限するという意味では系の性質に影響を与える。

$k_{\min}, k_{\max}$ とは違うことに注意しよう。後者の二つはネットワークの最小次数と最大次数である（**Box4.10**）。ここでは小さい次数でのカットオフである $K_{\min}$ の推定に焦点をあてるが，$K_{\max}$ も同様の方法で決めることができる。読者が実装する際には，この節の最後（4.13.4 節）にある，フィットの手順上の系統的問題についての議論を読むことを勧める。

4.13.1 フィットの手順

次数分布というのは正の整数の列 $k_{\min}, \ldots, k_{\max}$ であるので，そのような離散的データから γ を見積もることにする [136]。ここでは論文引用ネットワークについて手順を考えていきたい。このネットワークは $N = 384{,}362$ のノードから構成され，それぞれのノードは 1890 年から 2009 年の間にアメリカ物理学会によって出版された学術論文に対応している。このネットワークには $L = 2{,}353{,}984$ のリンクがあり，それぞれは出版された学術論文からこのデータに存在する他の学術論文への引用を表している（すなわちデータに存在しない引用は除いてある）。特別な理由はないが，この論文引用ネットワークは**表4.1**の引用のデータとは別のものである。詳しい説明は文献 [137] を参照のこと。フィットの手順は次のようになる [136]。

1. $k_{\min}$ と $k_{\max}$ の間の値から $K_{\min}$ を選ぶ。その $K_{\min}$ を用いて次数分布のべき指数を

$$\gamma = 1 + N \left[\sum_{i=1}^{N} \ln \frac{k_i}{K_{\min} - \frac{1}{2}} \right]^{-1} \quad (4.41)$$

を用いて推定する。

2. 得られた $(\gamma, K_{\min})$ から次数分布が

$$p_k = \frac{1}{\zeta(\gamma, K_{\min})} k^{-\gamma} \quad (4.42)$$

の形であると仮定する。よって，累積分布関数（Cumulative Distribution Function, CDF）は

$$P_k = 1 - \frac{\zeta(\gamma, k)}{\zeta(\gamma, K_{\min})} \quad (4.43)$$

となる。

3. コルモゴロフ・スミルノフ検定を使って，データ $S(k)$ の累積分布関数 CDF とパラメータ $(\gamma, k_{\min})$ について式 (4.43)

を使って求めたモデルとの最大距離 D

$$D = \max_{k \geq K_{\min}} |S(k) - P_k| \qquad (4.44)$$

を決める。式 (4.44) は，実際の分布 $S(k)$ と式 (4.43) でフィットした分布の違いの程度を表す。

4. $k_{\min}$ から $k_{\max}$ までのすべての取りうる値について $K_{\min}$ を変えて，このステップ 1. からステップ 3. を繰り返し行う。式 (4.44) によって得られる D が最小となるような $K_{\min}$ を求める。この手順をわかりやすく説明するために，図 4.24b に，論文引用ネットワークについて $K_{\min}$ の関数として D をプロットした。図から最小の D を与えるのは $K_{\min} = 49$ のときであることがわかる。対応する γ は式 (4.41) により推定でき，そのベストフィットは $\gamma = 2.79$ であった。得られた次数分布のべき指数についての標準誤差は

$$\sigma_\gamma = \frac{1}{\sqrt{N\left[\frac{\zeta''(\gamma, K_{\min})}{\zeta(\gamma, K_{\min})} - \left(\frac{\zeta'(\gamma, K_{\min})}{\zeta(\gamma, K_{\min})}\right)^2\right]}} \qquad (4.45)$$

であり，ベストフィットは $\gamma \pm \sigma_\gamma$ となる。この論文引用ネットワークについて，$\sigma_\gamma = 0.003$ であり，結果として $\gamma = 2.79 \pm 0.003$ となる。

γ を推定する際に，ノード数が 50 より小さいネットワークについては注意を要する。

4.13.2 適合度検定

あるデータセットに対する最適なフィット結果 $(\gamma, K_{\min})$ を得たことは，べき分布が最もよいモデルであることを意味しない。そこで適合度検定が必要となる。すなわち，べき分布がよいモデルあるという仮説の尤もらしさを定量化するための p 値を求める。以下のような手順で行われるのが一般的で

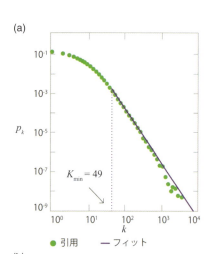
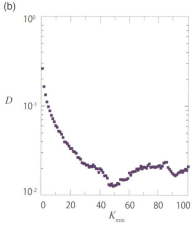
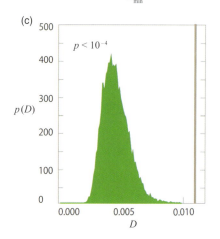

図 4.24　最尤推定
(a) 論文引用ネットワークの次数分布 p_k。紫の直線はベストフィットの結果である。
(b) 論文引用ネットワークのコルモゴロフ・スミルノフ検定による距離 D と $K_{\min}$ との関係を示す。
(c) $M = 10{,}000$ とした人工的データの $p(D^{\text{synthetic}})$。縦線は，論文引用ネットワークから得られた D^{real} である。

ある。

1. 式 (4.43) の累積分布を使って，実データとベストフィットの間の距離 D^{real} を求める。これは前節の手順 3 のことであり，最適なフィットの $K_{\min}$ に対する D の値である。論文引用データでは $D^{\text{real}} = 0.01158, K_{\min} = 49$ であった（図 **4.24c**）。

2. 式 (4.42) を用いて N 個の次数列を作り（これは単に元のデータにあるノード数と同じだけのランダムな次数を作るということである），実際のデータと置き換えて考えてみる。そうするとこの仮説に基づく次数列について距離 $D^{\text{synthetic}}$ を求めることができる。それゆえに，$D^{\text{synthetic}}$ は実データと仮説であるモデルとの間との距離ということができる。

3. $D^{\text{synthetic}}$ は果たして D^{real} と同じぐらいの大きさなのか，というのが次の問題になる。これを調べるために，この $D^{\text{synthetic}}$ を求める手順 2 を M 回 ($M \gg 1$) 繰り返す。すなわち，毎回次数列を新たに作り，その分布の $D^{\text{synthetic}}$ を求め，$p(D^{\text{synthetic}})$ という $D^{\text{synthetic}}$ 自体の分布を得る。図 **4.24c** に $p(D^{\text{synthetic}})$ をプロットし，縦線により D^{real} を示した。もし D^{real} が $p(D^{\text{synthetic}})$ 分布の中にあるならば，ベストフィットによるモデルと実データとの間の距離と，ベストフィットによるモデルとそこから人工的に作られた次数列との距離が，同じ程度ということを意味する。このとき，べき分布はそのデータに合っているということができる。しかし，D^{real} が $p(D^{\text{synthetic}})$ 分布の範囲外にある場合は，べき分布はよいモデルではない。したがって，何らかの他の分布が実際の p_k をよりよく記述すると期待される。

図 **4.24c** のような図はフィットの統計的な優位性を視覚的に理解するには適切であるが，一般的にはフィットのよさを知るために p 値

$$p = \int_D^\infty P(D^{\text{synthetic}}) dD^{\text{synthetic}} \quad (4.46)$$

を使う。この p 値が 1 に近い場合は，実際のデータとモデルの間の差は統計的なゆらぎのみに由来し，仮説は正しいと考えてよい。しかし，もし p 値が非常に小さい場合は，仮説は正しくないと考えられ，べき分布は良いモデルではないこと

になる。

典型的には，モデルは $p > 1\%$ であるときに受け入れられる。本節で用いた論文引用ネットワークでは，$p < 10^{-4}$ であったので，純粋なべき則は実際の次数分布のよいモデルではないことを意味する。これは驚くべき結果である。というのは，論文引用ネットワークのべき分布については1960年代から繰り返し報告されてきているからである [101, 102]。この失敗は，べき分布を盲目的にフィットすることの限界を示しており，フィットに用いる分布についての解析的な理解が不可欠である。

4.13.3 実際の分布をフィットする

フィットの問題に取り組む際に重要となるのは，式 (4.44) からわかるように $k < K_{\min}$ のデータは捨てていることにある。論文引用ネットワークはファットテールであるから，$K_{\min} = 49$ とすると96%のデータを捨てることになる。しかし，それら捨てられた領域のデータにも統計的に重要な情報が潜んでいる。

Box4.10 にあるように，論文引用ネットワークと同様に多くの現実のネットワークの次数分布は純粋なべき分布には従わない。低次数の飽和や高次数のカットオフがあるのが普通であり，それは

$$p_k = \frac{1}{\sum_{k'=1} (k' + k_{\text{sat}})^{-\gamma} e^{-k'/k_{\text{cut}}}} (k + k_{\text{sat}})^{-\gamma} e^{-k/k_{\text{cut}}} \quad (4.47)$$

によって表され，これに対応する累積分布関数 CDF は

$$P_k = \frac{1}{\sum_{k'=1} (k' + k_{\text{sat}})^{-\gamma} e^{-k'/k_{\text{cut}}}} \sum_{k'=1}^{k} (k' + k_{\text{sat}})^{-\gamma} e^{-k'/k_{\text{cut}}} \quad (4.48)$$

となる。ここで，k_{sat} と k_{cut} はそれぞれ低次数の飽和と高次数のカットオフに対応する。前節の手続きとこの式 (4.47) との違いは，純粋なべき分布から外れている点を捨てず，$k_{\min}$ から $k_{\max}$ までの次数分布の全体についてフィットする点にある。

このモデルでは式 (4.47) の三つのパラメータ $k_{\text{sat}}, k_{\text{cut}}, \gamma$ を見つけることが目的である。**図 4.25** に示すように，以下のステップを実行する。

1. $K_{\min}$ と $K_{\max}$ の間から k_{sat} と k_{cut} を選ぶ。最急降下法を

図 4.25 論文引用ネットワークにおけるスケーリングパラメータの推定

(a) $k_{cut} = 3,000, 6,000, 9,000$ についてのコルモゴロフ・スミルノフ検定の D と k_{sat} をプロットしたもの。これらのプロットから $k_{sat} = 12$ が最小の D を与えることがわかる。内挿された図は $k_{sat} = 12$ における D と k_{cut} のプロットであり，$k_{cut} = 5,691$ が D を最小化する様子である。
(b) 次数分布 p_k。(a) で得られた最適な推定結果を元に直線を引いてある。フィット結果は分布全体によく一致していることがわかる。これはテール部分だけのフィットとは異なる（**図 4.24a**）。
(c) $M = 10,000$ について $p(D^{synthetic})$ を表した図。縦線は論文引用ネットワークの D^{real} である。

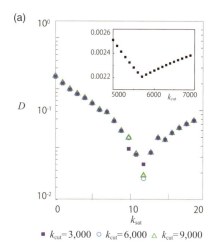

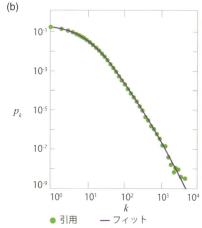

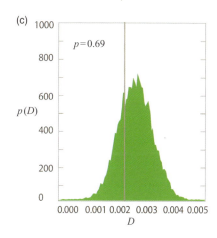

用いて，対数尤度関数

$$\log \mathcal{L}(\gamma | k_{sat}, k_{cut}) = \sum_{i=1}^{N} \log p(k_i | \gamma, k_{sat}, k_{cut}) \quad (4.49)$$

を最大化するようなべき指数 γ を推定する。すなわち，与えられた (k_{sat}, k_{cut}) において，式 (4.49) が最大となるように γ を変化させる。

2. 得られた $\gamma(k_{sat}, k_{cut})$ から，式 (4.47) の形で次数分布を得る。実際のデータの累積分布関数 CDF と式 (4.47) とパラメータで得られるモデルとの間のコルモゴロフ・スミルノフ検定の D を求める。

3. k_{sat} と k_{cut} を変えて 1. から 3. のステップを繰り返す。すなわち k_{sat} は $k_{min} = 0$ から k_{max} まで，k_{cut} は $k_{min} = k_0$ から k_{max} までである。これによって D を最小化するような k_{sat} と k_{cut} を得て，それに対応する γ を式 (4.41) から得る。これらがベストフィットのパラメータということになる。論文引用ネットワークについて，$k_{sat} = 12$，$k_{cut} = 5,691$，$\gamma = 3.028$ を得た。**図 4.25c** に示すように，実データの D が生成された $p(D)$ の分布の範囲内であることが確認され，そのときの p 値は 69% であった。

4.13.4 フィットの手順上の問題

前節までの手順で次数の指数を得るというのは，面倒ではあるが難しくはないともいえる。しかしながら，以下に述べるようにフィットの方法にはよく知られた問題点が存在する。

1. 純粋なべき分布というのは単純なモデルでしか現れないものであり，式 (4.1) のような理想化された分布形であっ

表 4.3 指数関数によるフィット

電力網については，べき分布は次数分布に対する統計的に有意なフィットではない。実際，そのネットワークの成り立ちから，スケールフリーでない理由はたくさん見つかる。この節で説明されたフィットの手順を用いて，電力網に $e^{-\lambda k}$ の指数関数をフィットすると，統計的に有意であることがわかる。表に得られた λ とフィットの際に得られた $k_{\min}$, p の値とフィットに含まれたデータの割合を示す。

	λ	$k_{\min}$	p 値	割合
電力網	0.517	4	0.91	12%

表 4.4 現実のネットワークにフィットしたパラメータ

本書で参考のために用いるネットワークについて，次数分布のべき指数の推定結果。ここでは二つのフィットに関する考え方を用いた。一つは $(K_{\min}, \infty)$ とした純粋なべき分布をフィットするという考え方であり，もう一つは飽和と指数的なカットオフがあるべき分布で（データ全体を）フィットするという考え方である。表では，統計的に最もフィットしているとされるべき指数 γ の推定値と $K_{\min}$, それからベストフィットのときの p 値とフィット対象になったデータの割合を示す。後者の考え方のときも同様に，指数 γ の推定値，k_{sat}, k_{cut}, p 値を示してある。ここでは，$p > 0.01$ ならば統計的に有意とした。

	γ	$K_{\min}$	p 値	割合	γ	k_{sat}	k_{cut}	p 値
インターネット	3.42	72	0.13	0.6 %	3.55	8	8500	0.00
WWW (IN)	2.00	1	0.00	100 %	1.97	0	660	0.00
WWW (OUT)	2.31	7	0.00	15 %	2.82	8	8500	0.00
電力網	4.00	5	0.00	12 %	8.56	19	14	0.00
携帯電話の発信 (IN)	4.69	9	0.34	2.6 %	6.95	15	10	0.00
携帯電話の発信 (OUT)	5.01	11	0.77	1.7 %	7.23	15	10	0.00
電子メール (IN)	3.43	88	0.11	0.2 %	2.27	0	8500	0.00
電子メール (OUT)	2.03	3	0.00	1.2 %	2.55	0	8500	0.00
共同研究	3.35	25	0.0001	5.4 %	1.50	17	-	-
俳優の共演	2.12	54	0.00	33 %	-	-	-	0.00
論文引用 (IN)	2.79	51	0.00	3.0 %	3.03	12	5691	0.69
論文引用 (OUT)	4.00	19	0.00	14 %	−0.16	5	10	0.00
E. coli の代謝 (IN)	2.43	3	0.00	57 %	3.85	19	12	0.00
E. coli の代謝 (OUT)	2.90	5	0.00	34 %	2.56	15	10	0.00
酵母のたんぱく質相互作用	2.89	7	0.67	8.3 %	2.95	2	90	0.52

た（第 5 章参照）．実際には，ありとあらゆる過程の振る舞いが次数分布の詳細な形状に影響している．これらについては第 6 章で議論する．p_k が純粋なべき分布に従わないならば，データにべき分布をフィットするためのこの節の方法は，統計的な有意性を得ることは決してできないであろう．しかし，このことはネットワークがスケールフリーではなく，次数分布の正確な形を十分に理解できていないことを意味する．すなわち，p_k を誤った関数形でフィットしているのである．

2. この節で議論された統計的ツールは，コルモゴロフ・スミルノフの基準を用いた適合度検定を行っている．この方法は，モデルとデータセットの間の最大距離を測るものであった．ほとんどすべての点が完全なべき分布に従うにもかかわらず，ただ一つの点がなんらかの理由で曲線から外れているような場合は，フィットの統計的な有意性を失う．現実の系においては，そういった局所的な逸脱はいくらでも起きうるし，その逸脱自体は系全体の振る舞いを変えるわけではない．しかし，そういった外れ値を取り除くことはデータの人為的な操作とみなされる．しかしながら，そのデータがあるばかりに，べき分布のフィットにおける統計的な有意性が得られないことがある．

その良い例が俳優の共演ネットワークである．この俳優の共演ネットワークではほとんどの次数がべき分布に従っている．しかしながら，1956 年の映画**八十日間世界一周**は $k = 1{,}287$ という突出した外れ値を示している．この映画については，imdb.com（俳優の共演ネットワークのデータソース）がキャストに普通は入らないようなエキストラまで含めてしまっている．（この映画は世界一周のストーリーが進む中，有名な俳優がいわゆるエキストラとしてあちこちに入り込んでいて，それを探すのを楽しむような作りになっている．）その結果，1,288 人もの俳優が出演していることになっている．このデータセットで，2 番目に大きい次数をもつ映画でも 340 人の俳優しか出演していない．それぞれのエキストラが 1,287 人の他のエキストラにしかリンクをもっていないため，$k = 1{,}287$ に大きいピークができてしまう．すなわち 1,287 個が $k = 1{,}287$ ということである．このピークによって，

次数分布をべき分布にフィットしようとするとコルモゴロフ・スミルノフの基準で棄却されてしまう。実際に**表4.4**に示されているとおり，純粋なべき分布でもないし，カットオフのあるべき則でもないことが統計的に検定結果からわかる。しかし，次数分布がべき分布であることがこの一つのピークによって完全に変更を受けているわけでもない。

3. 以上のような議論から，べき分布にフィットする方法論では，統計的に有意なフィット（有意水準 0.01）を得るために，非常に小さいスケール領域（比例関係，直線関係でフィットできる領域）が算出されることがある（**表4.4**）。こうして得られたモデルは，確かに統計的に有意ではあるが，実際のデータに重ねてフィット結果を描画すると無意味な結果であることが判明する。

まとめると，次数分布の指数の推定は，まだ厳密な科学にはなっていない。したがって，実際にデータを扱う人すべてが受け入れることができる統計的な有意性を検証する方法は存在しない。この節で説明された方法をやみくもに用いると，データの正しい傾向を取り間違えたり，べき分布であるとの仮説を誤って棄却したりという事態が起きるであろう。次数分布の推測に関する重要な改善については第 6 章で新たに議論しよう。

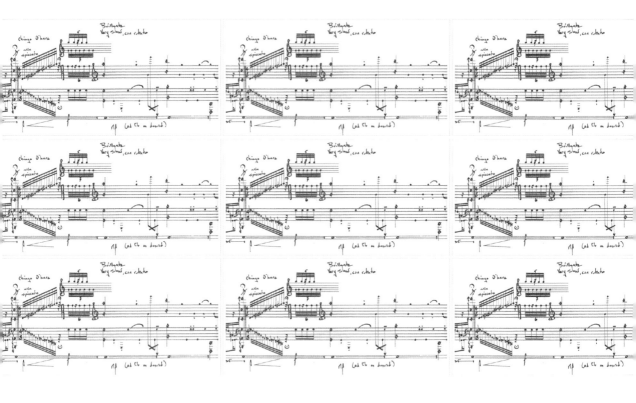

図 5.0　芸術とネットワーク：スケールフリー・ソナタ

Michael Edward Edgerton によって 2003 年に作曲された「ピアノのためのソナタ」。スケールフリー・ネットワークを創発する成長と優先的選択を表現している。楽譜は Edgerton がハブ#5 と名付けた個所の最初の部分である。作曲家の説明によれば，音楽とネットワークとの間の関係は以下のとおりである。

「異なる長さと音の並びをもつ 6 個のハブが第 2 楽章と第 3 楽章の動きの中に散りばめられている。音楽的に言えば，空港という概念は，すべての交通を空間的に限定された一つの着陸地点に向かわせるということを表しているのだが，音の並びの密度や音の長さは，その 6 つそれぞれの出現ごとにかなりの程度異なっている。」（**オンライン資料 5.1**）

第 5 章
バラバシ・アルバート・モデル

5.1	はじめに 175	5.9	優先的選択の起源 193
5.2	成長と優先的選択 176	5.10	ネットワーク直径とクラスター係数 200
5.3	バラバシ・アルバート・モデル 178	5.11	まとめ 201
5.4	次数ダイナミクス 182	5.12	演習 203
5.5	次数分布 184	5.13	発展的話題 5.A　次数分布の導出 205
5.6	成長または優先的選択がない場合 186	5.14	発展的話題 5.B　非線形優先的選択 208
5.7	優先的選択を測る 188	5.15	発展的話題 5.C　クラスター係数 211
5.8	非線形優先的選択 191		

5.1　はじめに

　ハブは，ランダム・ネットワークとスケールフリー・ネットワークの最も顕著な違いを表している。WWW 上では，それらは google.com または facebook.com のような例外的に数多くのリンクをもつウェブサイトであり，代謝ネットワークにおいては，それらは ATP または ADP のような例外的に数多くの化学反応が関与している分子である。これらのハブの存在，さらに関連するスケールフリー性をもつネットワーク形状の存在は，二つの基本的な疑問を提起する。

- なぜ，WWW または細胞という異なる系が，類似したスケールフリー構造に収束するのか。
- なぜ，エルデシュ・レニィのランダム・ネットワークモデルでは，実際のネットワークで観察されるハブとべき則を再現できないのか。

スケールフリー性を示すさまざまな系の性質，起源と範囲

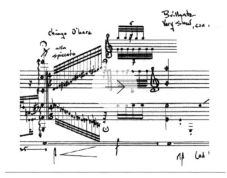

オンライン資料 5.1
スケールフリー・ソナタ
Michael Edward Edgerton が演奏する「ピアノのためのソナタ」を聞いてみよう。スケールフリー・ネットワークを表現したものである。

が根本的に異なっていることを考えると，最初の疑問は特に謎に満ちている。

- 細胞ネットワークのノードは代謝物質またはたんぱく質である一方で，WWWのノードは文書であり，物理的な実体をもたない情報を表すものである。
- 細胞内のリンクは化学反応と結合相互作用である一方で，WWWのリンクはURLまたはコンピュータプログラムの一部分である。
- これらの二つのシステムの歴史は，これ以上にないほど大きく異なっている。すなわち細胞ネットワークは40億年の進化によって形づくられている一方で，WWWの歴史は30年に満たない。
- *E. coli* の代謝ネットワークの目的は，細胞が生存し続けるために必要とする化合物を生産することである。一方，WWWの目的は情報アクセスと伝達である。

なぜこのように大きく**異なる**系が**類似する**構造に収束するのかを理解するために，我々は最初にスケールフリー性を発現するメカニズムを理解する必要がある。このことが本章の主題である。スケールフリー性を示す系の多様性を考えれば，説明は単純かつ根本的であるはずである。その答えは，我々の関心をネットワーク形状の記述から複雑系の成長モデルへと向かわせ，ネットワークをモデル化する方法を変えてしまうであろう。

5.2 成長と優先的選択

次の問いを発することから旅を始めよう。なぜ，ランダム・ネットワークではハブとべき則がないのか。エルデシュ・レニィ・モデルには，実は二つの仮定が隠されており，その仮定は現実のネットワークでは満たされていない。そのことに着目することにより，その答えは1999年に得られた[10]。それらの仮定を順番に検討していこう。

5.2.1 ネットワークは，新しいノードの追加を通して拡大する

ランダム・ネットワークモデルでは，ノード数はNに**固定**されると仮定する。しかし，**現実のネットワークではノード**

数は新しいノードの追加によって絶えず増加している。いくつかの例を考えてみよう。

- 1991 年には，WWW は一つのノード，ウェブクリエーターである Tim Berners-Lee により作られた最初のウェブページだけであった。今日では，WWW には 1 兆 (10^{12}) を超える文書がある。何百万もの人や機関が絶え間なく文書を追加し続けることで，このような驚異的な数となった（図 **5.1a**）。
- 共同研究と論文引用ネットワークは，新しい研究論文の公表を通して，絶えず拡大している（図 **5.1b**）。
- 俳優の共演ネットワークは，新しい映画の封切りを通じて拡大し続けている（図 **5.1c**）。
- 我々が両親から遺伝子（とこれを介したたんぱく質）を受け継いでいるため，たんぱく質相互作用ネットワークは静的に見えるかもしれない。しかし，そうではなく，細胞中に存在するの遺伝子の数は，40 億年の間にごく少数から 20,000 以上に増大した。

結果として，これらのネットワークをモデル化しようと試みる際に，我々は静的モデルに頼ることはできない。モデル化のアプローチはむしろ，継続的な成長プロセスによりネットワークがもたらされたと考えるべきであろう。

5.2.2 ノードはより多く結ばれたノードに接続することを選択する

ランダム・ネットワークモデルでは，ノードを接続する相手ノードは無作為に選ばれると仮定する。しかし，**大部分の現実のネットワークでは，新しいノードはより多くのリンクをもつノードに接続することを選ぶ**。この過程を**優先的選択**と呼ぶ（図 **5.2**）。いくつかの例を考えてみよう。

- 我々は，WWW の上で利用可能な 1 兆またそれ以上の文書のうち，ごく少数のノードしか知らない。しかし，我々が知るノードは，まったくランダムであるというわけではない。我々はみなグーグルとフェイスブックについて聞いたことがある。しかし WWW に存在するその他の目立たない何十億ものノードにはほとんど出会うことはない。我々

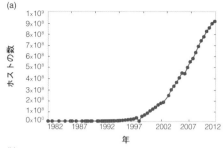
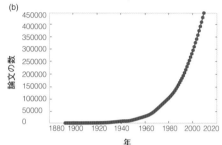
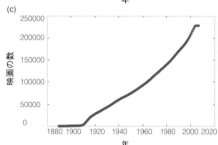

図 5.1　ネットワークの成長

ネットワークは静的ではなく，新しいノードの追加によって成長する。

(a) WWW のホスト（ノード）数の急激な成長。http://www.isc.org/solution/survay/history による。

(b) 論文誌 *Physical Review* の創刊から掲載された論文の数。論文数の増加は共同研究ネットワークと論文引用ネットワークの両方の成長をもたらした。

(c) imdb.com にまとめられた映画の数。これは俳優の共演ネットワークの成長をもたらした。

の知識がより人気のあるウェブ文書の方へ偏っているため，ほんのわずかのリンクしかもたないノードよりも高次数のノードに接続することが多い。

- いかなる科学者も，毎年公開される 100 万以上の学術論文のすべてを読むことはできない。しかし，ある論文がより多く引用されるようになると，我々はそれについて聞くようになり，やがては読む可能性が高まる。我々が読んだものを引用することによって，引用は多く引用された出版物へと偏り，そして論文引用ネットワークにおける高次数ノードとなっていく。

- ある俳優がより多くの映画に出演するほど，キャスティングディレクターはよりその俳優の能力を知るようになる。それゆえに，俳優の共演ネットワークにおいて俳優（ノード）の次数がより高いほど，その俳優が新しい役に抜擢される可能性がより高くなる。

要約すると，ランダム・ネットワークモデルは，現実のネットワークと二つの重要な特徴において異なる。

(A) 成長

現実のネットワークは N を連続的に増やす成長プロセスによってもたらされる。対照的に，ランダム・ネットワークモデルはノード数 N が固定されていると仮定する。

(B) 優先的選択

現実のネットワークでは，新しいノードはより多くのリンクをもつノードにつながろうとする傾向がある。対照的に，ランダム・ネットワークでは，ノードは接続先のノードを無作為に選ぶ。

現実のネットワークとランダム・ネットワークの間には他にもさまざまな違いがあり，そのいくつかはこの後の章で論じる。我々が次に示すように，**成長**と**優先的選択**の二つは，ネットワークの次数分布を形づくる上で特に重要な役割を担う。

5.3　バラバシ・アルバート・モデル

現実のネットワークにおいて成長と優先的選択が共存するという考え方により，**バラバシ・アルバート・モデル**と呼ばれるスケールフリー・ネットワークを生み出す最小のモデル

5.3 バラバシ・アルバート・モデル

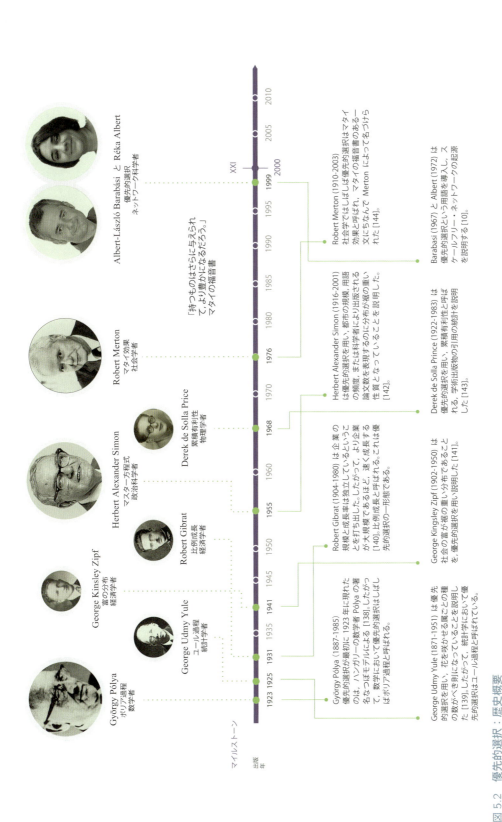

図 5.2 優先的選択：歴史概要

優先的選択は多くの学問分野において独立に唱えられ、さまざまな系にみられるべき則の存在を説明するのに役立った。ネットワーク科学の分野では、優先的選択は現実のネットワークにおいて経験的に観測されるスケールフリー性を説明するために1990年に導入された。

が生まれた [10]。このモデルは，**BA モデル**または**スケールフリー・モデル**として知られており，以下のとおりに定義される。

m_0 個のノードから始め，各ノードが少なくとも一つのリンクをもつ限り，それらのノード間のリンクは任意に選ばれるものとする。ネットワークは，次の二つのステップに従って形成される（図 5.3）。

(A) **成長**

各時間ステップで，毎回，新たなノードを一つ加え，すでに存在する $m(\leq m_0)$ 個のノードとの間にリンクを張る。

(B) **優先的選択**

新しいノードのリンクがノード i に接続する確率 $\Pi(k_i)$ は，

$$\Pi(k_i) = \frac{k_i}{\sum_j k_j} \tag{5.1}$$

のように次数 k_i に依存する。優先的選択は確率的メカニズムである。新しいノードは，ハブであろうと一つしかリンクをもたないノードであろうと関係なく，ネットワーク内のあらゆるノードに自由に接続される。しかし，式 (5.1) が示すように，新しいノードが，次数 2 と次数 4 のノードのいずれかを選ぶ場合，次数 4 のノードと接続される可能性が 2 倍ほど高いとする。

t 時間ステップの後，バラバシ・アルバート・モデルは $N = t + m_0$ のノードと $m_0 + mt$ のリンクを生成する。図 5.4 が示すように，得られたネットワークはべき指数 $\gamma = 3$ でべき則の次数分布になる。数学的に首尾一貫したモデルの定義については **Box 5.1** に記載している。図 5.3 とオンライン資料 5.2 が示すように，ネットワークの大部分のノードには少数のリンクだけがある一方で，少数のノードは徐々にハブへと変化していく。これらのハブは，「富めるものはより豊かになる現象」の帰結である。優先的選択のために，新しいノードは，リンクが少ないノードよりも，リンクの多いノードに接続する傾向がある。それゆえに，多いノードは少ないノードの分までリンクを獲得していき，次第にハブになっていく。

まとめると，バラバシ・アルバート・モデルが示すことは，**成長**と**優先的選択**という二つの単純なメカニズムがスケール

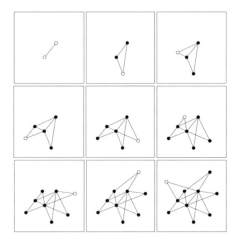

図 5.3 バラバシ・アルバート・モデルの進化

一連の図は，バラバシ・アルバート・モデルの 9 つの連続する進化のステップを示す。白丸はネットワークに新たに追加されたノードであり，優先的選択 (5.1) を用いて二つのリンク ($m = 2$) がつながるノードが決定される。文献 [50] による。

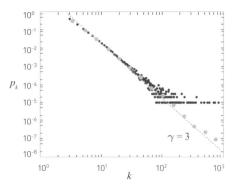

図 5.4 次数分布

バラバシ・アルバート・モデルによって生成されたネットワークの次数分布。図は，$N = 100{,}000$，$m = 3$ で生成されたネットワークについての p_k である。線形ビン（紫）と対数ビン（緑）の p_k を示している。直線は，ネットワークについて予測されたべき指数 $\gamma = 3$ の次数分布である。

Box 5.1　バラバシ・アルバート・モデルの数学的な定義

バラバシ・アルバート・モデルの定義を与えるだけでは，モデルの多くの数学的な詳細は記述されない。

- 最初に存在する m_0 個のノードについて，厳密にその配置を指定していない。
- 新しいノードに割り当てられる m リンクは，一つずつ加えられるのか，あるいは同時なのか，指定していない。m リンクを厳密に独立に扱うならば，それらは同じノード i に接続し，多重リンクとなりうる。

これらの問題を解決するために，Bollobás と共同研究者は**線形化された弦のダイアグラム** (Linearized Chord Diagram; LCD) を提案した [15]。LCD によると，$m = 1$ のとき，$G_1^{(t)}$ のグラフは次のように描かれる（**図 5.5**）。

(1) ノードが存在しない空のグラフである $G_1^{(0)}$ から開始する。
(2) 所与の $G_1^{(t-1)}$ はノード v_t を追加して，v_t と v_i の間のリンクを張ることによって $G_1^{(t)}$ を生成する。ここで，v_i は確率

$$p = \begin{cases} \dfrac{k_i}{2t-1} & \text{if } 1 \le i \le t-1 \\ \dfrac{1}{2t-1} & \text{if } i = t \end{cases} \quad (5.2)$$

によって選択される。

したがって，新しいノード v_t からノード v_i へのリンクは，$k_i/(2t-1)$ の確率で張られる。このとき，新たなリンクは v_t の次数にすでに寄与している。したがって，ノード v_t は，式 (5.2) の第 2 項のように $1/(2t-1)$ の確率で自分自身とつながることもできる。このモデルが自己ループと多重リンクを許容する点に留意されたい。ただし，それらの数は，t が無限のとき無視できる程度になる。

$m > 1$ において，一つずつ新しいノード v_t を加え，m リンクを加えることによって $G_m^{(t)}$ を作り，各々の段階で新しく加えられたリンクの半数がすでにあるノードの次数に寄与する。

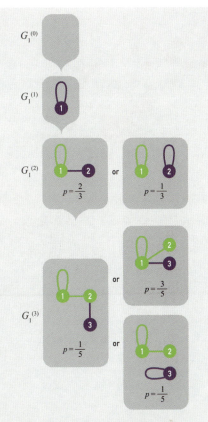

図 5.5　線形化された弦のダイアグラム (LCD)

LCD の作図 [15]。図は，$m = 1$ でのネットワーク成長の最初の四つのステップを示している。

$G_1^{(0)}$：空ネットワークから始める。
$G_1^{(1)}$：最初のノードはそれ自体とのみつながりうるので自己ループを作る。自己ループは許容される。また，$m > 1$ における多重リンクも同様に許容される。
$G_1^{(2)}$：ノード 2 は，確率 2/3 においてノード 1 に，また確率 1/3 においてそれ自体につながることもできる。式 (5.2) によると，新たなノード 2 によって加えられるリンクの半数は，すでに存在するものと数えられる。したがって，ノード 1 は次数 $k_1 = 2$ を，ノード 2 は次数 $k_2 = 1$ をもつ。そして，規格化定数は 3 である。
$G_1^{(3)}$：二つの $G_1^{(2)}$ ネットワークで可能なもののうち最初のものが実現したと仮定しよう。ノード 3 がやって来るとき，三つの選択肢が存在する。それは，確率 1/5 でノード 2 に，確率 3/5 でノード 1 に，そして，確率 1/5 によるそれ自体につながることである。

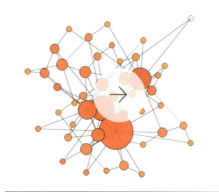

オンライン資料 5.2
スケールフリー・ネットワークの発現
バラバシ・アルバート・モデルによるスケールフリー・ネットワークの成長とハブの発現を示すビデオ。Dashun Wang の好意による。

フリー・ネットワークの出現の原因だということである。べき則と関連するハブの起源は，二つのメカニズムの共存によって誘発される「**富めるものはより豊かになる現象**」である。モデルの性質を理解して，スケールフリー性の発現を定量化するために，我々はモデルの数学的な特性をよく知っておく必要がある。これが，次の節の主題である。

5.4 次数ダイナミクス

スケールフリー性の発現を理解するために，我々はバラバシ・アルバート・モデルの時間発展に焦点を当てる必要がある。一つのノードの次数が時間に伴ってどう変化するか調べるところから始めよう [11]。

このモデルにおいて，新しいノードがネットワークに追加されるたびに，既存のノードはその次数を増やすことができる。この新しいノードは，すでに系に存在する $N(t)$ ノードの m とつながる。これらリンクのうちの一つがノード i につながる確率は式 (5.1) によって与えられる。

次数 k を，成長プロセスにおいて実現されうる多くのネットワークの期待値として，連続実変数を用いて近似してみよう。既存のノード i が新しいノードからつながる単位時間当たりのリンク数は，

$$\frac{dk_i}{dt} = m\Pi(k_i) = m\frac{k_i}{\sum_{j=1}^{N-1} k_j} \tag{5.3}$$

である。係数 m は，新たなノードが一つ増えるたびに m 個のリンクが加えられることを意味している。それゆえに，ノード i は m 回リンク先として選ばれる可能性がある。このように，式 (5.3) の分母では新たに加えられるノードを除くネットワーク上のすべてのノードについて和をとるため，

$$\sum_{j=1}^{N-1} k_j = 2mt - m \tag{5.4}$$

となる。ゆえに式 (5.3) は

$$\frac{dk_i}{dt} = \frac{k_i}{2t-1} \tag{5.5}$$

のようになる。t の値が大きい場合，分母における (-1) は無視できるので，

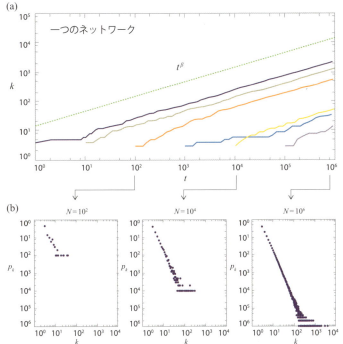

図 5.6 次数ダイナミクス

(a) バラバシ・アルバート・モデルにおいて時間 $t = 1, 10, 10^2, 10^3, 10^4, 10^5$（左から右の実線）で追加される各々のノードの次数の成長である。各々のノードは，式 (5.7) に従ってその次数を増やす。したがって，あらゆる時間において，古いノードはより高い次数をもつ。点線は，$\beta = 1/2$ で式 (5.7) の解析的な予測結果である。

(b) $N = 10^2, 10^4$ と 10^6 のノードを加えた後のネットワークの次数分布であり，すなわち時間 $t = 10^2, 10^4$ と 10^6 である。（これは (a) において矢印で示されている。）ネットワークが大きくなるに従って，次数分布におけるべき則の性質はより明らかとなる。スケールフリー性が徐々に発現することが明確になるよう，線形ビンを用いて p_k を表示した。

$$\frac{dk_i}{k_i} = \frac{1}{2}\frac{dt}{t} \tag{5.6}$$

となる。式 (5.6) を積分して，ノード i が時間 t_i にネットワークに追加され m 個のリンクを張ることを意味する式 $k_i(t_i) = m$ を用いることによって，

$$k_i(t) = m\left(\frac{t}{t_i}\right)^\beta \tag{5.7}$$

を得る。β は**動的指数**と呼ばれ，

$$\beta = \frac{1}{2}$$

の値をもつ。式 (5.7) を用いて，いくつもの予測が得られる。

- 各々のノードの次数は，同じ動的指数 $\beta = 1/2$ で，べき則に従って増加する（**図 5.6a**）。それゆえに，すべてのノードは，同じ動的法則に従う。
- 次数の成長は劣線形（すなわち $\beta < 1$）である。これは，バラバシ・アルバート・モデルの成長則の結果である。新しいノードは，前の追加ノードよりも，多くのノードをリンク先候補とする。したがって，既存のノードは時間とともに増えていく自分以外のノードとの間でリンクを奪い合う。
- ノード i が加えられる時期が早いほど，その次数 $k_i(t)$ は大

> **Box 5.2　ネットワークにおける時間**
>
> ネットワークモデルによる予測と現実のデータとを比較するために，ネットワークにおいて**時間**を測る方法を決めなければならない。現実のネットワークは，非常に違った時間スケールで進化する。
>
> **WWW**
> 最初のウェブページは 1991 年に作られた。現在では 1 兆ものウェブドキュメントが存在することを考えると，WWW はミリ秒（10^{-3} 秒）ごとに一つのノードを加えてきた。
>
> **細胞**
> 細胞は，40 億年の進化の結果である。およそ一つのヒトの細胞に 20,000 の遺伝子があるので，平均すると細胞ネットワークは 20 万年（〜 10^{13} 秒）ごとに一つのノードを加えてきた。
>
> このように時間のスケールに大きい違いがあることを考えると，異なるネットワークのダイナミクスを比較するために実際の時間を用いることは不可能である。したがって，ネットワーク理論においては，**イベント時間**を用いる。これは，ネットワークのトポロジーに変化が生じるたびに，時間ステップが一つ進んだと考えるものである。
>
> たとえば，バラバシ・アルバート・モデルにおいて，各々の新しいノードの追加は新しい時間ステップと一致する，それゆえに，$t = N$ となる。他のモデルでも，新たなリンクが加えられるかノードが消失するごとに時間が進められる。必要に応じて，イベント時間と物理的な時間との間の対応関係を示すことができる。

きくなる。それゆえ，ハブの次数が大きいのはそれが早くから存在していたからであり，マーケティングやビジネスの世界でいうところの**先行者利益**の現象が起きているのである。

- ノード i が単位時間当たりに新たに獲得するリンク数は，式 (5.7) を微分して

$$\frac{dk_i(t)}{dt} = \frac{m}{2}\frac{1}{\sqrt{t_i t}} \qquad (5.8)$$

のように導出される。各時間ステップにおいて，より古いノードが（t_i が小さいので）より多くのリンクを獲得することを意味する。さらに，ノードが獲得するリンク数は時間 $t^{-1/2}$ とともに減少する。したがって，ノードが獲得できるリンク数は次第に少なくなっていく。

まとめると，バラバシ・アルバート・モデルは，現実のネットワークにおいてノードが次々に加えられていく事実を捉え，ネットワークの成長を動的に記述することができる。このモデルではリンクの奪い合いが起き，古いノードは新しいノードよりも有利であり，結果としてハブとなっていく（**Box5.2**）。

5.5　次数分布

バラバシ・アルバート・モデルによって生成するネットワークの際立った特徴は，そのべき則に従う次数分布にある（**図5.4**）。本節では，p_k の起源を理解しやすくするため，次数分布の関数形を計算しよう。

バラバシ・アルバート・ネットワークの次数分布は，いくつかの分析的ツールを利用すると，計算することができる。最も単純なものは，我々が前節 [10, 11] で考察した k を連続実数とみなす**連続体理論**である。それは，次数分布を

$$p(k) \approx 2m^{1/\beta} k^{-\gamma} \qquad (5.9)$$

のように予測する（**Box5.3**）。ただし

$$\gamma = \frac{1}{\beta} + 1 = 3 \qquad (5.10)$$

である。したがって，次数分布は指数 $\gamma = 3$ のべき則に従い，これは計算結果と一致する（**図5.4**と**図5.7**）。さらに，式 (5.10) は，ネットワークのトポロジーを特徴づける量である

べき指数 γ と，ノードの時間発展を特徴づける動的指数 β を結びつけ，ネットワークのトポロジーとそのダイナミクスの間の深い関係性を明らかにする。

連続体理論によって正しいべき指数を知ることができるが，式 (5.9) の前因子を正確に知ることはできない。正確な前因子は，マスター方程式 [13] またはレート方程式 [145] のアプローチを用いて得ることができる。あるいは，LCD モデル [15] を使って正確に計算することもできる（**Box5.2**）。その結果を用いると，バラバシ・アルバート・モデルの**正確な次数分布**は，

$$p_k = \frac{2m(m+1)}{k(k+1)(k+2)} \tag{5.11}$$

となる（**発展的話題 5.A**）。

式 (5.11) から，以下のようないくつかの含意が得られる。

- 大きい k では，式 (5.11) は式 (5.9),(5.10) と同じように，$p_k \sim k^{-3}$，あるいは $\gamma = 3$ と単純化することができる。
- べき指数 γ は m からは独立しており，計算結果（**図 5.7a**）と一致する。
- べき則の次数分布が観測される現実のネットワークはさまざまに異なる成長の時間スケールと大きさをもつ。それゆえに，適切なモデルは時間に依存しない次数分布に至らなければならない。実際に，式 (5.11) によるとバラバシ・アルバート・モデルの次数分布は，t と N の両方から独立である。したがって，このモデルは**定常的なスケールフリー状態**の発現を予測する。数値シミュレーションはこの予測を支持しており，異なる t（または N）において観察される p_k が完全に一致することを示す（**図 5.7b**）。
- 式 (5.11) から，べき分布の係数が $m(m+1)$（もしくは m が大きい場合，m^2）に比例すると予測され，それは数値シミュレーション（**図 5.7a**，挿入図）によっても確かめられた。

まとめると，解析的計算から，バラバシ・アルバート・モデルがべき指数 $\gamma = 3$ のスケールフリー・ネットワークを生み出すことが予測される。べき指数は，m と m_0 パラメータに依存しない。さらにまた，次数分布は定常的（すなわち時間不変）であり，このことは，歴史，大きさ，年齢が異なるネットワークにおいて類似の次数分布がみられる理由を説明している。

Box 5.3　連続体理論

連続体近似を用いてバラバシ・アルバート・モデルの次数分布を計算するために，まず，k より小さい次数をもつノードの数，すなわち $k_i(t) < k$ をもつノードの数を計算する。式 (5.7) を使って，

$$t_i < t\left(\frac{m}{k}\right)^{1/\beta} \tag{5.12}$$

のように書くことができる。このモデルでは，均等な時間ステップでノードを追加していく（**Box5.2**）。したがって，k より小さい次数のノード数は，

$$t\left(\frac{m}{k}\right)^{1/\beta} \tag{5.13}$$

となる。系全体として $N = m_0 + t$ 個のノードがあるので，大きい t の極限において $N \approx t$ となる。したがって，無作為に選ばれたノードが k またはそれより小さい次数をもつ確率は累積次数分布であり，

$$P(k) = 1 - \left(\frac{m}{k}\right)^{1/\beta} \tag{5.14}$$

のように書くことができる。式 (5.14) を微分することにより，次数分布

$$p_k = \frac{\partial P(k)}{\partial k} = \frac{1}{\beta}\frac{m^{1/\beta}}{k^{1/\beta+1}} = 2m^2 k^{-3} \tag{5.15}$$

を得る。これが式 (5.9) である。

5.6 成長または優先的選択がない場合

バラバシ・アルバート・モデルにおいて成長と優先的選択という二つの性質が共存していることは，重要な問いを提起する．すなわちそれらの両方ともが，スケールフリー性の発現のために必要かどうかということである．言い換えると，二つの性質のうちどちらか一つのみでも，スケールフリー・ネットワークを生み出すことができるのか，という問いである．これらの質問について述べるために，二つの性質のうち一つのみを含む，次の二つの極限的事例を検討する [10, 11]．

5.6.1 モデル A

優先的選択の役割を確かめるために，ネットワークの成長の特徴（成分 A）を保って，優先的選択（成分 B）を除く．それゆえに，モデル A は m_0 ノードから始めて，次のステップに従って成長する．

(A) 成長

各々の時間ステップで，それまでに存在しているノードのうち $m(\leq m_0)$ 個のノードと接続する，m 個のリンクをもつ新たなノードを一つ加える．

(B) 優先的選択

新しいノードが次数 k_i のノードにつながる確率は

$$\Pi(k_i) = \frac{1}{m_0 + t - 1} \tag{5.16}$$

である．これは，$\Pi(k_i)$ は k_i から独立しており，新しいノードがそれらのつながるノードを無作為に選ぶことを意味する．

連続体理論から，モデル A において $k_i(t)$ は時間とともに対数的に増加すると予測できる．

$$k_i(t) = m \ln\left(e\frac{m_0 + t - 1}{m_0 + t_i - 1}\right) \tag{5.17}$$

これは式 (5.7) における，べき則の増加と比較してずっと遅い成長である．したがって，次数分布は指数関数

$$p(k) = \frac{e}{m} \exp\left(-\frac{k}{m}\right) \tag{5.18}$$

に従う（**図 5.8a**）．指数関数はべき関数よりもずっと速く小さくなるため，ハブを生成することはない．したがって，優

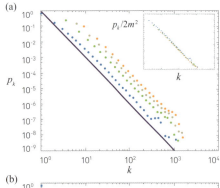

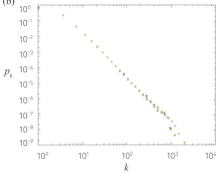

図 5.7 解析的予測の検証

(a) $m_0 = m = 1$（青），3（緑），5（灰色）と 7（オレンジ）について，$N = 100{,}000$ のネットワークを生成した．分布が互いに平行であるという事実は，べき指数 γ が m と m_0 から独立であることを意味する．紫の線のかたむきは -3 である．これは，予測されたべき指数 $\gamma = 3$ と一致する．挿入図：式 (5.11) から $p_k \sim 2m^2$ であるので，$p_k/2m^2$ は m から独立でなければならない．実際，$p_k/2m^2$ を k の関数としてプロットすると，もとの図に示されているデータ点は単一の曲線へと収束する．

(b) バラバシ・アルバート・モデルから，p_k は N に依存しないと予測される．これを検証するために $m_0 = m = 3$ を用いて $N = 50{,}000$（青），$100{,}000$（緑），$200{,}000$（灰色）のそれぞれについての p_k をプロットする．得られた p_k は，ほとんど区別がつかない．次数分布は**定常的**であり，時間と系の大きさから独立であることを意味する．

先的選択が存在しなければ，ネットワークのスケールフリー性やハブは発現しないことになる．実際，すべてのノードが等しい確率でリンクを得る場合には，富める者がますます富むというプロセスは存在しないので，はっきりした勝者が現れることはない．

5.6.2 モデル B

次に成長の役割を確認するために，優先的選択（成分 B）を保って，成長（成分 A）を除く．それゆえに，モデル B は N 個のノードから始めて，次のステップに従って成長する．

(B) 優先的選択

各々の時間ステップにおいて，無作為に一つのノードを選び，すでにネットワークに存在する次数 k_i のノード i と接続する．このとき，i が選ばれる確率を $\Pi(k)$ とする．$\Pi(0) = 0$ のとき，$k = 0$ のノードは $k = 1$ であると仮定する．さもなければ，それらのノードがリンクを得ることがないためである．

モデル B では，リンクの数が時間とともに線形に増加する一方で，ノードの数はネットワークの成長の間一定のままである．その結果，t が大きいとき，それぞれのノードの次数は

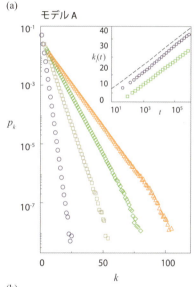

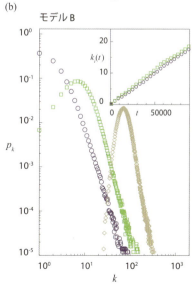

図 5.8　モデル A とモデル B
成長と優先的選択の役割を検証するための数値シミュレーションである．
(a) **モデル A**
成長を取り入れているが優先的選択を欠いているモデル A により得られた次数分布である．記号は，$m_0 = m = 1$（円），3（正方形），5（ダイヤモンド），7（三角形）に対応し，$N = 800,000$ でプロットした．式 (5.18) によって予測されるように，結果として生じるネットワークでは指数関数的な p_k をもつことが線形-対数図から読み取ることができる．挿入図：$m_0 = m = 3$ において，$t_1 = 7$ と $t_2 = 97$ において加えられた二つのノードの時間発展を示す．点線は式 (5.17) に従って予測されるものである．
(b) **モデル B**
成長が欠如しているが優先的選択を取り入れているモデル B により得られた次数分布である．$N = 10,000$ で，$t = N$（円），$t = 5N$（正方形）と $t = 40N$（ダイヤモンド）においてプロットした．p_k の形状が変化していることは，次数分布が定常的でないことを示している．
挿入図：二つのノードの次数の時間変化（$N = 10,000$）．$k_i(t)$ は式 (5.19) で予測されるとおりに線形に成長している．
文献 [11] による．

$$k_i(t) \approx \frac{2}{N}t \tag{5.19}$$

のように，時間とともに線形に増加する（図**5.8b**，挿入図）。各々の時間ステップで，ノード数を変えることなく新しいリンクを加えていった。

初期の時間領域では，ほんの少数のリンクがネットワークにあるとき（すなわち $L \ll N$），各々の新しいリンクは以前に接続していないノードをつないでいく。この段階では，モデルの成長は，$m = 1$ でバラバシ・アルバート・モデルと区別がつかない。この時間領域において，数値シミュレーションは，べき則のテールを，モデルの次数分布がもつことを示している（図**5.8b**）。

しかしながら，p_k は定常的ではない。実際，過渡期を経た後，ノードの次数は式 (5.19) の平均次数に収束し，そして次数はピークをもつにいたる（図**5.8b**）。t が $N(N-1)/2$ に近づくにつれ，ネットワークが完全グラフになり，すべてのノードは次数 $k_{\max} = N - 1$ をもち，それゆえに $p_k = \delta(N-1)$ となる。

まとめると，優先的選択が存在しなければ，定常的ではあるが次数分布が指数関数であるネットワークが生み出される。それに対して，成長が存在しなければ，定常性は失われ，ネットワークが完全グラフに収束していく。モデル A と B のどちらも，経験的に観察されるスケールフリー性をもつ次数分布を再現できなかったということは，成長と優先的選択の両方がスケールフリー性の発現のために必要であることを示している。

5.7　優先的選択を測る

前節では，成長と優先的選択のどちらもがスケールフリー性を得るために重要であることを示した。現実の系において，成長が存在することは明らかである。すべての大きいネットワークは，新たなノードが加わることによって現在の大きさにまで到達したのである。しかし，優先的選択が現実のネットワークにも存在することを確かめるために，我々は実験的にそれを見つける必要がある。本節では，現実のネットワークで関数 $\Pi(k)$ を測定することによって優先的選択を見つける方法を示す。

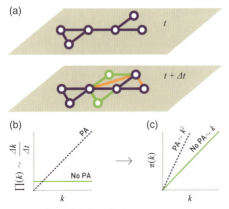

図 5.9　優先的選択の探索

(a) もし時間 t と $t + \Delta t$ における同じネットワークの二つのネットワーク図があれば，それらを比較することによって $\Pi(k)$ 関数を測定することが可能になる。具体的には，時間 $t + \Delta t$ において新たに加えられた二つの緑のノードによって新たにリンクを得たノードを調べる。オレンジの線は，それまで接続されていなかったノードを示し，これを内部リンクと呼ぶ。それらの役割は第 6 章で議論される。

(b) 優先的選択の存在において，$\Delta k / \Delta t$ は時間 t におけるノードの次数に線形に依存する。

(c) 累積優先的選択関数 $\pi(k)$ のスケーリングは，優先的選択が存在するか否かを判断するのに役立つ（図**5.10**）。

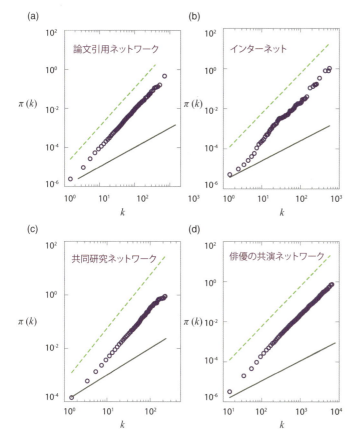

図 5.10 優先的選択の証拠

いくつかの現実の系
(a) 論文引用ネットワーク
(b) インターネット
(c) 共同研究ネットワーク（神経科学）
(d) 俳優の共演ネットワーク

における，式 (5.21) で定義した累積優先的選択関数 $\pi(k)$ を図示する。

それぞれのグラフにおいて，理解を助けるために 2 本の線を引く。点線は線形優先的選択 ($\pi(k) \sim k^2$) がある場合，実線は優先的選択 ($\pi(k) \sim k$) がない場合に対応する。それぞれのデータセットにおいて，k 依存性を確認することができ，これは仮説 1 を支持する。それでも，(c) と (d) において，$\pi(k)$ は k^2 より小さい。これらの系については，優先的選択が劣線形であることを示しており，これは仮説 2 に反する。これらの測定結果は，新たなノードによって加えられたリンクだけを考慮したものであり，内部リンクを無視していることに注意が必要である。文献 [146] による。

優先的選択は，二つの異なった仮説に依拠する。

仮説 1

ノードに接続する尤度 $\Pi(k)$ はそのノードの次数 k に依存する。対照的に，ランダムなネットワークモデルでは k から独立である。

仮説 2

$\Pi(k)$ の関数形は，k について線形である。

両方の仮説は，$\Pi(k)$ を測ることによって検証することができる。各々のノードがネットワークに加えられた時間がわかる系，あるいは時間的にそれほど離れていないネットワーク図が最低二つ集められる系においては，$\Pi(k)$ を決定することができる [146, 147]。

あるネットワークにおいて二つの異なる図をもっているとしよう。一つは時間 t において，もう一つは時間 $t + \Delta t$ において得られたものである（**図 5.9a**）。Δt 時間枠の間で次数が

変化したノードについて，$\Delta k_i = k_i(t + \Delta t) - k_i(t)$ を測定する。式 (5.1) によると，相対的な変化 $\Delta k_i/\Delta t$ は，

$$\frac{\Delta k_i}{\Delta t} \sim \Pi(k_i) \tag{5.20}$$

に従う。これが優先的選択の関数形である。式 (5.20) が妥当であるためには，Δk の変化が大きくなり過ぎないよう，Δt は小さくなければならない。しかし，二つのネットワークの違いを検出できるためには，Δt は小さ過ぎてもいけない。

実際には，得られた $\Delta k_i/\Delta t$ 曲線はノイズを含んでいる。このノイズを減らすため**累積優先的選択関数**

$$\pi(k) = \sum_{k_i=0}^{k} \Pi(k_i) \tag{5.21}$$

を測定する。優先的選択がない場合は，$\Pi(k_i) =$ 定数を得る。すなわち，式 (5.21) によると $\pi(k) \sim k$ となる。線形優先的選択が存在する場合は，$\Pi(k_i) = k_i$ であるので，$\pi(k) \sim k^2$ となることが予測される。

図 5.10 に，四つの現実のネットワークについて測定された $\pi(k)$ を図示する。いずれの系においても $\pi(k)$ の線形な増加よりも速い増加がみられ，優先的選択が存在することが示されている。**図 5.10** は，また $\Pi(k)$ が

$$\Pi(k) \sim k^\alpha \tag{5.22}$$

によって近似できることを示唆している。

インターネットと論文引用ネットワークについて，$\alpha \approx 1$ を得る。式 (5.1) に従って，$\Pi(k)$ が線形に k に依存するということを示す。このことは，仮説 1, 2 と一致している。共同研究ネットワークと俳優の共演ネットワークについて，最良のフィット曲線は $\alpha = 0.9 \pm 0.1$ となり，それは**劣線形な優先的選択**の存在を示している。

まとめると，式 (5.20) を用いれば，現実のネットワークにおいて優先的選択が存在すること（またはしないこと）を見つけることが可能となる。測定結果からは，選択の確率はノードの次数に依存することがわかった。また，ある系では優先的選択は線形であり，別の系では劣線形であることも発見された。この非線形性の意味は，次節で論じることにしよう。

5.8 非線形優先的選択

図 5.10 において観測された劣線形な優先的選択は，ある重要な疑問を提起している．この非線形性はネットワークのトポロジーにどのような影響を及ぼすのであろうか．この疑問に答えるために，式 (5.1) の線形な優先的選択を式 (5.22) に置き換えて，得られた**非線形バラバシ・アルバート・モデル**の次数分布を計算してみよう．

$\alpha = 0$ についてのモデルの振る舞いは明確である．優先的選択のない場合は，5.4 節で議論したモデル A に帰着する．その結果，式 (5.18) のように，次数分布は指数関数となる．

$\alpha = 1$ については，バラバシ・アルバート・モデルとなり，式 (5.14) で表される次数分布を伴うスケールフリー・ネットワークを得る．

次に，α が 0 にも 1 にも等しくない場合を考えよう．任意の α について，次数分布 p_k は以下のようないくつかのスケーリング領域を示す [145]（**発展的話題 5.B**）．

劣線形な優先的選択（$0 < \alpha < 1$）

あらゆる $\alpha > 0$ について，新しいモデルでは少ないリンクをもつノードよりも多くのリンクをもつノードを優先してリンクする傾向をもつ．とはいえ，$\alpha < 1$ については，この傾向は弱く，スケールフリー分布を生成するには不十分である．その代わりに，この領域では引き延ばされた指数分布

$$p_k \sim k^{-\alpha} \exp\left(\frac{-2\mu(\alpha)}{\langle k \rangle (1-\alpha)} k^{1-\alpha}\right) \quad (5.23)$$

が得られる（4.10 節）．ここで，$\mu(\alpha)$ と α との相関は非常に弱い．式 (5.23) における指数関数によるカットオフは劣線形な優先的選択がハブの大きさや数を制限することを意味する．

劣線形な優先的選択はまた最大次数 $k_{\max}$ の大きさを制限する．スケールフリー・ネットワークでは式 (4.18) のように $k_{\max}$ は時間の多項式で表される．劣線形な優先的選択については，

$$k_{\max} \sim (\ln t)^{1/(t-\alpha)} \quad (5.24)$$

を得る．時間の対数依存性は，多項式に比べて最大次数の成長がずっと遅くなることを意味している．この遅い成長が，$\alpha < 1$ の場合にハブの数が少ない理由である（**図 5.11**）．

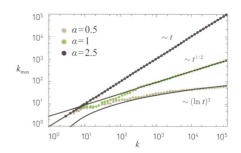

図 5.11 ハブの成長

優先的成長の性質は最大ノードの次数に影響を与える．スケールフリー・ネットワークにおいて，最大ハブは $t^{1/2}$ に比例して成長する（緑の曲線，式 (4.18)）．劣線形な優先的選択（$\alpha < 1$）では，最大ハブは式 (5.24) に従って時間について対数的に成長する．超線形な優先的選択（$\alpha > 1$）では，最大ハブは式 (5.25) に従って時間に比例して成長する．図中の丸印は数値シミュレーションの結果を，曲線は解析的予測を示している．

図 5.12 非線形な優先的選択

非線形なバラバシ・アルバート・モデルはスケーリングによって特徴づけられる。上の三つのパネルは異なる α についての次数分布 p_k である（$N = 10^4$）。ネットワーク図はこれに対応するネットワークのトポロジーを描いている（$N = 100$）。四つのスケーリングの領域があることが理論的に明らかになった。

優先的選択なし（$\alpha = 0$）
ネットワークの次数分布は，式 (5.18) に従う単純な指数関数となる。ハブは存在せず，得られたネットワークはランダム・ネットワークによく似ている。

劣線形領域（$0 < \alpha < 1$）
次数分布は式 (5.23) の引き延ばされた指数関数となり，スケールフリー・ネットワークに比べてより少ないより小さいハブが存在する。$\alpha \to 1$ のような変化において，カットオフ長は増加していき，次数分布 p_k はべき分布の範囲が徐々に広くなっていく。

線形領域（$\alpha = 1$）
これは，バラバシ・アルバート・モデルに対応する。したがって，次数分布はべき則に従う。

超線形領域（$\alpha > 1$）
高い次数をもつノードはさらに多くのノードとリンクされるようになる。勝者がすべてを獲得することによって，ハブ・アンド・スポーク型のトポロジーが明確になっていく。このような領域においては，早くから存在したノードはスーパーハブとなり，それ以降に追加されたすべてのノードはスーパーハブにリンクされる。$\alpha = 1.5$ の場合では，次数分布は $k = 10^4$ をもつ少数のスーパーハブの近くに数多くの小さいノードが共存することを示している。

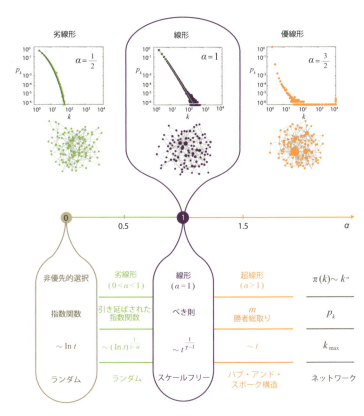

超線形な優先的選択（$\alpha > 1$）

$\alpha > 1$ の場合は，多くのリンクをもつノードを優先してリンクする傾向は強くなり，**富めるものはより豊かになる現象**を加速する。この傾向は，$\alpha > 2$ の場合に最も明確となり，**勝者がすべてを獲得する**ような，すべてのノードが数少ないスーパーハブにつながる現象として現れる。その結果として，ほとんどのノードが数少ない中心にあるノードに直接的につながるハブ・アンド・スポーク型のネットワークが発現する。$1 < \alpha < 2$ の場合は，この状況はいくぶん控えめではあるが同様である。

勝者がすべてを獲得するこの過程が，最大ハブの大きさを

$$k_{\max} \sim t \tag{5.25}$$

のように変える（**図 5.11**）。したがって，$\alpha > 1$ の場合は，限られた割合のノードに最大ハブがつながることになる。

まとめると，非線形な優先的選択は，$\alpha < 1$ の場合はハブの大きさを制限し，また $\alpha > 1$ の場合はスーパーハブを出現

させるように次数分布を変化させる（**図5.12**）。その結果，次数分布 p_k が純粋なべき分布を示すためには，$\Pi(k)$ は次数について厳密に線形である必要がある。多くの系において $\Pi(k)$ は次数について線形であるが，共同研究ネットワークや俳優の共演ネットワークでは優先的選択は劣線形である。この $\Pi(k)$ の非線形性は，実際のネットワークの次数分布が純粋なべき分布からずれる一つの原因である。したがって，劣線形な $\Pi(k)$ をもつ系では，次数分布は引き延ばされた指数関数 (5.23) がよりよくフィットする。

5.9 優先的選択の起源

現実のネットワークの成長において優先的選択が重要な役割を果たすことがわかったが，なぜそうなるのかを問わなければならない。この疑問は，以下のように二つの問題に分解できる。

- なぜ $\Pi(k)$ は k に依存するのか。
- なぜ $\Pi(k)$ の依存性は k について線形なのか。

過去10年間において，これらの問題について概念的に異なる二つの答えが提案された。第一の答えは，優先的選択をランダム事象とネットワークの構造的性質の相互作用とみなす。この機構では，ネットワークの全体的な知識を必要としないが，ランダム事象に依拠する。そのため，この第一の答えを**局所的**機構あるいは**ランダム**機構と呼ぶこととしよう。第二の答えは，各々の新しいノード，あるいはリンクは相矛盾する条件間のバランスをとることを仮定する。その結果，この答えはコスト分析が必要となる。この機構では，ネットワーク全体の知識を必要とし，最適化原理に依拠する。そのため，この第二の答えを**大局的**機構あるいは**最適化**機構と呼ぶこととする。本節では，これらの両方のアプローチについて議論する。

5.9.1 局所的機構

バラバシ・アルバート・モデルは優先的選択の存在を仮定する。しかし，以下に示すように，優先的選択を明示的に使わずにスケールフリー・ネットワークを生成するモデルを構築することは可能である。そのモデルは優先的選択を生成す

図 5.13　リンク選択モデル

(a) 紫色で示す新しいノードを追加し，ネットワーク中のリンクを無作為に選択する．
(b) 選択したリンクの両端のどちらか一方のノードを同じ確率で選択して，そのノードに新しいノードを接続する．図では，選択したリンク右端のノードに新しいノードを接続した．

ることにより機能する．次に，優先的選択の起源を理解するため，二つのモデルを用いて $\Pi(k)$ を導出してみよう．

5.9.2　リンク選択モデル

リンク選択モデルは，優先的選択を使うことなしにスケールフリー・ネットワークを生成する最も簡単な局所的機構の例であろう [148]．それは，以下のように定義される（**図 5.13**）．

- **成長**：各時間ステップにおいて，ネットワークに新しいノードを一つ追加する．
- **リンク選択**：リンクを無作為に選択し，その選択したリンクの両端にある二つのノードの一方に新しいノードをつなげる．

このモデルは，ネットワークの全体的な形状についての知識を必要としない．したがって，このモデルは本質的に局所的でありランダムである．バラバシ・アルバート・モデルとは異なり，このモデルは組み込まれた $\Pi(k)$ 関数をもたない．しかしながら，次に示すように，このモデルは優先的選択を生成するのである．

まず，無作為に選んだリンクの端にあるノードが次数 k をもつ確率 q_k を

$$q_k = C k p_k \tag{5.26}$$

のように書く．式 (5.26) は次の二つの効果を捉えている．

- ノードの次数が高いほど，選択したリンクの端にそのノードがある確率が高くなる．
- ネットワークにおいて次数 k のノードの数が多いほど（確率 p_k が高いほど），次数 k のノードがリンクの端にある確率が高くなる．

式 (5.26) の C は，規格化条件 $\sum q_k = 1$ から計算することができ，$C = 1/\langle k \rangle$ となる．したがって，無作為に選んだリンクの端に次数 k のノードをもつ確率は

$$q_k = \frac{k p_k}{\langle k \rangle} \tag{5.27}$$

である．式 (5.27) は，新しいノードが次数 k のノードとつながる確率である．式 (5.27) における k への線形依存性は，このリンク選択モデルは線形な優先的選択を行うことによって

スケールフリー・ネットワークを構築することを意味する。

5.9.3 複製モデル

リンク選択モデルは優先的選択の最も簡単なものであるが，局所的機構に基づく最初のモデルではないし最も広く使われているモデルでもない。**図 5.14** に示す**複製モデル**では，新しいウェブページの作成者は，関係するトピックスの他のホームページからリンクをコピーするという単純な現象を模擬している [149, 150]。このモデルは以下のように定義される。

各時間ステップにおいて，ネットワークに新しいノードを一つ追加する。ノードを追加する場所の決定にあたっては，たとえば内容が関連するウェブ文書に結合する，というのに対応して，ノード u を無作為に選択する。そして以下の 2 ステップの手順に従う（**図 5.14**）。

(i) **ランダム結合**：新しいノードを確率 p でノード u につなげる。これは，無作為に選択したウェブページにリンクすることに対応する。

(ii) **複製**：確率 $1-p$ で，ノード u が他のノードに対してもつリンクを一つ選択し，そのリンク先とつなげる。言い換えると，新たなウェブページはノード u と直接結びつくのではなく，ノード u のリンクを複製してそのリンク先と結びつくのである。

ステップ (i) においてある特定のノードを選択する確率は $1/N$ である。ステップ (ii) は，無作為に選択したリンクにつながったノードを選択することに相当する。この複製過程 (ii) で次数 k のノードを選択する確率は，無向ネットワークでは $k/2L$ となる。ステップ (i) と (ii) を組み合わせて，新しいノードが次数 k のノードにつながる尤度は

$$\Pi(k) = \frac{p}{N} + \frac{1-p}{2L}k$$

となる。ここで，$\Pi(k)$ は k の線形関数であり，線形な優先的選択となることがわかる。

複製モデルが広く使われる理由は，実際のシステムによく対応しているためである。

- **社会ネットワーク**：ある個人の知り合いの人数が多いほど，その個人はその知り合いを通じて新しい個人を紹介される

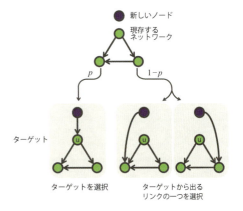

図 5.14 **複製モデル**

複製モデルの主なステップを示している。新しいノードは，無作為に選択したターゲットノード u に確率 p で，あるいはそのターゲットノードからリンクされるノードの一つに確率 $1-p$ でリンクする。言い換えると，新しいノードは確率 $1-p$ でターゲットノード u のリンクをコピーするといえる。

機会をより多くもつ．別の表現をすると，我々は友人の友人をコピーすることができる．その結果，友人がいなければ新しい友人を作ることは難しくなる．

- **論文引用ネットワーク**：あるトピックについて出版された論文のすべてに通じている科学者はいない．著者は，読んだ論文の参考文献を「そのまま使う」ことにより，何を読み，何を引用するかを決定する．その結果，論文は，多く引用されるほど，さらによく読まれよく引用されるようになる．
- **たんぱく質相互作用ネットワーク**：細胞の中における新しい遺伝子の発現をつかさどる遺伝子複製は，複製モデルによってそのたんぱく質相互作用ネットワークのスケールフリー性を説明することができる [151, 152]．

以上をまとめると，リンク選択モデルと複製モデルはランダムなリンクを行うことによって線形な優先的選択を生成することが明らかになった．

5.9.4　最適化機構

経済学では，人はコストと利益とを比較して合理的な意思決定を行うということが仮説として長く使われてきた．別の表現をすると，各個人は個人の利益最大化を目的とすると言うことができる．これが経済学における合理的選択理論の出発点であり [153]，近代の政治科学，社会学，哲学においても中心となる仮説の一つである．以下で見るように，このような合理的意思決定によって優先的選択が導かれる [154, 155, 156]．

各ノードはルータで，それらがケーブルでつながったインターネットを考えよう．二つのルータの間を新しく接続するには，それらの間にケーブルを敷設する必要がある．そのためにはコストがかかるので，リンクの敷設に先立って注意深くコスト分析を行う．それぞれの新しいルータ（ノード）は，ネットワークの性能（適切なバンド幅）とケーブル新設のコスト（物理的な距離）のバランスを考えてリンクを選択する．この判断は相反する要求基準を含む場合がある．なぜならば，必ずしも最近接ノードとの接続によって最高のネットワーク性能を得られるわけではないからである．

単純化のために，すべてのノードは正方格子の頂点に位置

すると仮定する．各時間ステップにおいて，新しいノードを追加し，無作為に選択した正方格子の頂点に置くとする．新しいノード i をつなぐ頂点を決めるために，コスト関数 [154]

$$C_i = \min_j \left[\delta d_{ij} + h_j\right] \quad (5.28)$$

を用いる．これによって，ネットワーク上にすでに存在するすべてのノード j について，ノード i との間をつなぐコストを比較する．ここで，d_{ij} は新しいノード i とすでに存在するノード j の間のユークリッド距離である．h_j はノード j とネットワークの**最初のノード**との間のネットワーク上の距離である．この最初のノードを"ネットワークの中心"（**図 5.15**）とすることにより，最高のネットワーク性能を指定する．したがって，h_j はノード j とネットワーク中心との距離によってノード j が提供する"資源"を表している．

コスト計算を行うことにより，式 (5.28) のパラメータ δ と N（**図 5.15**）の値に応じて，三つの異なるネットワーク形状があることがわかる．

星形ネットワーク　　$\delta < (1/2)^{1/2}$

$\delta = 0$ の場合，ユークリッド距離は重要ではない．この場合は，各々のノードは中心ノードとの間にリンクすることにより，ネットワークは星形となる．h_j 項が δd_{ij} に比べて十分に大きい場合，ネットワークは星形になる．

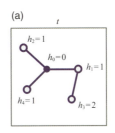
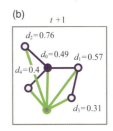
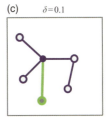
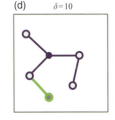
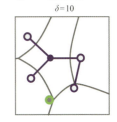

図 5.15　最適化モデル

(a) 各ノードに対するコスト関数 (5.28) の h_j 項とする小さいネットワーク．ここで，h_j は，ネットワークの"中心"に位置するノード $i = 0$ からノード j までのネットワーク上の距離である．このノード $i = 0$ の指定により，最高のネットワーク性能を提供する．したがって，$h_0 = 0$，$h_3 = 2$ である．

(b) 緑色で示す新しいノードは，コスト関数 (5.28) を最小化することにより接続するノード j を選択する．

(c)-(e) もし δ が小さいならば，新しいノードは $h_j = 0$ の中心ノードに接続する．δ を増やしていくと，式 (5.28) のバランスは変化して，新しいノードはより遠くのノードに接続するようになる．パネル (c)-(e) は，δ の値に応じて新しいノードの接続先の選択が異なる様子を示す．

(f) $\delta = 10$ について，各ノードの接続先の領域を示す．新しいノードがある領域に追加された場合は，その領域の中心にあるノードに接続される．領域の広さは，その中心にあるノードの次数に依存する．実際のところ，h_j が小さい場合は，式 (5.28) の最小化によって新しいノードからの距離は大きくなる．しかし，ノード j の次数が大きい場合は，中心ノードからの距離は小さくなることが期待される．

ランダム・ネットワーク $\delta \geq N^{1/2}$

δ が非常に大きい場合，式 (5.28) の距離項 δd_{ij} の寄与は h_j よりも大きくなる．この場合，各々の新しいノードは近くに位置するノードとつながるようになる．結果として得られるネットワークは，ランダム・ネットワークのように，制限された次数分布をもつ（図 **5.16b**）．

スケールフリー・ネットワーク $4 \leq \delta \leq N^{1/2}$

数値シミュレーションと解析計算により，δ が中間的な大きさの場合には，ネットワークはスケールフリー形状となることが明らかになった [154]．この領域においてべき則に従った分布となる理由は，次の二つの機構の競合に起因する．

(i) **最適化**：各々のノードには引き寄せられる領域（吸引領域）がある．その領域に引き寄せられたすべてのノードは互いにつながる．その領域の大きさは，中心のノード j の h_j の値と相関があり，その結果ノード j の次数 k_j と相関を示す（図 **5.15f**）．

(ii) **ランダム性**：新しいノードの位置を無作為に選択するので，N 個の吸引領域の一つに引き寄せられる．最大の次数をもつノードは最大の吸引領域をもつので，結果として最も多くの新しいノードを引き寄せてリンクする．これは，図 **5.16d** に示す優先的選択に相当する．

以上をまとめると，明示的な $\Pi(k)$ 関数をモデルの定義に含まないが，スケールフリー・ネットワークを生成するモデルを構築できる．本章で示したように，このモデルは優先的選択を生起するようにはたらく．優先的選択の機構は，二つの根本的に異なる起源をもつ（図 **5.17**）．それはリンクの選択や複製のようなランダムな過程と最適化という相反する二つの機構の間で，新しいノードがどのノードとリンクするかを選ぶことに起因するのである．上で議論した各々の機構は，バラバシ・アルバート・モデルで仮定した線形な優先的選択を生起することに注意しよう．5.8 節で議論したような非線形な優先的選択を生成する機構については，我々はこれまでのところ明らかにすることができていない．

本節で議論した機構の多様性は，線形の優先的選択は多くの異なる系において厳密に成立することを示唆する．なぜならば，線形の優先的選択は合理的選択とランダム過程の両方

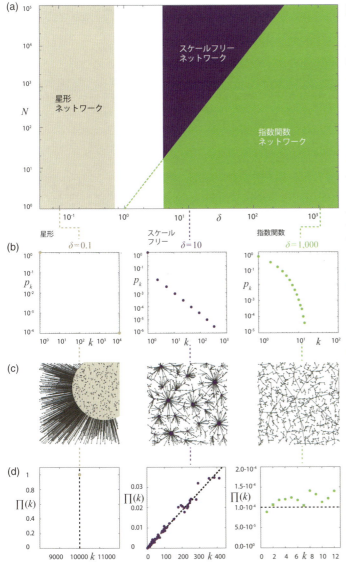

図 5.16 最適化モデルにおけるスケーリング

(a) 最適化モデルを用いて作成したネットワークの三つのクラス：星形，スケールフリー，指数関数ネットワーク。白い領域のネットワークのトポロジーは不明である。

星形ネットワーク領域の縦の境界は $\delta = (1/2)^{1/2}$ である。これは，モデルが定義された一辺が単位長さの正方格子上の二つの最大ノード間距離の逆数に等しい。したがって，もし $\delta < (1/2)^{1/2}$ であれば，あらゆる新しいノードについて $\delta d_{ij} < 1$ で中心ノードに接続するコスト (5.28) は $C_i = \delta d_{ij} + 0$ であり，他のあらゆるノードに接続するコスト $f(i, j) = \delta d_{ij} + 1$ より小さくなる。したがって，$\delta < (1/2)^{1/2}$ の場合は，すべてのノードはノード0に接続され，星形ネットワークが得られる。

スケールフリー・ネットワーク領域の斜めの境界は $\delta = N^{1/2}$ である。実際に，もしノードを単位格子状に無作為に置いた場合，隣接ノードの典型的な距離は $N^{-1/2}$ のように減少する。したがって，もし $d_{ij} \sim N^{-1/2}$ ならば，ほとんどのノードの組み合わせについて $\delta d_{ij} \geq h_{ij}$ となる。典型的には，中心ノードとのパス長 h_j は N よりもゆっくり大きくなる。スモールワールド・ネットワークでは $h \sim \log N$ である。したがって，C_i は δd_{ij} 項でほぼ決まってしまい，C_i の最小値は距離に依存する項を最小化することにより得られる。厳密にいうと遷移は $N \to \infty$ の極限でのみ生ずる。白い領域については，次数分布の解析解は得られていない。

(b) パネル (a) の三つの領域において生成された $N = 10^4$ のネットワークの次数分布。

(c) いくつかの δ の値について，最適化モデルを用いて生成したネットワークの典型的なトポロジー。ノードの大きさは，その次数に比例している。

(d) 優先的選択関数を調べるために，5.6 節で説明した方法を使う。$N = 10,000$ ノードのネットワークから始めて，新しいノードを追加していき，そのノードを接続するノードの次数を調べよう。このプロセスを 10,000 回繰り返して，$\Pi(k)$ を求める。スケールフリーの領域では線形優先的接続がみられるが，星形の領域や指数関数の領域ではみられないことを図から読み取ることができる。

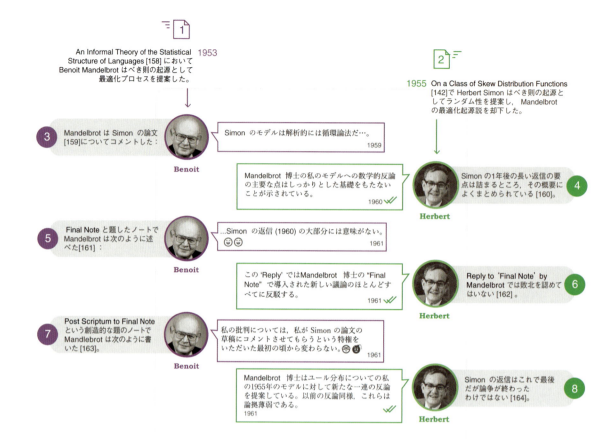

図 5.17 「偶然か必然か」：昔からの戦い

べき則の起源について明らかに対立する二つの説明である無秩序と最適化の間の緊張関係は，決して新しくない．1960 年代に，Herbert Simon と Benoit Mandelbrot は，この問題について猛烈な公開論争を行った．Simon は，単語頻度のべき則について優先的選択が適切であると提案した．一方，Mandelbrot は最適化に基づく枠組みを強く主張した．議論は 7 つの論文で 2 年間に渡り続き，これは記録に残る最も苛烈な科学的な意見の相違として知られている．

今日のネットワーク科学の観点では，議論は Simon の勝ちのようである．複雑ネットワークにおいて観測されるべき則は，無秩序と優先的選択によってもたらされる．しかし，Mandelbrot によって提案された最適化に基づくアイデアは，優先的選択の起源を説明するために重要な役割をはたす．結局のところ，2 人とも正しかったのである．

によって成立するものだからである [157]．ほとんどの複雑系は，両方を少しずつ併せ持つ過程によって駆動されている．したがって，「偶然か必然か」どちらにせよ優先的選択が成立するのである．

5.10　ネットワーク直径とクラスター係数

バラバシ・アルバート・モデルを特徴づける最後の指標として，ネットワーク直径とクラスター係数について説明しよう．

5.10.1 ネットワーク直径

ネットワーク直径は，バラバシ・アルバート・モデルの最大距離を表し，$m > 1$ かつ N が大きい場合は

$$\langle d \rangle \sim \frac{\ln N}{\ln \ln N} \tag{5.29}$$

と書くことができる [120, 121]。したがって，ネットワーク直径は $\ln N$ よりもゆっくりと成長する。バラバシ・アルバート・モデルにおける距離は，同じ大きさのランダム・グラフにおける距離よりも小さくなる。その違いは N が大きい場合には特に有意なものになる。

式 (5.29) は直径について導出したものであるが，平均距離 $\langle d \rangle$ は同じようにスケールする。実際には，図 5.18 に示すように，小さい N については $\ln N$ は N について $\langle d \rangle$ と同じようにスケールするが，大きい $N (> 10^4)$ については対数関数の補正 $\ln \ln N$ の影響が見えるようになる。

5.10.2 クラスター係数

バラバシ・アルバート・モデルのクラスター係数は

$$\langle C \rangle \sim \frac{(\ln N)^2}{N} \tag{5.30}$$

に従う（**発展的話題 5.C**）[165]。

予測式 (5.30) は，ランダム・ネットワークモデルについて得られた $1/N$ 依存性から大きく異なる（図 5.19）。その違いは $(\ln N)^2$ に起因しており，大きい N についてクラスター係数は大きくなる。その結果，バラバシ・アルバート・ネットワークは，ランダム・ネットワークに比べ，局所的に見て，よりクラスター化する傾向がある。

5.11 まとめ

バラバシ・アルバート・モデルの最も重要なメッセージは，ネットワーク構造とネットワークの成長は不可分であるということである。実際には，エルデシュ・レニィ・モデル，ワッツ・ストロガッツ・モデル，コンフィグモデル，隠れ変数モデルにおいては，モデル作成者の役割は**決まった数のノード**の間に適切にリンクを配置していくことであった。以前のアナロジーに戻れば，これらのモデルによって生成されたネッ

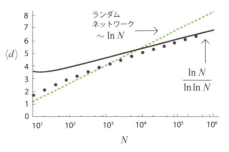

図 5.18 平均距離

バラバシ・アルバート・モデルにおける平均距離の系の大きさ N への依存性。実線は厳密解 (5.29) に対応し，点線はランダム・ネットワークについての予測 (3.19) である。解析的な予測からは厳密な因子が得られない。そのため，実線はフィットではなく，N 依存性の予測である。結果は，$m = 2$ についての 10 回の独立な計算の平均値である。

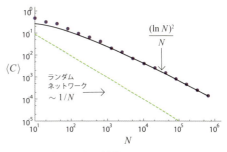

図 5.19 クラスター係数

バラバシ・アルバート・モデルにおける平均クラスター係数の系の大きさ N への依存性。実線は解析的な予測 (5.30) に対応し，点線は $\langle C \rangle \sim 1/N$ のランダム・ネットワークについての予測に対応する。結果は，$m = 2$ についての 10 回の独立な計算の平均値である。実線と点線は両方ともフィットではなく，N 依存性の予測である。

トワークと現実のネットワークとの関係は，ある絵画の写真ともとの絵画との関係に例えられる。写真はもとの絵画のように見えても，写真を作成する過程はもとの絵画を作成する過程とは大きく異なる。バラバシ・アルバート・モデルの目的は，ネットワークを組み立てる過程を把握することにある。したがって，もともとの筆さばきを可能なかぎり再現して，絵画を再び描くことを目指している。その結果，モデル化の基本的な考え方は，簡単に言うと，**複雑ネットワークのトポロジーを理解するためには，そのネットワークがどのように生成されたのかを記述することが必要である**。

ランダム・ネットワーク，コンフィグモデル，隠れ変数モデルは，あるネットワークの特性に関して我々の予想がどのぐらい当たっているかを調べるために，重要な役割を果たし続けるだろう。しかし，特定のネットワーク特性の起源を説明したいのであれば，系の生成を説明するモデルを用いなければならない。

バラバシ・アルバート・モデルは，成長と優先的選択の組み合わせが，ネットワークがスケールフリーとなる本当の原因であるのか，という根本的な問題を提起する。この問題を考えるにあたり，我々は**必要**かつ**十分**な議論を行った。まず，最初に，成長と優先的選択の両方がスケールフリー性を生成するのに必要であることを示した。したがって，それらのどちらの一方が欠けても，スケールフリー性あるいは定常性のどちらかを失ってしまう。次に，それらの両方が成立する場合は，スケールフリー性が導かれることを示した。しかしながら，この議論は一つの可能性を残すことになる。それらの二つの機構は**すべて**のネットワークのスケールフリー性を説明することができるのか。まったく異なる機構によるスケールフリー性をもつネットワークは存在しないのか。その答えはリンク選択を取り扱う 5.9 節で与えられた。優先的選択が組み込まれていないコピーと最適化を行うモデルでも，線形の $\Pi(k)$ を生成することにより，スケールフリー性を説明することができる。この発見は，より一般的な事実を明確に示している。それは，スケールフリー性をもつと知られているあらゆるモデルや実際の系は，優先的選択をもつことがこれまでわかっている，ということである。したがって，バラバシ・アルバート・モデルの基本的な機構はスケールフリー性の起源を的確に捉えている。

しかしながら，その一方で，バラバシ・アルバート・モデルでは以下のような実際の系がもつ特徴を記述することができない．

- 実際のネットワークのべき指数 γ は 2 から 5 の間にあるが，このモデルでは $\gamma = 3$ となる（**表 4.2**）．
- WWW や論文引用ネットワークなどの多くのネットワークは有向であるが，このモデルは無向ネットワークを生成する．
- 実際のネットワークにおいて観測される，既存のノードに対するリンクや，リンクおよびノードの消滅は，このモデルでは取り扱うことができない．
- このモデルは，論文の新規性やウェブページの利便性のようなノード固有の性質に基づいてノードを区別することができない．
- バラバシ・アルバート・モデルはしばしばインターネットや携帯電話ネットワークのモデルとして使われるが，実際には特定の現実のネットワークの詳細を捉えるために作られたものではない．それは，スケールフリー性の発現をつかさどる基本的な機構を説明するための，原理を確認する最小限のモデルに過ぎない．したがって，インターネット，携帯電話，WWW の発展を理解したければ，たとえば WWW のネットワークの有向性，内部でのリンクの可能性，リンクやノードの除去，などの系の時間発展に寄与する重要な詳細部分を取り込むことが必要である．

第 6 章では，これらの制約は一つ一つ系統的に解消できることを説明しよう．

Box 5.4 早見表：バラバシ・アルバート・モデル

ノード数
$$N = t$$

リンク数
$$L = mt$$

平均次数
$$\langle k \rangle = 2m$$

次数のダイナミクス
$$k_i(t) = m(t/t_i)^\beta$$

動的指数
$$\beta = 1/2$$

次数分布
$$p_k \sim k^{-\gamma}$$

べき指数
$$\gamma = 3$$

平均距離
$$\langle d \rangle \sim \frac{\ln N}{\ln \ln N}$$

クラスター係数
$$\langle C \rangle \sim (\ln N)^2 / N$$

5.12 演習

5.12.1 バラバシ・アルバート・ネットワークの生成

$m = 4$ のバラバシ・アルバート・モデルを使って，コンピュータ上で $N = 10^4$ ノードのネットワークを生成しなさい．その際に，$m = 4$ ノードの完全結合ネットワークを初期条件としなさい．

(a) ネットワークを構成するノード数が，$10^2, 10^3, 10^4$ となる中間段階において，各ノードの次数を計測しなさい．

(b) これらの中間段階において次数分布を比較しなさい．さらに，べき分布でフィットしてべき指数を推定し，分布が収束するか調べなさい．
(c) これらの中間段階において次数の累積分布を作図しなさい．
(d) N の関数として，平均クラスター係数を計測しなさい．
(e) 図 **5.6a** に従って，初期ノードについて次数の時間変化を調べなさい．$t = 100, t = 1{,}000, t = 5{,}000$ において追加されたノードについて次数の時間変化を調べなさい．

5.12.2 有向バラバシ・アルバート・モデル

バラバシ・アルバート・モデルをもとに，各時間ステップにおいて追加するノードから確率
$$\Pi(k_i^{\mathrm{in}}) = \frac{k_i^{\mathrm{in}} + A}{\sum_j (k_j^{\mathrm{in}} + A)}$$
で選択されるノードへ有向リンクが張られるモデルを検討しなさい．ただし，k_i^{in} はノード i の入次数，A はすべてのノードについて共通の定数である．各々の新しいノードは m 本の有向リンクをもつ．

(a) レート方程式を使って，ネットワークの入次数分布，出次数分布を計算しなさい．
(b) ガンマ関数，ベータ関数の性質を使って，入次数分布についてべき指数スケール則を導出しなさい．
(c) $A = 0$ の場合，入次数分布のべき指数はバラバシ・アルバート・モデルの $\gamma = 3$ とは異なる．その理由を説明しなさい．

5.12.3 複製モデル

有向の複製モデルによって，入次数分布のべき指数 $\gamma_{\mathrm{in}} = \frac{2-p}{1-p}$ をもつスケールフリー・ネットワークを生成できることを，レート方程式を用いて示しなさい．

5.12.4 優先的選択なしの成長

M 個の既存のノードに無作為に新しいノードがリンクするようにネットワークが成長するとき，モデル A の次数分布 (5.18) を導出しなさい．モデル A を用いて，コンピュータ上

で 10^4 個のノードからなるネットワークを生成しなさい。次数分布を調べて，式(5.18)による予測に合致することを確認しなさい。

5.13　発展的話題5.A　次数分布の導出

次数分布のべき指数の厳密な表式(5.11)を導出するために，いろいろな解析テクニックを使うことができる。次に，レート方程式を用いて，べき指数の表式を導出してみよう[145]。この方法は，幅広い種類の成長するネットワークの性質を研究するために十分に一般的である。結果として，ここで説明する計算は，WWW[148, 149, 150]のモデル化から遺伝子複製によるたんぱく質相互作用ネットワークの成長[151, 152]の記述などのさまざまな系について直接的な重要性をもっている。

時刻tにおける次数kのノード数を$N(k,t)$で表す。この量を用いて，次数分布$p_k(t)$は$p_k(t) = N(k,t)/N(t)$と書くことができる。各時間ステップにおいてネットワークに新しいノードを追加するので$N = t$となる。すなわち，あらゆる時点において全ノード数は時間ステップ数に等しい（**Box5.2**）。

優先的選択は

$$\Pi(k) = \frac{k}{\sum_j k_j} = \frac{k}{2mt} \tag{5.31}$$

のように書くことができる。ここで，$2m$は無向グラフにおいて各々のリンクは二つのノードのリンクに寄与することを反映している。我々の目的は，ネットワークに新しいノードを追加すると，次数kをもつノード数が，どのように変化するかを計算することにある。そのために，新しくノードが追加された後，$N(k,t)$と$p_k(t)$を変化させる二つのケースを調べてみよう。

(i) 新しいノードは次数kのノードにリンクして次数$k+1$のノードとなり，$N(k,t)$は**減少**する。

(ii) 新しいノードは次数$k-1$のノードにリンクして次数kのノードとなり，$N(k,t)$は**増加**する。

新しいノードが追加された後の次数kをもつノードのリンク数の期待値は

$$\frac{k}{2mt} \times Np_k(t) \times m = \frac{k}{2}p_k(t) \tag{5.32}$$

となる．式 (5.32) の左辺第 1 因子は，新しいノードが次数 k のノードにリンクする確率（優先的選択）を表す．第 2 因子は，次数 k をもつノードの総数を表し，ノード数が大きいほど新しいノードがそのどれかのノードにリンクする機会は多くなる．第 3 因子は，新しいノードの次数であり，m が大きいほど新しいノードが次数 k のノードにリンクする機会は多くなる．次に，式 (5.32) を上の二つのケースに適用しよう．

(i') 次数 k のノードが新しいリンクを得て次数 $k+1$ になるノード数は

$$\frac{k}{2}p_k(t) \tag{5.33}$$

である．

(ii') 次数 $k-1$ のノードが新しいリンクを得て次数 k になるノード数は

$$\frac{k-1}{2}p_{k-1}(t) \tag{5.34}$$

である．

式 (5.33) と式 (5.34) を組み合わせると，新しいノードを追加した後の次数 k のノード数の期待値は

$$(N+1)p_k(t+1) = Np_k(t) + \frac{k-1}{2}p_{k-1}(t) - \frac{k}{2}p_k(t) \tag{5.35}$$

である．この式は次数が $k > m$ のすべてのノードに適用される．新しく追加されるノードは次数 m であるので，ネットワークには次数 $k = 0, 1, \ldots, m-1$ のノードは存在しない．そのため，次数 m のノードについては，別の取り扱いが必要である．式 (5.35) の導出と同じ議論によって，

$$(N+1)p_m(t+1) = Np_m(t) - \frac{m}{2}p_m(t) + 1 \tag{5.36}$$

を得る．式 (5.35) と式 (5.36) は，p_k を得るための再帰関係のスタート点となる．我々が求めたいのは定常的な次数分布であるので，図 **5.6** に示したシミュレーションの結果を思い出そう．この図は，$N = t \to \infty$ の極限で $p_k(\infty) = p_k$ を意味する．したがって，式 (5.35) と式 (5.36) を

$$(N+1)p_k(t+1) - Np_k(t)$$
$$\to Np_k(\infty) + p_k(\infty) - Np_k(\infty)$$

$$= p_k(\infty) = p_k$$
$$(N+1)p_m(t+1) - Np_m(t) \to p_m$$

を用いて書き直すことができる．したがって，式 (5.35) と式 (5.36) のレート方程式（反応速度方程式）は

$$p_k = \frac{k-1}{k+2}p_{k-1} \quad k > m \tag{5.37}$$

$$p_m = \frac{2}{m+2} \tag{5.38}$$

となる．式 (5.37) は，$k \to k+1$ と置き換えて

$$p_{k+1} = \frac{k}{k+3}p_k \tag{5.39}$$

のように書き換えられることに注意しよう．

次数分布を計算するために再帰的アプローチをとる．まず，式 (5.38) を用いて $k = m$ の最小の次数分布を得る．次に，式 (5.39) を用いて，順番により高い次数の p_k を

$$\begin{aligned} p_{m+1} &= \frac{m}{m+3}p_m = \frac{2m}{(m+2)(m+3)} \\ p_{m+2} &= \frac{m+1}{m+4}p_{m+1} = \frac{2m(m+1)}{(m+2)(m+3)(m+4)} \\ p_{m+3} &= \frac{m+2}{m+5}p_{m+2} = \frac{2m(m+1)}{(m+3)(m+4)(m+5)} \end{aligned} \tag{5.40}$$

のように計算する．この時点で簡単な再帰パターンに気づくであろう．分母の $(m+3)$ を k で置き換えると，次数 k のノードを見出す確率

$$p_k = \frac{2m(m+1)}{k(k+1)(k+2)} \tag{5.41}$$

を得る．これはバラバシ・アルバート・モデルの次数分布の厳密式となっている．以下に注意すべき点を列記する．

- 大きい k について，式 (5.41) は $p_k \sim k^{-3}$ となる．これは数値結果に一致する．
- 式 (5.11) あるいは式 (5.41) の前につく因子は，式 (5.9) の因子とは異なる．
- ここでは文献 [13] と [145] において独立に導出され，数学的妥当性は文献 [15] において証明が与えられた．

最後に，レート方程式を用いた形式により，次数分布を満たす連続方程式が得られることを説明しよう [148]．方程式

$$p_k = \frac{k-1}{2}p_{k-1} - \frac{k}{2}p_k \tag{5.42}$$

から始めて，

$$2p_k = (k-1)p_{k-1} - kp_k = -p_{k-1} - k\left[p_k - p_{k-1}\right] \tag{5.43}$$

$$2p_k = -p_{k-1} - k\frac{p_k - p_{k-1}}{k-(k-1)} \approx -p_{k-1} - k\frac{\partial p_k}{\partial k} \tag{5.44}$$

のように書くことができる。これより，微分方程式

$$p_k = -\frac{1}{2}\frac{\partial\left[kp_k\right]}{\partial k} \tag{5.45}$$

が得られる。微分方程式 (5.45) の解は

$$p_k \sim k^{-3} \tag{5.46}$$

である。

5.14　発展的話題 5.B　非線形優先的選択

　この節では，優先的選択 (5.22) で特徴づけられる非線形バラバシ・アルバート・モデルの次数分布を導出しよう。$m > 1$ の場合を取り扱うように調整しながら，文献 [145] に従って説明する。

　厳密には，定常次数分布は式 (5.22) で $\alpha \leq 1$ の場合のみに存在する。$\alpha > 1$ の場合は，5.7 節で説明したように，数少ないノードが一定割合のリンクを引き付け，p_k は時間に依存するようになる。したがって，$\alpha \leq 1$ の場合のみに限定しよう。

　各時間ステップで m 個のリンクをもつ新しいノードが追加されていく非線形バラバシ・アルバート・モデルから始める。各々の新しいリンクを存在するノードに確率

$$\Pi(k_i) = \frac{k_i^\alpha}{M(\alpha,t)} \tag{5.47}$$

で結合する。ここで，k_i はノード i の次数，$0 < \alpha \leq 1$ ある。規格化因子は

$$M(\alpha,t) = t\sum k^\alpha p_k(t) = t\mu(\alpha,t) \tag{5.48}$$

であり，$t = N(t)$ はノード数である。ここで，$\mu(0,t) = \sum p_k(t) = 1$ であり，$\mu(1,t) = \sum_k kp_k(t) = \langle k \rangle = 2mt/N$ は平均次数であることに注意しよう。また，$0 < \alpha \leq 1$ であるので，

$$\mu(0,t) \leq \mu(\alpha,t) \leq \mu(1,t) \tag{5.49}$$

となる。したがって，長時間の極限では，

$$\mu(\alpha, t \to \infty) = 一定 \tag{5.50}$$

となるが，正確な値は後ほど計算しよう。簡単のため，$\mu \equiv \mu(\alpha, t \to \infty)$ の表記を使うことにする。

発展的話題 5.A で導入したレート（反応速度）方程式アプローチに従って，ネットワークの次数分布についてのレート方程式は

$$\begin{aligned}(t+1)p_k(t+1) &= t p_k(t) \\ &+ \frac{m}{\mu(\alpha, t)}\left[(k-1)^\alpha p_{k-1}(t) - k^\alpha p_k(t)\right] \\ &+ \delta_{k,m}\end{aligned} \tag{5.51}$$

となる。右辺第 2 項中の $(k-1)^\alpha$ を含む項は次数 $(k-1)$ のノードが新しいリンクを得るレートを記述する。また，右辺第 2 項中の k^α を含む項は新しいリンクを得ることによる次数 k のノードの減少を記述する。最後の項は次数 m のノードの新たな追加を記述する。

漸近的に，$t \to \infty$ の極限において，$p_k = p_k(t+1) = p_k(t)$ と書くことができる。式 (5.51) に $k = m$ を代入して

$$\begin{aligned}p_m &= -\frac{m}{\mu} m^\alpha p_m + 1 \\ p_m &= \frac{\mu/m}{\mu/m + m^\alpha}\end{aligned} \tag{5.52}$$

を得る。$k > m$ については

$$p_k = \frac{m}{\mu}\left[(k-1)^\alpha p_{k-1} - k^\alpha p_k\right] \tag{5.53}$$

$$p_k = \frac{(k-1)^\alpha}{\mu/m + k^\alpha} p_{k-1} \tag{5.54}$$

である。式 (5.53) を再帰的に解くことにより，

$$p_m = \frac{\mu/m}{\mu/m + m^\alpha} \tag{5.55}$$

$$p_{m+1} = \frac{m^\alpha}{\mu/m + (m+1)}\frac{\mu/m}{\mu/m + m^\alpha} \tag{5.56}$$

$$p_k = \frac{\mu/m}{k^\alpha} \prod_{j=m}^{k}\left(1 + \frac{\mu/m}{j^\alpha}\right)^{-1} \tag{5.57}$$

を得る。大きい k についての p_k の振る舞いを決めるために，式 (5.57) の対数をとると

$$\ln p_k = \ln(\mu/m) - \alpha \ln k - \sum_{j=m}^{k} \ln\left(1 + \frac{\mu/m}{j^\alpha}\right) \tag{5.58}$$

となる。多項式展開 $\ln(1+x) = \sum_{n=1}^{\infty} (-1)^{n+1}/n \cdot x^n$ を用いて

$$\ln p_k = \ln(\mu/m) - \alpha \ln k - \sum_{i=m}^{k} \sum_{n=1}^{\infty} \frac{(-1)^{n+1}}{n} (\mu/m)^n j^{-n\alpha} \tag{5.59}$$

を得る。j についての和を積分

$$\sum_{j=m}^{k} j_X^{-n\alpha} \approx \int_m^k x^{-n\alpha} dx = \frac{1}{1-n\alpha}\left(k^{1-n\alpha} - m^{1-n\alpha}\right) \tag{5.60}$$

により近似する。この近似式は $n\alpha = 1$ の特別な場合に

$$\sum_{j=m}^{k} j^{-1} \approx \int_m^k x^{-1} dx = \ln k - \ln m \tag{5.61}$$

となる。したがって，

$$\ln p_k = \ln(\mu/m) - \alpha \ln k \\ - \sum_{n=1}^{\infty} \frac{(-1)^{n+1}}{n} \frac{(\mu/m)^n}{1-n\alpha}\left(k^{1-n\alpha} - m^{1-n\alpha}\right) \tag{5.62}$$

を得る。結果として，次数分布は

$$p_k = C_\alpha k^{-\alpha} e^{-\sum_{n=1}^{\infty} \frac{(-1)^{n+1}}{n} \frac{(\mu/m)^n}{1-n\alpha} k^{1-n\alpha}} \tag{5.63}$$

の形となる。ただし

$$C_\alpha = \frac{\mu}{m} e^{\sum_{n=1}^{\infty} \frac{(-1)^{n+1}}{n} \frac{(\mu/m)^n}{1-n\alpha} m^{1-n\alpha}} \tag{5.64}$$

である。指数関数の肩の部分が負の大きい値をとる場合は $k \to \infty$ の漸近的振る舞いに影響しないので，$1 - n\alpha > 0$ の場合のみを考えればよい。結果として，p_k は

$$p_k \sim \begin{cases} k^{-\alpha} e^{-\frac{\mu/m}{1-\alpha} k^{1-\alpha}} & 1/2 < \alpha < 1 \\ k^{-\frac{1}{2} + \frac{1}{2}\left(\frac{\mu}{m}\right)^2} e^{-\frac{1}{2}\frac{\mu}{m} k^{-2}} & \alpha = 1/2 \\ k^{-\alpha} e^{-\frac{\mu/m}{1-\alpha} k^{1-\alpha} + \frac{1}{2}\frac{(\mu/m)^2}{1-2\alpha} k^{1-2\alpha}} & 1/3 < \alpha < 1/2 \\ \vdots \end{cases} \tag{5.65}$$

のように α に依存する。すなわち，$1/2 < \alpha < 1$ について，次数分布は引き延ばされた指数関数となる。より小さい α に

については，α が $1/n$ (n は整数) より小さくなると新しい補正が寄与するようになる。

$\alpha \to 1$ については，バラバシ・アルバート・モデルから期待されるように，次数分布は k^{-3} のようにスケールする。$\alpha = 1$ については，$\mu = 2m$ であり

$$\lim_{\alpha \to 1} \frac{k^{1-\alpha}}{1-\alpha} = \ln k \tag{5.66}$$

となる。したがって，$p_k \sim k^{-1} \exp(-2 \ln k) = k^{-3}$ を得る。

最後に，$\mu(\alpha) = \sum^j j^\alpha p_j$ を計算する。このために，和 (5.58) を

$$\sum_{k=m}^{\infty} k^\alpha p_k = \sum_{k=m}^{\infty} \frac{\mu(\alpha)}{m} \prod_{j=m}^{k} \left(1 + \frac{\mu(\alpha)/m}{j^\alpha}\right)^{-1} \tag{5.67}$$

$$1 = \frac{1}{m} \sum_{k=m}^{\infty} \prod_{j=m}^{k} \left(1 + \frac{\mu(\alpha)/m}{j^\alpha}\right)^{-1} \tag{5.68}$$

と書く。式 (5.68) を数値的に解くことにより，$\mu(\alpha)$ を得る。

5.15 発展的話題 5.C クラスター係数

この節では，バラバシ・アルバート・モデルについて平均クラスター係数 (5.30) を導出しよう。導出は，Klemm と Eguiluz により提案され [165]，Bollobás により厳密な計算が与えられた方法に従う [71]。

モデルにおいて期待される三角形の数を計算する。この三角形の数は，2.10 節で説明したようにクラスター係数に関係する。ノード i とノード j の間にリンクがある確率を $P(i,j)$ で表す。これにより，三つのノード i, j, l が三角形を形成する確率は $P(i,j)P(i,l)P(j,l)$ である。次数 k_l をもつノード l を含む三角形の数の期待値は，任意に選んだノード i とノード j が作る三角形にノード l が含まれる確率の和として与えられる。連続次数近似を使って，

$$Nr_l(\triangleleft) = \int_{i=1}^{N} di \int_{j=1}^{N} dj P(i,j) P(i,l) P(j,l) \tag{5.69}$$

を得る。$P(i,j)$ を計算するには，バラバシ・アルバート・モデルでいかにネットワークが成長するかを考慮することが必要となる。各時間ステップにおいて一つだけの新しいノードが追加されるので (**Box5.2**)，ノード j が追加される時間を $t_j = j$ とする。そのため，新しいノード j が次数 k_i をもつ

ノード i にリンクされる確率は，優先的選択

$$P(i,j) = m\Pi(k_i(j)) = m\frac{k_i(j)}{\sum_{l=1}^{j} k_l(j)} = m\frac{k_i(j)}{2mj} \quad (5.70)$$

によって与えられる。式 (5.7) を用いて，

$$k_i(t) = m\left(\frac{t}{t_i}\right)^{\frac{1}{2}} = m\left(\frac{j}{i}\right)^{\frac{1}{2}} \quad (5.71)$$

を得る。ここで，ノード j の追加される時間は $t_j = j$ であること，ノード i の追加される時間は $t_i = i$ であることを用いた。したがって，式 (5.70) は

$$P(i,j) = \frac{m}{2}(ij)^{-\frac{1}{2}} \quad (5.72)$$

となる。この結果を用いて，式 (5.69) の三角形の数を

$$\begin{aligned}Nr_l(\triangleleft) &= \int_{i=1}^{N} di \int_{j=1}^{N} dj\, P(i,j)P(i,l)P(j,l) \\ &= \frac{m^3}{8}\int_{i=1}^{N} di \int_{j=1}^{N} dj\, (ij)^{-\frac{1}{2}}(il)^{-\frac{1}{2}}(jl)^{-\frac{1}{2}} \\ &= \frac{m^3}{8l}\int_{i=1}^{N}\frac{di}{i}\int_{j=1}^{N}\frac{dj}{j} = \frac{m^3}{8l}(\ln N)^2 \end{aligned} \quad (5.73)$$

のように書く。クラスター係数は $C_l = \dfrac{2Nr_l(\triangleleft)}{k_l(k_l-1)}$ と書くことができるので，

$$C_l = \frac{\frac{m^3}{4l}(\ln N)^2}{k_l(N)(k_l(N)-1)} \quad (5.74)$$

を得る。式 (5.74) を見やすくするために，式 (5.7) に従って，時間 $t = N$ におけるノード l の次数は

$$k_l(N) = m\left(\frac{N}{l}\right)^{\frac{1}{2}} \quad (5.75)$$

となることに注意しよう。したがって，大きい k_l について

$$k_l(N)(k_l(N)-1) \approx k_l^2(N) = m^2\frac{N}{l} \quad (5.76)$$

となり，バラバシ・アルバート・モデルのクラスター係数は

$$C_l = \frac{m}{4}\frac{(\ln N)^2}{N} \quad (5.77)$$

のように書くことができる。これは l に依存せず，式 (5.30) の結果が得られたことになる。

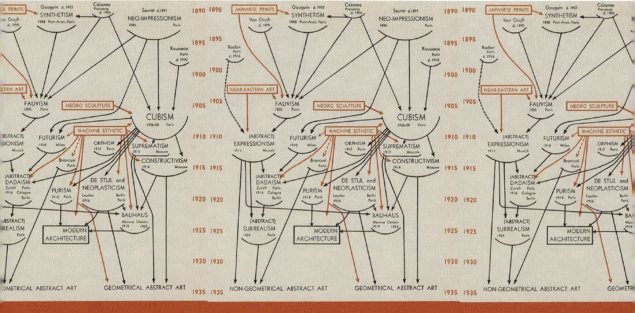

図 6.0 芸術とネットワーク: Alfred Barr

Alfred Barr Jr. (1902-1981) は米国の芸術分野の歴史研究者であり,米国ニューヨーク市にあるニューヨーク近代美術館 (MoMa) の初代館長である。現代美術に対する市民理解の発展において Barr は最も影響力を持った人物の一人である。現代美術の発展と交流を描いたこの 1936 年のチャートでは,Barr はネットワークの枠組みを使った。本図は,MoMa における最初の大規模な展示会となった**キュビスムと抽象芸術**の目録の表紙である。

第 6 章

進化するネットワーク

- 6.1 はじめに 215
- 6.2 ビアンコーニ・バラバシ・モデル 216
- 6.3 適応度の測定 220
- 6.4 ボーズ・アインシュタイン凝縮 224
- 6.5 成長ネットワークモデル 227
- 6.6 まとめ 236
- 6.7 演習 241
- 6.8 発展的話題 6.A　ビアンコーニ・バラバシ・モデルの解析解 241

6.1　はじめに

　WWW の誕生から 6 年後に設立されたグーグルは，検索分野では遅参者であった．1990 年代の後半までには，早期に参入していたアルタ・ビスタとインクトミという二つの検索エンジンが検索分野を独占していた．しかし，3 番目の参入者であるグーグルはすぐに最大手の検索エンジンに成長しただけでなく，2000 年までには WWW 上の最大のハブとなるという，信じがたいようなスピードでリンクを獲得した [50]．しかし，それはずっと続いたわけではなく，2011 年には，グーグルと比べてもさらに若い，フェイスブックが WWW 上の最大ノードとなった．

　このような WWW 上の市場勢力図は，我々のモデル化の枠組みの重要な限界を示している．すなわち，これまで見たどのネットワークのモデルもそれを説明することはできない．実際，エルデシュ・レニィ・モデルでは，最大ノードの出現は完全に偶然性に左右される．バラバシ・アルバート・モデルはどのノードもその次数は $k(t) \sim t^{1/2}$ に従って増加するが，これは，より現実的に違いを説明する．すなわち，最も古いノードが常に最多のリンクを獲得することを意味し，ビジネ

図 6.1　服飾産業地区

服飾産業地区はマンハッタン近郊の，5～9番街の34～42丁目通りの間に位置する。20世紀初頭から合衆国のファッションに関する生産とデザインの中心である。この地区の中心には *Needle threading a button* と *Jewish tailor* という二つの彫刻が置かれていて，この周辺の栄光ある過去の姿に対して賛辞を贈っている。

ニューヨーク市の服飾産業は衰退していくネットワークに関する傑出した例であり，ノードの消失によるネットワークのトポロジーの変化を理解する助けとなる（**Box6.5**）。

スの分野では**先行者利益**と呼ばれる現象である。同時に，遅れて出現したノードは決して最大のハブにはなり得ない。

現実にはノードの成長率はその年齢だけに依存するわけではない。代わりに，ウェブページや会社，俳優自身がもつ固有の資質が，リンクを獲得するスピードに影響する。遅れて現れたにもかかわらず，尋常でない数のリンクを短期間で獲得するものもある。早く登場してもまったくうまくいかないものもある。本章の目標は，ノードのリンクを獲得する能力の違いがネットワークのトポロジーに及ぼす影響を解明することである。この獲得能力の違いを超えて，ノードとリンクの消滅（**図6.1**）やノードの加齢などの他の過程についても探求する。ノードの加齢は，ネットワークの進化やその形状の変化のあり方を変えるという，現実のネットワークで頻繁に見られる現象である。我々の目標は，さまざまな現実のネットワークのダイナミクスやトポロジーを予測するため自由自在に適用できる，首尾一貫したネットワークの進化の理論を構築することである。

6.2　ビアンコーニ・バラバシ・モデル

偶然の出会いを永続的な付き合いに変えてしまうコツを持っているひとがいる。また，単なる消費者を忠実なパートナーにしてしまう企業がある。何気なく訪れただけなのに夢中になってしまうようなウェブページもある。これらの成功したノードには，他のノードに比べて一歩抜きん出ることを可能にするある共通した性質が備わっている。この性質を**適応度**と呼ぼう。

適応度とは，偶然の出会いを永続的な友情に変えてしまうような，ある個人の才能のことであり，競合他社に比べてより多くの顧客を獲得するような，ある企業の才覚のことであり，また，興味を引く他のたくさんのページがあるにもかかわらず，毎日そこを訪れてしまうようなウェブページの力のことである。適応度は，個人については遺伝的な根拠をもつものであり，企業についてはその技術革新や経営の質に関係するものであり，ウェブサイトについては提供するコンテンツに依存するものと考えられる（**オンライン資料6.1**）。

バラバシ・アルバート・モデルでは，あるノードの成長率はその次数のみによって決まると仮定していた。適応度の効果

を取り入れるため，優先的選択はノードの適応度 η と次数 k の積によって決まると仮定しよう．そのようなモデルは，**ビアンコーニ・バラバシ・モデル**または**適応度モデル**と呼ばれ，次の二つのステップで記述される [166, 167]．

- **成長**

  各時間ステップで，m 本のリンクと適応度 η_j をもつノード j が一つ付加される．ここで，適応度 η_j は与えられた**適応度分布** $\rho(\eta)$ に従って生成されたランダムな数である．いったん割り当てられた適応度は変化しない．

- **優先的選択**

  新しく付加されたノードが他のノード i にリンクを張る確率は

$$\Pi_i = \frac{\eta_i k_i}{\sum_j \eta_j k_j} \tag{6.1}$$

のようにノード i の次数 k_i と適応度 η_i の積に比例する．

式 (6.1) は，確率 Π_i の k_i 依存性により，より次数の大きいノードが見えやすく，すなわちリンクを張られやすいことを意味し，η_i 依存性により，同じ次数をもつノードであっても，より大きい適応度をもつノードの方がリンクを張られやすいことを意味している．したがって，式 (6.1) で表される確率によれば，まだリンク数の小さい若いノードであっても他のノードに比べて大きい適応度をもっていれば，急速にリンク数を大きくしていくことが可能である．

6.2.1 次数成長

それぞれのノードの次数がどのように成長していくかについては，連続体理論を用いて調べることができる．式 (6.1) によれば，ノード i の次数は，単位時間当たり

$$\frac{\partial k_i}{\partial t} = m \frac{\eta_i k_i}{\sum_j \eta_j k_j} \tag{6.2}$$

に従って変化する．次数 k_i の時間発展は適応度に依存する指数 $\beta(\eta_i)$ を用いたべき則

$$k(t, t_i, \eta_i) = m \left(\frac{t}{t_i}\right)^{\beta(\eta_i)} \tag{6.3}$$

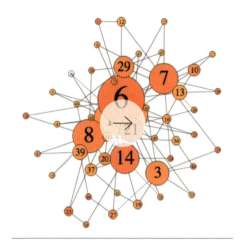

オンライン資料 6.1

ビアンコーニ・バラバシ・モデル

この映像では，無作為に与えられた適応度をもったノードが追加されることによって成長していくネットワークの様子を見ることができる．適応度はノードの色によって示される．新しいノードは式 (6.1) による一般化された優先的選択によって既存のノードにリンクを張っていく．ノードの成長率はその適応度に比例することになる．ノードの大きさは次数に比例しており，時間の経過に従って，最も大きい適応度をもつノードが最も大きいハブになっていく．このビデオは Dashun Wang の好意による．

図 6.2 ビアンコーニ・バラバシ・モデルにおける次数の競争

(a) バラバシ・アルバート・モデルではすべてのノードの次数は同じ割合で増加する。したがって，早期にネットワークに加えられたノードほどその次数は大きい値を示すことになる。この図は異なる時点 ($t_i = 1,000, 3,000, 5,000$) にネットワークに加えられたノードの次数の時間変化であり，後になって加えられたノードの次数はそれよりも前に加えられたノードの次数を追い越すことはない [168]。

(b) 図 (a) を両対数軸でプロットしたもの。すべてのノードは同一の動的指数 $\beta = 1/2$ をもつ式 (5.7) の成長則に従っていることがわかる。

(c) ビアンコーニ・バラバシ・モデルでは各ノードの次数はその適応度で決まる成長率によって増加する。そのため，より大きい適応度をもつノード（紫色）はたとえ後から付け加えられたものであっても，それ以前に付け加えられていたノードの次数を追い越すことがある。

(d) 図 (c) を両対数軸でプロットしたもの。それぞれのノードの次数は，式 (6.3) と式 (6.4) で予測されるとおり，個々の適応度に依存する成長率に従って増加することを示している。

図 (a)-(d) の曲線は同じ適応度の列を用いた 100 回の独立なシミュレーション結果を平均したものである。

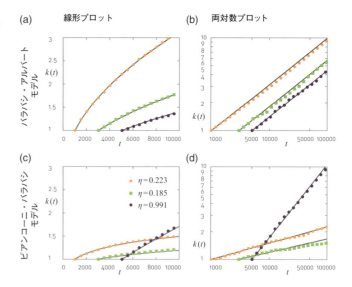

に従うと仮定しよう（**図 6.2**）。式 (6.3) を式 (6.2) に代入すると，次数の時間発展に関する**動的指数**は

$$\beta(\eta) = \frac{\eta}{C} \tag{6.4}$$

となる（**発展的話題 6.A**）。ここで

$$C = \int \rho(\eta) \frac{\eta}{1 - \beta(\eta)} d\eta \tag{6.5}$$

である。バラバシ・アルバート・モデルでは $\beta = 1/2$ となり，個々のノードの次数は時間の平方根に依存して増加する。式 (6.4) からビアンコーニ・バラバシ・モデルでは動的指数はそのノードの適応度 η に比例し，個々のノードはそれぞれ固有の動的指数をもつことになる。結果として，より大きい適応度をもつノードほど次数は速く増加する。そして，十分な時間が与えられれば適応度の大きいノードの次数は小さい適応度のノードを大きく上回ることとなろう（**図 6.2**）。フェイスブックはこの現象の顕著な例である。フェイスブックが IT 業界に参入した時期は比較的遅かったが，いったん使い始めるととりこになってしまうサービスによって，競合他社よりも速くリンクを獲得し，最終的には WWW 上で最も大きいハブとなった。

6.2.2 次数分布

ビアンコーニ・バラバシ・モデルによって生成されるネットワークの次数分布は，連続体理論を用いて計算することが

でき，

$$p_k \approx C \int \frac{\rho(\eta)}{\eta} \left(\frac{m}{k}\right)^{\frac{C}{\eta}+1} d\eta \tag{6.6}$$

となる（**発展的話題 6.A**）。式 (6.6) は重みづけられた複数のべき分布の和からなっており，p_k が適応度分布 $\rho(\eta)$ の詳細な形に依存していることを示す。このモデルの性質を示すために，式 (6.4) と式 (6.6) を用いて，次の二つの適応度分布について $\beta(\eta)$ と p_k を計算する。

同一値の適応度

すべてのノードの適応度が同じ値のとき，ビアンコーニ・バラバシ・モデルはバラバシ・アルバート・モデルと同じになる。実際，すべてのノードが同一の適応度 $\eta = 1$ をもつとして $\rho(\eta) = \delta(\eta - 1)$ を用いてみよう。このとき，式 (6.5) から $C = 2$ を得る。式 (6.4) より $\beta = 1/2$ となり，式 (6.6) より $p_k \sim k^{-3}$ となる。これはバラバシ・アルバート・モデルの次数分布として知られるべき則である。

一様分布の適応度

各ノードが異なる適応度をもつときは，モデルの振る舞いはもっと興味深いものとなる。適応度 η が $[0,1]$ の範囲で一様にランダムな値を取るとしよう。このとき，C は式 (6.5) から得られる方程式

$$\exp(-2/C) = 1 - 1/C \tag{6.7}$$

の解である。この方程式を数値的に解いて，解 $C^* = 1.255$ を得る。結果として，式 (6.4) によれば，ノード i の動的指数は各ノードで異なる値 $\beta(\eta_i) = \eta_i/C^*$ となる。

式 (6.6) を用いると

$$p_k \sim \int_0^1 \frac{C^*}{\eta} \frac{1}{k^{1+C^*/\eta}} d\eta \sim \frac{k^{-(1+C^*)}}{\ln k} \tag{6.8}$$

となり，次数分布はべき指数 $\gamma = 2.255$ のべき則に従う。しかし，そのべき則は完全なものではなく，$1/\ln k$ の補正がなされている。

図 6.2 と**図 6.3** に，これらの予測について数値シミュレーションにより得られた検証結果を示す。シミュレーションから，$k_i(t)$ はそのノードの適応度 η に対応するべき則に従い，その動的指数 $\beta(\eta)$ は η とともに増加することが確かめられている。**図 6.3a** が示すように，動的指数の実測値は式 (6.4)

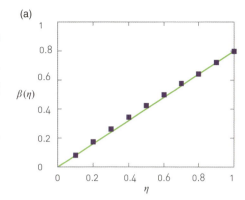

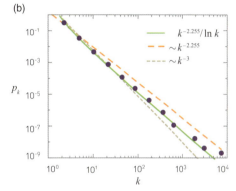

図 6.3 ビアンコーニ・バラバシ・モデルの特徴

(a) 一様な適応度分布 $\rho(\eta)$ に対して得られた動的指数 $\beta(\eta)$ を η の関数としてプロットしたもの。四角は数値シミュレーションによって得られたもので，実線は解析解 $\beta(\eta) = \eta/1.255$ である。
(b) $m = 2$, $N = 10^6$ のネットワークについての数値シミュレーションから得られたビアンコーニ・バラバシ・モデルの次数分布。各ノードの適応度は $[0,1]$ の範囲から無作為に選ばれている。緑の実線は $\gamma = 2.255$ としたときの式 (6.8) の予測である。破線は対数補正を伴わない $p_k \sim k^{-2.255}$ を，また点線はすべてのノードの適応度が等しいとしたときの $p_k = k^{-3}$ を表している。シミュレーション結果と最もよく合うのは式 (6.8) であることに注意されたい。

> **Box 6.1　適応度の遺伝的起源**
>
> 人間関係のネットワークの中で，友人を得る能力としての適応度が遺伝的起源をもつことはありうるだろうか．この疑問に答えるために，研究者たちは1,110組の学齢期の双子の社会ネットワークを，形質や行動の遺伝可能性を決めるために開発された技法を使って調査し，次の結果を得た [169, 170]．
>
> - ある生徒の入次数（その生徒のことを友人と思っている生徒数）の変動のうちの46％が遺伝的因子によって説明できる．
> - 遺伝的因子は出次数（ある生徒が友人と思っている生徒数）にとって重要ではない．
>
> このことは，ある個人がリンクを獲得する能力，すなわち適応度は遺伝するということを示唆している．言い換えると，社会ネットワークにおいては，適応度は遺伝的起源をもつということである．この結論は，人気となる度合いの変化に伴うある遺伝的形質についての研究によっても支持されている [171]．

による理論値とよく一致している．同様に，図**6.3b** も式 (6.8) の結果と数値計算によって得られた次数分布との一致を示している．

まとめると，ビアンコーニ・バラバシ・モデルにより，各ノードがリンクを獲得する速さが異なるという内的な特性の違いを考慮できる．このモデルでは，各ノードの成長率はそのノードの適応度 η によって決まる．また，そのモデルを用いて，ネットワークの次数分布の適応度分布 $\rho(\eta)$ に対する依存性も計算できる．

6.3　適応度の測定

ノードの適応度を測定することは，どのウェブサイトが目を見張るほどの成長をすることになるのか，どの科学論文が大きい影響力を持つものとなるのか，あるいは，どの俳優がスターダムへと駆け登るようになるのかを知る手助けとなるだろう（**Box6.1**）．しかし，適応度を決定する際には誤りがつきものである．大相撲のウェブページにどのような適応度を割り振ればよいかを考えてみよう．相撲がたいへん魅力的だと思う人もいるであろうが，多くの人にとってはあまり関心がないかもしれない．したがって，同じノードに人によって異なる適応度が割り振られることは避けられない．

式 (6.1) によれば，適応度は個人的な考察によって割り振られるべきものではなく，ネットワーク内の**あるノードが他のノードに比べてどの程度重要であるのかについての全体的な知見**を反映するものでなければならない．したがって，あるノードの時間発展を他のノードの時間発展と比べることによって，そのノードの適応度を決めることができる．この節では，個々のノードの時間発展についての情報が得られれば，ビアンコーニ・バラバシ・モデルの定量的枠組みを用いて個々のノードの適応度を決定することができることを示す．

あるノードの成長率を適応度と関連づけるために，式 (6.3) の対数をとると，

$$\ln k(t, t_i, \eta_i) = \beta(\eta_i) \ln t + B_i \qquad (6.9)$$

を得る．ここで $B_i = \ln(m/t_i^{\beta(\eta_i)})$ は時間には依存しないパラメータである．この式では $\ln k(t, t_i, \eta_i)$ の傾きは動的指数 $\beta(\eta_i)$ の線形関数である．そして式 (6.4) によると，$\beta(\eta_i)$ は η_i に線形に依存している．したがって，多数のノードの次数

の時間発展の分布を追跡することができれば，動的指数 $\beta(\eta_i)$ の分布は適応度の分布 $\rho(\eta)$ と一致することになろう．

6.3.1　ウェブ文書の適応度

WWW 上のウェブページの適応度については，約 2200 万のウェブページに記載されているリンクを 13 か月にわたって毎月追跡したデータセットがあり，体系的に測定されている [172]．大部分のノード（ウェブ文書）はこの追跡期間中の次数の変化はなかったが，6.5％のノードの次数は大きい変化をみせた．これらのノードの動的指数は式 (6.9) によって決まるが，そこから求められた適応度分布 $\rho(\eta)$ は指数関数的となり，これは大きい適応度をもつノードがまれであることを示している（図 6.4）．

得られた適応度分布の形はいささか期待に反するものである．というのは，ウェブ文書の適応度は広い範囲のさまざまな値を取ると仮定していたからである．たとえば，グーグルのウェブページは，ウェブサーフィンをするものにとっては，自分の個人的なウェブページよりもずっと魅力的だと思える．しかし，$\rho(\eta)$ が指数関数で表されているということは，ウェブ文書の適応度はある一定の比較的狭い範囲内にあることを示している．したがって，二つのウェブ文書の次数が大きく異なると観測された場合，その違いはシステムのダイナミクスが生み出している．すなわち，適応度に小さな違いしかなくても，成長と優先的選択がその違いを増幅し，ほんの少しだけ大きい適応度をもつノードをずっと大きい次数をもつノードへと変化させたということである．

この増幅過程をはっきり示すために，ネットワーク内で同時に生まれたが，異なる適応度 $\eta_2 > \eta_1$ をもつ二つのノードを考えよう．式 (6.3) と式 (6.4) によれば，それらのノードの次数の相対的な違いは，十分に大きい t については，

$$\frac{k_2 - k_1}{k_1} \sim t^{\frac{\eta_2 - \eta_1}{C}} \qquad (6.10)$$

に従って成長する．適応度 η_2 と η_1 の違いは小さいかもしれないが，長い時間 t が経つと次数の相対的な違いは顕著なものとなる．

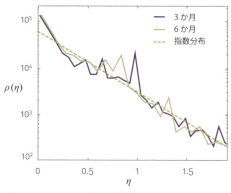

図 6.4　WWW の適応度分布

大量のウェブ文書の次数がどのように時間発展するかを測定して得られた適応度分布．この測定によれば，個々のノードの次数は式 (6.3) で予測されるように，その時間依存性がべき則に従っている．各曲線の傾きは $\beta(\eta_j)$ であり，式 (6.4) に従って，定数因子を含めそのノードの適応度 η_i に対応している．本図は，3 か月の期間をおいて記録されたデータに基づいた二つの測定結果を示したものであり，適応度分布は時間に依存しないことを示している．破線はこの適応度分布は指数関数によってよく近似されることを示唆する．文献 [172] による．

6.3.2 科学論文の適応度

いくつかのネットワークでは，ノードは式 (6.3) よりもずっと複雑なダイナミクスに従う。それらのノードの適応度を測るためには，まずその成長の法則を捉えなければならない。この過程をある研究論文の適応度を決定することによって示そう。そのことにより，その論文のその後のインパクトも予測できる。

ほとんどの研究論文はほんの少ししか引用されないが，ごく一部の論文は数千回あるいは数万回の引用数を集める [173]。このインパクトの違いはさまざまな出版物の新規性や重要性の違いを反映している。一般的に言って，ある研究論文 i が出版後の時刻 t において引用される確率は

$$\Pi_i \sim \eta_i c_i^t P_i(t) \tag{6.11}$$

で表される [174]。ここで，その論文の適応度 η_i は，論文で報告された発見の新規性と重要度がどのように受け止められたかを表す。また，c_i^t は論文 i が出版後の時刻 t で獲得した累積引用数で，よく引用される論文はあまり引用されない論文よりも一層引用されがちであるという事実（優先的選択）を表している。式 (6.11) の最後の因子は，いくつかの新しいアイデアがその後の仕事によってまとめられていくことを表している。すなわち，個々の論文の新規性は時間とともに色褪せていくということである [174, 175]。実際の測定では，この新規性の減少は対数正規分布則

$$P_i(t) = \frac{1}{\sqrt{2\pi t}\sigma_i} e^{-\frac{(\ln t - \mu_i)^2}{2\sigma_i^2}} \tag{6.12}$$

に従う。式 (6.11) を用いてマスター方程式を解くと，ある論文の引用数の時間的な成長について

$$c_i^t = m \left(e^{\frac{\beta \eta_i}{A} \Phi\left(\frac{\ln t - \mu_i}{\sigma_i}\right)} - 1 \right) \tag{6.13}$$

が得られる。ここで，

$$\Phi(x) = \frac{1}{\sqrt{2\pi}} \int_{-\infty}^{x} e^{-y^2/2} dy \tag{6.14}$$

は累積正規分布であり，m, β, A は大域的パラメータである。

式 (6.13) は，論文 i の引用歴は三つのパラメータで特徴づけられることを示している。ある論文がその引用数のピーク

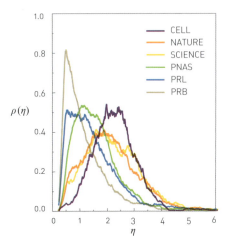

図 6.5 研究論文の適応度分布

1990 年に出版された六つの論文誌中の論文の適応度分布。個々の論文の適応度はそれぞれの論文の 10 年間の引用歴に式 (6.13) をあてはめることによって得た。二つの論文誌（*Physical Review B* と *Physical Review Letters*）は物理学分野，一つの論文誌（*Cell*）は生物学分野，三つの論文誌（*Nature*, *Science*, *PNAS*）は学際的分野のものである。

得られた適応度分布は互いにシフトしており，*Cell* が最も大きい適応度をもつ論文を掲載し，続いて，*Nature*, *Science*, *PNAS*, *Physical Review Letters*, *Physical Review B* の順となっている。文献 [174] による。

Box 6.2 究極的インパクト

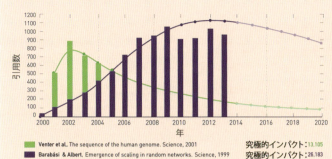

引用数は研究論文のその時点までのインパクトについての情報を与えるだけであり，その論文のインパクトはもうこれ以上増えないのか，それともこれからも増えていくのかについては何も教えてくれない．ある論文の本当のインパクトを見積もるためには，ある論文がその**生涯を通して**どれくらいの引用数を獲得できるかを決定する必要がある．式 (6.11) と式 (6.14) による引用モデルを用いてこの**究極的インパクト**がどうなるのかを知ることができる．式 (6.13) において $t \to \infty$ の極限を取ることにより，

$$c_i^\infty = m(e^{\eta_i} - 1) \tag{6.15}$$

を得る [174]．この結果を見ると，研究論文の引用数に寄与する因子は数多くあるにもかかわらず，適応度 η_i のみによって究極的インパクトは決まることがわかる（**図 6.6**）．

図 6.6 究極的インパクトの予想値

ヒトゲノム解析の最初のドラフトを報告した論文（Venter [27]）と，スケールフリー・ネットワークの発見を報告した論文（Barabási–Albert [10]）の年ごとの引用歴．二つの論文の初期のインパクトとしては，これほど異なるものはなかろう．Web of Science によると，非常に期待されていたヒトゲノム論文は出版後すぐの 2 年間で 1400 以上の引用数を集めた．それに対し，スケールフリー・ネットワーク論文は同じ時期で 120 回しか引用されていない．また，長期間の引用数の変化についてもこの二つの論文は大変に異なっている．ヒトゲノム論文の引用数は 2 年目でピークに達した．これはすべての研究論文のうちの 85% 以上に共通する傾向である．それに対し，スケールフリー・ネットワーク論文の年ごとの引用数は出版後 10 年に渡って増え続けている．

曲線はそれぞれの引用歴を式 (6.13) でフィットしたものである．これによると，論文の将来の引用数と究極的インパクトを決定することができる．究極的インパクトは $t \to \infty$ としたときの曲線の下の面積で表される．式 (6.15) によると，ヒトゲノム論文については，13,105，スケールフリー・ネットワーク論文については，26,183 となる．したがって，初期の引用数は究極的インパクトの強い指標ではない．

に達する時刻を決定する即時性 μ_i，引用数の減少率を決める寿命 σ_i，そして最も重要な相対的適応度 $\eta_i' \equiv \eta_i \beta / A$ である．この相対的適応度が，ある論文が他の論文に比べてどの程度重要であるかの目安であり，最終的なインパクトの程度を決定する（**Box6.2**）．

図 6.5 に，いくつかの論文誌について，その論文誌中の個々の論文の引用数の時間変化を式 (6.13) でフィットすることによって得られた適応度分布をプロットした．この測定結果を見ると，細胞生物学のトップジャーナルである *Cell* の適応度分布は右にシフトしており，*Cell* 中の論文は全体として大きい適応度をもつ傾向があることを示している．この論文誌は最も大きいインパクトファクターをもつものの一つであるから驚くべきことではない．これと比較して，*Physical Review*

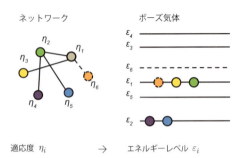

図 6.7　ネットワークとボーズ気体との対応

ネットワーク
六つのノードをもつネットワーク。異なる色のノードはそれぞれが異なる適応度 η_i をもっていることを表す。その適応度はある適応度分布 $\rho(\eta)$ に従って選び出されている。

ボーズ気体
ノードの適応度 η が気体中のエネルギー準位 ε に対応づけられることにより，このネットワークはランダムなエネルギー準位をもつボーズ気体に対応づけられる。新しいノード i から既存ノード j への 1 本のリンクはエネルギー準位 ε_j 上のボーズ粒子一つに対応する。

成長
ネットワークはノードを一つずつ（たとえば，図中の適応度 η_6 をもつオレンジのノード 6 を）付け加えることで成長していく。$m=1$ だとすると，新しいノード 6 は式 (6.1) に従って選ばれた灰色のノード 1 に向かって破線のリンクを一本張る。このことはボーズ気体では，ε_6 の新しいエネルギー準位（破線）をつけ加え，ノード 6 がリンクを張ったノード 1 を表すエネルギー準位 ε_1 に粒子を一つ加えることに対応する。

の論文の適応度は左に寄っており，Cell と比べると大きい適応度をもつ論文が多くないことを示している。

まとめると，ビアンコーニ・バラバシ・モデルによって与えられる理論的枠組みによって個々のノードの適応度と適応度分布 $\rho(\eta)$ の形状を決定できる。実測によると，典型的な適応度分布は大きい η の値で指数関数的に減少し，個々のノードの適応度はそれほど異なったものではないことがわかる。時間の経過とともに，この適応度の違いは大きな差となって現れ，ついには各ノードに入る次数は WWW や論文引用ネットワークに見られるようなべき則に従う幅広い分布となる。

6.4　ボーズ・アインシュタイン凝縮

これまでの節では，WWW の適応度分布は単純な指数関数に従う（図 6.4）のに対し，研究論文の適応度はピークをもった分布となる（図 6.5）ことを見てきた。観測される適応度分布がこのようにさまざまであることから，ある重要な疑問が生じる。ネットワークのトポロジーは $\rho(\eta)$ の振る舞いにどのように依存するのだろうか。

技術的には，その答えは p_k と $\rho(\eta)$ を結びつける式 (6.6) にある。しかしながら，ボーズ・アインシュタイン凝縮をネットワークが起こすことが見つかって初めて，適応度分布の真のインパクトが明らかとなった。この節では，この発見につながる対応づけとそれがネットワークのトポロジーに与える影響について議論する [176]。

ボーズ気体の性質は物理学において広範に研究されてきた。まず，ビアンコーニ・バラバシ・モデルとボーズ気体の間に形式的な対応をつけることから始めよう（図 6.7）。

- **適応度 → エネルギー**

適応度 η_i をもつノードに

$$\varepsilon_i = -\frac{1}{\beta_\mathrm{T}} \log \eta_i \tag{6.16}$$

で定まるエネルギー ε_i を対応させる。物理系では，β_T は絶対温度の逆数の役割を果たす。ここで，T の添字を付けることにより，動的指数 β と区別する。式 (6.16) から，ネットワーク内の各々のノードはボーズ気体中のエネルギー準位に対応することになる。ノードの適応度が大きいほど，そのエネルギーは小さい。

- **リンク → ボーズ粒子**
  ノード i からノード j への一本のリンクがあれば，エネルギー準位 ε_j に粒子一つを置く．
- **ノード → エネルギー準位**
  m 本のリンクをもつノードを付け加えることは，それぞれのリンクが接続される既存ノードに対応するエネルギー準位 ε_j に，1 個ずつ合計 m 個のボーズ粒子を加えることに対応する．

この対応づけがもたらす数学的帰結から，気体中のそれぞれのエネルギー準位の粒子数は，1924 年に Satyendra Nath Bose によって導き出されたボーズ統計に従うことがわかる (**Box6.3**)．その結果，適応度モデルにおけるリンクは量子気体中の素粒子と同じように振る舞うことになる．

このボーズ気体との対応づけは厳密なものであり，二つの異なる相の存在を予測する [176, 177]．

スケールフリー相

大部分の適応度分布では，ネットワークは適者繁栄のダイナミクスを示す．すなわち，各ノードの次数は最終的には適応度で決まってしまう．適応度の最も大きいノードは必然的に最大のハブとなり，成長中のどの瞬間をとっても次数分布はべき則に従う．これは生成されたネットワークはスケールフリー・ネットワークとなることを示す．その結果，最大のハブは式 (4.18) に従い，劣線形にしか成長しない．このハブに，それよりもほんの少しだけリンク数の小さいハブが続く (図 **6.9a**)．6.2 節で議論された一様な適応度分布をもつモデルはこのスケールフリー相にある．

ボーズ・アインシュタイン凝縮相

ボーズ気体との対応づけによる思いもよらない帰結は，ある適応度分布ではボーズ・アインシュタイン凝縮を起こす可能性があるということである．ボーズ・アインシュタイン凝縮においては，すべての粒子が最低のエネルギー準位に落ち込み，その他のエネルギー準位には粒子は分布しなくなる (**Box6.4**)．

ネットワークにおけるボーズ・アインシュタイン凝縮は最大の適応度をもつノードがすべてのリンクのうちの有限部分を独占し，スーパーハブとなってしまうことを意味する (図

> **Box 6.3 適応度からボーズ気体への対応づけ**
>
> ボーズ気体の理論においては，粒子がエネルギー準位 i にある確率は
>
> $$\Pi_i = \frac{e^{-\beta_T \varepsilon_i} k_i}{\sum_j e^{-\beta_T \varepsilon_j} k_j} \tag{6.17}$$
>
> である (図 **6.7**)．したがって，エネルギー準位 ε_i にある粒子数の単位時間当たりの変化は
>
> $$\frac{\partial k_i(\varepsilon_i, t, t_i)}{\partial t} = m \frac{e^{-\beta_T \varepsilon_i} k_i(\varepsilon_i, t, t_i)}{Z_t} \tag{6.18}$$
>
> となる [176]．ここで $k_i(\varepsilon_i, t, t_i)$ はレベル i の粒子の占有数であり，
>
> $$Z_t = \sum_{j=1}^{t} t e^{-\beta_T \varepsilon_j} k_j(\varepsilon_t, t, t_j)$$
>
> は分配関数である．式 (6.18) の解は
>
> $$k_i(\varepsilon_i, t, t_i) = m \left(\frac{t}{t_i} \right)^{f(\varepsilon_i)} \tag{6.19}$$
>
> である．ここで $f(\varepsilon) = e^{-\beta_T(\varepsilon - \mu)}$ であり，μ は
>
> $$\int \deg(\varepsilon) \frac{1}{e^{\beta_T(\varepsilon - \mu)} - 1} = 1 \tag{6.20}$$
>
> を満たす化学ポテンシャルである．ここで $\deg(\varepsilon)$ はエネルギー準位 ε の縮退度である．式 (6.20) は $t \to \infty$ の極限で，エネルギー ε をもつ粒子数を表す占有数が**ボーズ統計**
>
> $$\eta(\varepsilon) = \frac{1}{e^{\beta_T(\varepsilon - \mu)} - 1} \tag{6.21}$$
>
> に従うことを意味する．適応度モデルのボーズ気体へのこの対応づけが，ビアンコーニ・バラバシ・モデルでのノード次数がボーズ統計に従うことの証明である．

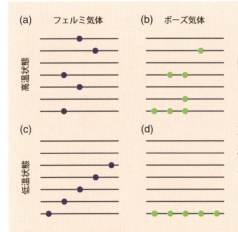

図 6.8　ボーズ統計とフェルミ統計

フェルミ気体（図 a および c）では，一つのエネルギー準位に一つの粒子しか入れないが，ボーズ気体（図 b および d）では，そのような制限はない．高温では，この二つの気体はほとんど区別できない．しかしながら，温度が低くなると，それぞれの粒子は可能な限り最小のエネルギーを取るようになり，二つの気体の違いが際立ってくる．

Box 6.4　ボーズ・アインシュタイン凝縮

古典物理学では，粒子の運動エネルギー $E = mv^2/2$ は，静止状態での 0 から任意の大きい値まで，どのような値でも取りうる．さらに，同じ速度 v をもっているのであれば，同じエネルギー E をもつ粒子は何個あってもよい．量子力学ではエネルギーは量子化されていて，離散的な値しか取ることができない．また，量子力学では粒子について二つの異なる種類がある．電子などが属するフェルミ粒子は同一の系の中に同じ量子状態をもつ粒子は複数個存在し得ない．したがって，あるエネルギー準位に存在できる電子はただ一つである（**図 6.8a**）．これとは対照的に，光子などが属するボーズ粒子は同じエネルギー準位に何個でも粒子が存在できる（**図 6.8b**）．

温度が高く，熱的擾乱によって粒子がさまざまなエネルギーをもつときには，フェルミ気体とボーズ気体の違いは無視できる（**図 6.8a,b**）．その違いは，低温において，すべての粒子が可能な限り最小のエネルギーをもつときに顕著になる．フェルミ気体では，低温では，ちょうど花瓶に水を注いでいくときのように，底から順々にエネルギー準位が満たされていく（**図 6.8c**）．しかし，ボーズ気体は同じエネルギー準位を何個の粒子が占めてもよいので，低温ですべての粒子が最低のエネルギー準位にひしめきあうことになる（**図 6.8d**）．言い換えると，どれほどの量の「ボーズ液体」を花瓶に注ぎ入れても，それは花瓶の底にたまって決して一杯にならない．この現象はボーズ・アインシュタイン凝縮と呼ばれ，1924 年，Einstein によって初めて提唱された．ボーズ・アインシュタイン凝縮が初めて実験的に検証されたのは 1995 年になってからで，その業績は 2001 年のノーベル物理学賞として認められた．

6.9b）．その結果生じるネットワークはスケールフリー・ネットワークではなく，ハブ・アンド・スポーク型のトポロジーをもつ．この相では，富めるものはより豊かになる現象が極端なものとなり，実質的には**勝者がすべてを獲得する**という定性的に異なる現象になる．その結果，ネットワークはスケールフリー性を失ってしまう．

物理系においては，ボーズ・アインシュタイン凝縮はボー

ズ気体をある臨界温度よりも低温にすることにより生ずる（**Box6.4**）。ネットワークにおいては，式 (6.16) の温度 β_T は単なるダミー変数であり，次数分布 p_k のようなトポロジー的に重要な諸量から最終的には消えてしまう。したがって，ボーズ・アインシュタイン凝縮が起こるかどうかは適応度分布 $\rho(\eta)$ の形のみに依存することになる。あるネットワークがボーズ・アインシュタイン凝縮を起こすためには，適応度分布は条件

$$\int_{\eta_{\min}}^{\eta_{\max}} \frac{\eta \rho(\eta)}{1-\eta} d\eta < 1$$

を満たす必要がある。ボーズ・アインシュタイン凝縮を起こす適応度分布の一つとして，

$$\rho(\eta) = (1-\zeta)(1-\eta)^\zeta \tag{6.22}$$

がある。ここでは，ζ を変えることによって，ボーズ・アインシュタイン凝縮を起こすことができる（図 6.9）。実際，式 (6.20) が解をもつか否かは $\rho(\eta)$ の形によって決まるエネルギー分布 $g(\varepsilon)$ に依存する。特に，もし式 (6.22) が与えられた $g(\varepsilon)$ に対して非負の解をもたなければ，ボーズ・アインシュタイン凝縮が起き，全粒子のうちの有限部分が最低のエネルギー準位に落ち込む（**オンライン資料6.2**）。

まとめると，適応度分布の正確な形が成長するネットワークのトポロジーを決定する。一様な適応度分布ではスケールフリーのトポロジーとなるのに対して，ある $\rho(\eta)$ ではボーズ・アインシュタイン凝縮が起こる。もし，ネットワークがボーズ・アインシュタイン凝縮を起こすと，一つ，あるいは，数個のノードがほとんどのリンクを独占することになる。その結果，スケールフリー状態を作り出す適者繁栄の過程が，勝者独占の現象へと変わってしまう。ボーズ・アインシュタイン凝縮はこのようにネットワークの構造に明白な影響を与えるため，それが存在するなら見逃すことはほとんどない。ボーズ・アインシュタイン凝縮はスケールフリー・ネットワークを特徴づけるハブの階層構造を破壊し，ネットワークを星状のハブ・アンド・スポーク型のトポロジーへと変えてしまう（図 6.9）。

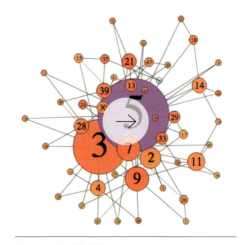

オンライン資料 6.2
ネットワークにおけるボーズ・アインシュタイン凝縮

このビデオは，紫色のノード一つが他のノードよりもずっと大きい適応度をもつネットワークの時間発展を示すものである。この一つのノードがほとんどのリンクを独占してしまい，系はボーズ・アインシュタイン凝縮を起こす。ビデオは Dashun Wang の好意による。

6.5　成長ネットワークモデル

バラバシ・アルバート・モデルはスケールフリー性が出現

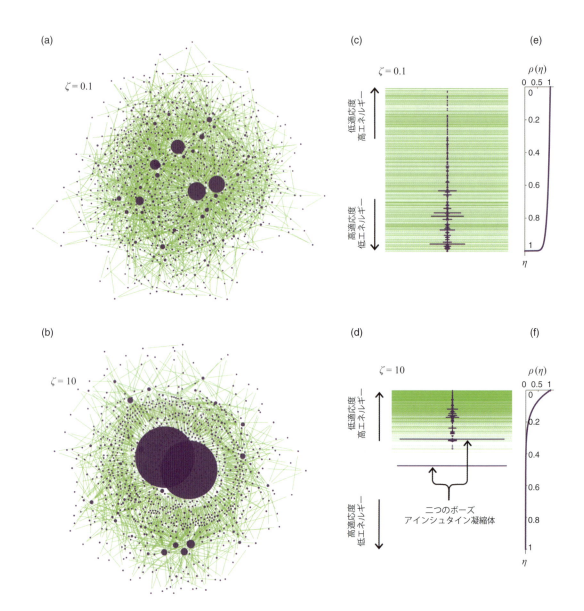

図 6.9　ネットワークにおけるボーズ・アインシュタイン凝縮

(a, b) 通常のスケールフリー・ネットワーク (a) とボーズ・アインシュタイン凝縮を起こしたネットワーク (b)。どちらのネットワークも式 (6.22) によるビアンコーニ・バラバシ・モデルで生成されたものであるが，指数 ζ の値が異なる。凝縮状態 (b) では同程度の次数の二つのハブがあることに注意してほしい。

(c, d) $m = 2$, $N = 1{,}000$ であるネットワークにおけるエネルギー準位（緑の直線）とそのレベルにある粒子（紫の点）。エネルギー準位は (a) および (b) に示されたネットワークのノードの適応度に対応し，このノードに接続されるリンクの本数がこのエネルギー準位にある粒子数に対応する。多重リンクは禁止されているので，(d) に生じた粒子数の非常に多い二つのエネルギー準位は，凝縮したエネルギー準位が二つあることを示し，(b) に見られる二つのハブに対応している。

(e, f) 式 (6.22) で与えられた適応度分布 $\rho(\eta)$。二つの $\rho(\eta)$ の形の違いを表している。この違いはパラメータ ζ によるもので，(e) では $\zeta = 0.1$，(f) では $\zeta = 10$ である。

するメカニズムを捉えるようにデザインされた最小限のモデルであるため，よく知られたいくつかの限界がある（5.10 節参照）．

1. このモデルでは次数分布のべき指数として $\gamma = 3$ を得るが，実際のネットワークでは 2 から 5 の間の値をとる（**表 4.1**）．
2. このモデルはべき則の次数分布を予測するが，実際の系では小さい次数のところで分布が頭打ちとなったり大きい次数のところでカットオフがあったりして，純粋なべき則からの違いが見られる（**Box4.8**）．
3. 多くの現実のネットワークでは，ネットワーク内でリンクがつけ加えられたりノードが除かれたりするが，このモデルではそのような基本的な過程は無視されている．

これらの限界に触発され，多くの研究が行われ，ネットワークのトポロジーに影響を与える数々の基本的な過程の役割が明らかになってきた．この節では，バラバシ・アルバート・モデルを系統的に拡張することによって得られる一連の成長ネットワークモデルについて述べる．これらのモデルにより，現実のネットワークのトポロジー形成にかかわることが知られている広範な現象を捉えることができる．

6.5.1 初期誘引度

バラバシ・アルバート・モデルでは，新たに加えられたノードが既存ノードにリンクを張る確率は，優先的選択則 (5.1) に従う．次数 $k = 0$ であるノードにリンクが張られる確率は厳密にゼロであるため，孤立ノードにリンクを張られることはない．しかし，現実のネットワークでは孤立ノードであってもリンクが張られることはある．実際のところ，どの新しい研究論文も引用がなされる確率は有限であり，ゼロではない．また，新しく町に引っ越してきたあらゆる人はその町で知り合いができるであろう．まだリンクが張られていないノードがリンクを獲得することを許容するために，優先的選択則 (5.1) に定数を加え，

$$\Pi(k) \sim A + k \tag{6.23}$$

としよう．ここで定数 A は**初期誘引度**である．$\Pi(0) \sim A$ であるから，初期誘引度はそのノードが次に新規ノードが付加され

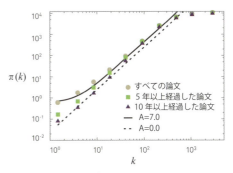

図 6.10 **初期誘引度**

2007 年から 2008 年の間に出版された研究論文の引用関係を表す論文引用ネットワークの累積優先的選択関数 (5.21)．曲線 $\pi(k)$ は 5.6 節で述べられている方法に従って測定された．実線は初期誘引度 $A \sim 7.0$ に対応し，破線は初期誘引度 $A = 0$，すなわち，初期誘引度をもたない場合に対応する．初期誘引度が $A = 7$ ということは，ある新しい論文が最初に引用される確率は，すでに七つの引用を得ている論文がさらに引用される確率と同程度ということを意味する．文献 [179] による．

るときに最初のリンクを獲得する確率に比例する（**図 6.10**）。

$\Pi(k)$ を実際に観測すると，現実のネットワークでは初期誘引度が確かに存在することがわかる．このことから次の二つの帰結が生じる．

- **べき指数の増大**
  バラバシ・アルバート・モデルにおいて，式 (5.1) の代わりに式 (6.23) を用いると，次数分布のべき指数は

$$\gamma = 3 + \frac{A}{m} \tag{6.24}$$

となる [13, 178]．結果として，初期誘引度は γ を増大させ，ネットワーク構造をより一様にし，ハブの次数を減少させる．実際，初期誘引度があると，ノードにリンクを張る際のランダムな要素が増大する．このランダムな要素により，小さい次数をもつノードにリンクが張られる傾向が増え，優先的選択の度合いが弱まることになる．すでに大きい次数をもつノードについては，式 (6.23) 中の初期誘引度項 A は無視できる．

- **小さい次数をもつノード数の飽和の発生**
  連続体理論の方程式の解は，式 (6.23) による次数分布は純粋なべき則には従わず，

$$p_k = C(k + A)^{-\gamma} \tag{6.25}$$

となることを示す．このことから，初期誘引度があることにより，$k < A$ となる小さい次数で次数分布が飽和する．この点で，初期誘引度は式 (4.39) の k_{sat} と同じ役割をもつ．この飽和は初期誘引度によって新規ノードが小さい次数をもつノードにリンクを張る確率が大きくなることによるもので，小さい k をもつノードの次数がより大きい次数をもつノードに押し上げられることに起因する．大きい次数 ($k \gg A$) のところでは，次数分布関数は依然としてべき則に従う．この次数領域では初期誘引度によってリンクを張る確率はほとんど変化しないからである．

6.5.2　内部リンク

多くのネットワークでは，新しいリンクは新規ノードが付加されたときにだけ張られるのではなく，元々存在するノードの間にも張られる．たとえば，WWW での莫大な数の新し

いリンクはほとんどがこのような**内部リンク**であり，すでに存在するウェブ文書間に新たに加えられた URL に対応する．同様に，社会ネットワークや友人間ネットワークにおいては，実質上すべてのリンクはすでに他の友人や知己を得ている個人間に張られている．

実測によると，共同研究ネットワークにおいては，内部リンクは二重優先的選択則に従って張られる．二重優先的選択則とは，次数 k のノードと次数 k' のノードが新たな内部リンクによって接続される確率が

$$\Pi(k, k') \sim (A + Bk)(A + Bk') \quad (6.26)$$

となるものである [108]．内部リンクの影響を理解するために，式 (6.26) において次の限定的な場合を考察しよう．

- **二重優先的選択 ($A = 0$)**
  バラバシ・アルバート・モデルの拡張として，m 本のリンクをもつ新規ノードが付加されるごとに n 本の内部リンクが $A = 0$ としたときの式 (6.26) の確率に従って張られるモデルを考えよう．新しいリンクが生じる確率はリンクを張る先のノードの次数に比例することになる．その結果としてできあがるネットワークの次数分布のべき指数は

$$\gamma = 2 + \frac{m}{m + 2n} \quad (6.27)$$

となる [180, 181]．これは，べき指数 γ が 2 から 3 の間の値となることを示す．すなわち，二重優先的選択則はべき指数の値を 3 から 2 に向かって下げるはたらきがあり，ネットワークの非一様性を増すこととなる．実際のところ，内部のハブどうしが優先的に接続されるので，この内部リンクは小さい次数のノードを犠牲にしてハブの次数をより大きくする．

- **ランダム接続 ($B = 0$)**
  この場合，内部リンクは接続しようとするノードの次数をまったく考慮しない．したがって，無作為に選ばれたノードのペア間に内部リンクが張られることになる．再び，バラバシ・アルバート・モデルを考えよう．この場合，新たなノードの付加に続き，n 本のリンクが無作為に選ばれたノード間に張られる．得られるネットワークの次数分布のべき指数は

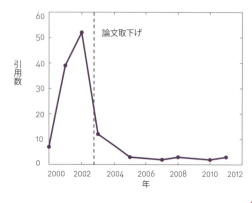

図 6.11　ノード除去が不可能である場合

Science に掲載された Jan Hendrik Schön の研究論文 [182] の引用歴は，論文引用ネットワークからノードを除去することがいかに困難であるかを示している。Schön は半導体分野での一連のブレークスルーにより一躍注目されるようになった。彼の生産性は驚異的なもので，2001 年には 8 日ごとに 1 編の論文を共同で著し，それを *Science* や *Nature* のような第一級の科学誌に掲載した。

　Schön が単一分子から成る半導体という驚くべき発見を報告した論文を出版した直後，他の研究者たちは，異なる温度で行われた二つの実験にまったく同じ雑音が乗っていることに気づいた [183]。Schön が働いていたベル研究所を運営しているルーセント・テクノロジー社は，この一連の疑惑によって，公式に調査を開始することとなり，最終的に，Schön は実験データを捏造したことを認めた。数十篇もの彼の論文は，この図に示されている引用パターンに見られるように，取り下げられることとなった。論文が公式に取り下げられた結果，引用数は劇的に減少したが，文献から公式に除去されたはずのこれらの文献は，本図に見られるように，引用され続けている。このことは論文引用ネットワークからノードを除去することは実質的に不可能であることを示している。

$$\gamma = 3 + \frac{2n}{m} \quad (6.28)$$

となる [181]。その結果，どの n と m の組み合わせでも，べき指数は $\gamma \geq 3$ となり，できあがるネットワークの構造は内部リンクを張らないネットワークよりも一様となる。実際，内部リンクを無作為に張ることにより，ランダム・ネットワークの生成過程にも見られるように，各ノードの次数は同じ程度の値になっていく。

6.5.3　ノード除去

　多くの現実のネットワークにおいては，ノードやリンクは除去されることがある。たとえば，会社などの組織では，被雇用者が退職すれば，ネットワークからノードは除去される。また，あるウェブ文書が削除されれば WWW からそのノードが除かれる。逆に，ノード除去が実質上不可能であるようなネットワークも存在する（**図 6.11**）。

　ノード除去の影響を調べるために，バラバシ・アルバート・モデルから始めよう。各時間ステップにおいて，m 本のリンクを持つ新規ノードを加え，同時に r の割合でノードを除去する。r の値によって，次の三つの異なるスケーリング領域が見られる [184, 185, 186, 187, 188, 189]。

- **スケールフリー相**

  $r < 1$ のときは，除去されるノードの数は新規ノードの数よりも少ない。このため，ネットワークは成長を続ける。この場合，ネットワークは次数分布のべき指数が

$$\gamma = 3 + \frac{2r}{1-r} \quad (6.29)$$

のスケールフリー・ネットワークとなる。すなわち，ランダムなノード除去は γ を増加させ，ネットワーク構造を一様化する。

- **指数関数相**

  $r = 1$ のときは，付加されるノード数と除去されるノード数は同じであり，ネットワークの大きさは一定となる（$N = $ 定数）。この場合，ネットワークはスケールフリー性を失う。実際，$r \to 1$ の極限では式 (6.29) により $\gamma \to \infty$ となる。

- **減少ネットワーク相**

  $r > 1$ のときは，除去されるノード数が付加される新規ノー

バラバシ・アルバート・モデルが式 (6.30) によって加速成長する場合，次数分布のべき指数は

$$\gamma = 3 + \frac{2\theta}{1-\theta} \tag{6.31}$$

となる．したがって，加速成長はべき指数を $\gamma = 3$ から押し上げ，ネットワーク構造はより一様になる．$\theta = 1$ のとき，べき指数は発散し，**超加速成長**となる [195]．この場合，平均次数 $\langle k \rangle$ は時間経過に対し線形に増加し，ネットワークはスケールフリー性を失う．

6.5.5 加齢

多くの現実のシステムでは，ノードに寿命がある．たとえば，俳優の寿命は，映画で実際に演技をする期間として定義され，プロフェッショナルとしての有限の寿命がある．科学者も同様に，研究論文を継続して出版できる期間がプロフェッショナルとしての寿命となる．これらのネットワークではノードは突然消え去ることはないが，新しいリンクを獲得する比率がしだいに減っていきゆっくりと消えていく [119, 198, 199, 200]．ノードがもつ容量も同様の現象を引き起こす．もし，ノードが得られたリンクを処理するために有限の資源しかもたないなら，新しくリンクを張られることを拒否するようになるだろう [119]．

ノード加齢の影響を理解するため，新規ノードがノード i にリンクを張る確率を $\Pi(k_i, t_i)$ としよう．ここで，t_i はノード i がネットワークに付加された時刻である．したがって，$t - t_i$ がそのノードの年齢である．ノードの加齢は，

$$\Pi(k_i, t - t_i) \sim k(t - t_i)^{-\nu} \tag{6.32}$$

によりモデル化される [198]．ここで，ν はリンクを張る確率のノードの年齢への依存性を調節するパラメータである．この ν の値によって，ネットワークは次の三つのスケーリング領域に分かれる．

- **ν が負の場合**
  $\nu < 0$ のとき，新規ノードはより古いノードにリンクを張りやすい．すなわち，負の ν は優先的選択を**強める**役割がある．$\nu \to -\infty$ となる極端な場合には，すべての新規ノードは最も古いノードのみにリンクを張るため，ネットワーク

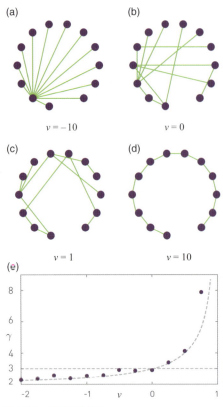

図 6.14　加齢の影響

(a)–(d) 式 (6.32) 中の加齢指数 ν のさまざまな値に対するネットワークトポロジー。成長ネットワークでは，ノードの年齢を τ としたとき，そのノードの次数 k について，$k\tau^{-\nu}$ の確率でリンクが張られると仮定している。指数 ν が負のとき，最も古いノードにリンクが張られやすくなり，ハブ・アンド・スポーク構造をもつネットワークとなる。正の ν については，最も新しいノードにリンクが張られやすい。ν の値が大きいときは，直前に付加された（最も若い）ノードにのみリンクが張られるため，鎖状構造となる。簡単のため，$m = 1$ の場合のみを示しているが，次数分布のべき指数は m の値には依存しない。

(e) 加齢モデルの解析解から得られる加齢指数 ν に対する次数分布のべき指数 γ との関係。紫色の点は $N = 10{,}000$, $m = 1$ のネットワークについての数値シミュレーションの結果である。文献 [198] に従って，図を再描画した。

はハブ・アンド・スポーク構造となる（図 **6.14a**）。計算によると，この領域では次数分布のスケールフリー性は維持されるが，そのべき指数は 3 より小さくなる（図 **6.14e**）。したがって，負の ν はネットワーク構造の非一様性を強める。

- **ν が正の場合**
  この場合，新規ノードはより若いノードにリンクを張りやすくなる。$\nu \to \infty$ となる極端な場合では，すべてのノードは自分の直前に付加されたノードにリンクを張る（図 **6.14d**）。加齢の影響を知るために ν の値をそれほど大きくする必要はない。$\nu = 1$ に近づくにつれ，次数分布のべき指数は発散する（図 **6.14e**）。徐々に年齢を加えることにより，古いハブはリンクを張られにくくなり，ネットワーク構造は一様になっていく。

- **$\nu > 1$ の場合**
  このとき，加齢の影響は優先的選択を凌駕し，スケールフリー性は失われてしまう（図 **6.14d**）。

まとめると，この節で議論された結果は，ネットワーク内での広範な素過程がネットワーク構造と成長のダイナミクスに影響しうることを示している（図 **6.15**）。これらの結果により，成長ネットワークという理論的枠組みのもつ真の力を見てとることができる。この数学的に首尾一貫した計算の枠組みにより，さまざまな過程がネットワークのトポロジーと成長に与える影響を予測することが可能となった。

6.6　まとめ

本章では，適応度から内部のリンクや加齢に至る，非常に多様な過程が現実のネットワークの構造に影響しうることを確認した。これらを通して，ネットワークの時間発展に関する理論を用いて，ネットワークのトポロジーや進化に対するさまざまな素過程の影響を予測できることを学んできた。議論した事例から，次の重要な結論が導かれる。**ネットワークの構造を理解する**ために，まず初めにそのダイナミクスを正しく捉える必要がある。ネットワークのトポロジーは，むしろ，このアプローチの末に得られるおまけと考えるほうがよい。

ここで検討した手法により，前章までに見てきた，次数分布のフィットから異なるモデルの枠組みが果たす役割に至るまでの，数々の問題を考えることができる。次節以降では，こ

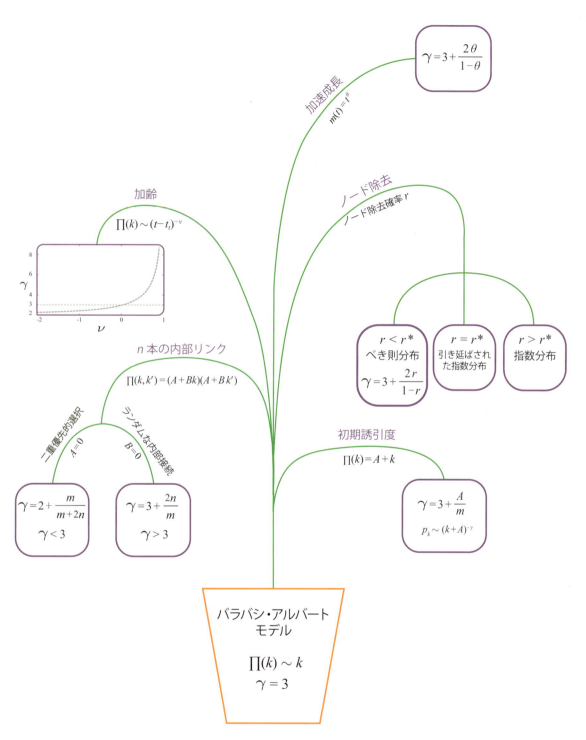

図 6.15　ネットワークのトポロジーに影響を与える基本過程

この章で議論された基本過程とその次数分布への影響をまとめる。個々のモデルはバラバシ・アルバート・モデルの拡張として定義される。

れらの問題のうちいくつかについて議論しよう。

6.6.1　形状の多様性

第 4 章では，現実のネットワークの次数分布について単純にべき分布でフィットするときに直面する困難について議論した．本章では，この問題の根本的な原因が明確になった．ネットワークの時間発展に貢献する現実の動的な過程を考慮すると，純粋なべき分布からの系統的な逸脱があると予想される．実際のところ，以下に示すいくつかの次数分布の解析的な形を得た．

- **べき分布**

  成長するネットワークが，バラバシ・アルバート・モデルによって予測されるような，線形の優先的選択のみによって成り立っているときには，純粋なべき分布が現れる．現実のシステムにおいて，このような純粋なべき分布が観察されることはまれである．この理想化されたモデルは現実のネットワークの次数分布を理解するための出発点として位置付けられる．

- **引き延ばされた指数関数**

  優先的選択が線形より弱い（劣線形）の場合，次数分布は引き延ばされた指数関数（5.7 節参照）に従う．同様の次数分布は臨界点におけるノードの除去にも現れる（**図 6.12**）．

- **適応度に起因する修正**

  適応度がある場合，p_k の厳密な式は適応度分布 $\rho(\eta)$ に従う．$\rho(\eta)$ は式 (6.6) により p_k を決める．たとえば，適応度分布が一様であれば，式 (6.8) で表されるように p_k には対数の補正が加えられる．$\rho(\eta)$ の式が変われば p_k の分布も大きく変わる．

- **低次数での飽和**

  初期誘引度は優先的選択過程に不確定要素をもたらす．その結果，式 (6.24) で見たように，次数分布において低次数での飽和をもたらす．

- **高次数でのカットオフ**

  多くの現実のシステムにおいて見られるように，ノードとリンクの消滅は，次数分布において指数的な高次数のカットオフをもたらすことがある．さらにまた，無作為にノードが除去されることにより低次数ノードが消え，p_k に低次

数でのピークをもたらす。

ほとんどの現実のネットワークでは，本章で議論しいくつかの素過程が組み合わされて観察される。たとえば，共同研究ネットワークにおいては，初期誘引度と劣線形の優先的選択が組み合わされ，そのリンクは外部とも内部とも結びつきうる。研究者の創造性は人によって異なり，適応度も関係するため，正確にモデル化するためには適切な適応度分布を知る必要がある。したがって，次数分布を調べると（初期誘引度の影響による）低次数での飽和，（劣線形の優先的選択に影響された）高次数ノードでの指数的カットオフ，そして適応度分布 $\rho(\eta)$ の形に応じたいくらかの知られざる補正が現れることが予想される。

一般的に言って，次数分布の正確なフィット結果を得るには，まず p_k の関数形を解析的に求めることができるモデルを構築する必要がある。しかしながら，多くのシステムでは，p_k を求めるために厳密な理論を構築することまでしなくてもよいだろう。その代わりに，次数分布が指数的に制限されているのか裾の重い分布であるかを判断すれば十分であることが多い（4.9 節参照）。なぜなら，システムの性質は主にこの部分の違いに左右されるからである。

6.6.2　モデルの多様性

本章の結果によって，これまで見てきたネットワークモデルの役割について見直してみよう。これらのモデルは大きく三つに分類できる（**表 6.1**）。

静的モデル

Erdős と Rényi のランダム・ネットワークモデル（第 3 章参照）と，Watts と Strogatz のスモールワールド・ネットワークモデルは，ノード数が固定されているため，静的モデルと呼ぶことができる（**Box3.8**）。これらはどちらも，ネットワークのモデルでは，一定のランダムな規則に基づいてノード間のリンクを張っていくことを前提としている。これらの性質を理解するためには，Erdős と Rényi が発展させた組合せ論的グラフ理論を用いる必要がある。どちらのモデルも有界の次数分布になる。

表 6.1　ネットワーク科学におけるモデルの分類

本表は，ネットワーク科学で用いられる三つの主要なモデリングに関する枠組みをまとめ，それぞれの特徴を記したものである。

モデルの分類	例	特徴
静的モデル	エルデシュ・レニィ・モデル ワッツ・ストロガッツ・モデル	・N 固定 ・p_k 指数有界 ・形状が静的で時間非依存
生成モデル	コンフィグモデル 隠れ変数モデル	・あらかじめ決められた任意の p_k ・形状が静的で時間非依存
進化するネットワークモデル	バラバシ・アルバート・モデル ビアンコーニ・バラバシ・モデル 初期誘引度モデル 内部リンクモデル ノード除去モデル 加速成長モデル 加齢モデル	・p_k はネットワークの進化過程によって決定される ・ネットワーク形状が時間によって変化する

生成モデル

4.8 節で論じたコンフィグモデルと隠れ変数モデルはあらかじめ決められた次数分布となる。したがって，これらのモデルは力学的モデルではない。なぜなら，ネットワークがそのような次数分布となるのかについては何も語らないためである。むしろ，クラスター形成から経路長に至るまでのさまざまなネットワークの性質が次数分布にどのように依存しているのかを理解するのに役立つ。

進化するネットワークモデル

これらのモデルはネットワークの進化のメカニズムを捉えるものである。最もよく調べられている例はバラバシ・アルバート・モデルであるが，本章で論じたように，ビアンコーニ・バラバシ・モデル，内部リンクや加齢，ノード・リンク除去，加速成長など，一連の拡張されたモデルも同様に洞察力に富んでいる。これらのモデルは，ネットワークの進化に寄与する微視的な過程をすべて正しく把握することができれば，ネットワークのトポロジーに関する性質はそれに従って求めることができる，という考えに基づいている。それらによって生み出されたネットワークの性質を調べるためには，連続体理論やレート方程式などの動的な方法を用いる必要がある。

これらのモデリングに関する枠組みのいずれも，ネットワーク理論において重要な役割を担う。エルデシュ・レニィ・モデ

ルによって，特定のネットワークの性質が純粋にランダムなノード間結合のパターンによって説明できるかを確かめることができる。もし我々の関心が，拡散過程やネットワークの頑健性のように，ある現象における環境としてのネットワークの役割だけに限られているのであれば，生成モデルが非常によい出発点となるであろう。しかし，もしネットワークの性質の起源を理解したいと思うのなら，初めからそのネットワークの構築過程を捉える成長ネットワークモデルを用いなければならない。

6.7 演習

6.7.1 加速する成長

加速的に成長する有向バラバシ・アルバート・モデルのべき指数を計算しなさい。ただし，新たに加えられるノードの次数は，時間ごとに $m(t) = t^\Theta$ に従って増加するとする。

6.7.2 パーティでの進化するネットワーク

新たな参加者は，性別に関係なく，参加している誰とでもダンスできるパーティを考えよう。このパーティでは，参加者の適応度（個人的な魅力）が影響する。したがって，魅力的な人は新たな参加者から誘われる可能性がより高い。パーティの規則は以下のとおりである。

- 参加者をノード i として，時間に依存しない適応度 η_i を割り当てる。
- 各時間ステップにおいて，一つの新たなノードがパーティに参加する。
- この新たなノードはすでにパーティに加わっている一つのノードをダンスに誘い，それとの間に新たなリンクを獲得する。
- 新たなノードはダンスの相手を，相手の適応度に比例する確率で選ぶ。仮に t 個のノードがパーティに参加している場合，ノード i がダンスの誘いを受ける確率は

$$\Pi_i = \frac{\eta_i}{\sum_j \eta_j} = \frac{\eta_i}{t\langle\eta\rangle}$$

である。ただし，$\langle\eta\rangle$ は適応度の平均値とする。以下の問い

に答えなさい。

(a) ノード次数の時間発展を求めて，一つのノードが何回ダンスできるかを示しなさい。
(b) 適応度 η を用いて，ノードの次数分布を求めなさい。
(c) 半数のノードが $\eta = 2$，残りの半数が $\eta = 1$ であるとき，十分な時間がたった後のネットワークの次数分布を求めなさい。

6.7.3 ビアンコーニ・バラバシ・モデル

二つの異なる適応度 $\eta = a$ と $\eta = 1$ が与えられたビアンコーニ・バラバシ・モデルを考える。特に，適応度は，二重デルタ分布

$$\rho(\eta) = \frac{1}{2}\delta(\eta - a) + \frac{1}{2}\delta(\eta - 1)$$

に従うとする。ただし，$0 \leq a \leq 1$.

(a) 次数分布のべき指数を求め，べき指数の変数 a への依存性を求めなさい。
(b) このネットワークの定常的な次数分布を求めなさい。

6.7.4 付加的な適応度

付加的な適応度

$$\Pi(k_i) \sim \eta_i + k_i$$

をもつ優先的選択によってネットワークが成長することを考える。ここで，ノードごとに異なる η_i が適応度分布 $\rho(\eta)$ から割り振られるとする。このとき，ネットワークの次数分布を計算して，その特徴を論じなさい。

6.8 発展的話題 6.A　ビアンコーニ・バラバシ・モデルの解析解

この節の目的はビアンコーニ・バラバシ・モデルの次数分布の導出である [13, 166, 176, 177]。与えられた適応度 η について実現可能なあらゆる分布に関する平均値

$$\left\langle \sum_j \eta_j k_j \right\rangle \tag{6.33}$$

から出発しよう．ノードは異なる時刻 t_0 に付加されるので，j についての和を t_0 についての積分で置き換えると，

$$\left\langle \sum_j \eta_j k_j \right\rangle = \int d\eta \rho(\eta) \eta \int_1^t dt_0 k\eta(t, t_0) \tag{6.34}$$

となる．式 (6.3) を $k_\eta(t, t_0)$ に用い，t_0 についての積分を実行して

$$\left\langle \sum_j \eta_j k_j \right\rangle = \int d\eta \rho(\eta) \eta m \frac{t - t^{\beta(\eta)}}{1 - \beta(\eta)} \tag{6.35}$$

を得る．時間とともにノードの次数は増加し ($\beta(\eta) > 0$)，そして $k_i(t)$ は t よりも速く増加できない ($\beta(\eta) < 1$) ので，動的指数 $\beta(\eta)$ は有界，すなわち $0 < \beta(\eta) < 1$ である．したがって，$t \to \infty$ の極限では，式 (6.35) 中の $t^{\beta(\eta)}$ の項が t に比べ無視できるため，

$$\left\langle \sum_j \eta_j k_j \right\rangle \stackrel{t \to \infty}{=} Cmt(1 - O(t^{-\varepsilon})) \tag{6.36}$$

となる．ここで，$\varepsilon = \left(1 - \max_\eta \beta(\eta)\right) > 0$ であり，また，

$$C = \int d\eta \rho(\eta) \frac{\eta}{1 - \beta(\eta)} \tag{6.37}$$

である．式 (6.37) を用い，$k_\eta = k_\eta(t, t_0, \eta)$ と書けば，k_η の時間発展の方程式 (6.2) として

$$\frac{\partial k_\eta}{\partial t} = \frac{\eta k_\eta}{Ct} \tag{6.38}$$

を得る．この方程式は，

$$\beta(\eta) = \frac{\eta}{C} \tag{6.39}$$

とすれば，式 (6.3) の形の解をもつ．したがって，式 (6.3) を仮定したことには論理的一貫性をもつことが確認できた．

最終的な計算結果を得るためには，C を式 (6.37) から計算しなければならない．$\beta(\eta)$ を η/C に代入することにより，

$$1 = \int_0^{\eta_{\max}} d\eta \rho(\eta) \frac{1}{\frac{C}{\eta} - 1} \tag{6.40}$$

となる．ここで $\eta_{\max}$ は系の取りうる適応度の最大値である．式 (6.40) は見かけ上は特異積分であるが，あらゆる η について $\beta(\eta) = \eta/C < 1$ であるので，$C > \eta_{\max}$ であり，積分範囲は特異点に達することはない．また，

$$Cmt = \sum_j \eta_j k_j \leq \eta_{\max} \sum_j k_j = 2mt\eta_{\max} \tag{6.41}$$

であるから，$C \leq 2\eta_{\max}$ となることに注意しよう．

もし動的指数が一定値 β であるなら，次数分布はべき指数 $\gamma = 1/\beta + 1$ のべき則 $p_k \sim k^{-\gamma}$ に従う．ビアンコーニ・バラバシ・モデルでは，動的指数は η に依存し $\beta(\eta)$ であるので，次数分布 p_k は η の値で重みづけされたさまざまなべき則の和となる．

大きい N の極限での次数分布を求めるために，まず，適応度 η をもち，次数が k よりも大きい，すなわち，$k_\eta(t) > k$ であるノードの数を計算する．式 (6.3) を用いれば，この条件は

$$t_0 < t\left(\frac{m}{k}\right)^{C/\eta} \tag{6.42}$$

であることがわかる．各時間ステップで 1 個のノードが付加され，そのノードが適応度 η をもつ確率は $\rho(\eta)d\eta$ である．したがって，$t\left(\frac{m}{k}\right)^{C/\eta}\rho(\eta)d\eta$ 個のノードが条件式 (6.42) を満たしていることになる．無作為に選ばれたノード i が k 以下の次数をもつ累積分布関数は

$$P(k) = P(k_i \leq k) = 1 - P(k_i > k)$$
$$\approx 1 - \frac{\int_0^{\eta_{\max}} t\left(\frac{m}{k}\right)^{C/\eta} \rho(\eta)d\eta}{m_0 + t}$$
$$\approx 1 - \int_0^{\eta_{\max}} \left(\frac{m}{k}\right)^{C/\eta} \rho(\eta)d\eta \tag{6.43}$$

と書くことができる．ここで最後の式は，大きい t において漸近的に成立する．これにより，次数分布は

$$p(k) = P'(k) = \int_0^{\eta_{\max}} \frac{C}{\eta} m^{C/\eta} k^{-(C/\eta+1)} \rho(\eta)d\eta$$

となり，式 (6.6) が得られた．

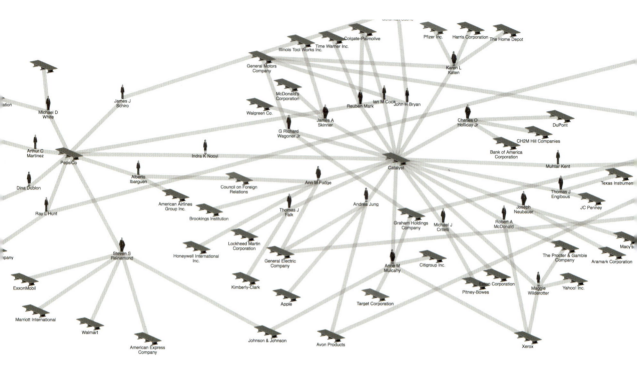

図 7.0　芸術とネットワーク：Josh On

サンフランシスコを拠点として活動するデザイナー Josh On によって創設された相互交流型のウェブサイト TheyRule.net は，アメリカの経済界の連動関係をネットワークの表現方法を用いて図示している．アメリカの主要企業の共同取締役会をネットワークで表示することにより，複数の取締役会に入っている少数の人物が影響力をもつことを明らかにした．2001 年に創設されて以来，このプロジェクトは芸術としても，科学としても注目されている．

第 7 章
次数相関

- 7.1 はじめに 247
- 7.2 次数親和性と次数排他性 250
- 7.3 次数相関の測定 252
- 7.4 構造的なカットオフ 255
- 7.5 実在のネットワークにおける相関 261
- 7.6 次数相関のあるネットワークを作る 265
- 7.7 次数相関のインパクト 271
- 7.8 まとめ 273
- 7.9 演習 275
- 7.10 発展的話題 7.A 次数相関係数 277
- 7.11 発展的話題 7.B 構造的なカットオフ 281

7.1 はじめに

アンジェリーナ・ジョリーとブラッド・ピッド, ベン・アフレックとジェニファー・ガーナー, ハリソン・フォードとカリスタ・フロックハート, マイケル・ダグラスとキャサリン・ゼタ・ジョーンズ, トム・クルーズとケイティ・ホームズ, リチャード・ギアとシンディー・クロフォード (**図 7.1**)。一見何のリストかわからないが, 雑誌の見出しを席巻するセレブのカップルに詳しい人にとっては一目瞭然である。これは結婚している (またはしていた) ハリウッドスターのリストである。彼らの結婚や破局はメディアによってこれでもかというほど取り上げられ, 数多くのゴシップ雑誌が売れた。これによって我々はセレブどうしが結婚することを当然のように捉え, これは普通のことなのか, あるセレブが他のセレブと結婚する可能性というのはどの程度のものなのだろうか, などと改めて考えることはほとんどない。

たとえばセレブが 1 億人の人達の中の誰と交際してもいいとすると, その相手が他の 1,000 人のセレブの中の 1 人である可能性はわずか 10^{-5} である。もし交際がランダムな出会い

図 7.1　ハブとハブの交際

セレブどうしのカップル。社会ネットワークではハブどうしが知り合いで，交際や結婚をすることを示す顕著な例

（写真の出典：http://www.whosdatedwho.com）

によって起きるのなら，セレブどうしが結婚することなどほとんどありえないのである。

　たとえセレブの交際事情に興味がないとしても，この現象が我々の社会ネットワークの構造についてどのような示唆を与えるか立ち止まって考えるべきである。セレブや政治指導者，主要企業のCEO達は並外れた数の人を知っており，そしてさらに多くの人から知られている。彼らはハブなのである。よって，セレブの交際（図7.1）と共同取締役会（図7.0）は，ハブは他のハブとつながることが多いという社会ネットワークの興味深い特徴を示しているのである。

　当然のように聞こえるかもしれないが，この特徴はすべてのネットワークに当てはまるわけではない。たとえば，図7.2の酵母のたんぱく質相互作用ネットワークを考えてみよう。簡単に見てみても，一つあるいは二つのつながりしかもたない数多くのたんぱく質と多くのつながりをもつ少数のハブが共存しており，スケールフリー性があることが確認される。しかしながら，これらのハブはハブどうしでつながることは少なく，代わりに数多くの次数の少ないノードとつながってハブ・アンド・スポークパターンを形成している。図7.2で強調されている二つのハブではこれが顕著であり，ほぼ次数の少ない酵母とのみ相互作用している。

　簡単な計算により，このパターンがいかに珍しいかを知ることができる。各々のノードは自身につながるノードを無作為に選ぶと仮定する。すると，次数kと次数k'のノードがつながる可能性は

$$p_{k,k'} = \frac{kk'}{2L} \tag{7.1}$$

となる。式(7.1)は，ハブはたくさんのリンクをもっているので，次数の少ないノードとつながるよりも，ハブどうしでつ

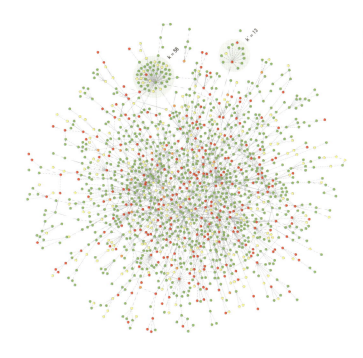

図 7.2 ハブを避けるハブ

酵母のたんぱく質相互作用マップ。それぞれのノードはたんぱく質であり，細胞内で互いに結合していることが実験で示された場合はノード間にリンクを張る。最も大きい二つのハブ，$k = 56$ と $k' = 13$ がそれぞれハイライトされている。これらの二つのノードはどちらも多くの低次数のノードとつながっており，二つのハブ間にリンクは見られない。

このネットワークは $N = 1,870$ のたんぱく質と $L = 2,277$ のリンクを有しており，早い時期に作られたたんぱく質の相互作用マップを表している [201, 201]。ここでは最も大きい要素のみが示してある。**表 4.1** の酵母のたんぱく質の相互作用ネットワークは後者のマップを表したものであり，そのためこの図よりも多くのノードとリンクが示されている。ノードの色はそれぞれのたんぱく質の必要度合いを表している：赤いノードを取り除くと生物は死亡するため，致死たんぱく質，または必須たんぱく質と呼ばれる。反対に，緑のノードを一つ取り除いても生物は生存できる。文献 [21] による。

ながる可能性が高いことを意味している。実際に，k と k' は大きく，$p_{k,k'}$ も大きくなっている。結果として，次数 $k = 56$ と次数 $k' = 13$ のハブが直接つながる可能性は $p_{k,k'} = 0.16$ であり，次数 2 のノードが次数 1 のノードとつながる可能性 $p_{1,2} = 0.0004$ と比べると 400 倍であることがわかる。しかし，**図 7.2** ではハブ間に直接のリンクはなく，数多くの次数の少ないノードにつながっているのである。

図 7.2 で強調されているハブは，ハブどうしでつながるよりも，ほぼすべてが次数 1 のノードにつながっている。これ自体はおかしいことではない。計算では $k = 56$ のノードは $N_1 p_{1,56} \approx 12$ の $k = 1$ のノードとつながる。問題なのは，このハブが計算で予測される 4 倍である 46 の次数 1 のノードとつながっていることである。

まとめると，社会ネットワークではハブはハブどうしで交際するが，たんぱく質相互作用ネットワークではこれとは逆になっており，ハブどうしはあまりつながらず，代わりに数多くの低次数のノードとつながっている。二つの例から一般的な原理を導き出すのは難しいが，この章の目的は，これらのパターンには実在するネットワークの**次数相関**という性質が対応することを示すことにある。よってこの章では，次数相関の計測の仕方と次数相関がネットワーク・トポロジーに与える影響について議論する。

7.2 次数親和性と次数排他性

多数のリンクをもつという特徴だけで，ハブは互いにリンクし合うことが期待される。あるネットワークではそのようになり，他のネットワークではそうはならない。このことは，図 7.3 に，同一の次数列でありながらも異なるトポロジーをもつ三つのネットワークとして示されている。

- **ニュートラルネットワーク**
  図 7.3b は，無作為にリンクされたネットワークを示している。このようなネットワークは**ニュートラル**（中立）と呼ばれる。これは，ハブ間のリンク数が，式 (7.1) から予測されるような無作為なリンクに一致することを意味する。

- **次数親和的ネットワーク**
  図 7.3a のネットワークは図 7.3b のネットワークと同じ次

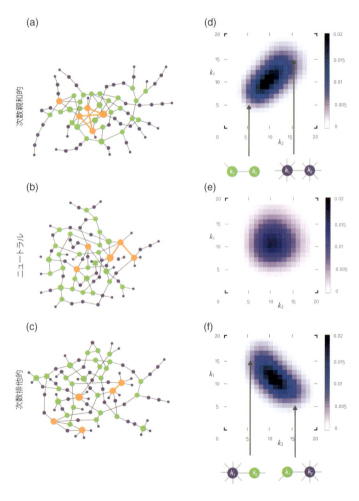

図 7.3　次数相関行列

(a)-(c) 同じ次数分布（ポアソン型の p_k）をもつが，異なる次数相関をもつ三つのネットワーク。大きい構成要素のみ図示しており，最も大きい五つのノードとそれらのノード間の直のリンクをオレンジ色で強調している。

(d)-(f) ポアソン次数分布で $N = 1{,}000$, $\langle k \rangle = 10$ の次数親和的 (d)，ニュートラル (e)，次数排他的 (f) の次数相関行列 e_{ij}。色付けは，無作為に選択されたリンクが次数 k_1 と k_2 のノードとつながる可能性に対応している。

(a,d) **次数親和的ネットワーク**
次数親和的ネットワークでは，e_{ij} は主対角要素が高くなる。これは，同じ程度の次数をもつノードがつながり合うことを意味しており，低次数のノードは他の低次数のノードと，ハブはハブとつながる。実際に，ネットワーク (a) はハブどうしの間と低次数ノードどうしの間に多数のリンクが存在する。

(b,e) **ニュートラルネットワーク**
ニュートラルネットワークでは，ノードは互いにランダムにつながり合う。そのため，リンクの密度は平均次数の近傍で対称となり，リンクのパターンに相関は見られない。

(c,f) **次数排他的ネットワーク**
次数排他的ネットワークでは，e_{ij} は反対角要素が高くなる。これは，ハブは低次数のノードとつながり，低次数のノードはハブとつながることを示している。結果的にこれらのネットワークは (c) のように，ハブ・アンド・スポークの性質をもつ。

数列をもつ。しかし，図 **7.3a** のハブはハブどうしでリンクし合い，低次数ノードとつながることを避ける傾向にある。同時に，低次数ノードは他の低次数ノードとつながる傾向にある。そのような傾向をもつネットワークを**次数親和的ネットワーク**という。このようなネットワークの中で最も極端なものは，次数 k のノードが他の次数 k のノードとのみつながるネットワークであり，これを完全に次数親和的なネットワークという（図 **7.4**）。

- **次数排他的なネットワーク**

  図 **7.3c** では，ハブがお互いにリンクすることを避け，代わりに低次数のノードとつながっている。結果的に，ハブ・アンド・スポークの特徴を示しており，**次数排他的**なネットワークとなっている。

一般的に，次数の高いノードと次数の低いノードの間のリンクの数がランダムな状況下で期待されるものと系統的に異なっている場合には，ネットワークは**次数相関**をもつ。言い換えると，次数 k のノードと次数 k' のノード間のリンク数が，式 (7.1) から逸脱している場合である。

次数相関の情報は，**次数相関行列** e_{ij} によって把握される。これは，次数 i のノードと次数 j のノードが無作為に選んだリンクの両端にある可能性である。e_{ij} は確率であるので，規格化すると，

$$\sum_{i,j} e_{ij} = 1 \tag{7.2}$$

となる。式 (5.27) から，無作為に選択されたリンクに次数 k のノードがある確率 q_k は

$$q_k = \frac{kp_k}{\langle k \rangle} \tag{7.3}$$

である。式

$$\sum_j e_{ij} = q_i \tag{7.4}$$

によって，q_k を e_{ij} に関係づけることができる。ニュートラルネットワークでは，

$$e_{ij} = q_i q_j \tag{7.5}$$

のようになる。式 (7.5) で表されるランダムな状況から e_{ij} が逸脱していると，ネットワークは次数相関をもつ。式 (7.2)〜式 (7.5) は任意の次数分布について成り立つので，ランダム・

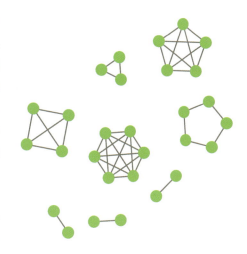

図 7.4 完全な次数親和性

完全に次数親和的なネットワークでは，それぞれのノードは同じ次数のノードとのみつながる。そのため，$e_{jk} = \delta_{jk} q_k$ である。ここで，δ_{jk} はクロネッカーのデルタである。この場合，e_{jk} のすべての非対角要素はゼロとなる。図は，そのような k-クリークによって構成されている完全に次数親和的なネットワークを示している。

ネットワークにもスケールフリー・ネットワークにも適用できることに注意しよう。

e_{ij} が次数相関のすべての情報をもっていることを踏まえて，まずは視覚的な検討から始めよう。図 **7.3d,e,f** は，それぞれ，次数親和的ネットワーク，ニュートラルネットワーク，次数排他的ネットワークの e_{ij} である。ニュートラルネットワークでは，低次数のノードと高次数のノードが無作為につながり合うため，e_{ij} にはいかなる傾向も見られない（図 **7.3e**）。対照的に，次数親和的ネットワークは主対角線要素が高い相関をもっており，これは主に近い次数をもつノードがつながり合っていることを意味する。そのため，低次数のノードは他の低次数のノードと，ハブはハブとつながるのである（図 **7.3d**）。次数排他的ネットワークでは，e_{ij} は反対角線要素が相関をもつという逆の傾向を見せる。そのため，次数の高いノードは低次数のノードとつながる（図 **7.3f**）。

まとめとして，次数相関の情報は次数相関行列 e_{ij} がもっているということができる。しかし，次数相関を e_{ij} を基に分析することにはいくつかの欠点がある。

- 行列の視覚的な検討から情報を理解することが難しい。
- 相関の強さの度合いを推測することができないため，異なる相関をもつネットワーク間の比較が困難である。
- e_{ij} には $k_{max}^2/2$ の独立変数があるため，解析計算やシミュレーションを行うには膨大すぎる情報量をもっている。

そのため，以降の節では，より簡便に次数相関を検出する方法を見出していく。

7.3　次数相関の測定

e_{ij} はネットワークの特徴を表す次数相関についての情報をすべて含んでいるが，それを解釈するのは難しい。本節では，次数相関をより簡単に測定するための関数を説明する。

次数相関は互いにつながっているノード間の関係性を特徴づけるものである。それを測定する一つの方法は，それぞれのノード i が隣接してつながっているノードの平均次数

$$k_{nn}(k_i) = \frac{1}{k_i} \sum_{j=1}^{N} A_{ij} k_j \qquad (7.6)$$

を測ることである（図 **7.5**）。式 (7.6) を用いて，次数 k のす

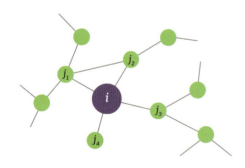

図 7.5　**最近接ノードの次数：k_{nn}**

次数相関関数 $k_{nn}(k_i)$ を求めるために，ノードに隣接してつながっているノードの平均次数を計測する。図は，ノード i の $k_{nn}(k_i)$ の計算を説明している。ノード i の次数が $k_i = 4$ であるため，近接するノード j_1, j_2, j_3, j_4 の次数を平均すると，$k_{nn}(4) = (4+3+3+1)/4 = 2.75$ が得られる。

べてのノードについて**次数相関関数**

$$k_{\text{nn}}(k) = \sum_{k'} k' P(k'|k) \tag{7.7}$$

を計算する [203, 204]。ここで，$P(k'|k)$ は次数 k のノードを経て次数 k' のノードにたどり着く条件付き確率である。そのため，$k_{\text{nn}}(k)$ はすべての次数 k のノードに隣接するノードの平均次数である。次数相関を測定するために，$k_{\text{nn}}(k)$ の k についての依存性を調べる。

- **ニュートラルネットワーク**

  ニュートラルネットワークについて，式 (7.3)〜式 (7.5) から

  $$P(k'|k) = \frac{e_{kk'}}{\sum_{k'} e_{kk'}} = \frac{e_{kk'}}{q_k} = \frac{q_{k'} q_k}{q_k} = q_{k'} \tag{7.8}$$

  が導かれる。これによって，$k_{\text{nn}}(k)$ を

  $$k_{\text{nn}}(k) = \sum_{k'} k' q_{k'} = \sum_{k'} k' \frac{k' p(k')}{\langle k \rangle} = \frac{\langle k^2 \rangle}{\langle k \rangle} \tag{7.9}$$

  のように書くことが可能となる。したがって，ニュートラルネットワークでは，あるノードに隣接するノードの平均次数は，そのノードの次数 k には依らず，ネットワークの全体的な特徴である $\langle k \rangle$ と $\langle k^2 \rangle$ にのみ依存する。そのため，$k_{\text{nn}}(k)$ を k の関数として図示すると，電力網のケース（**図 7.6b**）で見られるように，$\langle k^2 \rangle/\langle k \rangle$ の水平線となる。式 (7.9) は，**フレンドシップ・パラドックス**と呼ばれる，自分の友人は自分よりも人気があるという現実のネットワーク

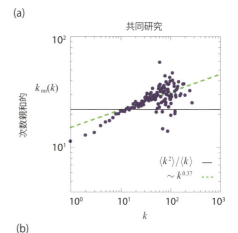

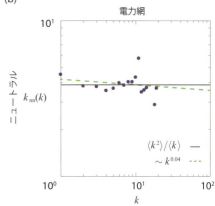

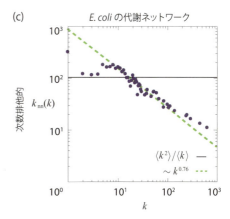

図 7.6 次数相関関数

三つの実在するネットワークの次数相関関数 $k_{\text{nn}}(k)$。スケーリング則 (7.10) の正しさを検証するために，各パネルは $k_{\text{nn}}(k)$ を両対数表示している。

(a) **共同研究ネットワーク**
$k_{\text{nn}}(k)$ が k に伴って増加することから，このネットワークは次数親和的であることを示している。

(b) **電力網**
$k_{\text{nn}}(k)$ が水平的であることは次数相関がないことを示しており，式 (7.9) のニュートラルネットワークに当てはまる。

(c) **代謝ネットワーク**
$k_{\text{nn}}(k)$ が減少していることは，このネットワークが次数排他的であることを示している。それぞれのパネルで，水平線は式 (7.9) に，緑の点線は式 (7.10) による予測に対応する。

がもつ興味深い特徴を示している（**Box7.1**）。

- **次数親和的ネットワーク**
  次数親和的ネットワークでは，ハブはハブどうしでつながり合う傾向にある。そのため，あるノードの次数 k が高ければ高いほど，最近接するノードの平均次数は高くなる。結果的に，共同研究ネットワークで見られるように，次数親和的ネットワークでは $k_{nn}(k)$ は k とともに**増加**する（図 **7.6a**）。

- **次数排他的ネットワーク**
  次数排他的ネットワークでは，ハブは低次数のノードとつながる傾向にある。結果的に，代謝ネットワークで見られるように，$k_{nn}(k)$ は k とともに**減少**する（図 **7.6c**）。

図 **7.6** に見られる特徴から，その次数相関関数は

$$k_{nn}(k) = ak^\mu \tag{7.10}$$

によって近似できる [203]。式 (7.10) が成り立つ場合には，次数関数の状態は**相関指数** μ の符号によって決まる。

- **次数親和的ネットワーク：$\mu > 0$**
  共同研究ネットワークについて，$k_{nn}(k)$ のフィットから，$\mu = 0.37 \pm 0.11$ が得られる（図 **7.6a**）。

- **ニュートラルネットワーク：$\mu = 0$**
  式 (7.9) から，$k_{nn}(k)$ は k に依拠しておらず，実際に，電力網について $\mu = 0.04 \pm 0.05$ というほぼゼロの値が得られる（図 **7.6b**）。

- **次数排他的なネットワーク：$\mu < 0$**
  代謝ネットワークでは，$\mu = -0.76 \pm 0.04$ が得られる（図 **7.6c**）。

要約すると，次数相関関数 $k_{nn}(k)$ によって現実のネットワークにおける相関の有無を判断できる。$k_{nn}(k)$ は，解析計算では重要な役割をもっており，次数相関がさまざまなネットワークの特徴に与える影響を予測できる（7.6 節）。しかし，ネットワークの相関の大きさの度合いを一つの数字で表すことができると便利である。これは，式 (7.10) で定義された相関指数 μ，あるいは **Box7.2** で紹介している次数相関係数によって可能となる。

> **Box 7.1 フレンドシップ・パラドックス**
>
> フレンドシップ・パラドックスは驚くような主張をしている：平均的に見て，自分の友人は，自分よりも人気がある [210, 211]。この主張は，これはあるノードに隣接してつながるノードの平均次数が単純に $\langle k \rangle$ ではなく，$\langle k^2 \rangle$ にも依存することを示す式 (7.9) によるものである。
>
> $\langle k^2 \rangle = \langle k \rangle (1 + \langle k \rangle)$ であるランダム・ネットワークを考えてみよう。式 (7.9) から，$k_{nn}(k) = 1 + \langle k \rangle$ である。そのため，あるノードに隣接してつながるノードの平均次数は，無作為に選ばれたノードの平均次数 $\langle k \rangle$ よりも常に高くなる。
>
> $\langle k \rangle$ と友人の次数の差異は，$\langle k^2 \rangle / \langle k \rangle$ が $\langle k \rangle$ を大きく超えるスケールフリー・ネットワークでは特に大きくなる（図 **4.8**）。俳優の共演ネットワークを考えてみると，$\langle k^2 \rangle / \langle k \rangle = 565$（表 **4.1**）である。このネットワークでは，あるノードの友人の平均次数は，そのノードの次数よりも数百倍大きくなる。
>
> フレンドシップ・パラドックスの背景には，ハブは低次数のノードよりも多くの友人をもつため，我々は低次数のノードとつながるよりもハブとつながりやすいという単純な原因がある。

Box 7.2　次数相関係数

次数相関を一つの数字で表現するために，相関指数 μ，あるいは

$$r = \sum_{jk} \frac{jk(e_{jk} - q_j q_k)}{\sigma^2} \tag{7.11}$$

$$\sigma^2 = \sum_k k^2 q_k - \left[\sum_k k q_k\right]^2 \tag{7.12}$$

で定義される**次数相関係数**を用いることができる [205, 206]。ここで，r はあるリンクの両端のノードの次数の間のピアソン相関係数である。その変域は $-1 \leq r \leq 1$ であり，$r > 0$ のとき次数親和的ネットワーク，$r = 0$ のときニュートラルネットワーク，$r < 0$ のとき次数排他的ネットワークである。たとえば，共同研究ネットワークでは $r = 0.13$ となり，その次数親和性を示す値が得られる。たんぱく質相互作用ネットワークでは $r = -0.04$ となり，その次数排他性を示す。電力網では，$r = 0$ となる。

次数相関係数の背景にある前提は，$k_{\mathrm{nn}}(k)$ は傾き r で k に線形に依存するというものである。対照的に，相関指数 μ は $k_{\mathrm{nn}}(k)$ がべき則 (7.10) に従うという前提をおいている。当然，両方が同時に正しいということはあり得ない。7.7 節の解析モデルは，式 (7.10) の妥当性を示す情報を与えている。**発展的話題 7.A** では，一般に，r は μ と相関があることが示されている。

7.4　構造的なカットオフ

本書の中で，ネットワークは二つのノードの間に多くても一つのリンクしかない単純なネットワークを仮定した（**図 2.17**）。たとえば，電子メールのネットワークでは，2 者の間で複数のメールがやり取りされた可能性があるにもかかわらず一つのリンクのみでつながりを表現している。同様に，俳優ネットワークでも，2 者が共演した回数にかかわらず一つのリンクでつながりを示している。**表 4.1** で議論されたネットワークはすべてこのような単純なネットワークである。

単純なネットワークでは，スケールフリー性と次数相関の

間の難しい矛盾が生まれる [209, 210]。**図 7.7a** のスケールフリー・ネットワークを考えてみよう。このネットワークの最も大きい二つのハブは $k = 55$ と $k' = 46$ である。次数相関が $e_{kk'}$ であるネットワークでは，k と k' の間のリンク数の期待値は

$$E_{kk'} = e_{kk'}\langle k \rangle N \tag{7.13}$$

である。ニュートラルネットワークでは，$e_{kk'}$ は式 (7.5) によって与えられ，式 (7.3) を用いて

$$E_{kk'} = \frac{kp_k k'p_{k'}}{\langle k \rangle}N = \frac{\frac{55}{300}\frac{46}{300}}{3}300 = 2.8 \tag{7.14}$$

となる。そのため，これら二つのハブの大きさを考慮すると，ネットワークのニュートラル性が保持されるためには，ハブ間に **2,3 のリンク**がなければならないのである。しかし，単純なネットワークではノード間に一つのリンクしか置けないため，次数相関とスケールフリー性の矛盾が生まれるのである。本節の目的は，この矛盾の原因とこれがもたらす結果を理解することである。

小さい次数 k と k' では，式 (7.14) から $E_{kk'}$ も小さくなる。すなわち，二つのノード間のリンクは 1 よりも小さいことが期待される。式 (7.14) から，ある一定のしきい値 k_s を超える次数をもつノードにおいてのみ多重リンクが予測される。**発展的話題 7.B** で示すように，k_s は**構造的なカットオフ**と呼ばれ，

$$k_s(N) \sim (\langle k \rangle N)^{1/2} \tag{7.15}$$

のようにスケールする。言い換えると，式 (7.15) を超える次数をもつノードは，$E_{kk'} > 1$ であり，以下で論じる矛盾によって次数相関が高くなるのである。

構造的なカットオフがもたらす結果を理解するためには，まず，最初にネットワークにおいて式 (7.15) を超える次数をもつノードが存在するのかどうかを調べる。そのために，構造的なカットオフ k_s とネットワークにおける最大の次数である自然なカットオフ $k_{\max}$ を比較する。式 (4.18) によると，スケールフリー・ネットワークでは $k_{\max} \sim N^{1/(\gamma-1)}$ である。$k_{\max}$ と k_s を比較することにより，以下の二つの領域を区別できる。

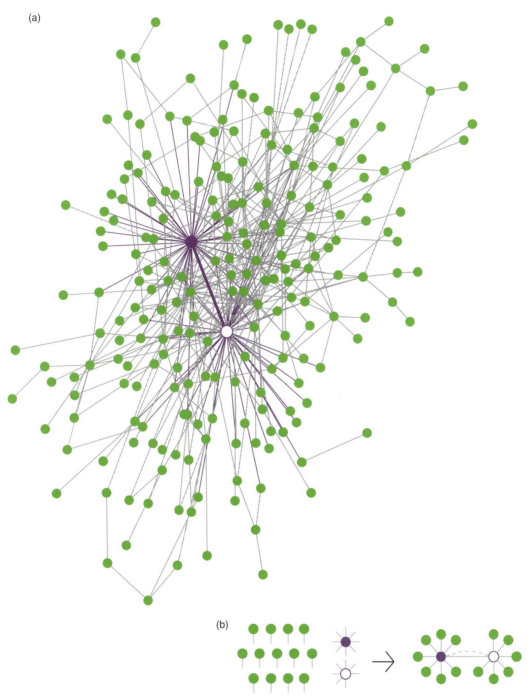

図 7.7　構造的次数排他性

(a) コンフィグモデルによって生成された，$N = 300, L = 450, \gamma = 2.2$ のスケールフリー・ネットワーク（**図 4.15**）。自己ループと多重リンクを禁じることにより，ネットワークを単純化している。ネットワーク内の最大のノード二つを強調している。式 (7.14) で予測されるように，ネットワークのニュートラル性を保つためには，この二つのノード間に約三つのリンクが存在する必要がある。多重リンクの存在を禁じることにより，このネットワークは次数排他性を示しており，このような現象を構造的次数排他性と呼ぶ。

(b) 構造的相関の起源を図示するために，固定した次数列から始め，それぞれのスタブを左に示す。次に，これらのスタブを無作為につなげる（コンフィグモデル）。この場合，次数 7 と 8 のノード間のリンク数は $8 \times 7/28 \approx 2$ と期待される。しかし，複数のリンクを禁じると，ノード間には一つのリンクしか存在できないため，このネットワークは構造的次数排他性を示すようになる。

- **構造的なカットオフなし**

  $\gamma \geq 3$ のランダム・ネットワークとスケールフリー・ネットワークでは，k_{max} の指数は 1/2 より小さく，そのため k_{max} は k_s より常に小さくなる。言い換えると，構造的なカットオフが発生するノードの大きさが，最大ハブよりも大きくなる。結果的に，$E_{kk'} > 1$ となるノードは存在しないことになる。このようなネットワークにおいては，次数相関と単純なネットワークの条件の間に矛盾は生じない。

- **構造的次数排他性**

  $\gamma < 3$ であるスケールフリー・ネットワークでは，$1/(\gamma-1) > 1/2$ となり，k_s は k_{max} よりも小さくなる。結果的に，次数が k_s と k_{max} の間にあるノードは $E_{kk'} > 1$ を満たさなくなる。言い換えると，そのネットワークはハブ間に式 (7.14) で予測されるよりも少ない数のリンクしかもっていない。このようなネットワークは次数排他的となり，これを**構造的次数排他性**と呼ぶ。これは，コンフィグモデルによって生成された単純なスケールフリー・ネットワーク**図 7.8a,b** で示されている。ここでは，生成する際に次数相関を課していないにもかかわらず，ネットワークが次数排他性を見せている。

構造的次数排他性をもたないネットワークを生成するには二つの方法がある。

(i) 単純なネットワークの条件を緩和して，ノード間に多重リンクを置くことを可能にする。そうすると矛盾はなくなり，ネットワークはニュートラルとなる（**図 7.8c,d**）。

(ii) 単純なスケールフリー・ネットワークをニュートラルまたは次数親和的にするためには，k_s よりも次数の大きいハブをすべて取り除くことが必要である。これは**図 7.8e,f** に示されており，$k \geq 100$ であるノードが存在しないネットワークはニュートラルとなる。

最後に，あるネットワークに見られる相関が構造的次数排他性によるものか，その他の判明していない次数相関を生み出すプロセスによるものか，我々はどのようにして判断すればよいのであろうか。次数保存ランダム化（**図 4.17**）によって二つの可能性が導かれる。

7.4 構造的なカットオフ

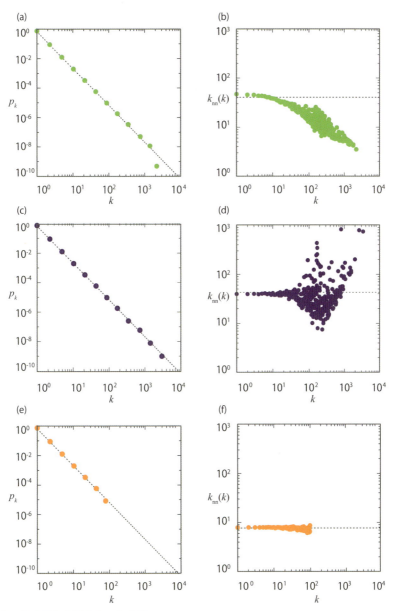

図 7.8 構造的なカットオフと自然なカットオフ

図はスケールフリー性と次数相関の間の関係を示している．コンフィグモデルによって生成した $N = 10,000$ で $\gamma = 2.5$ のスケールフリー・ネットワークについて，次数分布（左パネル）と次数相関関数 $k_{nn}(k)$（右パネル）を示す（**図 4.15**）．

(a,b) 次数分布が (a) のようなべき分布で，自己ループや多重リンクをもたないスケールフリー・ネットワークでは，(b) の $k_{nn}(k)$ に示されるように，ネットワークは次数排他性を見せる．この場合，ネットワークのニュートラル性を保持するために必要となる高い次数のノード間のリンクが不十分であるため，高い次数 k では $k_{nn}(k)$ が減衰しなければならない．

(c,d) 単純なネットワークの条件を緩和してノード間の多重リンクを許容すると，構造的次数排他性をもたないようにできる．(c,d) に示すように，その場合ニュートラルなスケールフリー・ネットワークとなる．

(e,f) $k \geq k_s \simeq 100$ のノードをすべて排除するカットオフ値を設定すると，式 (7.15) で予測されるとおり，ネットワークは (f) のようにニュートラルになる．

(i) **単純なリンクによる次数保存ランダム化（R-S ランダム化）**
元のネットワークに次数保存ランダム化を施し，各ステップにおいて二つのノード間に一つ以下のリンクしかないようにする。アルゴリズム的観点から見ると，これはリンクの張り替えにおいて多重リンクを排除するということである。現実の $k_{nn}(k)$ とランダム化された $k_{nn}(k)$ が同一のものであれば，現実のシステムで観察される相関はすべて構造的であり，次数分布によって完全に説明できる。現実の $k_{nn}(k)$ が次数相関を示すがランダム化された $k_{nn}(k)$ が次数相関を示す場合は，なにか判明していない次数相関を生み出すプロセスが存在することを意味する。

(ii) **多重リンクによる次数保存ランダム化（R-M ランダム化）**
自己整合性チェックのためには，ノード間に多重リンクを認める次数保存ランダム化を行うことが有効である。アルゴリズム的観点から見ると，たとえ多重リンクがノード間に生じるとしてもランダムなリンクの張り替えを認めるということになる。このプロセスによって，すべての次数相関は消されてしまう。

実存する三つのネットワークについて，これらのランダム化を施した。**図 7.9a** が示すように，これらのランダム化によって共同研究ネットワークの次数親和性は消える。これは，このネットワークの次数相関が，スケールフリー性によるものではないことを示している。対照的に，代謝ネットワークについては観察された次数排他性は R-S の下では変わらず存在する（**図 7.9c**）。結果的に，代謝ネットワークの次数排他性は構造的であり，その次数分布によって生じるものであることがわかる。

まとめると，スケールフリー性は単純なネットワークにおいて次数排他性を生じるのである。実際に，ニュートラルあるいは次数親和的ネットワークでは，ハブ間に複数のリンクがあることが予測される。もし複数のリンクの存在が禁止されると，それらのネットワークは次数排他的傾向を見せることとなる。この矛盾は $\gamma \geq 3$ のスケールフリー・ネットワークと，ランダム・ネットワークでは存在しない。また，ノード間に複数のリンクを認めた場合も矛盾は存在しなくなる。

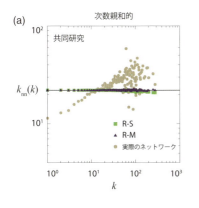 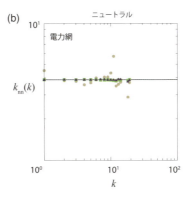 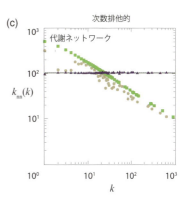

図 7.9 ランダム化と次数相関
観測される次数相関の原因を明らかにするために，$k_{nn}(k)$（丸印）と次数保存ランダム化によって得られる $k_{nn}^{R-S}(k)$（四角印）および $k_{nn}^{R-M}(k)$（三角印）を比較しなければならない．二つの次数保存ランダム化は以下の意味において有益である．
単純なリンクによる次数保存ランダム化（R-S ランダム化）：ランダム化の各ステップですべてのノード間に一つ以上のリンクがないことを確認する．
多重リンクによる次数保存ランダム化（R-M ランダム化）：ランダム化の過程の中で，多重リンクを許容する．
　これらの二つのランダム化を図 7.6 のネットワークに対して施した．R-M 手続きは，常にニュートラルネットワークを生成し，結果的に $k_{nn}^{R-M}(k)$ は常に水平となる．$k_{nn}(k)$ と $k_{nn}^{R-S}(k)$ を比較することにより，観測された相関が構造的かどうかについての重要な示唆が得られる．
(a) 共同研究ネットワーク
　増加する $k_{nn}(k)$ は，水平的な $k_{nn}^{R-S}(k)$ とは異なり，このネットワークの次数親和性は構造的でないことを示している．よって，このネットワークの次数親和性は，ネットワークの進化を規定する何らかの過程によって生じている．構造的効果は次数親和性を生じさせることはなく，次数排他性のみを生じさせるためこれは予期せぬことではない．
(b) 電力網
　水平的な $k_{nn}(k)$，$k_{nn}^{R-S}(k)$，$k_{nn}^{R-M}(k)$ のすべてが，次数相関がない（ニュートラルネットワークである）ことを示している．
(c) 代謝ネットワーク
　$k_{nn}(k)$ と $k_{nn}^{R-S}(k)$ のどちらもが減少していることから，このネットワークの次数排他性はそのスケールフリー性から生じていると帰結できる．そのため，観察される次数相関は構造的である．

7.5　実在のネットワークにおける相関

　次数相関の普遍性について理解するためには実在するネットワークがどのような相関をもっているかについて知る必要がある．**図 7.10** に参考として 10 個のネットワークについて $k_{nn}(k)$ 関数を示した．これらからいくつかのパターンを確認できる．

- **電力網**
　電力網では，$k_{nn}(k)$ は水平的であり，ランダム化したネットワークとの違いはない．したがって，次数相関は存在しない（**図 7.10a**）．それゆえに電力網は特徴をもたないニュートラルといえる．
- **インターネット**
　小さい次数の領域（$k \leq 30$）では $k_{nn}(k)$ ははっきりした次

図 7.10 ランダム化と次数相関

10 個の現実のネットワーク（**表 4.1**）の次数相関関数 $k_{nn}(k)$。灰色の記号は線形ビンを使った $k_{nn}(k)$ 関数である。紫の円は同じデータに対数ビンを用いたものである（4.11 節参照）。緑の点線は，x 軸に示した二つの矢印の間で最もよくフィットした式 (7.10) に対応する。フィットした領域を横軸上に矢印で示す．オレンジの四角は，100 回の独立した次数保存ランダム化によって得られた $k_{nn}^{R-S}(k)$ である。この次数保存ランダム化は，これらネットワークの単純な特徴を変化させない。これら 10 個のネットワークのうち，有向のものは無向に直して $k_{nn}(k)$ を計算していることに注意されたい。有向ネットワークにおける相関を完全に明らかに理解するためには，有向次数相関を使わなければならない（**Box7.3**）。

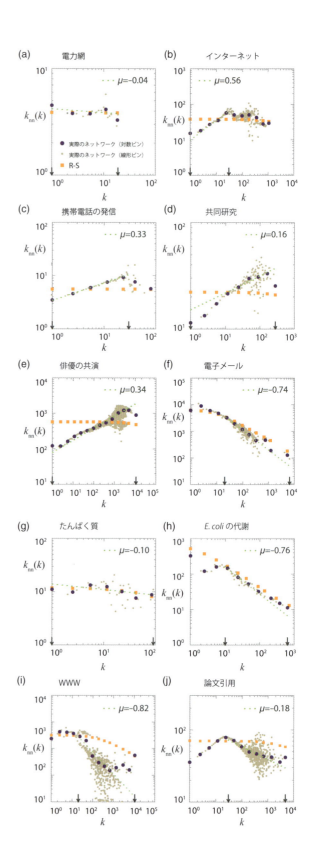

Box 7.3　有向ネットワークにおける相関

式 (7.7) の次数相関関数は無向ネットワークについて定義されている。有向ネットワークにおける相関を調べるためには，入次数 k_i^{in} と出次数 k_i^{out} を考慮しなければならない [213]。そのために我々は四つの次数相関関数を定義する。一般的に書けば $k_{nn}^{\alpha,\beta}(k)$ であり，α と β はそれぞれ入次と出次に対応している（図 7.11a-d）。図 7.11e では論文引用ネットワークにおける $k_{nn}^{\alpha,\beta}(k)$ が示されている。図より入-出の相関はないものの，他の三つのケース（入-入，出-入，出-出）では小さい k について次数親和性が認められる。

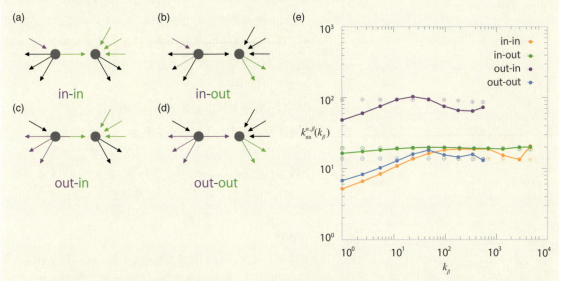

図 7.11　有向ネットワークにおける相関

(a)-(d) 有向ネットワークにおいて生じる四つの相関。相関関数を定義するため，紫と緑をそれぞれ (α, β) に対応付けている [213]。たとえば $k_{nn}^{in,in}(k)$ は二つのつながったノードの入次数の相関を示すことになる。

(e) 論文引用ネットワークにおける $k_{nn}^{\alpha,\beta}(k)$。たとえば $k_{nn}^{in,in}(k)$ は入次数 k_{in} に対する入次によって定義された隣接ノードの平均の入次数となる。これらの関数は四つのうち三つが次数 $k \simeq 100$ まではっきりとした次数親和性を示している。中抜きの記号は次数保存ランダム化（R-S ランダム化）をした $k_{nn}^{\alpha,\beta}(k)$ である。

数親和的な傾向を示している一方で，高い次数では水平的である（図 7.10b）。ランダム化したネットワークでは次数相関は消える。このことから，インターネットは次数親和的ではあるものの，高い次数では構造的なカットオフが存在するといえる。

- **社会ネットワーク**
  三つの社会的活動を捉えたネットワーク，すなわち携帯電話の発信ネットワーク，共同研究ネットワーク，そして俳優の共演ネットワークはすべて，増加する $k_{nn}(k)$ をもっており，次数親和的といえる（図 7.10c-e）。それゆえに，これらのネットワークではハブはハブどうしつながり，低次数

のノードはそれらどうしでつながっている。実測データである $k_{nn}(k)$ が $k_{nn}^{R-S}(k)$ とは異なることからわかるとおり，スケールフリーの次数分布がこれら社会ネットワークの次数親和的な特徴を導いているわけではない。

- **電子メールネットワーク**
電子メールネットワークはしばしば社会ネットワークとみなされるが，上記の社会ネットワークに電子メールネットワークは含まれない。その理由は，$k_{nn}(k)$ がはっきりと下降しているためである（図 **7.10f**）。ランダム化した $k_{nn}^{R-S}(k)$ が下降することが示す次数排他性は，スケールフリーの次数分布がもたらしていると推察できる。

- **生物ネットワーク**
たんぱく質相互作用や $E.\ coli$ の代謝ネットワークは両方ともに負の μ をもっていることから，これらのネットワークは次数排他的であるといえる。しかし，$k_{nn}^{R-S}(k)$ は $k_{nn}(k)$ と区別不能であることから，これらのネットワークもスケールフリーの次数分布に基づいた構造的な次数排他性をもつと推察される（図 **7.10g,h**）。

- **WWW**
下降する $k_{nn}(k)$ は次数排他性を示している（図 **7.10i**）。ランダム化した $k_{nn}^{R-S}(k)$ も下降するものの，その速さは $k_{nn}(k)$ ほどではない。それゆえに WWW の次数排他性は，次数分布からだけでは完全に説明できない。

- **論文引用ネットワーク**
このネットワークは謎めいた振る舞いを示す。$k \leq 20$ において次数相関関数 $k_{nn}(k)$ ははっきりと次数親和的の傾向を示しているが，$k > 20$ においては次数排他的の傾向を示すようになる（図 **7.10j**）。このような混ざった振る舞いは極端な次数親和性をもつネットワークに起きうる（図 **7.13b**）。このことは論文引用ネットワークが非常に強い次数親和的性をもつことを示している。一方で，スケールフリー性は構造的な次数排他性を生じさせ，$k \gg k_s$ において $k_{nn}(k)$ に変化を引き起こす。

まとめると，図 **7.10** で説明したとおり，次数相関を理解するためには常に $k_{nn}(k)$ とランダム化した $k_{nn}^{R-S}(k)$ とを比較する必要がある。このことからいくつかの興味深い結論が導かれる。

(i) 参考とした10個のネットワークのうち電力網だけが唯一ニュートラルであった。したがって，ほとんどの実在するネットワークは次数相関をもつといってよいだろう。
(ii) 次数排他的なすべて（電子メール，たんぱく質，*E. coli* の代謝）のネットワークは，スケールフリー性からその性質をもっている。それゆえに構造的な次数排他性である。WWWだけは，その次数排他性は部分的に次数分布から説明できる。
(iii) 次数相関は次数親和的なネットワークをあぶりだすが，次数分布から説明できるものではないことに注意すべきである。ほとんどの社会ネットワーク（携帯電話の発信，共同研究，俳優の共演），またインターネットや論文引用ネットワークもこれにあてはまる。

観察された次数親和性を説明するための仕組みは多数提案されている。たとえばコミュニティを形成する傾向，これは第9章の内容であるが，これも次数親和的な相関を導く[211]。実際に社会の性質を考えればそのような仕組みは無数にあることに気づく。専門家の委員会からテレビの番組に至るまで，ハブが集まり，それが次数親和性を作り出す。また同類性はよく報告される社会現象であり[212]，似たような背景や性質の似たものどうしが集まることを示している。これは，次数においても似たような人々が知り合う傾向を示すことになる。このような説明は有名人の結婚における次数の同類性についても適用可能であろう（**図7.1**）。

7.6 次数相関のあるネットワークを作る

さまざまなネットワークについての次数相関を理解するためには，これまでに議論されているネットワークモデルがどのような次数相関を示すかについて理解することから始めるのがよいだろう。これと同様に重要なことはもちろん，所望の次数相関の大きさをもつネットワークを生成するアルゴリズムを開発することである。この節で示すように，スケールフリー性と次数相関の相反する性質を考えれば，この節のテーマは簡単ではない。

7.6.1 静的モデルにおける次数相関

- **エルデシュ・レニィ・モデル**
  ランダム・ネットワークは定義によりニュートラルである。ハブがないために構造的な相関をもちえない。それゆえに，エルデシュ・レニィ・モデルでは $k_{\mathrm{nn}}(k)$ は式 (7.9) のようにいかなる $\langle k \rangle$ や N についても $\mu = 0$ である。

- **コンフィグモデル**
  コンフィグモデル（**図 4.15**）もまたニュートラルである。これは次数分布 p_k をどのように選択しても変わらない。なぜならこのモデルは多重リンクや自己ループを許すためである。結果として，ハブの間の多重リンクのために構造的な次数排他性が生じることはない。一方でネットワークが単純でなければならない場合は，構造的な次数排他性が生じる（**図 7.8**）。

- **隠れ変数モデル**
  このモデルでは e_{jk} は無作為に選択された隠れ変数 η_j と η_k の積に比例して決まる（**図 4.18**）。結果として，このネットワークは厳密に無相関といってよい。しかしながら，多重リンクを許さないとすれば，スケールフリー・ネットワークは構造的な次数排他性を示す。解析的な計算によれば

$$k_{\mathrm{nn}}(k) \sim k^{-1} \tag{7.16}$$

となり，これは $\mu = -1$ のときの次数相関関数 (7.10) である。

上記のことから，静的なモデルでは，ニュートラルまたは式 (7.16) のような構造的な次数排他性のどちらかのネットワークが生成される。

7.6.2 成長するネットワークにおける次数相関

成長するネットワークにおいて次数相関が発生すること（あるいは発生しないこと）を理解するために，初期誘引度モデル（6.5 節参照）から始めよう。これはバラバシ・アルバート・モデルの特別な場合である。

- **初期誘引度モデル**
  式 (6.23)，すなわち $\Pi(k) \sim A + k$ に従う優先的選択モデルにおけるネットワークを考えよう。ここで，A は初期誘引度である。A の値によって，三つの異なる領域を得る [214]。

(i) 次数排他的領域 $\gamma < 3$

もし A が $-m < A < 0$ ならば,

$$k_{\mathrm{nn}}(k) \sim m \frac{(m+A)^{1-\frac{A}{m}}}{2m+A} \varsigma\left(\frac{2m}{2m+A}\right) N^{-\frac{A}{2m+A}} k^{\frac{A}{m}} \tag{7.17}$$

を得る。したがって, ネットワークは次数排他的であり, $k_{\mathrm{nn}}(k)$ はべき則

$$k_{\mathrm{nn}}(k) \sim k^{-\frac{|A|}{m}} \tag{7.18}$$

に従って減衰する [214, 215]。

(ii) ニュートラル領域 $\gamma = 3$

もし $A = 0$ ならば, 初期誘引度モデルはバラバシ・アルバート・モデルになる。この場合は

$$k_{\mathrm{nn}}(k) \sim \frac{m}{2} \ln N \tag{7.19}$$

であり, 結果として, $k_{\mathrm{nn}}(k)$ は k に依存せずニュートラルとなる。

(iii) 弱い次数親和領域 $\gamma > 3$

もし $A > 0$ ならば

$$k_{\mathrm{nn}}(k) \approx (m+A) \ln\left(\frac{k}{m+A}\right) \tag{7.20}$$

を得る。$k_{\mathrm{nn}}(k)$ が k とともに対数的に増加するので, 弱い次数親和性を示すといえる。しかし, 式 (7.10) とは異なる。

まとめると, 式 (7.17)〜式 (7.20) からわかるように, 初期誘引度モデルはかなり複雑な次数相関を示す。すなわち, 次数排他性から弱い次数親和性までを生成しうる。しかも, バラバシ・アルバート・モデルによるネットワークはニュートラルであることが式 (7.19) からわかる。また式 (7.17) は $k_{\mathrm{nn}}(k)$ がべき則に従うことを示しており, 観察から導いた式 (7.10) についての解析的な裏付けとなっている。

- **ビアンコーニ・バラバシ・モデル**

  一様な適合度分布のビアンコーニ・バラバシ・モデルでは, 次数排他的ネットワークが生成される [204]（図 **7.12**）。ランダム化したネットワークにおいても次数排他的であることから, モデルの次数排他性は構造的なものである。しかしながら, 実際の $k_{\mathrm{nn}}(k)$ とランダムの $k_{\mathrm{nn}}^{\mathrm{R-S}}(k)$ は重なって

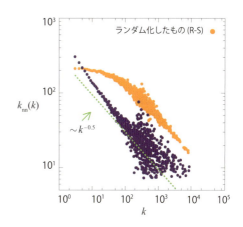

図 7.12 ビアンコーニ・バラバシ・モデルにおける相関

$N = 10{,}000$, $m = 3$, 一様な適合度分布でのビアンコーニ・バラバシ・モデルでの次数相関関数（6.2 節参照）。緑の点線は $\mu \simeq -0.5$ の式 (7.10) であるが, このことからネットワークは次数排他的であることがわかる。オレンジの記号は $k_{\mathrm{nn}}^{\mathrm{R-S}}(k)$ に対応している。$k_{\mathrm{nn}}^{\mathrm{R-S}}(k)$ も同様に減少していることから, 観察された次数排他性は構造的なものといってよい。しかしながら, $k_{\mathrm{nn}}^{\mathrm{R-S}}(k)$ と $k_{\mathrm{nn}}(k)$ の間の差異は, 次数相関のすべてが構造的な効果ではないことを示唆している。

図 7.13　Xulvi-Brunet と Sokolov のアルゴリズム

このアルゴリズムは最大の次数相関をもつネットワークを作る。

(a) アルゴリズムの基本的なステップ。

(b) $N = 1,000$, $L = 2,500$, $\gamma = 3.0$ のスケールフリー・ネットワークにアルゴリズムを適用したときの $k_{nn}(k)$。

(c,d) アルゴリズムにより最大限に次数親和的としたネットワークにおける典型的なネットワークの形とその隣接行列 A_{ij}。隣接行列の行と列はその次数で並んでいる。

(e,f) 最大に次数排他的とした場合の (c,d) と同様の図。

(d) と (f) で示された A_{ij} は最大限の相関があるときのネットワークの内部の規則性をよく捉えている。すなわち, (d) では同じ程度の大きさの次数をもつノードどうしがつながっていることを示す塊が見られる。一方で, (f) では異なる次数をもつノードどうしがつながっていることを示す塊が見られる。

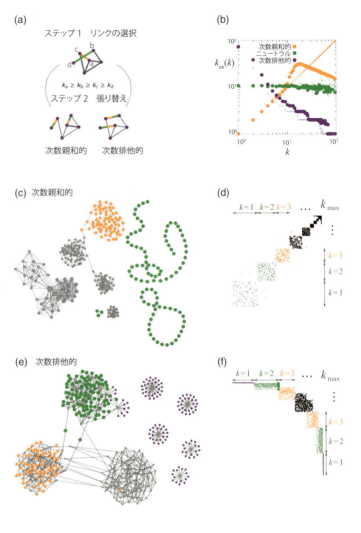

はいない。したがって，この次数排他性はスケールフリー性だけでは完全には説明できない。

7.6.3　次数相関を調整する

任意の次数相関をもつネットワークを生成するためのアルゴリズムがいくつか提案されている [207, 216]。Xulvi-Brunet と Sokolov により提案されたアルゴリズムでは，決められた次数列から最大限に相関のあるネットワークを作ることができる [217, 218, 219]。ここでは，その簡単バージョンを議論しよう。アルゴリズムは，次のステップからなる（図 **7.13a**）。

- **ステップ 1：リンクの選択**

二つのリンクを無作為に選ぶ。それらの端にある四つのノー

ドにラベル a, b, c, d を与える．そのとき $k_a \geq k_b \geq k_c \geq k_d$ となるようにする．

- **ステップ 2：リンクの張り替え**
  選んだリンクを切る．その上で，新しいペアとなるようにリンクを張り替える．どのような次数相関を得たいかによって，以下の二つの方法がある．

  - **ステップ 2A：次数親和的な場合**
    二つの高い次数のノードすなわち a と b を，そして二つの低い次数のノードすなわち c と d をつなぐ．これにより同じ程度の次数をもつノードが結びつくことから，ネットワークの次数親和性が強化される．

  - **ステップ 2B：次数排他的な場合**
    次数の最も高いノードと最も低いノードすなわち a と d を，そして b と c をつなぐ．これにより異なる次数のノードが結びつくことから，ネットワークの次数排他性が強化される．

このアルゴリズムによって，徐々に次数親和性が強化される（ステップ 2A），あるいは次数排他性が強化される（ステップ 2B）．もし多重リンクを許容しない単純ネットワークを作るならば，ステップ 2 のあとでリンクの張り替えが多重リンクになるかどうかを確認し，もし多重になるならその張り替えをやめ，ステップ 1 に戻ればよい．

このアルゴリズムによって生成されたネットワークの相関は，与えられた次数列における最大値（次数親和的）に，あるいは最小値（次数排他的）に収束する（図 **7.13b**）．このモデルでは容易に次数排他的な相関を作ることができる（図 **7.13e**）．次数親和的な極限においては，多重リンクをもたない単純なネットワークの $k_{\text{nn}}(k)$ は，次数の小さい領域で次数親和的，次数の大きい領域では次数排他的となる（図 **7.13b**）．これは構造的なカットオフの結果である．スケールフリー・ネットワークは高い次数において次数親和性をもつことはできない．このような振る舞いは，論文引用ネットワークの $k_{\text{nn}}(k)$ 関数において確認したとおりである（図 **7.10j**）．

図 **7.13** で導した Xulvi-Brunet と Sokolov のアルゴリズムは，最大限に次数親和的あるいは次数排他的なネットワークを生成している．図 **7.14** で示されているアルゴリズムを使えば，生成される次数相関を調整することができる．

図 7.14 次数相関を調整する

Xulvi-Brunet と Sokolov のアルゴリズムを使って次数相関を調整できる。

(a) 確率 p で決定論的な張り替えのステップを実行する。一方で確率 $1-p$ で a, b, c, d のノードを無作為に選んでつなぐ。$p=1$ にすれば単に図 7.13 で示した元のアルゴリズムである。しかし $p<1$ においては張り替えにノイズが入ることになる。

(b) $p=0.5$ の場合の典型的なネットワークの形。

(c) $N=10{,}000$, $\langle k \rangle = 1$, $\gamma = 3.0$ のネットワークにおいて p をさまざまに変えたときの $k_{\mathrm{nn}}(k)$。相関の指数 μ はフィットする領域に依存することに注意されたい。特に次数親和的な事例において顕著である。

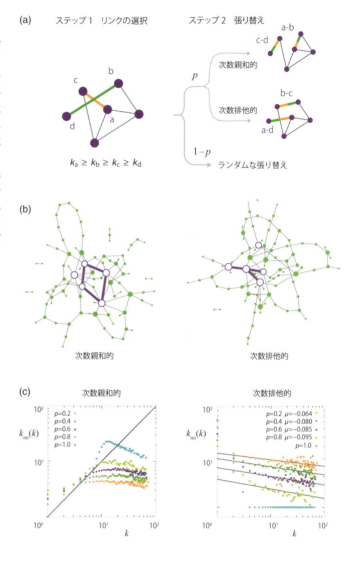

まとめると、コンフィグモデルや隠れ変数モデルなどのような静的なモデルは、多重リンクを許せばニュートラルとなり、もし単純ネットワークに限るならば、構造的な次数排他性を生ずる。調整された次数相関をもつネットワークを生成するためには、たとえば Xulvi-Brunet と Sokolov のアルゴリズムを使うことができる。この節の重要な結果として、式 (7.16) と式 (7.18) が挙げられる。それぞれ隠れ変数モデルと成長するネットワークにおける次数相関の解析式であり、いずれも次数に依存したべき則を示唆している。これらの結果は式 (7.10) で示されたスケーリング仮説についての解析的裏付けとなっている。すなわち、構造と動的な効果の両方が、べき則に従うような次数相関関数として現れることを意味する。

7.7 次数相関のインパクト

図 7.10 で見たように，大半の実在するネットワークはなんらかの次数相関をもつ．社会ネットワークは次数親和的である．生物ネットワークは構造的に次数排他的である．これらの相関から一つの疑問がわいてくる．そもそもこれは重要な事柄なのだろうか．言い換えれば，次数相関自体はネットワークの性質を変えるようなものなのだろうか．そして，どのようなネットワークの性質が影響を受けるのだろうか．この節はこのような問いについて答えていく．

ランダム・ネットワークにおける重要な性質は $\langle k \rangle = 1$ における相転移の存在である．これによって巨大連結成分が現れる（3.6 節参照）．図 7.15 は，異なる次数相関のネットワークにおける巨大連結成分の相対的な大きさを示している．このような分析からいくつかのパターンがわかる [207, 217, 218]．

- **次数親和的なネットワーク**
  次数親和的なネットワークでは相転移点はより低い $\langle k \rangle$ に移る．それゆえに巨大連結成分は $\langle k \rangle < 1$ で現れる．その理由は，大きい次数のノードどうしが結びつくので巨大連結成分が生じ始めるのが容易であるためである．

- **次数排他的なネットワーク**
  相転移は次数排他的なネットワークでは遅れる．これはハブが小さい次数のノードに結びつくからである．このことによって，次数排他的なネットワークでは巨大連結成分ができにくい．

- **巨大連結成分**
  ニュートラルや次数排他的ネットワークと比べて次数親和的ネットワークでは大きい $\langle k \rangle$ での巨大連結成分の大きさが相対的に小さくなる．その理由は，ハブどうしが結びつくため，小さい次数のノードが取り残されてしまうためである．

これら巨大連結成分の大きさや構造の変化は，疾病の感染に示唆を与える [220, 221, 222]．これは第 10 章でのトピックである．実際に図 7.10 で見たように，社会ネットワークは次数親和的である．それゆえに高い次数のノードは疾病の保有宿主となる巨大連結成分を形成する．これによって平均的にウイルスが生き残るために必要な密度をもたないような薄い

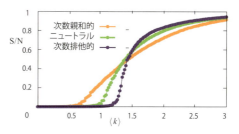

図 7.15 次数相関と相転移点

$N = 10,000$ のエルデシュ・レニィ・ネットワークにおける巨大連結成分の相対的な大きさ（緑の曲線）．このネットワークでは，$p = 0.5$ で Xulvi-Brunet と Sokolov のアルゴリズムによって次数相関を導入してある（図 7.14）．この図から，次数親和的から次数排他的に移るにつれ，相転移点が遅れていき，大きい $\langle k \rangle$ のときの巨大連結成分は大きくなる傾向がわかる．それぞれの点は 10 回の独立した計算の平均である．

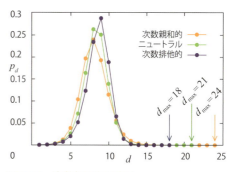

図 7.16 次数相関とパス長

$N = 10,000$, $\langle k \rangle = 3$ のランダム・ネットワークの距離の分布．次数相関は $p = 0.5$ での Xulvi-Brunet と Sokolov のアルゴリズムによって導入してある（図 7.14）．この図から，次数排他的から次数親和的に移るにつれ，平均パス長は減少していき，分布のピークが左に動いて行っていることがわかる．同時に直径 $d_{\max}$ は大きくなる．それぞれの曲線は 10 回の独立した計算の平均である．

ネットワークであっても流行は維持されることが推察される。

巨大連結成分の性質の違いはネットワークの頑健性にも示唆を与える [223]。第 8 章で議論するように，ネットワークのハブを取り除くことはネットワークをばらばらにしうる。次数親和的なネットワークでは，ハブ除去によるダメージはより小さくなる。なぜならハブ自体がコアなグループを形成しており，冗長性があるためである。逆に次数排他的なネットワークではハブ除去によるダメージは大きくなる。なぜなら，ハブは数多くの小さい次数のノードとつながっており，ハブが一つ取り除かれるだけでネットワークがばらばらになりうる。

他にいくつかの次数相関がもたらす帰結について述べる。

- 図 7.16 は，異なる次数相関を示すようにリンクを張り替えたランダム・ネットワークについて，パス長の分布を示したものである。図からわかるように，次数親和的なネットワークの平均パス長はニュートラルなネットワークよりも短い。最も大きい違いは，ネットワークの直径 d_{max} である。これは次数親和的なネットワークで特に大きい値を示す。実際，次数親和性は同じような次数をもつノードの間でリンクが張られることから，$k = 2$ のノードで長い鎖ができるので d_{max} が長くなる（図 7.13c）。
- 次数相関は刺激や摂動に対するシステムの安定性に影響する [224]。また，ネットワークに置かれた振動子の同期性にも影響する [225, 226]。
- 次数相関は頂点被覆問題に対して基礎的なインパクトをもたらす [227]。頂点被覆問題とは旺盛に研究されているグラフ理論の一分野であり，各リンクについてその端につながっているノードの少なくともどちらか一方が含まれる最小のノード集合（被覆）を探す問題である（**Box7.4**）。
- 次数相関はネットワークをコントロールする際に影響がある。具体的には，ネットワーク全体をコントロールするために必要な入力信号の数が，次数相関によって異なる [228]。

まとめると，次数相関は単に学術的な関心事にとどまらず，無数のネットワークの性質に影響を与える。そしてまた，ネットワークの上で起きる出来事にも無視できない影響がある。

Box 7.4 頂点被覆と博物館の守衛

あなたが大きい公園にある屋外の博物館の責任者になったとしよう。それぞれの通路を監視できるように交差点に守衛を配置することにした。そのときに，守衛の数をできるだけ減らしてコストを抑えたい。何人の守衛が必要だろうか。

N は交差点の数，$m(<N)$ はあなたが雇える守衛の数である。m 人の守衛を N 個の交差点に配置するには ${}_N C_m$ の場合の数がある。しかし，そのほとんどの配置において監視されない通路ができてしまう [229]。

すべての通路をカバーする組み合わせは，N の増加に伴い指数関数的に増大する。実際にこれは六つの基本的な NP 完全問題のうちの一つであり，**頂点被覆問題**と呼ばれている。ネットワークの頂点被覆は頂点の集合であり，ネットワークにある各リンクについてその端の少なくともどちらか一方のノードがその集合に含まれる（図 7.17）。NP 完全性とは網羅的な探索，すなわち全部の組み合わせを一つ一つ調べる探索より十分に速いアルゴリズムが知られていないということである。当然，最小頂点被覆に含まれるノード数は，ネットワークの形に依存し，次数分布や次数相関により影響を受ける [227]。

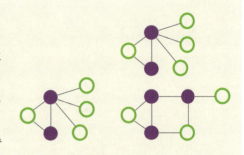

図 7.17 最小被覆

形式的には，ネットワークの頂点被覆とは，ネットワークにある各リンクについてその端の少なくともどちらか一方のノードを含むようなノードの集合 C である。最小頂点被覆とは，そのような集合 C のうち大きさが最小のものを意味する。図は二つのネットワークにおける最小頂点被覆の例である。紫のノードが最小頂点被覆である。どの紫を緑に替えても，リンクの端が紫でないものが現れることがわかる。

7.8 まとめ

次数相関は 2001 年にインターネットの研究において Romualdo Pastor-Satorras, Alexi Vazquez, Alessandro Vespignani によって発見された [203, 204]。彼らは同時に次数相関関数 $k_{nn}(k)$ と式 (7.10) のスケーリングを導入した。1 年後，Kim Sneppen と Sergey Maslov は，たんぱく質の次数相関を調べるために，e_{ij} 行列に関係する $p(k_i, k_j)$ を使った。2003 年，Mark Newman は，次数親和性，ニュートラル，次数排他性を区別するために，次数相関係数を導入した [207, 208]。これらの用語は社会科学に由来する [212]。

次数親和的な結びつきは，似た者どうしがデートや結婚をする個人の傾向を表している。たとえば，低所得者は低所得者どうし，大卒は大卒どうしというような具合である。ネッ

トワーク理論はその次数親和性を同じ意味で用いており，次数の意味において似たノードどうしが結びつくという特徴を捉えている。次数親和的なネットワークにおいては，ハブはほかのハブとつながる傾向に，小さい次数のノードは他の小さい次数のノードにつながる傾向にある。他にもノードの性質が似た者どうしでつながるという伝統的な次数親和性にでくわすこともある（図**7.18**）。

次数排他的な結びつきは，逆に似ていないものどうしが結びつく傾向である。これもある種の社会や経済のシステムでは起こりうることである。たとえば性的なネットワークはそのわかりやすい例であり，性別が違うものどうしが結びつくことがほとんどである。経済システムにおいては，たとえば異なるスキルをもつ者どうしが取引関係を結びやすい。パン屋は他のパン屋にパンを売らないし，靴屋はめったに他のメーカーの靴を直さないだろう。

まとめると，ネットワークにおいて次数相関を重要と考える理由がいくつか挙げられる（**Box7.5**）。

- 次数相関は実在するたいていのネットワークに現れる（7.5節参照）。
- もし存在すれば，次数相関はネットワークの振る舞いに影響を及ぼす（7.7節参照）。
- 次数相関は，次数分布よりも一歩進んだ考え方を促してくれる。すなわち，次数分布 p_k だけではわからないような，ノード間の結びつきを説明する定量的なパターンを取り扱うことができるようになる。

次数相関についての研究はかなり精力的に行われてきているものの，まだまだ現象の完全な理解には至っていない。たとえば，7.6節では次数相関の調整のアルゴリズムについて議論したが，まだ問題は十分に明確になっていない。たとえば，次数相関の最も詳細な記述は e_{ij} 行列に含まれる。しかし，任意の e_{ij} をもつネットワークを生成することは，依然として難しい問題である。

この節では，2点間の相関を捉える $k_{nn}(k)$ 関数に特に注目した。原理的には，より高次の相関を考えることができる（**Box7.6**）。3点や4点の相関とそのインパクトについても，まだ課題として残されている。

Box 7.5　早見表：次数相関

次数相関行列 e_{ij}

ニュートラルなネットワークでは

$$e_{ij} = q_i q_j = \frac{k_i p_{k_i} k_j p_{k_j}}{\langle k \rangle^2}$$

次数相関関数

$$k_{nn}(k) = \sum_{k'} k' p(k'|k)$$

ニュートラルなネットワークでは

$$k_{nn}(k) = \frac{\langle k^2 \rangle}{\langle k \rangle}$$

スケール仮説

$$k_{nn}(k) \sim k^\mu$$

$\mu > 0$：次数親和的
$\mu = 0$：ニュートラル
$\mu < 0$：次数排他的

次数相関係数

$$r = \sum_{jk} \frac{jk(e_{jk} - q_j q_k)}{\sigma^2}$$

$r > 0$：次数親和的
$r = 0$：ニュートラル
$r < 0$：次数排他的

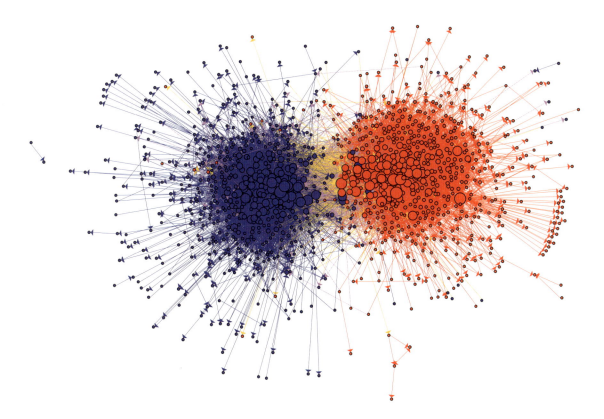

図 7.18 政治はニュートラルではない

アメリカの政治についてのブログのネットワークは次数親和性を示している。すなわち，似た特徴をもつノードがつながっていることを示している。これは社会学において示唆されていることである。この図では青のノードはリベラルなブログ，赤のノードは保守的なブログを示している。リンクにも色がついており，青のリンクはリベラルなブログどうしのリンク，赤のリンクは保守的なブログどうしのリンクである。黄色のリンクはリベラルから保守へのリンク，紫色のリンクは保守からリベラルへのリンクである。この図からわかるように，これら政治的に対立する双方の間にはリンクは少なく，強い次数親和性を示している。文献 [230] による。

7.9 演習

7.9.1 次数相関の詳細つり合い

同時確率 $e_{kk'}$，条件付き確率 $P(k'|k)$ と確率 q_k を，ノード数 N，平均次数 $\langle k \rangle$，次数 k のノード数 N_k，次数 k と k' のノードの間のリンク数 $E_{kk'}$（ただし $k = k'$ のときリンク数が 2 倍になることに注意）を用いて数式で書き表しなさい。これらの数式に基づいて，どのようなネットワークについても $e_{kk'} = q_k P(k'|k)$ であることを示しなさい。

7.9.2 スター型ネットワーク

スター型のネットワークを考えよう。すなわち，一つのノードが残りの $N-1$ 個の次数 1 のノードにつながっている。$N \gg 1$ とすると

(a) このネットワークの次数分布 p_k を求めなさい。
(b) 無作為に選んだリンクの先に次数 k のノードを見出す確率 q_k を求めなさい。

> **Box 7.6　2点，3点の相関**
>
> 　ネットワークを特徴づける完全な次数相関は，条件付き確率 $P(k^{(1)}, k^{(2)}, \ldots, k^{(k)}|k)$ によって定義される。これは次数 k のノードが次数 $k^{(1)}, k^{(2)}, \ldots, k^{(k)}$ の k 個のノードに結びつく確率である。
>
> **2点の相関**
>
> 　最も単純なものは，この章で議論された2点の相関である。すなわち，$P(k'|k)$ であり，次数 k のノードが次数 k' のノードに結びつく確率である。相関がなければこの条件付き確率は k とは独立である。すなわち $P(k'|k) = k'p_{k'}/\langle k \rangle$ である。実在のネットワークについて $P(k'|k)$ を計算するのはやっかいな問題である。そのため式 (7.7) で定義する次数相関関数 $k_{\mathrm{nn}}(k)$ を分析することがより実践的である。
>
> **3点の相関**
>
> 　三つのノードを含む相関は，$P(k^{(1)}, k^{(2)}|k)$ で定義される。この条件付き確率は，クラスター係数と結びつきがある。実際，平均のクラスター係数 $C(k)$ [220, 221] は，次数 k のノードが次数 $k^{(1)}$，$k^{(2)}$ のノードに結びつく確率と，これらがリンクされる確率を，すべての $k^{(1)}, k^{(2)}$ について平均した確率として形式的に
>
> $$C(k) = \sum_{k^{(1)}, k^{(2)}} P(k^{(1)}, k^{(2)}|k) p^k_{k^{(1)}, k^{(2)}}$$
>
> のように，書くことができる。ここで，$p^k_{k^{(1)}, k^{(2)}}$ は $k^{(1)}$ のノードと $k^{(2)}$ のノードが結びつく確率であり，これは次数 k の同じ隣接ノードによって決まる。ニュートラルなネットワークでは $C(k)$ は k について独立であり，
>
> $$C = \frac{\left(\langle k^2 \rangle - \langle k \rangle\right)^2}{\langle k \rangle^3 N}$$
>
> に従う。

(c) このネットワークについて次数相関係数 r を計算しなさい。そのとき 7.9.1 節で求めた $e_{kk'}$ と $P(k'|k)$ を用いなさい。

(d) このネットワークは次数親和的，次数排他的のどちらであるか答えなさい。さらに，その理由を説明しなさい。

7.9.3　構造的なカットオフ

　表 4.1 で示された無向ネットワークについて構造的なカットオフ k_{s} を計算しなさい。図 7.10 のプロットに基づいて，各々のネットワークについて，最大の期待される次数 $k_{\max}$ よりも k_{s} が大きいか小さいか予想しなさい。その予想を $k_{\max}$ を計算することにより確かめなさい。

7.9.4 エルデシュ・レニィ・ネットワークにおける次数相関

ランダム・ネットワークのエルデシュ・レニィの $G(N, L)$ モデルは第 2 章で導入された（**Box3.1** と 3.2 節参照）。ラベルがついた N 個のノードが L 本のリンクにより無作為につながれている。このモデルでは，ノード i と j の間にリンクがある確率がノード l と s の間にリンクがあることに依存している。

(a) ノード i と j の間にリンクがある確率，e_{ij}，ノード l と s の間にリンクがあるときにノード i と j の間にリンクがある条件付き確率，をそれぞれ求めなさい。
(b) それら二つの確率の比は，小さいネットワークと大きいネットワークにおいてどのように変わるか答えなさい。
(c) もしエルデシュ・レニィの $G(N, p)$ モデルを考えた場合，(a) と (b) で議論した量はどのようになるか答えなさい。

さらに，(a)-(c) の議論に基づいて，少ないノード数のランダム・ネットワークを作るときに，$G(N, p)$ の代わりに $G(N, L)$ を用いることによって起きることについて検討しなさい。

7.10 発展的話題 7.A 次数相関係数

Box7.2 において，次数相関の別の指標として次数相関係数 r を定義した [207, 208]。一つの値で次数相関を特徴づけることは魅力的である。というのは，いろいろな特徴や大きさをもつネットワークにおいて観測される相関を比較できるためである。しかし，r を効果的に使うためには，その起源に注意しなければならない。

次数相関係数 r の背後にある仮説は，$k_{\mathrm{nn}}(k)$ 関数が線形関係

$$k_{\mathrm{nn}}(k) = rk \tag{7.21}$$

で近似できることである。これは k に依存したべき則を表している式 (7.10) のスケーリングとは異なっている。式 (7.21) からいくつか議論するべき事柄が生じてくる。

- 初期誘引度モデルでは，次数相関関数は式 (7.18) のようなべき則や，式 (7.20) のような k の対数に依存する。隠れ変数モデルで，同様のべき則が式 (7.16) のように導出される。

図 7.19 次数相関関数

三つの実在するネットワークについての次数相関関数 $k_{nn}(k)$。左の図は，式 (7.10) の検証のための $k_{nn}(k)$ の両対数プロットである。右の図は，式 (7.21) の検証のための $k_{nn}(k)$ の両線形プロットである。式 (7.21) は $k_{nn}(k)$ が k に線形の依存性をもつという仮説に基づいており，この仮説が相関係数 r の背後にある。右の図の実線が相関係数 r に対応している。右の図を見ると r が次数親和的あるいは次数排他的なネットワークにフィットしていないことがわかる。

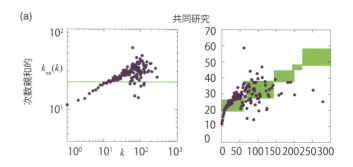

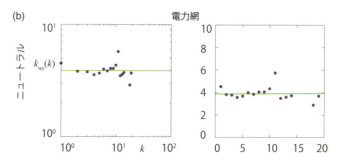

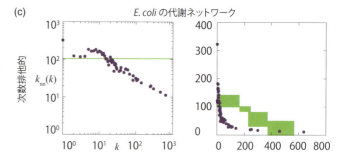

Box 7.7 大きいネットワークで生じる問題点

Xulvi-Brunet と Sokolov のアルゴリズムはスケールフリー・ネットワークの最小の相関係数 r_{min} と最大の相関係数 r_{max} の計算に使うことができ，

$$r_{min} \sim \begin{cases} -c_1(\gamma, k_0) & \gamma > 2 \\ -N^{(2-\gamma)/(\gamma-1)} & 2 < \gamma < 3 \\ -N^{(\gamma-4)/(\gamma-1)} & 3 < \gamma < 4 \\ -c_2(\gamma, k_0) & 4 < \gamma \end{cases}$$

$$r_{max} \sim \begin{cases} -N^{(-\gamma-2)/(\gamma-1)} & 2 < \gamma < \gamma_r \\ -N^{-1/(\gamma^2-1)} & \gamma_r < \gamma < 3 \end{cases}$$

を得る [219]。ただし，$\gamma_r \approx \frac{1}{2} + \sqrt{17/4} \approx 2.56$ である。

これらの式から，以下のことがわかる：

(i) 大きい N では，たとえそのネットワークが最大限に相関するように張り替えられていても，r_{min} と r_{max} は 0 になる。結果として，次数相関係数 r は大きいネットワークにおける相関を捉えることはできない。

(ii) $\gamma < 2.6$ のスケールフリー・ネットワークでは，r は常に負となる。これは構造的な相関のためである（7.4 節参照）。

このような r を使うことの限界を考えると，大きいネットワークの次数相関を調べるためには $k_{nn}(k)$ が最も適しているといえる。

これらを踏まえると，r は本来非線形であるものを線形で無理やりフィットしたものと考えられる。この線形の依存性は数値解析でも解析的にでも支持されていない。実際，図 7.19 で示したとおり，式 (7.21) は次数親和的，次数排他的の両方のネットワークに対してほとんどフィットできない。

- 図 7.10 で見られるように，$k_{nn}(k)$ 関数の k への依存性は複雑である。構造的なカットオフのため大きい k では傾向が変わりうる。線形のフィットではこのような本来存在する複雑さを考慮しえない。

- 最大限に相関を強めたモデルでは，大きい N では r が 0 に近づく。しかし実際にはネットワークには相関が存在する（**Box7.7**）。このことは，次数相関係数で大きいネットワークの相関を捉えることが難しいことを示唆する。

表 7.1　現実のネットワークにおける次数相関

表は 10 個の現実のネットワークについて推定した r と μ を示している。有向ネットワークは無向と考えて r と μ を計算した。別の方法として，有向ネットワークのための有向相関係数を使うこともできる（**Box7.7**）。

ネットワーク	N	r	μ
インターネット	192,244	0.02	0.56
WWW	325,729	−0.05	−1.11
電力網	4,941	0.003	0.0
携帯電話の発信	36,595	0.21	0.33
電子メール	57,194	−0.08	−0.74
共同研究	23,133	0.13	0.16
俳優の共演	702,388	0.31	0.34
論文引用	449,673	−0.02	−0.18
E. coli の代謝	1,039	−0.25	−0.76
たんぱく質相互作用	2,018	0.04	−0.1

7.10.1　μ と r の関係性

今度はポジティブな面を考えてみる。r と μ は互いに独立ではない。10 個の現実のネットワークについて r と μ を計算した（**表 7.1**）。その結果を**図 7.20** にプロットする。本図からわかるように，r が正の場合には μ と r は相関している。しかしながら，r が負の場合はこの相関は見られない。このような振る舞いを理解するためには，μ と r の直接の関係を見るべきであろう。具体的には，式 (7.10) の妥当性を仮定して，相関指数 μ をもつネットワークについて r を決めよう。

まず，式 (7.10) から a を決める。次数分布の 2 次のモーメントは

$$\langle k^2 \rangle = \langle k_{nn}(k)k \rangle = \sum_k a k^{\mu+1} p_k = a \langle k^{\mu+1} \rangle$$

のようになる。これから

$$a = \frac{\langle k^2 \rangle}{\langle k^{\mu+1} \rangle}$$

を得る。次に，与えられた μ をもつネットワークについて r を計算し，

$$r = \frac{\sum_k k a k^\mu q_k - \frac{\langle k^2 \rangle^2}{\langle k \rangle^2}}{\sigma_r^2} = \frac{\sum_k a k^{\mu+2} \frac{p_k}{\langle k \rangle} - \frac{\langle k^2 \rangle^2}{\langle k \rangle^2}}{\sigma_r^2}$$

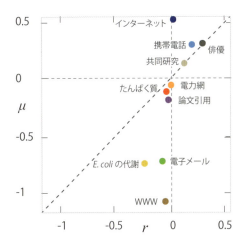

図 7.20　r と μ の相関

r と μ の間の関係性を表したもの。$k_{nn}(k)$ 関数を式 (7.10) でフィットして μ を推定した。ただし，べき則のスケーリングの統計的有意性については考慮していない。

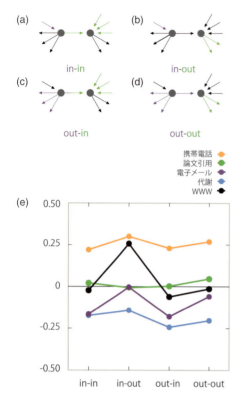

図 7.21　有向の相関

(a)-(d) 紫と緑のリンクがそれぞれ α と β の指標に対応しており，それぞれの図が有向ネットワークの相関係数を表している。

(e) 五つの有向ネットワークの相関の様子である。論文引用ネットワークでは相関はほとんどない。携帯電話の通話については，四つの相関係数は非常に強い次数親和性を示している。代謝のネットワークについては非常に強い次数排他性を示している。WWW の場合は，三つの相関係数が 0 に近いが，ただ一つ in-out の次数の組み合わせのときだけ，非常に強い次数親和性を示している。

$$= \frac{\frac{\langle k^2 \rangle}{\langle k^{\mu+1} \rangle} \frac{\langle k^{\mu+2} \rangle}{\langle k \rangle} - \frac{\langle k^2 \rangle^2}{\langle k \rangle^2}}{\sigma_r^2} = \frac{1}{\sigma_r^2} \frac{\langle k^2 \rangle}{\langle k \rangle} \left(\frac{\langle k^{\mu+2} \rangle}{\langle k^{\mu+1} \rangle} - \frac{\langle k^2 \rangle}{\langle k \rangle} \right)$$
(7.22)

を得る。μ が 0 のとき，最後のかっこの中は 0 となり，$r = 0$ のニュートラルネットワークになる。言い換えれば，r から見てもネットワークはニュートラルである。$k > 1$ については，式 (7.22) は $\mu > 0$ についてはかっこの中が正になることを表している。すなわち $r > 0$ である。一方，$\mu < 0$ についてはかっこの中は負になる。すなわち $r < 0$ である。これらのことから，r と μ は似たような次数相関を示すといえる。

まとめると，もし次数相関関数が式 (7.10) に従うのであれば，

$$\mu < 0 \to r < 0$$
$$\mu = 0 \to r = 0$$
$$\mu > 0 \to r > 0$$

のように，次数相関指数 μ の符号は r の符号と同じになる。

7.10.2　有向ネットワーク

有向ネットワークにおいて相関を測るためには，各々のノードは入次数 k_i^{in} と出次数 k_i^{out} により特徴づけられることを考慮せねばならない。それゆえに四つの異なる次数相関係数が定義できる。すなわち $r_{\text{in,in}}$, $r_{\text{in,out}}$, $r_{\text{out,in}}$, $r_{\text{out,out}}$ である。これによって二つのノードについての入次数と出次数のすべての組み合わせが考慮できる（**図 7.21a-d**）。形式的には

$$r_{\alpha,\beta} = \frac{\sum_{jk} jk \left(e_{jk}^{\alpha,\beta} - q_{\leftarrow j}^{\alpha} q_{\to k}^{\beta} \right)}{\sigma_{\leftarrow}^{\alpha} \sigma_{\to}^{\beta}}$$
(7.23)

である [213]。ここで α と β はそれぞれ入次と出次の指標で，$q_{\leftarrow j}^{\alpha}$ は逆方向にランダムなリンクをたどることにより α の次数 j のノードを見つける確率である。そして $q_{\to k}^{\beta}$ は順方向にランダムなリンクをたどることにより β の次数 k のノードを見つける確率である。$\sigma_{\leftarrow}^{\alpha}$ と $\sigma_{\to}^{\beta}$ は標準偏差である。式 (7.23) の使い方を明示するために，**図 7.21e** に五つの参考とする有向ネットワーク（**表 7.1**）について四つの相関係数を示した。しかしながら，次数相関を完全に把握するためには，

四つの $k_{\mathrm{nn}}(k)$ 関数を測ることが望ましいことを注意しておく（**Box7.3**）。

まとめると，次数相関係数は $k_{\mathrm{nn}}(k)$ が k について線形であることを仮定しているが，この仮説は数値解析的にも解析的にも支持されない。解析的には式 (7.10) のべき則の形か，式 (7.20) のような弱い対数的な依存関係が示されている。そうとはいえ，一般的には r の符号と μ と符号は一致している。結論的には r はネットワークにあるおおまかな相関をつかむのに使ってもよいであろう。しかし，正確な次数相関の把握のためには $k_{\mathrm{nn}}(k)$ を測るべきである。

7.11　発展的話題 7.B　構造的なカットオフ

7.4 節で議論したように，単純なネットワークにおいてはスケールフリー性と次数相関は基本的には矛盾しており，構造的なカットオフを生み出す。本節では，ネットワークの大きさ N による構造的なカットオフの変化を計算する式 (7.15) を導出しよう [210]。

まず以下の定義

$$r_{kk'} = \frac{E_{kk'}}{m_{kk'}} \tag{7.24}$$

から始める。ここで，$E_{kk'}$ は，$k \neq k'$ では次数 k と k' のノードの間のリンクの数であり，$k = k'$ ではノード間のリンクの数の 2 倍となる。そして

$$m_{kk'} = \min\{kN_k, k'N_{k'}, N_k N_{k'}\} \tag{7.25}$$

は $E_{kk'}$ のうち最も大きい値である。この $m_{kk'}$ の式の導出は **図 7.22** で説明している。結果として，$r_{kk'}$ は

$$r_{kk'} = \frac{E_{kk'}}{m_{kk'}} = \frac{\langle k \rangle e_{kk'}}{\min\{kP(k), k'P(k'), NP(k)P(k')\}} \tag{7.26}$$

となる。$m_{kk'}$ は $E_{kk'}$ の最大値であるから，どのような k と k' についても $r_{kk'} \leq 1$ である。厳密に言うと，単純なネットワークでは $r_{kk'} > 1$ となるような次数の組は起こり得ない。しかし，$r_{kk'}$ が 1 よりも大きくなるような，ネットワークおよび次数の組が起きる場合もある。そのようなネットワークはまず物理的ではなく，ネットワークにおけるなんらかの矛盾を意味する。これを利用して，構造的なカットオフ k_s を定義する。すなわち

$$r_{k_s k_s} = 1 \tag{7.27}$$

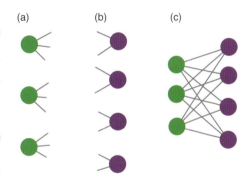

$kN_k = 9 \qquad k'N_{k'} = 8 \qquad N_k N_{k'} = 12$

$m_{kk'} = \min\{kN_k, k'N_{k'}, N_k N_{k'}\} = 8$

図 7.22　$m_{kk'}$ を計算する

$m_{kk'}$ は二つのグループ間でとることのできる最大のリンク数である。図は次数 $k = 3$ と $k' = 2$ の二つのグループの例である。二つのグループの間の総リンク数は以下を超えることはできない。
(a) $k = 3$ グループが取りうる総リンク数の制限。これは $kN_k = 9$ である。
(b) $k' = 2$ グループが取りうる総リンク数の制限。これは $k'N_{k'} = 8$ である。
(c) 二つのグループの間でノードから決まるリンク数の制限。これは $N_k N_{k'} = 12$ である。この例では，(b) の $k'N_{k'} = 8$ が最小値となる。

ここで，$k > Np_{k'}$，$k' > Np_k$ ならば，多重リンクについての制約から，直ちに式 (7.27) の min が決まり，$r_{kk'}$ は

$$r_{kk'} = \frac{\langle k \rangle e_{kk'}}{Np_k p_{k'}} \tag{7.28}$$

となることに注意しよう。スケールフリー・ネットワークではこれらの条件は $k, k' > (aN)^{1/(\gamma+1)}$ の領域で成り立つ。ただし a は p によって決まる定数である。結果として，この値は構造的なカットオフの下限を与える。いかなる次数分布についてもこの下限を下回るならば，常に $r_{kk'} < 1$ が成り立つ。

ニュートラルなネットワークでは同時確率分布は

$$e_{kk'} = \frac{kk' p_k p_{k'}}{\langle k \rangle^2} \tag{7.29}$$

の形になる。そのため，式 (7.28) は

$$r_{kk'} = \frac{kk'}{\langle k \rangle N} \tag{7.30}$$

となる。したがって，$r_{kk'} \leq 1$ が成り立つために必要な構造的なカットオフは

$$k_s(N) \sim (\langle k \rangle N)^{1/2} \tag{7.31}$$

となる [210, 231, 232, 233]。式 (7.15) は，このようにして得られた。ここで，式 (7.31) は次数分布とは独立であることに注意しよう。結果として，スケールフリー・ネットワークでは $k_s(N)$ は次数のべき指数 γ と独立である。

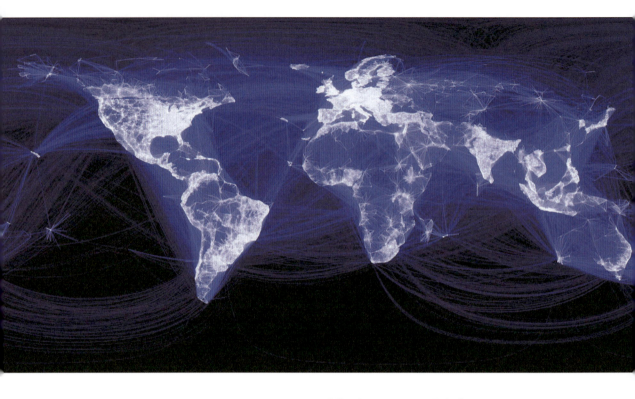

図 8.0　芸術とネットワーク：社会グラフ

トロントを拠点に活動するデータ科学者 Paul Butler が 2010 年にフェイスブックでインターンシップを行った際に作成したフェイスブックユーザーのネットワークを可視化した写真。大陸内や大陸をまたぐリンクがはっきりしている。アメリカ，ヨーロッパ，インドなどの地域にリンクが密集しているのが明らかであるのと同時に，フェイスブックの使用が禁止されている中国や，インターネットへのアクセスが不足しているアフリカでのリンクの密度の少なさが顕著である。

第 8 章

ネットワークの頑健性

- 8.1 はじめに　285
- 8.2 パーコレーション理論　287
- 8.3 スケールフリー・ネットワークの頑健性　291
- 8.4 攻撃耐性　298
- 8.5 連鎖破たん　302
- 8.6 連鎖破たんのモデリング　306
- 8.7 頑健性の構築　311
- 8.8 まとめ：アキレス腱　316
- 8.9 演習　319
- 8.10 発展的話題 8.A　スケールフリー・ネットワークにおけるパーコレーション　321
- 8.11 発展的話題 8.B　モロイ・リード基準　323
- 8.12 発展的話題 8.C　無作為な破たんにおける臨界しきい値　324
- 8.13 発展的話題 8.D　有限のスケールフリー・ネットワークにおける機能不全　327
- 8.14 発展的話題 8.E　実在するネットワークにおける攻撃と故障への耐性　328
- 8.15 発展的話題 8.F　攻撃のしきい値　328
- 8.16 発展的話題 8.G　最適な次数分布　331

8.1　はじめに

　人間がデザインするものすべてはエラーや故障によって壊れてしまう。自動車のエンジンの部品に故障があると，レッカー車を呼ぶことになるかもしれない。コンピュータチップの配線にエラーがあるとそのコンピュータは使い物にならない。しかしながら，多くの自然・社会の系は，その連結成分の一部が壊れてしまっても，自らの基本的な機能を維持する驚くべき能力を備えている。実際に，我々の細胞内では折り畳まれ方がおかしいために反応性を失っているたんぱく質が多数あるが，その影響を感じることはほとんどない。同様に，大組織は，多数の雇用者が休んでも機能する。この頑健性の起源を理解することは多くの分野にとって重要なことである。

- 頑健性は，生物学と医学において，なぜある変異は病をも

図 8.1　複雑系のアキレス腱

ネットワークの頑健性に関する研究の先駆けとなった論文，"Attack and error tolerance of complex networks" が強調された 2000 年 7 月 27 日発刊の Nature の表紙 [12]。

たらす一方で，他の変異はそうならないかを理解するための中心的な問題である。

- 頑健性は，飢餓や戦争，社会・経済秩序の変化などの撹乱力が働いているときの人類社会と組織の安定性について研究を行う社会科学者や経済学者にとって，関心の的である。
- 頑健性は，人間活動がもたらす破壊的な結果による生態系の機能不全について予測を試みる生態学者や環境科学者にとって重要な課題である。
- 頑健性は，一部の部品が故障した場合でも基本的な機能を提供できる通信システムや自動車，航空機を設計しようとする工学において究極的な目的である（図 8.1）。

ネットワークは，生物，社会，技術系システムの頑健性において重要な役割を果たしている。実際に，細胞の頑健性は，複雑な規制，伝達，代謝ネットワークとしてコード化されている。社会の強靭性も，その背景にある社会ネットワーク，職業間ネットワーク，あるいはコミュニケーションネットワークから切り離すことはできない。ある生態系が存在し続けられるかどうかも，それぞれの種の生存を支える食のネットワークを詳細に分析することなしには理解できない。自然が頑健性を求めるときには，決まってネットワークが活用されるのである。

図 8.2　頑健，頑健性

「頑健」という言葉は，古代において強さと長寿の象徴であったオークを意味するラテン語の "Quercus robur" から来ている。図の木はハンガリーの村 "Diósviszló" のものであり，ハンガリーの巨大な木や長寿の木を記録したサイト www.dendromania.hu で見られる。画像は György Pósfai の厚意による。

本章の目的は，複雑系の頑健性を担保するためにネットワークが果たしている役割を理解することである。本章では，ある系に偶発的な故障や意図的な攻撃が起きたときにその系が生存する能力は，その背後にあるネットワークの構造が重要な役割を果たしていることを見ていく。そのために，現実の系で頻繁に見られる連鎖破たんや破壊的な事象が生じた際に，ネットワークが果たす役割を探求しよう。最も重要なこととして，複雑ネットワークの故障や攻撃に対する耐性と連鎖破たんの発生を規定する法則は普遍的なものであることを説明する。よって，これらの法則を明らかにすることにより，さまざまな複雑系の頑健性に関する理解を深めることができる。

8.2　パーコレーション理論

　一つのノードを除くことは，ネットワークのはたらきには限定的な影響しか与えない（図 **8.3a**）。しかし，いくつかのノードを除くと，ネットワークは数個の孤立した要素に分解することがある（図 **8.3d**）。もちろん，より多くのノードを除くと，ネットワークがダメージを受ける可能性は高まる。そこで，ネットワークを孤立した要素に分解するためには，いくつのノードを除けばいいのかという疑問が生ずる。たとえば，どの程度のインターネットのルーターが故障すれば，インターネットは互いにコミュニケーションを取ることができない孤立したコンピュータのクラスターとなるのであろうか。この質問に答えるためには，はじめに，ネットワークの頑健性を規定する数学的基盤である**パーコレーション理論**を理解しなければならない。

8.2.1　パーコレーション

　パーコレーション理論は，統計物理学や数学において深く研究されている分野である [235-238]。パーコレーション理論が対象とする典型的な問題は，正方格子とその交点に確率 p で小さい丸印を置いた図 **8.4a,b** に示されている。隣接する小さい丸印は互いに接続しているとみなされ，大きさ 2 以上のクラスターを形成している。それぞれの小さい丸印の位置は無作為に決められていることを考えると，次の疑問が生まれる。

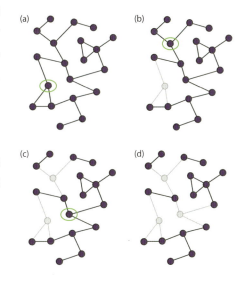

図 8.3　ノード除去の影響

ノードの故障に従って徐々に分断される小規模なネットワーク。それぞれのパネルにおいて（緑色で強調される）異なるノードとそのリンクを除去している。一つめのノード除去はネットワークの全体性に限定的な影響しか与えないが，二つめのノード除去はネットワークを二つの小さいクラスターに分解する。最終的に，三つめのノード除去は大きさが $s = 2, 2, 2, 5, 6$ の五つの独立的なクラスターにネットワークを分断する。

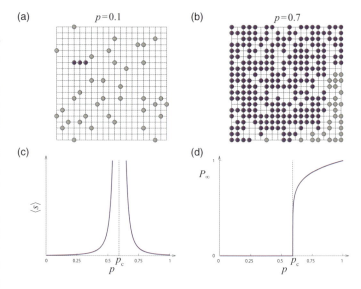

図 8.4　パーコレーション

パーコレーション理論の古典的な問題は，正方格子における確率 p の小さい丸印の配置に関するものある。

(a) p が小さいときは，ほとんどの小さい丸印は孤立している。この場合，最も大きいクラスターはたった三つのノードしか有さない（紫色で強調されているもの）。

(b) p が大きいときには，ほとんどの場合小さい丸印は一つのクラスターに属する（紫色の部分）。これは，格子全体に行き渡っていることから，パーコレーション・クラスターと呼ばれる（**図 8.6**）。

(c) クラスターの平均サイズ $\langle s \rangle$ は p の関数である。p_c に徐々に近づくにつれ，式 (8.1) に従って多数の小さいクラスターは合体し，$\langle s \rangle$ は発散する。p_c を超えても同様の発散が確認される。その際，$\langle s \rangle$ を計算するために平均からパーコレーション・クラスターを除く。同様の指数 γ_p も，臨界点の両側で発散が起きることを示している。

(d) 小さい丸印が最も大きい連結成分に属する確率 P_∞ の p 依存性を示した模式図。$p < p_c$ では，すべての連結成分は小さいため，P_∞ はゼロである。いったん $p = p_c$ となると，巨大連結成分が出現する。結果的に，p_c より上では，式 (8.2) から予測されるように，ノードが最も大きい連結成分に属する確率は有限となる。

- 最も大きいクラスターの大きさはどの程度であると期待されるのか。
- クラスターの平均的な大きさはどの程度であるのか。

p が大きければ，明らかにクラスターは大きくなる。パーコレーション理論の重要な主張は，クラスターの大きさが p に従って徐々に変化するのではないという点にある。反対に，広範囲の p において格子は多数の小さいクラスターをもつ（**図 8.4a**）。p があるしきい値 p_c に近づくにつれて，それらの小さいクラスターは成長し，p_c ではこれらが合体して大きいクラスターが出現する。このクラスターは格子の端まで及ぶため，我々はこれを**パーコレーション・クラスター**と呼ぶ。すなわち，p_c では多数の小さいクラスターが存在する状態から格子全体に及ぶパーコレーション・クラスターが出現する状態に相転移するのである（**図 8.4b**）。この相転移の性質を定量的に把握するために，次の三つの量に着目する。

- **クラスターの平均サイズ**：$\langle s \rangle$
  パーコレーション理論によると，すべての有限のクラスターの平均サイズは
  $$\langle s \rangle \sim |p - p_c|^{-\gamma_p} \tag{8.1}$$
  に従う。言い換えると，クラスターの平均サイズは p_c に近づくに従って発散するのである（**図 8.4c**）。

- **秩序変数**：P_∞
  無作為に選択された小さい丸印が一番大きいクラスターに

属する確率 P_∞ は

$$P_\infty \sim (p - p_c)^{\beta_p} \tag{8.2}$$

に従う。そのため、p が p_c に向かって減少するとき、小さい丸印が一番大きいクラスターに属する確率はゼロになる（**図 8.4d**）。

- **相関長**：ξ

同じクラスターに属する二つの小さい丸印の平均距離は

$$\xi \sim |p - p_c|^{-\nu} \tag{8.3}$$

となる。そのため、$p < p_c$ では同じクラスターに属する二つの小さい丸印の平均距離は有限であるが、p_c では発散する。これは、p_c で一番大きいクラスターが無限になり、格子全体に浸透することになる。

指数 γ_p, β_p, ν は、臨界点 p_c 周辺における系の振る舞いを表すため、**臨界指数**と呼ばれる。パーコレーション理論は、これらの指数は、格子の性質や p_c の正確な値から独立しており、**普遍的**であると主張する。したがって、小さい丸印を三角格子や六方格子に配置しても、$\langle s \rangle, P_\infty, \xi$ は同じ値の γ_p, β_p, ν で特徴づけられる。

この普遍性の理解を深めるために、下記の例を考えてみよう。

- p_c の値は格子の種類によるため、普遍的ではない。たとえば、2次元の正方格子（**図 8.4**）では $p \approx 0.593$ を得るが、2次元の三角格子では $p = 1/2$ である（サイト・パーコレーション）。
- p_c の値は格子の次元によっても異なる。正方格子では $p_c \approx 0.593$ ($d = 2$) となり、立方格子では $p_c \approx 0.3116$ ($d = 3$) となる。そのため、$d = 3$ では、より少ない数の小さい丸印をもつノードをカバーするのでパーコレーション転移が生じる。
- p_c とは対照的に、臨界指数は格子の種類によることはなく、格子の次元によってのみ変化する。2次元では、**図 8.4** で示されているケースにおいて、どの格子でも $\gamma_p = 43/18, \beta_p = 5/36, \nu = 4/3$ となっている。3次元では、$\gamma = 1.80, \beta = 0.41, \nu = 0.88$ である。$d > 6$ では、$\gamma_p = 1, \beta_p = 1, \nu = 1/2$ となり、d が十分に大きくなると臨界指数は d からも独立する [235]。

8.2.2　逆パーコレーション転移と頑健性

頑健性に関する第一の関心は，ノードの故障がネットワークの全体性に与える影響である。この事象は，パーコレーション理論を使って記述できる。

正方格子を，交点をノードとするネットワークとして扱おう（**図 8.5**）。無作為に f の割合のノードを取り除き，それが格子の全体性にどのような影響を与えるかを考えてみる。

f が小さいときには，除かれたノードはネットワークに小さい影響しか与えない。f が増加すると，たくさんのノードが巨大連結成分から分離する。最終的に，f が十分大きくなると，巨大連結成分は小さく分断された連結成分となる（**図 8.5**）。

この断片化の過程は徐々に生じるものではなく，臨界しきい値 f_c によって特徴づけられる。$f < f_c$ では，巨大連結成分が存在する。ひとたび f が f_c を超えると，巨大連結成分は消滅する。これはあるノードが巨大連結成分に属する確率

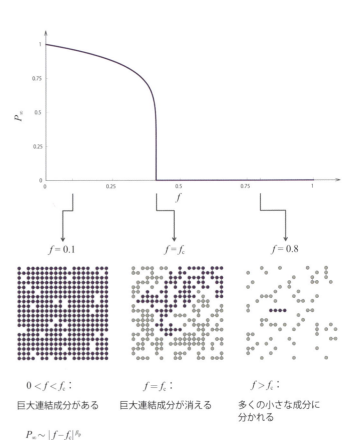

図 8.5　ネットワークの分断と逆パーコレーション過程

ノード除去の結果は，図 8.4 で紹介されているパーコレーション過程を逆に見ていくとよく確認できる。正方格子をノードが交点であるネットワークとみなし，無作為に f のノードを除去していき，残りのノードで形成されている連結成分の中で最大のものの大きさを計測する。この大きさは，無作為に選択したノードが最大の連結成分に属する確率である p で正確に推定される。観測されたネットワークは下のパネルに示されている。それぞれのパネルで，対応する過程の性質を説明している。

$0 < f < f_c$ ：
巨大連結成分がある

$P_\infty \sim |f - f_c|^{\beta_p}$

$f = f_c$ ：
巨大連結成分が消える

$f > f_c$ ：
多くの小さな成分に分かれる

P_∞ の f への依存性に示されている（図**8.5**）。P_∞ は f_c 以下ではゼロではないが，f_c に近づくにつれてゼロに急速に落ちる。この分断を表す臨界指数 γ_p, β_p, ν は式 (8.1)-(8.3) にあるとおり，同じ値を示す。実際に，$f = 1 - p$ とすることにより，これらの二つの過程を互いに対応づけることができる。

しかしながら，もし基礎となるネットワークが正方格子のように規則正しいものでない場合はどうなるのであろうか。次節で確認するが，その答えはネットワークのトポロジーによるのである。しかしながら，ランダム・ネットワークでは，パーコレーション理論を用いることができる。ランダム・ネットワークにおける無作為なノードの除去は，無限次元パーコレーションと同様のスケーリング指数が得られる。そのため，ランダム・ネットワークの臨界指数は $\gamma_p = 1, \beta_p = 1, \nu = 1/2$ となり，上述の $d > 6$ の場合のパーコレーション指数と同様であることが確認される。スケールフリー・ネットワークにおける臨界指数については，**発展的話題 8.A** で紹介する。

まとめると，無作為にノードを除去したときのネットワークの分断は，徐々に生じるものではない。むしろ，少数のノードを除いただけでは，ネットワークの全体性にはほとんど影響を与えない。しかし，除かれたノードの数がしきい値を上回ると，途端にネットワークはばらばらになる。言い換えると，無作為なノードの故障は，ひとつながりのネットワークからばらばらのネットワークへの相転移を生じさせるのである。パーコレーション理論を使うことにより，このような転移過程の性質を規則的なネットワークとランダム・ネットワークの双方において説明することができる（**Box8.1**）。しかしながら，次節で紹介するように，スケールフリー・ネットワークではここで記述された現象の主要な点は異なるものとなる。

8.3　スケールフリー・ネットワークの頑健性

パーコレーション理論は主に同じ次数のノードからなる規則格子や，同程度の次数のノードからなるランダム・ネットワークを対象としている。では，ネットワークがスケールフリーの場合はどうなるのであろうか。ハブはパーコレーション転移にどのような影響を与えるのであろうか。

これらの疑問に答えるために，ルーター・レベルで描いたインターネットのマップのノードを無作為に選択し，一つ一つ除

Box 8.1　森林火災とパーコレーション理論

森林火災が広がる様子を使って，パーコレーション理論の基礎となるコンセプトを説明できる。図 8.4a,b の小さい丸印それぞれが木で，格子は森林を表していると想定しよう。ある木が燃えると，隣接する木を燃やし，燃えている木が燃えていない木に隣接しなくなるまでこの過程を繰り返す。ここで，もし無作為に木を選び，その木に火をつけると，森林のどの程度が燃え落ちるのか，火が消えるまでにどの程度の時間がかかるのかという疑問が生ずる。

その答えはパラメータ p によって規定される木の密度による。p が小さい場合は，森林は多くの小さい木の集まりによって構成される（$p = 0.55$, 図 8.6a）。そのため，ある木を燃やしてもその小さい木の集まりの一つが燃え落ちるだけである。結果的に，火はすぐに消える。もし p が大きければ，ほとんどの木は一つの大きいクラスターに属し，炎は密度の高い森林すべてを燃え落とすであろう（$p = 0.62$, 図 8.6c）。

シミュレーションの結果から，火が消えるのに長時間を要するしきい値 p_c が存在することが示される。この p_c がパーコレーション問題の臨界しきい値である。実際に，$p = p_c$ では，たくさんの小さいクラスターが合体し，巨大連結成分が形成される（図 8.6b）。そのため，炎は緩くつながったクラスターの曲がりくねった道をつたうこととなり，すべての木を燃やすためには長時間を要する。

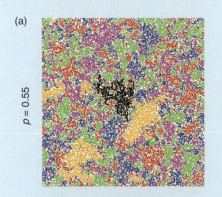
(a) $p = 0.55$

(b) $p = 0.593$

(c) $p = 0.62$

図 8.6　森林火災

占有確率 p を変えることによって生じる巨大連結成分。それぞれのパネルは，250×250 の正方格子における，p_c 付近の異なる p に対応している。最も大きいクラスターは黒に塗られている。$p < p_c$ では，(a) で確認されるように最も大きいクラスターの大きさは小さい。正方格子では，森林で小さい丸印が木だとすると，炎は小さい範囲の木しか燃やすことができず，すぐに鎮火する。p が $p_c \approx 0.593$ となると，(b) に見られるように，最も大きいクラスターが格子全体に浸透する。この場合，炎はたくさんの木を燃やし，森林をゆっくりと燃やしていくことになる。p を p_c 以上にすると，$p = 0.62$ となっている (c) に見られるように，より多くの小さい丸印が最も大きい連結成分につながる。そのため，炎は森林を一掃することができ，鎮火のスピードは速くなる。

いていく。格子のパーコレーション理論によると，除去したノードの割合が臨界しきい値 f_c を超えると，インターネットはたくさんの孤立した部分グラフになるはずである（**図 8.5**）。シミュレーションでは，逆のことが示唆された。たとえ多くのノードを除去しても，インターネットは分断されないのである。その代わりに，最も大きい連結成分の大きさが徐々に小さくなり，$f = 1$ になったときにようやく消えた（**図 8.7a**）。これは，巨大連結成分を破壊するためにはすべてのノードを除去しなければならないということであり，インターネットのネットワークが無作為のノードの除去に対して尋常ならざる頑健性をもつことを示している。これは，ネットワークは有限の割合のノードを除去すると分断されるという，格子のパーコレーションの予測結果に沿わない結論である。

このような挙動は，インターネット特有のものではない。それを示すために，同様の検証を次数分布のべき指数 $\gamma = 2.5$ のスケールフリー・ネットワークに対して行ったところ，同様の結果が得られた（**図 8.7b**）。無作為にノードを除去していっても，巨大連結成分は有限なしきい値 f_c でばらばらにはならず，$f = 1$ でようやく消える（**オンライン資料 8.1**）。これは，インターネットのネットワークに見られた頑健性が，そのスケールフリー・ネットワークのトポロジーによることを示唆している。本節の目的は，この極めて強い頑健性の起源を明らかにし，定量化することにある。

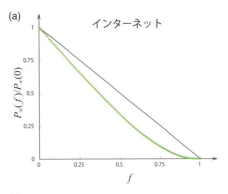

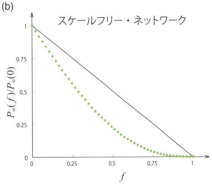

図 8.7　スケールフリー・ネットワークの頑健性

(a) 割合 f のインターネットのルーターを無作為に故障させたときに，巨大連結成分につながっているルーターの割合。巨大連結成分の大きさは，確率 $P_\infty(f)/P_\infty(0)$ によってわかる。このシミュレーションでは，**表 4.1** にあるルーター・レベルのインターネットの形状を使用している。

(b) $\gamma = 2.5$, $N = 10{,}000$, $k_{\min} = 1$ のスケールフリー・ネットワークで，割合 f のノードを無作為に除去したときに，巨大連結成分につながっているノードの割合。図から，インターネットと一般的なスケールフリー・ネットワークでは，一定のノードを除去しても分断が生じず，断片化を起こすためにはほとんどすべてのノードを除去しなければならない（$f_c = 1$）。

8.3.1　モロイ・リード基準

インターネットとスケールフリー・ネットワークを特徴づける，非常に大きな f_c の起源を理解するために，任意の次数分布をもつネットワークの f_c を計算する。その際，ネットワークが巨大連結成分をもつためには，ノードが少なくとも二つの他のノードとつながっていなければならないという単純な観測事実に目を向けてみよう（**図 8.8**）。この観測事実から，**モロイ・リード基準**

$$\kappa = \frac{\langle k^2 \rangle}{\langle k \rangle} > 2 \tag{8.4}$$

が得られ，これが満たされる場合は，無作為にリンクされたネットワークは巨大連結成分をもつ（**発展的話題 8.B**）。$\kappa < 2$ のネットワークは，巨大連結成分をもたない多くの分断され

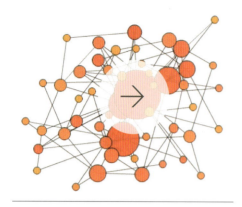

オンライン資料 8.1
ノード故障時のスケールフリー・ネットワーク
スケールフリー・ネットワークの頑健性を図示するために，**オンライン資料 4.1** でバラバシ・アルバート・モデルによって作成したスケールフリー・ネットワークを用いる。無作為にノードを選択し，一つ一つ除去していく。動画が示すように，かなり多くのノードを除去しているにもかかわらず，ネットワークは断片化しない。ビデオ作製は Dashun Wang による。

た連結成分から構成される。式 (8.4) のモロイ・リード基準は，巨大連結成分の有無で表されるネットワークの全体性を，$\langle k \rangle$ と $\langle k^2 \rangle$ に関係づける。これは，あらゆる次数分布 p_k について成り立つ。

式 (8.4) の妥当性を確かめるために，ランダム・ネットワークにこれを適用してみよう。$\langle k^2 \rangle = \langle k \rangle(1 + \langle k \rangle)$ の場合，

$$\kappa = \frac{\langle k^2 \rangle}{\langle k \rangle} = \frac{\langle k \rangle(1 + \langle k \rangle)}{\langle k \rangle} = 1 + \langle k \rangle > 2 \qquad (8.5)$$

または

$$\langle k \rangle > 1 \qquad (8.6)$$

が満たされれば，ランダム・ネットワークは巨大連結成分をもつことになる。この主張は，巨大連結成分が存在するための必要条件 (3.10) と一致する。

8.3.2　臨界しきい値

図 8.7 で確認される頑健性の数学的背景を理解するために，どの程度の大きさのしきい値でスケールフリー・ネットワークの巨大連結成分が消えるかを確認する。モロイ・リード基準を任意の次数分布のネットワークに適用することにより，臨界しきい値は

$$f_c = 1 - \frac{1}{\frac{\langle k^2 \rangle}{\langle k \rangle} - 1} \qquad (8.7)$$

のようになることがわかった（**発展的話題 8.C**）。式 (8.7) の最も重要な主張は，臨界しきい値 f_c が，次数分布 p_k によって決まる $\langle k \rangle, \langle k^2 \rangle$ のみに依存する点にある。

ランダム・ネットワークの分断しきい値を計算することにより，式 (8.7) の効用を明確にしよう。$\langle k^2 \rangle = \langle k \rangle(\langle k \rangle + 1)$ を使用することにより，

$$f_c^{ER} = 1 - \frac{1}{\langle k \rangle} \qquad (8.8)$$

を得る（**発展的話題 8.D**）。したがって，ランダム・ネットワークの密度が大きいほど，f_c は高くなる。言い換えると，そのネットワークを分断するためにはより多くのノードを除去する必要がある。さらに，式 (8.8) から f_c は常に有限であるので，ランダム・ネットワークはある一定の数のノードを取り除くと分断することがわかる。

式 (8.7) より，**図 8.7** で確認された高い頑健性の起源を理解

できる。実際に，$\gamma < 3$ のスケールフリー・ネットワークでは，2次モーメント $\langle k^2 \rangle$ は $N \to \infty$ の極限において発散する。$\langle k^2 \rangle \to \infty$ を式 (8.7) に代入すると，$f_c = 1$ に収束することがわかる。これは，**スケールフリー・ネットワークを分断するためには，すべてのノードを取り除く必要がある**ことを意味する。言い換えると，無作為に一定数のノードを取り除いても，大規模なスケールフリー・ネットワークは分断しないのである。

この結果をより深く理解するために，スケールフリー・ネットワークを特徴づけるパラメータである次数分布のべき指数 γ，最小次数 $k_{\min}$，最大次数 $k_{\max}$ を用いて $\langle k \rangle$ と $\langle k^2 \rangle$ を書き直すと

$$f_c = \begin{cases} 1 - \dfrac{1}{\dfrac{\gamma-2}{3-\gamma} k_{\min}^{\gamma-2} k_{\max}^{3-\gamma} - 1} & 2 < \gamma < 3 \\ 1 - \dfrac{1}{\dfrac{\gamma-2}{\gamma-3} k_{\min} - 1} & \gamma > 3 \end{cases} \quad (8.9)$$

が得られる。式 (8.9) によって以下のことが導かれる（**図 8.9**）。

- $\gamma > 3$ では，臨界しきい値 f_c は γ と $k_{\min}$ のみに依存する。そのため，f_c はネットワークの大きさ N から独立である。この範囲では，スケールフリー・ネットワークはランダム・ネットワークのような挙動を見せ，一定数のノードが取り除かれるとネットワークの分断が生ずる。
- $\gamma < 3$ では，式 (4.18) により，N が大きくなると $k_{\max}$ が発散する。そのため，$N \to \infty$ では式 (8.9) から $f \to 1$ となる。言い換えると，巨大なスケールフリー・ネットワークを分断するためには，ノードをすべて取り除かなければならないのである。

式 (8.6) から式 (8.9) は，スケールフリー・ネットワークが一定の無作為なエラーや故障に対して分断することなくその基本的な機能を維持できることを示す，本章の鍵となる結果である。この頑健性は，ハブの存在によるものである。無作為なノードの故障は，定義によって，次数には無関係に，低次数のノードまたは高次数のノードに同じ確率で影響を与えるものである。しかし，スケールフリー・ネットワークでは，ハブと比較して莫大な数の低次数のノードが存在する。そのため，無作為にノードを除去する際に，ハブが選択される可能

図 8.8 **モロイ・リード基準**

輪を作るには，それぞれが他の 2 人と手をつながなければならない。同様に，ネットワークにおいて巨大連結成分が出現するためには，それぞれのノードが最低でも二つのノードとつながっていなければならない。式 (8.4) のモロイ・リード基準はこの特性を利用し，ネットワークが分断するときの臨界点を計算することを可能にしている。導出については**発展的話題 8.B** を参照のこと。

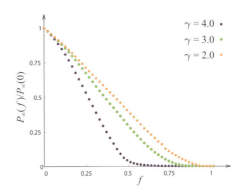

図 8.9 **次数分布のべき指数の頑健性**

べき指数 γ の次数分布をもつスケールフリー・ネットワークで，f のノードを無作為に除去させたときに，ノードが巨大連結成分につながっている確率。$\gamma = 4$ では，式 (8.9) から推定されるように，有限の臨界点 $f_c \simeq 2/3$ が存在する。しかしながら，$\gamma < 3$ では，$f \to 1$ となる。そのネットワークは，$k_{\min} = 2$ と $N = 10{,}000$ でコンフィグモデルを用いて作成された。

性は無視できるほど小さく，圧倒的に低次数のノードが選択される可能性が高くなる。これらの低次数のノードはネットワークの全体性についての貢献が低いため，それらを除去しても影響は小さい。

図 **4.6** の空港の類推を振り返ってみると，無作為に空港を選択しそこを閉鎖した場合，その空港はほとんどの場合で数多の小空港の一つである。その空港を閉鎖することは，世界全体から見るとほとんど影響がないものであり，依然としてニューヨークから東京，ロサンゼルスからリオデジャネイロまで飛ぶことができるのである。

8.3.3 　有限ネットワークの頑健性

式 (8.9) は，スケールフリー・ネットワークの場合 $f_c = 1$ となるのは $k_{\max} \to \infty$，すなわち $N \to \infty$ となるときだけであることを示している。実用的に関心が持たれるネットワークのほとんどは大規模ではあるが，それらは有限なものである。これにより，それらの有限なネットワークに対しても，観測された特異な結果が当てはまるのかという疑問が生じる。その疑問に答えるために，式 (4.18) を式 (8.9) に代入すると，f_c は

$$f_c \approx 1 - \frac{C}{N^{\frac{3-\gamma}{\gamma-1}}} \tag{8.10}$$

のようにネットワークの大きさ N にだけよることがわかる。ここで，C は N に依存しないすべての項を集めたものである（**発展的話題 8.C**）。式 (8.10) は，ネットワークが大きいほど，その臨界しきい値が $f_c = 1$ に近づくことを示唆している。

f_c が理論的限界 $f_c = 1$ にどの程度近づくことができるかについて，インターネットの事例を通じて計算を行う。ルーター・レベルのインターネットのマップは，$\langle k^2 \rangle / \langle k \rangle = 37.91$（**表 4.1**）を有している。この値を式 (8.7) に代入すると，$f_c = 0.972$ を得る。これは，インターネットを分断された連結成分へと断片化するためには，97%のルーターを取り除かなければならないことを示している。インターネットのルーター数 $N = 192{,}244$ の 97%である 186,861 個のルーターが偶然に同時に壊れる可能性は実質的にゼロである。これが，インターネットの形状が無作為な故障に対して高い頑健性をもつ理由である。

一般的に，分断しきい値が式 (8.8) で表されるランダム・ネットワークについての予測より外れる場合には，ネットワーク

表 8.1　無作為な故障と攻撃下での分断しきい値

この表は，10 個の現実のネットワークにおける無作為なノードの故障時（2 列目）と攻撃下（4 列目）の f_c の推定値を示している。f_c の推定過程については，**発展的話題 8.E** で説明している。ランダム・ネットワーク（3 列目）は，N と L が本来のネットワークと同じであるが，ノードが無作為につながっているネットワークを示している（ランダム・ネットワークの f_c は式 (8.8) による）。ほとんどのネットワークにおいて無作為な故障の f_c は対応するランダム・ネットワークの f_c^{ER} よりも大きく，式 (8.11) を満たすことから，これらのネットワークがより高い頑健性を有していることがわかる。三つのネットワークはこの性質をもっていない。電力網はその次数分布が指数に従うためであり（**図 8.31a**），俳優の共演と論文引用は非常に高い $\langle k \rangle$ をもっていて式 (8.7) における高い $\langle k^2 \rangle$ の影響を小さくしているからである。

ネットワーク	無作為な故障（実際のネットワーク）	無作為な故障（ランダム・ネットワーク）	攻撃（実際のネットワーク）
インターネット	0.92	0.84	0.16
WWW	0.88	0.85	0.12
電力網	0.61	0.63	0.20
携帯電話の発信	0.78	0.68	0.20
電子メール	0.92	0.69	0.04
共同研究	0.92	0.88	0.27
俳優の共演	0.98	0.99	0.55
論文引用	0.96	0.95	0.76
E. coli の代謝	0.96	0.90	0.49
酵母のたんぱく質相互作用	0.88	0.66	0.06

は高い**頑健性**を示すようになる。

$$f_c > f_c^{ER} \tag{8.11}$$

この高い頑健性はいくつかの波及効果を有する。

- 不等式 (8.11) は，$\langle k^2 \rangle$ が $\langle k \rangle (\langle k \rangle + 1)$ とは異なる値をもつほとんどのネットワークで満たされる。**図 4.8** によると，現実のネットワークのすべてにおいて $\langle k^2 \rangle$ がランダム・ネットワークでの値を超えている。そのため，式 (8.7) によって予測される頑健性は，実用的に関心が持たれるほとんどのネットワークに影響を与える。**表 8.1** に表されているように，ほとんどの現実のネットワークにおいて式 (8.11) が成り立つ。
- 式 (8.7) は，ネットワークの次数分布は厳密なべき則に従わ

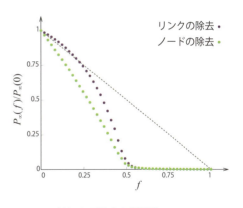

図 8.10　リンクの除去と頑健性

ノードの代わりに，リンクを無作為に除去するとどうなるであろうか。計算によると，どちらの場合も臨界しきい値 f_c は同じ値になる [16, 239]。これを図示するために，$\langle k \rangle = 2$ のランダム・ネットワークにおけるリンクとノードの無作為な除去の影響を比較する。図から，ネットワークは同じ値 $f \simeq 0.5$ で分断することがわかる。違いは二つの曲線の形である。f のノードを除去した場合は，f のリンクを除去した場合に比べて少数の巨大連結成分が残る。これは，それぞれのノードが $\langle k \rangle$ のリンクを除去したことから，想像できることである。そのため，f のノードの除去は $f\langle k \rangle$ のリンクの除去と等しく，結果的に f のリンクを除去するよりも大きい影響を与えることになる。

ない場合でも高い頑健性をもつことを意味する。同程度のランダム・ネットワークに期待されるよりも大きな $\langle k^2 \rangle$ の値でありさえすればよい。

- スケールフリー性は f_c を変えるのみでなく，f_c 付近で臨界指数 γ_p, β_p, ν も変える。それらの次数分布のべき指数 γ への依存性は**発展的話題 8.A** で説明する。

　高い頑健性は，ノードを除いたときだけでなく，リンクを除いたときにも生じる（**図 8.10**）。

　まとめると，本節では，無作為なノードの故障に対する頑健性の検証を通じて，現実のネットワークの基本的な特性を確認した。式 (8.7) は，ネットワークの分断しきい値は，ネットワークの次数分布で決定される $\langle k \rangle$ と $\langle k^2 \rangle$ によることを示している。そのため，スケールフリー・ネットワークを分断するためには，すべてのノードを取り除かなければならず，これらのネットワークが無作為な故障に対して高い頑健性を有していることが確認できた。

　この高い頑健性は，大きな $\langle k^2 \rangle$ の値に起因する。現実のネットワークのほとんどの $\langle k^2 \rangle$ がランダム・ネットワークの場合に期待されるものよりも大きいことを考慮すると，高い頑健性は多くのネットワークがもつ一般的な特性である。この高い頑健性の原因は，ランダムにノードを除去しても，その主な影響は無数の次数の小さなノードに対してであり，ネットワークの全体性にはあまり重要な役割をもたないことに拠っている。

8.4 攻撃耐性

　ハブが有するスケールフリー・ネットワークを維持する役割を考慮すると，ノードを無作為に取り除くのではなく，ハブを取り除いたらどうなるのかという疑問が生ずる。最初に最も次数が高いノードを取り除き，次々に次数が高い順に取り除いていくことを考える。通常このような特定の順序でノードが故障する可能性はゼロに近い。しかし，これはネットワークのトポロジーを理解し，ハブを攻撃することができ，ネットワークを故意に活動不能にしようとするようなネットワークへの**攻撃**を模倣している [12]。

　一つのハブを除去しても他のハブがネットワークを維持することができるため，ネットワークが断片化される可能性は

低い。しかし，いくつかのハブを除去すると，莫大な数のノードが分断されていく（**オンライン資料 8.2**）。攻撃が継続すると，ネットワークはたちまち小さいクラスターに分かれるだろう。

スケールフリー・ネットワークにおけるハブの除去の影響は顕著である（**図 8.11**）。無作為な故障のもとでは見られなかった臨界点が出現するだけでなく，臨界点は非常に低い値となるのである。そのため，少ない数のハブを除去するだけでスケールフリー・ネットワークは小さいクラスターに別れてしまう。本節の目的は，この攻撃への脆弱性を定量化することにある。

8.4.1 攻撃下の臨界しきい値

スケールフリー・ネットワークへの攻撃は，以下の二つの結果をもたらす（**図 8.11**）。

- 臨界しきい値 f_c が $f_c = 1$ よりも小さく，攻撃下では一定数のハブを除去するとスケールフリー・ネットワークは断片化される。
- 観測される f_c は極めて低い値を示すことから，ネットワークを分断するために少数のハブを除去するだけでよい。

この過程を定量化するために，攻撃下のネットワークの f_c を解析的に計算しなければならない。そのために，ハブの除去がネットワークに次の二つの変異を起こすという事実に依拠する [240]。

- 次数 k'_{max} 以上のノードがすべて除去されることから，ネットワークの最大次数を k_{max} から k'_{max} に変える。
- 除去されたハブにつながっているノードがリンクを失い，残されたノードの次数が変わるため，ネットワークの次数分布が p_k から $p'_{k'}$ に変わる。

これらの二つの変化を組み合わせると，攻撃の問題を，前節で扱った頑健性の問題へとマッピングできる。言い換えると，攻撃を k'_{max}，$p'_{k'}$ に調整されたネットワークにおける無作為なノードの除去とみなすことができるのである。計算によると，スケールフリー・ネットワークに対する攻撃の臨界しきい値 f_c は，式

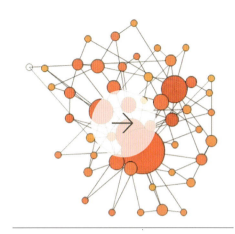

オンライン資料 8.2
攻撃下のスケールフリー・ネットワーク
攻撃時は，ネットワークに最も大きいダメージを与えようとする。そうするためには，次数が高いノードから除去していけばよい。動画が示しているように，少数のハブを除去するだけでスケールフリー・ネットワークは分断した成分へと変わる。無作為なノードの故障時にネットワークが分断しないことを示している**オンライン資料 8.1** と比較をしてみると，その違いは明らかである。ビデオ作製は Dashun Wang による。

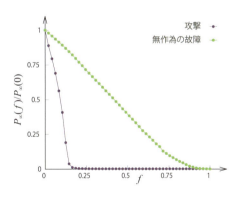

図 8.11 攻撃下のスケールフリー・ネットワーク
攻撃下（紫）と無作為の故障時（緑）のスケールフリー・ネットワークで，ノードが最も大きい連結成分につながっている可能性。攻撃については，最も大きいハブ，そして次に大きいハブというように，次数を減らしていく形で故障させていく。無作為の故障については，ノードの次数とは独立して，無作為である。図から，スケールフリー・ネットワークは攻撃に対して著しく脆弱であることがわかる。f が小さく，少数のハブを故障させるだけでネットワークが分断することを示している。最初のネットワークは，次数分布のべき指数 $\gamma = 2.5$，$k_{min} = 2$，$N = 10{,}000$ であった。

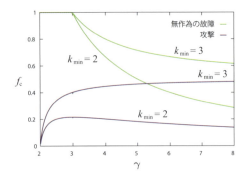

図 8.12 攻撃下の臨界しきい値

$k_{\min} = 2, 3$ のスケールフリー・ネットワークにおける分断しきい値 f_c の次数分布のべき指数 γ への依存性。式 (8.12) から予測された曲線（紫）は攻撃に，式 (8.7) から予測された曲線（緑）は無作為の故障に対応する。

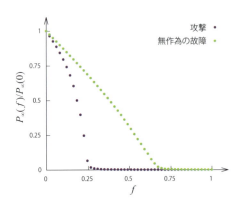

図 8.13 ランダム・ネットワークにおける攻撃と故障

ランダム・ネットワークにおいて，無作為にノードが除去されるケース（緑）と，次数の大きい順に減少するケース（紫）でノードが巨大連結成分に属する割合。無作為な故障のもとで $f \to 1$ となるスケールフリー・ネットワークとは異なり，いずれの曲線も有限なしきい値が存在することを示している。このシミュレーションは，$N = 10{,}000$ と $\langle k \rangle = 3$ のランダム・ネットワークで行われた。

$$f_c^{\frac{2-\gamma}{1-\gamma}} = 2 + \frac{2-\gamma}{3-\gamma} k_{\min} \left(f_c^{\frac{3-\gamma}{1-\gamma}} - 1 \right) \tag{8.12}$$

の解である [240]（**発展的話題 8.F**）。図 **8.12** は，次数分布のべき指数 γ の関数として式 (8.12) の数値解を示しており，これから以下の結論が導かれる。

- 故障に対する f_c は γ に対して単調減少するが，攻撃に対する f_c は，γ が小さいときには増加し，γ が大きいときには減少するという，非単調な振る舞いを見せる。

- 攻撃に対する f_c は，無作為な故障に対する f_c よりも常に小さい。

- 大きい γ ではスケールフリー・ネットワークはランダム・ネットワークのように振る舞う。ランダム・ネットワークにはハブが存在しないため，攻撃の影響は無作為にノードを除去したときと同程度となる。結果的に，γ が大きいときは，攻撃と無作為な故障のしきい値は同じとなる。実際に，$\gamma \to \infty$ であれば $p_k \to \delta(k - k_{\min})$ となり，すべてのノードが同じ次数 $k_{\min}$ をもつことを示している。そのため，無作為な故障と対象を絞った攻撃は，$\gamma \to \infty$ では見分けがつかなくなり，

$$f_c \to 1 - \frac{1}{k_{\min} - 1} \tag{8.13}$$

が得られる。

- 図 **8.12** と式 (8.13) で予測されるように，図 **8.13** に示すとおり，ランダム・ネットワークは γ が大きいときには，無作為な故障と攻撃の双方において有限のパーコレーションしきい値を有する。

空港の類推は，スケールフリー・ネットワークの攻撃に対する脆弱性を表している。シカゴ・オヘア国際空港とアトランタ国際空港などの規模の大きい二つの空港を数時間閉鎖するだけでニュースの見出しとなり，アメリカからの旅程を変えることになる。もしある事件が起こりアトランタ，シカゴ，デンバー，ニューヨークなどの最大のハブ空港が同時に閉鎖すると，北アメリカ大陸の航空網は数時間以内に停止するであろう。

まとめると，無作為なノードの故障はスケールフリー・ネットワークを断片化することはないが，ハブを対象とした攻撃ではいとも簡単にネットワークを破壊できるのである。この

Box 8.2 Paul Baranとインターネット

1959年にカルフォルニア州にあるシンクタンクRANDは，Paul Baranという若いエンジニアにソビエト連邦による核攻撃でも耐えうる通信システムを開発させた。核攻撃の爆発の範囲内にあるすべての装置がダメージを受けるため，その範囲外にいるユーザーが他のユーザーと通信できるようなシステムをBaranは開発しなければならなかった。彼はそのときの通信ネットワークを「スターの集合が，より大きいスターによって結びついた階層的な構造」と形容した。これは我々が現在スケールフリー・ネットワークと呼んでいるものの初期の記述とみることができる[241]。彼はこのような構造は，攻撃を生き延びるにはあまりにも集中しすぎているとした。彼はまた，**図8.14a**のようなハブ・アンド・スポーク型も，「中心である一つのノードが破壊されることにより末端の装置どうしが通信できなくなることから，このハブ・アンド・スポーク型は明らかに脆弱である」として放棄した。

バランは生存に理想的な設計は，分散型のメッシュ構造のネットワークであるとした（**図8.14c**）。このネットワークは冗長であるが，それゆえにいくつかのノードが故障しても，他の経路で残されたノードをつなげることができるのである。Baranのこのアイデアは軍によって無視されたが，インターネットが10年後に誕生した時には，それぞれのノードがどのようにパスを作るかを決められるような分散型のプロトコルになった。Baranが提唱した一様なメッシュ構造は普及しなかったが，分散型の考え方はインターネットがスケールフリーになる下地となったのである。

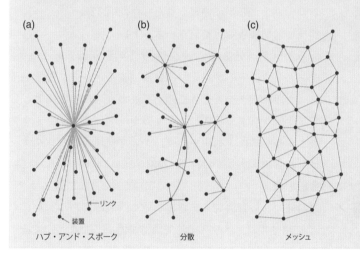

図8.14　Paul Baranのネットワーク
Paul Baranが1959年に思い描いた通信ネットワークの構成。文献[241]による。

脆弱性はインターネットにとっては悪いニュースであり，インターネットが故意の攻撃に対して脆弱であることを示している（**Box8.2**）。医学にとっては逆にいいニュースでもある。なぜなら，細菌のハブとなるたんぱく質の除去に対する脆弱性が，不要な細菌を死滅させる薬の開発につながるからである。

表 8.2　実在するネットワークにおける雪崩指数

式 (8.14) のべき分布の雪崩指数。さまざまな国における広域停電 [248]、ツイッターの連鎖 [249]、地震の規模 [250]。3 列目は計測された連鎖規模 s を表しており、電源やエネルギーの停止、典型的なツイートから生じたリツイートの数、地震の波の大きさである。

ソース指数	指数	連鎖
電力網（北アメリカ）	2.0	パワー
電力網（スウェーデン）	1.6	エネルギー
電力網（ノルウェー）	1.7	パワー
電力網（ニュージーランド）	1.6	エネルギー
電力網（中国）	1.8	エネルギー
ツイッターの連鎖	1.75	リツイート
地震	1.67	地震波

図 8.15　ドミノ効果

ドミノ効果は、最初のドミノが倒されたことによって近接するドミノが続いて倒れることである。この呼び方は、ローカルな出来事がシステム全体に広がっていく一連の出来事を表すためにしばしば用いられる。それゆえに、ドミノ効果は、この節で扱うトピックである連鎖破たんを最も端的に表すものといえる。

8.5　連鎖破たん

この章を通じてここまで、それぞれのノードの停止は無作為な出来事であると仮定してきた。したがって、ネットワーク内のノードの停止はそれぞれ独立であった。実際には、ネットワークの活動は隣接するノードの活動に依存している。それゆえに、あるノードの停止はそれにつながった他のノードの停止を引き起こしうる。いくつか例を挙げてみよう。

- **広域停電（電力網）**
  あるノードやリンクが停止することによって、残りの電力網における電流は即座に変化する。たとえば、1996 年 8 月 10 日、オレゴン州のある暑い日、1,300 メガワットが流れていた電線が、たるんで木にかかり、切れてしまった。電気は蓄えられないので、その電流は他の二つのより電圧の低い電線へと自動的に流れていった。しかし、これらの電線は余分な電流を許容するようには作られていなかった。それらが停止した結果、数秒後にはその余分な電流は 13 の発電所の不具合へと発展した。最終的には、アメリカ 11 州と二つのカナダの州に停電をもたらした [242]。

- **サービス妨害攻撃（インターネット）**
  あるルーターが受け取ったパケットの転送に失敗すると、インターネットのプロトコルは隣接するノードに警告を発し、当該ルーターを避けて経路を決め直させる。結果として、そのルーター障害により他のルーターのトラフィックが上がる。これを利用すれば、インターネット全体にサービス妨害攻撃をしかけうる [243]。

- **金融危機**
  連鎖破たんは経済システムにおいて一般的である。たとえば、2008 年にアメリカで住宅価格が低下したことによるリスクが、金融ネットワークを通じて伝播した。これによる連鎖破たんの影響は、銀行や企業、あるいは国家にまで及んだ [244, 245, 246]。これは 1930 代の世界恐慌以来、最悪の世界金融危機となった。

これらは異なる領域の出来事ではあるが、いくつか共通した点をもっている。まず、第一に、最初の破たんそのものはネットワークの構造にごく限られた影響を与えたにすぎない。第二に、その最初の影響はそれにとどまらず、リンクをたどっ

てネットワークへと広がっている。最後に，多数のノードが通常の機能を果たすことができなくなる。結果として，これらそれぞれの系において**連鎖破たん**が発生する，大半のネットワークにおいて危険な現象である [247]。この節では，このような連鎖破たんを支配している実証的なパターンについて議論する。これらのイベントのモデル化については，次節で触れる。

8.5.1 実証的な結果

連鎖破たんは電力網，情報システム，地殻の動きについて多くの記録があり，その頻度や規模に関する詳細な統計が提供されている（**図 8.15**）。

- **広域停電**

  停電は，発電所の故障や電線のダメージ，短絡などが原因で起きる。構成要素がもつ稼動可能範囲を超えてしまったとき，保護のために自動的に切断される。そういった故障により，その構成要素が運んでいた電力は他の構成要素に再配分され，電力の流れ，周波数，電圧，電流の位相，制御・監視・警報システムの運用を変える。これらの変化が続いて他の構成要素を切断すると，連鎖破たんが始まる。

  停電の規模としてよく使われる尺度は，供給されなかった電力量である。**図 8.16a** は北アメリカの 1984 年から 1998 年における停電において，未供給電力の確率分布 $p(s)$ を表している。電気工学者たちはこの分布をべき分布

$$p(s) \sim s^{-a} \tag{8.14}$$

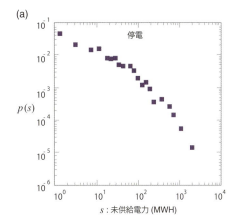

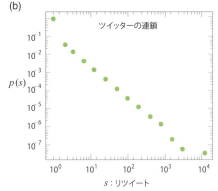

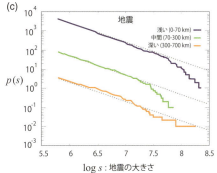

図 8.16　連鎖規模の分布

(a) 1984 年から 1998 年において，北アメリカにおけるすべての停電規模の分布。これは北米電力信頼度協議会によって記録されている。分布は式 (8.14) によってフィットできる。**表 8.2** に，国によって異なる指数が列記されている。文献 [248] による。

(b) ツイッターにおける連鎖規模の分布。ほとんどのツイートは気に留められない。しかしながら，ほんのわずかなツイートについては，何千回も共有される。全体としてリツイートの数は式 (8.14) で $\alpha \simeq 1.75$ としたものでよく近似される。文献 [249] による。

(c) 1977 年から 2000 年において記録された地震の大きさの累積頻度。点線は，地震学者がこの分布の特徴を捉えるために式 (8.14) を用いてフィットしたものである。横軸は地震規模 s の対数である。これは観測された地震波の振幅である。文献 [300] による。

であると概算している [248]。ここで，α は雪崩指数である。いくつかの国の α が表 8.2 に示されている。この分布がべき則であることは，ほとんどの停電はごく小さい規模であり，ほんの少しの消費者にしか影響しないことを意味する。しかし，ごくまれではあるが，何百万人もの消費者に影響を及ぼす広域停電が起きることがある（図 8.17）。

- **情報カスケード**

電子メール，フェイスブック，ツイッターなどの現代的なコミュニケーションでは，社会ネットワークのリンクを通じて，雪崩のような情報の拡散が起こりうる。拡散過程に関するイベントのデータが残るため，研究者はこれらのプラットフォームでの連鎖を検出できる。

ブログサービスであるツイッターは，このような意味において特に研究がなされている。ツイッターでは，誰が誰をフォローしているかというネットワーク情報を，クローリングによって得ることができる。ユーザーがウェブコンテンツを共有するため，その拡散過程を追跡できる。ある研究では，7,400 万ものこのようなイベントを 2 か月にわたって追跡した。そして，ユーザーから発せられたコンテンツが再投稿によって拡散する様子を，連鎖の最後まで調査した（図 8.18）。図 8.16b が示すように，観測された連鎖規模の分布はべき則（式 (8.14)）に従っている。その雪崩指数は $\alpha \approx 1.75$ である [249]。べき分布であることは，大半の投稿されたコンテンツはまったく拡散しないことを意味する。これは平均連鎖規模 $\langle s \rangle = 1.14$ からもわかる。一方で，ごくまれに数千回も再投稿されることもある。

- **地震**

地質の断層面は，不規則な形をしており粘り気があるため，互いになめらかに動くことができない。いったん断層面が固定すると，連続する相対的な動きにより断層面の周りに変形エネルギーが蓄えられる。そのストレスが断層面近傍を破壊するほど大きくなると，急激なすべりが変形エネルギーを放出し，地震を発生させる。地震は地質の断層の自然な破壊により起きるが，それだけでなく，火山活動，地滑り，鉱山の発破，あるいは核実験などによっても発生する。

地震計測機器において，毎年 50 万回の地震が観測される。これらのうち 10 万回程度のみが人間によって感じら

図 8.17　2003 年のアメリカ北東部での停電

2003 年 8 月 14 日，午後 4 時 10 分直前で起きた北アメリカで最も大きい停電のうちの一つ。オハイオ州にある First Energy Corporation の制御室における警報システムのソフトウェアバグが原因である。警報が正しく動作しなかったため，木にあたった送電線が過負荷になったあと，電力を再配分する必要性に気づかなかった。結果として，通常はローカルに管理できるような故障が，265 の発電所の 508 個以上の発電機が停止する連鎖破たんが起きた。これにより見積もりでは，カナダのオンタリオ州で 1,000 万人，アメリカの 8 つの州で 4,500 万人が電気を使えなくなった。図は，停電の影響を受けた州を表している。衛星写真については図 1.1 を参照されたい。

れる十分な規模をもっている．地震学者は地震規模の分布は $\alpha \approx 1.67$（図 8.16c）のべき分布（式 (8.14)）であろうと考えている [250]．

地震が明確にネットワーク的な現象であると考えられることはまずない．それというのも，正確な相互依存関係のネットワークを描くことが難しいからである．しかしながら，観察されている地震の性質は，ネットワークにおける連鎖破たんと多くを共有しており，共通のメカニズムがあると考えられる．

広域停電，情報カスケード，地震におけるべき分布（式 (8.14)）は，ほとんどの連鎖破たんの規模は比較的小さいことを表している．そういった小さい連鎖破たんは，数軒規模での小規模な停電や，ほとんどのユーザーにとって関心のないツイートや，観測するには精密な機械が必要となる地震などである．一方で，式 (8.14) は大量の小さい出来事がごくまれな大きい出来事と共存することを意味する．こういった大規模な連鎖破たんの例は，2003 年の北アメリカの大規模停電（図 8.17），1,399 回シェアされた**イランの選挙危機：10 の信じられない YouTube 動画**のツイート（http://bit.ly/vPDLo）[251]，あるいは 20 万人以上が犠牲になった 2010 年 1 月のハイチの地震である．電気工学者，メディアの研究者，地震学者が発表した雪崩指数は 1.6 から 2 の間を示しており，これらの値がお互いに近いことはたいへん興味深い（**表 8.2**）．

連鎖破たんは，他のさまざまな分野においても報告されている．

- 悪天候や機材の不良の結果，飛行機の運航スケジュールが連鎖的に乱れて，多数のフライト遅延や多くの旅客の迂回を引き起こす（**Box8.3**）[252]．
- 特定の種における絶滅は，生態系の食物連鎖を通じて連鎖しうる．これにより多くの種が絶滅し，他の種の生息地を変化させる [253–256]．
- ある特定の部品の不足によって，サプライチェーンが破たんしうる．たとえば，タイにおける 2011 年の洪水では，世界の 1,000 を超える自動車関連工場から構成されるサプライチェーンが途絶した．それゆえに，そのダメージは洪水を受けた工場だけにとどまらず，世界の保険会社はその被

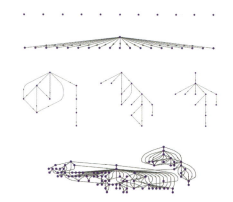

図 8.18　情報カスケード

ツイッターにおける情報カスケードの例．ノードはツイッターのアカウントを表している．各々一番上にあるノードが何らかの短縮された URL を最初に投稿したアカウントに対応している．リンクはそれをリツイートしたアカウントをつないでいる．これらの連鎖は，情報の連鎖の異質性を捉えている．すなわち，ほとんどの URL はリツイートされない．これは図の上の方の孤立したノードが表している．しかしごくわずかなものは，大規模なリツイートの連鎖を引き起こす．これは図の下に例がある．文献 [249] による．

> **Box 8.3　フライトの混雑の連鎖**
>
> アメリカにおけるフライトの遅延は毎年 400 億米ドルもの被害をもたらしている [258]。その被害には，オペレーションの強化の必要性，乗客の時間の損失，生産性の低下，ビジネスや余暇の機会損失などが含まれる。フライトの遅延は，予定と実際の出発/到着の時間の差から求められる。フライトスケジュールには短い時間の遅れならば吸収できるようにバッファを設けている。遅延時間がそのバッファを超過してしまった場合は，後に続くフライト，すなわち同じ機材やゲートを使い，同じ人員によるフライトが，遅延する。結果として，遅延は航空ネットワークにおいて，流行のように広がっていく。
>
> 2010 年の多くのフライトは時間通りであったが，37.5% の到着または出発が遅延した [252]。遅延の分布は式 (8.14) のべき則に従っており，ほとんどの遅延は数分だけのものである一方で，ごくまれに予定から数時間も遅れることがある。このような大きい遅延は，相関する遅延のパターン，すなわち航空輸送における混雑の連鎖の特徴についての情報をもっている（**図 8.19**）。
>
>
>
> **図 8.19　混雑した空港の塊**
>
> 紫のノードにより混雑した空港，緑のノードにより通常運航している空港を示したアメリカの航空図。2010 年の 3 月 12 日における直行フライトを線で表示している。混雑した空港の塊が見られることはこれらの遅延が独立でないことを意味し，連鎖が空港間のネットワークで生ずることを示している。文献 [252] による。

害を 200 億米ドルと推定している [257]。

要約すると，連鎖効果はその性質が大きく異なるさまざまなシステムにおいて観測されるということである。その規模の分布は，式 (8.14) のべき則でよく近似できる。これはほとんどの連鎖はかなり小さいが，ごく少数はとてつもなく大きく，全体を揺るがすほどのインパクトをもつことを意味する。次の節の目標は，これらの現象の起源を理解することと，これらの際立った特徴を再現するモデルを構築することである。

8.6　連鎖破たんのモデリング

連鎖的イベントの発生は多くの変数に依存している。それら変数は，連鎖が波及していくネットワークの構造から，波及の過程や構成要素が機能を停止する基準（破たんの基準）の特徴に至るまで，さまざまである。実証研究の結果は，これらの変数が多様であるにもかかわらず，観測された連鎖規模の分布は普遍的であり，各々の系の特性とは無関係であるこ

とを示している。この節の目的は，連鎖現象を支配しているメカニズムを理解することと，連鎖規模の分布におけるべき則性を説明することである。

多数のモデルが連鎖現象のダイナミクスを捉えるために提案されてきた [248, 259-265]。これらのモデルは特定の現象を捉えるその精密さにおいて異なるが，それらモデルに共通して，連鎖を起こす系（システム）には三つの主要な要素があることが示されている。

(i) それぞれの系は，ネットワークとその上の流れによって特徴づけられる。たとえば，電力網の電流や情報システムにおける情報の流れなどである。
(ii) それぞれの要素は，局所的な破たんの基準をもつ。それによって系がいつ連鎖を起こすかが決まる。たとえば，故障（電力網），崩壊（地震），あるいは情報の共有（ツイッター）などである。
(iii) それぞれの系は，要素の破たんや活性化に際して，他のノードへ流れを再分配するためのメカニズムをもつ。

続く節では，異なる抽象度で，連鎖破たんの特性を予測する二つのモデルについて議論する。

8.6.1 破たんの波及モデル

破たんの波及モデルは，アイデアや意見の拡散にも用いられるが [260]，破たんの連鎖を記述するのにもよく用いられる [265]。モデルは次のように定義される。

任意の次数分布をもつネットワークを考える。それぞれのノードはエージェントである。エージェント i は状態 0（**活性**あるいは**正常**）または状態 1（**非活性**あるいは**異常**）をとり，すべてのエージェントは同じしきい値 $\varphi_i = \varphi$ で機能停止するとする。

すべてのエージェントは状態 0 で始まる。時間 $t = 0$ で一つのエージェントが状態 1 になり，これを初期の機能停止，あるいは情報の発信とする。続くそれぞれの時間ステップにおいて，エージェントを一つ無作為に選択し，次のしきい値ルールに従って状態を更新する。

- 選ばれたエージェント i が状態 0 であれば，その周りの k_i 個のエージェントを確認する。もし k_i のうち φ 以上が状

態1であれば，エージェント i を状態1に，そうでなければ元の状態0のままとする。
- 選ばれたエージェント i が状態1であれば，なにもしない。

言い換えれば，もし周りのエージェントが φ 以上の割合で異常であれば，正常なエージェント i は状態を変える。ネットワークの局所的なトポロジーによっては，他のノードの機能停止を引き起こすことに失敗して，初期の機能停止は波及しないことがある。また別のトポロジーでは，図 8.20a,b に示すように，機能停止が他の多数のノードに波及しうる。シミュレーションは，異なる連鎖の特徴に対応した三つの領域を示している（図 8.20c）。

- **亜臨界領域**

  $\langle k \rangle$ が大きい場合は，一つのノードの状態変化は，しきい値を超えて他のノードの状態を変えることはまずない。これは正常なノードは多くの正常な隣接ノードをもつことによる。この領域では連鎖はすぐに消え去り，連鎖規模の分布は指数関数である。系全体に広がるような大域的な連鎖は起こらない（青印，図 8.20d）。

- **超臨界領域**

  $\langle k \rangle$ が小さい場合は，一つのノードの状態変化は，しきい値

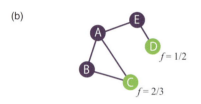

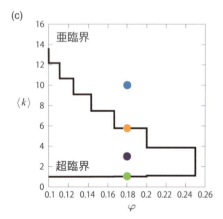

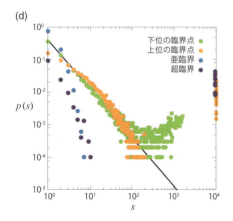

図 8.20 破たんの波及モデル

(a,b) すべてのノードがしきい値 $\varphi = 0.4$ をもつ小さいネットワークでの連鎖の広がり。すべてのノードは，初期状態は0で，緑の丸印で表されている。最初の時間ステップにおいてノード A の状態が1（紫）に変化すると，ノード B と E の隣接ノードにおける状態1の割合は $f = 1/2 > 0.4$ となる。結果として，これらのノードも機能停止となり，状態を1に変える（(b)を参照）。次の時間ステップでは，ノード C と D も，$f > 0.4$ であるので機能停止となる。結果として，連鎖はネットワーク全体へ波及する。すなわち $s = 5$ の連鎖規模である。ここで初期の機能停止に B を選んだ場合は連鎖が起きないことも確認しておくとよい。

(c) 破たんの波及モデルにおいて，しきい値関数を φ，平均次数を $\langle k \rangle$ としたネットワークにおいて生じる連鎖の波及に関する相図。実線はランダム・グラフにおいて連鎖が波及する $(\langle k \rangle, \varphi)$ 平面上の領域を取り囲んでいる。

(d) 連鎖規模の分布。このとき $N = 10{,}000$，$\varphi = 0.18$，$\langle k \rangle = 1.05$（緑），$\langle k \rangle = 3.0$（紫），$\langle k \rangle = 5.76$（橙），$\langle k \rangle = 10.0$（青）である。低い臨界点において，$p(s)$ のべき指数は $\alpha = 3/2$ であった。超臨界領域では，小さい連鎖はわずかであり，ほとんどの連鎖は大域的である。高い臨界点あるいは亜臨界領域では，小さい連鎖だけが観測される。

文献 [260] による。

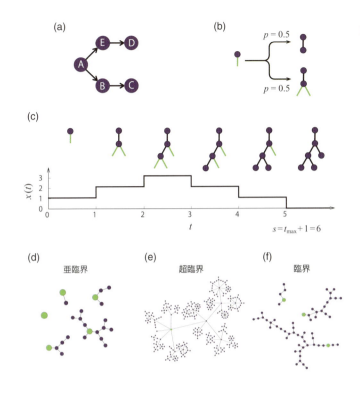

図 8.21 枝分かれモデル

(a) 図 **8.20a,b** での破たんの波及に対応した枝分かれプロセス。最初の摂動はノード A から始まる。それが B と E に伝播し，C と D にそれぞれ伝播する。ここでは，$k = 2$ の例について説明する。

(b) 最初の枝分かれプロセス。緑色で示した活性化したリンクは確率 $p_0 = 1/2$ の確率で不活性となりうる（上），また逆に新たにリンクを $p_2 = 1/2$ の確率で生成する（下）。

(c) $p(s)$ を解析的に計算するために，枝分かれプロセスを拡散の問題として考える。ここで，$x(t)$ は時間ごとアクティブなノードの数である。$x(t)$ が 0 でないならば，連鎖は続いている。$x(t)$ が 0 になった時点でアクティブなノードはなくなり，連鎖は終わる。図の例では，$t = 5$ で連鎖は終わっている。したがって，連鎖の規模は $t_{max} + 1 = 6$ である。

枝分かれモデルと 1 次元のランダムウォークを対応づけることは，雪崩指数の計算に役立つ。ある一つのアクティブなノードでの枝分かれ過程を考えよう。そのアクティブなノードが非アクティブになるならばアクティブなノードの数は減る。すなわち，$x \to x - 1$ である。アクティブなノードが枝分かれするならば，二つのアクティブなノードを作るのであるからノードの数は増える。すなわち，$x \to x + 1$ である。こう考えることによって，連鎖の規模 s は $x = 1$ で始まったものが初めて $x = 0$ になるまでの再帰時間のステップ数となる。この過程自体はランダムウォーク理論の分野で十分に研究されており，再帰時間は指数 3/2 のべき分布に従うと予測される [262]。スケールフリーの p_k に対応した枝分かれ過程に関しては，雪崩指数はべき指数 γ に依存する。これは図 **8.22** に示されている。

(d)–(f) 枝分かれモデルでの亜臨界領域 (d)，超臨界領域 (e)，そして臨界領域 (f) における典型的な連鎖。それぞれの連鎖の緑のノードが木のルートであり，最初の摂動である。(d) と (f) では複数の木を示している。(e) では一つだけを示している。この領域では木（連鎖）が際限なく成長する。

を超えて他のノードの状態を変えることがあり，これは大域的な連鎖を起こしうる。この領域では初期の機能停止が大きい機能停止を起こすことがある（紫印，図 **8.20c,d**）。

- **臨界領域**

亜臨界と超臨界領域の境界では，連鎖はその規模において大きく異なりうる。この領域において，連鎖の規模が式 (8.14) に従うことが数値シミュレーションによって示されている（緑印と橙印，図 **8.20c,d**）。ランダム・ネットワークについては，$\alpha = 3/2$ である。

8.6.2 枝分かれモデル

破たんの波及モデルが複雑であるために，得られた連鎖のスケール則を解析的に予測することは難しい。$p(s)$ におけるべき則や雪崩指数 α を計算するために，枝分かれモデルを扱ってみよう。これは非常に単純なモデルでありながら，連鎖イベントの基本的特徴を表現できる。

このモデルは，連鎖破たんにおいて枝分かれの過程がある

ことに基づいて作られている．ここで，初期に機能停止した連鎖の発端となるノードを，**木のルート**と呼ぼう．木の枝はノードであり，枝の機能停止はルートの機能停止によりもたらされる．たとえば，図 **8.20a,b** では，ノード A から連鎖が始まっているので，ノード A が木のルートである．A の機能停止が B と E の機能停止を引き起こすので，木の枝として表現されている．続いて E は D の機能停止を，B は C の機能停止を引き起こす（図 **8.21a**）．

枝分かれモデルは，連鎖の波及の主要な特徴を捉えている（図 **8.21**）．モデルは，一つの活性ノードからその過程を始める．次のステップでは，それぞれの活性ノードは k 個の活性状態の子孫を生成する．このとき k は次数分布 p_k から選ばれる．そして $k = 0$ が選ばれた場合はその枝は成長を止める（図 **8.21b**）．もし $k > 0$ であれば，k 個の新しい活性状態の子孫をもつ．連鎖の規模は，成長が止まった木の大きさと一致する（図 **8.21c**）．

枝分かれモデルは，連鎖破たんの波及モデルと同じ相の存在を示している．相はここでは $\langle k \rangle$ だけで決められている．すなわち p_k の分布である．

- **亜臨界領域：$\langle k \rangle < 1$**
  $\langle k \rangle < 1$ では，一つのブランチで平均的に一つより少ない子孫しかもたない．結果として，木はすぐに終了する（図 **8.21d**）．この領域では連鎖の規模は指数関数的分布に従う．
- **超臨界領域：$\langle k \rangle > 1$**
  $\langle k \rangle > 1$ では，一つのブランチで平均的に一つより多い子孫をもつ．結果として，木はいつまでも成長する（図 **8.21e**）．したがって，この領域では連鎖は大域的となる．
- **臨界領域：$\langle k \rangle = 1$**
  $\langle k \rangle = 1$ では，一つのブランチで平均的に一つの子孫をもつ．結果として，いくつかの木は大きくなるが，他の木はすぐに終わる（図 **8.21f**）．連鎖規模の分布は式 (8.14) のべき則に従うことが，数値解析シミュレーションで示されている．

枝分かれモデルは，解析的に解くことができ，任意の p_k に対して連鎖規模の分布を決めることができる．もし p_k が指数的な上限をもつなら，すなわち指数的な裾野をもつならば，計算によると $\alpha = 3/2$ と予測される．しかし，p_k がべき則で

あるならば，雪崩指数は，べき指数 γ に依存して，

$$\alpha = \begin{cases} 3/2 & \gamma \geq 3 \\ \gamma/(\gamma-1) & 2 < \gamma < 3 \end{cases} \quad (8.15)$$

のようになる（**図 8.22**）[262, 263]。この予測に基づいて**表 8.2** を見てみると，確かに観測された雪崩指数はすべて 1.5 から 2 の間にあり，式 (8.15) の予想と一致している。

要約すると，我々は連鎖破たんのダイナミクスを捉えるための二つのモデル，破たんの波及モデルと枝分かれモデルを議論した。他の研究としては，電力網の広域停電を捉えるために作られた**過負荷モデル** [248]，臨界領域での連鎖破たんを捉えるための**砂山モデル** [261, 262] がある。また，トラフィックを運ぶ上で異なる容量をもったノードとリンクを考慮したモデル [264] もある。これらのモデルは，実際の現象へあてはまる程度や，パラメータの数やその特徴において異なる。しかしながら，これらのモデルはすべて臨界状態の存在を予測しており，その連鎖の規模はべき則に従うとしている。雪崩指数 α は，連鎖が起きるネットワークにおける次数分布のべき指数によって決まる。まったく異なる波及のダイナミクスや破たんのメカニズムに基づいたモデルがすべて同じスケール則や雪崩指数を示すことからわかるように，背後にある現象は普遍的であり，それぞれのモデルの詳細には依存しない。

8.7 頑健性の構築

我々はネットワークの頑健性を強化できるのであろうか。この節では，無作為な故障や攻撃に対して抵抗できるネットワークを設計するために，頑健性に関する要因について議論する。また，連鎖破たんを止めるために，動的な頑健性についても議論する。さらに，この頑健性を信頼性へ関係づけることにより，ここでの議論を電力網へ適用してみよう。

8.7.1 頑健なネットワークの設計

目標を定めた攻撃と無作為な故障の両方について頑健であるネットワークを設計することは，相矛盾する希望といえる [266, 267, 268, 269]。たとえば，**図 8.23a** にあるようなハブ・アンド・スポーク型のネットワークは無作為な故障には頑健

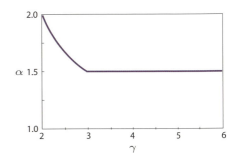

図 8.22 雪崩指数

連鎖が起きるネットワークの次数分布のべき指数 γ と雪崩指数 α の間の関係性。この関係性は式 (8.15) による。この図から，$2 < \gamma < 3$ では，雪崩指数はべき指数に依存することがわかる。一方で $\gamma = 3$ を超えると，雪崩指数はべき指数によらなくなる。ランダム・ネットワークについては，その雪崩指数は $\alpha = 3/2$ である。

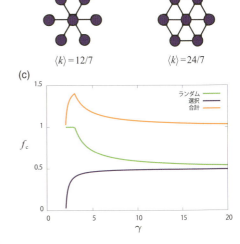

図 8.23 頑健性の強化

(a) ハブ・アンド・スポーク型のネットワークは無作為な故障には頑健であるが，中央のハブへの攻撃には弱い。

(b) 小さい次数のノードをつなぐことによって，選択的な攻撃に対する高い耐久性をもつことができる。このような強化は $\langle k \rangle$ から計算されるコストを増加させる。

(c) 無作為な故障 f_c^{rand}，選択的攻撃 f_c^{targ}，そして合計の f_c^{tot} に関する，スケールフリー・ネットワークにおけるパーコレーションしきい値。ここでは $k_{\min} = 3$ のネットワークのべき指数 γ について示されている。

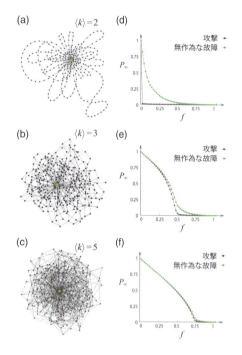

図 8.24 攻撃と故障への耐久性の最適化

図は式 (8.16) と式 (8.17) によって予測された最適なネットワークのトポロジーを表したものである。ここではハブの大きさは式 (8.18) により決まっており、残りのノードは $\langle k \rangle$ から決まる $k_{\min}$ をもっている。左の図は $N = 300$ のネットワークトポロジーを表している。右の図は $N = 10{,}000$ のときの破たん/攻撃の曲線を表している。ここで、縦軸はオーダーパラメータ、横軸はパーコレーションしきい値である。

(a) 小さい $\langle k \rangle$ ではハブはネットワークをまとめている。いったん中央のハブが取り除かれると、ネットワークは寸断される。攻撃と故障のカーブはそれゆえによく分かれている。すなわち無作為な故障には強いが、攻撃には弱い。

(b) 大きい $\langle k \rangle$ では巨大連結成分が現れる。そして必ずしも中央のハブがあるとは限らない。それゆえに、ハブは無作為な故障への系の頑健性を提供するのではあるが、なくても頑健性が存在している。したがって、このケースでは攻撃 f_c^{targ} と故障 f_c^{rand} の両方が大きい。

(c) もっと大きい $\langle k \rangle$ では攻撃と故障のカーブはほとんど差がなくなる。すなわち、攻撃と無作為な故障へのネットワークの反応に差がなくなるということである。したがって、このケースではハブがなくてもネットワークはよくつながっている。

(Box8.4)

である。というのは、中央のノードが故障したときに限って他のノードが寸断されるためである。それゆえに、無作為な故障によってネットワークが寸断される確率は $1/N$ である。これは N が大きければ無視することができる。ところが攻撃に対してはこのネットワークは弱い。すなわち中央のノード一つを取り除くだけで、ネットワークは寸断される。

ネットワークの攻撃への耐性は、周囲のノードをつなぐことで強化できる（図 8.23b）。これにより、中央のノードが故障してもネットワークは寸断されなくなる。しかしながら、この強化ではリンク数が 2 倍になっており、かなりのコストがかかる。リンクを作って維持するコストを、平均次数 $\langle k \rangle$ との比で表すことにすると、図 8.23b の場合 24/7 である。これは図 8.23a の 12/7 の 2 倍である。このコスト増を考えると、問題をより明確にすることができる。すなわち、我々は無作為な故障と目標を定めた攻撃に対する頑健性の両方を、コスト増なしに最大化できるであろうか。

無作為な故障に対するネットワークの頑健性は、パーコレーションしきい値 f_c によって把握できる。これはネットワークを寸断するのに必要なノード数の割合である。ネットワークの頑健性を強化するためには、我々は f_c を上げなければならない。式 (8.7) によると、f_c は $\langle k \rangle$ と $\langle k^2 \rangle$ だけに依存する。結果として、コストである $\langle k \rangle$ を維持したまま f_c を最大化するためには、$\langle k^2 \rangle$ を最大化するような次数分布が必要となる。これは二峰性の分布によって実現できる。それは $k_{\min}$ と $k_{\max}$ の 2 種類のノードだけが存在するものに一致する（図 8.23a,b）。

無作為な故障と攻撃の両方への頑健性を最大化するネットワークを必要としているので、和

$$f_c^{\text{tot}} = f_c^{\text{rand}} + f_c^{\text{targ}} \tag{8.16}$$

を最大化するネットワークのトポロジーを求めることになる（図 8.24c）。解析的な議論と数値解析の結果から、二峰性の次数分布

$$p_k = (1-r)\delta(k - k_{\min}) + r\delta(k - k_{\max}) \tag{8.17}$$

によってこの和が最大となることがわかった [266, 267, 268, 269]。すなわち、ネットワークのノードのうち r の割合については $k_{\max}$ をもち、$1-r$ については $k_{\min}$ をもつものである。

Box 8.4　連鎖破たんを止める

我々は連鎖破たんを止めることができるのだろうか。直感的にはリンクを増やせばよいと思われる。実際上の問題は，実在のネットワークでは連鎖が起きる時間スケールより，新たにリンクを作る時間スケールの方が大きいことにある。たとえば，規制や財政や法の障壁により，電力網に新しく送電線を設置するのに20年はかかる。一方で電力網の連鎖破たんは一瞬である。

直感には反するが，選択的にノードとリンクを取り除くことによって連鎖破たんを抑制できる可能性がある[270]。この議論のためには，連鎖破たんの二つの側面について，改めて考える必要がある。

(i) 最初の破たんはリンクやノードの初期の機能停止であり，後に続く連鎖の起源となる。
(ii) 波及は，最初の破たんがさらなるノードの機能停止を引き起こすものであり，ネットワークを伝わっていく。

典型的には，(i) と (ii) の間には時間差があり，前述のネットワークの強化に比べればもっと短い時間スケールである。そこで，最初の破たん (i) のすぐあとに意図的に他のノードを除去することによって，連鎖の大きさを小さくできることがシミュレーションにより示されている。しかし，破たんの前であると連鎖が波及してしまう。その意図的な除去自体は確かにネットワークへのさらなるダメージになるのであるが，よく選ばれた要素を除去することにより連鎖の波及を抑えることができる[270]。連鎖の規模を抑えるためには，最初の破たんの周囲で，小さいけれども大きいノードにつながっているノードを除くことが重要であることがシミュレーションからわかった。このメカニズムは，消防士が用いる手法と似ている。すなわち自然火災の通り道に燃料を焚いて炎のラインを引くことに似ている。

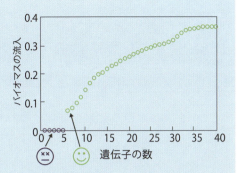

図 8.25　ラザラス効果

バクテリアの成長率というのは，バイオマス，すなわち細胞壁やDNAおよび他の細胞の要素を作るのに必要な分子，を生成する能力で決定される。もしある鍵となる遺伝子がないとすると，バクテリアは必要なバイオマスを生成できなくなる。増殖できないので，最後には死に至る。遺伝子のうち，これがないとバイオマスの流れが止まる遺伝子のことを，必須遺伝子と呼ぶ。

図は，生物学者によく研究されているバクテリアの一種である E. coli のバイオマスの流入を示している。最初の突然変異体は必須遺伝子をもっていない。それゆえにバイオマスの流入は0であり，縦軸で示されている。結果としてこれは増殖しない。一方で，図が示すように，追加で五つの遺伝子を削除すると，バイオマスの流入が再開する。したがって，直感に反して，さらなる遺伝子の削除によって死んだバクテリアを生き返らせることができる。この現象はラザラス効果と呼ばれる[271]。

このアプローチについての刺激的な例として，**ラザラス効果**が知られている。これは死んだ（成長または増殖できなくなった）バクテリアが生き返る（再活性化する）というものである。これはよく選ばれた少数の遺伝子を不活性化することで実現できる（**図 8.25**）[271]。したがって，直感に反するものであるが，制御されたダメージというのはネットワークにとって利益となることもある。

発展的話題 8.G で示すように，f_c^{tot} は $r = 1/N$ のときに最大となる．このとき，一つのノードだけが $k_{\max}$ であり，残りのノードは $k_{\min}$ をもつ．また，$k_{\max}$ の値はシステムの規模に依存し，

$$k_{\max} = AN^{2/3} \tag{8.18}$$

となる．言い換えると，式 (8.18) の次数のハブを一つだけもち，残りのノードが $k_{\min}$ のときに，ネットワークは無作為な故障と攻撃の両方に対して頑健となる．このハブ・アンド・スポーク型のトポロジーは明らかに無作為な故障には強いということであった．すなわち，中央のハブが故障する確率は $1/N$ であり，N が大きい場合は無視できるほど小さい．

一方で，この得られたネットワークは攻撃に対して脆弱であるようにみえる．しかし，必ずしもそうとはいえない．実際，ネットワークの最大連結成分は中央にあるハブと $k_{\min}$ のノードを，$k_{\min} > 1$ のノードが補うように形成されている．それゆえに，$k_{\max}$ であるハブの除去は確かに一時的に大きい損失となりうるが，それら低次数ノードは続く選択的な攻撃に対して頑健である（**図 8.24c**）．

8.7.2　ケーススタディ：頑健性を推定する

ヨーロッパの電力網は 20 の国の電力網，3,000 以上の発電機と変電所（ノード），200,000 km におよぶ送電線が組み合わさってできている（**図 8.26a–d**）．ネットワークの次数分布は

$$p_k = \frac{e^{-k/\langle k \rangle}}{\langle k \rangle} \tag{8.19}$$

によって近似される（**図 8.26e**）[272, 273]．これは，ネットワークのトポロジーは一つのパラメータ $\langle k \rangle$ によって特徴づけられることを示している．このような指数関数的な p_k は優先的選択をもたない成長するネットワークにおいて生じる（5.6 節参照）．

それぞれの国の電力網について $\langle k \rangle$ がわかれば，攻撃に対するそれぞれの臨界しきい値 f_c^{targ} を予想できる．**図 8.26f** が示すように，国ごとの電力網で $\langle k \rangle > 1.5$ のものについては，実際と予測の f_c^{targ} でよく一致している（グループ 1）．ところが，$\langle k \rangle < 1.5$ のものについては，予測は実際の f_c^{targ} を下回っている（グループ 2）．この結果は，これらの国のネットワークについては，次数分布による予測より頑健であること

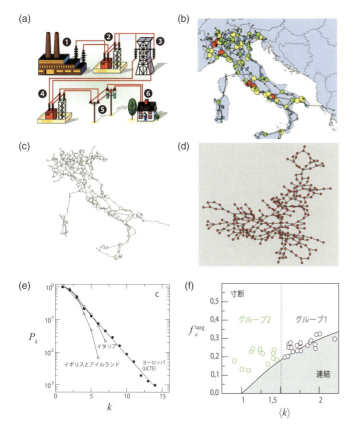

図 8.26 電力網

(a) 電力網は複雑なインフラストラクチャである。すなわち，(1) 発電機，(2) 開閉器，(3) 高電圧送電系統，(4) 変電器，(5) 低電圧配電系統，(6) 消費者，すなわち世帯や事業者である。ただし，電力網をネットワークとして研究するのが目的であるので，これらの詳細はここでは無視している。

(b)–(d) イタリアの電力網。その生産と消費について示されている。いったんこれらのネットワークの詳細がわかると (c) のような空間ネットワークを得る。次に空間ネットワークを取り除くと，(d) のようなネットワークを得る。これが我々の研究に使われる（適度に抽象化された）ネットワークである。

(e) ヨーロッパの電力網における相補累積次数分布 $P(k)$。このプロットはすべてのネットワーク（UCTE），イタリア，英国とアイルランドを合わせたものを示している。各国の分布も式 (8.19) に従っている。

(f) 攻撃を受けるネットワークにおける f_c^{targ} と $\langle k \rangle$ の関係。ここで，f_c^{targ} はネットワークを寸断するのに必要なハブの割合である。曲線は，ランダム・ネットワークについて，解析的に計算した攻撃に対する臨界を示している。この曲線より下であれば巨大連結成分が保たれる。EU 内にある 33 か所の電力網について $f_c^{\text{targ}}(\langle k \rangle)$ をそれぞれ図示している。$\langle k \rangle > 1.5$ の国（グループ 1）については，$f_c^{\text{targ}}(\langle k \rangle)$ の解析的な予測は観測値と一致している。しかし $\langle k \rangle < 1.5$ の国（グループ 2）については，$f_c^{\text{targ}}(\langle k \rangle)$ の解析的な予測が観測値を下回っている。それゆえに，グループ 2 の国の電力網は攻撃への頑健性を示しており，同じ次数列のランダム・ネットワークよりも頑健である。
文献 [272] による。

を示している。次に示すように，この強化された頑健性はそれぞれの国のネットワークの信頼性と相関がある。

頑健性と信頼性の間の関係性を検定するために，それぞれの停電について収集や報告されたいくつかの量を用いる。それらは，(1) 未供給の電力，(2) 電力の総損失，(3) 年当たり分単位の平均中断時間，である。これらの量によると，実際と予測の f_c^{targ} が一致していたグループ 1 は，全体のネットワークのうちの 2/3 を占めるが，ほとんどグループ 2 と同じ量の電力を運んでいる。一方で，グループ 1 はグループ 2 に比して，平均中断時間が 5 倍以上にものぼり，2 倍以上の電力の総損失，そして 4 倍以上の電力の未供給を起こしている [272]。それゆえにグループ 1 の電力網はグループ 2 よりも明らかに脆弱である。この結果は，ネットワークのトポロジーで頑健であるならば，信頼性も高いことを直接裏付ける。同時に，この発見は，リンク密度（平均次数）が高いネットワークは頑健であるとの直感に反してもいる。これらより，疎なネットワークが強化された頑健性を示すことがわかった。

要約すると，ネットワークのトポロジーについて正しく理解することは，複雑系の頑健性を改善するために不可欠である。我々は，無作為な故障と攻撃の両方に対して頑健であるようにネットワークのトポロジーを設計することもできるし，連鎖破たんが広がるのを阻止するために介入することもできる。

これらの結果は，頑健性を増すために，インターネットや電力網を再度設計し直す必要性をも示唆しているといえる [274]。もしそういった機会があるとするならば，それは可能であるといえる。とはいうものの，インフラストラクチャは何十年にもわたって徐々に構築されるものであり，前章で述べたように，自己組織的な成長過程をもっているといえる。ノードやリンクの膨大なコストを考えると，そういった再構築の機会を得るというのは難しいかもしれない。

8.8 まとめ：アキレス腱

2001年9月11日のテロ攻撃の首謀者たちは，その標的を無作為に選んだわけではなかった。ニューヨークの世界貿易センター，ワシントンDCの米国国防総省とホワイトハウス（ターゲットとして狙われていた），これらはアメリカの経済，軍事，政治の中心である [50]。ベトナム戦争後で最大の被害者を出したにもかかわらず，そのテロはネットワークを寸断することには失敗した。一方で，イラクやアフガニスタンでの戦争を始める口実を与えもした。すなわち9.11のテロ攻撃自体よりもっと破壊的な一連の出来事を引き起こした。それでもなお，経済，軍事，政治にわたるすべてのネットワークは生き残っている。それゆえに，9.11はネットワークの頑健性や回復性を実証する事例と考えることができる（**Box8.5**）。頑健性の起源となるものが，この章において明らかになった。実在するネットワークは階層的なハブをもっている。それらの一つを取り除いても，ネットワークを寸断するには至らない。

実在するネットワークの顕著な頑健性は多くの複雑ネットワークにとってよいニュースである。それはたとえば，我々の細胞では転写因子が届くのが遅れることや，たんぱく質を誤って折りたたんでしまうことまで，数えきれないエラーが生ずるからである。そうなっても，我々の細胞がもつネットワークの頑健性により，細胞は通常の機能を損なわない。他にもネットワークの頑健性によって，我々が普段インターネッ

Box 8.5　頑健性，回復性，冗長性

冗長性や回復性は頑健性と深い関係がある．これらの違いを明確にしておくのはよいことだろう．

頑健性

内部や外部の誤りが生じても，系がその基本的な機能を保つとき，系は頑健である．ネットワークの文脈では，いくつかのノードやリンクが失われたときにも，その本来の機能を保つときに，頑健であるという．

回復性

内部や外部の誤りに対して，系がその運用の状態を変えつつ，基本的な機能を失わず適応するとき，回復性があるという．それゆえに回復性は系の中心的な活動に移っていくような動的な性質である．

冗長性

冗長性は並行的な要素や機能をもつことを意味する．すなわち，必要であるならば，失われた要素や機能を置き換えることができる．ネットワークは，ほとんどのノードの組み合わせの間に多くの独立したパスが存在しうるので，誤った情報の伝達に対してはかなりの冗長性をもつ．

トのルーターが故障してもほとんど影響を受けないことや，ある生物種の絶滅によって環境はすぐには破滅的状態に陥らないことなども説明できる．

しかしながら，上述のようなネットワークのトポロジーに基づく頑健性には代償がある．それは攻撃へのもろさである．この章で説明したように，複数のハブを同時に取り除くとどのようなネットワークでも寸断される．これはインターネットにとってはよくないニュースである．すなわち悪意をもつハッカーたちが我々にとって重要なこのコミュニケーション・システムを破壊する戦略を立てうる．また，これは経済システムにとってもよくないニュースである．ハブが除かれると経済全体がダメージを受けるためである．これは2009年の経済危機の経験からよくわかる．一方で，製薬や医療にとってはよいニュースである．細胞のネットワークの正確なマップから望ましくないバクテリアやがん細胞を削減する薬を開発することができる．

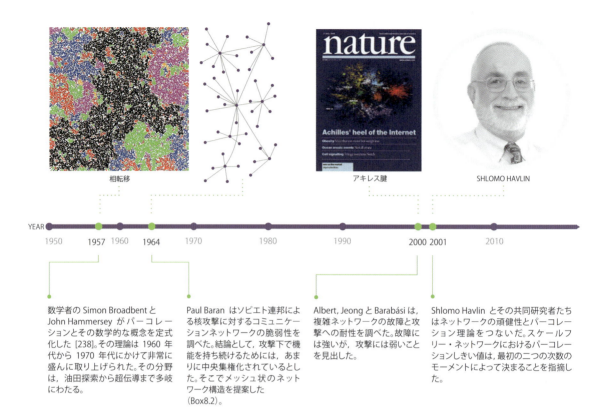

図 8.27　パーコレーションから頑健性：小さい年表

　Réka Albert, Hawoong Jeong, Albert-László Barabási [234] によって *Nature*（図 8.1）に発表された論文は，ネットワークの頑健性についての最初の系統だった研究であった。この論文では，スケールフリー・ネットワークは無作為な故障には頑健であるが，攻撃には弱いと報告した。一方で，ネットワークの頑健性に関する解析的な理解はパーコレーション理論に依拠する。この文脈では Shlomo Havlin とその共同研究者が特に重要な功績を遺した。具体的には，頑健性とパーコレーション理論の間をつなぎ，次数分布のモーメントによってスケールフリー・ネットワークのパーコレーションしきい値が決まることを示した。Havlin はイスラエル出身の統計物理学者であり，ネットワークについて多数の業績がある。たとえば実在するネットワークにおける自己相似性の発見 [275] や，層状になったネットワークの頑健性の研究 [276] などである。

　この章のメッセージは極めて単純である。ネットワークのトポロジーと頑健性・脆弱性は分かちがたいということである。より強調するならば，各々の複雑系はアキレス腱をもつ。そのネットワークは無作為な故障には頑健であるが，攻撃には弱い（図 **8.27**）。

　頑健性を考えるならば，大半の系がたくさんの制御やフィードバックループをもち，エラーや故障に対処していることを無視することはできない。インターネットのプロトコルは，故障をさけるように設計されており，機能不全のルーターからトラフィックを遠ざけるのであった。細胞はエラーのあるたんぱく質を取り除き，機能不全の遺伝子を停止させる。この章では頑健性に対する新しい視点を与えた。すなわち，背

後にあるネットワークの構造こそが系の機能不全への耐久性を強化する。

スケールフリー・ネットワークの頑健性から，以下のような疑問が生じる。この強化された頑健性は，多くの実在するネットワークがスケールフリーである理由なのだろうか。おそらく，実在するネットワークは頑健性を満たすためにスケールフリーの構造をもつのであろう。もしこの仮説が正しいのであれば，逆に頑健性を最適化の基準とすると，スケールフリー・ネットワークが得られるであろうか。しかし一方で，8.7節で示したように，最大の頑健性をもつネットワークはハブ・アンド・スポーク型であった。その次数分布は二峰性であり，べき分布ではない。このことが意味するのは，頑健性は実在するネットワークの発達にかかわっていないということのようである。そうではなくて，ネットワークは成長と優先的選択のおかげでスケールフリーなのである。そして，結果として，スケールフリー・ネットワークは強い頑健性をもつのである。このことは，スケールフリー・ネットワークは我々の設計できる最も頑健なネットワークではないであろうことを示唆する。

8.9 演習

8.9.1 無作為な故障：スケールフリー・ネットワークを超えて

次の次数分布のネットワークについて，臨界しきい値 f_c を計算しなさい。

(a) 指数的カットオフのあるべき分布
(b) 対数正規分布
(c) デルタ関数（すべてのノードが同じ次数）

ここではネットワークの次数相関はなく，無限に大きいとする。**表4.2**に，それぞれの分布の関数形，1次と2次のモーメントを示す。ネットワークの頑健性について得られた結果を論じなさい。

Box 8.6　早見表：ネットワークの頑健性

モロイ・リード基準
巨大連結成分は以下の場合に存在する。

$$\frac{\langle k^2 \rangle}{\langle k \rangle} > 2$$

無作為な故障についての臨界しきい値

$$f_c = 1 - \frac{1}{\frac{\langle k^2 \rangle}{\langle k \rangle} - 1}$$

ランダム・ネットワークにおける臨界しきい値

$$f_c^{ER} = 1 - \frac{1}{\langle k \rangle}$$

拡張された頑健性：攻撃

$$f_c > f_c^{ER}$$

攻撃

$$f_c^{\frac{2-\gamma}{1-\gamma}} = 2 + \frac{2-\gamma}{3-\gamma} k_{\min} \left(f_c^{\frac{3-\gamma}{1-\gamma}} - 1 \right)$$

連鎖破たん

$$p(s) \sim s^{-\alpha}$$

$$\alpha = \begin{cases} 3/2 & \gamma > 3 \\ \frac{\gamma}{\gamma - 1} & 2 < \gamma < 3 \end{cases}$$

8.9.2　次数相関のあるネットワークにおける臨界しきい値

べき指数 $\gamma = 2.2$ のべき分布の次数分布をもち，かつ，次数親和的，次数排他的，ニュートラルな場合のそれぞれについて，10,000 ノードのネットワークを生成しなさい。ただし，7.5 節で示された Xalvi-Brunet と Sokolov のアルゴリズムを使いなさい。コンピュータを用いて，その三つのネットワークについて，無作為な故障に対する頑健性を調べ，$P_\infty(f)/P_\infty(0)$ の比を求めなさい。最も頑健なネットワークを示して，その理由を説明しなさい。

8.9.3　実在するネットワークの機能不全

表 4.1 のネットワークについて寸断するのに必要なノード数を答えなさい。それぞれのネットワークは無相関とする。

8.9.4　社会ネットワークでの陰謀

ビッグ・ブラザー（George Orwell の有名な小説『1984』の登場人物）の社会では，思想警察は社会ネットワークを分断し，独立した連結成分へとばらばらにしておく分割統治の戦略をとっている。あなたは反政府組織に属して，そのもくろみをくじこうとしている。あるとき，警察は友人の多い個人と，友人どうしが知り合いであるような個人とを拘束するという噂が出た。反政府組織はあなたに，多くの友人をもつ個人，または友人どうしがつながっている個人，のどちらを守るべきか決めるように命じた。この決定を行うために，(i) 最も次数の高いノードを取り除く攻撃，(ii) 最もクラスター係数が高いノードを取り除く攻撃を，次のネットワーク

(a) コンフィグモデル（4.8 節参照）で作られた，$\gamma = 2.5$ のべき指数をもつ次数分布の $N = 10^4$ のネットワーク

(b) 図 **9.13** および**発展的話題 9.B** で説明する階層的モデルで作られた $N = 10^4$ のネットワーク

のそれぞれについてシミュレーションして，巨大連結成分の大きさを取り除かれたノードの割合の関数として調べなさい。

さらに，次の疑問について，答えなさい。クラスター係数と次数のどちらが，より敏感なトポロジー情報であろうか。

どちらがダメージを抑制できるだろうか。すべての人の情報（クラスター係数や次数その他）については秘密にしておくほうがよいだろうか。またそれはなぜだろうか。

8.9.5 ネットワーク上での連鎖

エルデシュ・レニィの $G(N,p)$ モデルでランダム・ネットワークを，そしてコンフィグモデルでスケールフリー・ネットワークを生成しなさい。このときノード数は $N = 10^3$，平均次数を $\langle k \rangle = 2$ とする。このネットワークでは，各ノードにはバケツが設置されており，そのノードの次数に等しい数の砂粒を保有できる大きさをもつとする。次の過程をシミュレーションしなさい。

(a) それぞれのステップで無作為に選んだノード i に砂粒を一つ加える。
(b) バケツに入っている砂粒の数が，そのバケツの大きさを超えた場合，すべての砂粒が隣接するノードのバケツに移される。
(c) 上記の転覆がどれか隣接するノードのバケツを転覆させる場合は，同じことを繰り返す。この過程を転覆が生じないようになるまで繰り返す。この転覆の連続を雪崩と呼び，雪崩の規模 s は最初の一粒の砂の追加によって転覆したノードの総数とする。

このプロセス (a)–(c) を 10^4 回繰り返しなさい。そのとき，それぞれのステップで砂粒を移す際に 10^{-4} 個の砂粒が失われるとしなさい。このことによって砂でネットワークのバケツが飽和することを防ぐことができる。このとき，雪崩の分布 $p(s)$ について調べなさい。

8.10 発展的話題 8.A スケールフリー・ネットワークにおけるパーコレーション

式 (8.7) においてスケールフリー・ネットワークがどのように寸断されるかを理解するためには，付随する臨界指数 γ_p，β_p と ν を決める必要がある。これら指数の値によってスケールフリー性が変わることが計算により示される。その結果から，ランダム・ネットワークを特徴づける指数から系統的にかい離することがわかる（8.2 節参照）。

無作為に選ばれたノードが巨大連結成分に含まれる確率 P_∞ から考えてみよう。式 (8.2) によると，これは p_c の近くにおいてはべき分布に従う（あるいはノード除去の場合は f_c である）。スケールフリー・ネットワークにおいては β_p は

$$\beta_p = \begin{cases} \dfrac{1}{3-\gamma} & 2 < \gamma < 3 \\ \dfrac{1}{\gamma-3} & 3 < \gamma < 4 \\ 1 & \gamma > 4 \end{cases} \tag{8.20}$$

のように，次数のべき指数 γ に依存することが予測される [16, 277–280]。ランダム・ネットワーク（$\gamma > 4$ の場合）は $\beta_p = 1$ であり，普通のスケールフリー・ネットワークは実質 $\beta_p > 1$ である。それゆえに，巨大連結成分はスケールフリー・ネットワークの方がランダム・ネットワークより臨界点付近において速く崩壊する。

連結成分の平均サイズを特徴づける指数は，p_c 付近で，

$$\gamma_p = \begin{cases} 1 & \gamma > 3 \\ -1 & 2 < \gamma < 3 \end{cases} \tag{8.21}$$

となる [277]。$\gamma < 3$ においては負の γ_p が現れることは驚きである。しかしながら，$\gamma < 3$ においては常に巨大連結成分があることに注意したい。それゆえに，式 (8.1) で見られたような発散はこの領域では起きない。

任意の次数分布で無作為に接続されたネットワークでは，有限のクラスターのサイズ分布は

$$n_s \sim s^{-\tau} e^{-s/s^*} \tag{8.22}$$

に従う [277, 279, 280]。ここで，n_s は大きさ s のクラスターの数，s^* は交差するクラスターの大きさである。臨界点においては

$$s^* \sim |p - p_c|^{-\sigma} \tag{8.23}$$

である。臨界指数は

$$\tau = \begin{cases} \dfrac{5}{2} & \gamma > 4 \\ \dfrac{2\gamma-3}{\gamma-2} & 2 < \gamma < 4 \end{cases} \tag{8.24}$$

$$\sigma = \begin{cases} \dfrac{3-\gamma}{\gamma-2} & 2 < \gamma < 3 \\ \dfrac{\gamma-3}{\gamma-2} & 3 < \gamma < 4 \\ \dfrac{1}{2} & \gamma > 4 \end{cases} \tag{8.25}$$

である。改めて述べると，$r > 4$ のときは，ランダム・ネットワークの値 $\tau = 5/2$ と $\sigma = 1/2$ となる。

要約すると，スケールフリー・ネットワークの寸断を記述する指数は，次数の指数 γ に依存する。これは，パーコレーション転移が有限のしきい値 f_c で起きる $3 < \gamma < 4$ の範囲においても成り立つ。平均場近似は無限次元でパーコレーションが起きることを予測する。すなわち，無作為破たんに対するランダム・ネットワークの応答は，$\gamma > 4$ に対応する。

8.11　発展的話題 8.B　モロイ・リード基準

この節ではモロイ・リード基準を導出することを目指す。これは任意のネットワークのパーコレーションしきい値を計算するためのものであった。巨大連結成分が存在するためには，それに属するそれぞれのノードは少なくとも二つのノードに平均してつながれていなければならない（図 8.8）。それゆえに，巨大連結成分の部分である，無作為に選ばれたノード i の平均次数 k_i は 2 以上でなければならない。$P(k_i|i \leftrightarrow j)$ によって，次数 k_i のノードが巨大連結成分のノード j につながれるという条件付き確率を表すとしよう。この条件付き確率によって，ノード i の期待される次数

$$\langle k_i | i \leftrightarrow j \rangle = \sum_{k_i} k_i P(k_i | i \leftrightarrow j) = 2 \tag{8.26}$$

を決めることができる [280]。言い換えると，ノード i が巨大連結成分に属するためには $\langle k_i | i \leftrightarrow j \rangle$ は 2 以上であるべきである。式 (8.26) の総和記号シグマの中に現れる確率は

$$P(k_i | i \leftrightarrow j) = \frac{P(k_i, i \leftrightarrow j)}{P(i \leftrightarrow j)} = \frac{P(i \leftrightarrow j | k_i) p(k_i)}{P(i \leftrightarrow j)} \tag{8.27}$$

と書くことができる。最後の項ではベイズの定理を用いた。次数分布 p_k のネットワークで次数相関がない場合は，

$$P(i \leftrightarrow j) = \frac{2L}{N(N-1)} = \frac{\langle k \rangle}{N-1}, \quad P(i \leftrightarrow j | k_i) = \frac{k_i}{N-1} \tag{8.28}$$

となる。これは $N-1$ 個のノードから確率 $1/(N-1)$ でどのノードにつなぐか選ぶことができることと，それを k_i 回繰り返せることを示している。ここで式 (8.26) に戻ると

$$\sum_{k_i} k_i P(k_i | i \leftrightarrow j) = \sum_{k_i} k_i \frac{P(i \leftrightarrow j | k_i) p(k_i)}{P(i \leftrightarrow j)}$$

$$= \sum_{k_i} k_i \frac{k_i p(k_i)}{\langle k \rangle} = \frac{\sum_{k_i} k_i^2 p(k_i)}{\langle k \rangle} \quad (8.29)$$

を得る。これはモロイ・リード基準 (8.4) であり，巨大連結成分をもつ条件，

$$k = \frac{\langle k^2 \rangle}{\langle k \rangle} > 2 \quad (8.30)$$

が得られた。

8.12　発展的話題 8.C　無作為な故障における臨界しきい値

　この節の目的は，式 (8.7) を導出することである。これは無作為なノードの除去における臨界しきい値を求めるものである [16, 280]。ノードを割合 f だけ無作為に除くと次のことが起きる。

- ノードの次数を変える。除かれたノードにつながれていたノードはリンクを失うためである $[k \to k' \leq k]$。
- 結果として，次数分布を変える。すなわち除かれたノードの隣接ノードで次数が変わるためである $[p_k \to p'_k]$。

　より詳細に述べると，f の割合だけ無作為にノードを除くと，次数 k のノードは次数 k' に

$$\binom{k}{k'} f^{k-k'}(1-f)^{k'}, \qquad k' \leq k \quad (8.31)$$

の確率で変わる。式 (8.31) の最初の f と独立の項は，選ばれたノードは確率 f で $(k-k')$ だけリンクを失うことを示している。そして，残りの項は確率 $(1-f)$ で k' のリンクが変わらないことを示す。

　元のネットワークにおいて次数 k のノードがある確率は p_k である。新しいネットワークにおいて次数 k' の新しいノードができる確率は

$$p'_{k'} = \sum_{k=k'}^{\infty} p_k \binom{k}{k'} f^{k-k'}(1-f)^{k'} \quad (8.32)$$

である。もとの次数分布 p_k において $\langle k \rangle$ と $\langle k^2 \rangle$ がわかっているとしよう。すると我々の目的は，割合 f のノードだけ無作為に取り除いた後の $\langle k' \rangle$ と $\langle k'^2 \rangle$ を新しい次数分布 $p'_{k'}$ を用いて計算することである。そのために $\langle k' \rangle$ を

$$\langle k' \rangle_f = \sum_{k'=0}^{\infty} k' p'_{k'}$$
$$= \sum_{k'=0}^{\infty} k' \sum_{k'=k}^{\infty} p_k \left(\frac{k!}{k'!(k-k')!} \right) f^{k-k'} (1-f)^{k'}$$
$$= \sum_{k'=0}^{\infty} \sum_{k=k'}^{\infty} p_k \frac{k(k-1)!}{(k'-1)!(k-k')!} f^{k-k'} (1-f)^{k'-1} (1-f)$$
(8.33)

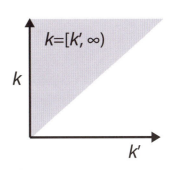

図 8.28　積分領域

のように書く。上の和は**図 8.28** の三角で表した部分について行う。極限を考えることにより，上式の二つの和はその順番を変えても同じ計算となる。すなわち

$$\sum_{k'=0}^{\infty} \sum_{k=k'}^{\infty} = \sum_{k=0}^{\infty} \sum_{k'=0}^{k}$$
(8.34)

式 (8.34) では，積分（すなわち和）を行う順番，すなわち二つのシグマの順番を入れ替えた。この変更が妥当である根拠は，図の紫の三角について和を考えているからである。

である。この関係を用いて，

$$\langle k' \rangle_f = \sum_{k=0}^{\infty} k' \sum_{k'=0}^{k} p_k \frac{k(k-1)!}{(k'-1)!(k-k')!} f^{k-k'} (1-f)^{k'-1} (1-f)$$
$$= \sum_{k=0}^{\infty} (1-f) k p_k \sum_{k'=0}^{k} \frac{(k-1)!}{(k'-1)!(k-k')!} f^{k-k'} (1-f)^{k'-1}$$
$$= \sum_{k=0}^{\infty} (1-f) k p_k \sum_{k'=0}^{k} \binom{k-1}{k'-1} f^{k-k'} (1-f)^{k'-1}$$
$$= \sum_{k=0}^{\infty} (1-f) k p_k$$
$$= (1-f) \langle k \rangle$$
(8.35)

を得る。これによって，割合 f だけノードを取り除いたときの $\langle k' \rangle$ と元の $\langle k \rangle$ が結びついたことになる。

同様の計算を $\langle k'^2 \rangle$ について行うと，

$$\langle k'^2 \rangle_f = \langle k'(k'-1) + k' \rangle$$
$$= \langle k'(k'-1) \rangle_f + \langle k' \rangle_f$$
$$= \sum_{k'=0}^{\infty} k'(k'-1) p'_{k'} + \langle k' \rangle_f$$
(8.36)

となる。ここで，式 (3.36) の第 1 項で，再び**図 8.28** をつかって和の順番を変えると，

$$\langle k'(k'-1) \rangle_f$$
$$= \sum_{k'=0}^{\infty} k'(k'-1) p'_{k'}$$

$$= \sum_{k'=0}^{\infty} k'(k'-1) \sum_{k'=0}^{\infty} \frac{k'(k'-1)}{k'!(k-k')!} f^{k-k'}(1-f)^{k'}$$

$$= \sum_{k=0}^{\infty} k'(k'-1) \sum_{k'=0}^{k} p_k \frac{k'(k'-1)}{k'!(k-k')!} f^{k-k'}(1-f)^{k'}$$

$$= \sum_{k=0}^{\infty} \sum_{k'=0}^{k} p_k \frac{k'!}{(k'-2)!(k-k')!} f^{k-k'}(1-f)^{k'-2}(1-f)^2$$

$$= \sum_{k=0}^{\infty} (1-f)^2 k(k-1) p_k \sum_{k'=0}^{k} \frac{(k'-2)!}{(k'-2)!(k-k')!} f^{k-k'}(1-f)^{k'-2}$$

$$= \sum_{k=0}^{\infty} (1-f)^2 k(k-1) p_k \sum_{k'=0}^{k} \binom{k-2}{k'-2} f^{k-k'}(1-f)^{k'-2}$$

$$= \sum_{k=0}^{\infty} (1-f)^2 k(k-1) p_k$$

$$= (1-f)^2 \langle k(k-1) \rangle \tag{8.37}$$

となる．それゆえ，

$$\langle k'^2 \rangle_f = \langle k'(k'-1) + k' \rangle_f$$
$$= \langle k'(k'-1) \rangle_f + \langle k' \rangle_f$$
$$= (1-f)^2 \langle k(k-1) \rangle + (1-f)\langle k \rangle$$
$$= (1-f)^2 (\langle k^2 \rangle - \langle k \rangle) + (1-f)\langle k \rangle$$
$$= (1-f)^2 \langle k^2 \rangle - (1-f)^2 \langle k \rangle + (1-f)\langle k \rangle$$
$$= (1-f)^2 \langle k^2 \rangle + (-f^2 + 2f - 1 + 1 - f)\langle k \rangle$$
$$= (1-f)^2 \langle k^2 \rangle + f(1-f)\langle k \rangle \tag{8.38}$$

を得る．これによって，割合 f だけノードを取り除いたときの $\langle k'^2 \rangle$ と元の $\langle k^2 \rangle$ が結びついたことになる．式 (8.35) と式 (8.38) を並べてみよう．

$$\langle k' \rangle_f = (1-f)\langle k \rangle \tag{8.39}$$

$$\langle k' \rangle_f = (1-f)^2 \langle k^2 \rangle + f(1-f)\langle k \rangle \tag{8.40}$$

式 (8.4) のモロイ・リード基準によれば，寸断されるしきい値は

$$\kappa = \frac{\langle k'^2 \rangle_f}{\langle k' \rangle_f} = 2 \tag{8.41}$$

によって得られる．これに式 (8.39) と式 (8.40) を式 (8.41) に入れると結論である式 (8.7) の

$$f_c = 1 - \frac{1}{\frac{\langle k^2 \rangle}{\langle k \rangle} - 1} \tag{8.42}$$

が得られる。これは，無作為な除去における任意の次数分布 p_k におけるネットワークが寸断されるしきい値を与える。

8.13　発展的話題8.D　有限のスケールフリー・ネットワークにおける機能不全

この節では式 (8.10) を導出する。これは大きさ N のスケールフリー・ネットワークにおける寸断のしきい値であった。べき分布の m 次のモーメント

$$\langle k^m \rangle = (\gamma - 1) k_{\min}^{\gamma-1} \int_{k_{\min}}^{k_{\max}} k^{m-\gamma} dk$$
$$= \frac{(\gamma - 1)}{(m - \gamma + 1)} k_{\min}^{\gamma-1} \left[k^{m-\gamma+1} \right]_{k_{\min}}^{k_{\max}} \quad (8.43)$$

の計算から始めてみよう。式 (4.18) は

$$k_{\max} = k_{\min} N^{\frac{1}{\gamma-1}} \quad (8.44)$$

であったが，これを用いると

$$\langle k^m \rangle = \frac{(\gamma - 1)}{(m - \gamma + 1)} k_{\min}^{\gamma-1} \left[k_{\max}^{m-\gamma+1} - k_{\min}^{m-\gamma+1} \right] \quad (8.45)$$

となる。f_c を計算するために，比

$$\kappa = \frac{\langle k^2 \rangle}{\langle k \rangle} = \frac{(2-\gamma) k_{\max}^{3-\gamma} - k_{\min}^{3-\gamma}}{(3-\gamma) k_{\max}^{2-\gamma} - k_{\min}^{2-\gamma}} \quad (8.46)$$

を求める。この比は，大きい N（よって大きい $k_{\max}$）では，γ に依存して，

$$\kappa = \frac{\langle k^2 \rangle}{\langle k \rangle} = \left| \frac{2-\gamma}{3-\gamma} \right| \begin{cases} k_{\min} & \gamma > 3 \\ k_{\max}^{3-\gamma} k_{\min}^{\gamma-2} & 3 > \gamma > 2 \\ k_{\max} & 2 > \gamma > 1 \end{cases} \quad (8.47)$$

となる。寸断のしきい値は，式 (8.7) より，

$$f_c = 1 - \frac{1}{\kappa - 1} \quad (8.48)$$

で与えられる。ここで，κ は式 (8.46) のものである。式 (8.48) に，式 (8.47) と式 (8.44) を代入することにより，

$$f_c \approx 1 - \frac{C}{N^{\frac{3-\gamma}{\gamma-1}}} \quad (8.49)$$

を得る。これは，式 (8.10) に等しい。

8.14　発展的話題 8.E　実在するネットワークにおける攻撃と故障への耐性

この節では，表 4.1 と式 (8.2) で挙げられた 10 個の現実のネットワークにおける攻撃と故障の曲線について調べてみる。それぞれの曲線は図 8.29 にある。これらを見てみると，本章で議論された結果と一致するような，いくつかのパターンが見られる。

- すべてのネットワークについて，故障と攻撃についての曲線は異なっている。これはアキレス腱の議論と一致する（8.8 節参照）。実在するネットワークは無作為な故障には頑健であるが，攻撃には脆弱である。
- 故障と攻撃の曲線の分かれ方は，それぞれのネットワークの平均次数と次数の異質性に依存している。たとえば，論文引用や俳優の共演においては攻撃への f_c は 0.5 と 0.75 の付近である。これはかなり大きい値といえる。これはネットワークが密であるためであり，論文引用においては $\langle k \rangle = 20.8$，俳優の共演については $\langle k \rangle = 83.7$ である。それゆえに，これらのネットワークにおいては，ハブの大部分を取り除いたとしても耐えられる。

8.15　発展的話題 8.F　攻撃のしきい値

式 (8.12) を導出するのがこの節の目的である。これはスケールフリー・ネットワークの攻撃に関するしきい値を与えるものであった。$p_k = c \cdot k^{-\gamma}$, $k = k_{\min}, \cdots, k_{\max}$ かつ $c \approx (\gamma - 1)/(k_{\min}^{-\gamma+1} - k_{\max}^{-\gamma+1})$ におけるコンフィグモデルで作られた，無相関なスケールフリー・ネットワークにおいて f_c を考える。

次数の大きい順に（すなわち，ハブから）割合 f のノードを取り除くときに二つの効果が表れる [240, 280]。

(i) ネットワークの最大次数は $k_{\max}$ から $k'_{\max}$ になる。
(ii) 取り除かれたハブにつながれていたリンクも取り除かれるが，残りのネットワークの次数分布を変える。

結果として得られるネットワークは無相関である。それゆえに，我々は巨大連結成分があるかどうかについてモロイ・リード基準を用いることができる。

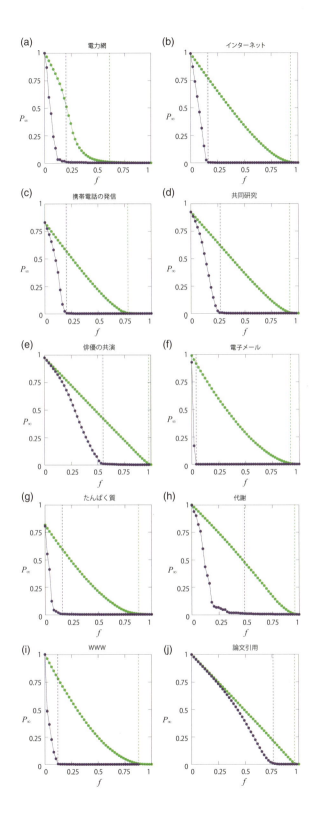

図 8.29 故障と攻撃の曲線

故障(緑)と攻撃(紫)の曲線。**表 4.1** に挙げられた 10 個の現実のネットワークに対するもの。垂直な線が引かれているが,緑は故障について推定された f_c^{rand},紫は攻撃について推定された f_c^{targ} である。推定された f_c は,初めて巨大連結成分が全体の大きさの 1% を切るときとした。ほとんどの系においては,この手続きは f_c のよい近似を与える。唯一の例外は代謝のネットワークであり,実際には $f_c^{\text{targ}} < 0.25$ である。しかし,小さいクラスターが残るために,ここでの計算では $f_c^{\text{targ}} \simeq 0.5$ まで押し上げられている。

まず (i) について考えてみよう。新しい上限のカットオフ $k'_{\max}$ は

$$f = \int_{k'_{\max}}^{k_{\max}} p_k dk = \frac{\gamma-1}{\gamma-1} \frac{k'^{-\gamma+1}_{\max} - k^{-\gamma+1}_{\max}}{k^{-\gamma+1}_{\min} - k^{-\gamma+1}_{\max}} \tag{8.50}$$

で与えられる。もし $k_{\max} \gg k'_{\max}$ と $k_{\max} \gg k_{\min}$（これは通常のカットオフをもつ大きいスケールフリー・ネットワークで成り立つ）を仮定すると，$k_{\max}$ の項は無視できるであろう。したがって，

$$f = \left(\frac{k'_{\max}}{k_{\min}}\right)^{-\gamma+1} \tag{8.51}$$

を得る。これから

$$k'_{\max} = k_{\min} f^{\frac{1}{1-\gamma}} \tag{8.52}$$

を得る。式 (8.52) はハブを優先して割合 f を取り除いたときに得られる新しい最大次数を表している。

次に，ハブの除去が次数分布を $p_k \to p'_k$ へと変えることに関して，(ii) を見てみよう。次数相関がない場合，取り除かれるハブから出ているリンクの先は無作為に選ばれるハブである。ここで，ハブを割合 f で取り除いたときに取り除かれるリンクの割合 $\tilde{f}$ は

$$\begin{aligned}\tilde{f} &= \frac{\int_{k'_{\max}}^{k_{\max}} k p_k dk}{\langle k \rangle} = \frac{1}{\langle k \rangle} c \int_{k'_{\max}}^{k_{\max}} k^{-\gamma+1} dk \\ &= \frac{1}{\langle k \rangle} \frac{1-\gamma}{2-\gamma} \frac{k'^{-\gamma+2}_{\max} - k^{-\gamma+2}_{\max}}{k^{-\gamma+1}_{\min} - k^{-\gamma+2}_{\max}}\end{aligned} \tag{8.53}$$

となる。再び $k_{\max}$ の項を無視し，$\langle k \rangle \approx \frac{\gamma-1}{\gamma-2} k_{\min}$ であることから，

$$\tilde{f} = \left(\frac{k'_{\max}}{k_{\min}}\right)^{-\gamma+2} \tag{8.54}$$

を得る。式 (8.51) を用いると，さらに

$$\tilde{f} = f^{\frac{2-\gamma}{1-\gamma}} \tag{8.55}$$

を得る。$\gamma \to 2$ においては，$\tilde{f} \to 1$ となる。これはハブを除くことはすべてのリンクを取り除くことを意味する。したがって，ネットワークを破壊してしまう。これは第 4 章の発見と一致している。すなわち，$\gamma = 2$ ではハブがネットワークを支配していることがわかる。

一般的に，残されるネットワークの次数分布は，

$$p'_{k'} = \sum_{k=k_{\min}}^{k'_{\max}} \binom{k}{k'} \tilde{f}^{k-k'}(1-\tilde{f})^{k'} p_k \tag{8.56}$$

である。ここで，**発展的話題 8.C** で次数分布，式 (8.32) を求めていたことに注意しよう。よって，無作為なノードの除去で使った計算方法を使うことができる。より詳細には，式 (8.45) を用いて $k_{\min}$ と $k'_{\max}$ のスケールフリー・ネットワークについて κ を

$$\kappa = \frac{2-\gamma}{3-\gamma} \frac{k'^{3-\gamma}_{\max} - k^{3-\gamma}_{\min}}{k'^{2-\gamma}_{\max} - k^{2-\gamma}_{\min}} \tag{8.57}$$

のように計算する。これに式 (8.52) を代入すると，

$$\kappa = \frac{2-\gamma}{3-\gamma} \frac{k^{3-\gamma}_{\min} f^{(3-\gamma)/(1-\gamma)} - k^{3-\gamma}_{\min}}{k^{2-\gamma}_{\min} f^{(2-\gamma)/(1-\gamma)} - k^{2-\gamma}_{\min}} = \frac{2-\gamma}{3-\gamma} k_{\min} \frac{f^{(3-\gamma)/(1-\gamma)} - 1}{f^{(2-\gamma)/(1-\gamma)} - 1} \tag{8.58}$$

となる。簡単な式の変形によって，

$$f_c^{\frac{2-\gamma}{1-\gamma}} = 2 + \frac{2-\gamma}{3-\gamma} k_{\min} \left(f_c^{\frac{3-\gamma}{1-\gamma}} - 1 \right) \tag{8.59}$$

が得られる。

8.16 発展的話題 8.G 最適な次数分布

本節では，攻撃と故障の両方に対処する最適な二峰性の次数分布を導出する [267]。これは 8.7 節で議論された。式 (8.17) で行ったように，次数分布は

$$p_k = (1-r)\delta(k - k_{\min}) + r\delta(k - k_{\max}) \tag{8.60}$$

のように，二峰性であり二つのデルタ関数で与えられる。まず合計のしきい値 f^{tot} について計算する。ただし，$\langle k \rangle$ は固定し，r と $k_{\max}$ の関数で表すとする。f_c^{rand} と f_c^{targ} に対する解析的な式を得るために，二峰性分布 (8.60) の 1 次と 2 次のモーメント

$$\langle k \rangle = (1-r)k_{\min} + rk_{\max}$$
$$\langle k^2 \rangle = (1-r)k^2_{\min} + rk^2_{\max} = \frac{(\langle k \rangle - rk_{\max})^2}{1-r} + rk^2_{\max} \tag{8.61}$$

を求める。これらを式 (8.7) に挿入すると，

$$f_c^{\text{rand}} = \frac{\langle k \rangle^2 - 2r\langle k \rangle k_{\max} - 2(1-r)\langle k \rangle + rk^2_{\max}}{\langle k \rangle^2 - 2r\langle k \rangle k_{\max} - (1-r)\langle k \rangle + rk^2_{\max}} \tag{8.62}$$

を得る．選択的な攻撃へのしきい値を決めるために，二つのタイプのノードしかないことを利用する．すなわち，割合 r で次数 $k_{\max}$，割合 $(1-r)$ で次数 $k_{\min}$ である．それゆえに，ケース (i) としてすべてのハブが取り除かれてしまう場合と，ケース (ii) としていくらかの割合のハブだけが取り除かれる場合，を考えることになる．

(i) $f_c^{\text{targ}} > r$：この場合すべてのハブが取り除かれる．それゆえに，選択的な攻撃の後，すべての次数が $k_{\min}$ になる．したがって，

$$f_c^{\text{targ}} = r + \frac{1-r}{\langle k \rangle - r k_{\max}} \left\{ \langle k \rangle \frac{\langle k \rangle - r k_{\max} - 2(1-r)}{\langle k \rangle - r k_{\max} - (1-r)} - r k_{\max} \right\} \tag{8.63}$$

を得る．

(ii) $f_c^{\text{targ}} < r$：この場合は取り除かれるノードはすべて高次数であるハブである．そして，いくらかの $k_{\max}$ ノードが残ることになる．したがって，

$$f_c^{\text{targ}} = \frac{\langle k \rangle^2 - 2r \langle k \rangle k_{\max} - 2(1-r) \langle k \rangle}{k_{\max}(k_{\max} - 1)(1-r)} \tag{8.64}$$

を得る．

式 (8.62)–(8.64) のしきい値を考慮すると，式 (8.16) の f_c^{tot} の合計のしきい値を計算できる．r の関数として $k_{\max}$ の最適値を求めるために，f_c^{tot} を最大化するような k を決める．式 (8.62) と (8.64) を使うことによって，小さい r については，$k_{\max}$ の最適値は

$$k_{\max} \sim \left\{ \frac{2 \langle k \rangle^2 (\langle k \rangle - 1)^2}{2 \langle k \rangle - 1} \right\}^{1/3} r^{-2/3} = A r^{-2/3} \tag{8.65}$$

と近似できる．この結果と式 (8.16) を用いると，小さい r について

$$f_c^{\text{tot}} = 2 - \frac{1}{\langle k \rangle - 1} - \frac{3 \langle k \rangle}{A^2} r^{1/3} + O(r^{2/3}) \tag{8.66}$$

となる．それゆえに，r が小さくなるときに f_c^{tot} は理論的な最大値をとる．N 個のノードをもつネットワークについては，f_c^{tot} の最大値は $r = 1/N$ のときである．これは，次数 $k_{\max}$ が少なくとも一つ（ランダムもありうるから一つではない）選ばれることと一致する．この r の下について，それは中央のハブの大きさを表す最適な $k_{\max}$ は

$$k_{\max} = AN^{2/3} \qquad (8.67)$$

となる [267]。ここで,A は式 (8.65) で与えられている。

図 9.0 芸術とネットワーク：K-Hole

K-Hole (http://khole.net/) は，トレンドについてのレポートを，通常とは異なるさまざまな見解とともに公開している芸術の集合体である。この写真はその中の Youth Mode: A Report on Freedom の 1 ページで，コミュニティの起源と意味が変化したことについて議論している。コミュニティが本章の話題である [281]。

図中の文章の訳は以下である。

「ノームコア

かつて人々はコミュニティの中に生まれ，個性を発揮せねばならなかった。いまでは人々は個人として生まれ，所属するコミュニティを探さねばならない。

マス・インディはこの状況に対して，違いを意識した人々の集まり，という形で応じた。一方でノームコアは，つながりにこそ個性を発揮するための価値がある，と知っている。

これは適応性であって，排他性ではない。」

第 9 章
コミュニティ

- 9.1 はじめに 335
- 9.2 コミュニティの基礎 339
- 9.3 階層的クラスタリング 345
- 9.4 モジュラリティ 353
- 9.5 重なり合うコミュニティ 361
- 9.6 検出されたコミュニティのテスト 368
- 9.7 コミュニティの特徴づけ 374
- 9.8 まとめ 377
- 9.9 演習 381
- 9.10 発展的話題 9.A 階層的モジュラリティ 383
- 9.11 発展的話題 9.B モジュラリティ 387
- 9.12 発展的話題 9.C コミュニティ検出に関する高速のアルゴリズム 388
- 9.13 発展的話題 9.D クリーク・パーコレーションしきい値 394

9.1 はじめに

　ベルギーは二文化が共存する社会の代表例とされている。59%の市民がオランダ語を話すフラマン人であり，40%はフランス語を話すワロン人であるからだ。世界中で多民族国家が分裂していることから，次のように問わなければならない。この国では 1830 年以来，どのようにしてこれら二つの民族集団が平和的に共存することができたのか。ベルギーは，フラマン人であるかワロン人であるかなど関係なく，濃密な交流をもつ社会なのか。あるいは，一つの国境の中に二つの国が存在しており，相互の接触が極力少なくなるようにしてきたのだろうか。

　この問いに対する答えは，2007 年にこの国のコミュニティの構造を理解するためのアルゴリズムを Vincent Blondel と彼の学生が開発することで与えられた。彼らは，日常的に携帯電話で通話する個人を結びつけて作った携帯電話の発信ネットワークの研究を行った [282]。この研究により，ベルギー社

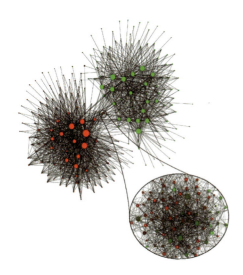

図 9.1 ベルギーのコミュニティ

ベルギー最大の携帯電話会社の利用者に関する通話パターンからコミュニティを抽出した。ネットワークは約200万人の利用者から構成されている。それぞれのノードはコミュニティに対応しており、それぞれのノードの大きさはコミュニティに属する個人の数と比例している。赤と緑で示されるそれぞれのコミュニティの色はそこで話されている言語に対応しており、赤がフランス語で緑がオランダ語である。100人以上のコミュニティだけが表示されている。二つの大きいクラスターを結びつけているコミュニティは、話されている言語に明確な区別ができず、比較的小さいいくつかのコミュニティで構成されている。これはさまざまな文化が混在するこの国の首都、ブリュッセルを表している。文献 [282] による。

会のネットワークは二つの大きいコミュニティのクラスターに分かれていて、一方のクラスターに属する個人はもう一方のクラスターに属する個人とほとんど話さないことが明らかになった（**図 9.1**）。この分離の原因は、それぞれのノードに個人が話す言語を割り当てていくことにより、ただちに明らかになった。片方のクラスターはほとんど例外なくフランス語の話者で構成されているのに対し、もう一方はオランダ語の話者で構成されている。

ネットワーク科学では、ある集合に属するノードどうしが、他の集合に属するノードとの間よりも高い確率で結合している集合を**コミュニティ**と呼ぶ。コミュニティの構造についての感覚をつかむために、コミュニティが特に重要な役割を果たす次の二つの領域について論ずる。

- **社会ネットワーク**

社会ネットワークにおいてコミュニティを見つけ出すのはいたって簡単であり、学者たちは数十年も前からそのことに気づいていた [283–286]。実際のところ、ある企業の従業員は、他の企業の従業員よりも自分の同僚と交流する可能性が高い [283]。結果的に、社会ネットワークにおいて、職場は密に相互結合したコミュニティとして出現する。そのほか、コミュニティは友人の輪を表すこともあれば、同じ趣味をもつ個人のグループであったり、近所に住む個人の集合であったりする。

コミュニティの発見という文脈で特に注目を集めた社会ネットワークは、**Zacharyの空手クラブ**（**図 9.2**）[286] として知られており、空手クラブの34人のメンバーの間のつながりを捉えたものである。クラブのメンバーが少ないために、どのメンバーも他のすべてのメンバーのことを知っていた。クラブのメンバー間の本当の人間関係を理解するため、社会学者の Wayne Zachary はクラブ外でも定期的に交流していたメンバー間の78個の結びつきを報告した（**図 9.2a**）。

このデータは一つの出来事によって興味深いものとなる。クラブの部長と師範との間の抗争により、クラブが二つに分かれてしまった。約半数のメンバーが師範の側につき、残りの半分が部長の側についた。この分裂は、クラブの潜在的なコミュニティの構造を表しており、隠れていた真実

が明らかになった（図 9.2a）。今日では，これらの二つのコミュニティを，分裂前のネットワークの構造だけから推論できるかという観点から，コミュニティを検出するアルゴリズムがテストされることがある。

- **生物学的ネットワーク**
  特定の生物的機能が細胞のネットワークにどのように書き込まれているのかは，その機能を理解する上で特に重要である。Lee Hartwell は，ノーベル医学・生理学賞を受賞する2 年前に，生物学はその焦点を遺伝子単体から移すべきであると主張した。その代わりに，細胞が特定の機能を生じるために，分子の集合がどのようにして機能的なモジュールを組織しているのかを探究すべきであるというのである [288]。Ravasz とその共同研究者 [289] は，代謝ネットワークにおけるそのようなモジュールを体系的に理解しようとする試みを初めて行った。彼らは，密なコミュニティを形成する分子の集合を見つけ出すアルゴリズムを開発するこ

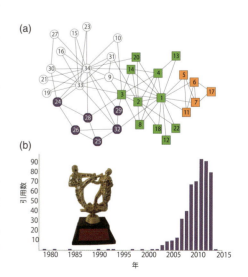

図 9.2 **Zachary の空手クラブ**

(a) Zachary の空手クラブのメンバー，34 人の間の結びつきである。リンクはクラブ外部でのメンバー間の交流を表している。丸と四角はクラブ分裂後の二つの集団を意味する。色の違いはモジュラリティ M を最適化するアルゴリズムによって推定された最も効率的なコミュニティの分割を表現している（9.4 節参照）。コミュニティの境界は実際に起きた分裂をよく表している。白と紫のコミュニティが一つの集団に，緑とオレンジのコミュニティがもう一方の集団となった。文献 [287] による。

(b) Zachary の空手クラブに関する論文 [286] の引用数の変遷は，ネットワーク科学におけるコミュニティの発見の歴史と重なる。明らかに，Girvan と Newman が 2002 年にコミュニティ発見のベンチマークとしてZachary 論文を引用するまでは，本論文はまったく関心をもたれなかった [47]。それ以降，本論文の引用数は爆発的に増加しており，スケールフリー・ネットワークの発見後の Erdős と Rényi の論文を彷彿とさせる（図 **3.15**）。

Zachary の空手クラブのネットワークがコミュニティ発見のベンチマークとしてあまりに頻繁に用いられるため，Zachary の空手クラブのクラブというものが生まれた。その規定には冗談でこのように書かれている。「ネットワークに関わるあらゆる会議において，Zachary の空手クラブを例として用いた科学者は，Zachary の空手クラブのクラブに入会することになり，賞を授与される」と。

すなわちこの賞は功績によって与えられるものではなく，ただ参加するだけで得られるものである。とは言え，これまでの受賞者は，みな傑出したネットワーク科学者たちである（http://networkkarate.tumblr.com/）。図に示されているのは Zachary 空手クラブのトロフィーであり，その時の最新の受賞者が保有することになっている。写真は Marián Boguñáの厚意による。

図 9.3　代謝ネットワークにおけるコミュニティ

E. coli の代謝は，生物的ネットワークの構造を探求するための適切な基盤となっている [289]。

(a) Ravasz のアルゴリズム [289] によって発見された生物学的モジュール（コミュニティ）（9.3 節参照）。それぞれのノードの色は，それぞれの細胞の主な生化学的属性を示している。その属性の違いに応じて，ネットワーク上の異なる部分に分かれていることがわかる。丸で囲まれた部分はピリミジン代謝に属するノードで，コミュニティとして検出されたものの一つである。

(b) *E. coli* の代謝トポロジーの重なりの行列と対応する樹形図により，(a) に現れるモジュールを理解できる。枝の色は関係する分子の主要な生化学的な機能を示している。炭化水素（青），ヌクレオチドと核酸代謝（赤），脂肪代謝（シアン）などである。

(c) (b) に示される樹形図の赤色の右側の枝の部分である。ピリミジン代謝に対応する部分を強調している。

(d) ピリミジンモジュールの中での代謝反応の詳細である。反応の周辺のボックスは Ravasz のアルゴリズムによって検出されたコミュニティを図示したものである。

文献 [289] による。

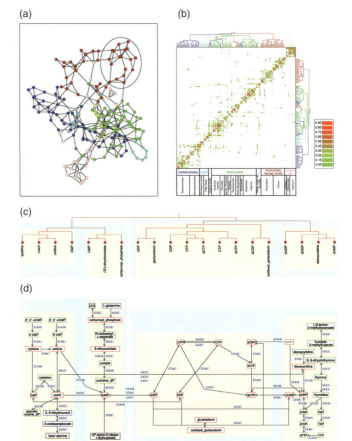

とによって，それを実現した（**図 9.3**）。

コミュニティは人間の病気を理解する上で特に重要な役割を担う。確かに，同じ病気に関係するたんぱく質は相互に作用し合う傾向がある [290]。この発見をもとにして，各々の病気は細胞ネットワークの隣に位置する他の病気と関連付けられる，という**病理モジュール仮説** [29] が提唱された。

上記で紹介した例は，コミュニティ検出の動機が多様であることを示している。コミュニティの存在は誰が誰とつながるかが根本にあるため，次数分布だけでは説明できない。それゆえ，コミュニティを検出するためにはネットワークの詳細な配線図を注視しなければならないのである。これらの例によって，本章の出発点となる仮説が導かれる。

H1：基本仮説

ネットワークにおけるコミュニティの**構造**は，そのネットワーク図に**一意**に示されている。

この基本仮説によれば，ネットワークにおけるコミュニティ構造についての重要な事実は，A_{ij} を調べることにより明らかとなる。

本章の目的は，複雑なネットワークにおけるコミュニティの構造を検出し理解する上で必要となる概念の紹介にある。どのようにコミュニティを定義するかを問い，さまざまなコミュニティの性質を調べ，コミュニティ検出のための異なる思想に基づく一連のアルゴリズムを紹介する。

9.2　コミュニティの基礎

コミュニティというとき，それは本当のところは何を意味しているのだろうか。ネットワークの中にいくつのコミュニティが存在するのだろうか。一つのネットワークをコミュニティに分割する上で，どれだけの異なる方法があるのだろうか。本節ではコミュニティを検出する上でよく生じる疑問に答える。

9.2.1　コミュニティを定義する

コミュニティについての我々の共通理解によって，二つめの仮説が導かれる（図 9.4）。

H2：連結性と密度の仮説

コミュニティはある一つのネットワークの部分であり，密に結び合わされた局所的部分グラフである。

別の言い方をすれば，あるコミュニティのすべてのメンバーは同じコミュニティの他のメンバーを通してつながっていなければならない（**連結性**）。それと同時に，一つのコミュニティに属するノードは，同じコミュニティに属さないノードよりも，そのコミュニティに属する他のメンバーとより高い確率で結びつくことを期待する（**密度**）。この仮説によりコミュニティであると考えうるものの範囲をかなり狭めはするが，一意にそれを定義するものではない。実際，下記に示すように，H2 と整合するコミュニティの定義はいくつか存在する。

最大クリーク

1949 年に出版された，コミュニティの構造を初めて論じたある論文では，コミュニティはすべてのメンバーが知り合いで

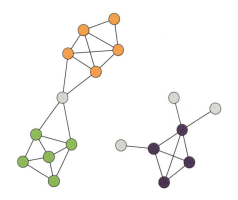

図 9.4　連結性と密度の仮説

コミュニティは一つのネットワークの中で密に結合した局所的部分グラフである。これは次の二つの異なる仮説によって成り立っている。

連結性仮説
それぞれのコミュニティは，オレンジ・緑・紫のノードで構成された部分グラフで示されるように，連結した部分グラフに対応する。したがって，もしあるネットワークが二つの切り離された構成要素で成り立っているとすれば，コミュニティはただ一つの構成要素のみから成り立っていると言える。この仮説はまた，同じ構成要素について，一つのコミュニティはお互いにリンクをもたない二つの部分グラフを持ち得ないということを意味する。したがって，オレンジと緑のノードは異なるコミュニティを形成することになる。

密度仮説
あるコミュニティのノードは，他のコミュニティのノードよりも，同じコミュニティの他のメンバーと結合する可能性が高い。オレンジ・緑・紫のノードはこの予想に当てはまっている。

ある個人の集合である，と定義している．グラフ理論の用語によると，これはコミュニティが**完全部分グラフ（クリーク）**であることを意味する．クリークは最大密度で結び合わされた部分グラフであり，自動的に H2 を満たす．しかし，コミュニティをクリークとみなすことにはいくつかの問題点がある．

- ネットワークにおいて三角関係は頻繁にみられるが，大規模なクリークはまれである．
- コミュニティが完全部分グラフであることを要求するのはあまりに厳しすぎるため，コミュニティと言ってよいものの多くを見逃してしまう．たとえば，図 9.2 や図 9.3 のどのコミュニティも，完全部分グラフではない．

強いコミュニティと弱いコミュニティ

クリークの厳密さを緩和するために，あるネットワークにおいて N_C 個のノードで結び合わされた部分グラフ C を考える．ノード i の**内部次数** k_i^{int} は，i が C 内部のノードとの間でもつリンクの数である．**外部次数** k_i^{ext} は，i が C の外部のネットワークとの間でもつリンクの数である．$k_i^{\mathrm{ext}} = 0$ の場合は，i のどの結合相手も C の内部にあり，それゆえ C はまさにノード i にとってコミュニティであると言える．$k_i^{\mathrm{int}} = 0$ の場合は，ノード i は異なるコミュニティに属するはずである．こうした定義により 2 種類のコミュニティを区別できる．

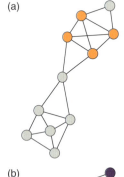

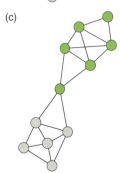

図 9.5　コミュニティの定義

(a) **クリーク**
クリークは完全部分グラフに相当する．このネットワークにおいて最も高次のクリークはオレンジで表示される四角形である．このネットワークには，三つのノードからなるクリークがいくつかある．見つけられるだろうか．

(b) **強いコミュニティ**
式 (9.1) で定義されるように**強い**コミュニティは，それぞれのノードが，同じコミュニティ内の他のノードとの間に，他のコミュニティのノードとの間より多くのリンクをもつ連結部分グラフである．このような強いコミュニティは紫で表示されている．このグラフにはこれに加えて他の強いコミュニティも存在する．少なくともあと二つはある．見つけられるだろうか．

(c) **弱いコミュニティ**
式 (9.2) で定義されるように，**弱い**コミュニティはそのノードの内部次数の和が外部次数の和よりも多い部分グラフである．緑のノードは弱いコミュニティのうち一つを表示している．

- **強いコミュニティ**
 C 内のそれぞれのノードが C 外部よりも C 内部との間でより多くのリンクをもつ場合，C は**強いコミュニティ**である [291, 292]。厳密には，それぞれのノード $i \in C$ で，

$$k_i^{\text{int}}(C) > k_i^{\text{ext}}(C) \tag{9.1}$$

のとき，部分グラフ C は強いコミュニティを構成する。

- **弱いコミュニティ**
 ある部分グラフの内部次数の和が外部次数の和より大きいとき，C は**弱いコミュニティ**である [292]。厳密には，

$$\sum_{i \in C} k_i^{\text{int}}(C) > \sum_{i \in C} k_i^{\text{ext}}(C) \tag{9.2}$$

のとき部分グラフ C は弱いコミュニティを構成する。

弱いコミュニティは，いくつかのノードについて式 (9.1) を満たさなくてもよいという点で，強いコミュニティの要求水準を緩和したものである。別の言い方をすれば，不等式 (9.2) は，個別のノードごとではなくコミュニティ全体について適用されるのである。

どのクリークも強いコミュニティであり，どの強いコミュニティも弱いコミュニティでもあることに注意しよう。一般的に，その逆は成り立たない（**図 9.5**）。

上記で示したコミュニティの定義（クリーク，強いコミュニティ，弱いコミュニティ）は，コミュニティの概念を刷新するものである。同時にそれはコミュニティをある程度自由に定義する余地があることを意味する。

9.2.2 コミュニティの数

あるネットワークのノードをコミュニティに分ける方法はいくつあるだろうか。この問いに答えるため，**グラフ二分割**と呼ばれる，最も簡単なコミュニティ検出問題を考えたい。一つのネットワークを重複のない二つのサブグラフに分け，その二つのグループのノードの間にある「カットサイズ」と呼ばれるリンクの数を最小にする問題である（**Box 9.1**）。

グラフ分割

グラフ二分割問題は，二つのグループへのすべての分け方を調べて，カットサイズが最も小さくなるものを選ぶことに

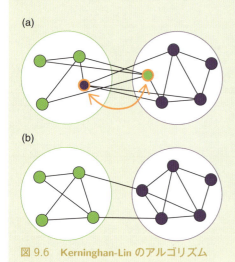

図 9.6 **Kerninghan-Lin のアルゴリズム**

最もよく知られているグラフ分割のアルゴリズムは，1970 年に提案された [294]。グラフ二分割を例に，このアルゴリズムを説明する。まずネットワークをあらかじめ決められた大きさの二つのグループに無作為に分割する。次に，異なるグループから一つずつのノード (i, j) を選択し，それらを入れ替え，それによるカットサイズの変化を記録する。すべての (i, j) についてこれを試すことにより，(a) で強調されている組み合わせのように，カットサイズを最小にする組み合わせがわかる。これらを入れ替えることにより (b) に示される分け方に移る。このアルゴリズムのある一つのやり方では，もしどの組み合わせでもカットサイズを減少させることがなければ，カットサイズの増加が最も小さい組み合わせを入れ替える。

Box 9.1　グラフ分割

チップの設計者は，他と比べ様がないような複雑な問題に直面する。彼らは一つのチップの上にそれらの間の配線が交差しないように 25 億個のトランジスタを配置しなければならない。問題を簡単にするため，彼らはまず集積回路 (IC) 内の配線図をいくつかの部分グラフに分割し，それらの間のリンクが最小になるようにする。それから異なる **IC** の集合をそれぞれ配置し，それらの間を結合する。同様の問題が並列計算においても起きる。大規模な計算問題が部分タスクに分割され，個々のプロセッサーに割り当てられるのである。プロセッサー間のコミュニケーションは一般的に遅いので，その割り当てはそのコミュニケーションが最小化されるようにしなければならない。

チップの設計者やソフトウェアの技術者が直面する問題は情報科学では**グラフ分割**と呼ばれる [293]。広く使われている Kerninghan-Lin のアルゴリズム（**図 9.6**）のように，こうした問題を解くために開発されたアルゴリズムが，本章で論じるコミュニティ検出のアルゴリズムの祖先である。

グラフ分割とコミュニティ検出との間には重要な違いがある。グラフ分割は一つのネットワークをあらかじめ決められた数の小さい部分グラフに分割する。対照的に，コミュニティ検出はネットワークが本来もつコミュニティ構造を明らかにする。結果として，多くのコミュニティ検出は，コミュニティの数も大きさもあらかじめ決められてはおらず，それらについてはネットワークの配線図を調べることにより発見しなければならない。

より解くことができる。この総当たり方式による計算コストを知るには，N 個のノードからなるネットワークを N_1 個と N_2 個のノードからなる二つのグループに分ける場合の数を

$$\frac{N!}{N_1!N_2!} \tag{9.3}$$

のように書く。そしてスターリングの公式 $n! \simeq \sqrt{2\pi n}(n/e)^n$ を用いて，式 (9.3) を

$$\frac{N!}{N_1!N_2!} \simeq \frac{\sqrt{2\pi N}(N/e)^N}{\sqrt{2\pi N_1}(N_1/e)^{N_1}\sqrt{2\pi N_2}(N_2/e)^{N_2}}$$
$$\sim \frac{N^{N+1/2}}{N_1^{N_1+1/2} N_2^{N_2+1/2}} \tag{9.4}$$

のように書き換える。ここで問題を簡単にするため，ネットワークを同じ大きさ $N_1 = N_2 = N/2$ のグループに分けるという目標を定める。この場合，式 (9.4) は

$$\frac{2^{N+1}}{\sqrt{N}} = e^{(N+1)\ln 2 - \frac{1}{2}\ln N} \tag{9.5}$$

となる。これより，二分する分け方の数はネットワークの大きさによって指数的に増加する。

式 (9.5) の示唆をわかりやすくするため，10 個のノードからなるネットワークを，$N_1 = N_2 = 5$ の二つの部分グラフに分けることを考えよう。式 (9.3) に従えば，カットサイズが最小となる分け方を見つけるために，252 個の分け方を確認しなければならない。コンピュータがこれらの 252 個の分け方を 1 ミリ秒 (10^{-3} sec) で計算できるとしよう。もし次に 100 個のノードのネットワークを，$N_1 = N_2 = 50$ のグループに分けようとすると，式 (9.3) に従えば約 10^{29} の分け方を確かめなければならず，このコンピュータでは 10^{16} 年かかることになる。したがって，総当たりという戦略は，適当な大きさのネットワークですらすべての分け方を確かめることは不可能であり，失敗に終わる。

コミュニティ検出

グラフ分割ではコミュニティの数と大きさはあらかじめ定められているが，コミュニティ検出ではどちらも未知である。分割とは，すべてのノードがどこか一つだけのグループに属するように，ネットワークを任意の数のグループに分けることをいう。想定しうる分け方の数は

$$B_N = \frac{1}{e} \sum_{j=0}^{\infty} \frac{j^N}{j!} \tag{9.6}$$

である [295–298]。**図 9.7** が示すように，B_N はネットワークの大きさ N の大きいところでは，指数関数より速く増加する。

式 (9.5) と式 (9.6) は，コミュニティ検出の根本的な課題を提起している。一つのネットワークを複数のコミュニティに分割する方法の数は，ネットワークの大きさ N に応じて指数関数的に，あるいはそれ以上の速さで増加する。それゆえ，大きいネットワークにおいてすべての分け方を調べることは不可能である（**Box9.2**）。

まとめると，コミュニティという概念は，それぞれのコミュ

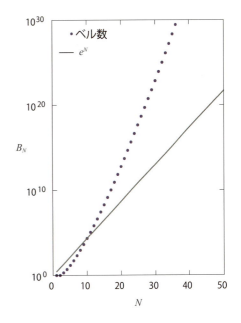

図 9.7 分割数

N の大きさのネットワークの分割数は，式 (9.6) のベル数で与えられる。この式はベル数を指数関数と比較することにより，分割数が指数関数よりも速く増加することを明らかにしている。$N = 50$ の大きさのネットワークに 10^{40} 通り以上の分割があることを考えると，すべての考えうる分割を総当たり方式で調べようとしても，実際のところ計算はできない。

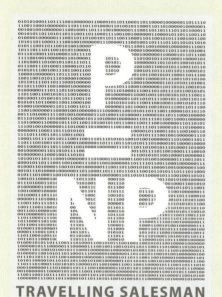

図 9.8 映画の夜

2012 年の知的スリラー映画 *Traveling Salesman* は、*P vs. NP* 予想を解いてしまったのだが、今度はその発見の意味に悩む 4 人の数学者についての物語である。*P vs. NP* 予想は、多項式時間で解を検証できるすべての問題は、多項式時間で解くこともできるのかを問うものである。これは七つのミレニアム懸賞問題の一つであり、初めて正しく解いた者には百万ドルの賞金が用意されている。映画のタイトル *Traveling Salesman* は、七つの都市をそれぞれちょうど一回ずつ訪問した後、最初に出発した都市に戻ってくる最短経路を探す巡回セールスマン問題に出てくるセールスマンを指している。この問題は簡単そうに見えるが、実は NP 完全であり、最短経路を知るためにはすべての都市の組み合わせを試す必要がある。

Box 9.2　NP 完全性

アルゴリズムを実行するのにどのぐらいの時間がかかるのか。実行時間はアルゴリズムを走らせるコンピュータのスピードに依存するので、何分とか何時間という具合には答えられない。代わりに、そのアルゴリズムが実行する計算数を数える。たとえば N 個の数字のリストの中から最大のものを見つけようとするアルゴリズムは、リストのすべての数をそれまでに見つけた最大の数と比較しなければならない。結果としてその実行時間は N に比例する。一般的に、実行時間が N^x で与えられるアルゴリズムを**多項式時間**であるとする。

実行時間が N^3 に比例するアルゴリズムは、いかなるコンピュータでも実行時間が N のアルゴリズムよりも遅い。しかし、この違いは実行時間が 2^N に従って増加する指数アルゴリズムと比較すると大したことではない。たとえば、実行時間が N に比例するアルゴリズムが $N = 100$ の要素で 1 秒要するとすれば、N^3 のアルゴリズムは同じコンピュータで約 3 時間を要する。一方で、指数アルゴリズム (2^N) では計算を終えるのに 10^{20} 年かかってしまう。

アルゴリズムが多項式時間で解くことができる問題は、**クラス P 問題**と呼ばれる。ネットワーク科学が対処しなければならない計算問題のいくつかでは、多項式時間のアルゴリズムが知られておらず、利用可能なアルゴリズムは指数関数的な計算時間が必要となる。一方、ある解の正しさはたとえば多項式時間ですぐに調べることができる。このような問題は **NP 完全**と呼ばれる問題であるが、巡回セールスマン問題（**図 9.8**）、グラフ彩色問題、最大クリークの選択、特定の形式のいくつかの部分グラフにグラフを分割する問題、頂点被覆問題（**Box 7.4**）などが知られている。

NP 完全性の問題は非常に影響範囲が広いため、人気メディアの注目も集めてきた。CBS TV の番組 *Numbers* の主人公である Charlie Epps は、その問題さえ解ければ母親の病気が治るであろうことを信じ、彼女の人生の最後の 3 か月を、ある NP 完全問題を解くことに費やしている。同様に CBS TV の番組 *Elementary* における二つの殺人に至る動機は、暗号解読に関して重要な価値をもつ、ある NP 完全問題を解こうとしたことであった。

ニティが部分的に密に結合しあった部分グラフに対応するという期待に基づく。この仮説によると，クリークから強い・弱いコミュニティに至るまで，数多くのコミュニティの定義を可能にする余地が残っている。ある定義を採用した上で，可能なすべてのネットワーク分割の方法を調べ，最もよく定義に当てはまるものを選ぶことにより，コミュニティを発見することもできる。しかし，分割数はネットワークの大きさに応じて指数よりも速く増加するため，このような総当たり方式は計算不可能である。それゆえすべての分割を調べなくてもコミュニティを発見できるようなアルゴリズムが必要となる。これが次節のテーマである。

9.3　階層的クラスタリング

現実にある大きいネットワークでコミュニティの構造を明らかにするためには，N による計算時間の増加が多項式的であるアルゴリズムが必要である。本節で取り上げる**階層的クラスタリング**がこの目標を達成するのに役立つ。

階層的クラスタリングの出発点は**類似行列**であり，この要素 x_{ij} はノード i からノード j までの距離を表している。コミュニティの検出において，類似性はネットワークにおけるノード i と j との相対的な位置関係から抽出される。

x_{ij} がわかれば，階層的クラスタリングにより類似性の高いノードの集団を反復的に見つけ出すことができる。このための手順は二つある。**凝集型のアルゴリズム**は類似性の高いノードを同じコミュニティに集める。**分割型のアルゴリズム**は，類似性が低くコミュニティどうしを結び合わせることが多いリンクを取り除くことによりコミュニティを分ける。どちらの手順によっても，コミュニティ分割として可能な方法を示し，樹形図と呼ばれる階層的な木が作られる。次は凝集型と分割型のアルゴリズムがどう活用されるかについて見ていこう。

9.3.1　凝集型の手順：Ravasz のアルゴリズム

コミュニティ検出における**凝集型階層的クラスタリング**の活用について知るために，代謝ネットワークにおける機能モジュールの発見に際して提案された **Ravasz のアルゴリズム**について議論しよう [289]。このアルゴリズムは次のステッ

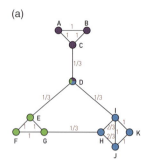
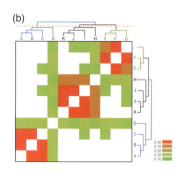

図 9.9　凝集型アルゴリズム

(a) **Ravaszのアルゴリズム**
トポロジーの重なり x_{ij}^0 の計算例を示す小さいネットワーク。ノード i と j のペアごとに式 (9.7) の重なりを計算する。それぞれの結合されたノードの組み合わせに対して得られた x_{ij}^0 がそれぞれのリンクに示されている。x_{ij}^0 は，互いにリンクが張られていないが，共通する隣接ノードがあるものにおいてはゼロではない場合がある。たとえば C と E の間は $x_{ij}^0 = 1/3$ である。

(b) **重なり行列**
(a) に示したネットワークのトポロジーの重なり行列 x_{ij}^0。行列の行と列は，平均結合クラスタリングを適用した後，最も大きいトポロジーの重なりのノードを隣り合わせになるように並べ直したものである。色は，(a) で計算されるそれぞれのノードの組み合わせの間のトポロジーの重なりの程度を表している。樹形図をオレンジの線で切ることにより，ネットワークを三つのモジュールに分割している。樹形図は EFG と HIJK のモジュールが ABC のモジュールよりも近いことを示している。文献 [289] による。

プで構成されている。

ステップ 1：類似行列を定義する

凝集型アルゴリズムにおいては，同じコミュニティに属するノードどうしの類似性は高く，異なるコミュニティに属するノードどうしについては低くなければならない。ネットワークの文脈においては，互いに結びつき隣接するノードを共有するようなノードは同じコミュニティに属するべきであり，それゆえ x_{ij} は大きくなる。トポロジーの重なり行列（**図 9.9**）

$$x_{ij}^0 = \frac{J(i,j)}{\min(k_i, k_j) + 1 - \Theta(A_{ij})} \qquad (9.7)$$

がこの予想を裏付けている。ここで，$\Theta(x)$ はヘヴィサイドの階段関数であり，$x \leq 0$ においては 0，$x > 0$ においては 1 の値をとる。$J(i,j)$ はノード i と j が共有する隣接ノードの数を示しており，i と j の間に直接リンクが張られていれば 1 を加える。$\min(k_i, k_j)$ は次数 k_i と k_j の小さい方である。したがって，

- **図 9.9a** の A と B のように，i と j にお互いを結ぶリンクがあり共通する隣接ノードがある場合は，$x_{ij}^0 = 1$ である。
- A と E のように i と j がお互いにリンクで結ばれておらず共有するノードもない場合は，$x_{ij}^0 = 0$ である。
- 密に結合された同じネットワークに属するメンバーは H, I, J, K または E, F, G のように，トポロジーの重なりが大きい。

ステップ 2：グループの類似性を決める

ノードは小さいコミュニティに集められるため，二つのコミュニティがどのぐらい似ているかを測定しなければならない。ノードの類似行列 x_{ij} からコミュニティの類似性を計算するために，**単一クラスター類似性**，**完全クラスター類似性**，**平均クラスター類似性**と呼ばれる三つの方法がよく使われる

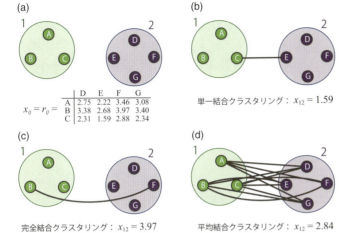

図 9.10　クラスター類似性

凝集型クラスタリングにおいては，二つのコミュニティの類似性を類似行列 x_{ij} から求めなければならない。この手順を，類似性 x_{ij} をそれらの間の物理的な距離として説明する。実際のネットワークの場合には，x_{ij} は式 (9.7) で定義される x_{ij}^0 のように，基盤となるネットワークでの距離である。

(a) **類似行列**
七つのノードが二つの異なるコミュニティを形成している。この表はそれぞれのノードの組み合わせの間の距離 r_{ij} を示しており，これを類似性 x_{ij} とする。

(b) **単一結合クラスタリング**
コミュニティ 1 と 2 の間の類似性は，異なるコミュニティ（1 と 2）に属するすべてのノードペア i と j についての x_{ij} の最小値とする。それゆえ，この場合の類似性はノード C と E の間の距離である $x_{12} = 1.59$ となる。

(c) **完全結合クラスタリング**
二つのコミュニティの間の類似性は，異なるコミュニティ（1 と 2）に属するすべてのノードペア i と j についての x_{ij} の最大値とする。それゆえ，$x_{12} = 3.97$ になる。

(d) **平均結合クラスタリング**
二つのコミュニティの間の類似性は，異なるコミュニティに属するすべてのノードペア i と j の組み合わせについての平均値とする。これが Ravasz アルゴリズムで採用されている方法であり，これによると $x_{12} = 2.84$ になる。

（図 9.10）。Ravasz のアルゴリズムは**平均クラスター類似性**の方法を用いており，二つのコミュニティの類似性を，異なるコミュニティに属するすべてのノードの組み合わせ i と j についての x_{ij} の平均と定義している（図 9.10d）。

ステップ 3：階層的クラスタリングを適用する

Ravasz のアルゴリズムはコミュニティを特定するために次の手順をとる。

1. すべてのノードを単独のコミュニティとして出発し，すべてのノードの組み合わせについて x_{ij} を評価する。
2. 最も類似性が高いコミュニティ（ノード）の組み合わせを見つけ，一つのコミュニティに統合する。
3. 新たなコミュニティと他のすべてのコミュニティとの間の類似性を計算する。
4. ステップ 2 とステップ 3 をすべてのノードが一つのコミュニティを形成するに至るまで繰り返す。

ステップ 4：樹形図を描く

ステップ 3 によってペアごとに統合が進んでいくと，最後にはすべてのノードが一つのコミュニティを形成するようになる。根底にあるコミュニティ構造を検出するために樹形図を用いることができる。

樹形図を用いればノードが特定のコミュニティに割り当てられていく手順を可視化できる。たとえば，図 9.9b の樹形図は，このアルゴリズムは $x_{ij}^0 = 1$ である組み合わせである A

とB，KとJ，EとFを最初に統合したことを示している。次にノードCが(A,B)コミュニティに加えられ，Iが(K,J)，Gが(E,F)に加えられたことがわかる。

コミュニティを特定するためには，樹形図を切断する必要がある。階層的クラスタリングでは，どこでそれをすればよいかはわからない。たとえば図9.9bにおいて破線のレベルで切断すれば，三つの明らかなコミュニティを得ることができる(ABC, EFG, HIJK)。

$E. coli$ 代謝ネットワーク（図9.3a）に適用すれば，Ravaszのアルゴリズムでバクテリア代謝の入れ子になったコミュニティ構造を特定することができる。これらの生物学的な関係性を確かめるため，すでに知られたそれぞれの代謝物の生化学的な分類に従って樹形図の枝を色分けした。図9.3bに示されるように，似通った生化学的な役割をもつ基質は樹の同じ枝に属する傾向がある。言い換えれば，これらの代謝物のすでに知られている生化学的な分類によって，ネットワークのトポロジーから抽出されたコミュニティの生物学的な関連性が確認できる。

計算の複雑さ

Ravaszのアルゴリズムを使うためにどのぐらいの計算量が必要であろうか。アルゴリズムは四つのステップからなっており，それぞれに異なる**計算の複雑さ**がある。

ステップ1： 類似行列 x_{ij}^0 の計算のためには，N^2 のノードの組み合わせを比較する必要があるため，計算量は N^2 にスケールする。言い換えればその**計算の複雑さ**は $O(N^2)$ である。

ステップ2： グループの類似性を求めるためには，それぞれのステップにおいて新たなクラスターと他のすべてのクラスターとの間の距離を測る必要がある。これを N 回繰り返すには，$O(N^2)$ 回の計算が必要である。

ステップ3 & 4： 樹形図の構築は，$O(N \log N)$ 回のステップで計算できる。

ステップ1からステップ4を合わせると，必要な計算の数は $O(N^2) + O(N^2) + O(N \log N)$ によって測られる。最も遅いステップは $O(N^2)$ で測られるため，アルゴリズムの計算の複雑さは $O(N^2)$ である。したがって階層的なクラスタリング

は，通常 $O(e^N)$ で測られる総当たり法よりもずっと速いことがわかる．

9.3.2　分割型の手順：Girvan-Newman のアルゴリズム

分割型のアルゴリズムでは，異なるコミュニティに属するノードの間を結び合わせるリンクを体系的に取り除いていくことにより，最後にはネットワークを独立するコミュニティに分割していく．これらの使い方を説明するため，Girvan と Newman によって提案されたアルゴリズムを紹介する [47, 299]．これは次のステップからなる．

ステップ 1：中心性を定義する

凝集型のアルゴリズムでは，x_{ij} は同じコミュニティに属するノードの組み合わせを選ぶが，分割型のアルゴリズムでは，x_{ij} は**中心性**と呼ばれ，異なるコミュニティのノードの組み合わせを選ぶ．したがって，i と j が異なるコミュニティに属するとき x_{ij} は高くなり，それらが同じコミュニティに属するとき小さくなればよい．この期待を満たす二つの中心性指標について，図 9.11 で論じている．二つのうち最も速いのは**リンクの媒介中心性**であり，ここでは x_{ij} はリンク (i, j) を通る最短経路の数と定義される．異なるコミュニティを結ぶリンクにおいて x_{ij} は大きくなると予想される．一方，同じコミュニティに属するリンクでは x_{ij} は小さくなる．

ステップ 2：階層的クラスタリング

分割型のアルゴリズムの最後のステップは，凝集型クラスタリングで用いたものに似ている（図 9.12）．

1. 個々のリンクについて中心性 x_{ij} を計算する．
2. 中心性の値が最も高いリンクを取り除く．同じ値の場合はそのうちから一つのリンクを無作為に選ぶ．
3. 取り除いたあとのネットワークについてそれぞれのリンクの中心性を再計算する．
4. すべてのリンクが取り除かれるまでステップ 2 とステップ 3 を繰り返す．

Girvan と Newman はこのアルゴリズムを Zachary の空手クラ

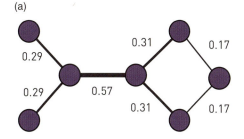

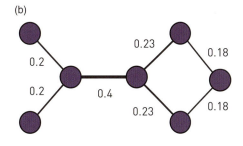

図 9.11　中心性指標

分割型アルゴリズムでは，異なるコミュニティに属するノードの組み合わせについては高く，同じコミュニティに属するノードについては低くなるような，中心性指標が必要である．よく使われる二つの方法でこれを実現できる．

(a) リンクの媒介中心性
リンクの媒介中心性は，情報伝達の観点から，リンクの役割を捉えたものである．したがって，x_{ij} は，リンク (i, j) を経由するすべてのノードの組み合わせの間の最短経路数に比例する．結果として，図の真ん中にあるリンクが $x_{ij} = 0.57$ となっているように，コミュニティ間のリンクは媒介中心性が大きくなる．リンクの媒介中心性の計算量は $O(LN)$ であり，疎であるネットワークにおいては $O(N^2)$ の程度となる [299]．

(b) ランダムウォークの媒介中心性
ノードのペア m と n は無作為に選ばれる．ウォーカーは m からスタートし，n に到達するまで同じ確率で隣のリンクをたどって歩いていく．ランダムウォークの媒介中心性 x_{ij} は，i から j へのリンクをウォーカーがたどる確率であり，ノード m と n のすべての組み合わせについての平均をとったものである．この計算には，計算の複雑さが $O(N^3)$ である $N \times N$ の逆行列が必要であり，さらにすべてのノードの組み合わせの平均をとるには $O(LN^2)$ である．ゆえにランダムウォークの媒介中心性の計算の複雑さは $O[(L+N)N^2]$ であり，疎であるネットワークにおいては $O(N^3)$ である．

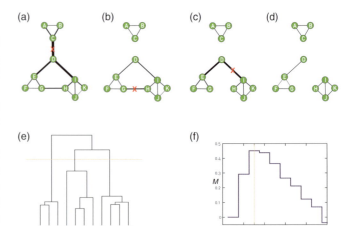

図 9.12　Girvan-Newman のアルゴリズム

(a) Girvan と Newman の分割型の階層的アルゴリズムは，リンクの媒介中心性（**図 9.11a**）を中心性として用いる。図のリンクの重みは x_{ij} に比例して割り当てられているが，異なるコミュニティを結ぶリンクは x_{ij} が最も高くなっている。これらのコミュニティの間の最短経路はいずれもこれらを通らなければならない。

(b)–(d) これら一連の図は，このアルゴリズムがどのように最大 x_{ij} をもつ三つのリンクを一つずつ取り除いて，三つの独立したコミュニティを作っていくかを示している。これらのリンクが取り除かれる都度，媒介中心性を計算し直さなければならないことに注意が必要である。

(e) Girvan-Newman のアルゴリズムによって作られた樹形図。オレンジの点線で示されるレベル 3 で切断すると，ネットワークには三つのコミュニティが現れる。

(f) 9.4 節で導入されるモジュラリティ M は，最適な切断を選ぶ上で役立つ。その最大値は，(e) で示されるようにレベル 3 で切断するのが一番良いという我々の予測と一致する。

ブ（**図 9.2a**）に適用し，計算によって検出されたコミュニティが，分裂したあとの二つのグループとほぼ完全に一致することを発見した。誤って分類されたノードは三つだけであった。

計算の複雑さ

　分割型アルゴリズムの律速段階は，中心性の計算である。それゆえ，中心性の計算にどの計算方法を使うかによってアルゴリズムの計算の複雑さが異なる。最も効率的なのはリンク間の媒介中心性であり，$O(LN)$ である [300, 301, 302]（**図 9.11a**）。アルゴリズムのステップ 3 は L という要素を考慮する必要があるため，アルゴリズムは $O(L^2 N)$ で測られ，疎なネットワークでは $O(N^3)$ となる。

9.3.3　現実のネットワークの階層性

　階層的クラスタリングは，二つの根本的な疑問を投げかける。

入れ子になったコミュニティ

　第一に，小さいモジュールが大きいモジュールの一部分に含まれるような入れ子状になっていることを前提としている。このような入れ子になった**コミュニティ構造**は樹形図を用いるとよく把握できる（**図 9.9b**，**図 9.12e**）。しかしながら，このような階層性が実際にネットワークに存在するといえるだろうか。ネットワークに入れ子状の構造があるかどうかはわからないのに，このような階層性を我々のアルゴリズムで導入してもよいのだろうか。

コミュニティとスケールフリー性

第二に，密度仮説は，他の部分グラフと弱い結びつきしかもたないいくつかの部分グラフにネットワークを分割できる，としている．ハブが複数のコミュニティと確実に結びついているスケールフリー・ネットワークにおいては，独立したコミュニティは存在するだろうか．

図 9.13 に示すような構造をもつ**階層的ネットワークモデル**により，コミュニティとスケールフリー性の間の矛盾を解消し，入れ子状になった階層的なコミュニティ構造について直感的に理解できる．得られたネットワークはいくつかの重要な特徴をもつ．

スケールフリー性

階層的モデルは，特定のべき指数

$$\gamma = 1 + \frac{\ln 5}{\ln 4} = 2.161$$

をもつスケールフリー・ネットワークを作り出す（**図 9.14a**, **発展的話題 9.A**）．

ネットワークの大きさとは独立のクラスター係数

エルデシュ・レニィ・モデルとバラバシ・アルバート・モデルにおいては，クラスター係数は N の増加とともに減少する（5.9 節参照）．階層的ネットワークにおいては，ネットワークの大きさに関係なく $C = 0.743$ を得る（**図 9.14c**）．このような N とは独立のクラスター係数は代謝ネットワークにおいて見られた [289]．

階層的モジュール性

このモデルは数多くの小さいコミュニティで構成されており，これらがより大きいコミュニティを組成する．そしてこれらが結合してさらに大きいコミュニティになる．この入れ子状の階層的なモジュール性についての定量的な根拠は，

$$C(k) \sim k^{-1} \qquad (9.8)$$

のようなノードの次数へのクラスター係数の依存性である [289, 303, 304]．言い換えると，ノードの次数が高ければ高いほど，クラスター係数は小さくなる．

式 (9.8) はネットワークにおいてコミュニティが形成される過程を示している．確かに低次数のノードは，密なコミュニ

(a)

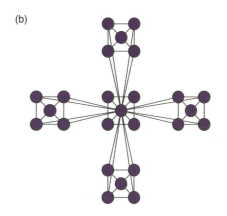
(b)

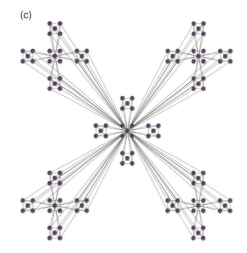
(c)

図 9.13　階層的ネットワーク

階層的ネットワークが決定論的かつ反復的に作られていく過程．

(a) 五つのノードのすべてが結び合わされたモジュールから始める．対角線にあるノードも結び合わされているがリンクは見えていないことに注意．

(b) 最初のモジュールと同じものを複製し，それぞれのモジュールの周囲のノードを最初のモジュールの中心のノードと結び合わせる．これにより $N = 25$ のノードをもつネットワークを得ることができる．

(c) この 25 個のノードの複製を四つ作り，周囲のノードと元のモジュールの中心ノードとを結び合わせる．これで $N = 125$ のノードをもつネットワークを得ることができる．この過程を無限に繰り返す．

文献 [303] による．

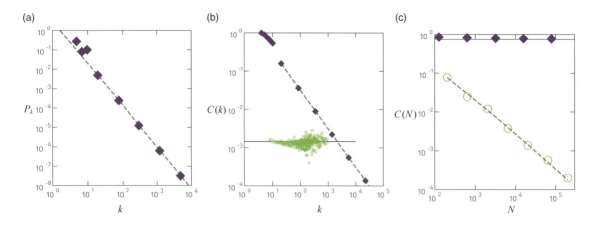

図 9.14　階層的ネットワークのスケーリング

図 9.13 で示された階層的ネットワークを特徴づける三つの量。

(a) **次数分布**
生成されたネットワークのスケールフリーの性質は，点線で表された $\gamma = \ln 5/\ln 4$ の傾きをもつ p_k のスケーリングによって説明できる。べき指数の導出については**発展的話題 9.A** を参照されたい。

(b) **階層的クラスタリング**
$C(k)$ は点線で示されるように式 (9.8) に従う。丸印は，元のモデルに対して次数保存ランダム化を施したスケールフリー・ネットワークにおける $C(k)$ を示している。スケーリングの破れは，階層的構造が張り替えによって失われたことを示している。その意味において，$C(k)$ は次数分布以上にネットワークの特徴を捉えている。

(c) **ネットワークの大きさと独立したクラスター係数**
クラスター係数 C のネットワークの大きさ N に対する依存性。階層的モデルにおいては，N に対して C は独立である（ひし形）。一方，バラバシ・アルバート・モデルでは $C(N)$ は減少する（白抜き丸印）。

文献 [303] による。

ティの中に存在するために C が高くなる。高次数のノードは異なるコミュニティと結びついているために C が低くなる。たとえば，図 9.13c では五つのノードでできたモジュールの中心にあるノードは $k = 4$ でありクラスター係数は $C = 1$ である。25 個のノードでできたモジュールは $k = 20$ で $C = 3/19$ になる。125 個のノードでできたモジュールの中心にあるものは $k = 84$ で $C = 3/83$ になる。このようにノードの次数が高くなればなるほど，C は小さくなる。

　階層的なネットワークモデルは，$C(k)$ を調べることによりネットワークが階層的かどうかを決定できることを示唆する。エルデシュ・レニィとバラバシ・アルバート・モデルでは $C(k)$ は k と独立であったので，それは階層的なモジュール性を示すものではなかった。現実のシステムにおいて階層的なモジュール性が存在するかどうかを知るため，参考とする 10 個のネットワークについて $C(k)$ を計算した結果，次のことがわかった（図 9.36）。

- 電力網だけは，階層的なモジュール性が存在せず，$C(k)$ は k と独立であった（図 9.36a）。
- 残りの 9 つのネットワークでは，k が増えるに従って $C(k)$ は減少した。したがって，これらのネットワークにおいては，次数の小さいノードは小規模で密なコミュニティに属する一方で，大きい次数をもつハブが離れたコミュニティどうしを結びつけている。
- 共同研究，代謝，論文引用ネットワークについては，$C(k)$ は k が大きいところでは式 (9.8) で表される。インターネット，携帯電話の発信，電子メール，たんぱく質の相互作用，

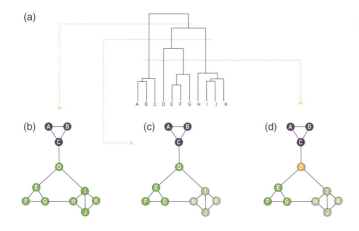

図 9.15　階層的クラスタリングの曖昧さ

階層的クラスタリングは樹形図のどこで切断すればよいかを教えてはくれない。実際に，**図 9.9a** の樹形図のどこを切るかによって，(b) 2, (c) 3, (d) 4 個のコミュニティが得られる。小さいネットワークについては，どこで切れば背後にあるコミュニティ構造を最もよく理解できるか目で見て判断できるが，より大きいネットワークではそれは不可能である。次節でモジュラリティについて議論するが，これは最適な切り方を選択する上で役立つであろう。

WWW については，$C(k)$ は式 (9.8) では表されないため，それぞれ個別に求めなければならない。さらに詳細なネットワークモデルによって $C(k) \sim k^{-\beta}$ ($0 < \beta < 2$) を求めることができる [303, 304]。

まとめると，原則として階層的クラスタリングはコミュニティの数や大きさに関する情報をあらかじめ必要としない。そして，調査対象のネットワークを特徴づけるコミュニティの一連の分け方を示す樹形図を作り出す（**図 9.15**）。この樹形図からは，背後にあるコミュニティ構造を最もよく捉える分け方まではわからない。実際のところ，階層的な木のどこを切っても，その分け方は有効であると思われる。これは，どのネットワークにもそれぞれ唯一のコミュニティ構造があるという我々の期待からは外れたものである。

ネットワークにおいて，階層性という概念は複数あるが [305, 306]，ネットワークが階層的モジュール性を有するかどうかを決めるために $C(k)$ を調べることが参考になる。多くの現実のネットワークにおいて k が増えるに従って $C(k)$ が減少することを確認した。これは多くの現実のシステムが階層的モジュール性を有することを示している。同時に，エルデシュ・レニィ・モデルやバラバシ・アルバート・モデルでは $C(k)$ は k と独立であり，こういった標準的なモデルでは階層的な組織構造がないことを示している。

9.4　モジュラリティ

無作為に結び合わされたネットワークでは，ノード間の結合パターンは均一でネットワークの次数分布とは無関係であ

ると考えられる．ゆえに，コミュニティと解釈できるような系統的な局所密度のゆらぎがこれらのネットワークでみられるとは考えられない．こうした考えに基づいて，コミュニティの組成に関する三つ目の仮説を導くことができる．

H3：ランダム仮説

無作為に結合されたネットワークは，内在するコミュニティ構造をもたない．

この仮説は実用的な帰結をもたらす．あるコミュニティのリンクの密度と，同じノード間のリンクをランダム化したネットワークでのリンクの密度を比較することにより，もとのコミュニティが確かに密な部分グラフに対応するものか，あるいはその結合パターンは偶然に生じたものなのかを決定できる．

本節では，ランダムな形状からの系統的な偏差によって，分割の質を測るモジュラリティと呼ばれる量を定義できることを示す．モジュラリティによって，あるコミュニティ分割が別の分割よりもよいかどうかを判断できる．最終的には，モジュラリティの最適化が，コミュニティ発見の斬新なアプローチとなる．

9.4.1　モジュラリティ

N 個のノードと L 個のリンクからなるネットワークを，n_c 個のコミュニティに分割することを考える．それぞれのコミュニティは N_c 個のノードと L_c 本のリンクをもつ．ここで，$c = 1, \ldots, n_c$ である．与えられた次数列のネットワークのもとで，N_c 個のノードの間に期待されるリンクの数よりも L_c がもし大きければ，部分グラフ C_c のノードは，仮説H2（**図9.2**）から期待されるように，確かに真のコミュニティの一部と考え得る．これに，ネットワークの実際の配線図 (A_{ij}) とネットワークが無作為に結合されたときに i と j の間にあると考えられるリンクの数 (p_{ij}) の違い

$$M_c = \frac{1}{2L} \sum_{(i,j) \in C_c} (A_{ij} - p_{ij}) \tag{9.9}$$

を測定する．ここでは p_{ij} は，それぞれのノードに想定される次数を変化させないで，もとのネットワークをランダム化することによって決定することができる．次数を保存する帰無モデル (7.1) を用いると，

$$p_{ij} = \frac{k_i k_j}{2L} \qquad (9.10)$$

を得ることができる。M_c が正であれば，部分グラフ C_c はランダム時に想定されるより多くのリンクをもつことになり，ゆえにそれはコミュニティである可能性がある。もし M_c がゼロであれば，N_c ノードのそれぞれの間の結びつきはランダムであり，次数分布で完全に説明される。最後に，M_c が負であれば，C_c のノードはコミュニティを形成することはない。

式 (9.10) を使って，式 (9.9) のモジュラリティのより単純な式

$$M_c = \frac{L_c}{L} - \left(\frac{k_c}{2L}\right)^2 \qquad (9.11)$$

を導くことができる（**発展的話題 9.B**）。ただし L_c はコミュニティ C_c 内のリンクの総数であり，k_c はこのコミュニティのノードの次数の合計である。

完全なネットワークにこれらの考え方を一般化するため，ネットワークを n_c 個のコミュニティに分ける完全な分割を考えよう。この分割によって生成される部分グラフの局所的なリンクの密度が，ランダムなネットワークにおいて想定される密度と異なるかどうかを調べるため，n_c 個のすべてのコミュニティについて式 (9.11) を合計して，この分割の**モジュラリティ** M_c を，

$$M_c = \sum_{c=1}^{n_c} \left[\frac{L_c}{L} - \left(\frac{k_c}{2L}\right)^2 \right] \qquad (9.12)$$

のように定義する [299]。

モジュラリティはいくつかの重要な特性をもつ。

- **モジュラリティが高いほど良い分割である**
  ある分割において M が高いほど，そのコミュニティ構造はよい。確かに，**図 9.16a** においてモジュラリティが最も高くなる分け方 ($M = 0.41$) は，明白な二つのコミュニティを正しく捉えている。モジュラリティが低い分け方は，明らかにこれらのコミュニティ構造を捉えていない（**図 9.16b**）。それぞれの分割におけるモジュラリティは 1 を超えないことに注意が必要である [307, 308]。

- **ゼロと負のモジュラリティ**
  全体のネットワークを一つのコミュニティと捉えると，式 (9.12) のカッコ内の二つの変数が同一になるため，$M = 0$

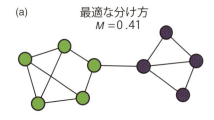

(a) 最適な分け方
$M = 0.41$

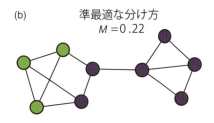

(b) 準最適な分け方
$M = 0.22$

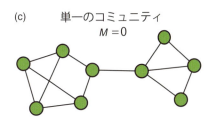

(c) 単一のコミュニティ
$M = 0$

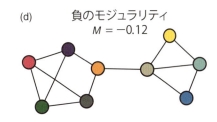

(d) 負のモジュラリティ
$M = -0.12$

図 9.16　モジュラリティ

モジュラリティの意味をよりよく理解するため，二つのコミュニティからなることが明らかなネットワークのいくつかのコミュニティ分割について，式 (9.12) で定義される M を示している。

(a) **最適な分け方**
最大のモジュラリティ $M = 0.41$ となる分割は，二つに区別されたコミュニティとほとんど一致する。

(b) **準最適な分け方**
準最適であるがモジュラリティが正の値 $M = 0.22$ をとる分割は，ネットワークに存在するコミュニティを正確に捉えていない。

(c) **単一のコミュニティ**
すべてのノードを同じコミュニティに所属させると，$M = 0$ となりネットワーク構造から独立になる。

(d) **負のモジュラリティ**
それぞれのノードを別のコミュニティに割り当てたとき，モジュラリティは負になり，$M = -0.12$ となる。

となる (図 9.16c)。それぞれのノードが別々のコミュニティに属するとき，$L_c = 0$ となり式 (9.12) は n_c 個の負の数字の合計となるため，M は負となる（図 9.16d）。

階層化の方法で得られた多くの分割のうちどれが最もよいコミュニティ構造かを決めるためにモジュラリティを用いることができる。そのとき，M が最大となるものを選ぶ。図 9.12f には，樹形図の切り方ごとの M を示した上で，ネットワークが三つのコミュニティに分かれるときに最大値を示す様子がはっきりと示されている。

9.4.2 貪欲アルゴリズム

モジュラリティが高いほど背後にあるコミュニティ構造をより正確に捉えた分割であろうという期待から，最後の仮説を導くことができる。

H4：最大モジュラリティ仮説
与えられたネットワークにおいてモジュラリティが最大となる分割が，最適なコミュニティ構造を表す。

この仮説は，最大の M が期待されるコミュニティと一致するような，いくつかの小さいネットワークを調べる限りでは成り立っている（図 9.12，図 9.16）。

最大モジュラリティ仮説は，モジュラリティが最大となる分割を求めることを目的とするいくつかのコミュニティ検出アルゴリズムの出発点となる。原則として，最もよい分割は，可能な分割すべてについて M を調べ，M が最大となるものを選ぶことにより求めることができる。しかし分割数が極めて大きくなるため，総当たり方式による計算は現実的ではない。続いて，すべての分割を調べる必要がなく，M が最大に近い値となる分割を探すアルゴリズムについて議論する。

貪欲アルゴリズム
最初のモジュラリティ最大化アルゴリズムは，Newman[309] によって提案されたものであり，分割のモジュラリティが増加するようにコミュニティの組み合わせを繰り返して統合させていくものである。アルゴリズムは次のステップで構成される。

1. ノード一つずつからなる N 個のコミュニティから始め

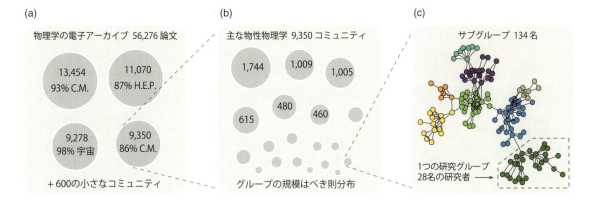

図 9.17 貪欲アルゴリズム

(a) 物理学者のクラスター化

物理学者の共同研究ネットワークにおけるコミュニティ構造。貪欲アルゴリズムによって，四つの大きいコミュニティが存在し，それぞれのコミュニティは同じ関心をもつ物理学者から構成されていると予測される。これを確認するため，それぞれのクラスターごとに，物理学の同じ分野に属するメンバーが占める割合を示している。専門分野は個々人が投稿した論文の電子アーカイブにおける分類に従って決定した。C.M. は物性物理学，H.E.P. は高エネルギー物理学，宇宙は宇宙物理学である。これらの四つの大きいコミュニティは 600 の小さいコミュニティと共存しており，結果として全体のモジュラリティは $M = 0.713$ となる。

(b) 下位のコミュニティを認識する

貪欲アルゴリズムをそれぞれのコミュニティに適用し，これらを異なるネットワークとして扱うことによって，下位のコミュニティを認識することができる。これにより，物性物理学のコミュニティは多くの小さい下位コミュニティに分割することができる。この分け方ではモジュラリティが $M = 0.807$ に増加する。

(c) 研究グループ

これらの小さいコミュニティの一つをさらに分割したもので，個人の研究者や彼らが属する研究グループが明らかにされている。

文献 [309] による。

て，それぞれのノードをコミュニティとする。

2. 最低でも一つのリンクで結ばれたコミュニティの組み合わせごとに，それらを統合させたときに生ずるモジュラリティの差 ΔM を計算する。ΔM が最大となるコミュニティの組み合わせを探し，それらを統合させる。ネットワーク全体について常にモジュラリティが計算されることに注意されたい。

3. ステップ 2 をすべてのノードが一つのコミュニティに統合されるまで繰り返し，毎回の M を記録する。

4. M が最大となる分割を選択する。

貪欲アルゴリズムの予測力を理解するため，arXiv.org に論文を投稿した物理学のすべての分野の $N = 56{,}276$ 人の科学者からなる，物理学者の間の共同研究ネットワークを考えよう（図 9.17）。貪欲アルゴリズムによると 600 個のコミュニティが存在し，モジュラリティの最大値は $M = 0.713$ となる。このうち四つのコミュニティは非常に大きく，すべてのノードのうち 77％がこれらのコミュニティに含まれる（図 9.17a）。最大のコミュニティの 93％の著者が物性物理学の分野で論文を投稿している一方，二番目に大きいコミュニティの 87％の著者が高エネルギー物理学の分野で論文を投稿しており，これらのコミュニティそれぞれに類似した研究の関心をもつ物理学者が含まれていることがわかる。貪欲アルゴリズムの正確さは図 9.2a によっても示されており，これは Zachary の空手クラブにおいても，M が最大となるときのコミュニティ構造が，このクラブのその後の分裂の仕方を正確に捉えていることがわかる。

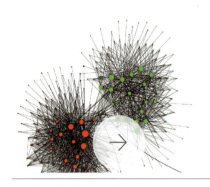

オンライン資料 9.1
モジュラリティに基づくアルゴリズム
モジュラリティ最大化によってコミュニティを検出する広く使われているアルゴリズムがいくつかある。

最適化された貪欲アルゴリズム
疎な行列では，データ構造を工夫することにより，貪欲アルゴリズムの計算の複雑さは $O(N \log^2 N)$ まで減る [310]。http://cs.unm.edu/~aaron/research/fastmodularity.htm を参照のこと。

Louvain のアルゴリズム
モジュラリティ最適化アルゴリズムの計算の複雑さは $O(L)$ である [282]。ゆえに数百万個のノードをもつネットワークにおいても，図 9.1 のようにコミュニティを検出することができる。このアルゴリズムは **発展的話題 9.C** で説明する。https://sites.google.com/site/findcommunities/ を参照。

計算の複雑さ

それぞれの ΔM の計算は一定の時間で行われるため，貪欲アルゴリズムのステップ 2 には $O(L)$ の計算時間が必要である。どのコミュニティを統合させるかを決めたのちに，行列の更新は最悪のケースでも $O(N)$ で行われる。このアルゴリズムでは $N-1$ 回コミュニティを統合させる必要があるため，複雑さは $O[(L+N)N]$，あるいは疎なグラフでは $O(N^2)$ になる。最適化することによってアルゴリズムの複雑さは $O(N \log^2 N)$ へと減少する（**オンライン資料 9.1**）。

9.4.3　モジュラリティの限界

コミュニティを特定する上でモジュラリティは重要な役割を果たすが，その限界についても理解しておくことが必要である。

分解能の限界

モジュラリティの最大化によって，小さいコミュニティは強制的に大きいものになってしまう。実際に，コミュニティ A と B を一つのコミュニティに統合すると，ネットワークのモジュラリティは

$$\Delta M_{AB} = \frac{l_{AB}}{L} - \frac{k_A k_B}{2L^2} \tag{9.13}$$

のように変化する（**発展的話題 9.B**）。ここで，l_{AB} は次数の合計が k_A のコミュニティ A のノードと，次数の合計が k_B のコミュニティ B のノードとを結び合わせるリンクの数である。A と B とが異なるコミュニティであれば，M が最大化されるときこれらは分かれたままであるはずである。しかし，次に見るとおり，常にそういうわけではない。

$k_A k_B / 2L < 1$ の場合を考える。二つのコミュニティの間にリンクが最低でも一つあるならば ($l_{AB} \geq 1$)，式 (9.13) により $\Delta M_{AB} > 0$ となり，モジュラリティを最大化するために A と B を統合させなければならない。単純化するため $k_A \sim k_B = k$ と仮定すると，コミュニティの次数の合計が

$$k \leq \sqrt{2L} \tag{9.14}$$

を満たすとき，A と B を一つのコミュニティに統合することによって，モジュラリティは高くなる。式 (9.14) を満たさない場合は，A と B は異なるコミュニティとなる。これはモ

ジュラリティを最大化することによる副作用なのである。k_A と k_B が式 (9.14) のしきい値を超えない場合，それらの間にあると**期待される**リンクの数は 1 未満である。それゆえ，M を最大化するときこれらの間にたった一つでもリンクが存在すれば二つのコミュニティを強制的に統合しなければならない。この分解能の限界からいくつかの帰結が導かれる。

- モジュラリティの最大化によって，式 (9.14) の分解能の限界より小さいコミュニティを検出することはできない。たとえば，$L = 1,497,134$ の WWW の例では (**表 2.1**)，モジュラリティの最大化では，次数の合計が $k_C \lesssim 1,730$ となるコミュニティを解明することは困難である。
- 現実のネットワークには数多くの小さいコミュニティが存在する [311, 312]。式 (9.14) の分解能の限界を踏まえると，これらの小さいコミュニティは自動的に大きいコミュニティに統合され，背後にあるコミュニティ構造の特徴について誤解を与えてしまう。

分解能の限界を克服するために，モジュラリティの最適化によって大きいコミュニティをさらに分解する [309, 313]。たとえば，**図 9.17a** の二つの物性物理学のグループの小さいほうを別のネットワークと捉えて，再び貪欲アルゴリズムを用いることにより，約 100 個の小さいコミュニティを得ることができる。このとき，モジュラリティは $M = 0.807$ とより高くなる（**図 9.17b**）[309]。

モジュラリティの最大値

モジュラリティの最大化に基づくアルゴリズムは，どれも，コミュニティの存在が明白な構造をもつネットワークでは M が最大となる最適な分割が存在することを前提としている [314]。すなわち，$M_{\max}$ は容易に見つけられ，$M_{\max}$ に対応するコミュニティ分割は他のすべての分割から区別可能であると考えている。しかし，次に示すとおり，この最適な分割は，他の数多くの準最適な分割と区別することが難しい。

N_C 個の部分グラフとリンクの相対密度 $k_C \approx 2L/n_c$ で構成されるネットワークを考えてみよう。最もよい分割は，それぞれのクラスターが別々のコミュニティとなる分割であるはずであり，このとき $M = 0.867$ である（**図 9.18a**）。しかし隣接する二つのクラスターを一つのコミュニティに統合させる

図 9.18 モジュラリティの最大値

24 個のクリークで構成される環状のネットワーク。各々のクリークは五つのノードからなる。

(a) **直感的分割**
最もよい分割は，それぞれのクラスターが別々のコミュニティとなっているこの形状と一致しているはずである。このとき $M = 0.867$ である。

(b) **最適な分割**
ノードの色で示されるように，クラスターを二つずつ統合すると，$M = 0.871$ となり，直感的分割で得られた (a) の M より高くなる。

(c) **無作為分割**
モジュラリティの値が近い分割でも，まったく異なるコミュニティ構図をもつことがよくある。たとえば，それぞれのクラスターを無作為にコミュニティに割り当てていくと，強調されている五つのコミュニティのように，お互いにまったくリンクをもたないクラスターでさえ，同じコミュニティになってしまうかもしれない。この無作為な分割のモジュラリティでも $M = 0.80$ と高く，最適な $M = 0.87$ とそれほど違わない。

(d) **モジュラリティ平面**
997 個の分割から再構成されたネットワークにおけるモジュラリティ関数。縦軸はモジュラリティ M であり，数多くのより低いモジュラリティをもつ分割からなる高いモジュラリティの平面の存在が明らかになる。したがって明確なモジュラリティの最大値は存在せず，代わって，モジュラリティ関数は大きく縮退していることになる。文献 [314] による。

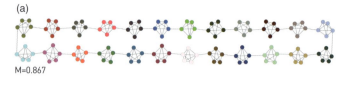

(a)

M=0.867

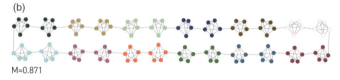

(b)

M=0.871

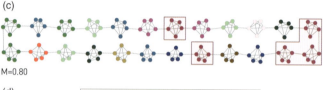

(c)

M=0.80

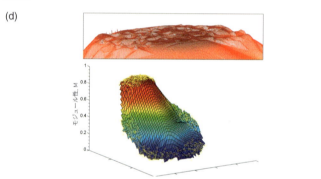

(d)

とき，よりモジュラリティが高くなり $M = 0.87$ となる（図 **9.18b**）。一般的に，式 (9.13) と式 (9.14) によれば，二つのクラスターを統合させれば，モジュラリティは

$$\Delta M = \frac{l_{AB}}{L} - \frac{2}{n_c^2} \tag{9.15}$$

のように変化する。モジュラリティの低下は $\Delta M = -2/n_c$ 以下である。$N_c = 20$ のコミュニティをもつネットワークにおいては，この変化は最大でも $\Delta M = -0.005$ であり，最大のモジュラリティ $M \simeq 0.87$ と比較するとわずかである（図 **9.18b**）。グループの数が増えるに従って，ΔM_{ij} はゼロに向かう。ゆえに最適な分割を準最適となる数多くの分割から区別することは，実際にこれらの分割のモジュラリティを M_{max} と区別することができないため，ますます難しくなる。言い換えれば，モジュラリティという変数は最適となる一つの分割の周辺で最大になるわけではなく，高いモジュラリティの平面が存在するのである（図 **9.18d**）。

まとめると，モジュラリティによってネットワークにおけるコミュニティ構造に関する第一原理的理解を得ることができる．実際に，式 (9.16) は簡単に言えば，コミュニティとは何を意味するのか，どのようにして適切な帰無モデルを選択するのか，どのようにある分割の良し悪しを測定するのか，のような数多くの重要な疑問を簡潔な形で含んでいる．その結果として，モジュラリティの最適化がコミュニティ検出の論文における中心的な役割を担うのである．

同時に，モジュラリティはいくつかのよく知られた限界を有する．第一に，小さく弱い結びつきのコミュニティを強制的に統合する．第二に，ネットワークはモジュラリティの最大値を明確にもつわけではなく，モジュラリティの違いが容易に判別できない多くの分割から構成されるモジュラリティの平面が存在する．この平面の存在により，なぜ数多くのモジュラリティ最大化アルゴリズムによって，即座に M の高い分割を見つけることができるかを理解できる．それらは M が最適解に近くなる数多くの分割の中から一つを見つけるのである．最後に，解析的な計算と数値シミュレーションによれば，ランダムなネットワークにおいてすら，モジュラリティの高い分割が存在し，これはモジュラリティの概念を動機づけている仮説 H3 とは相反する [315, 316, 317]．

モジュラリティの最適化は，ある定性的な Q の最適化によってコミュニティを検出するというより大きい問題における，一つの特殊な例である．貪欲アルゴリズムと，**発展的話題 9.C** で説明する Louvain のアルゴリズムは，$Q = M$ と仮定し，モジュラリティが最大となる分割を探す．**発展的話題 9.C** では，マップ方程式 L を最小化するという，エントロピーに基づいて分割の質を測定する方法によってコミュニティを検出する Infomap アルゴリズムについても説明する [318, 319, 320]．

9.5 重なり合うコミュニティ

一つのノードが単一のコミュニティにのみ属していることはまれである．ある一人の科学者を考えてみよう．この科学者は，同じ研究対象に関心をもつ科学者コミュニティに属している．しかし，彼は同時に家族や親族の作るコミュニティにも属しているし，おそらくは，共通の趣味をもつコミュニティ

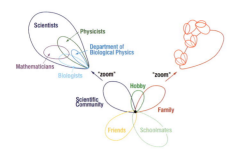

図 9.19　重なり合うコミュニティ

重なり合うコミュニティという概念を導入した，Tamás Vicsek 自身を取り巻くコミュニティの模式図．研究者コミュニティを拡大すると彼の科学的な関心を特徴づけるコミュニティが入れ子状になり重なり合っている様子が現れる．文献 [311] による．

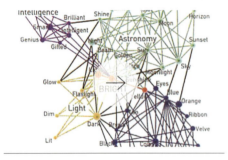

オンライン資料 9.2
CFinder
CFinder というソフトウェアを使えば，重なり合うコミュニティを見つけ出すことができる．CFinder は www.cfinder.org からダウンロードできる．

にも属しているだろう（**図 9.19**）．それらのコミュニティは，それぞれがまた他のいくつかのコミュニティに属する個人からなっており，その結果，入れ子になり重なり合った複雑なコミュニティのウェブができあがる [311]．重なり合うコミュニティは社会的なシステムに限定されたものではない．同じ遺伝子が多くの疾病に関与していることはしばしばあり，異なる機能不全からなる疾病のモジュールが互いに重なり合っていることを示唆している [29]．

入れ子になったコミュニティ構造が存在することは，社会学者 [321] やグラフ分割に興味をもつ工学者の間では以前からよく知られていたのであるが，ここまで議論されたアルゴリズムでは，それぞれのノードは単一のコミュニティに属するというものになっていた．転回点となったのは，Tamas Vicsek らの研究である [311, 322]．彼らは重なり合うコミュニティを見つけ出すアルゴリズムを提案し，ネットワーク科学コミュニティの関心をこの問題へと向けさせた．この節では，重なり合うコミュニティを検知する，クリーク・パーコレーションとリンク・クラスタリングという，二つのアルゴリズムを議論する．

9.5.1　クリーク・パーコレーション

クリーク・パーコレーション・アルゴリズムはしばしば CFinder と呼ばれる（**オンライン資料 9.2**）．このアルゴリズムはコミュニティを重なり合うクリークの統合として捉える [311]．

- 二つの k-クリークは，それらが $k-1$ 個のノードを共有しているならば隣接していると考える（**図 9.20b**）．

    k-クリークコミュニティとは隣接するすべての k-クリークの統合によって得られる最大連結部分グラフのことである（**図 9.20c**）．

- ある特定の k-クリークから到達できない k-クリークは，別の k-クリークコミュニティに属している（**図 9.20c,d**）．

CFinder アルゴリズムはすべてのクリークを見つけ出してから，大きさ $N_{clique} \times N_{clique}$ のクリーク・クリーク重なり合い行列 O を作る．ここで N_{clique} はクリークの数であり，要素 O_{ij} はクリーク i とクリーク j で共有されているノード数であ

9.5 重なり合うコミュニティ

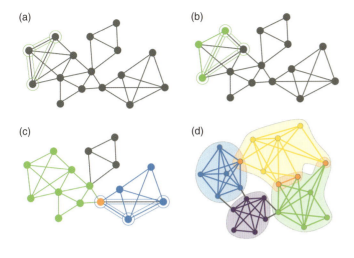

図9.20 クリーク・パーコレーション・アルゴリズム（CFinder）その1

$k=3$ のクリークコミュニティを見つけるために，ネットワーク内で一辺（二つのノード）を共有している一連の三角形を探していくことにしよう。

(a), (b) クリーク探し
(a) で示される緑色の三角形から始める。(b) が次のステップである。

(c) $k=3$ のクリークコミュニティ
アルゴリズムは最後の緑色の三角形がつけ加えられたところでいったん停止する。もう緑色の三角形と辺を共有する三角形がないので，緑色のコミュニティ探しはこれで完了である。同一のネットワーク内に複数の k-クリークコミュニティがあってよいことに注意しよう。二つめの青色のコミュニティがこのことを示している。図では，青色コミュニティに最後の三角形がつけ加えられたところが強調されている。青色と緑色のコミュニティは重なり合っており，オレンジ色のノードを共有している。

(d) $k=4$ のクリークコミュニティ
小さいネットワークでの $k=4$ コミュニティの構造。このコミュニティは少なくとも三つのノードを共有する4ノードの完全部分グラフからなっている。オレンジ色のノードは複数のコミュニティに属している。

この図は Gergely Palla の好意による。

る（図 9.39）。CFinder アルゴリズムの典型的な出力を図 9.21 に示す。この図は *bright* という英単語のコミュニティ構造である。このネットワークでは関連する意味をもつ二つの単語間にリンクが張られている。このアルゴリズムで見つけ出された重なり合うコミュニティには意味があることが容易に見てとれる。英単語 *bright* は，*glow* や *dark* など光に関係する単語群のコミュニティ，*yellow* や *brown* など色に関係する単語群のコミュニティ，*sun* や *ray* など天文学に関係する単語群のコミュニティ，*gifted* や *brilliant* など知性に関係する単語群のコミュニティに同時に属している。この例はまた，これまでに議論してきたアルゴリズムではこのネットワークのコミュニティ構造を見つけ出すことが困難であることを示している。これまでのアルゴリズムを使えば，*bright* は，これら四つのコミュニティのどれか一つに無理やり所属させられ，他の三つは除かれてしまうことだろう。したがって，いくつかのコミュニティが鍵となるメンバーから引き離されてしまい，解釈が困難な結果を生み出してしまうことになるだろう。

CFinder によって見つけ出されるコミュニティは偶然生み出

図 9.21 重なり合うコミュニティ

South Florida Free Association ネットワークで英単語 *bright* を含むコミュニティ。このネットワークにおいては，ノードは単語であり，その意味が関連する単語間にリンクを張る。英単語 *bright* は，明るさ，色，天文学用語，知性に関係して用いられるが，CFinder によって見つけ出されたコミュニティ構造は *bright* のもつこれらの複数の意味を正確に表している。文献 [311] による。

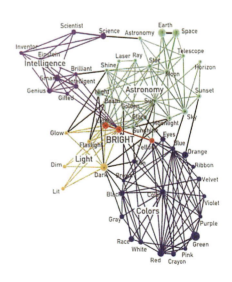

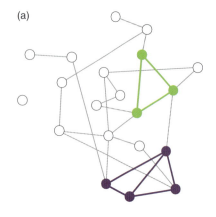

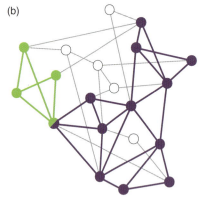

図9.22 クリーク・パーコレーション・アルゴリズム（CFinder）その2

$p = 0.13$ の確率で生成されたランダム・ネットワーク (a) と $p = 0.22$ の確率で生成されたランダム・ネットワーク (b)。どちらの p も $N = 20$ に対するパーコレーションしきい値 ($p_c = 1/N = 0.05$) よりも大きいので，どちらについてもほとんどのノードが巨大連結成分に属している。

(a) **亜臨界コミュニティ**
3-クリーク（三角形）パーコレーションしきい値は式 (9.16) によると $p_c(3) = 0.16$ なので，このしきい値よりも p は小さい。したがって，二つの小さい3-クリークだけが観測され，それらはお互いに連結されていない。

(b) **超臨界コミュニティ**
$p = 0.22$ のときは $p_c(3)$ よりも大きくなっている。したがって，複数の3-クリークが紫色の一つの大きい3-クリークのパーコレーション・クラスターを形成しているのが観測される。このネットワークでは，緑色で表されている二つめの3-クリークが重なり合っているのも観測される。
文献 [322] による。

されたものなのであろうか。本当の k-クリークコミュニティと単にリンクが高密度であることから生じるコミュニティを区別するため，ランダム・ネットワークにおける k-クリークのパーコレーションの性質を調べよう [322]。第3章で議論したように，もしランダム・ネットワークが十分に密であれば，さまざまな次数のクリークが多数存在する。ランダム・ネットワークでは，大きい k-クリークコミュニティは，連結確率 p がしきい値

$$p_c(k) = \frac{1}{[(k-1)N]^{1/(k-1)}} \quad (9.16)$$

を超えてはじめて生じてくる（**発展的話題9.D**）。$p_c(k)$ よりも p が小さいときは，少数の孤立した k-クリークが存在するだけである（**図9.22a**）。p が $p_c(k)$ を超えると k-クリークを形成する多数のクリークが見られるようになる（**図9.22b**）。言い換えると，個々の k-クリークコミュニティは以下のようにそれぞれのしきい値をもつことになる。

- $k = 2$ のとき，k-クリークは単に個々のリンクであり，式 (9.16) は $p_c(k) \sim 1/N$ ということになる。これは，ネットワークにおいて巨大連結成分が現れる条件と同じである。

- $k = 3$ のとき，クリークは三角形であり（**図9.22a,b**），式 (9.16) によれば，$p_c(k) \sim 1/\sqrt{2N}$ である。

言い換えると，k-クリークコミュニティは十分に密なネットワークでは自然に現れてくる。その結果，ネットワーク内で重なり合うコミュニティの構造を解釈するためには，もともとのネットワークの次数分布を固定しながらランダムなつなぎかえを行ったネットワークから得られるコミュニティ構造との比較をしなければならない。

計算の複雑さ

ネットワーク内にあるクリークを探すためには，計算量が N について指数関数的に増加するアルゴリズムが必要になる。しかし，CFinder でのコミュニティの定義は最大クリークではなくノード数の定まったクリークに基づいているので，N について多項式時間で見つけ出すことができる [323]。しかし，もしネットワークに大きいクリークがあれば，$O(e^N)$ の計算量のアルゴリズムを使ってすべてのクリークを見つけるほうが効率的である [311]。このように多くの計算量が必要

となるにもかかわらず，このアルゴリズムは比較的速く，400万人の利用者による携帯電話の発信ネットワークでも一日かからずに処理できる [324]（図 **9.28**）。

9.5.2　リンク・クラスタリング

　複数のコミュニティに属するノードはめずらしくないのに対し，リンクは多くの場合一つのコミュニティに属する傾向があるため，あるノードがどのコミュニティに属するかを正確に捉えることができる。たとえば，二人のひとの間にリンクがある場合，そのリンクは，そのひとたちが同じ家族に属していることを表しているかもしれないし，一緒に働いていることを表しているかもしれないし，趣味が同じであることを表しているかもしれない。そのような関係性そのものが重なり合うことはまれである。同様に生物学においては，あるたんぱく質がもつ個々の結合相互作用はそのたんぱく質の異なる機能に関係しており，細胞内でのそのたんぱく質の役割を特定している。このようにリンクによってコミュニティを特定することができるため，クラスター内のノードではなくリンクによってコミュニティを見つけるアルゴリズムが開発された [325, 326]。

　リンク・クラスタリング・アルゴリズムは Ahn, Bagrow, Lehmann によって提案され [325]，以下のいくつかのステップから成り立っている。

ステップ 1：リンク類似度の定義

　二つのリンクの類似度はそれらのリンクによって接続されるノードの最近接ノードによって決まる。たとえば，二つのリンク (i, k) と (j, k) が共通のノード k に接続されている場合を考えよう。この二つのリンクの類似度は

$$S((i,k),(j,k)) = \frac{|n_+(i) \cap n_+(j)|}{|n_+(i) \cup n_+(j)|} \tag{9.17}$$

と定義される（図 **9.23a–c**）。ここで，$n_+(i)$ は，自分自身も含んだノード i の最近接ノードのリストである。したがって，類似度 S はノード i とノード j が共有するノードの相対的な数ということになる。その結果，もしノード i とノード j がまったく同じノードを共有している場合は $S = 1$ である（図 **9.23c**）。二つのリンクの最近接ノードの重なりが少なくなるほど，類似度 S は小さくなる（図 **9.23b**）。

図 9.23 リンクコミュニティを見つけ出す

リンク・クラスタリング・アルゴリズムは，個々のリンクの両端のノードのつながり方のパターンを調べることによって，ネットワーク内で同じような役割をもつリンクを見つけ出すものである。このアルゴリズムは，Ravasz のアルゴリズムの類似度関数から着想を得たもので（図 9.19），同じグループに属するノードを連結するリンクに大きい類似度 S を与えようとするものである [289]。

(a) 同じノード k につながっている二つのリンク (i, k) と (j, k) の類似度 S はこれらのリンクが同じノードグループに属しているかどうかを表す。自分自身も含むノード i の最近接ノードのリストを $n_+(i)$ で表すこととすると，$|n_+(i) \cup n_+(j)| = 12$ と $|n_+(i) \cap n_+(j)| = 4$ となり，式 (9.17) から $S = 1/3$ となる。

(b) 三つのノードを結ぶ孤立したリンク（$k_i = k_j = 1$）については $S = 1/3$ である。

(c) 三角形については $S = 1$ である。

(d) ネットワーク (e) とネットワーク (f) に対するリンクの類似度行列。色が濃くなるほど類似度 S が大きいことを表す。この図では，類似度から得られるリンクの樹形図も併記している。

(e) 図 (d) の樹形図においてオレンジ色の破線で示されたカットによるリンクコミュニティの構造。

(f) 図 (e) に示されたリンクコミュニティから得られるノードコミュニティの重なり。

文献 [325] による。

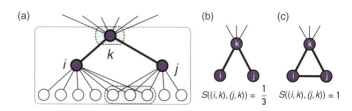

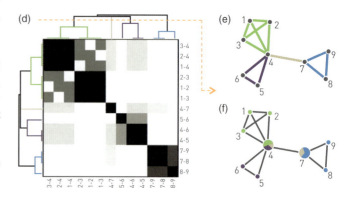

ステップ 2：階層的クラスタリングの適用

類似度行列 S を使えば，リンクコミュニティを見つけ出すために階層的クラスタリングを用いることができる（9.3 節参照）。ここでは単一リンクの方法を用いて，最も大きい類似度をもつリンクのペアを同一のコミュニティにまとめていく（図 9.10）。

図 9.23e のネットワークに対する類似度行列は式 (9.17) に従い図 9.23d のようになる。単一リンクによる階層的クラスタリングによって得られた樹形図も図 9.23d に示されており，そのカットが図 9.23e に示されたリンクコミュニティとなる。また，重なり合うノードコミュニティは図 9.23f に示されている。

図 9.24 に，このリンク・クラスタリング・アルゴリズムによって見つけ出された，Victor Hugo の小説レ・ミゼラブルの登場人物の作るネットワークのコミュニティ構造を示す。この小説をよく知っている人は，これらのコミュニティが個々の登場人物の小説内での役割を正確に表していることが確信できるだろう。何人かの登場人物は複数のコミュニティに属しており，この小説におけるそれらの人物の重なり合う役割を反映している。しかし，リンクはただ一つのコミュニティにしか属していない。

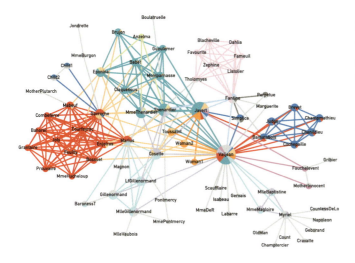

図 9.24　リンクコミュニティ
Victor Hugo の 1862 年の小説**レ・ミゼラブル**の登場人物のネットワーク。登場人物は物語の中で直接のかかわりをもった場合にリンクが張られる。リンクの色はクラスターを表しており，薄い灰色のノードは単一のリンクしかもたないノードに対応する。複数のコミュニティに属するノードは円グラフを用いて所属するコミュニティによる色分けがされている。当然ながら，主人公であるジャン・バルジャンが最も多様なコミュニティに属している。文献 [325] による。

計算の複雑さ

リンク・クラスタリング・アルゴリズムには，類似度の計算と階層的クラスタリングという時間のかかるステップが二つ含まれている。次数 k_i と k_j のノードペアをつなぐリンクに対して類似度，式 (9.17) を計算するには $\max(k_i, k_j)$ の回数のステップが必要である。指数 γ をもつスケールフリー・ネットワークについては，類似度の計算は，最大次数 $k_{\max}$ の大きさによって決まる $O(N^{2/(\gamma-1)})$ の程度の計算量となる。階層的クラスタリングには $O(L^2)$ 程度の計算量が必要である。したがって，このアルゴリズムの総計算量は $O(N^{2/(\gamma-1)}) + O(L^2)$ ということになる。グラフが疎である場合，第 1 項が支配的となり $O(N^2)$ の程度となる。

重なり合うコミュニティを見つけ出すことの必要性が契機となり，多くのアルゴリズムが考えられてきた [327]。たとえば，CFinder アルゴリズムは重みつきグラフ [328] や，有向グラフ，2 部グラフ [329, 330] へと拡張されている。同様に，9.4 節で議論されたモジュラリティ関数と同様に，リンク・クラスタリングについても評価関数を導出することができる [326]。

まとめると，本節で議論されたアルゴリズムでは，ノードが複数のコミュニティに属することを自然なこととして受け入れる。それゆえ，これ以前の節で行ってきたように，ノードを単一のコミュニティに無理に所属させれば，背後にあるコミュニティ構造について間違った特徴づけをすることになる。リンクコミュニティは，個々のリンクは二つのノード間

の関係の本質を正確に捉えているという事実に基づくものである．その副産物として，リンク・クラスタリングではネットワーク内で重なり合うコミュニティ構造を予測することができる．

9.6 検出されたコミュニティのテスト

　コミュニティを見つけ出すアルゴリズムは，現実のネットワークの局所的構造を特徴づけるための強力な診断手段となる．しかし，見つけ出されたコミュニティを解釈し使用するためには，それらのアルゴリズムがどこまで正確であるのかを理解しておかなければならない．同様に，大きいネットワークを診断するためには，それらのアルゴリズムは計算の際にどの程度効率的であるのかについても調べておかなければならない．この節では，コミュニティ検出の正確さと速さを評価するために必要な概念に焦点を当てる．

9.6.1 正確さ

　もし，コミュニティ構造というものがネットワークの接続図の中にただ一つ組み込まれているのであれば，どのアルゴリズムもまったく同じコミュニティを見つけ出すはずである．しかし，アルゴリズムのもつ前提条件がさまざまに異なるため，それらのアルゴリズムによるコミュニティ分割は異なっている．そこで，次の疑問が生じることとなる．では，どのコミュニティ検出アルゴリズムを用いるべきであろうか．

　コミュニティ検出アルゴリズムの性能評価のためには，アルゴリズムの**正確さ**，すなわち，コミュニティ構造が初めからわかっているネットワークのコミュニティを見つけ出す能力を測定することが必要である．そのために，あらかじめ決められたコミュニティ構造をもっていて，コミュニティ検出アルゴリズムの正確さをテストするために用いることのできる二つのベンチマークを議論することから始めよう．

Girvan-Newman (GN) のベンチマーク

　Girvan-Newman のベンチマークは，あらかじめノード数 $N_c = 32$ の四つのコミュニティ $n_c = 4$ に分けられた全ノード数 $N = 128$ のネットワークからなる [47, 331]．個々のノードは，コミュニティ内の $N_c - 1$ のノードに対しては確率 p^{int}

図 9.25 GN ベンチマークによる正確さのテスト

(a) と (c) でのノードの位置は Girvan-Newman (GN) のベンチマークでネットワークに埋め込まれたコミュニティを示しており，ノード数 $N_c = 32$ のコミュニティが四つあることを表している。

(a) ノードの色は式 (9.18) で与えられる制御パラメータの値が $\mu = 0.40$ のときの Ravasz のアルゴリズムによる分割の結果である。この場合のように各コミュニティがよく分離されているときには，埋め込まれたコミュニティと検出されたコミュニティは非常によく一致する。

(b) Ravasz のアルゴリズムについて制御パラメータ μ の関数としての規格化された相互情報量 I_n。小さい μ については $I_n \simeq 1$ および $n_c \simeq 4$ となっており，図 (a) に示されているように，このアルゴリズムによってよく分離されたコミュニティを検出することは容易であることを示している。μ の値が大きくなるにつれコミュニティ内のリンク密度とコミュニティ間のリンク密度の差異は小さくなっていく。その結果，コミュニティの検出は難しくなり，I_n の値も小さくなる。

(c) $\mu = 0.50$ のとき，コミュニティの分離ははっきりしたものではなくなり，コミュニティ構造を正確に見つけ出すことは難しくなってくるため，Ravasz のアルゴリズムはかなりの割合のノードを間違ったコミュニティに分類している。

Ravasz のアルゴリズムは多重のコミュニティ分割を行うことに注意しよう。そのため，μ の一つの値について，最も大きいモジュラリティ M を与える分割を示している。図 (a) と図 (c) には，検出されたコミュニティ分割に対応する規格化された相互情報量 I_n とコミュニティ数 n_c の値も示している。規格化された相互情報量 (9.23) は，重なりのないコミュニティに対して定められたものであるが，重なり合うコミュニティに対しても同じように拡張することができる [333]。

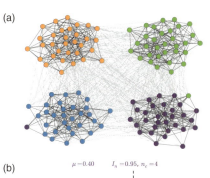

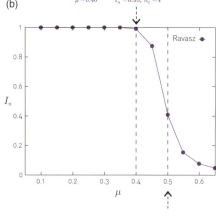

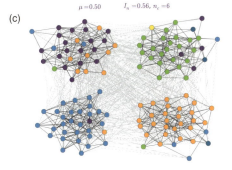

でリンクが張られ，他の三つのコミュニティに属する $3N_c$ のノードには確率 p^{ext} でリンクが張られている。ここで，ネットワークの制御パラメータ

$$\mu = \frac{k^{\text{ext}}}{k^{\text{ext}} + k^{\text{int}}} \quad (9.18)$$

を導入する。μ の値が小さい場合には，同じコミュニティ内のリンク密度が異なるコミュニティ間のリンク密度よりも大きくなっており，どのコミュニティ検出アルゴリズムであってもよい結果を与えるはずである（**図 9.25a**）。また，コミュニティ内のリンク密度がコミュニティ間のリンク密度と同程度となる μ の値では，どのコミュニティ検出アルゴリズムでも性能が落ちてくるはずである（**図 9.25b**）。

Lancichinetti-Fortunato-Radicchi (LFR) のベンチマーク

GN ベンチマークは，すべてのノードが同程度の次数をもち，すべてのコミュニティが同じ大きさをもつランダム・ネットワークを生成するものである。しかしながら，ほとんどの

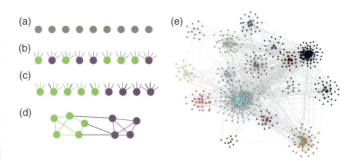

図 9.26　LFR のベンチマーク

Lancichinetti-Fortunato-Radicchi (LFR) のベンチマークは，次数分布もコミュニティの規模分布もべき則に従うネットワークを生成する。このベンチマークは次の手順で構成される [332]。

(a) N 個の孤立ノードから始める。

(b) それぞれのノードに，指数 ζ のべき則分布 $P_{N_c} \sim N_c^{-\zeta}$ に従う大きさ N_c をもつコミュニティを割り当てる。ノード i には指数 γ のべき則 $p_k \sim k^{-\gamma}$ に従う次数 k_i を割り当てる。

(c) ある一つのコミュニティに属するノード i には，図中ではノードと同じ色のリンクで示されているようにコミュニティ内に向かう $(1-\mu)k_i$ 本のリンクをもつ。図中で黒く表されている残り μk_i 本のリンクについては他のコミュニティと接続されるものとする。

(d) 同一コミュニティ内に向かうリンクについては，空きがなくなるまで，同じコミュニティ内のノード間で相互に無作為に接続する。このようにすれば，個々のノードのもつコミュニティ内の次数がそのまま維持される。残りの μk_i 本のリンクについては，他のコミュニティのノードと無作為に接続する。

(e) $N=500$，$\gamma=2.5$，$\zeta=2$ の場合の LFR ベンチマークによって生成されたネットワークとそのコミュニティ構造である。

現実のネットワークの次数分布は大きい次数のところまで長く尾を引くものであり，コミュニティの規模分布も同様である（図 9.29）。そのため，GN ベンチマークでよい結果を出すアルゴリズムであっても，現実のネットワークについての結果はあまりよくないことがありうる。この限界を避けるため，LFR ベンチマークでは，次数分布も埋め込まれたコミュニティの大きさもべき則に従うネットワークを作る [332]（図 9.26）。

コミュニティ構造がわかっているネットワークができてしまえば，次に必要なことは，ある特定のコミュニティ検出アルゴリズムによる分割の正確さを測る方法である。その際，注意しなければならないのは，ここで議論されている二つのベンチマークは，コミュニティについてのある特定の定義に対応したものであるということである。したがって，クリーク・パーコレーションやリンク・クラスタリングに基づくアルゴリズムは異なるコミュニティの捉え方を表すものであり，これらのベンチマークとは相性がよくないかもしれない。

正確さの測定

アルゴリズムによって検出されたコミュニティとベンチマーク内に埋め込まれたコミュニティを比較するために，ネットワーク内のノードを任意のやりかたで重なりのないコミュニティへと分割することを考えよう。各ステップで無作為にノードを選び，そのノードが属するコミュニティのラベルを記録する。結果として，無作為に選ばれたノードが C というコミュニティに属する確率 $p(C)$ の分布に従うランダムなコミュニティラベルの列が得られる。

同じネットワークについての二つの分割を考えよう。一つはベンチマークの分割でこれが正解であり，もう一つはあるコミュニティ検出アルゴリズムで得られた分割である。それ

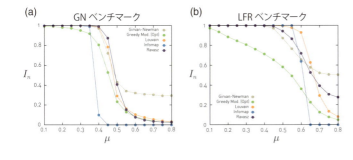

図 9.27　各ベンチマークに対するテスト

GN ベンチマークと LFR ベンチマークについて重なりのないコミュニティを見つけ出すコミュニティ検出アルゴリズムをテストした。図に示されているのは，五つのアルゴリズムについて μ に対する規格化された相互情報量 I_n のプロットである。アルゴリズムの名称については表 9.1 を参照。

(a) **GN ベンチマーク**

横軸は異なるコミュニティ間を結ぶリンクの割合を表すミキシングパラメータ μ（式 (9.18)）である。縦軸は規格化された相互情報量（式 (9.19)）である。それぞれの曲線は 100 回の独立なテストの結果を平均したものである。

(b) **LFR ベンチマーク**

LFR ベンチマークについての (a) と同様のプロットである。ベンチマークのパラメータは $N = 1{,}000$，$\langle k \rangle = 20$，$\gamma = 2$，$k = 50$，$\zeta = 1$，最大コミュニティの大きさ 100，最小コミュニティの大きさ 20 である。それぞれの曲線は 25 回の独立なテストの結果を平均したものである。

ぞれの分割についてのコミュニティラベルの分布を $p(C_1)$，$p(C_2)$ とする。

また，同時分布 $p(C_1, C_2)$ は無作為に選ばれたあるノードが，第一の分割ではコミュニティ C_1 に属し，第二の分割では C_2 に属する確率である。二つの分割の類似度は規格化された相互情報量

$$I_n = \frac{\sum_{C_1, C_2} p(C_1, C_2) \log_2 \frac{p(C_1, C_2)}{p(C_1) p(C_2)}}{\frac{1}{2} H(\{p(C_1)\}) + \frac{1}{2} H(\{p(C_2)\})} \qquad (9.19)$$

で表される。式 (9.19) の分子が**相互情報量 I** であり，二つのコミュニティ分割によって共有される情報量を測るものである。もし，C_1 と C_2 が互いに独立であれば $I = 0$ となる。この I は二つの分割が同一であるとき最大値 $H(\{p(C_1)\}) = H(\{p(C_2)\})$ となる。ここで

$$H(\{p(C)\}) = -\sum_C p(C) \log_2 p(C) \qquad (9.20)$$

はシャノンのエントロピーである。

もし，すべてのノードが同じコミュニティに属しているなら，次のノードが属するコミュニティを推察することによって新しい情報は得られないので，次に何のコミュニティラベルが来るかは確定し $H = 0$ である。また $p(C)$ が一様分布のときは，次に何のコミュニティラベルが来るかの予想はできず，新しく選ばれるノードはいつも H ビットの新しい情報をもっていることになるので，H は最大となる。

まとめると，検出された分割とベンチマークが一致すれば $I_n = 1$ であり，それらが相互に独立であれば $I_n = 0$ である。相互情報量 I_n の有用性は GN ベンチマークに対する Ravasz のアルゴリズムの正確さを示した図 **9.25b** に見ることができる。図 **9.27** では，それぞれのアルゴリズムの GN ベンチマー

表 9.1 アルゴリズムの複雑さ
この章で議論されたコミュニティ検出アルゴリズムの計算の複雑さ。計算量は N と L の両方に依存するが，疎なネットワークについてはよい近似で $L \sim N$ となるので，この表では N に関する計算の複雑さのみを挙げている。

名称	用いられている手法	計算量	参考文献
Ravasz	階層的凝集	$O(N^2)$	[289]
Girvan-Newman	階層的分割	$O(N^3)$	[457]
貪欲アルゴリズム	モジュラリティ最適化	$O(N^2)$	[309]
最適化貪欲アルゴリズム	モジュラリティ最適化	$O(N \log^2 N)$	[310]
Louvain	モジュラリティ最適化	$O(L)$	[282]
Infomap	流れ最適化	$O(N \log N)$	[318]
クリーク・パーコレーション(CFinder)	重なり最適化	$\exp(N)$	[322]
リンク・クラスタリング	階層的凝集と重なり最適化	$O(N^2)$	[325]

クと LFR ベンチマークに対するパフォーマンスをテストするために I_n を用いている。その結果から以下の結論を得ることができる。

- $\mu < 0.5$ のときは $I_n \simeq 1$ である。したがって，コミュニティ内のリンク密度がコミュニティ間に比べて大きいときには，ほとんどのアルゴリズムが埋め込まれたコミュニティを正確に見つけ出している。$\mu = 0.5$ を超えると，どのアルゴリズムも正確さが低下する。
- 正確さの程度はベンチマークに依存する。より現実的な LFR ベンチマークについては Louvain のアルゴリズムと Ravasz のアルゴリズムが最もよい結果を出しており，貪欲アルゴリズムによるモジュラリティの結果はよくない。

9.6.2 速さ

9.2 節で議論したように，総ノード数 N のネットワークの場合，可能な分割数は N について指数関数的に増大し，ほとんどの現実のネットワークについては天文学的な数となってしまう。コミュニティ検出アルゴリズムはすべての分割をチェックするわけではないが，それでも計算にかかるコストは大きく変化し，その計算速度と結果として取り扱えるネットワークの大きさを決定してしまう。**表 9.1** にこの章で議論したアルゴリズムの計算量をまとめた。この表によると，最も効率がよいのは Louvain のアルゴリズムと Infomap アルゴ

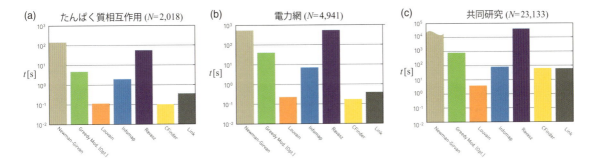

図 9.28　計算時間

コミュニティ検出アルゴリズムの計算速度を比較するために，アルゴリズムの開発者によって公開されたソフトウェアそのものか，あるいは igraph パッケージで利用可能なもののいずれかを，Python で実装して計算を行った。ただし，Ravasz のアルゴリズムは我々によって実装されたものであるため，最適化されておらず理想的な場合よりも長い時間がかかっている。どのアルゴリズムも同一の計算機上で実行した。図は三つの現実のネットワークに対する各アルゴリズムの計算時間を秒単位でプロットしたものである。科学者の共同研究ネットワークについては，Girvan-Newman アルゴリズムでは 7 日間計算しても終らなかったため，計算時間の下限のみをプロットしている。共同研究ネットワークの計算時間がより多くかかることはネットワークが大きいためである。

リズムであり，両方とも $O(N \log N)$ の複雑さである。最も効率が悪いのは CFinder であり $O(e^N)$ の複雑さである。

しかし，このスケーリング則だけで実際の計算時間を見積もれるわけではない。これは N に依存する計算時間のスケーリングを表しているだけであり，非常に大きいネットワークのコミュニティを見つけるときに重要になってくる。これらのアルゴリズムの本当の速度についての感覚を得るために，同じ計算機で，たんぱく質相互作用ネットワーク ($N = 2,018$)，電力網 ($N = 4,941$)，共同研究ネットワーク ($N = 23,133$) についての計算時間を測定してみた。その結果を図 9.28 に示し，概要は以下のとおりである。

- Louvain のアルゴリズムはすべてのネットワークに対して最も短い計算時間となる。CFinder は中間規模のネットワークに対してはそれと同程度に速く，より大きい共同研究ネットワークに対してもその他のアルゴリズムと同程度の計算時間である。
- Girvan-Newman のアルゴリズムはどのネットワークに対しても最も遅く，アルゴリズムのもつ計算量の多さから予想されるものと一致している（表 9.1）。たとえば，このアルゴリズムは共同研究ネットワーク内のコミュニティを 7 日間かけても見つけることができなかった。

まとめると，いくつかのベンチマークを使うことによって，利用可能なアルゴリズムの正確さや速さを比較できる。最も速く最も正確なコミュニティ検出ツールの開発については，現在でも活発な競争が行われている分野であることを考えると，この分野に興味をもつ人はさまざまな側面から各アルゴリズムを比較している文献にあたることが必要であろう [307,

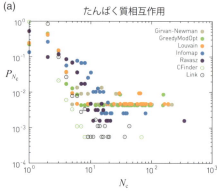
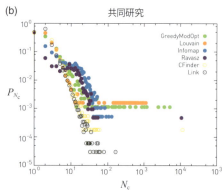
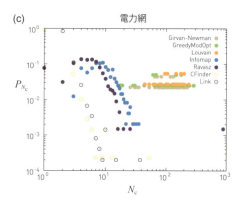

図 9.29　コミュニティの規模分布

この章で議論されているコミュニティ検出アルゴリズムによって予測されるコミュニティの規模分布 p_{N_c}。各アルゴリズムの名前は**表 9.1** のとおりである。たんぱく質相互作用 (a) と科学者の共同研究ネットワーク (b) ではすべてのアルゴリズムが近似的に長く尾を引く分布を予測しており、結果はおおむね互いに一致している。しかし、電力網 (c) については相異なる結果となっている。

332, 334, 335]。

9.7　コミュニティの特徴づけ

ネットワーク科学の研究は、どのようにネットワークが生じ、そして構成されているのかを定量的に理解したいという思いによって進展している。それらのネットワークの構成原理はコミュニティの構造に大きい影響を与え、またそれらをうまく見つけ出せるかにも同様に影響する。この節では、コミュニティの時間発展、コミュニティの規模分布の特徴、コミュニティ検出におけるリンクの重みの役割等を議論し、コミュニティがそもそもどのようにして構成されていくのかを明らかにしていく。

9.7.1　コミュニティの規模分布

基本仮説 (H1) によると、一つのネットワーク内のコミュニティ数と大きさは、そのネットワークのノードがどのように接続されているかによってただ一つに決まるはずである。したがって、これらのコミュニティの規模分布はどのようなものか、という問いが出てくる。

多くの研究結果は、その分布は大きいコミュニティまで長く尾を引き、無数の小さいコミュニティとごく少数の大きいコミュニティが共存していることを報告している [292, 309, 310, 311, 334]。この分布パターンがどの程度広く見られるものかを調べるため、**図 9.29** に三つのネットワークについてのさまざまなコミュニティ検出アルゴリズムによる p_{N_c} を示す。このプロットによって、いくつかのパターンがわかってきた。

- たんぱく質相互作用と科学者の共同研究ネットワークについては、すべてのアルゴリズムが近似的にではあるが p_{N_c} について長く尾を引く分布を予測している。したがって、これらのネットワークでは無数の小さいコミュニティが少数の大きいコミュニティと共存している。

- 電力網については、用いるアルゴリズムによって異なる結果が得られる。モジュラリティを基礎とするアルゴリズムでは大きさが $N_c \simeq 10^2$ 程度のコミュニティを予測している。これに対し、Ravasz のアルゴリズムや Infomap では大きさが $N_c \simeq 10$ 程度の数多くのコミュニティと数個のより大き

いコミュニティが予測される。クリーク・パーコレーションとリンク・クラスタリングに基づくアルゴリズムでは近似的に長く尾を引くコミュニティの規模分布を予測する。

これらの違いから見て，長く尾を引くコミュニティの規模分布は特定のアルゴリズムの副産物ではないようである。むしろ，たんぱく質相互作用や科学者の共同研究ネットワークのような，いくつかのネットワークがもつ内在的な性質である。電力網について相異なる結果が得られたということは，このネットワークには，はっきりと検出される唯一のコミュニティ構造は存在しないことを示唆する。

9.7.2　リンクの重みとコミュニティ

リンクの重みはコミュニティ構造と深い関係がある。しかし，次に議論するように，その関係の性質は個々のシステムに依存する。

社会ネットワーク

二人が一緒に過ごす時間が長いほど，共通の友人をもつ可能性が高く，その二人が同じコミュニティに属する可能性は高い。その結果，社会ネットワークのコミュニティは重みの大きいリンクの近傍にかたまって存在する傾向にある。このパターンは，異なるコミュニティをつなぐリンクは比較的弱いという**弱い紐帯仮説**として知られており [24]，携帯電話の発信ネットワークに関する**図 9.30a** に示されている [115]。この図に見られるように，重みの大きいリンクは実際に多数の小さいコミュニティ内で支配的であり，コミュニティどうしを結ぶリンクは目に見えて重みが小さい。

輸送システム

多くの技術的あるいは生物学的ネットワークの目的は，物や情報の輸送である。この場合，リンクの重みはネットワークの局所的な流通の様子を表している媒介中心性と相関があると期待される [336, 337]。異なるコミュニティを結びつけるリンクは相当な量の交通量をさばかなければならないので，輸送ネットワークにおいては，重みの大きいリンクはコミュニティ間に存在する。それに対して，コミュニティ内のリンクの重みは比較的小さいものになる（**図 9.30b**）。

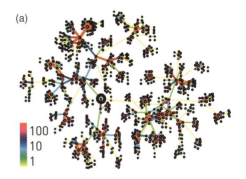

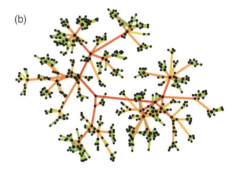

図 9.30　リンクの重みとコミュニティ

携帯電話の発信ネットワークをもとにリンクの重みとコミュニティの関係を示す。リンクはユーザー間相互の通話である。ネットワークのノードは，パネル (a) において黒丸で強調された一つのノードから 6 ステップの距離以下にあるもののみを表示している。

(a) **実際の重み**

リンクの色は "分" を単位とする通話時間の積算を示している（カラーバーを参照）。弱い紐帯仮説にもあるように，通話時間の長いリンクは主としてコミュニティ内部に，通話時間の短いリンクはコミュニティ間に見られる [24]。

(b) **媒介中心性**

もし，技術的あるいは生物学的なシステムでよくあるように，リンクの重みが情報や物品を運ぶ必要性によって定まっているのであれば，重みは媒介中心性によってうまく近似される（**図 9.11**）。図ではそれぞれのリンクの媒介中心性に基づいて色分けをした。図に示すように，コミュニティ間を結ぶリンクの媒介中心性は大きく（赤色），コミュニティ内のリンクの媒介中心性は小さい（緑色）。文献 [115] による。

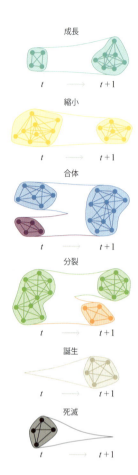

図 9.31　時間発展するコミュニティ

ネットワークが時間発展すると，その中に埋め込まれているコミュニティ構造も同じように時間発展する．コミュニティ構造に見られる時間変化のすべては，その「一生」について図に示されている六つの基本的な過程の結果である．一つのコミュニティは成長あるいは収縮する．また，コミュニティどうしは一緒になることも，また分離することもある．新しいコミュニティが生まれ，また消え去るものもある．文献 [324] による．

リンクの重みとコミュニティ構造の間にある密接な関係を考えると，リンクの重みを考慮に入れることによりコミュニティ検出アルゴリズムの正確さを増すことができるのではないかと思える．しかし，社会ネットワークと技術的ネットワークでは異なる関係性が見られることから，この考えは注意して用いなければならない．すなわち，重みの大きいリンクによって結びつけられるノードを同じコミュニティに置くアルゴリズムは社会ネットワークにしかうまく働かないだろう，ということである．それらを，技術的ネットワークや生物学的ネットワークのような重みの大きいリンクが異なるコミュニティ間を結びつけている場合には，誤った結果を与えることも起こりうる．

9.7.3　コミュニティの時間発展

ネットワークの接続の様子が変化することはコミュニティに関してさまざまな結果をもたらしうる．新しいコミュニティが生まれることもあるだろうし，すでに存在するコミュニティが成長する，あるいは縮小することもあるだろう．また，いくつかのコミュニティどうしが融合したり，より小さいコミュニティに分かれてしまったり，ついには死滅してしまったり，ということもあるだろう [324]（**図 9.31**）．社会ネットワークや通信ネットワークを対象とするこれまでの研究成果からコミュニティのたどる変化についていくつかの洞察を得ることができる [324, 338–344]．

成長

あるノードがあるコミュニティに加わる確率は，そのノードがそのコミュニティ内のノードへのリンク数が大きくなるにつれて増加する [344]．

縮小

属するコミュニティ内のノードへのリンクがあまり多くないノードは，コミュニティ内のノードへ多くのリンクをもつノードに比べて，そのコミュニティから離れる傾向が強い [344]．重みつきネットワークでは，あるノードがコミュニティから離れる確率はそのノードのもつコミュニティ外のノードへのリンクの重みの総和にしたがって大きくなる．

分裂と死へ向かう崩壊

コミュニティが崩壊する確率はコミュニティ外のノードへのリンクの重みの総和に従って大きくなる。

生存時間

コミュニティの生存時間とその大きさの間には正の相関があり，コミュニティの生存時間が長いほどその規模は大きい [324]。

コミュニティの安定性

大きいコミュニティに所属するメンバーはより小さいコミュニティのメンバーよりも頻繁に入れ替わる。実際のところ，社会ネットワークでは大きいコミュニティはしばしば公共機関，企業，学校などに対応し，新しいメンバーを受け入れたり，社員を新規雇用したり，新入生を受け入れたりして，それ自身を新しくしていく。それに対し，小さいコミュニティが安定して存在するためには，その構成員がほぼ一定でなければならない [324]。

これらの結果は社会的な系について得られたものである。技術的あるいは生物学的ネットワークにおけるコミュニティの時間発展のパターンに関しては，まだまだ限られた範囲の理解しか得られていない。

まとめると，繰り返し現れるいくつかのパターンがコミュニティの形成や時間発展を特徴づける。典型的なコミュニティの規模分布は長く尾を引くものであり，多数の小さいコミュニティと少数の大きいコミュニティが共存していることを示している。また，コミュニティの構造とリンクの重みの間には，その系に依存する関係性が見られる。社会的システムでは主にコミュニティ内部に大きい重みのリンクが現れるのに対し，輸送ネットワークではコミュニティ間に大きい重みのリンクが現れる。最後に，コミュニティの時間発展を支配するいくつかの発展パターンについて，理解が深まりつつあることも学んだ。

9.8 まとめ

コミュニティ構造はさまざまなネットワークに共通して広く見られる。そのため，コミュニティ検出はネットワーク科学において活発に発展を続ける分野となっている。開発され

たアルゴリズムの多くは，すでにソフトウェアパッケージとしてネットワーク解析に使えるようになっている。しかし，これらのアルゴリズムを効率よく用い，その解析結果を解釈するためには，それぞれのアルゴリズムに組込まれている仮定をよく知っておかなければならない。本章では，コミュニティ検出についての理論的および定量的基礎について述べた。それは最もよく使われるアルゴリズムの起源とその背後にある仮定を理解するのに役立つであろう。

このようにコミュニティ検出はいろいろな成功をおさめているにもかかわらず，次に示すように，まだ解決されていない問題も多くある。

本当に「コミュニティ」はあるのだろうか

この章を通して，あるネットワークにおいてコミュニティが実際にあることがどうしてわかるのか，という根本的な問いは避けてきた。言い換えれば，そもそもコミュニティというものを定義することなしに，ネットワークの中にコミュニティがあることを判断できるのか，ということである。この疑問に対する答えがないことは，コミュニティ検出に関する文献において最も目にうギャップであろう。コミュニティ検出アルゴリズムは，それが実際にあろうとなかろうと，（そのアルゴリズムの仮定する）コミュニティを検出するように作られている，ということなのである。

仮説なのか定理なのか

コミュニティ検出は **Box9.3** にまとめられている四つの仮説に依存している。それらをここでは「仮説」と呼んだが，それはその正しさを証明できないからである。研究が進めば，基本仮説，ランダム仮説，そして最大モジュラリティ仮説については定理となることもあり得よう。あるいは，最大モジュラリティ仮説の場合のように，その限界を知ることになるかもしれない（9.6 節参照）。

すべてのノードはいずれかのコミュニティに属さなければならないのか

コミュニティ検出アルゴリズムはすべてのノードをどれかのコミュニティに所属させる。これはほとんどの現実のネットワークについてはやりすぎであろう。単一のコミュニティに属するノードもあるだろうが，複数のコミュニティに属す

Box 9.3　コミュニティ概観

コミュニティ検出は，その本質に根差した以下のいくつかの仮説に基づいている。

基本仮説

コミュニティは，そのネットワークの接続関係の中に唯一の構造が埋め込まれている。したがって，コミュニティは確かに存在し，適切なアルゴリズムを用いて見つけ出されるべきものである。

連結性とリンクの密度についての仮説

コミュニティは局所的に密に接続された部分グラフである。

ランダム仮説

無作為に接続されたネットワークはコミュニティをもたない。

最大モジュラリティ仮説

$$M = \sum_{c=1}^{n_c} \left[\frac{l_c}{L} - \left(\frac{k_c}{2L}\right)^2 \right]$$

で定義されるモジュラリティを最大化する分割が最もよいコミュニティ構造を与える。

るノードもあるだろう．また，多くのノードはどのコミュニティにも属さない，ということもありそうである．コミュニティ検出で用いられるほとんどのアルゴリズムはこの区別を行っておらず，すべてのノードはどれかのコミュニティに所属させられる．

コミュニティは密なのか，疎なのか

この本で調べられているネットワークはそのほとんどが疎なネットワークである．しかし，データの収集技術の進歩につれ，多くの現実のネットワークではノード間のリンクの数が増えてくるだろう．密なネットワークでは数多くのコミュニティが密に重なり合うことから，さまざまな仮説の妥当性や本章で議論したコミュニティ検出アルゴリズムが適切であるのか，を再評価しなければならなくなる．たとえば，幾重にも重なり合ったコミュニティがある場合，個々のノードはコミュニティ内部へのリンクよりもコミュニティ外部へのリンクを多くもつこととなり，リンク密度についての仮説が成立しなくなるであろう．

そもそもコミュニティは重要なのであろうか

この質問への答として，ある例を挙げよう．図 **9.32a** は携帯電話の発信ネットワークにおける局所的な近接ノードを示しており，リンク・クラスタリング・アルゴリズムによって得られた四つのコミュニティが色分けされている（9.5 節参照）．また，図には真夜中の通話頻度 (b) と昼間の通話頻度 (c) も示されており，一日の異なる時間帯では通話の状態も異なっていることがわかる．図 (a) 中に茶色で表された右上のコミュニティのメンバーについては，真夜中の活動 (b) は活発であるが，昼間 (c) はお互いに通話をしていない．それに対し，明るい青色と濃い青色で表されたコミュニティでは昼間は活発であるが，真夜中には眠りに落ちている．このことから，コミュニティは単にネットワークの接続関係だけから得られるのであるが，そのメンバーに共通して現れる特有の活動パターンが確かにあることがわかる．

図 **9.32** は，コミュニティというものはいったん存在し始めると，そのネットワークの振る舞いに多大な影響をもつことを示している．この結論は多くの測定によって確認されている．情報はコミュニティ内には迅速に伝わるが，コミュニ

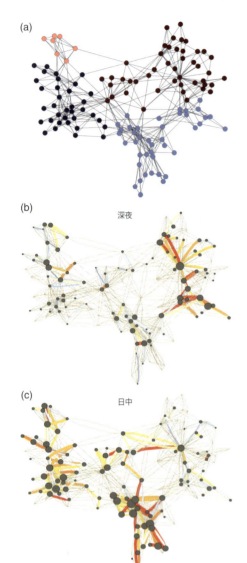

図9.32 コミュニティと通話パターン

コミュニティがそのメンバーの活動に与える直接的な影響が，携帯電話の発信ネットワークによって示されており，これによりコミュニティ構造とユーザーの活動の両方の情報が得られる。

(a) **コミュニティ構造**
携帯電話の発信ネットワーク内の四つのコミュニティ。それぞれのコミュニティは異なる色分けがされている。このコミュニティは100万人を超えるユーザーの通話パターンでの局所的な最近接関係を表しており，リンク・クラスタリング・アルゴリズムによって検出されたものである（9.5節参照）。この他の発信ネットワークは示されていない。

(b) **真夜中の活動**
(a) に示された四つのコミュニティ内のユーザーの通話パターン。リンクの色は真夜中の1時間内での通話の頻度を示している。赤いリンクは真夜中に多数の通話が行われたことを示す。白あるいは描かれていないリンクはそのユーザー間にはその時間帯にはほとんどあるいはまったく通話がなかったことを示す。

(c) **昼間の活動**
(b) と同じであるが昼間の通話パターンである。
図は Sune Lehmann の好意による。

ティを越えて伝わることは難しい。コミュニティはリンクの重みに影響を与える。コミュニティが存在することの結果として，ノードの次数間に相関が生じるようになる。

コミュニティがもつ潜在的な応用可能性も同様に特筆すべきものである。例を挙げると，WWW上で同じコミュニティに属するクライアント間のリンクを強くすることにより，ウェブベースのサービスのパフォーマンスを改善できる [345]。マーケティングでは，コミュニティ検出によって同じような興味や購買傾向をもつ顧客を見つけることができ，お薦め商品を提案するシステムの効率が上がるよう設計することができる [346]。コミュニティはまたタイミングよく数々の検索をさばくことができるようなデータ構造を構築することに使われることもある [347, 348]。最後に，コミュニティ検出アルゴリズムは，フェイスブック，ツイッター，リンクトインなどの多数のソーシャルネットワークサービスシステムの背後で動いており，それらのサービスが顧客に対し，潜在的な友人，興味ある投稿，的を射た広告を提供することを助けている。

コミュニティ検出は社会科学あるいはコンピュータサイエンスにおいては，すでに深く根をおろした概念であるのに対し，ネットワーク科学においては，比較的新しい概念である（**Box9.4**）。そのため，コミュニティ構成についての我々の理解は急速に発展しつつあり，大きいネットワークの局所的構

9.9 演習

9.9.1 階層構造をもつネットワーク

図 9.33 に示された階層構造をもつネットワークのべき指数を計算しなさい。

9.9.2 環状ネットワーク上のコミュニティ

N 個のノードが円を作る 1 次元格子を考えよう。この格子ではそれぞれのノードが二つの最近接ノードと連結されている。次に，一続きの n_c 個のノードをまとめ，大きさが $N_c = N/n_c$ のクラスターに分割する。

(a) 得られた分割のモジュラリティを計算しなさい。
(b) 最大モジュラリティ仮説（9.4節）によると，最大値 M_c は最良の分割に対応する。この 1 次元格子について，最良の分割に対応するコミュニティの大きさ n_c を求めなさい。

9.9.3 モジュラリティ分解限界

n_c 個のクリークからなる環状のネットワークを考えよう。個々のクリークは N_c 個のノードと $m(m-1)/2$ 本のリンクからなる。また隣り合うクリークは一本のリンクによって連結されている（図 9.34）。ネットワークは明確なコミュニティ構造をもっている。一つのクリークが一つのコミュニティに対応する。

(a) この自然な分割についてのモジュラリティ M_{single} を計算しなさい。次に，図 9.34 の点線で示されるように，隣り合うクリークを一つのコミュニティに融合した分割についてのモジュラリティ M_{pairs} を計算しなさい。
(b) モジュラリティの最大値は $n_c < \sqrt{2L}$ のときにのみ直感的に正しいコミュニティ分割を与えることを示しなさい。ここで，
$$L = n_c m(m-1)/2 + n_c$$
である。

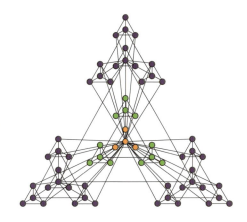

図 9.33　階層的ネットワーク

異なる色は，ネットワーク構築における，一つ一つのステップを表す。

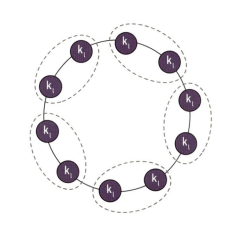

図 9.34　モジュラリティ

Box 9.4 コミュニティ発見の歴史

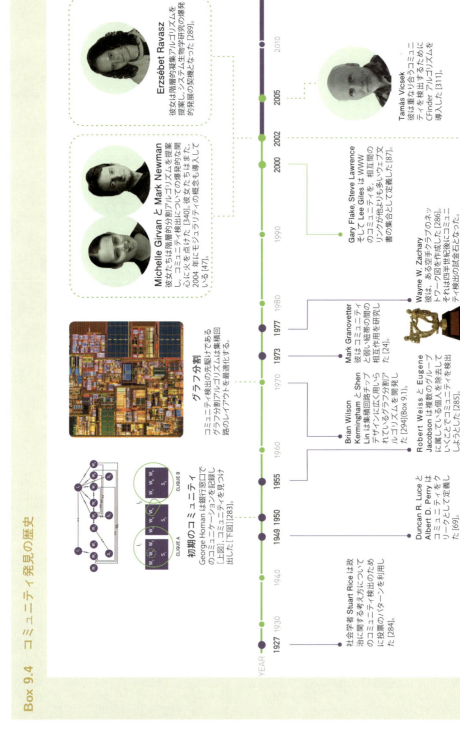

起源

コミュニティ検出の概念は、社会科学とコンピュータサイエンスに起源をもち、ネットワーク科学に引き継がれた。

発展

コミュニティ検出の現在の関心は、社会システムや生物システムにおけるコミュニティ検出のアルゴリズムを提案する二つの論文によっておおいに高まった。

(c) 上の不等式が成り立たないときには，どのような結果となるかを議論しなさい。

9.9.4 モジュラリティの最大値

式 (9.12) で定義されるモジュラリティ M の最大値は 1 を超えないことを示しなさい。

9.10 発展的話題 9.A　階層的モジュラリティ

この節では，図 9.13 で導入された階層的モデルのもつスケーリングについての性質を議論する。次数分布と次数に依存するクラスター係数を計算し，式 (9.8) を導出しよう。最後に，10 種類の現実のネットワークに見られる階層性を調べよう。

9.10.1 次数分布

モデルの次数分布を計算するために，異なる次数をもつノード数を数える。図 9.13a の最初のモジュールに含まれる五つのノードから始めよう。中央の一つのノードを**ハブ**，残りの四つのノードを**周辺ノード**とラベルづけする。このハブのすべてのコピーを再び**ハブ**とし，また，周辺ノードのすべてのコピーを**周辺ノード**とすることを繰り返す（図 9.35）。

ネットワークの中心にある最大のハブは n 回目の繰り返しの間に 4^n 本のリンクを得る。この中心ハブを H_n と呼び，このハブの四つのコピーを H_{n-1} と呼ぶ（図 9.35）。さらに，$(n-2)$ 回目の繰り返しのネットワークと同じ大きさの $4 \cdot 5$ の残りのモジュールの中心ノードを H_{n-2} と呼ぶ。

n 回目の繰り返しの後，ハブ H_i の次数は

$$k_n(H_i) = \sum_{l=1}^{i} 4^l = \frac{4}{3}(4^i - 1) \tag{9.21}$$

となる。ここで，

$$\sum_{l=0}^{i} x^l = \frac{x^{i+1} - 1}{x - 1} \tag{9.22}$$

であるから，

$$\sum_{l=1}^{i} x^l = \frac{x^{i+1} - 1}{x - 1} - 1 \tag{9.23}$$

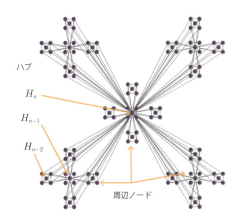

図 9.35　べき指数の計算

階層的ネットワークの構造とハブに言及する場合の名前づけの規則。文献 [289] による。

である。ここで，$i < n$ のとき，モジュール H_i の数は

$$N_n(H_i) = 4 \cdot 5^{n-i-1} \tag{9.24}$$

となる。すなわち，$i = n - 1$ についてモジュール数は四つ，$i = n - 2$ についてモジュール数は $4 \cdot 5, \ldots, i = 1$ についてモジュール数は $4 \cdot 5^{n-2}$ となる。次数 $k_n(H_i)$ の H_i タイプのハブが $4 \cdot 5^{n-i-1}$ 個あるので，式 (9.21) と式 (9.24) から

$$\ln N_n(H_i) = C_n - i \cdot \ln 5 \tag{9.25}$$

$$\ln k_n(H_i) \simeq i \cdot \ln 4 + \ln(4/3) \tag{9.26}$$

と書ける。ここで，

$$C_n = \ln 4 + (n-1) \ln 5 \tag{9.27}$$

である。式 (9.26) では近似式 $4^i - 1 \simeq 4^i$ を使った。

$k > n + 2$ なるすべての場合において，式 (9.26) と式 (9.27) から

$$\ln N_n(H_i) = C_n - \ln k_i \frac{\ln 5}{\ln 4} \tag{9.28}$$

となり，したがって，

$$N_n(H_i) \sim \ln k_i^{-\frac{\ln 5}{\ln 4}} \tag{9.29}$$

となる。

次数分布を計算するには，$N_n(H_i)$ を

$$p_{k_i} \sim \frac{N_n(H_i)}{k_{i+1} - k_i} \sim k_i^{-\gamma} \tag{9.30}$$

によって規格化する必要がある。

$$k_{i+1} - k_i = \sum_{l=1}^{i+1} 4^l - \sum_{l=1}^{i} 4^l = 4^{i+1} = 3k_i + 4 \tag{9.31}$$

であることを用いると，

$$p_{k_i} = \frac{k_i^{-\frac{\ln 5}{\ln 4}}}{3k_i + 4} \sim k_i^{-1-\frac{\ln 5}{\ln 4}} \tag{9.32}$$

となる。したがって，この階層的ネットワークのべき指数は

$$\gamma = 1 + \frac{\ln 5}{\ln 4} = 2.16 \tag{9.33}$$

となる。

9.10.2　クラスター係数

H_i ハブのクラスター係数は直接的に計算できる。このハブの $\sum_{l=1}^{i} 4^l$ 本のリンクは正方形に接続されたノードから来るので，それらの間の接続数はそのノード数に等しくなる。その結果，H_i ハブの最近接ノード間のリンク数は

$$\sum_{l=1}^{i} 4^l = k_n(H_i) \tag{9.34}$$

となり，クラスター係数は

$$C(H_i) = \frac{2k_i}{k_i(k_i - 1)} = \frac{2}{k_i - 1} \tag{9.35}$$

となる。したがって，

$$C(k) \simeq \frac{2}{k} \tag{9.36}$$

であり，ハブのクラスター係数 $C(k)$ は k^{-1} のようにスケールすることとなる。これは式 (9.8) とも合致している。

9.10.3　経験から得られるいくつかの結果

図 9.36 に 10 個の現実のネットワークについてのクラスター係数を表す関数 $C(k)$ を示す。この図では次数分布を変えずにランダムなつなぎかえを行った後の関数 $C(k)$ も緑色のシンボルでプロットしている。そこからいくつかのことが見てとれる。

- 小さい次数 k のところでは，すべてのネットワークにおいて，クラスター係数 $C(k)$ の値はランダムなつなぎかえを行ったものよりも何桁も大きくなっている。したがって，次数の小さいノードではランダムな接続の場合よりも隣接ノードがずっと密になっている。
- 科学者の共同研究ネットワーク，代謝ネットワーク，論文引用ネットワークでは，よい近似で $C(k) \sim k^{-1}$ となっているのに対し，ランダムな接続の場合では k に依存しない。したがって，これらのネットワークでは**図 9.13** のモデルに示される階層的モジュラリティが見えていることになる。
- インターネット，携帯電話の発信，俳優の共演，電子メールの交換，たんぱく質相互作用，WWW などのネットワークでは，$C(k)$ は k とともに減少するのに対し，ランダム

図 9.36 現実のネットワークにおける階層性

10 個のネットワークについて，$C(k)$ が k についてどのようにスケールするかを紫色のシンボルでプロットした．緑色のシンボルは，対応するネットワークについて次数分布を変えずにリンクのランダムなつなぎかえを行ったものについての $C(k)$ である．この作業によって，リンク密度の局所的なゆらぎの影響を取り除くことができる．その結果，コミュニティやネットワークに埋め込まれた階層構造がなくなる．有向ネットワークについては $C(k)$ を測定するために無向化した．図中の破線は参考のために描いた式 (9.8) による傾き -1 の直線である．

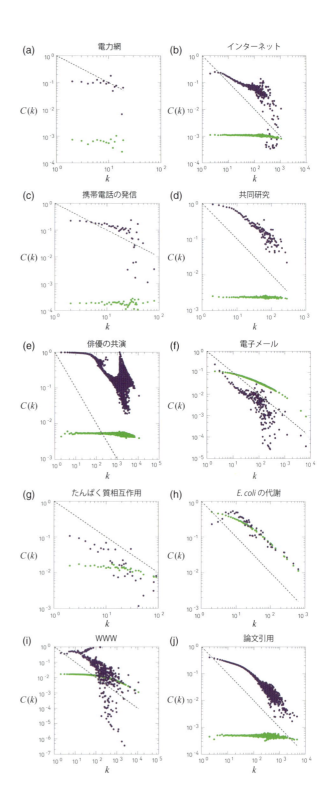

なつなぎかえを行った場合の $C(k)$ は k に依存しない。これらのネットワークでは階層的モジュラリティが見えてはいるが，観測された $C(k)$ は単純な階層的モデルではうまく説明できない。これらの系の $C(k)$ を説明するためには，ネットワークの時間発展を正確に捉えたモデルを構築する必要がある。そのようなモデルは $C(k) \sim k^{-\beta}$ を予測するが，指数 β は 1 とは異なる値でよい [303]。

- 電力網についてのみ，$C(k)$ は k に依存せずほぼ一定値となり，階層的モジュラリティが存在しないことを示す。

図 **9.36** から総合すると，ほとんどの現実のネットワークでは，何らかの非自明な階層的モジュラリティが見られる。

9.11 発展的話題 9.B モジュラリティ

この節では，モジュラリティ関数とその変化を特徴づける式 (9.12) と式 (9.13) を導出する。

9.11.1 コミュニティの総和としてのモジュラリティ

式 (9.9) と式 (9.10) を用いると，ネットワーク全体のモジュラリティは

$$M = \frac{1}{2L} \sum_{i,j=1}^{N} \left(A_{ij} - \frac{k_i k_j}{2L} \right) \delta_{C_i, C_j} \quad (9.37)$$

と書ける。ここで，C_i はノード i が属するコミュニティのラベルである。式 (9.37) の和には，同じコミュニティに属するノードのペアしか寄与しないので，第 1 項は，コミュニティについての和として書き直すことができ，

$$\frac{1}{2L} \sum_{i,j=1}^{N} A_{ij} \delta_{C_i, C_j} = \sum_{c=1}^{n_c} \frac{1}{2L} \sum_{i,j \in C_c} A_{ij} = \sum_{c=1}^{n_c} \frac{L_c}{L} \quad (9.38)$$

となる。ここで L_c はコミュニティ C_c 内のリンクの数である。因子 2 は A_{ij} で個々のリンクが二度カウントされるのでなくなっている。

同様にして，式 (9.37) の第 2 項は

$$\frac{1}{2L} \sum_{i,j=1}^{N} \frac{k_i k_j}{2L} \delta_{C_i, C_j} = \sum_{c=1}^{n_c} \frac{1}{(2L)^2} \sum_{i,j \in C_c} k_i k_j = \sum_{c=1}^{n_c} \frac{k_c^2}{4L^2} \quad (9.39)$$

となる。ここで k_c はコミュニティ C_c 内のノードの総次数で

ある．実際，コンフィグモデルでは，ネットワーク内のノードのスタブの総数が $2L$ であることから，あるスタブが無作為に選ばれた他のスタブと接続される確率は $1/(2L)$ となる．したがって，あるスタブがこのモジュール内のスタブと接続される確率は $k_c/(2L)$ となる．コミュニティ C_c 内の k_c 個のスタブすべてについてこれを繰り返し，ダブルカウントを避けるために $1/2$ の因子を考慮すると式 (9.39) の最後の項となる．

式 (9.38) と式 (9.39) を合わせると式 (9.12) を得る．

9.11.2　二つのコミュニティの統合

コミュニティ A とコミュニティ B を考え，それぞれのコミュニティ内の次数の総和を k_A, k_B としよう．（さきほどまでの，k_c と同じである．）この二つのコミュニティを統合した後でのモジュラリティの変化を計算したい．式 (9.12) を使うと，この変化は，

$$\Delta M_{AB} = \left[\frac{L_{AB}}{L} - \left(\frac{k_{AB}}{2L}\right)^2\right] - \left[\frac{L_A}{L} - \left(\frac{k_A}{2L}\right)^2 + \frac{L_B}{L} - \left(\frac{k_B}{2L}\right)^2\right] \tag{9.40}$$

と書ける．ここで，

$$L_{AB} = L_A + L_B + l_{AB} \tag{9.41}$$

であり，l_{AB} はコミュニティ A とコミュニティ B のノード間に張られた直接のリンク数である．また，

$$k_{AB} = k_A + k_B \tag{9.42}$$

である．式 (9.40) に式 (9.41) と式 (9.42) を代入すると，

$$\Delta M_{AB} = \frac{l_{AB}}{L} - \frac{k_A k_B}{2L^2} \tag{9.43}$$

となるが，これが式 (9.13) である．

9.12　発展的話題 9.C　コミュニティ検出に関する高速のアルゴリズム

この章で議論されたアルゴリズムは，コミュニティ検出に関係する基本的なアイデアや概念を解説するために選ばれたものである．そのため，それらは必ずしも最速ではないし，

最も正確というわけでもない．最近，**Louvain**のアルゴリズムおよび**Infomap**の二つのアルゴリズムの人気が高まっている．その理由は，この二つのアルゴリズムは，この章で扱われている他のアルゴリズムと同程度に正確でありながら，大きいネットワークでも計算できるからである．そのため，非常に大きいネットワークのコミュニティ検出に対しても，この二つのアルゴリズムを使うことができる．

この二つのアルゴリズムには多くの共通点がある．

- どちらもある評価関数 Q を最適化することを目的としている．Louvainのアルゴリズムの Q はモジュラリティであり，Infomapの Q は，エントロピーを基にしたマップ方程式あるいは L と呼ばれる指標である．
- どちらのアルゴリズムも同じ最適化の手順を用いている．

このような共通点があるので，これらのアルゴリズムを合わせて議論しよう．

9.12.1 Louvainのアルゴリズム

貪欲法では，ネットワークの大きさ N に対して $O(N^2)$ の計算時間がかかるが，これでは非常に大きいネットワークに対しては役に立たないことがある．モジュラリティの最適化について，よりよいスケーラビリティをもつアルゴリズムがBlondelとその共同研究者たちによって提案された[282]．この**Louvain**のアルゴリズムは，次の二つのステップの繰り返しから構成される（図**9.37**）．

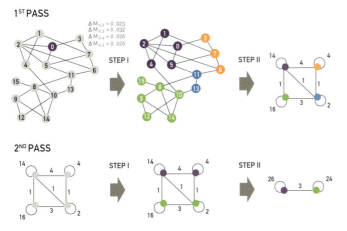

図 9.37 Louvainのアルゴリズム

Louvainのアルゴリズムの主要ステップ．個々の「パス」は二つのステップからなる．

ステップ I
局所的変化によりモジュラリティが最適化される．ノードを一つ選び，隣接ノードの属するコミュニティにそのノードを組み入れたときのモジュラリティ (9.44) の変化を計算する．図はノード 0 について期待されるモジュラリティの変化 $\Delta M_{0,i}$ である．ノード 0 をノード 3 のコミュニティへと動かしたときの変化が $\Delta M_{0,3} = 0.032$ と最大になるので，ノード 0 をノード 3 のコミュニティへと移動させる．この過程をすべてのノードについて行う．ノードの色がその結果のコミュニティである．

ステップ II
ステップ I でのコミュニティがまとめられ，コミュニティをノードとする新しいネットワークが得られる．同じコミュニティに属するノードが，図の右上にあるように，一つのノードへとまとめられる．このプロセスで，一つのノードへとまとめられたコミュニティ内のノード間のリンクは自己ループとなる．

ステップ I と II を合わせて一つの「パス」とする．各パスで得られたネットワークに対してパスを繰り返し（パス 2），この繰り返しを，モジュラリティの増加が起こらなくなるまで行う．

文献 [282] による．

ステップ I

N 個のノードをもつ重みつきネットワークから出発する。初期状態では，個々のノードは，それぞれ別のコミュニティに属しているとする。次に個々のノード i をその近接ノード j の属するコミュニティに加えてみたときのモジュラリティの増加量を計算する。このモジュラリティ増加量が正の値となるもののうち，最大となる近接ノードコミュニティにノード i を置き直す。もし，どのモジュラリティ増加量も正にならなければ，ノード i の属するコミュニティは変化しない。このプロセスを，もはやどのノードの属するコミュニティも変化しなくなるまですべてのノードについて繰り返す。これでステップ I が終わる。

孤立していたノード i がコミュニティ C に置き直されることによるモジュラリティの変化 ΔM は

$$\Delta M = \left[\frac{\sum_{in}+2k_{i,in}}{2W} - \left(\frac{\sum_{tot}+k_i}{2W}\right)^2\right] \\ - \left[\frac{\sum_{in}}{2W} - \left(\frac{\sum_{tot}}{2W}\right)^2 - \left(\frac{k_i}{2W}\right)^2\right] \quad (9.44)$$

となる。ここで $\sum_{in}$ はコミュニティ C 内のリンクの重みの総和（重みなしのネットワークでは L_C），$\sum_{tot}$ はコミュニティ C 内のすべてのノードのリンクの重みの総和，k_i はノード i から出るリンクの重みの総和，$k_{i,in}$ はノード i から C 内のノードへのリンクの重みの総和，W はネットワーク内のすべてのリンクの重みの総和である。

この ΔM は，コミュニティ A と B が統合した後のモジュラリティの変化を与える式 (9.13) の特別な場合となっていることに注意しよう。今の場合，B は孤立ノードである。この ΔM を，ノード i がその前に属していたコミュニティから取り除かれたときのモジュラリティ変化を決めるために用いることができる。そのためには，ノード i が以前のコミュニティから取り除かれた後で，コミュニティ C と統合された場合の ΔM を計算すればよい。ノード i を属しているコミュニティから取り除いた後の変化は $-\Delta M$ となる。

ステップ II

各ノードがステップ I で検出されたコミュニティをノードとする新しいネットワークを構成する。このネットワークの

ノード間のリンクの重みは，それぞれのコミュニティが属するノード間の重みの総和である．同じコミュニティに属するノード間のリンクは重みつきの自己ループとなる．

このステップ II が終わると，この新しいネットワークに対して，またステップ I と II を繰り返す．この一連のプロセスをパスと呼んでいる（図 **9.37**）．このパスを繰り返すことによって，コミュニティは減っていくが，もうモジュラリティの増加がなくなり，最大モジュラリティが得られたところで終了する．

計算の複雑さ

Louvain のアルゴリズムについては，計算時間よりも必要な記憶容量から来る制限の方が重要である．計算数は最も時間を要する最初のパスでは L に関して線形に増加する．それ以降のパスについては，ノード数やリンク数が減少していくので，アルゴリズムの複雑さはせいぜい $O(L)$ である．このため，数百万のノード数をもつネットワークでもコミュニティを検出することができる．

9.12.2 Infomap

Infomap は Martin Rosvall と Carl T Bergstrom によって導入されたもので，コミュニティ検出のためにデータ圧縮を利用している [318, 319, 320]（図 **9.38**）．このアルゴリズムは，有向重みつきネットワーク内のコミュニティ検出に用いられ，**マップ方程式**と呼ばれる評価関数を最適化する．

ネットワークが n_c 個のコミュニティに分割されるとしよう．このネットワーク上のランダム・ウォーカーの軌跡を最も効率的に符号化したい．言い換えれば，この軌跡を最小の記号数で記述したい．理想的な符号化では，ランダム・ウォーカーはコミュニティ内部に長く留まり，なかなか出てこないという事実を利用したものになる（図 **9.38c**）．

この理想的符号化は以下のようにして達成される．

- 個々のコミュニティに一つの符号づけをする（コードブックを作る）．たとえば，図 **9.38c** 内の紫色のコミュニティはコード 111 とする．
- コミュニティ内の個々のノードにコードワードを割り当てる．たとえば，(c) 内の左上のノードは 001 とする．コミュ

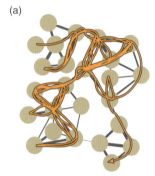
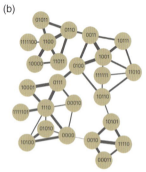
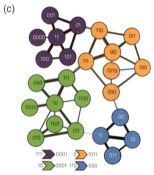
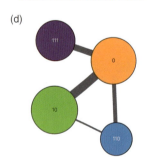

図 9.38 データ圧縮からコミュニティへ

Infomap はネットワーク上のランダム・ウォーカーの動きを圧縮してデータ化することによってコミュニティを検出する。

(a) オレンジ色の線はある小さいネットワーク上のランダム・ウォーカーの軌跡を示す。この軌跡を最小数の記号を使って記述したい。それは，ネットワーク内に現れるコミュニティにすでに使用済の短い唯一の名前を繰り返し割り振ることによってできる。

(b) 初めに，個々のノードごとに異なる名前を与える。これはハフマン符号化を用いて行う。この符号化はランダム・ウォーカーがそのノードを訪れる確率を評価することによって，個々のノードに一つずつのコードを割り振るデータ圧縮アルゴリズムである。ネットワーク下の 314 ビットの数字は，(a) のランダム・ウォーカーの軌跡のサンプルを記述したもので，左上隅の最初のノードに対して，1111100 から始まり，第 2 ノードに対しては 1100，…，右下隅のノードに対応した 00011 でウォークが終わる。

(c) 図はランダム・ウォークについて，個々のコミュニティには別々の名前がつくが，コミュニティ内のノードの名前は再使用してもよい，という 2 レベルコード化を示す。この 2 レベルコード化は単一レベルコード化と比べて，その長さが平均して 32% 短くなる。コミュニティにつけられたコードと個々のコミュニティからの退出を表すコードが，ネットワーク下の矢印の左と右にそれぞれ示されている。このコードを使えば，(a) のウォークは (c) のネットワークの下の 243 ビットの数字で記述することができる。最初の三つの数字 111 はウォークが赤色のコミュニティから始まることを示し，コード 0000 はウォークの最初のノードを示す，等々である。

(d) コミュニティ内のノードの位置は使わずにコミュニティの名前だけを残すことによりネットワークを効率的に粗視化することができ，それがコミュニティ構造に対応する。

ニティが異なれば，同じコードワードを用いてもよいことを注意しておく。

- コミュニティごとに，ランダム・ウォーカーがそのコミュニティを出ていったときの退出コードを割り当てる。たとえば，(c) の紫色のコミュニティについては 0001 とする。

そこで，目標は，あるランダムウォークを記述する最短のコードを与えることとなる。いったん，このコードが与えられれば，コミュニティごとに割り振られているコードが記載されているコードブックを見ることにより，コミュニティ構造を見つけ出すことができる（図 **9.38c**）。

最適化されたコードは，マップ方程式

$$\mathcal{L} = qH(Q) + \sum_{c=1}^{n_c} p_\circlearrowleft^c H(P_c) \tag{9.45}$$

を最小化することにより得られる。かいつまんで言うと，式 (9.45) の第 1 項は**コミュニティ間**の移動を記述するために

必要なビット数の期待値である。ここで，q は，ランダム・ウォーカーが与えられたステップ中にコミュニティを移る確率である。

第 2 項は，**コミュニティ内**の移動を記述するために必要なビット数の期待値である。ここで，$H(P_c)$ はコミュニティ内の移動についてのエントロピーであり，コミュニティ i から出ていくときの退出コードも含まれている。

マップ方程式中の個々の項やネットワーク内のランダム・ウォーカーの動きを記述する確率の計算はいささか込み入っているが，文献 [318, 319, 320] には詳しい記述がある。**オンライン資料 9.3** では式 (9.45) の背後にあるメカニズムやその使い方がよくわかるようなインタラクティブなツールを紹介している。

最後に，この評価関数 $\mathcal{L}$ は，ネットワークのある特定のコミュニティ分割について得られる値であることを注意しておく。最良の分割を見つけるためには，可能な分割すべてを調べて $\mathcal{L}$ を最小化しなければならない。この最小化のために最もよく使われるのは，Louvain のアルゴリズムのステップ I と II である。具体的には，個々のノードを別のコミュニティとして出発する。そして，隣接するノードを一つのモジュールに統合することにより $\mathcal{L}$ が減少するなら，その統合を採用することとする。それぞれの統合の後に式 (9.45) を用いて $\mathcal{L}$ の値をアップデートする。これをすべてのノードについて系統的に繰り返す。得られたコミュニティ構造はさらに新しいコミュニティへと統合され，一つのパスが終わる。その後，ノード数が集約されたこの新しいネットワークについて，またこのアルゴリズムを繰り返す。

計算の複雑さ

Infomap の計算量は，マップ方程式 $\mathcal{L}$ を最小化するために必要な手順数によって決まる。Louvain の手順を用いる場合には，計算量は Louvain のアルゴリズムと同じであり，たかだか $O(L \log L)$，あるいは，疎なグラフについては $O(N \log N)$ の程度である。

まとめると，Louvain のアルゴリズムと Infomap は，高速なコミュニティ検出アルゴリズムである。また，いくつかのベンチマークを用いて測定された，二つのアルゴリズムの正確さは，本章を通して議論された他のアルゴリズムと同程度

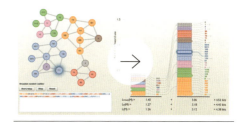

オンライン資料 9.3
Infomap のマップ方程式
マップ方程式の背後にあるメカニズムをいきいきと視覚化したものとして，http://www.tp.umu.se/~rosvall/livemod/mapequation/ がある。

である（図 **9.28**）。

9.13　発展的話題 9.D　クリーク・パーコレーションしきい値

　この節では，ランダム・ネットワーク上のクリーク・パーコレーションについてのしきい値 (9.16) を導出し，CFinder アルゴリズムの主要なステップを議論する（図 **9.39**）。

　ある k-クリーク中のノードのうちの一つを，隣接する k-クリーク中の一つへと置き直しながら k-クリーク列をたどっていこうとするとき，パーコレーションしきい値上では，たどっていける隣接 k-クリークの数の期待値はちょうど 1 である（図 **9.20**）。実際，期待値が 1 より小さければ，k-クリーク・パーコレーション・クラスターは，どの k-クリークから出発しても，統合作業がすぐに終わるので，不完全なものとなる。そのため，クラスターの大きさは指数関数的に減少することとなってしまう。期待値が 1 より大きければ，クリークのコミュニティは次第に大きくなり，システム内に巨大連結成分が必ず出現することになる。

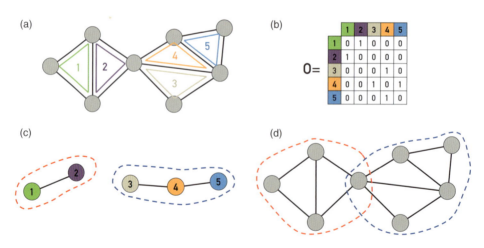

図 9.39　**CFinder** アルゴリズム

CFinder アルゴリズムの主要ステップ
(a) 図に示されたネットワークから出発し，すべてのクリークを見つけ出すことを目標とする。ネットワーク中に全部で五つある $k = 3$ のクリークが強調されている。
(b) $k = 3$ のクリークの重なりを表す行列。この行列は，もともとのネットワーク中のクリークをノードとするネットワークの隣接行列であり，ネットワーク内には (1,2) のクリークと (3,4,5) のクリークからなる二つの連結成分があることを示している。これらの連結成分がもともとのネットワークのコミュニティに対応することになる。
(c) 隣接行列によって予測される二つのクリークコミュニティ。
(d) 図 (c) で示される二つのクリークコミュニティを，もともとのネットワークで表したもの。

この期待値は

$$(k-1)(N-k-1)^{k-1} \qquad (9.46)$$

によって与えられる。ここで $(k-1)$ の項は，次のノードの置き直しのために選択可能なテンプレート内のノード数であり，$(N-k-1)^{k-1}$ の項は，可能な置き直し先の数であるが，新しく k-クリークを一つ得るためには，置き直しに伴う $k-1$ 本の新しいエッジがすべて存在しなければならないため，このうちの p^{k-1} の割合だけが有効である。N が大きいとき，式 (9.46) は簡単になり，

$$(k-1)Np_c^{k-1} = 1$$

となる。これから式 (9.16) が得られる。

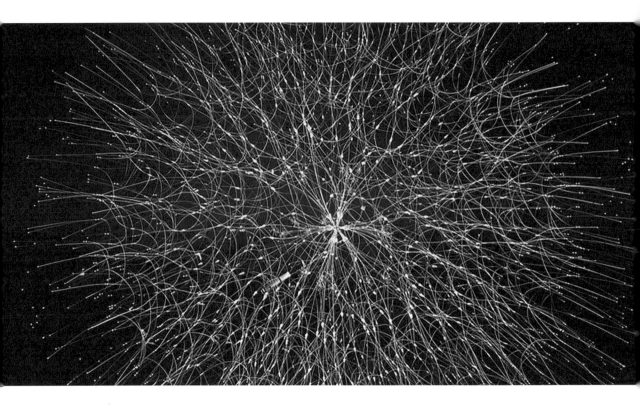

図 10.0 芸術とネットワーク：Bill Smith
完璧な感染症の免疫学モデル（進化した成長モデル）は，イリノイ州在住の芸術家である Bill Smith による作品である（http://www.widicus.org）。

第 10 章

感染現象

10.1 はじめに　397
10.2 感染症流行のモデル　400
10.3 ネットワーク疫学　405
10.4 接触ネットワーク　413
10.5 次数分布を超えて　419
10.6 予防接種　425
10.7 感染症流行の予測　431
10.8 まとめ　439
10.9 演習　442
10.10 発展的話題 10.A　感染流行プロセスの微視的モデル　443
10.11 発展的話題 10.B　SI, SIS, SIR モデルの解析解　445
10.12 発展的話題 10.C　標的型予防接種　448
10.13 発展的話題 10.D　SIR モデルとボンドパーコレーション　450

10.1 はじめに

　2003 年 2 月 21 日の夜に，中国南部の広東省からの医者が，香港のメトロポール・ホテルにチェックインした。彼は少し前に，確定診断ではないものの，**非定型肺炎**と呼ばれていた病気を患っている患者を治療したことがあった。翌日，ホテルを出た後で，彼は地元の病院を今度は患者として訪れた。彼は，その非定型肺炎を発症し，数日後に，その病院で死んだ [349]。

　その医者はホテルに何の痕跡も残さずに去ったわけではなかった。その夜，メトロポール・ホテルの 16 人の客と 1 人の訪問客は，のちに重症急性呼吸器症候群または SARS と呼ばれることになる病気に罹患した。彼らはハノイ，シンガポールとトロントに SARS ウイルスを持ち帰り，それら各都市の各々で発生を誘発した。感染症疫学者がその後調べたところによれば，記録された 8,100 の SARS 症例の約半分近くは，メトロポール・ホテルまでさかのぼることができることがわ

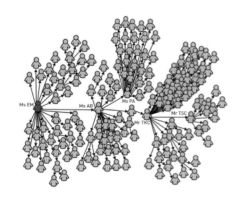

図 10.1 スーパースプレッダー

シンガポールで診断された 206 人の SARS 患者のうちの 144 人は，4 人のスーパースプレッダーを含む 5 人の感染の連鎖に由来するものであった。その中でも最も重要な感染源は患者第 1 号，すなわち，メトロポール・ホテルに病気を持ち込んだ中国広東省からの医者であった。文献 [349] による。

かった。このことから，香港に SARS ウイルスを持ち込んだ医者は，**スーパースプレッダー**，すなわち病気の流行に際してとてつもない数の感染を引き起こす個人，の一例となってしまったのである（**図 10.1**）。

ネットワーク理論家なら，スーパースプレッダーとはハブのこと，すなわち，病気が拡がっていく接触ネットワーク中で例外的なほど多くのリンクをもつノードを指すことはすぐわかるだろう。ハブは多くのネットワークに現れるため，スーパースプレッダーの存在は天然痘からエイズまで多くの感染症で報告されてきた [350]。この章では，感染症の伝播現象へ，ネットワークを用いて迫っていく。この方法によれば，これらのハブがもつ影響を正しく理解し予測することができる。その結果として生じる**ネットワーク疫学**と呼ばれる理論的枠組みは，感染症の蔓延を定量化し予測するための，解析的計算および数値計算の双方を可能とする。

健康的な生活が失われてしまった年数で換算すると，感染症は世界の疾病の 43% を占める。感染症は，病気の人，あるいは，その人の汗や唾液などの分泌物と接触することによって伝播するため，伝染性疾患であるといわれる。感染症の伝播を止めるために，治療やワクチン接種だけで十分であるということはめったにない。病気を引き起こす病原体が，どのように人から人へと拡がっていくかを理解することも同程度に重要であり，翻っては，その理解によってどのような治療やワクチン接種をすべきかを決定できる。

通常，ネットワーク上の感染過程として記述される現象は驚くほど多様性に富んでいる。

生物学的ネットワーク

個々の接触ネットワークの上を病原体がどのように拡がっていくかが，この章の主題である。例としては，二人の個人が同じ部屋にいて同じ空気を吸うときに感染するような，インフルエンザ，SARS，結核などの空気感染する病気や，人々が互いに接触したときに感染する伝染性疾患や寄生虫などや，また患者の体液に触れることによって感染するエボラウイルス，性的な交渉を通して感染する HIV やその他の性行為感染症などが含まれる。また，感染症には，HPV または EBV のような発癌性ウイルスによるガン，トコジラミやマラリアなどの寄生虫により媒介される病気も含まれる。

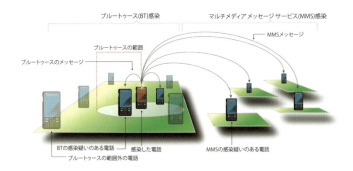

デジタル機器ネットワーク

コンピュータウイルスは，コンピュータからコンピュータへと自分自身のコピーを送ることができる自己再生プログラムである．その伝播パターンは病原体の拡散パターンと多くの類似点をもつ．しかし，コンピュータウイルスには，その背景となるテクノロジーに起因する独特な特徴ももっている．携帯電話は今や小型コンピュータと言えるものになったので，携帯電話に感染するウイルスやワームも出現するに至っている（図 10.2）．

社会ネットワーク

技術革新，知識，商慣習，製品，立居振舞，噂話，ネット上の面白ネタ（ミーム）などが伝播し受け入れられていく過程で，社会的あるいは職業的ネットワークが果たす役割については，社会科学やマーケティング論，経済学で多くの研究がなされてきた [352, 353]．ツイッターのようなオンライン環境は，このような現象を追いかけていく上で，これまでにないうってつけの環境である．その結果として，驚くほど多くの研究が，社会ネットワーク上の伝播現象に焦点を当てており，たとえば，何百万もの人に到達するメッセージがある一方で，ほとんど気づかれもしないメッセージもあるという問題を考察している．

ここまでの例は，生物的ウイルスからコンピュータウイルス，アイデア，製品など多様な感染現象や伝播対象を含んでいる．それらが，社会ネットワーク，コンピュータネットワーク，職業ネットワークなどの異なる形態のネットワーク上を伝播する．その伝播現象は，広範囲にわたり異なる時間スケールによって特徴づけられ，異なった伝達メカニズムに従っている（表 10.1）．このような多様性にもかかわらず，本章で

図 10.2　携帯電話ウイルス

スマートフォンはプログラムとデータを共有することができ，ウイルス作成者にとっては恰好の素材である．実際，2004 年以降，数百ものスマートフォンウイルスが特定されており，コンピュータウイルスが 20 年程を要して到達した洗練の域に数年で到達してしまった [351]．携帯電話ウイルスは，次の二つの主要な通信メカニズムによって感染する [35]．

ブルートゥース (BT) ウイルス
BT ウイルスは，感染した電話から BT によって通信可能なおよそ 10～30 メートルの範囲の中にあるすべての電話に感染する．物理的に接近することが BT 接続にとっては不可欠であるので，BT ウイルスに感染するかどうかは，感染電話の所有者の位置と通信可能領域内を移動する人どうしをつなぐネットワークによって決まる（10.4 節参照）．それゆえ，BT ウイルスは，インフルエンザに類似した感染パターンに従う．

マルチメディアメッセージ発信サービス (MMS)
MMS によって運ばれるウイルスは，感染した電話の電話帳に記載されているすべての電話に感染ができる．それゆえに，MMS ウイルスは，感染した電話の物理的な位置には依存しない長距離感染のパターンに従いながら社会ネットワーク上を伝播する．その結果，MMS ウイルスの感染パターンはコンピュータウイルスの特徴と類似することになる．

表 10.1 ネットワークと感染因子
病原体，ミームあるいはコンピュータウイルスの感染などは，ネットワークとそのエージェント（感染因子）の感染・伝播メカニズムによって決まる。この表は，よく研究されているいくつかの感染・伝播現象を，その現象におけるエージェントと，そのエージェントが感染・伝播するネットワークとともにリスト化したものである。

事象	感染因子	ネットワーク
性病	病原菌	性的ネットワーク
噂の拡散	情報，ミーム	コミュニケーションネットワーク
イノベーションの波及	アイデア，知識	コミュニケーションネットワーク
コンピュータウイルス	マルウェア，デジタルウイルス	インターネット
携帯電話ウイルス	モバイルウイルス	社会ネットワーク/近接ネットワーク
トコジラミ	寄生昆虫	ホテル-旅行ネットワーク
マラリア	マラリア原虫	蚊-ヒトネットワーク

示すように，これらの伝播プロセスは共通のパターンに従い，ネットワークを基礎とした理論およびモデル化の枠組みを用いて記述することが可能である。

10.2　感染症流行のモデル

疫学では，病原体の拡散現象をモデル化するための強固で解析的かつ数値計算も可能な理論的枠組みが開発されてきた。この枠組みは，次の二つの基本的仮説に依拠している。

(i) 区分化

感染症流行のモデルでは，個々の病気がどの段階にあるかに基づいて，各個人を分類する。最も単純な分類では，個人は次の三つの状態（あるいは区分）のうちのどれか一つにあると仮定する。

- **感染可能状態**（S）：まだ病原体と接触していない健康な人（図 **10.3**）
- **感染状態**（I）：病原体と接触し，他の人を感染させることができる人
- **治癒状態**（R）：感染した後，病気から回復治癒したため，感染状態とはならない人

いくつかの病気をモデル化する際には，免疫をもっているため感染しない人や，病原体にはさらされたが，まだ他の人を感染させる状態にはなっていない潜伏状態の人など，さらに詳細な状態が必要になる。

各個人は，各区分間を移行することができる。たとえば，新型インフルエンザ発生の初期段階では，すべての人が感染可能状態にいる。ひとたび感染者と接触すれば，その人は感染状態となる。最終的には，その人は治癒して免疫を獲得すると，そのインフルエンザに感染することはなくなる。

(ii) 均一混合

均一混合仮説は，**完全混合**または**質量作用近似**とも呼ばれ，感染した人と接触する可能性はどの人も同じであると仮定する。この仮説では，病気が蔓延する接触ネットワークを正確に知っている必要がなく，誰でも他人を感染させることができると仮定する。

この節では，これらの二つの仮説のもとに構築される感染症流行モデルの枠組みを導入する。感染症流行モデルの基本的要素を理解する助けとなるように，頻繁に使われる三つの感染症流行モデル，SI，SIS，SIR モデルのダイナミクスを詳しく調べる。

10.2.1　SI モデル

人数 N 人の集団中に拡がる病気を考える。時間 t における感染可能状態の（すなわち健康な）人数を $S(t)$ とし，すでに感染している人数を $I(t)$ とする。時刻 $t = 0$ では，すべての人が感染可能状態であり（$S(0) = N$），感染状態の人はいない（$I(0) = 0$）。どの人も $\langle k \rangle$ 人と接触するとし，また，感染した人から感染可能な人に病気が感染する確率（感染率）は単位時間当たり β であると仮定しよう。次の問いを設定する。ある一人の人が時刻 $t = 0$ で感染状態となったなら（すなわち $I(0) = 1$），その後の時刻 t で，感染状態となっているのは何人であろうか。

均一混合仮説のもとでは，感染者が感染可能状態の人に遭遇する確率は $S(t)/N$ である。したがって，ある感染者は単位時間当たり $\langle k \rangle S(t)/N$ 人の感染可能状態の人と接触する。感染状態となった $I(t)$ 人の各々が感染率 β で病原体を伝播するので，微小時間間隔 dt 間で新しく感染状態となった人数 $dI(t)$ の平均は

$$\beta \langle k \rangle \frac{S(t)I(t)}{N} dt$$

となる。その結果 $I(t)$ は，

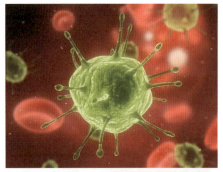

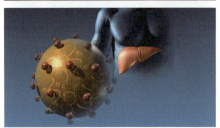

図 10.3　病原体

ギリシャ語の「苦しみ，情熱」（パトス：Pathos）と「生みの親」（遺伝子：Genes）を起源にもつ病原体 (Pathogen) という言葉は，感染性のエージェントまたは細菌を意味する。病原体は，たとえば，ウイルス，バクテリア，プリオンまたは真菌などの，病気を引き起こす微生物である。図には，エイズを引き起こす HIV ウイルス，インフルエンザウイルス，C 型肝炎ウイルスなどの，よく研究されている病原体を示している。参考 URL は http://www.livescience.com/18107-hiv-therapeutic-vaccines-promise.html，および http://www.huffingtonpost.com/2014/01/13/deadly-viruses-beautiful-photos_n_4545309.html である。

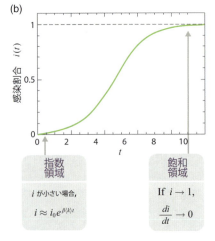

図 10.4　SI モデル

(a) SI モデルでは，人は二つの状態のうちのいずれか一つにある．すなわち，感染可能（健康）状態，あるいは感染（病気）状態である．このモデルでは，感染可能状態の人が感染状態の人と接触すると，感染率 β で感染すると仮定する．矢印は，いったん感染すると，その人はずっと感染状態であり，治癒することはないことを意味している．

(b) 式 (10.4) による感染者数の割合の時間経過．初期段階では，感染者数の割合は指数関数的に増加する．最終的に全員が感染するので，長時間経過後には $i(\infty) = 1$ となる．

$$\frac{dI(t)}{dt} = \beta\langle k\rangle\frac{S(t)I(t)}{N} \tag{10.1}$$

のレート（反応速度）で変化する．この章を通して，時刻 t での感染可能者数と感染者数の全体に占める割合について

$$s(t) = S(t)/N, \quad i(t) = I(t)/N \tag{10.2}$$

と書く．また，簡単のため，$i(t)$ と $s(t)$ から引数 (t) を落とし，式 (10.1) を

$$\frac{di}{dt} = \beta\langle k\rangle si = \beta\langle k\rangle i(1-i) \tag{10.3}$$

と書き直す（**発展的話題 10.A**）．ここで，積 $\beta\langle k\rangle$ は**感染確率**と呼ばれる．式 (10.3) を

$$\frac{di}{i} + \frac{di}{(1-i)} = \beta\langle k\rangle dt$$

と書き直して解こう．両辺を積分すると

$$\ln i - \ln(1-i) + C = \beta\langle k\rangle t$$

となる．初期条件を $i_0 = i(t=0)$ とすると，$C = i_0/(1-i_0)$ となり，感染者数の割合は時間の関数として，

$$i = \frac{i_0 e^{\beta\langle k\rangle t}}{1 - i_0 + i_0 e^{\beta\langle k\rangle t}} \tag{10.4}$$

となる．式 (10.4) から，次のことが予測される．

- 初めのうちは，感染者数の割合は，指数関数的に増加する（**図 10.4b**）．実際のところ，初めのうちは，感染者は感染可能状態の人にしか出会わない．そのため，病原体は簡単に感染できる．

- すべての感染可能者数の $1/e$（およそ 36%）に達するために必要な**特性時間**は

$$\tau = \frac{1}{\beta\langle k\rangle} \tag{10.5}$$

である．したがって，τ は病原体が集団内に拡がる速度の逆数となる．式 (10.5) によれば，平均次数 $\langle k\rangle$ あるいは β が大きくなると，病原体の拡散速度は大きくなり，この特性時間は小さくなる．

- 時間の経過とともに，感染者が出会う感染可能者は徐々に少なくなる．したがって，i の増加は，大きい t のところで

減速する（図 10.4b）。すべての人が感染状態に，すなわち，$i(t \to \infty) = 1$，$s(t \to \infty) = 0$ となると，感染は終了する。

10.2.2 SIS モデル

ほとんどの病原体は，最終的には免疫系または治療によって駆逐される。このため，感染者が治癒して，感染が広がらなくなる可能性を考慮する必要がある。そこで，いわゆる **SIS モデル**が必要となる。このモデルの状態は SI モデルと同じ感染可能性状態と感染状態の二つであるが，感染状態の人が一定の確率 μ で治癒し，再び感染可能状態となることである（図 10.5a）。このモデルのダイナミクスを記述する方程式は，式 (10.3) を拡張して，

$$\frac{di}{dt} = \beta \langle k \rangle i(1-i) - \mu i \tag{10.6}$$

となる。ここで μ は**治癒率**であり，項 μi は，病気から治癒する人のレートを表している。式 (10.6) の解は，時間の関数として表した感染者数の割合

$$i = \left(1 - \frac{\mu}{\beta \langle k \rangle}\right) \frac{Ce^{(\beta \langle k \rangle - \mu)t}}{1 + Ce^{(\beta \langle k \rangle - \mu)t}} \tag{10.7}$$

である（図 10.5b）。初期条件 $i_0 = i(t = 0)$ に対しては，$C = i_0/(1 - i_0 - \mu/\beta\langle k \rangle)$ となる。

SI モデルでは最終的には全員が感染することになるが，SIS モデルでは，式 (10.7) によれば，最終状態には二つの可能性がある。

- **局所流行状態（$\mu < \beta\langle k \rangle$）**

治癒率が小さいとき，感染者数 i の割合は SI モデルに見られるものに類似したロジスティック曲線に従う。しかしながら，全員が感染するのではなく，i はある定数 $i(\infty) < 1$ となる（図 10.5b）。これは，どの時点においても，全体のうちのいくらかの割合が感染状態であることを意味している。この定常的な**局所流行状態**では，新しく感染状態となった人の数が病気から治癒した人の数に等しくなっている。そのため，集団内の感染者数の割合は時間とともに変化しない。式 (10.6) で $di/dt = 0$ とすることによって $i(\infty)$ を計算でき，

$$i(\infty) = 1 - \frac{\mu}{\beta \langle k \rangle} \tag{10.8}$$

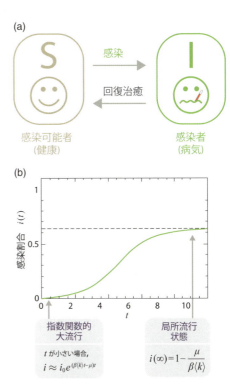

図 10.5 **SIS モデル**
(a) SIS モデルは SI モデルと同じ状態をもつ。感染可能状態と感染状態である。SI モデルとの違いは，治癒状態，すなわち感染者が治療し，確率 μ で再び感染可能状態になることができる点にある。
(b) 式 (10.7) によって予測される，SIS モデルにおける感染者の割合の時間経過。治癒が可能であるため，時刻 t の大きいところで，系は，感染者の割合が式 (10.8) で与えられる一定数 $i(\infty)$ となる局所流行状態に達する。すなわち，局所流行状態では，全体の中の有限な割合だけが感染状態となっている。治癒率 μ が大きくなると，感染者数は指数関数的に減少し，病気は消滅することに注意されたい。

となる。

- **無病状態**（$\mu > \beta\langle k\rangle$）

治癒率が十分に大きければ式 (10.7) の指数は負になる。したがって，i は時間とともに指数関数的に**減少**する。これは，最初に発症した感染症が指数関数的に駆逐されることを意味する。この状態では，単位時間当たりに治癒する人の数が新しく感染状態となる人の数よりも多くなるからである。したがって，時間の経過とともに，病原体は集団から消え去るのである。

言い換えると，SIS モデルによれば，すぐに消え去ってしまう病原体がある一方で，集団内にしぶとく生き残る病原体もあるということである。この二つの帰結の違いは何によるものなのかを理解するため，病原体の特性時間を

$$\tau = \frac{1}{\mu(R_0 - 1)} \tag{10.9}$$

と書こう。ここで，

$$R_0 = \frac{\beta\langle k\rangle}{\mu} \tag{10.10}$$

は**基本再生産数**で，感染可能者数全体の中で，感染症の流行期間内にある一人の感染者によって感染させられた感染可能者数の平均値である。言い換えると，R_0 は，理想的な状況のもとでひとりひとりの感染者が引き起こす新しい感染の数である。基本再生産数の値によって，以下の状況が予測される。

- R_0 が 1 を上回るならば τ は正となり，感染症は局所流行状態にある。実際，個々の感染者が健康な人を一人以上感染させるならば，病原体は拡散して，集団内で生き残るには十分である。R_0 が大きくなるほど，感染流行プロセスは速くなる。
- $R_0 < 1$ ならば τ は負であり，感染症は消滅する。実際，個々の感染者が感染させる人数が一人に満たなければ，病原体は集団内で生き残ることはできない。

このように，再生産数は，感染症疫学者が新しい病原体に出会ったときに，問題の深刻さを見積もるために，まず調べてみるパラメータの一つである。信頼できる研究結果に基づく病原体の R_0 を，**表 10.2** に列記する。いくつかの病原体のもつ大きい R_0 は，その病原体のもつ潜在的な脅威を示している。たとえば，はしかに一人が感染してしまうと，引き続いて 10 人から 20 人の感染が引き起こされるのである。

表 10.2　基本再生産数 R_0

式 (10.10) で表される再生産数は，すべての接触が感染可能性をもつものである場合に，一人の感染者が感染させる人の数を表している。$R_0 < 1$ であれば，新規の感染者数よりも治癒者数の方が多いので，病原体は自然に消滅する。$R_0 > 1$ であれば，病原体は拡散して，集団内に居座ることになろう。R_0 が大きいほど感染過程は迅速である。この表は，よく知られているいくつかの病原体についての R_0 を示したものである。文献 [354] による。

病気	伝染の仕方	R_0
はしか	空気	12–18
百日咳	飛沫	12–17
ジフテリア	唾液	6–7
天然痘	接触	5–7
ポリオ	経口	5–7
風疹	飛沫	5–7
おたふくかぜ	飛沫	4–7
HIV/AIDS	性行為	2–5
SARS	飛沫	2–5
インフルエンザ (1918 strain)	飛沫	2–3

10.2.3 SIR モデル

インフルエンザに多く見られるように，多くの病原体に対して，人は感染症から治癒した後，その感染症に対して免疫を獲得する．すなわち，治癒者は感染可能状態に戻る代わりに，集団から「取り除かれる」．治癒した人は，感染することも他の人を感染させることもできないので，病原体から見るといないのと同じなのである．図 10.6 にその性質が説明されている SIR モデルは，この過程を考慮したものである．

まとめると，感染現象のダイナミクスを記述するためには，その病原体のもつ特徴によって異なるモデルが必要となる．図 10.7 にあるように，SI, SIS, SIR モデルの予測は，感染現象の初期段階ではお互いにそれほど違わない．感染者数が少なければ，病気は自由に感染し，感染者数は指数関数的に増加する．しかし，時間が経過すると，モデル間で異なる結果となる．SI モデルでは，全員が感染状態となる．SIS モデルでは，局所流行状態に達し全体の何割かが常に感染者となるか，あるいは，感染症が消滅するかのいずれかになる．SIR モデルでは，全員が最終的には治癒状態となる．再生産数は，ある感染症が長時間経過後どうなるかを決める．$R_0 < 1$ では，病原体は集団内に残るのに対し，$R_0 > 1$ では，病原体は自然に死滅してしまう．

ここまで議論してきたモデルは，人は自分の接触ネットワークにおける隣人とのみ接触する，という事実を無視している．ここでは代わりに均一混合を仮定した．その仮定では，一人の感染者は他のどの人も感染させることができ，また，感染者個々のノード次数（隣人数）はさまざまに異なるにもかかわらず，どの人も $\langle k \rangle$ 人の隣人を感染させる．感染症のダイナミクスを正確に予測するためには，感染現象において接触ネットワークの果たす役割を正確に考慮する必要がある．

10.3 ネットワーク疫学

1日で何百万人もの人が大陸間を移動することが可能となるほど飛行機の旅が容易となり，病原体が世界中を移動する速度を劇的に速めることとなった．中世にはウイルスが大陸中を席巻するのに何年もかかっていたのに（図 10.8），今では，新種のウイルスはほんの数日で複数の大陸に到達してしまう．

(a)

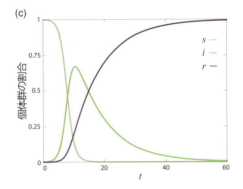

(b)

$$\frac{ds}{dt} = -\beta \langle k \rangle i [1-r-i]$$

$$\frac{di}{dt} = -\mu i + \beta \langle k \rangle i [1-r-i]$$

$$\frac{dr}{dt} = \mu i$$

(c)

図 10.6 **SIR モデル**

(a) SIS モデルとは対照的に，SIR モデルでは，治癒者は治癒状態に入る．すなわち，感染可能状態にもう一度入るのではなく，免疫を獲得する．インフルエンザ，SARS，ペストはこの特徴をもつ病気なので，その感染を記述するためには SIR モデルを使わなければならない．

(b) 全体に対する感染可能者 s，感染状態 i，治癒状態 r の割合の時間経過を支配する微分方程式．

(c) 微分方程式 (b) で示される方程式によって予測される s, i, r の時間依存性．このモデルによれば，すべての人は，感染可能（健康）状態から感染（病気）状態へ，そして治癒（免疫）状態に移行する．

図 10.7　SI, SIS, SIR モデルの比較

図は SI モデル，SIS モデル，SIR モデルのそれぞれで感染者 i の割合の時間経過を示す。次の二つの異なる領域が存在する。

指数関数領域

どのモデルも，感染現象の初期段階では，感染者数は指数関数的に増加する。β が同じなら，SI モデルの増加が最も速い（τ が最小となるため，式 (10.5) 参照）。SIS モデルと SIR モデルでは，式 (10.9) からわかるように，治癒過程があることによって τ が大きくなり，感染者数の増加は遅くなる。SIS モデルと SIR モデルでは，治癒率 μ が十分大きいときは，感染者数が時間とともに指数関数的に減少し，病気は消滅することに注意されたい。

最終領域

三つのモデルは，長時間経過後は異なる結果を予測する。SI モデルでは，全員が感染し，$i(\infty) = 1$ となる。SIS モデルでは，全体の有限の割合が感染状態であり，$i(\infty) < 1$ である。SIR モデルでは，感染ノードはすべて治癒する。したがって，感染者数はゼロとなり，$i(\infty) = 0$ となる。

図下の表に，各々のモデルの主な特徴をまとめる。

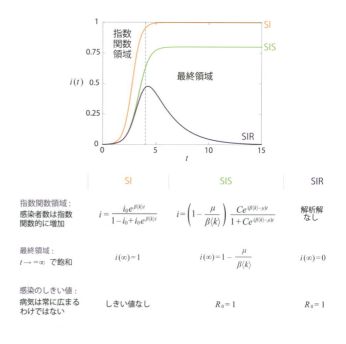

したがって，病原体が世界中に感染する際に従うパターンを正確に理解し，予測する必要性が急速に増している。

前節で論じられた感染症流行のモデルは，病原体の拡散を促進する接触ネットワークの構造を考慮していない。その代わりに，すべての人は他のあらゆる人と接触できる（均一混

図 10.8　ペストの大流行

人類の歴史で最も悲惨な感染症の大流行の一つであるペストは，*Yersinia pestis* という名のバクテリアに起因する腺ペストの蔓延である。この図はヨーロッパでペストの流行が次第に前進していく様子を示すもので，大陸を南から北へと横断するのに数年を要しているのがわかる。ペストの流行は中国で始まりシルクロードに沿って移動して 1346 年ごろにクリミア半島に到着した。そこから，おそらく，商船の定期的な「船客」であった黒毛ネズミにくっついてきた東洋のネズミノミによってもたらされ，地中海沿岸とヨーロッパ中に感染した。感染に時間がかかったのは，その時代の移動速度が遅かったことを反映している。ペストによって当時のヨーロッパの人口の 30％〜60％が死亡したと推測されている [355]。その結果として生じた荒廃により，宗教的にも，社会的にも，また，経済的にもさまざまな一連の混乱が引き起こされることとなり，ヨーロッパの歴史に重大な影響を及ぼした。Wikipedea の Roger Zenner の記述に基づく。

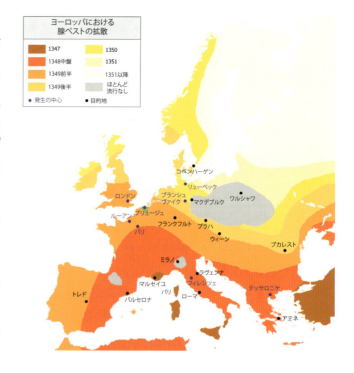

合仮説）とし，また，すべての人が同程度の接触数 $\langle k \rangle$ をもつと仮定する．その仮定は両方とも実際には成り立っていない．人は自分が接触する者にだけ病原体を感染させられるのだから，病原体は複雑な接触ネットワーク上を伝播するのである．さらに，これらの接触ネットワークはスケールフリーであることが多く，したがって $\langle k \rangle$ だけではそのトポロジーを特徴づけるのには十分でない．

基本的仮説は十分に正しく現実を反映していないので，感染症の数理モデルに関する枠組みを根本的に見直さなければならない．この変化は Romualdo Pastor-Satorras と Alessandro Vespignani の研究から始まった．2001 年に，彼らは，背後にある接触ネットワークのトポロジーの特徴を首尾一貫して取り入れるべく，基本的な感染症流行のモデルを拡張した [18]．本節では，彼らが作り上げた方法を導入し，**ネットワーク疫学**に馴染んでいくことにしよう．

10.3.1 ネットワーク上の SI モデル

病原体がネットワーク上で拡散する場合には，高い次数をもつ人は，多数の感染者と接触する傾向にあり，感染の可能性が高くなる．したがって，数学的理論においては各々のノードの次数が隠れた変数になっていなければならない．これは**次数ブロック近似**によって実現される．この近似では，次数によってノードを区別し，同じ次数をもつノードは統計的に同じものであると仮定する（**図 10.9**）．したがって，ネットワーク内で次数 k をもつノードの総数を N_k とし，次数 k のノードのうちで感染状態にあるノードの割合を

$$i_k = \frac{I_k}{N_k} \tag{10.11}$$

としよう．感染ノードの割合の総数は，感染状態にある次数 k のノードの k についての総和

$$i = \sum_k p_k i_k \tag{10.12}$$

である．ノードの次数の違いがあるので，個々の次数 k に関して別々の SI モデルの方程式を書くと

$$\frac{di_k}{dt} = \beta(1 - i_k)k\Theta_k \tag{10.13}$$

となる．この方程式は，式 (10.3) と同じ構造をもっている．

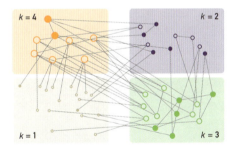

図 10.9　次数ブロック近似

10.2 節で議論した感染症流行のモデルでは，各々のノードを，それぞれの状態に基づいて感染可能状態，感染状態，治癒状態のいずれかの区分に分類する．ネットワークのトポロジーの役割を考慮するため，次数ブロック近似では，同じ次数をもつノードごとにさらに区分する．言い換えると，同じ次数のノードは同じように振る舞うと仮定するのである．これにより，式 (10.13) で行ったように，次数ごとに別々の微分方程式を書きくだすことができる．次数ブロック近似によって，個人の状態に基づく区分がなくなるわけではない．その次数とは関係なく，個人は病気に感染可能な状態（色なし丸印）か，感染状態（色付き丸印）かのどちらかの状態となる．

すなわち，感染レートは β とまだ感染していない次数 k ノードの割合，$(1-i_k)$ に比例している。しかしながら，以下のように重要な違いもある。

- 式 (10.3) での平均次数 $\langle k \rangle$ が，個々のノードの実際の次数 k に置き換わっている。
- 密度関数 Θ_k は，感染可能状態のノード k の隣人のうち感染状態にあるノードの割合である。均一混合仮説では，Θ_k は単に感染したノードの割合 i である。しかしネットワーク上では，あるノードに隣接する感染ノードの割合は，そのノードの次数 k と時刻 t に依存してもよい。
- 式 (10.3) は一つの方程式でシステム全体の時間依存性を記述しているが，式 (10.13) は，ネットワーク内の次数につき一つずつ，全体で $k_{\max}$ 本の連立方程式となる。

まず，i_k の初期段階の振る舞いを調べることから始めよう。ここから始めるのは理論的興味と実際上の考察の両方の理由による。実際，新しい病原体に対して，ワクチンや治療，その他の医学的方策を開発するには数か月から数年かかることもありうる。治療法がない場合には，感染症蔓延の行程を変える唯一の方法は，その感染を止めるために，隔離や旅行規制などの感染を遅らせる処置を早くとることである。個々の方策の性質，時期，規模について正しい決定をするには，感染現象の初期段階での感染者数の正確な見積もりが必要である。

感染現象の初期においては，i_k は小さく，式 (10.13) の高次項 $\beta i_k k \Theta_k$ は無視できる。したがって，式 (10.13) は

$$\frac{di_k}{dt} \approx \beta k \Theta_k \qquad (10.14)$$

と近似できる。**発展的話題 10.B** で示すように，次数相関をもたないネットワークにおいては，関数 Θ_k は k には依存しないので，式 (10.40) を用いて，式 (10.14) は

$$\frac{di_k}{dt} \approx \beta k i_0 \frac{\langle k \rangle - 1}{\langle k \rangle} e^{t/\tau^{\text{SI}}} \qquad (10.15)$$

となる。ここで τ^{SI} は病原体感染の特性時間であり，

$$\tau^{\text{SI}} = \frac{\langle k \rangle}{\beta(\langle k^2 \rangle - \langle k \rangle)} \qquad (10.16)$$

である。式 (10.15) を積分して，次数 k の感染ノード数の割合として

$$i_k = i_0 \left(1 + \frac{k\langle k \rangle - 1}{\langle k^2 \rangle - \langle k \rangle}(e^{t/\tau^{SI}} - 1)\right) \quad (10.17)$$

式 (10.17) から，いくつかの重要なことが予測される。

- ノードの次数が大きいほど，感染する可能性が大きい。実際，任意の時間 t で，式 (10.17) は，$i_k = g(t) + kf(t)$ と書くことができ，次数の大きいノードのグループが，感染したノード中で大きい割合を占めることがわかる（**図 10.10**）。
- 式 (10.12) によれば，感染したノードの割合の総数は時間とともに

$$i = \int_0^{k_{\max}} i_k p_k dk = i_0 \left(1 + \frac{\langle k \rangle^2 - \langle k \rangle}{\langle k^2 \rangle - \langle k \rangle}(e^{t/\tau^{SI}} - 1)\right) \quad (10.18)$$

のように増大する。

式 (10.16) から，特性時間 τ は，$\langle k \rangle$ だけではなく，$\langle k^2 \rangle$ を通してネットワークの次数分布にも依存する。式 (10.16) が意味する重要性を完全に理解するために，異なるネットワークについて τ^{SI} を導出してみよう。

- **ランダム・ネットワーク**
  ランダム・ネットワークでは $\langle k^2 \rangle = \langle k \rangle(\langle k \rangle - 1)$ であるから，

$$\tau^{SI}_{ER} = \frac{1}{\beta\langle k \rangle} \quad (10.19)$$

となり，均一なネットワークについての式 (10.5) の結果を再現する。

- **指数 $\gamma \geq 3$ のスケールフリー・ネットワーク**
  病原体が拡散するネットワークが，指数 $\gamma \geq 3$ のスケールフリー・ネットワークであるなら，$\langle k \rangle$ と $\langle k^2 \rangle$ の両者は有限である。したがって，τ^{SI} も有限となり，感染ダイナミクスは，τ^{SI} の値は変化するものの，ランダム・ネットワークにおいて予測される振る舞いと似たものになる。

- **指数 $\gamma < 3$ のスケールフリー・ネットワーク**
  指数が $\gamma < 3$ であるときは，$N \to \infty$ の極限で $\langle k^2 \rangle \to \infty$ となる。したがって，式 (10.16) によれば，$\tau^{SI} \to 0$ となる。言い換えると，**スケールフリー・ネットワークにおいては病原体の拡散は一瞬で起きる**ことになる。これはおそらくネットワーク疫学における最も思いもよらぬ予測であ

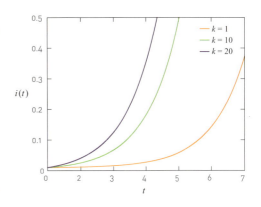

図 10.10 SI モデルにおける感染状態ノードの割合

式 (10.17) によれば，次数の異なるノードでは病原体は異なる速度で感染する。詳しく述べると，$i_k = g(t) + kf(t)$ と書くことができ，これはあらゆる時間において感染した高次数ノードの割合の方が，低次数ノードの割合より大きいことを示す。この図は，平均次数 $\langle k \rangle = 2$ のネットワークにおいて，次数 $k = 1, 10, 20$ のノードが感染状態となっている割合を示す。時刻 $t = 3$ では，$k = 1$ のノードのうちの 3%未満しか感染しておらず，これは，同時刻で $k = 10$ のノードの約 20%近くが，$k = 20$ のノードの約 30%近くが感染しているのとは対照的である。したがって，どの時刻においても，実質上，すべてのハブは病気に感染しているが，低次数ノードは感染していないという傾向がある。病気はハブで維持され，そのハブがネットワークの他の部分に病気を撒き散らすのである。

ろう。

特性時間がゼロになってしまうのは，ハブが感染現象において重要な役割を果たしていることの現れである。実際，図 10.10 に示されているように，スケールフリー・ネットワークでは，ハブは自らもつ多くのリンクを通して，感染ノードと接触する可能性が非常に高いので，ごく初期に感染してしまう。ひとたびハブが感染したならば，それは残りのネットワークに病気を「撒き散らす」，スーパースプレッダーに変わってしまうのである。

- **非均一ネットワーク**
ネットワークの次数分布の不均一性が見られさえすれば，厳密にスケールフリーである必要はない。実際，式 (10.16) は，$\langle k^2 \rangle > \langle k \rangle(\langle k \rangle + 1)$ であれば，τ^{SI} は減少すると予測する。したがって，ネットワークの不均一さはあらゆる病原体の拡散速度を大きくすることになる。

SI モデルでは時間が経てば病原体はすべての人に到達する。したがって，次数分布の不均一さは特性時間だけに影響を及ぼすこととなり，その影響によって，病原体が集団を席巻する速さを決めることになる。ネットワークのトポロジーの影響を完全に理解するためには，ネットワーク上における SIS モデルの振る舞いを調べる必要がある。

10.3.2 SIS モデルと感染しきい値の消滅

ネットワーク上での SIS モデルのダイナミクスを記述する微分方程式は，10.2 節で議論された SI モデルを素直に拡張した

$$\frac{di_k}{dt} = \beta(1 - i_k)k\Theta_k(t) - \mu i_k \tag{10.20}$$

である。式 (10.13) と式 (10.20) との違いは，治癒項 $-\mu i_k$ の存在である。この項のために感染現象の特性時間が

$$\tau^{SIS} = \frac{\langle k \rangle}{\beta \langle k^2 \rangle - \mu \langle k \rangle} \tag{10.21}$$

へと変わる（**発展的話題 10.B**）。十分に大きい μ に対しては，特性時間は負となり，i_k は指数的に減少する。減少の状況は，治癒率 μ と $\langle k \rangle$ だけでなく，$\langle k^2 \rangle$ を通して次数分布の不均一さにも依存する。病原体が集団内に生き残るかどうかを予測するために，**有効感染率**

$$\lambda = \frac{\beta}{\mu} \tag{10.22}$$

を定義しよう。これは，感染率 β と治癒率 μ という病原体の生物学的な特性にのみ依存する。この λ が大きいほど，感染が起こりやすい。しかしながら，感染者数は λ の値に応じて徐々に増加するのではなく，その有効感染率がある感染しきい値 λ_c を上回る場合にだけ，感染することができる。次に，ランダム・ネットワークとスケールフリー・ネットワークについて λ_c を計算しよう。

- **ランダム・ネットワーク**

  病原体がランダム・ネットワーク上で拡散するならば，式 (10.21) において $\langle k^2 \rangle > \langle k \rangle (\langle k \rangle + 1)$ となるので，もし，

$$\tau_{\text{ER}}^{\text{SIS}} = \frac{1}{\beta(\langle k \rangle + 1) - \mu} > 0 \tag{10.23}$$

であれば，病原体は集団内で生き残ることになる。式 (10.22) を用いれば

$$\lambda > \frac{1}{\langle k \rangle + 1} \tag{10.24}$$

であるから，**ランダム・ネットワークでの感染しきい値**は

$$\lambda_c = \frac{1}{\langle k \rangle + 1} \tag{10.25}$$

となる。$\langle k \rangle$ は常に有限なので，ランダム・ネットワークでの感染しきい値は常にゼロより大きい値となる（**図10.11**）。主要な結果は，以下のとおりである。

- 有効感染率 λ が感染しきい値 λ_c よりも大きければ，集団内の有限の割合 $i(\lambda)$ が常に感染状態にある局所流行状態に達するまで，病原体は拡散し続ける。
- $\lambda < \lambda_c$ ならば，病原体は死滅し，$i(\lambda) = 0$ となる。
- したがって，病原体が集団内で生き残るかどうかは感染しきい値によって決まる。有効感染率 λ が増加することによって引き起こされる，この感染症の消滅状態から局所流行状態への転移が病原体の拡散を止めるため方策の基礎となる（10.6 節参照）。

- **スケールフリー・ネットワーク**

  任意の次数分布をもつネットワークにおいて，式 (10.21) で $\tau^{\text{SIS}} > 0$ とおくと，感染しきい値は

$$\lambda_c = \frac{\langle k \rangle}{\langle k^2 \rangle} \tag{10.26}$$

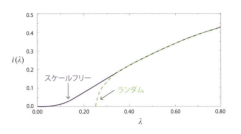

図 10.11 感染しきい値

SIS モデルの局所流行状態においては，感染者の割合は $i(\lambda) = i(t \to \infty)$ となる。接触ネットワークがランダム・ネットワークの場合は緑色で，スケールフリー・ネットワークの場合は紫色で表示する。ランダム・ネットワークでは，感染しきい値 λ_c は有限値となり，小さい有効感染率（$\lambda < \lambda_c$）をもつ病原体は消滅し，$i(\lambda_c) = 0$ となる。しかし，有効感染率が λ_c より大きければ，病原体は局所流行状態となり集団の有限の割合がどの時間にあっても感染状態となる。スケールフリー・ネットワークでは，$\lambda_c = 0$ となり，非常に小さい有効感染率 λ のウイルスであっても集団内で生き残ることができる。

$2 < \gamma < 3$

$\lambda_c = 0$
$\Theta(\lambda) \sim (k_{min}\lambda)^{(\gamma-2)/(3-\gamma)}$
$i(\lambda) \sim \lambda^{1/(3-\gamma)}$

$\gamma = 3$

$\lambda_c = 0$
$\Theta(\lambda) \approx \dfrac{e^{-1/k_{min}\lambda}}{\lambda k_{min}}(1 - e^{-1/k_{min}\lambda})^{-1}$
$i(\lambda) \sim 2e^{-1/k_{min}\lambda}$

$3 < \gamma < 4$

$\lambda_c > 0$
$i(\lambda) \sim \left(\lambda - \dfrac{\gamma-3}{k_{min}(\gamma-2)}\right)^{1/(\gamma-3)}$

$\gamma > 4$

$\lambda_c > 0$
$i(\lambda) \sim \lambda - \dfrac{\gamma-3}{k_{min}(\gamma-2)}$

図 10.12　SIS モデルの漸近的振る舞い

局所流行状態での感染者数の割合，$i(\lambda) = i(t \to \infty)$ は，接触ネットワークの構造と感染症のパラメータ β と μ に依存する．この図は，スケールフリー・ネットワークの次数分布のべき指数 γ の値について，感染しきい値 λ_c，密度関数 $\Theta(\lambda)$，そして $i(\lambda)$ の主要な特性をまとめたものである．$\gamma > 4$ のスケールフリー・ネットワーク上の感染だけが，ネットワーク構造を考慮しない従来の感染症流行のモデルの結果に収束している．文献 [356] による．

表 10.3　ネットワーク上の感染症流行のモデル

この表は，ネットワーク上の SI，SIS，SIR の 3 種類の基本的な感染症流行のモデルについて，任意の $\langle k \rangle$ と $\langle k^2 \rangle$ について，i_k の時間発展についての微分方程式と，対応する特性時間 τ，感染しきい値 λ_c をまとめたものである．SI モデルでは，治癒状態がなく（$\mu = 0$），集団内のすべての人が感染するまでプロセスが持続するので，$\lambda_c = 0$ となっている．特性時間 τ と感染しきい値 λ_c の導出については，**発展的話題 10.B** を参照されたい．

モデル	連続体方程式	τ	λ_c
SI	$\dfrac{di_k}{dt} = \beta[1 - i_k]k\theta_k$	$\dfrac{\langle k \rangle}{\beta(\langle k^2 \rangle - \langle k \rangle)}$	0
SIS	$\dfrac{di_k}{dt} = \beta[1 - i_k]k\theta_k - \mu i_k$	$\dfrac{\langle k \rangle}{\beta(\langle k^2 \rangle - \mu\langle k \rangle)}$	$\dfrac{\langle k \rangle}{\langle k^2 \rangle}$
SIR	$\dfrac{di_k}{dt} = \beta s_k\theta_k - \mu i_k$ $s_k = 1 - i_k - r_k$	$\dfrac{\langle k \rangle}{\beta(\langle k^2 \rangle - (\mu+\beta)\langle k \rangle)}$	$\dfrac{1}{\frac{\langle k^2 \rangle}{\langle k \rangle} - 1}$

となる．スケールフリー・ネットワークでは $N \to \infty$ の極限で $\langle k^2 \rangle$ が発散するため，大きいネットワークについて，感染しきい値はゼロになる（**図 10.11**，**図 10.12**）．このことは，**人から人への感染がまれなウイルスでさえ感染が可能である**ことを意味する．これがネットワーク疫学の第二の基本的予測である（**表 10.3**）．

　感染しきい値が消えてしまうということはハブの存在の直接的な帰結である．実際，感染者が治癒する前に他のノードに感染できない病原体は，集団からやがて消滅してしまう（**発展的話題 10.A**）．ランダム・ネットワークでは，すべてのノードは同程度の次数 $k = \langle k \rangle$ をもつので，感染率が感染しきい値より小さければ，病原体は拡散の方法をもたない．しかし，スケールフリー・ネットワークでは，たとえ病原体の拡散性がほんのわずかであっても，いったんハブに感染してしまえば，そのハブが病原体を他の多数のノードに感染させるので，病原体は集団内で生き残ることができる．

　まとめると，本節の結論は，ネットワークのトポロジーを考慮することにより，感染症流行のモデルの予測能力は大幅に改善できることである．我々の得た，二つの基本的な結果は以下のとおりである．

- 大きいスケールフリー・ネットワークでは $\tau = 0$ である。これは，ウイルスは大部分のノードに瞬時に到達できることを意味する。
- 大きいスケールフリー・ネットワークでは $\lambda_c = 0$ である。これは，感染率の小さいウイルスでも集団内で生き残ることができることを意味する。

どちらの結果も，病原体を多数の隣接ノードに撒き散らすハブの能力の帰結である。

これらの結果は，スケールフリー・ネットワークに限定されないことに注意しよう。むしろ式 (10.16) と式 (10.26) が意味するのは，τ と λ_c が $\langle k^2 \rangle$ に依存するということである。したがって，次数の不均一さをもついかなるネットワークでもこの影響を受ける。すなわち，もし $\langle k^2 \rangle$ がランダム・ネットワークの値 $\langle k \rangle(\langle k \rangle + 1)$ より大きければ，感染過程は増強されることになり，従来の感染症流行のモデルの予測よりも τ と λ_c は小さくなる。従来の感染症流行のモデルよりも病原体は速く拡散することを意味しており，拡散を抑制しようとするいかなる努力もこの違いを無視することはできない。

本節の結果は次数ブロック近似に基づくものであり，感染症の詳細な時間依存性を平均場近似の範囲内で取り扱っている。この近似は，理論を単純化するが，必要不可欠というわけではない点に注意しよう。背後にある確率的な問題について，その数学的な複雑さを完全に取り入れた取り扱いも可能である [357, 358, 359, 360]。そのような計算によれば，SISモデルではハブが再感染することがあるために，指数 $\gamma > 3$ のスケールフリー・ネットワークであっても，感染しきい値が消えてしまうことを示しており，これは，平均場近似アプローチでは感染しきい値が有限に残ることとは対照的である（図 10.12）。したがって，ハブは我々の初めの計算が示すよりもさらに重要な役割を担っている。

10.4 接触ネットワーク

ネットワーク疫学によれば，病原体が広がる速度は，その病原体が拡散する接触ネットワークの次数分布に依存する。実際のところ，特性時間 τ と感染しきい値 λ_c の双方に $\langle k^2 \rangle$ が影響を及ぼすことがわかっている。病原体が拡散するネットワークがランダムなら，これらの結果はまったく重要では

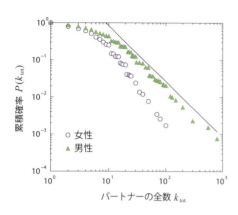

図 10.13　性的ウェブ

スウェーデンにおける 1996 年の性的パターンに関する研究において面接を受けた人が他人と性的関係を持ち始めてから今までの性的パートナーの総数 k の累積分布 [361]。女性に関しては，分布の裾でフィットされたべき指数は，$k > 20$ に対して $\gamma = 3.1 \pm 0.3$ を示す。男性に関しては，$20 < k < 400$ の範囲で $\gamma = 2.6 \pm 0.3$ となる。男性についてのパートナーの平均数の方が女性より高い点に注意しよう。この違いは，性的パートナー数については，男性は誇張して答えるが，女性は控え目に答える傾向があるという社会的なバイアスに起因している可能性がある。

文献 [109] による。

ない。その場合には，10.2 節で取り上げた従来の感染症流行のモデルの予測と，ネットワーク疫学の予測は区別がつかないからである。本節では，我々は病原体の拡散の際に遭遇するいくつかの接触ネットワークの構造を調べる。このことによって，背後にある次数の不均一性の重要さについての直接的な証拠が得られる。

10.4.1　性行為感染症

エイズの原因となる病原体である HIV ウイルスは主に性交によって感染する。したがって，感染に関係する接触ネットワークは，誰が誰と性的関係があったかを表すものになる。この性的ウェブ構造は，スウェーデンでの性的な習慣を調査した研究によって初めて明らかにされた [361]。面接とアンケート調査を通じて，研究者は無作為に選ばれた 18 歳から 74 歳の 4,781 人のスウェーデン人から情報を集めた。調査対象者はその性的パートナーについては匿名でよいが，これまでの性的パートナーの数を推定するように求められた。その結果を用いて，研究者は性的ネットワークの次数分布を再構成することができ，そして，それがべき則によって近似されることがわかったのである [109]（**図 10.13**）。これが，病原体の拡散にスケールフリー・ネットワークがかかわっているという最初の実証的証拠となった。また，この発見は，英国，米国，アフリカで収集されたデータによって確かめられた [362]。

性的ネットワークがスケールフリー性を示すということは，ほとんどの人が比較的少数の性的パートナーしかもたないことを意味する。しかし，これまでに何百人もの性的パートナーをもつ人も少数ではあるが存在する (**Box 10.1**)。このため，性的ネットワークの $\langle k^2 \rangle$ は大きくなり，τ と λ_c は小さくなる。

10.4.2　空気感染症

インフルエンザ，SARS，H1N1 のような空気感染症では，接触ネットワークは物理的に近接している人の集まりになる。この接触ネットワークの構造を次の二段階に分けて調べよう。まず初めに，地球規模の旅行ネットワークを使い，病原体が世界的にどのように拡がるかを予測できる。これは，大規模な感染症蔓延を予測するいくつかのツールの入力となる（10.7

Box 10.1　性的ハブ

さまざまな逸話に見られる事例は，性的ハブが実際にあることを示唆する。たとえば，1980年代のバスケットボール選手で，殿堂入りの選手でもある，Wilt Chamberlain は 20,000 人という仰天する数のパートナーと性的関係をもったと主張していた。「ああ，それは本当さ。2万人の異なる女性とね。」と，彼は自叙伝で書いた [363]。「私の今の年齢からすると，15歳から今まで，毎日毎日，1日当たり 1.2 人の女性とセックスしてきたってことだね」。エイズに関する文献中には，約 250 名の同性愛パートナーがいた客室乗務員 Geetan Dugas の話が詳細に記述されている [364]。彼は**患者第1号**としばしば呼ばれ，広範囲な旅行によって，同性愛者コミュニティ内において，エイズのスーパースプレッダーになった。ハブは，高校の恋愛ネットワークにさえ観察される（**図 10.14**）。

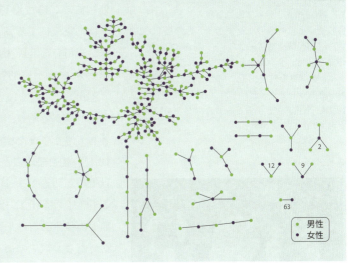

図 10.14　高校の恋愛リンク

図は中西部アメリカの高校生の恋愛および性的な関係を表したものである。一つ一つの丸印は学生を表し，リンクは面接前の6か月間に恋愛関係があったことを表している。数字は，各々の部分グラフが現われる頻度である。63 組のカップルは残りのネットワークから分離されている。文献 [365] による。

節参照）。次に，個体認識のためのデジタルバッジを使って，接触ネットワークの局所的な性質，すなわちある個人が直接相互作用する人数を調べる。

地球規模の旅行ネットワーク

病原体の拡散を予測するには，感染者がどの程度遠くまで旅行するかについてわかっていなければならない。個人の旅行パターンの理解は，移動について直接的な情報を提供する携帯電話を使用することによって爆発的に進んだ [366, 367, 368, 369]。感染現象において最も研究されている移動データは，病原体が地球規模で動く速度を決める交通手段となる航空機による旅行から取られたものである。その結果として，直行便によって結ばれた空港が作る**航空輸送ネットワーク**が病原体の拡散をモデル化し予測する上で鍵となる役割を担うことになる [370, 34, 371]。**図 10.15** が示すように，このネットワークはべき指数 $\gamma = 1.8$ のスケールフリー・ネットワー

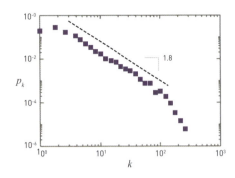

図 10.15 航空輸送ネットワーク

航空輸送ネットワークの次数分布は指数 $\gamma = 1.8 \pm 0.2$ のべき分布で近似される。この図は，世界の空港とその間の直行便リストを含む 2002 年発行の国際航空輸送協会のデータベースを使って作成された。その結果として得られたネットワークは，全世界の航空輸送の 99%を占める上位空港 $N = 3{,}100$ をノードとし，それらを結ぶ直行便 $L = 17{,}182$ をリンクとする重みつきのグラフである。文献 [370] による。

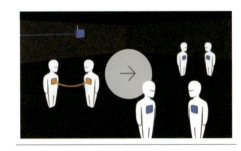

オンライン資料 10.1
RFID を介したネットワークの探索

このビデオは，RFID 技術と，それを用いた社会的相互作用のマッピングを紹介している。

クである。このように指数が低い値となるのは，空港間に直行便が複数あり，ネットワークが単純ではないためである。同様のべき分布は，リンクの重みの分布にも見られ，空港間の旅客量は通常それほど多くないが，いくつかの空港間の旅客量は驚異的であることを示している。10.5 節で議論するように，この不均一さは特定の病原体の拡散では主要な役割を担う。

局所的接触パターン

多くの空気感染症は，人と人との対面的相互作用によって感染していく [372, 373, 374, 375]。これらの相互作用のパターンは，電波による個体認識デバイス (RFID)[373, 375]，携帯電話を用いた計量社会学用バッジ [376]，または，その他の無線テクノロジー [377] を用いてモニターできる。

RFID は，近くにいるバッジをつけた他人を感知するデジタルバッジであり，人どうしの相互作用を捉えることを目的としてさまざまな環境下で配布されてきた（**オンライン資料 10.1**）。例を挙げると，3 か月間のある科学展示会の 14,000 人以上の訪問客や 3 日間の会議の 100 人以上の参加者などである [373]。**図 10.16** は，RFID によって明らかにされた，2 日間の高校生およびその教員間の相互作用を捉えたネットワークである。以下のような，いくつかの発見があった。

- RFID タグは，同じバッジをつけた互いに向き合う個人間の相互作用のみを感知するので，感知された接触の数は制限されている。したがって，一般的にこの研究において図示される接触ネットワークは指数次数分布をもつ。

- 個々の対面の相互作用の持続時間は，数桁以上にわたってべき分布に従う。したがって，大部分の接触は短時間である，しかし少数ではあるが長時間にわたる接触，それは病原体の拡散のような重大な結果をもたらすバースト性の時間パターンが観察される [378]（10.5 節参照）。

- 二人が一緒に過ごした**累積時間**を表すリンクの重みは，べき分布に従う。したがって，大部分の人はほんの少数の人としか時間を過ごさない。これは，また感染のパターンに対して重要な意味をもっている（10.5 節参照）。

- 空気感染するほとんどの病原体は，空間的に近ければ容易に伝播する。たとえば，エレベーター内で感染者の隣に立

つだけで，SARS または H1N1 が伝播するには十分だろうが，そういった相互作用は RFID タグでは記録されない。

要約すると，RFID タグを用いれば，局所的な接触に関して，驚くほど詳細な時間的および空間的情報を得ることができる。これを役立てるためには，これらの研究は，たとえば携帯電話ベースの技術を用いて，より大きい規模で行われなければならない [379]。

10.4.3　位置ネットワーク

空気感染する多くの病原体では，感染に関わる接触ネットワークは，いわゆる**位置ネットワーク**である。このネットワークはノードが場所であり，ノード間が定期的に移動する個人によって結びつけられているようなネットワークである。エージェント・ベースのシミュレーションに裏づけられた実測によれば，位置ネットワークは裾の重い分布となっている [380]。ショッピングモール，空港，学校，あるいはスーパーマーケットは，家庭や職場などの規模の小さい場所から例外的なほど多くのリンクが張られるハブとして振る舞う。したがって，いったん病原体がハブに感染すると，病気はその他多くの場所に素早く到達することが可能となる。

10.4.4　デジタルウイルス

コンピュータやスマートフォンに感染するデジタルウイルスの研究は，感染現象の応用の中でますます重要となってきている。以下で論じるように，感染に関わる接触ネットワークは個々のデジタル病原体の拡散の方法によって決まる。

コンピュータウイルス

コンピュータウイルスは，生物学的ウイルスと同程度の多様性を示し，その感染に関わる接触ネットワークは，ウイルスの性質とその感染メカニズムに依存して，大きく異なってくる。コンピュータウイルスの多くは，電子メールの添付ファイルとして伝播する。ユーザーが添付ファイルを開封するやいなや，ウイルスはユーザーのコンピュータに感染し，コンピュータ内で発見される他の電子メールアドレスに，自分自身のコピーを送信する。したがって，この場合の接触ネット

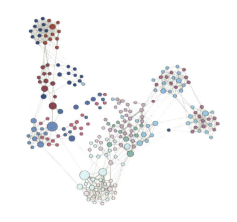

図 10.16　対面型の相互作用

RFID タグを使用して得られた対面型の接触ネットワークで，ある学校の 10 のクラスにまたがる 232 人の学生と 10 人の先生との相互作用を表したもの [375]。RFID タグによって得られるネットワークの構造は，それらが調査された状況に依存する。たとえば，ここで示されている学校ネットワークには，はっきりとしたコミュニティが明らかに存在する。これとは対照的に，博物館の訪問者の相互作用を調べた研究では，ネットワークはほとんど線形であることがわかる [373]。最後に，小さい会議の出席者のネットワークでは，ほとんどの参加者が他のほとんどの人と相互作用するため，むしろ密なものになる [373]。文献 [375] による。

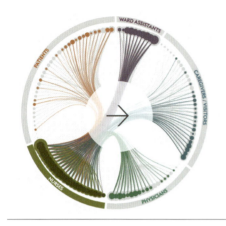

オンライン資料 10.2
院内感染
現在の抗生物質に対して耐性をもつバクテリアは，地球規模の衛生にとって重大な脅威である。そのようなバクテリアは，特に病院と保健施設内で感染する。この *Scientific American* の Interactive Feature では，いくつかの病院におけるバクテリア蔓延を追跡した様子を描写している。

ワークは電子メールネットワークであり，表 4.1 で議論したように，スケールフリー性をもっている [113]。その他のコンピュータウイルスはいろいろな通信プロトコルを利用して，インターネットのもつ相互接続のパターンを反映したネットワーク上で感染するが，それもまたスケールフリー性をもつ（表 4.1）。最後に，いくつかのマルウェアは IP アドレスをスキャンし，完全連結ネットワーク上を感染する。

携帯電話ウイルス

携帯電話ウイルスは，MMS とブルートゥースを介して拡散する（図 10.2）。MMS ウイルスは，電話の通話で見つかるすべての電話番号に自分自身のコピーを送信する。すなわち，MMS ウイルスは，携帯電話通信の背後にある社会ネットワークを利用するのである。表 4.1 に示されるように，携帯電話ネットワークは，大きいべき指数をもつスケールフリー・ネットワークである。携帯電話ウイルスはブルートゥースによって感染することもあり，BT 接続を用いて物理的に近い場所にあるすべての感染可能な電話に自分自身をコピーする。上述のように，この位置ネットワークについても，非常に次数の不均一性が大きい [35]。

要約すると，この十年ほどの技術的進歩によって，性的関係から近接性をもとにした接触ネットワークにいたるまで，生物学的あるいはデジタルウイルスの感染を可能にするさまざまなネットワークの構造を図示できるようになった（**オンライン資料 10.2**）。電子メールネットワーク，インターネット，あるいは性的ネットワークなど多くのネットワークは，スケールフリー性をもつ。他のネットワークにおいては，共同研究ネットワークのように，次数分布は単純なべき則には従わないかもしれないが，それでも $\langle k^2 \rangle$ は大きく，次数の不均一性は顕著である（表 4.1，表 4.4）。これは，前節で得られた分析結果は，大部分のネットワーク上の病原体の拡散について，直接的な重要性をもっていることを意味する。すなわち，背後にある接触ネットワークの次数の不均一性のおかげで，感染力がそれほど強くないウイルスでさえ集団内で感染することが容易になるのである。

10.5 次数分布を超えて

ここまではモデルを単純なものに限定してきた。すなわち，病原体は次数分布によってのみ定義される重み付けのないネットワーク上を感染すると仮定してきた。とは言え，現実のネットワークには，次数相関やコミュニティ構造のような p_k だけによっては捉えられないさまざまな特徴がある。さらにまた，リンクには重みが付けられていて，相互作用の時間は有限かつ一過的であるのが典型的である。本節では，病原体の拡散へこれらの特性がどのように影響するかについて調べよう。

10.5.1 テンポラル・ネットワーク

我々が社会的リンクとして認識する相互作用のほとんどは，短時間であり，まれにしか起こらない。病原体は実際に接触が起きたときにしか感染できないので，精密なモデル化の枠組みではそれぞれの相互作用のタイミングと作用時間を考慮しなければならない。相互作用のタイミングを無視すると，間違った結論に至ることになろう [381, 382, 383]。たとえば，図 **10.17b** の総計ネットワークは，図 **10.17a** に示される個々の相互作用を総計することによって得られる。総計されたネットワークでは，DからAへとAからDへの感染は同程度の機会をもっていることになる。しかしながら，個々の相互作用のタイミングを調べてみると，Aから始まる感染はDに到達できる一方で，Dから始まる感染はAに到達できない。したがって，感染現象の過程を正確に予測するためには，ネットワーク科学で関心が高まっている**テンポラル・ネットワーク**の上で病原体は拡散するという事実を考慮に入れなければならない [382, 383, 384, 385]。これらの接触パターンの一過性を無視すると，感染症の感染拡大の速度と範囲を過大評価してしまうことになる [384, 385]。

10.5.2 バースト性の接触パターン

10.2 節と 10.3 節で議論された理論的アプローチでは，隣接ノード間の相互作用（イベント）が起きるタイミングはランダムであると仮定している。これは，引き続き起きる相互作用の時間間隔が指数分布に従うことを意味し，その結果として一連のイベントの分布はランダムではあるが一様となる（図

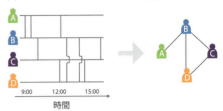

図 10.17 テンポラル・ネットワーク

ネットワーク内の大部分の相互作用は，連続的に起きるのではなく，その作用時間が有限である。したがって，背後にあるネットワークはテンポラル・ネットワークとして見なければならない。テンポラル・ネットワークは，ネットワーク科学で活発に研究されているテーマである。

(a) **テンポラル・ネットワーク**

四人の人の間の相互作用のタイムライン。各々の垂直線は二人の人が互いに接触する瞬間を記す。Aが最初に感染したなら，病原体はAからB，そしてCへと達し，最終的にDに到達できる。しかし，Dが最初に感染した場合は，病気はCとBには達することができるが，Aに到達することはない。このことは，AからDへの時間的経路しか存在しないからである。

(b) **総計ネットワーク**

(a) で示されたテンポラル・ネットワークを時間について総計することにより得られるネットワーク。もしこの総計表現しか与えられていないなら，病原体は，誰が最初に感染したとしても，その他すべての人に到達することができることになる。

文献 [382] による。

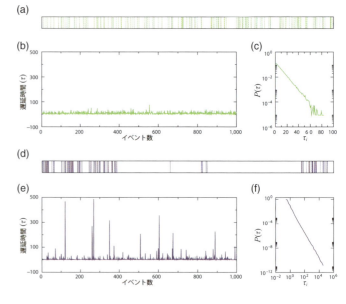

図 10.18　バースト性の相互作用

(a) 個人の活動のパターンがランダムなら，どの瞬間においてもイベントが起きる確率 q は同じ値であると仮定でき，イベント間隔はポアソン過程に従うこととなる．水平軸は時間を表し，各々の垂直線は無作為に選ばれたイベントが起きるタイミングに対応する．観察されたイベント間隔は互いに同程度であり，非常に長い時間をおいて起きるイベントはまれである．

(b) ランダムに起きる 1,000 回のイベントについて，イベント間隔 τ_i を見てみると，長い時間間隔のイベントが存在しないことがわかる．各々の垂直線の高さが，(a) でのイベント間隔と一致する．

(c) 一定の時間内に n 回のイベントが起きる確率は，ポアソン分布 $P(n, q) \sim e^{-qt}(qt)^n/n!$ に従い，それは，イベント間の時間間隔分布が $P(\tau_i) \sim e^{-q\tau_i}$ となることを予測する．

(d) 間隔がべき則に従う一連のイベントの時間的パターン．大部分のイベントが互いに密接しており，これらの活動が短時間内に一気に行われている一方で，接触パターン内の長い隙間に対応した，例外的に長いイベント間隔もいくつか見受けられる．この一連のイベントは (a) のように均一でなく，バースト性をもっている．

(e) 1,000 回の連続イベントについての待ち時間 τ_i．平均イベント間隔は (b) で示されるポアソン過程と一致するように選ばれている．大きいスパイクは，例外的に長い時間間隔に対応する．

(f) (d) と (e) で示されるバースト性の過程における，遅延時間分布 $P(\tau_i) \sim \tau_i^{-2}$．

文献 [378] による．

10.18a–c)．しかし，実測の結果はそれとは異なっており，大部分の社会的なシステムでは，引き続き起きるイベントの時間間隔はべき分布に従う [378, 386]（**図 10.18d–f**）．これは，二人の人の間の一連の接触は，頻繁に相互連絡をするある時期，すなわち比較的短期間内に何度も相互に連絡を取り合う時期によって特徴づけられることを意味する．べき分布では，二つの連絡間に時折非常に長い時間間隔が空くことがある．したがって，接触パターンには時間に関して不均一な「バースト性」がある（**図 10.18d,e**）．

バースト性の相互作用は，電子メールによる通信，電話をかけるパターン，あるいは性的接触などの，感染現象にとって重要なさまざまな接触過程において観察される．バースト性があると，感染過程のダイナミクスが変わってしまう [385]．詳しく言うと，べき則に従うイベント間隔があると，特性時間 τ が大きくなり，その結果として，感染者数は，ランダムな接触パターンによって予測されるよりゆっくりと減少することになる．たとえば，引き続き送信される電子メールの時間間隔がポアソン分布に従うなら，電子メールウイルスの感染数は $\tau \approx 1$ 日の崩壊時間をもって $i(t) \sim \exp(-t/\tau)$ に従って減少していくだろう．しかし，現実のデータが示すところによれば，崩壊時間は $\tau \approx 21$ 日と非常にゆっくりとしたプロセスである．これは，べき則に従うイベント間隔を用いた理論によって，正しく予測される [385]．

10.5.3 次数相関

第7章で論じたように，多くの社会ネットワークは次数親和的であり，次数の大きいノードが他の次数の大きいノードにつながる傾向があることを示している。これらの次数相関は病原体の拡散に影響するのだろうか。計算によると，次数相関はネットワーク疫学の主要な結果を変えることはないが，ネットワーク内で病原体が拡散する速さを変える。

- 次数相関は，感染しきい値 λ_c を変える。次数親和的相関は λ_c を減少させ，次数排他的相関はそれを増加させる [387, 388]。
- λ_c が変わるとは言っても，スケールフリー・ネットワークでは2次モーメントが発散するため，ネットワークが次数親和的，ニュートラル，次数排他的のいずれであろうと，もともと感染しきい値はゼロである。したがって，10.3節の基本的な結果は次数相関の影響を受けない。
- 最初にハブが感染するとすると，次数親和的相関では病原体の拡散は速まる。対照的に，次数排他的相関では感染過程を遅らせる。
- 最後に，SIRモデルでは，次数親和的相関があると罹患率は小さくなるが，感染現象にかかる平均的な時間は長くなる [389]。

10.5.4 リンクの重みとコミュニティ

本章を通して，ノード間のリンクはすべて等しいと仮定し，重みのないリンクをもつネットワーク上での病原体の拡散に議論を集中してきた。現実には，リンクの重みはかなり異なっており，その不均一さは感染において重要な役割を担っている。実際，感染した人と長い時間を費やすほど，その人が感染する可能性はより高くなる。

同様に，ここまでは病原体が拡散するネットワークのコミュニティ構造を無視してきた。しかしながら，実際にはコミュニティ構造が存在することにより，同じコミュニティ内のノードが繰り返し相互作用することとなり（第9章参照），感染するダイナミクスの様子が変わってくる。

携帯電話ネットワークで，感染現象におけるリンクの重みと

コミュニティの役割を調べることができる [115]。時刻 $t = 0$ で，無作為に選ばれた一人の人にある重要な情報を提供すると仮定しよう。それぞれの時間ステップで，この「感染した」人 i は，自分の連絡先リストにある一人の人 j に確率 $p_{ij} \sim \beta w_{ij}$ で情報を伝える。ここで，β は感染率，w_{ij} は i と j が電話で話した時間で表されるリンクの重みである。実際のところ，話す時間が長いほど，その情報を伝える確率は大きくなる。感染過程におけるリンクの重みの役割を理解するために，同じ連結構造をもつがすべてのリンクの重みを $w = \langle w_{ij} \rangle$ のように等しくおいた**対照ネットワーク**上で生ずる感染について考察する。

図 10.19a が示すように，対照ネットワークでは，情報はかなり速く移動する。現実の系において観察される速度が遅いということは，情報がコミュニティ内部に捕まってしまうことを示唆する。実際，第 9 章で議論したように，コミュニティ間の結びつきは弱い一方で，コミュニティ内部の結びつきは概して強い [24]。したがって，いったん情報があるコミュニティのメンバーに達すると，コミュニティ内部の強い結びつきによって，その情報は同一コミュニティ内の他のすべてのメンバーに伝わってしまう。しかし，コミュニティ間の結びつきは弱いので，情報がコミュニティから外に出るのが困難となる。その結果，一つのコミュニティ内には迅速に浸透するが，その後，その情報はコミュニティの中に長い間捕まっ

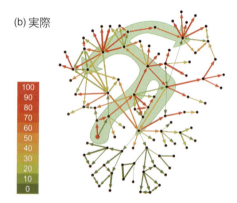

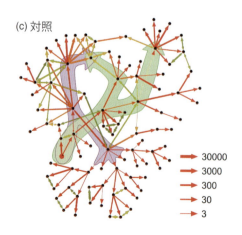

図 10.19 携帯電話ネットワークにおける情報伝播

重み付けられた携帯電話発信ネットワークにおける情報の伝播。あるノードが隣接ノードに情報を伝える確率は，その間のリンクの重みに比例する。リンクの重みは，分単位で測った二人の通話時間である。
(a) 時間の関数として表した感染ノードの割合。青丸印は，実際のリンクの重みを使ったネットワーク上の伝播，緑丸印は，すべての重みを等しくおいた対照ネットワーク上の伝播を表す。
(b) 実際のリンクの重みに沿った小さい隣接ネットワーク内での情報伝播。情報は赤いノードから発信され，矢の重みは連結強度を表している。シミュレーションは 1,000 回繰り返して行われた。矢の大きさは，情報がその方向に沿って伝えられた回数に比例しており，色はそのリンクに沿った情報伝達の総数を示す。
(c) 各々のリンクの重さを同じ $w = \langle w_{ij} \rangle$ と仮定した対照ネットワークでの結果である。背景の色付けした太い矢印を見ると，実際のネットワークと対照ネットワークとでは，情報伝達の方向が違うことがはっきりわかる。
文献 [345] による。

てしまう．一方，すべてのリンクの重みが等しい対照ネットワークでは，コミュニティ間の結びつきが強く，コミュニティ内に情報が捕捉されることはなくなる．

現実ネットワークと対照ネットワークの感染過程の違いを，**図 10.19b, c** に図示する．携帯電話の発信ネットワークでは，情報発信源の近傍で感染するパターンが示されている．**図 10.19c** の対照ネットワーク上でのシミュレーションでは，情報の流れは最短経路を通る傾向がある．しかし，**図 10.19b** のリンクの重みがある場合は，情報は大きい重みをもつリンクで構成されるバックボーンに沿って流れる．このバックボーンの長さは最短経路よりも長い．たとえば，**図 10.19b** において，対照ネットワークでは短い経路で情報が到達するネットワークの下半分に，情報が到達するまでに長い経路を通っていることがわかる．

10.5.5 複雑な感染

ネットワーク内のコミュニティは，大域的な連鎖現象を引き起こしたり [390, 391]，個人の活動を変えてしまったりなど [392]，さまざまな結果を引き起こす．

人から人へと伝播するアイデアや振る舞い（ミーム）の伝播では，コミュニティのもつ重要な役割がさらに顕著なものとなる [393]．ミームの伝播は，マーケティング [352, 394]，ネットワーク科学 [395, 396]，コミュニケーション [397]，あるいはソーシャルメディア [398, 399, 400] などさまざまな観点から，かなりの注目を集めてきた．病原体とミームは異なる伝播パターンに従っており，単純な感染と複雑な感染とを系統的に区別して扱わなければならない [393, 401]．

単純な感染とは，ここまで調べてきた過程のことであり，感染者と接触するだけで感染するのに十分あると仮定する．一方で，ミーム，製品，振る舞いなどの伝播は**複雑な感染**として記述されることがしばしばある．そこでは，大部分の人は，初めて出会ったときには，新しいミーム，製品または振る舞いのパターンを採用しないという事実を考慮している．むしろ，採用に至るためには強化過程，すなわち，すでにそれを採用した何人かとの度重なる接触が必要となる [402]．たとえば，友達が携帯電話を持っている割合が大きくなればなるほど，その人も携帯電話を購入する可能性が高くなるという

ことである。

単純な感染では，コミュニティは情報または病原体を取り込んでしまい，伝播を遅らせる（**図10.19a**）。その効果は，複雑な感染では逆転する。コミュニティは冗長な連結をもつため，コミュニティ内のある一人の人は，他の人が採用に至った例にたびたび出会うことになり，それが社会的な強化過程としてはたらく。コミュニティは，ミーム，製品，あるいは，振る舞いのパターンがその中で何回も採用されることを通して，それらを，「培養」することを可能にする。

単純な感染と複雑な感染の違いは，ツイッターのデータにはっきりと見てとることができる。ツイートまたはショートメッセージにはしばしばハッシュタグというラベルがついており，それがミームのはたらきをもつキーワードとなる。ツイッターのユーザーは他のユーザーのメッセージを受け取る，すなわち，フォローすることができ，自分のフォロワーに対してツイートを転送（リツイート）して，またツイートで他者について言及できる。実際のデータを調べてみると，大部分のハッシュタグは特定のコミュニティ内でのみ使われており，「複雑な感染」であることを示している [393]。ある特定のコミュニティ内でミームが高度に集中していることは，強化過程の証拠となる。これとは対照的に，大流行するミームは，コミュニティを横断して伝播し，病原体の拡散の場合と同じような伝播パターンに従う。一般に，ミームがより多く

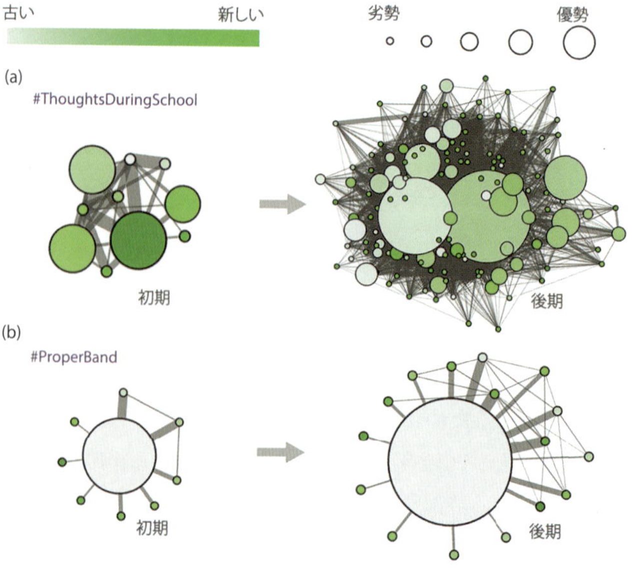

図 10.20 「単純な感染」対「複雑な感染」
ツイッターのフォロワーネットワークのコミュニティ構造。それぞれの円はコミュニティに対応しており，それぞれのコミュニティによって発信されるツイート数に比例した大きさになっている。コミュニティの色は，調べられたハッシュタグ（ミーム）がコミュニティで最初に使われた時間を表す。淡い色はハッシュタグが使われた最初のコミュニティを表し，濃い色はハッシュタグを最後に採用したコミュニティを表す。
(a) **単純な感染**
#ThoughtsDuringSchool という大流行したハッシュタグが，初期段階（30ツイート，左図）から後期段階（200ツイート，右図）まで，どのように伝わったかを表す。このミームはコミュニティ間を簡単に乗り越え，多くに伝わった。感染パターンは病原体の拡散で出会ったものと同じである。
(b) **複雑な感染**
#ProperBand という，それほど流行したわけではないハッシュタグが，初期段階（左図）から最終段階（65ツイート，右図）まで，どのように伝わったかを表す。このツイートは少数のコミュニティ内に閉じ込められており，そこから出ていくのが難しい。これは強化過程を示すものであり，このミームが複雑な感染過程に従っていると解釈できる。
文献 [393] による。

のコミュニティに到達するほど，それは流行性が高いということを意味する（**図10.20**）。

まとめると，次数相関，リンクの重み，接触パターンのバースト性などのさまざまなネットワーク特徴量が，ネットワーク内での病原体の拡散に影響しうる。この節で議論したように，病原体の拡散を減速させる特徴量もあるし，加速させる特徴量もある。したがって，実際の病原体の拡散を予測したいと思うのであれば，これらの効果を必ず考慮しなければならない。これらのパターンは，感染現象の問題で重要なのは明らかであるが，肥満のような非感染性の病気の拡散にも影響を与えるのである（**Box10.2**）。

10.6 予防接種

予防接種の戦略とは，ワクチン，治療，薬の市民への配布の仕方を決めることである。もし，ある治療法やワクチンが存在するなら，すべての感染者や病原体にさらされるリスクのある人へそれが与えられることが理想的である。実際には，コストがかかり過ぎたり，リスクのある人すべてに投与することが困難であったり，副作用の存在や懸念から，すべての人をカバーすることは難しい。このような制限の下において，予防接種の戦略は，ワクチンや治療法の最も効果的な配布により，感染症の大流行の脅威を最小限にとどめることを目的とする。

伝統的な感染モデルによる重要な予測結果に基づいて，予防接種の戦略は立てられる。有効感染率 λ が感染しきい値 λ_c よりも小さい場合は，病原体は次第に死に絶える（**図10.11**）。しかしながら，感染しきい値はスケールフリー・ネットワークでは 0 となるので，このような戦略の有効性は疑わしい。実際のところ，もし感染しきい値が 0 の場合は，λ は λ_c よりも小さい値をとることができない。この節では，感染しきい値が 0 の場合であっても有効なネットワーク科学に基づく予防接種の戦略を立案するために，ネットワークのトポロジーをどのように使うべきかを議論しよう。

10.6.1 ランダムな予防接種

予防接種の目的は，予防接種を受けた人を感染から守ることである。しかしながら，第二の目的も同じくらい重要であ

Box 10.2　我々の友人が我々を太らせるのか

インフルエンザ，SARS，あるいはエイズのような病気は，病原体が伝達されることによって感染する．しかし，社会ネットワークも同様に非感染的な病気の蔓延を助けるということがありうるだろうか．最近の調査は，それがありうることを示唆している．この調査では，社会ネットワークが，肥満，幸福，あるいは喫煙を止めるなどの行動パターンに影響を与えうるとの証拠が示された [403, 404]．

肥満は，肥満指数 (BMI) を用いて診断されるが，遺伝，食生活，運動など多数の要因が関わっている．実際の調査によると，友人関係もまた重要な役割を担っていることが示されている．5,209 人の男性と女性からなる社会ネットワークの分析から，友人の一人が肥満であるならば，その人自身も次の 2 年から 4 年で体重が増加するリスクが 57％増加することがわかった [403]．もし親友が肥満であるならば，その危険は 3 倍になる．実際，体重増加の可能性は 171％にまで跳ね上がる（図 10.21）．肥満を伝達する「肥満病原体」などはないという事実にもかかわらず，実際上すべての点において，肥満はインフルエンザやエイズと同様の感染症であるかのように見えるのである（**オンライン資料 10.3**）．

オンライン資料 10.3

社会ネットワーク上での「感染」

「あなたの友人が肥満であるならば，あなたの肥満の危険性は 45 パーセントより大きい．…あなたの友人の友人が肥満であるならば，あなたの肥満の危険性は 25 パーセントより大きい．…あなたの友人の友人の友人，それはあなたが多分知りもしない誰かだろうが，その人が肥満であるならば，あなたの肥満の危険性は 10 パーセントより大きい．あなたの友人の友人の友人の友人まで考えて，ようやく，その人の体の大きさとあなた自身の体の大きさが何の関係もなくなる．Nicholas Christakis による，社会ネットワーク上での健康状態の「感染」パターンの説明を見てみよう．

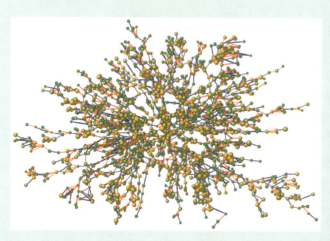

図 10.21　肥満のウェブ

フラミンガム心臓研究所に所属している 2,200 人の友人関係を調べたネットワーク内の最大連結成分．各々のノードは個人を表す．青い境界線のノードが男性で，赤い境界線のノードは女性である．各々のノードの大きさはその人の BMI に比例し，黄色で塗られたノードは BMI ≥ 30 の肥満の人である．紫色のリンクは友人または婚姻関係で，オレンジ色のリンクはたとえば兄弟などの家族関係である．肥満の人の作るクラスターと肥満でない人の作るクラスターがネットワーク内に見てとれる．この分析結果は，これらのクラスターは「類は友を呼ぶ」傾向，すなわち，体の大きさが同じ人どうしが友人になりやすいことからは説明できないことを示唆している．これは，複雑な感染過程によって，社会ネットワークのリンクに沿って肥満の「感染」が起きていることの証拠である．文献 [393] による．

る．すなわち，予防接種は病原体が集団内に広がる速さを抑制することができる．この効果を明確に示すために，ある集団から無作為に選択した個人に予防接種率 g で予防接種する状況を考察しよう [355]．

病原体の拡散は SIS モデル (10.3) に従うと仮定する．病原体からは予防接種されたノードがどれであるかはわからないので，予防接種されていない残りの割合 $(1-g)$ のノードが感染して病気を広げる対象となる．その結果，各々の感染可能ノードの有効次数は $\langle k \rangle$ から $\langle k \rangle(1-g)$ へ変化して，病原体の有効感染率は $\lambda = \beta/\mu$ から $\lambda' = \lambda(1-g)$ へ減少する．次に，この減少がランダム・グラフとスケールフリー・ネットワークにもたらすものを調べよう．

- **ランダム・ネットワーク**
  病原体がランダム・ネットワーク上で広がる場合，十分に高い g については有効感染率 λ' はしきい値 (10.25) よりも小さくなりうる．そのために必要な予防接種しきい値 g_c は，
  $$\frac{(1-g_c)\beta}{\mu} = \frac{1}{\langle k \rangle + 1}$$
  を用いて計算することができ，
  $$g_c = 1 - \frac{\mu}{\beta}\frac{1}{\langle k \rangle + 1} \tag{10.27}$$
  を得る．結果として，もし予防接種された個人が g_c より多くなると，感染率はしきい値 λ_c 以下に低下する．この場合，τ は負となり，病原体は次第に死に絶える．これが，防疫担当局ができるだけ多くの人にインフルエンザワクチンの接種を奨励する理由である．ワクチンは個人を守るだけでなく，病原体の拡散を低下させることにより残りの市民も守ることができる．同様に，コンドームも HIV ウイルスから個人を守るだけでなく，性的ネットワークにおいてエイズが広がる割合を低下させる．ランダム・ネットワークでは，病原体を消し去るためには十分に高い予防接種しきい値が必要となる．

- **不均一な次数をもつネットワーク**
  病原体が拡散するネットワークが高い $\langle k^2 \rangle$ をもち，感染率が λ から $\lambda(1-g)$ へ変化する場合，式 (10.26) を用いて，g_c に関する式
  $$\frac{\beta}{\mu}(1-g_c) = \frac{\langle k \rangle}{\langle k^2 \rangle} \tag{10.28}$$

が得られ，

$$g_c = 1 - \frac{\mu}{\beta}\frac{\langle k \rangle}{\langle k^2 \rangle} \quad (10.29)$$

のように，g_c を計算することができる．ランダム・ネットワークについて，式 (10.29) は式 (10.27) となる．スケールフリー・ネットワークについては，$\gamma < 3$ の場合は $\langle k^2 \rangle \to \infty$ なので，式 (10.29) より $g_c \to 1$ となる．別の表現をすると，もし接触ネットワークが高い $\langle k \rangle$ をもつ場合，**大流行を避けるためには，ほとんどすべてのノードに予防接種することが必要となる**．この予測は，病原体を絶滅するには全人口の 80% から 100% が予防接種を受けることが必要であることと整合する．たとえば，はしかの場合には全人口の 95% の予防接種が必要である [355]．デジタルウイルスについては，ランダムな予防接種を想定すると，ほぼ 100% のコンピュータに適切なアンチウイルスソフトをインストールすることが必要になる．

予防接種における次数の不均一性の役割を明確にするために，電子メールにおけるデジタルウイルスの蔓延について考えよう．電子メールネットワークのリンクがランダムで方向がなければ，$\langle k \rangle = 3.26$ となる．式 (10.27) に $\lambda = 1$ を代入して，$g_c = 0.76$ を得る．したがって，ウイルスの蔓延を防ぐためには 76% のコンピュータ利用者にアンチウイルスソフトウェアを更新してもらうことが必要となる．電子メールのネットワークは，$\langle k^2 \rangle = 1.271$ の無向スケールフリー・ネットワークであるので，式 (10.27) を使うことはできない．式 (10.29) に $\lambda = 1$ を代入して $g_c = 0.997$ を得る．この場合は，99.7% の利用者が電子メールから感染するウイルスを防ぐソフトウェアをインストールする必要がある．これほど高いレベルの要求を利用者に達成してもらうことはほぼ無理であり，多くの利用者は警告メッセージを無視するであろう．そのために，電子メールウイルスは，それが動作するオペレーティングシステムが消え去ってしまうまで何年も生き延びるのである．

10.6.2 スケールフリー・ネットワークでのワクチン接種戦略

ランダムな予防接種の非効率性は，感染しきい値が非常に

低いことに起因している（**Box10.3**）。そのため，不均一な次数をもつネットワークにおいて，病原体の拡散を防ぐためには感染しきい値を高くする方法を見つけることが必要となる。それには，背後にある接触ネットワークのリンクの分散 $\langle k^2 \rangle$ を小さくすることが求められる。

不均一な次数をもつネットワークのリンクの分散が大きいことは，ハブがその原因となっている。したがって，次数が k'_{max} より大きいすべてのノードに予防接種すれば，分散が小さくなり，式 (10.26) より，感染しきい値を大きくできる [405, 406]。もし，次数が $k > k'_{max}$ のノードがない場合，感染しきい値は

$$\lambda'_c \approx \frac{\gamma - 2}{3 - \gamma} \frac{k_{min}^{2-\gamma}}{(k'_{max})^{\gamma - 3}} \quad (10.30)$$

のように変化する（**発展的話題10.C**）。したがって，$\gamma < 3$ の場合は，より多くのハブを予防接種することにより，感染しきい値を大きくできる（**図10.22**）。十分な数のハブに予防接種することによって，λ_c を有効感染率 $\lambda = \beta/\mu$ より大きくできる。この手続きは背後にあるネットワークを変化させることと同等である。ハブに予防接種して接触ネットワークを分割することにより，病原体がほかの部分へ到達することをより困難にできる（**図10.23**）。

ハブへの予防接種は，予防接種の考え方を根本から変えることになる。ランダムな予防接種によって感染症を減らそうとする代わりに，接触ネットワークを変化させることにより有効感染率 $\lambda = \beta/\mu$ よりも λ_c を大きくする。

ハブへの予防接種戦略の抱える課題は，ほとんどの感染過程について接触ネットワークの詳細がわからないことにある。まったくのところ，我々はある集団内のそれぞれの人にどのくらいの数の性的パートナーがいるのか知らないし，インフルエンザの流行期にスーパースプレッダーを正確に特定

> **Box 10.3　いかにして感染症を止めるか**
>
> 保健当局は，感染症大流行を制御または遅延させるためにいくつかの介入を行う。最もよく行われる介入には，以下のようなものが挙げられる。
>
> **病原体の拡散を抑制する介入**
> マスク，手袋，手洗いは，空気感染または接触感染の感染率を抑制する。同様に，コンドームは，性的接触による感染率を抑制する。
>
> **感染者への接触を抑制する介入**
> 深刻な健康上の影響を引き起こす病気に関して，学校を閉鎖する，映画館や商業施設のような多くの人が訪れる公的な場所へのアクセスを制限するなどして，当局は患者を隔離できる。個人間の接触数を抑制してネットワークをスパースにすることによって，感染率を低下させることが可能となる。
>
> **予防接種**
> 予防接種したノードは感染せず病気を他へ感染させることもできないので，予防接種はネットワークから予防接種したノードを取り除く効果をもつ。予防接種は，また，感染率を低下させて，病原体が死に絶える確率を増加させる。

図10.22　ハブへの予防接種

不均一な次数をもつネットワークでは，ハブに予防接種することによって感染しきい値を増加させて，病原体を全滅させることが可能である。図は，k'_{max} よりも大きい次数をもつすべてのノードへ予防接種する場合に期待される感染しきい値を示している。より多くのハブに予防接種する（k'_{max} を小さくする）と感染しきい値は大きくなり，病原体が死に絶える確率が高くなる。ハブへの予防接種は，病原体からハブを見えなくすることによって，病気が感染するネットワークを変化させる（**図10.23**）。

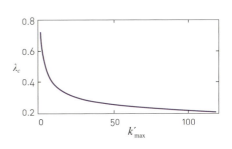

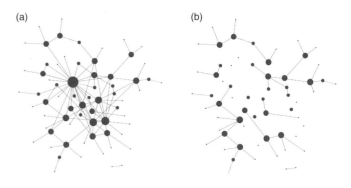

図 10.23 頑健性と予防接種

スケールフリー・ネットワークは，ノードやリンクの無作為な故障に関して，特筆すべき回復能力をもっている（第 8 章）。同時に，スケールフリー・ネットワークは攻撃に関しては脆弱である。もしハブを攻撃されると，スケールフリー・ネットワークはバラバラになってしまう。この現象は予防接種についても多くの類似性を示すことになる。ランダムな予防接種では感染症を終結させることはできないが，ハブを狙う選択的な予防接種によって臨界しきい値が有限値となり感染症を終結させる一助となる。この類似性は偶然ではない。ネットワークの頑健性と予防接種問題は，両方とも $\langle k^2 \rangle$ の発散と関係がある。実際に，感染しきい値が 0 に等しくなることは，ランダムなノード除去によってパーコレーションしきい値が 1 に収束することと等価である（**発展的話題 10.D**）。同様に，ハブへの予防接種による感染しきい値が有限値になることは，攻撃にさらされたスケールフリー・ネットワークに特徴的なパーコレーションしきい値が小さくなることと等価である。したがって，攻撃と選択的な予防接種は同じコインの二つの面を表していると言うことができる。攻撃と選択的な予防接種の等価性を明確に説明するために，(a) に示すネットワークを考えよう。五つの最も大きいハブを除去するような攻撃によって，(b) に示すようにネットワークは多くの孤立した島々のようにバラバラになる。予防接種されたネットワークは小さい島々に分かれてしまう結果，病原体が小さい島の一つに拡散したとしても他の島々へ拡散することはできない。

することもできない。つまるところ，ハブを特定することは困難なのである。しかしそれでも，効果的な予防接種戦略を設計するために，ネットワークのトポロジーを探ってみることは有益であろう。そのために，ノードの隣接ノードは，平均としてそのノードよりも大きい次数をもつというフレンドシップ・パラドックスを思い出そう（**Box7.1**）。したがって，どの人がハブなのかがわからなくても，無作為に選択した人の知人に予防接種をすれば，ハブを狙うことになるのである。その手順は以下のステップから構成される [407]。

1. ランダムな予防接種と同じように，割合 p のノードを無作為に選択する。ここで選択したノードをグループ 0 と呼ぼう。
2. グループ 0 に属するそれぞれのノードのリンク一つを無作為に選択する。これらのリンクがつながっているノードをグループ 1 とする。たとえば，グループ 0 の各個人に病原体が拡散しそうな関係性をもっている知人を一人挙げてもらう。HIV の場合は，性的パートナーの一人の名前を挙げてもらう。
3. グループ 1 の各個人へ予防接種する。

この戦略は，ネットワークの大域的構造についての情報を必要としない。式 (7.3) より，次数 k をもつノードがグループ 1 に属する確率は kp_k に比例する。結果として，グループ 1 の個人はグループ 0 の個人よりも高い次数をもつ。この差別化戦略の意味するところは，指数 γ をもつスケールフリー・ネットワークにおいて蔓延を防止するために必要なしきい値として**図 10.24** に図示されている。この図から，以下の重要な洞察が得られる。

1. **ランダムな予防接種**

    図 **10.24** の上側の曲線はランダムな予防接種の g_c である。小さい γ をもつ不均一なネットワークでは $\gamma \approx 1$ なので，病気の蔓延を防ぐにはすべてのノードに予防接種する必要がある。γ が 3 に近づくに従って，ネットワークは有限の感染しきい値をもつようになり g_c は低下する。さらに，大きい γ では，十分に高い割合の人口へ予防接種することにより病気の蔓延を防ぐことができる。

2. **選択的予防接種**

    差別化戦略については，g_c は一貫して 30% 以下となる。したがって，全ノードの 30% の隣接ノードを無作為に選択して予防接種すれば，病気の蔓延を防ぐことができる。この戦略の有効性は γ に弱くしか依存しない。選択的予防接種は，ハブがあまり明確でない高い γ の場合でも，ランダムな予防接種より効果的である。

以上をまとめよう。もし病原体に接触する危険性のあるすべての人へ予防接種できるなら，我々はそれを行うべきである。これが，これまで取られてきた感染症根絶キャンペーンであった（**Box10.4**）。網羅的な予防接種が実行可能でない場合は，我々のもつ資源を最大限に活用するためにさまざまな予防接種の戦略が必要となる。個々の戦略の有効性は，病気が広がっていく接触ネットワークの構造によって異なる。一般に，ランダムな予防接種は不均一な次数をもつネットワーク上で広がる病原体については有効性が低くなる。ランダムな予防接種を有効にするためには 100% のノードへ予防接種することが必要となるが，それはほとんどの環境で不可能である。対照的に，ハブへの予防接種は有効性が高い。無作為に選択したノードの隣接ノードへ予防接種する選択的予防接種は，接触ネットワークの正確な情報がなくとも非常に高い有効性をもつ。この戦略は，ランダム・ネットワークと不均一な次数をもつネットワークの両方において有効である。

10.7　感染症流行の予測

その長い歴史において，人類は感染症に対してまったく無力であった。薬やワクチンがなく，感染症は繰り返し大陸全体へ伝播して，世界の人口を激減させた。1796 年になってようやくワクチンが試験的に使われ始めた。新しい感染症に対

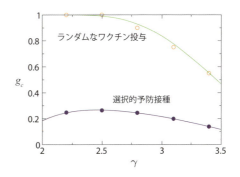

図 10.24　スケールフリー・ネットワークでの選択的予防接種

SIS モデルに従って病原体が広がる接触ネットワークにおいて，次数分布のべき指数 γ の関数として臨界感染しきい値 g_c を示した。ランダムな予防接種戦略の結果を緑色で，無作為に選択したノードの最近接ノードへ予防接種する選択的予防接種戦略の結果を紫色で表す。曲線は解析解，丸印は $N = 10^5$ のシミュレーション結果である。感染対象集団の人数は有限であるので，$\gamma < 3$ のネットワークでもランダムな予防接種戦略については $g_c < 1$ となる。文献 [407] にならって再描画した。

図 10.25　天然痘の絶滅

Rahima Banu. 1976 年のバングラデシュにおける最後の天然痘感染者である。文献 [408] による。

Box 10.4　病原体を根絶できるか

　1960 年代の終わりの時点では，天然痘はアフリカやアジアでは依然として存在していた。1967 年以前は，天然痘の根絶戦略は大量のワクチン投与に依拠していたが，人口密度の高い地域では十分な効果がみられなかった。保健当局は，感染を止めるためにネットワークに基づくプログラムをついに開発した。当局の担当者は，感染した個人に接触したあらゆる人を見つけて処置を施すことにした。この戦略によって，天然痘を正式に最初に根絶した感染症とすることができた（**図 10.25**）。

　根絶とは，感染可能な集団における病原体の完全な消去を意味する。根絶すべき感染症を選択するために，当局の担当者は目標とする病原体が人間以外の保有宿主をもたないことを確認しなければならない。感染を遮断するために効果的あるいは実際的なワクチンや薬が必要である。これまでのところ，根絶キャンペーンは部分的な成功を収めているに過ぎない。天然痘や牛疫はうまく根絶することができたが，鉤虫症，マラリア，黄熱病については失敗に終わっている。

してワクチンと治療法の系統的な開発がなされるようになったのは 1990 年代である。驚異的な医学の発達にもかかわらず，真に有効なワクチンはごく数少ない感染症に対するものに限られている。その結果，感染を抑制する方策や検疫・隔離などが，新しい感染症と戦う医療専門家の主なツールとして今でも使われている。地域の医療専門家がワクチン，治療，隔離などの資源を有効に活用するために，感染症が次にいつどこで発生するのかを予測することが求められている。

　近年，感染症の大流行をリアルタイムで予測する方法が開発され始めている。その基盤は，1980 年代の感染症流行のモデルの開発 [409] と 2003 年の SARS 感染症の流行時に作られた流行中の感染症について報告する際の国際的なガイドラインである。その結果として，感染症の流行に付随するデータを系統的に入手する可能性が向上し [349]，モデルへパラメータをリアルタイムで入力することが可能になった。これらの開発結果の恩恵を最初に受けたのは 2009 年の H1N1 ウイルスの発生で，このときは，感染症の流行をリアルタイム

で予測できた。

新しい病原体の発生は，次のようないくつかの重要な疑問をもたらす。

- 新しい病原体はどこで発生したのか。
- どこで新しい事象が発生するのか。
- 人口密集地域にいつ感染症は流行するのか。
- どれくらい多くの人が感染するのか。
- 流行を低減するために我々は何ができるのか。
- どのようにしてその病原体を根絶できるのか。

今日では，強力な感染症シミュレータ（**オンライン資料10.4**）に，人口，移動，疫学に関するデータを入力しながら，これらの疑問に答えることができる [410, 411, 412]。これらのツールでは，確率的メタポピュレーションモデル [413, 414, 415]，数百万人の移動と相互作用を捉えるエージェントベースシミュレーション [416]，などのアルゴリズムが使われる。この節では，これらのツールの機能を概観し，その開発におけるネットワーク科学の役割について説明する。

10.7.1　リアルタイム予測

感染症予測の目的は，各々の大都市において週ごとの感染者の数を推定して病原体のリアルタイムでの伝播を予測することにある [416, 417]。ネットワーク科学に基づくリアルタイム感染症予測の最初の成功事例は，世界中の人口と移動の高分解能データを入力として用いる確率論的なフレームワークである Global Epidemic And Mobility (GLEAM) モデルである [417]（**図10.26**，**オンライン資料10.5**）。GLEAM は，以下のようなネットワーク指向の計算モデルである。

- 世界中の各々の地理的位置をネットワークのノードに対応付ける。
- ノードの間の移動を表すリンクを旅客航空スケジュールのグローバルな輸送データによって与える（**オンライン資料10.4**）。
- 医療レポートによるのではなく，感染症の世界的な伝播の様子を捉えた時々刻々のデータに基づき，ネットワーク科学の手法を用いて，感染率や再生産数などの疫学的パラメータを推定する [33]。

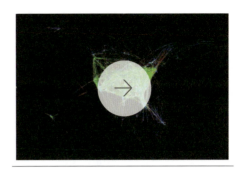

オンライン資料 10.4
北米の航空機運航パターン
北米のリアルタイム航空機運用は連邦航空局が発表するデータによる。この世界的な輸送ネットワークは，大陸間の病原体の拡散に深くかかわっている。それ故に，運航スケジュールは感染予測の入力データとなっている。Aaron Koblinによって作られたこのビデオは，純粋に科学的な理解のためのものであるが，芸術分野ではデジタルアートとしても鑑賞されている。実際に，このビデオはニューヨーク近代美術館のメディア芸術のコレクションに収録されている。

オンライン資料 10.5
GLEAM
感染予測を行う GLEAM ソフトウェアパッケージを説明するビデオ。

図 10.26　2009 年 H1N1 大流行のモデル

(a) 2009 年の大流行の初期における H1N1 ウイルスの感染。矢印は，それまでに感染していなかった国に現れた最初の感染を示す。色は，ウイルスの到来時期を示す。

(b) H1N1 やエボラのような病原体のリアルタイムでの感染を予測するために使用する GLEAM 計算モデルのフローチャート。左の列（入力）は，人口統計，移動，疫学に関する入力データである。中央の列（モデル）は，各時間ステップにおいてネットワークに基づいてモデル化される動的な過程を記述している。右の列（出力）は，モデルが予測できる量の例を示す。

文献 [418] による。

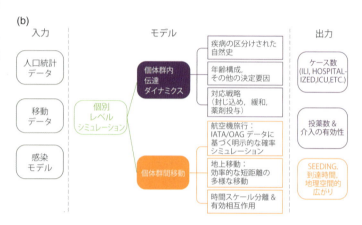

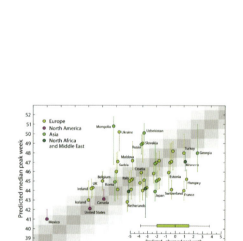

図 10.27　H1N1 の活性ピーク

いくつかの国における H1N1 ウイルスのピーク時期の予測値と観測値。ピーク時期は最も多くの個人が病原体に感染した週であり，大流行の始まった後の週において測定された。モデル予測結果は 2,000 イベントの大流行を解析して得られたものであり，図にその誤差範囲を示している。文献 [418] による。

GLEAM では，10.3 節で説明したネットワーク科学に基づいた感染現象の枠組みを実装して，これから何か月か先の病原体の世界的な伝播に関して何が起こりうるかについての結果を多数計算する。H1N1 の流行の全期間についての予測結果を，48 か国における実地調査およびウイルス学からのデータと比較した [417]。その結果，以下のようないくつかの重要な発見があった。

- ピーク時期

  ピーク時期は，ある国で最も多くの人が感染している週のことである。ピーク時期が予測できれば，医療担当官が，ワクチンや治療法の投与時期や量を決めるのに役立つ。ピーク時期は最初の感染の発生時間と各々の国の人口的・移動的特徴に依存する。ピーク時期の観測値は，87％の国々で予測区間の範囲にあった（図 10.27）。残りの国々では，観測値と予測値の差は最大で 2 週間であった。

- 早いピーク時期

  GLEAM によって，H1N1 感染症のピーク時期は 11 月と予測された。これは，インフルエンザの典型的なピーク時期である 1 月や 2 月とは異なる。この予期せぬ予測結果は正

しいことが判明し，モデルの予測力を確認できた。H1N1 は多くの感染症ウイルスがやってくる南アジアではなくメキシコから来たために，ウイルスが北半球に到達するのに短い時間しか必要としなかった。この事実が H1N1 の早いピーク時期をもたらした。

- ワクチン接種の効果

いくつかの国で，感染症の大流行を早く終息させるために，ワクチンキャンペーンを行った。GLEAM を用いたシミュレーションでは，大規模ワクチンキャンペーンは大流行の過程において非常に小さい影響しかないとの結果が得られた。その原因は，ピーク時期を 1 月と想定してキャンペーンの時期を決めたためである。ワクチン投与が 2009 年 11 月のピーク時期の後となり，大きい効果を得ることができなかった [419]。

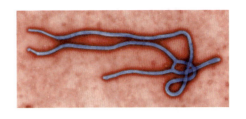

図 10.28 史上最悪の感染症発生

エボラウイルスは，80％近くの死亡率をもつ人類にとって史上最悪のウイルスの一つである。最初の大流行は 1976 年のザイールで発生し，高熱と出血性疾患の症状が出る出血熱に感染した患者 312 人のうち 280 人が死亡した。ウイルスは感染患者の血液や分泌物への接触により拡散する。

10.7.2 What-If 分析

封じ込めや緩和などの手段の時期や性質を考慮しながらシミュレーションを実行することによって，まだ成果が不確実な特定の計画の有効性を評価することができる [410, 411, 412, 414, 420]。次に，このような介入の効果に関する二つの例について議論しよう。

- 旅行制限

航空機による旅行が病原体の拡散に重要な役割を果たしていることを考えると，エボラ熱のような危険な感染症（図 10.28）に直面した場合，まず最初に考えられることは旅行制限であろう。しかしながら，主要な資源が航空機輸送されている世界においては，その旅行制限は経済的な崩壊をもたらしかねない（Box10.5）。したがって，旅行制限を行う前に，その旅行制限が感染症の大流行の終息に有効であることを確認することが必要である。このことについては，ウイルスが大流行していることを知れば，結局は自主的に旅行制限をすることになることに気づかなければならない。たとえば，2009 年 5 月の H1N1 流行期に，個人が不要不急のビジネスや余暇の活動を取り止めることにより，メキシコの入出国者は 40％減少した。この 40％の減少により，多くの国において最初の感染者の発生に 3 日以下の遅れを

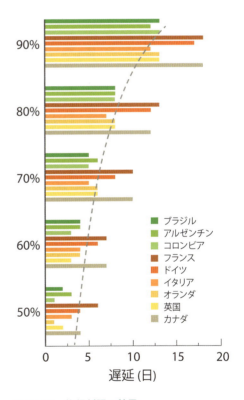

図 10.29 旅行制限の効果

メキシコからさまざまな国々への H1N1 ウイルスの感染時期における旅行制限の効果を，旅行制限のない場合との比較により示す。縦軸の割合は，世界中で適用された旅行制限の程度を示す。感染者発生の最も大きい遅れは，90％の旅行制限に観測された 20 日よりも短い。文献 [414] による。

図 10.30　大流行：創作と実話

感染症大流行の二つの映画**コンテイジョン**と**アウトブレイク**のポスター

> **Box 10.5　映画館の夜**
>
> 感染症大流行をフィクションではあるが現実味をもって描いた映画**コンテイジョン**。この映画は，Steven Soderbergh 監督による 2011 年のスリラー映画である。この映画は，ウイルスの蔓延と地球全体への感染拡大を阻止しようとする保健当局担当者の絶望的な活躍を描く。生物的感染と社会的感染の両方を取り上げた力作である。
>
> もう一つは Wolfgang Petersen 監督による 1995 年のサスペンス映画**アウトブレイク**である。この映画は，致死的なエボラのようなウイルスがザイールの小さい村から始まり米国へ到達する過程を描く。両方の映画において，病原体の拡散を抑えるための市民と軍の間の難しい関係が描かれている。

生じたことがシミュレーションからわかった [417,418]。さらに，旅行が 90% 減少しても，ピーク時期の遅れは 20 日以下であることがわかった（**図 10.29**）。

　最も重要なことは，旅行制限によって感染者数は減少しないことである。旅行制限は大流行を遅らせるだけであるが，その間に地方当局は感染症の大流行に備えるための時間を得ることができる。したがって，大流行を遅らせることによってワクチンの増産や治療手段の準備が可能な場合に限っては，旅行制限は有効な介入策となりうる。

- **抗ウイルス剤治療**

カナダでの 2009 年の H1N1 流行の間に，カナダ，ドイツ，香港，日本，英国，米国では病気の影響を緩和するために抗ウイルス剤を配布した [421]。このことを受けて，感染症流行のモデル研究者はすぐに，抗ウイルス剤を備蓄しているすべての国がその国民に抗ウイルス剤を配布したらどうなるかを調べた [422]。その結果，ピーク時期を 3 から 4 週間遅らせ，その間に多くの人々へ予防接種を行うことができることが明らかになった。

10.7.3　有効距離

自動車や航空機が使われるようになる前は，病原体は人間の歩く速度かあるいはせいぜい馬の歩く速度で移動するに過

ぎなかった．そのため，欧州における黒死病は反応拡散モデル [423, 424] で記述される拡散過程に従って村から村へゆっくりと動いていった（**図 10.8**）．前の感染に地理的に近接した場所で次の感染は生ずるため，大流行の時期と大流行の最初の発生地からの距離は強い相関を示す．

　航空旅行の普及した今日では，感染現象において物理的な距離は重要な意味をもたない．マンハッタンで発生した病原体は，マンハッタンから車で 1 時間の距離のニューヨーク州の小さい町ガリソンと同じように，簡単にロンドンへ移動することができる．このことにより，即座に，感染症の蔓延を見るために物理的な空間よりも適した空間はあるのか，という疑問が生ずる．もし通常の地理的距離を移動ネットワークから算出した有効距離で置き換えれば，そのような空間を得ることができる [425]．移動ネットワークのノードは都市であり，リンクはそれらの都市の間の移動者数である．各々のリンクは向きと重みをもち，移動割合 $0 \leq p_{ij} \leq 1$ で特徴づけられる．ここで，p_{ij} はノード i からノード j へ移動する旅行者の割合であり，旅行者がいる場合は $p_{ij} > 0$ である．p_{ij} の値は航空機の運航スケジュールから知ることができる．

　二つの都市の間に複数の経路があるなら，病原体は移動ネットワーク上で複数の経路をたどることが可能である．しかしながら，病原体の拡散は，移動行列 p_{ij} から予測される最も確率の高いパスによって大筋が決まる．このことから，二つの地点 i, j の間の**有効距離** d_{ij} は

$$d_{ij} = (1 - \ln p_{ij}) \geq 0 \qquad (10.31)$$

によって定義される．もし，i から j へ移動する人数が少ない場合は，p_{ij} は小さく，有効距離 d_{ij} は大きい．ここで $d_{ij} \neq d_{ji}$ に注意しよう．大都市 j の近くに小さい村 i がある場合，村 i の多くの割合の人が大都市 j へ移動するので d_{ij} は小さい．しかし，大都市 j から村 i へ移動する人の割合は小さいので d_{ji} は大きい．複数のリンクからなるパスに沿った移動は移動行列の行列要素の積なので，有効距離を加算的にするために式 (10.31) では対数が使われている．

　図 10.31 に図示されるように，感染症の発生源から各々の都市までの距離を式 (10.31) で表すと，病原体は円形の波面を形成する．これは，地理学的な空間でみた場合の感染症の蔓延の複雑なパターンとは好対照をなす．さらに，H1N1 の到

図 10.31 有効距離

香港が感染源である感染症の大流行の広がり。多数の感染者がいる地域を赤色のノードで示している。各々のパネルでは，有効距離表示（上）と通常の地理的表示（下）を用いて系の状態を比較している。地理的表示にみられる複雑な空間パターンは，有効距離表示では一定速度で外に向かって移動する円形の波となる（**オンライン資料 10.6**）。文献 [425] による。

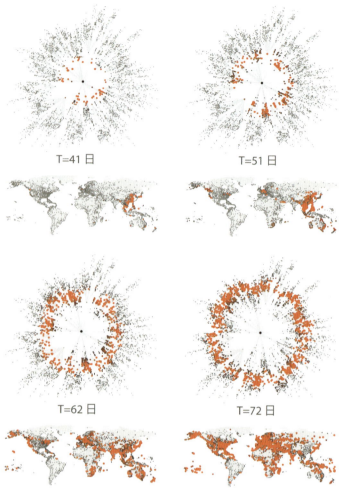

T=41 日　　T=51 日

T=62 日　　T=72 日

オンライン資料 10.6
感染症の大流行

3 か所での発生から GLEAM で予測される病原体の拡散。地理的な広がりのパターンの解釈は難しいが，有効距離を用いた表示では感染症の流行は通常の放射パターンを示す（**図 10.31**）。

　観測された感染パターンから次のような疑問が出てくる。典型的な病原体が地球上に広がる速度はどれくらいなのだろうか。その速度は，三つのパラメータに依存する。

1. 基本再生産数 R_0，これはインフルエンザ型のウイルスでは 2 の近傍にある（**表 10.2**）。
2. 治癒率 μ，これはインフルエンザでは約 3 日である。
3. 移動度，対象となる集団のなかで日中に移動する人の割合である。このパラメータは 0.01 から 0.001 の間にある。

これらのパラメータを用いて GLEAM（**図 10.26**）により，到達時間と感染源からの距離の相関を計算することによって，病原体が地球上に広がる速度をおよそ 250 から 300 km/日と見積もることができる。したがって，インフルエンザウイルスは大陸をスポーツカーまたは小型飛行機の速度で移動することがわかる [425]。

達時間を物理的距離の関数として描いたときにはランダムな様子を示すが，到達時間は有効距離とは強い相関を示す（**図 10.32**）。したがって，我々は病原体の広がる速度を決めるために有効距離を使うことができる（**オンライン資料 10.6**）。

　流行予測について驚きとともに歓迎すべきことは，それぞれの感染症流行のモデルでは，移動データについて異なるもの（航空運行スケジュール [370] とドル紙幣の動き [369]）を用いても，また，感染症のパラメータ（治癒率，感染率など）について異なる仮定を用いても同様の結果が得られることである。有効距離によって，さまざまなモデルによる予測が同じようなものに収束していく理由を理解することができる。実際，位置 a への病原体の到達時間は

$$T_a = \frac{d_{\text{eff}}(P)}{V_{\text{eff}}(\beta, R_0, \gamma, \varepsilon)} \tag{10.32}$$

のように書くことができる [425]。したがって，到達時間は有効距離と有効速度の比である。有効速度は病原体の感染パラメータだけから決まる。一方，有効距離は p_{ij} で記述される移動ネットワークのトポロジーだけから決まる。新しい大流行に対峙するとき，初期においては病原体固有の感染パラメータは不明である。しかしながら，式 (10.32) から，**相対的到達時間は感染パラメータに無関係である**ことがわかる。たとえば，大流行がノード i から始まるとき，ノード j とノード l への到達時間の比は

$$\frac{T_a(j/i)}{T_a(l/i)} = \frac{d_{\text{eff}}(j/i)}{d_{\text{eff}}(l/i)}$$

すなわち，有効距離の比だけで書くことができる。したがって，病気の相対的到達時間は移動ネットワークのトポロジーだけから決まる。全世界の移動パターンは一つしかなくモデルからは独立であるので，異なるモデルによる予測は感染パラメータの選択とは無関係に収束することになる。

以上をまとめると，データ収集とネットワーク疫学の足並みをそろえた進歩によって，病原体の拡散をリアルタイムで予測できるようになった。開発されたモデルは，反応や緩和のシナリオを設計したり，非常時に対応する担当官の研修をしたりする際の手助けとなり，隔離から旅行制限にいたるさまざまな介入方策の効果を探ったり，治療法やワクチンの配布を最適化するために使われている（**Box10.6**）。

興味深いことに，感染症予測の最近の成功は，背後にある感染を引き起こす病原体の生物学的理解が進んだことによるものではない。むしろ，病原体の拡散については，感染パラメータの重要性は二次的なものであるという何とも幸運な状況に起因するのである。最も重要な因子は，移動ネットワークの構造である。しかしその構造は，人々の旅行のスケジュールから正確に推定することができるので，人々の移動パターンを調べることによって感染症の大流行の進展について正確な予測が可能になるのである。

10.8 まとめ

ほとんどのネットワークは，リンクに沿った何らかの移動を促進するものである。たとえば，信用，知識，習慣，情報（社会ネットワーク），電力（電力網），資金（金融ネットワーク），財（貿易ネットワーク）などが挙げられる。これらの

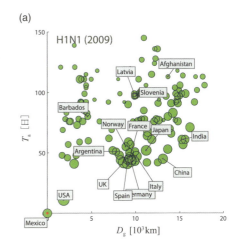

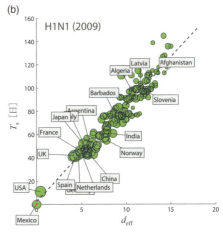

図 10.32 有効距離と到達時間

(a) 地理学的距離
2009 年の H1N1 大流行についての，到達時間と感染源（メキシコ）からの地理学的距離の関係。各々の丸印は感染した 140 か国で，その大きさは各々の国における総交通量である。到達時間は，2009 年 3 月 17 日の流行の始まりから各々の国における最初の感染者が確認された日までの日数である。この表示では，到達時間と地理学的距離は互いにほぼ独立である（$R_0 = 0.0394$）。

(b) 有効距離
到達時間と有効距離 d_{eff}。この表示では，有効距離 (10.31) と到達時間の間に強い相関がみられる。文献 [425] による。

図 10.33 感染源
感染源を探すことは，水面のさざ波の源を探すようなものである．病原体は一様な媒質のなかで広がるわけではないので，移動ネットワークにおける"さざ波"を見つけ出すことに挑むことが必要となる．

Box 10.6　感染症大流行の発生源を探る

感染症大流行の発生源（感染源）を見つけることは，感染症を制御するための重要な要素である．感染源は接触ネットワークの最初の個人，または移動ネットワークにおいて病原体が初めて見つかった都市である．この問題の数学的な定式化 [427] は，この課題における研究の爆発的増加をもたらした [428–435]．

感染源を見つけることの難しさは，感染過程の確率的な性質に原因がある．その結果，異なる初期条件が同じ観測時間において同じような感染パターンをもたらす．我々のとる方法は，感染症についてもっている情報に依存する．

- 最も簡単な場合では，ある時間 t において感染したノードと，病原体が広がるネットワークがわかっている．やるべきことは，感染源 i を探すことである [427]（**図 10.33**）．

- 各々のノードについて感染した時間がわかっているならば，感染のダイナミクスを再構築することができる．これによって，感染源を見つける能力は著しく向上する．

- ハブは最も早く最も正確な感染についての情報をもっているので，最良の戦略はハブを監視することである．たとえば，スケールフリー・ネットワーク上での病原体の拡散については，18%の最も高次数ノードの状態を監視することによって，90%の成功率で感染源を見つけることが可能となる．これとは対照的に，もし監視するノードを無作為に選択するならば，同じ水準の成功率を得るためには41%のノードを監視しなければならない [429]．

- 図 10.31 に示すように，もし正しい感染源を使えば，有効距離表示では感染は円形のパターンに従って広がっていく．もし感染源が正しくなければ，観測されるパターンは非対称になる．したがって，感染パターンの対称性が最も高くなるようにノードの位置を選択することによって，感染源を見つけることが可能になる [425]．

現象を理解するために，ネットワークのトポロジーが動的な過程にどのように影響を及ぼすのかを解明しなければならない．この章では，動的な現象とネットワークのトポロジーの関係が最もよく解明されている分野である移動ネットワーク

のリンクに沿った病原体の拡散に注目した．ランダム・ネットワークとスケールフリー・ネットワークでの蔓延の事例を示して，ネットワークのトポロジーが蔓延過程のダイナミクスに大きい影響を及ぼすことを説明した．この発見は，より大きいクラスの問題へとつながり，ネットワークが動的過程に及ぼす影響 [436] を系統的に理解することにより，ネットワーク科学の活気ある研究分野となっていった [437,438]．

　病原体の拡散をモデル化することは，ネットワーク科学が実際の状況に役立つ重要な応用例にもなっている．10年前には単なる夢に過ぎなかった正確な大流行の予測など，この分野の進展には目を見張るものがある．二つの進展がこれを可能にした．一つめはネットワーク疫学を記述するしっかりした理論的フレームワークの誕生である．二つめは人々の旅行と人口に関する正確なリアルタイムデータの利用可能性により，病原体の世界的な拡散において重要な役割を果たす移動ネットワークを再構築できるようになったことにある．10.7節でみたように，モデル予測の精度については，生物学的パラメータからの寄与とネットワークからの寄与は分離している．結果として，正確な予測は主として移動ネットワークの正確な知識に依拠する．

　ネットワーク疫学の解析的フレームワークは，数多くの予期しない結果をもたらした．最も重要なものは，不均一な次数をもつネットワークにおいては特徴的な感染時間や感染しきい値がないことである．感染流行プロセスにおけるほとんどの接触ネットワークは広い次数分布をもつので，これらの結果は，理論的な観点からも，また実際の応用的な観点からも，すぐに応用可能でありながら，かつ時間をかけて考察するに値する興味をもたらす．

　同じくらい重要なことは，ネットワーク疫学は予防接種の戦略への洞察をもたらすことである．10.6節で説明したように，ランダムな予防接種はランダム・ネットワーク上のウイルスの蔓延を根絶できるが，スケールフリー・ネットワークについては次善の戦略に過ぎない．ほとんどの接触ネットワークは不均一な次数をもつので，これはむしろがっかりする結果である．しかしながら，この場合でも，選択的予防接種戦略によって感染しきい値を大きくして，病原体の拡散を抑制できることを示した．選択的予防接種では，病原体が伝播していくネットワークのトポロジーを系統的に変化させること

が功を奏したのである。

10.9 演習

10.9.1 ネットワーク上での感染症

以下の次数分布をもつネットワークについて，SI, SIS, SIR モデルの特性時間 τ と感染しきい値 λ_c を求めなさい。

(a) 指数関数
(b) 引き延ばされた指数関数
(c) デルタ関数（すべてのノード次数は等しい）

ただし，ネットワークは無相関で無限の大きさをもつと仮定する。分布の関数形と第1次，第2次モーメントについては，**表4.2** を参照しなさい。

10.9.2 社会ネットワークでのランダムな肥満

次数分布 p_k をもつ 50%のノードが肥満である社会ネットワークを考えよう。肥満ノードはネットワークの中にランダムに分布していると仮定する。

(a) ネットワークが同時分布 e'_{kk} で与えられる次数相関をもつとき，肥満でない個人 (∅) が友人に肥満である個人 (o) をもつ確率 $P(\emptyset, o)$ を求めなさい。さらに，肥満である二人が友人である確率 $P(o, o)$ を求めなさい。
(b) ネットワークは無相関であると仮定する。次数 k のノードの第2隣接ノードのうち何人が肥満であるか答えなさい。

さらに，70%のノードが肥満である場合について，問 (a), (b) に答えなさい。

10.9.3 予防接種

表4.1 から，ネットワークを四つ選択しなさい。ただし，有向ネットワークは，$p_k = p_{k_{\text{in}}}$ とすることにより無向かつ無相関とする。これらのネットワーク上での病原体の伝播を考えよう。ネットワーク上では，病原体だけでなく，考えや意見も伝播していくことを思い出そう。各々のネットワークにおいて，g の割合でノードを無作為に予防接種する場合，感染

Box 10.7 早見表：ネットワーク感染症

感染率：β
治癒率：μ
有効感染率：$\lambda = \beta/\mu$
再生産数：$R_0 = \frac{\beta \langle k \rangle}{\mu}$

SI モデル

$$i(t) = \frac{i_0 e^{\beta \langle k \rangle t}}{1 - i_0 + i_0 e^{\beta \langle k \rangle t}}$$

SIS モデル

$$i(t) = \left(1 - \frac{\mu}{\beta \langle k \rangle}\right) \frac{C e^{(\beta \langle k \rangle - \mu)t}}{1 + C e^{(\beta \langle k \rangle - \mu)t}}$$

特性時間 τ

$$\text{SI}: \tau = \frac{\langle k \rangle}{\beta(\langle k^2 \rangle - \langle k \rangle)}$$

$$\text{SIS}: \tau = \frac{\langle k \rangle}{\beta(\langle k^2 \rangle - \mu \langle k \rangle)}$$

$$\text{SIR}: \tau = \frac{\langle k \rangle}{\beta(\langle k^2 \rangle - (\mu + \beta)\langle k \rangle)}$$

感染しきい値 λ_c

$$\text{SIS}: \lambda_c = \frac{\langle k \rangle}{\langle k^2 \rangle}$$

$$\text{SIR}: \lambda_c = \frac{1}{\frac{\langle k^2 \rangle}{\langle k \rangle} - 1}$$

予防接種しきい値 g_c

$$g_c = 1 - \frac{\mu}{\beta} \frac{\langle k \rangle}{\langle k^2 \rangle}$$

> **Box 10.8 ネットワーク感染学の歴史メモ**
>
> Pastor-Satorras と Vespignani が接触ネットワークの性質を説明する連続体理論を導入して以来，感染現象はネットワーク科学の中心課題の一つとなっている（**図10.34**）。彼らは，また，感染しきい値と特性時間が次数分布の2次モーメントへ依存することを発見した。これは，ネットワーク感染学の中心的な結果である。これに引き続き，Vespignani と彼の研究グループは，病原体の拡散のリアルタイム予測を計算するフレームワークである GLEAM を開発した。
>
>
>
> **図 10.34** Romualdo Pastor-Satorras と Alessandro Vespignani
>
> 物理学者として経験を積んできた Pastor-Satorras がトリエステの ICTP で Vespignani とともにスケールフリー性が感染しきい値へ与える影響を発見したとき，彼はまだポスドクであった。これに引き続き，この二人の研究者は，次数相関（第7章）の発見から重み付きネットワークの理解まで，ネットワーク科学における主要な寄与を成した。

症を終息させるのに必要となる割合（予防接種率）g の臨界値（予防接種しきい値）g_c を求めなさい。次数 1,000 以上のすべてのノードを予防接種する場合，感染しきい値 λ_c はどのように変化するか答えなさい。

10.9.4　2部グラフ上での感染症

男性 (M) と女性 (F) の 2 種類のノードからなる 2 部グラフを考えよう。このネットワーク上では病原体は一つの種類のノードからもう一つの種類のノードへしか拡散しないものとする。M ノードから F ノードへの感染レート $\beta_{M \to F}$ は，F ノードから M ノードへの感染レート $\beta_{F \to M}$ とは異なると仮定する。ネットワークは無相関であるとし，次数ブロック近似を用いて，この設定に対応する SI モデルの方程式を書きなさい。

10.10　発展的話題 10.A　感染流行プロセスの微視的モデル

10.2 節と 10.3 節では，感染現象を記述するために連続体理論を用いた。本節では，微視的モデルと確率論に基づいた理論を用いて重要な結果を導出しよう。この議論は，連続体アプローチの起源を理解して，感染現象をよりよく理解することの助けとなるであろう。

10.10.1 感染症方程式の導出

まず，二人の個人間の相互作用を記述する微視的過程から，連続体理論の式 (10.3) を導出しよう [437]。感染可能な人が感染者に接触する場合を考える。感染可能な人は，時間 dt の間に確率 βdt で感染するとする。感染可能な人が，時間 dt の間に感染しない確率は $1 - \beta dt$ である。感染可能な人 i の次数が k_i であるとき，そのリンクのそれぞれを通じて感染しうる。したがって，感染を免れる確率は $(1-\beta dt)^{k_i}$ である。最後に，感染可能な人 i が感染する全確率は $1-(1-\beta dt)^{k_i}$ である。$\beta dt \ll 1$ を仮定すると，感染可能な人が感染する確率の主要項は

$$1-(1-\beta dt)^{k_i} \approx \beta k_i dt \quad (10.33)$$

となる。ランダム・ネットワークでは，すべてのノードは近似的に $\langle k \rangle$ の次数をもつ。式 (10.33) の k_i を $\langle k \rangle$ で置き換えることにより，連続体理論の式 (10.3) の第 1 項を得る。もし，k_i を $\langle k \rangle$ で置き換えない場合は，不均一な次数をもつネットワークでの病原体の拡散を記述する式 (10.13) の第 1 項を得る。

10.10.2 感染しきい値とネットワークのトポロジー

10.3 節の主要な結果を用いれば，連続体理論によって得た結果と同様に，ネットワークのトポロジーと感染しきい値 λ_c を関係づけることができる。また力学的な議論によっても同じ結論を得ることができる。

単位時間に確率 β で拡散する病原体を考えよう。次数 k をもつ感染ノードは単位時間に βk 個の隣接ノードを感染させる。もし，各々の感染したノードが治癒率 μ で治癒するとすると，ノードが感染している特性時間は $1/\mu$ である。特性時間 $1/\mu$ の間に少なくとも一つの別のノードに感染する場合に限り，病原体は集団のなかに残ることができる。そうでない場合は，病原体は次第に死に絶えていく。

別の表現をすると，もし $\beta k/\mu < 1$ であれば，次数 k のノードは他のノードを感染させる前に治癒する。$k \sim \langle k \rangle$ のようにほとんどのノードが同等の次数をもつランダム・ネットワークを考える場合，条件 $\beta k/\mu = 1$ によって感染しきい値を計算できる。$\lambda = \beta/\mu$ を用いて，ランダム・ネットワークについて導出した式 (10.25) の大きい k での極限である $\lambda_c = 1/\langle k \rangle$

を得る。これにより，病原体が広がる能力は，病原体の疫学的特徴量（β と μ）とネットワークのトポロジー（$\langle k \rangle$）の両方によって決まることがわかる。

スケールフリー・ネットワークでは，ノードは大きく異なる次数をもつ。したがって，ネットワークの平均次数が $\beta\langle k\rangle/\mu < 1$ を満たしても，$k > \langle k \rangle$ のノードでは $\beta k/\mu > 1$ であるので病原体は死んでいく。もし，そのような次数の高いノードが感染したら，有効感染率 λ が感染しきい値 $1/\langle k \rangle$ 以下であっても，病気は広がっていく。これが高い $\langle k^2 \rangle$ をもつネットワークでは感染しきい値がなくなることの理由である。

10.11　発展的話題 10.B　SI, SIS, SIR モデルの解析解

この節では，ネットワーク上で，SI, SIS, SIR モデルを解いて，表 10.3 にまとめた特性時間 τ と感染しきい値 λ_c の結果を導こう。

10.11.1　密度関数

密度関数 Θ_k から，次数 k の感染可能なノードの隣接ノードが感染している割合を知ることができる。10.3 節で議論したように，i_k を計算するために，まず Θ_k を決める。ネットワークに次数相関がない場合は，次数 k のノードから次数 k' のノードをリンクする確率は k に依存しない。したがって，無作為に選択したリンクが次数 k' のノードにつながっている確率は，式 (7.3) で与えられる余剰次数

$$\frac{k'p_{k'}}{\sum_k kp_k} = \frac{k'p_{k'}}{\langle k \rangle}$$

に等しい。各々の感染ノードの少なくとも一つのリンクは別の感染ノードにつながっており，そのリンクが感染を伝播する。よって，さらなる感染に関与するリンクの数は $(k'-1)$ であり，

$$\Theta_k = \frac{\sum_{k'}(k'-1)p_{k'}i_{k'}}{\langle k \rangle} = \Theta \quad (10.34)$$

を得る。別の表現をすると，次数相関がない場合は，Θ_k は k に依存しない。式 (10.34) を微分して

$$\frac{d\Theta}{dt} = \sum_k \frac{(k-1)p_k}{\langle k \rangle} \frac{di_k}{dt} \qquad (10.35)$$

を得る．次に，病原体が従うモデルについて検討しよう．

10.11.2 SI モデル

式 (10.13) と式 (10.35) から，

$$\frac{d\Theta}{dt} = \beta \sum_k \frac{(k^2-k)p_k}{\langle k \rangle} [1-i_k]\Theta \qquad (10.36)$$

を得る．感染現象の初期の様子を予測するために，感染した個人の割合は小さい時間 t について 1 より十分に小さいことを考慮しよう．したがって，式 (10.36) で 2 次のオーダーは無視することができて

$$\frac{d\Theta}{dt} = \beta \left(\frac{\langle k^2 \rangle}{\langle k \rangle} - 1 \right) \Theta \qquad (10.37)$$

を得る．この方程式の解は

$$\Theta(t) = Ce^{t/\tau} \qquad (10.38)$$

となる．ただし

$$\tau = \frac{\langle k \rangle}{\beta(\langle k^2 \rangle - \langle k \rangle)} \qquad (10.39)$$

である．初期において割合 i_0 のノードが感染していること（したがって，すべての k について $i_k(t=0) = i_0$ であること）を意味する初期条件

$$\Theta(t=0) = C = i_0 \frac{\langle k \rangle - 1}{\langle k \rangle}$$

を用いて，密度関数の時間依存性

$$\Theta(t) = i_0 \frac{\langle k \rangle - 1}{\langle k \rangle} e^{t/\tau} \qquad (10.40)$$

を得る．これを式 (10.13) に代入して，式 (10.15) を得る．

10.11.3 SIR モデル

SIR モデルでは，感染したノードの密度は

$$\frac{di_k}{dt} = \beta(1 - i_k - r_k)k\Theta - \mu i_k \qquad (10.41)$$

に従う．ただし，r_k は次数 k の治癒ノードの割合である．1 次オーダーのみを残して（上式の括弧のなかにある i_k と r_k

は，小さい時間について1より十分に小さいので，無視して），

$$\frac{di_k}{dt} = \beta k\Theta - \mu i_k \tag{10.42}$$

を得る。この方程式に $(k-1)p_k/\langle k \rangle$ を掛けて，k について足し上げることによって，

$$\frac{d\Theta}{dt} = \left(\beta\frac{\langle k^2 \rangle - \langle k \rangle}{\langle k \rangle} - \mu\right)\Theta \tag{10.43}$$

を得る。式 (10.43) の解は

$$\Theta(t) = Ce^{t/\tau} \tag{10.44}$$

となる。ここで，SIR モデルの特性時間は

$$\tau = \frac{\langle k \rangle}{\beta\langle k^2 \rangle - \langle k \rangle(\beta + \mu)} \tag{10.45}$$

である。$\tau > 0$ の場合，感染ノードの数は時間とともに指数関数的に増加するので，世界的な大流行が可能となる。このとき，世界的な大流行の条件は

$$\lambda = \frac{\beta}{\mu} > \frac{\langle k \rangle}{\langle k^2 \rangle - \langle k \rangle} \tag{10.46}$$

となるので，表 10.3 に示した SIR モデルの感染しきい値

$$\lambda_c = \frac{1}{\frac{\langle k^2 \rangle}{\langle k \rangle} - 1} \tag{10.47}$$

が得られる。

10.11.4　SIS モデル

SIS モデルでは，感染ノードの密度は式 (10.18) で与えられる。

$$\frac{di_k}{dt} = \beta(1 - i_k)k\Theta - \mu i_k \tag{10.48}$$

SIS モデルの密度関数には，小さいが重要な違いがある。SI モデルと SIR モデルでは，あるノードが感染しているなら，少なくとも一つの隣接ノードも感染しているか，治癒状態になければならない。したがって，隣接ノードのうち次に感染するのはたかだか $(k-1)$ である。これが，式 (10.34) の括弧の中の (-1) 項の原因である。しかしながら，SIS モデルでは過去に感染した隣接ノードは再び感染可能（健常）状態へなりうる。よって，あるノードの k 個のすべてのリンクは病気

を感染させることができる。したがって、式 (10.34) を

$$\Theta_k = \frac{\sum_{k'} k' p_{k'} i_{k'}}{\langle k \rangle} = \Theta \tag{10.49}$$

のように変更する。再び、第 1 次オーダーのみを残して、

$$\frac{di_k}{dt} = \beta k \Theta - \mu i_k \tag{10.50}$$

を得る。この方程式を $(k-1)p_k/\langle k \rangle$ 倍して、k について足し上げることによって、

$$\frac{d\Theta}{dt} = \left(\beta \frac{\langle k^2 \rangle}{\langle k \rangle} - \mu \right) \Theta \tag{10.51}$$

を得る。これは解

$$\Theta(t) = C e^{t/\tau} \tag{10.52}$$

をもつ。ここで、SIS モデルの特性時間は

$$\tau = \frac{\langle k \rangle}{\beta \langle k^2 \rangle - \langle k \rangle \mu} \tag{10.53}$$

である。$\tau > 0$ の場合は、世界的な大流行が可能である。その世界的な大流行の条件は

$$\lambda = \frac{\beta}{\mu} > \frac{\langle k \rangle}{\langle k^2 \rangle} \tag{10.54}$$

であり、**表 10.3** に示した SIS モデルの感染しきい値は

$$\lambda_c = \frac{\langle k \rangle}{\langle k^2 \rangle} \tag{10.55}$$

となる。

10.12　発展的話題 10.C　標的型予防接種

本節では、ハブに予防接種した場合のスケールフリー・ネットワーク上での SIS モデルと SIR モデルの感染しきい値を導出しよう。次数分布がべき則 $p_k = c \cdot k^{-\gamma}$ に従う相関のないネットワークから始めよう。ここで、$c \approx (\gamma-1)/k_{\min}^{-\gamma+1}$ である。10.3.2 節では、感染しきい値として、

$$\lambda_c = \frac{\langle k \rangle}{\langle k^2 \rangle} = \frac{1}{k} \quad \text{(SIS モデル)}$$

$$\lambda_c = \frac{1}{\frac{\langle k^2 \rangle}{\langle k \rangle} - 1} = \frac{1}{k-1} \quad \text{(SIR モデル)}$$

を得た。ハブに予防接種する場合、次数が k_0 より大きいす

べてのノードへ予防接種する．感染症の観点からは，この予防接種はネットワークから次数の大きいノードを取り除いたことと同等である．したがって，新しい感染しきい値を計算するために，ハブを取り除いた後に平均次数 $\langle k' \rangle$ と 2 次モーメント $\langle k'^2 \rangle$ を決める必要がある．この問題は，**発展的話題 8.F** にて，攻撃にさらされたネットワークの頑健性として研究した．ハブ除去によって，以下の二つの効果があることがわかった．

(1) ネットワークの最大次数は k_0 に変化する．
(2) 割合

$$\tilde{f} = \left(\frac{k_0}{k_{\min}}\right)^{-\gamma+2} \tag{10.56}$$

で無作為にリンクを除去するように，除去したハブにつながるリンクも除去される．

結果としてネットワークの次数分布は

$$p'_{k'} = \sum_{k=k_{\min}}^{k_0} \binom{k}{k'} \tilde{f}^{k-k'}(1-\tilde{f})^{k'} p_k$$

となる．式 (8.39) と式 (8.40) を用いて，この次数分布から

$$\langle k' \rangle = (1-\tilde{f})\langle k \rangle$$
$$\langle k'^2 \rangle = (1-\tilde{f})^2 \langle k^2 \rangle + \tilde{f}(1-\tilde{f})\langle k \rangle$$

を得る．ここで，$\langle k \rangle$ と $\langle k^2 \rangle$ は，リンク除去する前の最大次数が k_0 の次数分布の平均次数と 2 次モーメントである．SIS モデルでは，これは

$$\lambda'_c = \frac{(1-\tilde{f})\langle k \rangle}{(1-\tilde{f})^2 \langle k^2 \rangle + \tilde{f}(1-\tilde{f})\langle k \rangle} = \frac{1}{(1-\tilde{f})\kappa + \tilde{f}} \tag{10.57}$$

となる．ここで，式 (8.47) を用いて，$3 > \gamma > 2$ について

$$\kappa = \frac{\gamma-2}{3-\gamma} k_0^{3-\gamma} k_{\min}^{\gamma-2} \tag{10.58}$$

を得る．式 (10.56)，式 (10.57)，式 (10.58) を組み合わせて，

$$\lambda'_c = \left[\frac{\gamma-2}{3-\gamma} k_0^{3-\gamma} k_{\min}^{\gamma-2} - \frac{\gamma-2}{3-\gamma} k_0^{5-2\gamma} k_{\min}^{2\gamma-4} + k_0^{2-\gamma} k_{\min}^{\gamma-2}\right]^{-1} \tag{10.59}$$

を得る．SIR にモデルについても，同様の計算によって

$$\lambda'_c = \left[\frac{\gamma-2}{3-\gamma}k_0^{3-\gamma}k_{\min}^{\gamma-2} - \frac{\gamma-2}{3-\gamma}k_0^{5-2\gamma}k_{\min}^{2\gamma-4} + k_0^{2-\gamma}k_{\min}^{\gamma-2} - 1\right]^{-1} \quad (10.60)$$

を得る．SIR モデルと SIS モデルの両方について，もし $k_0 \gg k_{\min}$ であれば，

$$\lambda'_c \approx \frac{3-\gamma}{\gamma-2}k_0^{\gamma-3}k_{\min}^{2-\gamma} \quad (10.61)$$

を得る．

10.13　発展的話題 10.D　SIR モデルとボンドパーコレーション

SIR モデルは，ネットワークにおける感染の伝播の時間変化を記述する動的なモデルである．さらに，それは静的なボンドパーコレーション問題に焼き直すことができる [280, 439, 440, 441]．この対応付けはモデルの振る舞いを予測するための解析手段となる．

各々の感染ノードは，感染率 β でその隣接ノードに病原体を伝播させ，特性時間 $\tau = 1/\mu$ の後に治癒するような，ネットワーク上の感染過程を考えよう．感染を，平均イベント間隔時間 $\beta\tau$ をもつ無作為な一連の接触からなるポアソン過程とみなす．したがって，感染ノードが感染可能ノードに病原体を伝播させない確率は，$e^{-\beta\tau}$ のように時間とともに指数関数的に減少する．感染ノードは時間 $\tau = 1/\mu$ の後における治癒までずっと感染状態にある．したがって，病原体が広がっていく全体的な確率は $1 - e^{-\beta\tau}$ である．

この過程は，同じネットワーク上の各々の有向リンクが確率 $p_b = 1 - e^{-\beta\tau}$ で占拠されるボンドパーコレーションと同等である（図 10.35）．もし，β と τ が各々のノードで同じであれば，ネットワークは無向とみなすことができる．このような対応付けによって感染過程の時間的なダイナミクスを失うことになるが，いくつかの有利な点もある．

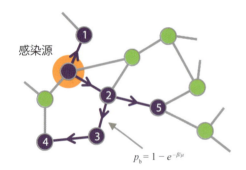

図 10.35　感染症のパーコレーションへのマッピング

感染症が広がる接触ネットワークを考えよう．感染過程をパーコレーションへマッピングするために，各々のリンクに，病原体の生物学的特徴から決まる確率 $p_b = 1 - e^{-\beta/\mu}$ を割り振る．したがって，リンクは確率 $e^{-\beta/\mu}$ で取り除かれることになる．残りのネットワークのクラスターサイズ分布は，正確に感染発生の大きさに関係づけられる．大きい β/μ の場合は，残りのネットワークには巨大連結成分が現れて，感染症の世界的な大流行に直面することになる．一方，小さい β/μ の場合には，ウイルスは感染しにくくなり，数多くの小さいクラスターが現れる．その結果，病原体は死に絶えることになる．

- 局所流行状態における感染ノードの全割合は，パーコレーション問題の巨大連結成分の大きさに対応付けられる．
- 局所流行状態へ至る前に病原体が死に絶える確率は，パーコレーションモデルにおいて無作為に選択した有限な大きさの要素におけるノードの割合に等しい．
- ボンドパーコレーションに関する既知の性質を利用して，

感染しきい値を決めることができる。1リンクで到達できるノードから出ているリンクの平均数を考えよう。これによって，感染の道筋をたどることが可能となる。もし，一人の感染者が平均で少なくとも一人の他人を感染させるとすると，感染症は流行状態へ至ることができる。k本あるリンクの一つからノードへ到達することができるので，到達する確率は$kp_k/N\langle k\rangle$である。$k-1$個のリンクのそれぞれが隣接ノードを感染させる確率はp_bである。

ネットワークはランダムにつながっているので，感染症が十分に広がっていない範囲では，選択されたノードによって感染する隣接ノードの平均数は

$$\langle R_i \rangle = p_b \sum \frac{p_k k(k-1)}{\langle k \rangle}$$

である。局所流行状態は$\langle R_i \rangle > 1$のときだけ到達可能であり，その条件は

$$\left(\frac{\langle k^2 \rangle}{\langle k \rangle} - 1\right) > \frac{1}{p_b} \tag{10.62}$$

のようになる[16, 239]。式(10.62)は，前に動的モデルから導出された結果(10.46)と一致する。$\gamma \leq 3$のスケールフリー・ネットワークは2次のモーメントが発散する。したがって，そのようなネットワークは$p_b \to 0$のときでもパーコレーション転移に至る。すなわち，感染確率βがいかに小さかろうと，あるいは特性時間τがいかに小さかろうと，それとは無関係にウイルスはこのネットワーク上に蔓延することができる。

参考文献

[1] A.-L. Barabási. Invasion Percolation and Global Optimization. *Physical Review Letters*, 76:3750, 1996.

[2] B. Bollobás. *Random Graphs*. Cambridge: Cambridge University Press, 2001.

[3] P. Erdős and A. Rényi. On random graphs, I. *Publicationes Mathematicae (Debrecen)*, 6:290–297, 1959.

[4] S. Kauffmann. *Origins of Order: Self-Organization and Selection in Evolution*. Oxford: Oxford University Press, 1993.

[5] A.-L. Barabási. Dynamics of Random Networks: Connectivity and First Order Phase Transitions. http://arxiv.org/abs/cond-mat/9511052, 1995.

[6] I. de Sola Pool and M. Kochen. Contacts and influence. *Social Networks*, 1:5–51, 1978.

[7] S. Milgram. The Small World Problem. *Psychology Today*, 2:60–67, 1967.

[8] D. J. Watts and S. H. Strogatz. Collective dynamics of 'small-world' networks. *Nature*, 393:409–410, 1998.

[9] H. Jeong, R. Albert, and A.-L. Barabási. Internet: Diameter of the worldwide web. *Nature*, 401:130–131, 1999.

[10] A.-L. Barabási and R. Albert. Emergence of scaling in random networks. *Science*, 286:509–512, 1999.

[11] A.-L. Barabási, H. Jeong, and R. Albert. Mean-field theory for scale-free random networks. *Physica A*, 272:173–187, 1999.

[12] R. Albert, H. Jeong, and A.-L. Barabási. Error and attack tolerance of complex networks. *Nature*, 406:378–482, 2000.

[13] S. N. Dorogovtsev, J. F.F. Mendes, and A. N. Samukhin. Structure of growing networks with preferential linking, *Physical Review Letters*, 85:4633, 2000.

[14] P. L. Krapivsky and S. Redner. Statistics of changes in lead node in connectivity-driven networks, *Physical Review Letters*, 89:258703, 2002.

[15] B. Bollobás, O. Riordan, J. Spencer, and G. Tusnády. The degree sequence of a scale-free random graph process. *Random Structures and Algorithms*, 18:279–290, 2001.

[16] R. Cohen, K. Erez, D. ben-Avraham, and S. Havlin. Resilience of the Internet to random breakdowns. *Physical Review Letters*, 85:4626, 2000.

[17] B. Bollobás and O. Riordan. Robustness and Vulnerability of Scale-Free Random Graphs. *Internet Mathematics*, 1, 2003.

[18] R. Pastor-Satorras and A. Vespignani. Epidemic spreading in scale-free networks. *Physical Review Letters*, 86:3200–3203, 2001.

[19] R. Albert and A.-L. Barabási. Statistical Mechanics of Complex Networks. *Reviews of Modern Physics*, 74:47, 2002.

[20] H. Jeong, B. Tombor, R. Albert, Z. N. Oltvai, and A.-L. Barabási. The large-scale organization of metabolic networks. *Nature*, 407:651–655, 2000.

[21] H. Jeong, S.P. Mason, A.-L. Barabási, and Z. N. Oltvai. Lethality and centrality in protein networks. *Nature*, 411:41–42, 2001.

[22] A.-L. Barabási and Z. N. Oltvai. Network biology: understanding the cell's functional organization. *Nature Reviews Genetics*, 5:101–113, 2004.

[23] J. Richards and R. Hobbs. *Mark Lombardi: Global Networks*. New York: Independent Curators International,

2003.

[24] M. S. Granovetter. The strength of weak ties. *American Journal of Sociology*, 78:1360, 1973.
[25] S. W. Oh, et al. A mesoscale connectome of the mouse brain. *Nature*, 508:207–214, 2014.
[26] International Human Genome Sequencing Consortium. Initial sequencing and analysis of the human genome. *Nature*, 409:6822, 2001.
[27] J. C. Venter, et al. The Sequence of the Human Genome. *Science*, 291:1304, 2001.
[28] A.-L. Hopkins. Network Pharmacology. *Nature Biotechnology*, 25:1110–1111, 2007.
[29] N. Gulbahce, A.-L. Barabási, and J. Loscalzo. Network medicine: A network-based approach to human disease. *Nature Reviews Genetics*, 12:56, 2011.
[30] C. Wilson. Searching for Saddam: A five-part series on how the US military used social networking to capture the Iraqi dictator. 2010. www.slate.com/id/2245228/.
[31] J. Arquilla and D. Ronfeldt. *Networks and Netwars: The Future of Terror, Crime, and Militancy*. Santa Monica, CA, RAND, 2001.
[32] A. L. Barabási. Scientists must spearhead ethical use of big data. Politico.com, September 30, 2013.
[33] D. Balcan, H. Hu, B. Goncalves, P. Bajardi, C. Poletto, J. J. Ramasco, D. Paolotti, N. Perra, M. Tizzoni, W. Van den Broeck, V. Colizza, and A. Vespignani. Seasonal transmission potential and activity peaks of the new influenza A(H1N1): a Monte Carlo likelihood analysis based on human mobility. *BMC Medicine*, 7:45, 2009.
[34] L. Hufnagel, D. Brockmann, and T. Geisel. Forecast and control of epidemics in a globalized world. *PNAS*, 101:15124, 2004.
[35] P. Wang, M. Gonzalez, C. A. Hidalgo, and A.-L. Barabási. Understanding the spreading patterns of mobile phone viruses. *Science*, 324:1071, 2009.
[36] O. Sporns, G. Tononi, and R. Kötter. The Human Connectome: A Structural Description of the Human Brain. *PLoS Computational Biology*, 1:4, 2005.
[37] L. Wu, B. N. Waber, S. Aral, E. Brynjolfsson, and A. Pentland. *Mining Face-to-Face Interaction Networks using Sociometric Badges: Predicting Productivity in an IT Configuration Task*. Proceedings of the International Conference on Information Systems, Paris, France, December 14–17, 2008.
[38] E. N. Lorenz. Deterministic Nonperiodic Flow. *Journal of the Atmospheric Sciences*, 20:130, 1963.
[39] K. G. Wilson. The renormalization group: Critical phenomena and the Kondo problem. *Reviews of Modern Physics*, 47:773, 1975.
[40] S. F. Edwards and P. W. Anderson. Theory of Spin Glasses. *Journal of Physics, F* 5:965, 1975.
[41] B. B. Mandelbrot. *The Fractal Geometry of Nature*. New York: W.H. Freeman and Company. 1982.
[42] T. Witten, Jr. and L. M. Sander. Diffusion-Limited Aggregation, a Kinetic Critical Phenomenon. *Physical Review Letters*, 47:1400, 1981.
[43] J. J. Hopfield. Neural networks and physical systems with emergent collective computational abilities. *PNAS*, 79:2554, 1982.
[44] P. Bak, C. Tang, and K. Wiesenfeld. Self-organized criticality: an explanation of $1/f$ noise. *Physical Review Letters*, 59:4, 1987.
[45] M. E. J. Newman. The structure and function of complex networks. *SIAM Review*, 45:167, 2003.
[46] S. Chandrasekhar. Stochastic Problems in Physics and Astronomy. *Reviews Modern Physics*, 15:1, 1943.
[47] M. Girvan and M. E. J. Newman. Community structure in social and biological networks. *PNAS*, 99:7821, 2002.
[48] National Research Council. *Network Science*. Washington, DC: The National Academies Press, 2005.
[49] National Research Council. *Strategy for an Army Center for Network Science, Technology, and Experimentation*. Washington, DC: The National Academies Press, 2007.
[50] A.-L. Barabási. *Linked: The New Science of Networks*. New York: Perseus, 2002.
[51] M. Buchanan. *Nexus: Small Worlds and the Groundbreaking Science of Networks*. Norton, 2003.
[52] D. Watts. *Six Degrees: The Science of a Connected Age*. New York: Norton, 2004.
[53] N. Christakis and J. Fowler. *Connected: The Surprising Power of Our Social Networks and How They Shape Our Lives*. New York: Back Bay Books, 2011.
[54] M. Schich, R. Malina, and I. Meirelles (eds). Arts, Humanities, and Complex Networks [Kindle Edition], 2012.
[55] K.-I. Goh, M. E. Cusick, D. Valle, B. Childs, M. Vidal, and A.-L. Barabási. The human disease network. *PNAS*, 104:8685–8690, 2007.

[56] H.U. Obrist. *Mapping it out: An alternative atlas of contemporary cartographies*. London: Thames and Hudson, 2014.
[57] I. Meirelles. *Design for Information*. Beverley, MA: Rockport, 2013.
[58] K. Börner. *Atlas of Science: Visualizing What We Know*. Boston, MA: MIT Press, 2010.
[59] L. B. Larsen. *Networks: Documents of Contemporary Art*. Boston, MA: MIT Press. 2014.
[60] L. Euler. Solutio Problemat is ad Geometriam Situs Pertinentis. *Commentarii Academiae Scientiarum Imperialis Petropolitanae* 8:128–140, 1741.
[61] G. Alexanderson. Euler and Königsberg's bridges: a historical view. *Bulletin of the American Mathematical Society*, 43:567, 2006.
[62] G. Gilder. *Metcalfe's law and legacy*. Forbes ASAP, 1993.
[63] B. Briscoe, A. Odlyzko, and B. Tilly. Metcalfe's law is wrong. *IEEE Spectrum*, 43:34–39, 2006.
[64] Y.-Y. Ahn, S. E. Ahnert, J. P. Bagrow, and A.-L. Barabási. Flavor network and the principles of food pairing, *Scientific Reports*, 196, 2011.
[65] A. Barrat, M. Barthélemy, R. Pastor-Satorras, and A. Vespignani. The architecture of complex weighted networks. *PNAS*, 101:3747–3752, 2004.
[66] J. P. Onnela, J. Saramäki, J. Kertész, and K. Kaski. Intensity and coherence of motifs in weighted complex networks. *Physical Review E*, 71:065103, 2005.
[67] B. Zhang and S. Horvath. A general framework for weighted gene coexpression network analysis. *Statistical Applications in Genetics and Molecular Biology*, 4:17, 2005.
[68] P. Holme, S. M. Park, J. B. Kim, and C. R. Edling. Korean university life in a network perspective: Dynamics of a large affiliation network. *Physica A*, 373:821–830, 2007.
[69] R. D. Luce and A. D. Perry. A method of matrix analysis of group structure. *Psychometrika*, 14:95–116, 1949.
[70] S. Wasserman and K Faust. *Social Network Analysis: Methods and Applications*. Cambridge: Cambridge University Press, 1994.
[71] B. Bollobás and O. M. Riordan. Mathematical results on scale-free random graphs. In Bornholdt S., Schuster H. G., *Handbook of Graphs and Networks: From the Genome to the Internet*. Wiley-VCH Verlag, 2003.
[72] P. Erdős and A. Rényi. On the evolution of random graphs. *Publications of the Mathematical Institute of the Hungarian Academy of Sciences*, 5:17–61, 1960.
[73] P. Erdős and A. Rényi. On the evolution of random graphs. *Bulletin of the International Statistical Institute*, 38:343–347, 1961.
[74] P. Erdős and A. Rényi. On the Strength of Connectedness of a Random Graph, *Acta Mathematica Academiae Scientiarum Hungaricae*, 12:261–267, 1961.
[75] P. Erdős and A. Rényi. Asymmetric graphs. *Acta Mathematica Academiae Scientiarum Hungaricae*, 14:295–315, 1963.
[76] P. Erdős and A. Rényi. On random matrices. *Publications of the Mathematical Institute of the Hungarian Academy of Sciences*, 8:455–461, 1966.
[77] P. Erdős and A. Rényi. On the existence of a factor of degree one of a connected random graph. *Acta Mathematica Academiae Scientiarum Hungaricae*, 17:359–368, 1966.
[78] P. Erdős and A. Rényi. On random matrices II. *Studia Scientiarum Mathematicarum Hungarica*, 13:459–464, 1968.
[79] E. N. Gilbert. Random graphs. *The Annals of Mathematical Statistics*, 30:1141–1144, 1959.
[80] R. Solomonoff and A. Rapoport. Connectivity of random nets. *Bulletin of Mathematical Biology*, 13:107–117, 1951.
[81] P. Hoffman. *The Man Who Loved Only Numbers: The Story of Paul Erdős and the Search for Mathematical Truth*. New York: Hyperion Books, 1998.
[82] B. Schechter. *My Brain is Open: The Mathematical Journeys of Paul Erdős*. New York: Simon and Schuster, 1998.
[83] G. P. Csicsery. N is a Number: A Portrait of Paul Erdős, 1993.
[84] L. C. Freeman and C. R. Thompson. Estimating Acquaintanceship. In Kochen, M. (ed.), *The Small World*, Norwood, NJ: Ablex, 1989.
[85] H. Rosenthal. Acquaintances and contacts of Franklin Roosevelt. Unpublished thesis. Massachusetts Institute

of Technology, 1960.
[86] L. Backstrom, P. Boldi, M. Rosa, J. Ugander, and S. Vigna. *Four degrees of separation*. In *ACM Web Science 2012: Conference Proceedings*, pp. 45-54. ACM Press, 2012.
[87] S. Lawrence and C.L. Giles. Accessibility of information on the Web. *Nature*, 400:107, 1999.
[88] A. Broder, R. Kumar, F. Maghoul, P. Raghavan, S. Rajagopalan, R. Stata, A. Tomkins, and J. Wiener. Graph structure in the web. *Computer Networks*, 33:309–320, 2000.
[89] J. Travers and S. Milgram. An Experimental Study of the Small World Problem. *Sociometry*, 32:425–443, 1969.
[90] F. Karinthy, "Láncszemek." In R. T. Kiadasa (ed.) *Minden másképpen van*. Budapest: Atheneum Irodai es Nyomdai, 1929, pp. 85–90. English translation available in [91].
[91] M. Newman, A.-L. Barabási, and D. J. Watts. *The Structure and Dynamics of Networks*. Princeton, NJ: Princeton University Press, 2006.
[92] J. Guare. *Six Degrees of Separation*. New York: Dramatist Play Service, 1992.
[93] T. S. Kuhn. *The Structure of Scientific Revolutions*. Chicago: University of Chicago Press, 1962.
[94] M. Newman. *Networks: An Introduction*. Oxford: Oxford University Press, 2010.
[95] K. Christensen, R. Donangelo, B. Koiller, and K. Sneppen. Evolution of Random Networks. *Physical Review Letters*, 81:2380–2383, 1998.
[96] H. E. Stanley. *Introduction to Phase Transitions and Critical Phenomena*. Oxford: Oxford University Press, 1987.
[97] D. Fernholz and V. Ramachandran. The diameter of sparse random graphs. *Random Structures and Algorithms*, 31:482–516, 2007.
[98] V. Pareto. *Cours d'Économie Politique: Nouvelle édition*. Geneva: Librairie Droz, 299–345, 1964.
[99] M. Faloutsos, P. Faloutsos, and C. Faloutsos. On power-law relationships of the internet topology. Proceedings of SIGCOMM. *Computer Communication Review*, 29:251–262, 1999.
[100] R. Pastor-Satorras and A. Vespignani. *Evolution and Structure of the Internet: A Statistical Physics Approach*. Cambridge: Cambridge University Press, 2004.
[101] D. J. De Solla Price. Networks of Scientific Papers. *Science* 149:510–515, 1965.
[102] S. Redner. How Popular is Your Paper? An Empirical Study of the Citation Distribution. *European Physics Journal*, B 4:131, 1998.
[103] R. Kumar, P. Raghavan, S. Rajalopagan, and A. Tomkins. *Extracting Large-Scale Knowledge Bases from the Web*. Proceedings of the 25thVLDBConference, Edinburgh, Scotland, pp. 639–650, 1999.
[104] A. Wagner and D.A. Fell. The small world inside large metabolic networks. *Proceedings of the Royal Society London, Series B*, 268:1803–1810, 2001.
[105] W. Aiello, F. Chung, and L.A. Lu. Random graph model for massive graphs, *Proceedings of the 32nd ACM Symposium on Theoretical Computing*, 2000.
[106] A. Wagner. How the global structure of protein interaction networks evolves. *Proceedings of the Royal Society London, Series B*, 270:457–466, 2003.
[107] M. E. J. Newman. The structure of scientific collaboration networks. *Proceedings of the National Academy of Science*, 98:404–409, 2001.
[108] A.-L. Barabási, H. Jeong, E. Ravasz, Z. Néda, A. Schubert, and T. Vicsek. Evolution of the social network of scientific collaborations. *Physica A*, 311:590–614, 2002.
[109] F. Liljeros, C.R. Edling, L.A.N. Amaral, H.E. Stanley, and Y. Aberg. The Web of Human Sexual Contacts. *Nature*, 411:907–908, 2001.
[110] R. Ferrer I Cancho and R.V. Solé. The small world of human language. *Proceedings of the Royal Society London, Series B*, 268:2261–2265, 2001.
[111] R. Ferrer I Cancho, C. Janssen, and R.V. Solé. Topology of technology graphs: Small world patterns in electronic circuits. *Physical Review E*, 64:046119, 2001.
[112] S. Valverde and R.V. Solé. Hierarchical Small Worlds in Software Architecture. arXiv:cond-mat/0307278, 2003.
[113] H. Ebel, L.-I. Mielsch, and S. Bornholdt. Scale-free topology of e-mail networks. *Physical Review E*, 66: 035103(R), 2002.
[114] J.P.K. Doye. Network Topology of a Potential Energy Landscape: A Static Scale-Free Network. *Physical Review Letters*, 88:238701, 2002.

[115] J.-P. Onnela, J. Saramaki, J. Hyvonen, G. Szabó, D. Lazer, K. Kaski, J. Kertesz, and A.-L. Barabási. Structure and tie strengths in mobile communication networks. *Proceedings of the National Academy of Sciences, USA*, 104:7332–7336 (2007).

[116] H. Kwak, C. Lee, H. Park, and S. Moon. What is Twitter, a social network or a news media? Proceedings of the 19th International Conference on World Wide Web, 591–600, 2010.

[117] M. Cha, H. Haddadi, F. Benevenuto, and K. P. Gummadi. Measuring user influence in Twitter: The million follower fallacy. Proceedings of International AAAI Conference on Weblogs and Social, 2010.

[118] J. Ugander, B. Karrer, L. Backstrom, and C. Marlow. The Anatomy of the Facebook Social Graph. ArXiv:1111.4503, 2011.

[119] L.A.N. Amaral, A. Scala, M. Barthelemy, and H.E. Stanley. Classes of small-world networks. *Proceedings of the National Academy of Sciences, USA*, 97:11149–11152, 2000.

[120] R. Cohen and S. Havlin. Scale free networks are ultrasmall. *Physical Review Letters*, 90:058701, 2003.

[121] B. Bollobás and O. Riordan. The Diameter of a Scale-Free Random Graph. *Combinatorica*, 24:5–34, 2004.

[122] R. Cohen and S. Havlin. *Complex Networks - Structure, Robustness and Function*. Cambridge: Cambridge University Press, 2010.

[123] K.-I. Goh, B. Kahng, and D. Kim. Universal behavior of load distribution in scale-free networks. *Physical Review Letters*, 87:278701, 2001.

[124] P.S. Dodds, R. Muhamad, and D.J. Watts. An experimental study to search in global social networks. *Science*, 301:827–829, 2003.

[125] P. Erdős and T. Gallai. Graphs with given degrees of vertices. *Matematikai Lapok*, 11:264–274, 1960.

[126] C.I. Del Genio, H. Kim, Z. Toroczkai, and K.E. Bassler. Efficient and exact sampling of simple graphs with given arbitrary degree sequence. *PLoS ONE*, 5:e10012, 04 2010.

[127] V. Havel. A remark on the existence of finite graphs. *Časopis pro pěstováni matematiky a fysiky*, 80:477–480, 1955.

[128] S. Hakimi. On the realizability of a set of integers as degrees of the vertices of a graph. *SIAM Journal of Applied Mathematics*, 10:496–506, 1962.

[129] I. Charo Del Genio, G. Thilo, and K.E. Bassler. All scale-free networks are sparse. *Physical Review Letters*, 107:178701, 10 2011.

[130] B. Bollobás. A probabilistic proof of an asymptotic formula for the number of labelled regular graphs. *European Journal of Combinatorics*, 1:311–316, 1980.

[131] M. Molloy and B. A. Reed. Critical Point for Random Graphs with a Given Degree Sequence. *Random Structures and Algorithms*, 6:161–180, 1995.

[132] S. Maslov and K. Sneppen. Specificity and stability in topology of protein networks. *Science*, 296:910–913, 2002.

[133] G. Caldarelli, I. A. Capocci, P. De Los Rios, and M.A. Muñoz. Scale-Free Networks from Varying Vertex Intrinsic Fitness. *Physical Review Letters*, 89:258702, 2002.

[134] B. Söderberg. General formalism for inhomogeneous random graphs. *Physical Review E*, 66:066121, 2002.

[135] M. Boguñá and R. Pastor-Satorras. Class of correlated random networks with hidden variables. *Physical Review E*, 68:036112, 2003.

[136] A. Clauset, C.R. Shalizi, and M.E.J. Newman. Power-law distributions in empirical data. *SIAM Review* S1: 661–703, 2009.

[137] S. Redner. Citation statistics from 110 years of physical review. *Physics Today*, 58:49, 2005.

[138] F. Eggenberger and G. Pólya. Über die Statistik Verketteter Vorgänge. *Zeitschrift für Angewandte Mathematik und Mechanik*, 3:279–289, 1923.

[139] G.U. Yule. A mathematical theory of evolution, based on the conclusions of Dr. J. C. Willis. *Philosophical Transactions of the Royal Society of London. Series B*, 213:21–87, 1925.

[140] R. Gibrat. *Les Inégalités économiques*. Paris Librairie du Recueil Sirey, 1931.

[141] G. K. Zipf. *Human behavior and the principle of least resort*. Oxford: Addison-Wesley Press, 1949.

[142] H. A. Simon. On a class of skew distribution functions. *Biometrika*, 42:425–440, 1955.

[143] D. De Solla Price. A general theory of bibliometric and other cumulative advantage processes. *Journal of the American Society for Information Science*, 27:292–306, 1976.

[144] R. K. Merton. The Matthew effect in science. *Science*, 159:56–63, 1968.
[145] P.L. Krapivsky, S. Redner, and F. Leyvraz. Connectivity of growing random networks. *Physical Review Letters*, 85:4629–4632, 2000.
[146] H. Jeong, Z. Néda, and A.-L. Barabási. Measuring preferential attachment in evolving networks. *Europhysics Letters*, 61:567–572, 2003.
[147] M.E.J. Newman. Clustering and preferential attachment in growing networks. *Physical Review E*, 64:025102, 2001.
[148] S.N. Dorogovtsev and J.F.F. Mendes. *Evolution of networks*. Oxford: Clarendon Press, 2002.
[149] J.M. Kleinberg, R. Kumar, P. Raghavan, S. Rajagopalan, and A. Tomkins. The Web as a graph: measurements, models and methods. Proceedings of the International Conference on Combinatorics and Computing, 1999.
[150] R. Kumar, P. Raghavan, S. Rajalopagan, D. Divakumar, A.S. Tomkins, and E. Upfal. The Web as a graph. Proceedings of the 19th Symposium on principles of database systems, 2000.
[151] R. Pastor-Satorras, E. Smith, and R. Sole. Evolving protein minteraction networks through gene duplication. *Journal of Theoretical Biology*, 222:199–210, 2003.
[152] A. Vazquez, A. Flammini, A. Maritan, and A. Vespignani. Modeling of protein interaction networks. *ComPlexUs*, 1:38–44, 2003.
[153] G.S. Becker. *The economic approach to Human Behavior*. Chicago: Chicago University Press, 1976.
[154] A. Fabrikant, E. Koutsoupias, and C. Papadimitriou. *Heuristically optimized trade-offs: a new paradigm for power laws in the internet*. In Proceedings of the 29th International Colloquium on Automata, Languages, and Programming (ICALP), Malaga, Spain, July 2002, pp. 110–122.
[155] R.M. D'Souza, C. Borgs, J.T. Chayes, N. Berger, and R.D. Kleinberg. Emergence of tempered preferential attachment from optimization. *PNAS*, 104:6112–6117, 2007.
[156] F. Papadopoulos, M. Kitsak, M. Angeles Serrano, M. Boguna, and D. Krioukov. Popularity versus similarity in growing networks. *Nature*, 489:537, 2012.
[157] A.-L. Barabási. Network science: luck or reason. *Nature*, 489:1–2, 2012.
[158] B. Mandelbrot. An Informational Theory of the Statistical Structure of Languages. In W. Jackson (ed.), *Communication Theory*, pp. 486–502. Woburn, MA: Butterworth, 1953.
[159] B. Mandelbrot. A note on a class of skew distribution function: analysis and critique of a Paper by H.A. Simon. *Information and Control*, 2:90–99, 1959.
[160] H.A. Simon. Some Further Notes on a Class of Skew Distribution Functions. *Information and Control*, 3:80–88, 1960.
[161] B. Mandelbrot. Final Note on a Class of Skew Distribution Functions: Analysis and Critique of a Model due to H.A. Simon. *Information and Control*, 4:198–216, 1961.
[162] H.A. Simon. Reply to final note. *Information and Control*, 4:217–223, 1961.
[163] B. Mandelbrot. Post scriptum to final note. *Information and Control*, 4:300–304, 1961.
[164] H.A. Simon. Reply to Dr. Mandelbrot's Post Scriptum. *Information and Control*, 4:305–308, 1961.
[165] K. Klemm and V.M. Eguluz. Growing scale-free networks with small-world behavior. *Physical Review E*, 65:057102, 2002.
[166] G. Bianconi and A.-L. Barabási. Competition and multiscaling in evolving networks. *Europhysics Letters*, 54:436–442, 2001.
[167] A.-L. Barabási, R. Albert, H. Jeong, and G. Bianconi. Power-law distribution of the world wide web. *Science*, 287:2115, 2000.
[168] C. Godreche and J. M. Luck. On leaders and condensates in a growing network. *Journal of Statistical Mechanics*, P07031, 2010.
[169] J. H. Fowler, C. T. Dawes, and N. A. Christakis. Model of Genetic Variation in Human Social Networks. *PNAS*, 106:1720–1724, 2009.
[170] M. O. Jackson. Genetic influences on social network characteristics. *PNAS*, 106:1687–1688, 2009.
[171] S.A. Burt. Genes and popularity: Evidence of an evocative gene environment correlation. *Psychological Science*, 19:112–113, 2008.
[172] J. S. Kong, N. Sarshar, and V. P. Roychowdhury. Experience versus talent shapes the structure of the Web. *PNAS*, 105:13724–9, 2008.

[173] A.-L. Barabási, C. Song, and D. Wang. Handful of papers dominates citation. *Nature*, 491:40, 2012.
[174] D. Wang, C. Song, and A.-L. Barabási. Quantifying Long term scientific impact. *Science*, 342:127–131, 2013.
[175] M. Medo, G. Cimini, and S. Gualdi. Temporal effects in the growth of networks. *Physical Review Letters*, 107:238701, 2011.
[176] G. Bianconi and A.-L. Barabási. Bose-Einstein condensation in complex networks. *Physical Review Letters*, 86:5632–5635, 2001.
[177] C. Borgs, J. Chayes, C. Daskalakis, and S. Roch. *First to market is not everything: analysis of preferential attachment with fitness*. STOC'07, San Diego, California, 2007.
[178] C. Godreche, H. Grandclaude, and J.M. Luck. Finite-time fluctuations in the degree statistics of growing networks. *Journal of Statistical Physics*, 137:1117–1146, 2009.
[179] Y.-H. Eom and S. Fortunato. Characterizing and Modeling Citation Dynamics. *PLoS ONE*, 6:e24926, 2011.
[180] R. Albert and A.-L. Barabási. Topology of evolving networks: local events and universality. *Physical Review Letters*, 85:5234–5237, 2000.
[181] G. Goshal, L. Chi, and A.-L Barabási. Uncovering the role of elementary processes in network evolution. *Scientific Reports*, 3:1–8, 2013.
[182] J.H. Schön, Ch. Kloc, R.C. Haddon, and B. Batlogg. A superconducting field-effect switch. *Science*, 288: 656–8. 2000.
[183] D. Agin. *Junk Science: An Overdue Indictment of Government, Industry, and Faith Groups That Twist Science for Their Own Gain*. New York: Macmillan, 2007.
[184] S. Saavedra, F. Reed-Tsochas, and B. Uzzi. Asymmetric disassembly and robustness in declining networks. *PNAS*, 105:16466–16471, 2008.
[185] F. Chung and L. Lu. Coupling on-line and off-line analyses for random power-law graphs. *Internet Mathematics*, 1:409–461, 2004.
[186] C. Cooper, A. Frieze, and J. Vera. Random deletion in a scalefree random graph process. *Internet Mathematics*, 1:463–483, 2004.
[187] S. N. Dorogovtsev and J. Mendes. Scaling behavior of developing and decaying networks. *Europhysics Letters*, 52:33–39, 2000.
[188] C. Moore, G. Ghoshal, and M. E. J. Newman. Exact solutions for models of evolving networks with addition and deletion of nodes. *Physical Review E*, 74:036121, 2006.
[189] H. Bauke, C. Moore, J. Rouquier, and D. Sherrington. Topological phase transition in a network model with preferential attachment and node removal. *The European Physical Journal B*, 83:519–524, 2011.
[190] M. Pascual and J. Dunne, (eds). *Ecological Networks: Linking Structure to Dynamics in Food Webs*. Oxford: Oxford University Press, 2005.
[191] R. Sole and J. Bascompte. *Self-Organization in Complex Ecosystems*. Princeton: Princeton University Press, 2006.
[192] U. T. Srinivasan, J. A. Dunne, J. Harte, and N. D. Martinez. Response of complex food webs to realistic extinction sequencesm. *Ecology*, 88:671–682, 2007.
[193] J. Leskovec, J. Kleinberg, and C. Faloutsos. Graph evolution: Densification and shrinking diameters. *ACM Transactions on Knowledge Discovery from Data*, 1:1, 2007.
[194] S. Dorogovtsev and J. Mendes. Effect of the accelerating growth of communications networks on their structure. *Physical Review E*, 63:025101(R), 2001.
[195] M. J. Gagen and J. S. Mattick. Accelerating, hyperaccelerating, and decelerating networks. *Physical Review E*, 72:016123, 2005.
[196] C. Cooper and P. Prałat. Scale-free graphs of increasing degree. *Random Structures & Algorithms*, 38:396–421, 2011.
[197] N. Deo and A. Cami. Preferential deletion in dynamic models of web-like networks. *Information Processing Letters*, 102:156–162, 2007.
[198] S.N. Dorogovtsev and J.F.F. Mendes. Evolution of networks with aging of sites. *Physical Review E*, 62:1842, 2000.
[199] K. Klemm and V. M. Eguiluz. Highly clustered scale free networks, *Physical Review E*, 65:036123, 2002.
[200] X. Zhu, R. Wang, and J.-Y. Zhu. The effect of aging on network structure. *Physical Review E*, 68:056121, 2003.

[201] P. Uetz, L. Giot, G. Cagney, T. A. Mansfield, R.S. Judson, J.R. Knight, D. Lockshon, V. Narayan, M. Srinivasan, P. Pochart, A. Qureshi-Emili, Y. Li, B. Godwin, D. Conover, T. Kalbfleisch, G. Vijayadamodar, M. Yang, M. Johnston, S. Fields, and J. M. Rothberg. A comprehensive analysis of protein-protein interactions in Saccharomyces cerevisiae. *Nature*, 403:623–627, 2000.

[202] I. Xenarios, D. W. Rice, L. Salwinski, M. K. Baron, E. M. Marcotte, and D. Eisenberg. DIP: the database of interacting proteins. *Nucleic Acids Research*, 28:289–291, 2000.

[203] R. Pastor-Satorras, A. Vázquez, and A. Vespignani. Dynamical and correlation properties of the Internet. *Physical Review Letters*, 87:258701, 2001.

[204] A. Vazquez, R. Pastor-Satorras, and A. Vespignani. Large-scale topological and dynamical properties of Internet. *Physical Review E*, 65:066130, 2002.

[205] S.L. Feld. Why your friends have more friends than you do. *American Journal of Sociology*, 96:1464–1477, 1991.

[206] E.W. Zuckerman and J.T. Jost. What makes you think you're so popular? Self evaluation maintenance and the subjective side of the "friendship paradox". *Social Psychology Quarterly*, 64:207–223, 2001.

[207] M. E. J. Newman. Assortative mixing in networks. *Physical Review Letters*, 89:208701, 2002.

[208] M. E. J. Newman. Mixing patterns in networks. *Physical Review E*, 67:026126, 2003.

[209] S. Maslov, K. Sneppen, and A. Zaliznyak. Detection of topological pattern in complex networks: Correlation profile of the Internet. *Physica A*, 333:529–540, 2004.

[210] M. Boguna, R. Pastor-Satorras, and A. Vespignani. Cut-offs and finite size effects in scale-free networks. *European Physics Journal, B*, 38:205, 2004.

[211] M. E. J. Newman and Juyong Park. Why social networks are different from other types of networks. *Physical Review E*, 68:036122, 2003.

[212] M. McPherson, L. Smith-Lovin, and J. M. Cook. Birds of a feather: homophily in social networks. *Annual Review of Sociology*, 27:415–444, 2001.

[213] J. G. Foster, D. V. Foster, P. Grassberger, and M. Paczuski. Edge direction and the structure of networks. *PNAS*, 107:10815, 2010.

[214] A. Barrat and R. Pastor-Satorras. Rate equation approach for correlations in growing network models. *Physical Review E*, 71:036127, 2005.

[215] S. N. Dorogovtsev and J. F. F. Mendes. Evolution of networks. *Advanced Physics*, 51:1079, 2002.

[216] J. Berg and M. Lässig. Correlated random networks. *Physical Review Letters*, 89:228701, 2002.

[217] R. Xulvi-Brunet and I. M. Sokolov. Reshuffling scale-free networks: From random to assortative. *Physical Review E*, 70:066102, 2004.

[218] R. Xulvi-Brunet and I. M. Sokolov. Changing correlations in networks: assortativity and dissortativity. *Acta Physica Polonica B*, 36:1431, 2005.

[219] J. Menche, A. Valleriani, and R. Lipowsky. Asymptotic properties of degree-correlated scale-free networks. *Physical Review E*, 81:046103, 2010.

[220] V. M. Eguíluz and K. Klemm. Epidemic threshold in structured scale-free networks. *Physical Review Letters*, 89:108701, 2002.

[221] M. Boguñá and R. Pastor-Satorras. Epidemic spreading in correlated complex networks. *Physical Review Letters*, 66:047104, 2002.

[222] M. Boguñá, R. Pastor-Satorras, and A. Vespignani. Absence of epidemic threshold in scale-free networks with degree correlations. *Physical Review Letters*, 90:028701, 2003.

[223] A. Vázquez and Y. Moreno. Resilience to damage of graphs with degree correlations. *Physical Review E*, 67:015101R, 2003.

[224] S.J. Wang, A.C. Wu, Z.X. Wu, X.J. Xu, and Y.H. Wang. Response of degree-correlated scale-free networks to stimuli. *Physical Review E*, 75:046113, 2007.

[225] F. Sorrentino, M. Di Bernardo, G. Cuellar, and S. Boccaletti. Synchronization in weighted scale-free networks with degree–degree correlation. *Physica D*, 224:123, 2006.

[226] M. Di Bernardo, F. Garofalo, and F. Sorrentino. Effects of degree correlation on the synchronization of networks of oscillators. *International Journal of Bifurcation and Chaos in Applied Sciences and Engineering*, 17:3499, 2007.

[227] A. Vazquez and M. Weigt. Computational complexity arising from degree correlations in networks. *Physical Review E*, 67:027101, 2003.

[228] M. Posfai, Y Y. Liu, J-J Slotine, and A.-L. Barabási. Effect of correlations on network controllability. *Scientific Reports*, 3:1067, 2013.

[229] M. Weigt and A. K. Hartmann. The number of guards needed by a museum: A phase transition in vertex covering of random graphs. *Physical Review Letters*, 84:6118, 2000.

[230] L. Adamic and N. Glance. The political blogosphere and the 2004 U.S. election: Divided they blog (2005).

[231] J. Park and M. E. J. Newman. The origin of degree correlations in the Internet and other networks. *Physical Review E*, 66:026112, 2003.

[232] F. Chung and L. Lu. Connected components in random graphs with given expected degree sequences. *Annals of Combinatorics*, 6:125, 2002.

[233] Z. Burda and Z. Krzywicki. Uncorrelated random networks. *Physical Review E*, 67:046118, 2003.

[234] R. Albert, H. Jeong, and A.-L. Barabási. Attack and error tolerance of complex networks. *Nature*, 406:378, 2000.

[235] D. Stauffer and A. Aharony. *Introduction to Percolation Theory*. London: Taylor and Francis. 1994.

[236] A. Bunde and S. Havlin. *Fractals and Disordered Systems*. Berlin: Springer-Verlag, 1996.

[237] B. Bollobás and O. Riordan. *Percolation*. Cambridge: Cambridge University Press. 2006.

[238] S. Broadbent and J. Hammersley. Percolation processes I. Crystals and mazes. *Proceedings of the Cambridge Philosophical Society*, 53:629, 1957.

[239] D. S. Callaway, M. E. J. Newman, S. H. Strogatz, and D. J. Watts. Network robustness and fragility: Percolation on random graphs. *Physical Review Letters*, 85:5468–5471, 2000.

[240] R. Cohen, K. Erez, D. ben-Avraham, and S. Havlin. Breakdown of the Internet under intentional attack. *Physical Review Letters*, 86:3682, 2001.

[241] P. Baran. Introduction to Distributed Communications Networks. Rand Corporation Memorandum, RM-3420-PR, 1964.

[242] D.N. Kosterev, C.W. Taylor, and W.A. Mittlestadt. Model Validation of the August 10, 1996 WSCC System Outage. *IEEE Transactions on Power Systems*, 14:967–979, 1999.

[243] C. Labovitz, A. Ahuja, and F. Jahasian. Experimental Study of Internet Stability and Wide-Area Backbone Failures. *Proceedings of IEEE FTCS*. Madison, WI, 1999.

[244] A. G. Haldane and R. M. May. Systemic risk in banking ecosystems. *Nature*, 469:351–355, 2011.

[245] T. Roukny, H. Bersini, H. Pirotte, G. Caldarelli, and S. Battiston. Default Cascades in Complex Networks: Topology and Systemic Risk. *Scientific Reports*, 3:2759, 2013.

[246] G. Tedeschi, A. Mazloumian, M. Gallegati, and D. Helbing. Bankruptcy cascades in interbank markets. *PLoS One*, 7:e52749, 2012.

[247] D. Helbing. Globally networked risks and how to respond. *Nature*, 497:51–59, 2013.

[248] I. Dobson, B. A. Carreras, V. E. Lynch, and D. E. Newman. Complex systems analysis of series of blackouts: Cascading failure, critical points, and self-organization. *CHAOS*, 17:026103, 2007.

[249] E. Bakshy, J. M. Hofman, W. A. Mason, and D. J. Watts. Everyone's an influencer: quantifying influence on Twitter. *Proceedings of the fourth ACM international conference on Web search and data mining (WSDM'11)*. New York: ACM, pp. 65–74, 2011.

[250] Y. Y. Kagan. Accuracy of modern global earthquake catalogs. *Physics of the Earth and Planetary Interiors*, 135:173, 2003.

[251] M. Nagarajan, H. Purohit, and A. P. Sheth. *A Qualitative Examination of Topical Tweet and Retweet Practices*. ICWSM, 295–298, 2010.

[252] P. Fleurquin, J.J. Ramasco, and V.M. Eguiluz. Systemic delay propagation in the US airport network. *Scientific Reports*, 3:1159, 2013.

[253] B. K. Ellis, J. A. Stanford, D. Goodman, C. P. Stafford, D.L. Gustafson, D. A. Beauchamp, D. W. Chess, J. A. Craft, M. A. Deleray, and B. S. Hansen. Long-term effects of a trophic cascade in a large lake ecosystem. *PNAS*, 108:1070, 2011.

[254] V. R. Sole and M. M. Jose. Complexity and fragility in ecological networks. *Proceedings of the Royal Society London, Series B*, 268:2039, 2001.

[255] F. Jordán, I. Scheuring, and G. Vida. Species Positions and Extinction Dynamics in Simple Food Webs. *Journal of Theoretical Biology*, 215:441–448, 2002.

[256] S.L. Pimm and P. Raven. Biodiversity: Extinction by numbers. *Nature*, 403:843, 2000.

[257] World Economic Forum. *Building Resilience in Supply Chains*. Geneva: World Economic Forum, 2013.

[258] Joint Economic Committee of US Congress. Your flight has been delayed again: Flight delays cost passengers, airlines and the U.S. economy billions. Available at http://www.jec.senate.gov, May 22. 2008.

[259] I. Dobson, A. Carreras, and D.E. Newman. A loading dependent model of probabilistic cascading failure. *Probability in the Engineering and Informational Sciences*, 19:15, 2005.

[260] D.J. Watts. A simple model of global cascades on random networks. *PNAS*, 99:5766, 2002.

[261] K.-I. Goh, D.-S. Lee, B. Kahng, and D. Kim. Sandpile on scale-free networks. *Physical Review Letters*, 91:148701, 2003.

[262] D.-S. Lee, K.-I. Goh, B. Kahng, and D. Kim. Sandpile avalanche dynamics on scale-free networks. *Physica A*, 338:84, 2004.

[263] M. Ding and W. Yang. Distribution of the first return time in fractional Brownian motion and its application to the study of onoff intermittency. *Physical Review E*, 52:207–213, 1995.

[264] A. E. Motter and Y.-C. Lai. Cascade-based attacks on complex networks. *Physical Review E*, 66:065102, 2002.

[265] Z. Kong and E. M. Yeh. Resilience to Degree-Dependent and Cascading Node Failures in Random Geometric Networks. *IEEE Transactions on Information Theory*, 56:5533, 2010.

[266] G. Paul, S. Sreenivas, and H. E. Stanley. Resilience of complex networks to random breakdown. *Physical Review E*, 72:056130, 2005.

[267] G. Paul, T. Tanizawa, S. Havlin, and H. E. Stanley. Optimization of robustness of complex networks. *European Physical Journal B*, 38:187–191, 2004.

[268] A.X.C.N. Valente, A. Sarkar, and H. A. Stone. Two-peak and three- peak optimal complex networks. *Physical Review Letters*, 92:118702, 2004.

[269] T. Tanizawa, G. Paul, R. Cohen, S. Havlin, and H. E. Stanley. Optimization of network robustness to waves of targeted and random attacks. *Physical Review E*, 71:047101, 2005.

[270] A.E. Motter. Cascade control and defense in complex networks. *Physical Review Letters*, 93:098701, 2004.

[271] A. Motter, N. Gulbahce, E. Almaas, and A.-L. Barabási. Predicting synthetic rescues in metabolic networks. *Molecular Systems Biology*, 4:1–10, 2008.

[272] R.V. Sole, M. Rosas-Casals, B. Corominas-Murtra, and S. Valverde. Robustness of the European power grids under intentional attack. *Physical Review E*, 77:026102, 2008.

[273] R. Albert, I. Albert, and G.L. Nakarado. Structural Vulnerability of the North American Power Grid. *Physical Review E*, 69:025103 R, 2004.

[274] C.M. Schneider, N. Yazdani, N.A.M. Araújo, S. Havlin, and H.J. Herrmann. Towards designing robust coupled networks. *Scientific Reports*, 3:1969, 2013.

[275] C.M. Song, S. Havlin, and H.A. Makse. Self-similarity of complex networks. *Nature*, 433:392, 2005.

[276] S.V. Buldyrev, R. Parshani, G. Paul, H.E. Stanley, and S. Havlin. Catastrophic cascade of failures in interdependent networks. *Nature*, 464:08932, 2010.

[277] R. Cohen, D. ben-Avraham, and S. Havlin. Percolation critical exponents in scale-free networks. *Physical Review E*, 66:036113, 2002.

[278] S. N. Dorogovtsev, J. F. F. Mendes, and A. N. Samukhin. Anomalous percolation properties of growing networks. *Physical Review E*, 64:066110, 2001.

[279] M. E. J. Newman, S. H. Strogatz, and D. J. Watts. Random graphs with arbitrary degree distributions and their applications. *Physical Review E*, 64:026118, 2001.

[280] R. Cohen and S. Havlin. *Complex Networks: Structure, Robustness and Function*. Cambridge: Cambridge University Press. 2010.

[281] B. Droitcour. Young Incorporated Artists. *Art in America*, 92–97, April 2014.

[282] V. D. Blondel, J.-L. Guillaume, R. Lambiotte, and E. Lefebvre. Fast unfolding of communities in large networks. *Journal of Statistical Mechanics*, P10008, 2008.

[283] G.C. Homans. *The Human Groups*. New York: Harcourt, Brace & Co, 1950.

[284] S.A. Rice. The identification of blocs in small political bodies. *American Political Science Review*, 21:619–627,

1927.

[285] R.S. Weiss and E. Jacobson. A method for the analysis of the structure of complex organizations. *American Sociology Review*, 20:661–668, 1955.

[286] W.W. Zachary. An information flow model for conflict and fission in small groups. *Journal of Anthropological Research*, 33:452–473, 1977.

[287] L. Donetti and M.A. Muñoz. Detecting network communities: a new systematic and efficient algorithm. *Journal of Statistical Mechanics*, P10012, 2004.

[288] L.H. Hartwell, J.J. Hopfield, and A.W. Murray. From molecular to modular cell biology. *Nature*, 402:C47–C52, 1999.

[289] E. Ravasz, A. L. Somera, D. A. Mongru, Z. N. Oltvai, and A.-L. Barabási. Hierarchical organization of modularity in metabolic networks. *Science*, 297:1551–1555, 2002.

[290] J. Menche, A. Sharma, M. Kitsak, S. Ghiassian, M. Vidal, J. Loscalzo, and A.-L. Barabási. Oncovering disease-disease relationships through the human interactome. 2014.

[291] G. W. Flake, S. Lawrence, and C.L. Giles. Efficient identification of web communities. Proceedings of the sixth ACM SIGKDD international conference on Knowledge discovery and data mining, 150-160, 2000.

[292] F. Radicchi, C. Castellano, F. Cecconi, V. Loreto, and D. Parisi. Defining and identifying communities in networks. *PNAS*, 101:2658–2663, 2004.

[293] A.B. Kahng, J. Lienig, I.L. Markov, and J. Hu. *VLSI Physical Design: From Graph Partitioning to Timing Closure*. Berlin: Springer-Verlag, 2011.

[294] B.W. Kernighan and S. Lin. An efficient heuristic procedure for partitioning graphs. *Bell Systems Technical Journal*, 49:291–307, 1970.

[295] G.E. Andrews. *The Theory of Partitions*. Boston: Addison-Wesley, 1976.

[296] L. Lovász. *Combinatorial Problems and Exercises*. Amsterdam: North-Holland, 1993.

[297] G. Pólya and G. Szegő. *Problems and Theorems in Analysis I*. Berlin: Springer-Verlag, 1998.

[298] V. H. Moll. *Numbers and Functions: From a classical-experimental mathematician's point of view*. American Mathematical Society, 2012.

[299] M.E.J. Newman and M. Girvan. Finding and evaluating community structure in networks. *Physical Review E*, 69:026113, 2004.

[300] M.E.J. Newman. A measure of betweenness centrality based on random walks. *Social Networks*, 27:39–54, 2005.

[301] U. Brandes. A faster algorithm for betweenness centrality. *Journal of Mathetical Sociology*, 25:163–177, 2001.

[302] T. Zhou, J.-G. Liu, and B.-H. Wang. Notes on the calculation of node betweenness. *Chinese Physics Letters*, 23:2327–2329, 2006.

[303] E. Ravasz and A.-L. Barabási. Hierarchical organization in complex networks. *Physical Review E*, 67:026112, 2003.

[304] S. N. Dorogovtsev, A. V. Goltsev, and J. F. F. Mendes. Pseudofractal scale-free web. *Physical Review E*, 65:066122, 2002.

[305] E. Mones, L. Vicsek, and T. Vicsek. Hierarchy Measure for Complex Networks. *PLoS ONE*, 7:e33799, 2012.

[306] A. Clauset, C. Moore, and M. E. J. Newman. Hierarchical structure and the prediction of missing links in networks. *Nature*, 453:98–101, 2008.

[307] L. Danon, A. Díaz-Guilera, J. Duch, and A. Arenas. Comparing community structure identification. *Journal of Statistical Mechanics*, P09008, 2005.

[308] S. Fortunato and M. Barthélemy. Resolution limit in community detection. *PNAS*, 104:36–41, 2007.

[309] M.E.J. Newman. Fast algorithm for detecting community structure in networks. *Physical Review E*, 69:066133, 2004.

[310] A. Clauset, M.E.J. Newman, and C. Moore. Finding community structure in very large networks. *Physical Review E*, 70:066111, 2004.

[311] G. Palla, I. Derényi, I. Farkas, and T. Vicsek. Uncovering the overlapping community structure of complex networks in nature and society. *Nature*, 435:814, 2005.

[312] R. Guimerà, L. Danon, A. Díaz-Guilera, F. Giralt, and A. Arenas. Self- similar community structure in a network of human interactions. *Physical Review E*, 68:065103, 2003.

[313] J. Ruan and W. Zhang. Identifying network communities with a high resolution. *Physical Review E*, 77:016104, 2008.

[314] B. H. Good, Y.-A. de Montjoye, and A. Clauset. The performance of modularity maximization in practical contexts. *Physical Review E*, 81:046106, 2010.

[315] R. Guimerá, M. Sales-Pardo, and L.A.N. Amaral. Modularity from fluctuations in random graphs and complex networks. *Physical Review E*, 70:025101, 2004.

[316] J. Reichardt and S. Bornholdt. Partitioning and modularity of graphs with arbitrary degree distribution. *Physical Review E*, 76:015102, 2007.

[317] J. Reichardt and S. Bornholdt. When are networks truly modular? *Physica D*, 224:20–26, 2006.

[318] M. Rosvall and C.T. Bergstrom. Maps of random walks on complex networks reveal community structure. *PNAS*, 105:1118, 2008.

[319] M. Rosvall, D. Axelsson, and C.T. Bergstrom. The map equation. *European Physics Journal Special Topics*, 178:13, 2009.

[320] M. Rosvall and C.T. Bergstrom. Mapping change in large networks. *PLoS ONE*, 5:e8694, 2010.

[321] A. Perey. Oksapmin Society and World View. *Dissertation for Degree of Doctor of Philosophy*. Columbia University, 1973.

[322] I. Derényi, G. Palla, and T. Vicsek. Clique percolation in random networks. *Physical Review Letters*, 94:160202, 2005.

[323] J.M. Kumpula, M. Kivelä, K. Kaski, and J. Saramäki. A sequential algorithm for fast clique percolation. *Physical Review E*, 78:026109, 2008.

[324] G. Palla, A.-L. Barabási, and T. Vicsek. Quantifying social group evolution. *Nature*, 446:664–667, 2007.

[325] Y.-Y. Ahn, J. P. Bagrow, and S. Lehmann. Link communities reveal multiscale complexity in networks. *Nature*, 466:761–764, 2010.

[326] T.S. Evans and R. Lambiotte. Line graphs, link partitions, and overlapping communities. *Physical Review E*, 80:016105, 2009.

[327] M. Chen, K. Kuzmin, and B.K. Szymanski. Community Detection via Maximization of Modularity and Its Variants. *IEEE Transactions on Computational Social Systems*, 1:46–65, 2014.

[328] I. Farkas, D. Ábel, G. Palla, and T. Vicsek. Weighted network modules. *New Journal of Physics*, 9:180, 2007.

[329] S. Lehmann, M. Schwartz, and L.K. Hansen. Biclique communities. *Physical Review E*, 78:016108, 2008.

[330] N. Du, B. Wang, B. Wu, and Y. Wang. *Overlapping community detection in bipartite networks*. IEEE/WIC/ACM International Conference on Web Intelligence and Intelligent Agent Technology, IEEE Computer Society, Los Alamitos, CA, pp. 176–179, 2008.

[331] A. Condon and R.M. Karp. Algorithms for graph partitioning on the planted partition model. *Random Structures and Algorithms*, 18:116–140, 2001.

[332] A. Lancichinetti, S. Fortunato, and F. Radicchi. Benchmark graphs for testing community detection algorithms. *Physical Review E*, 78:046110, 2008.

[333] A. Lancichinetti, S. Fortunato, and J. Kertész. Detecting the overlapping and hierarchical community structure of complex networks. *New Journal of Physics*, 11:033015, 2009.

[334] S. Fortunato. Community detection in graphs. *Physics Reports*, 486:75–174, 2010.

[335] D. Hric, R.K. Darst, and S. Fortunato. Community detection in networks: structural clusters versus ground truth. *Physical Review E*, 90:062805, 2014.

[336] A. Maritan, F. Colaiori, A. Flammini, M. Cieplak, and J.R. Banavar. Universality Classes of Optimal Channel Networks. *Science*, 272:984–986, 1996.

[337] L.C. Freeman. A set of measures of centrality based upon betweenness. *Sociometry*, 40:35–41, 1977.

[338] J. Hopcroft, O. Khan, B. Kulis, and B. Selman. Tracking evolving communities in large linked networks. *PNAS*, 101:5249–5253, 2004.

[339] S. Asur, S. Parthasarathy, and D. Ucar. *An event-based framework for characterizing the evolutionary behavior of interaction graphs*. KDD'07: Proceedings of the 13th ACM SIGKDD International Conference on Knowledge Discovery and Data Mining, New York: ACM, pp. 913–921, 2007.

[340] D.J. Fenn, M.A. Porter, M. McDonald, S. Williams, N.F. Johnson, and N.S. Jones. Dynamic communities in multichannel data: An application to the foreign exchange market during the 2007–2008 credit crisis. *Chaos*,

19:033119, 2009.

[341] D. Chakrabarti, R. Kumar, and A. Tomkins. *Evolutionary clustering*. in: KDD'06: Proceedings of the 12th ACM SIGKDD International Conference on Knowledge Discovery and Data Mining, New York: ACM, pp. 554–560, 2006.

[342] Y. Chi, X. Song, D. Zhou, K. Hino, and B.L. Tseng. *Evolutionary spectral clustering by incorporating temporal smoothness*. KDD'07: Proceedings of the 13th ACM SIGKDD International Conference on Knowledge Discovery and Data Mining, New York: ACM, pp. 153–162, 2007.

[343] Y.-R. Lin, Y. Chi, S. Zhu, H. Sundaram, and B.L. Tseng. *Facetnet: a framework for analyzing communities and their evolutions in dynamic networks*. in: WWW'08: Proceedings of the 17th International Conference on the World Wide Web, New York: ACM, pp. 685–694, 2008.

[344] L. Backstrom, D. Huttenlocher, J. Kleinberg, and X. Lan. *Group formation in large social networks: membership, growth, and evolution*. KDD'06: Proceedings of the 12th ACM SIGKDD International Conference on Knowledge Discovery and Data Mining, New York: ACM, pp. 44–54, 2006.

[345] B. Krishnamurthy and J. Wang. On network-aware clustering of web clients. *SIGCOMM Computer Communication Review*, 30:97–110, 2000.

[346] K.P. Reddy, M. Kitsuregawa, P. Sreekanth, and S.S. Rao. *A graph based approach to extract a neighborhood customer community for collaborative filtering*. DNIS'02: Proceedings of the Second International Workshop on Databases in Networked Information Systems, London: Springer-Verlag, pp. 188–200, 2002.

[347] R. Agrawal and H.V. Jagadish. Algorithms for searching massive graphs. *Knowledge and Data Engineering*, 6:225–238, 1994.

[348] A.Y. Wu, M. Garland, and J. Han. *Mining scale-free networks using geodesic clustering*. KDD'04: Proceedings of the Tenth ACM SIGKDD International Conference on Knowledge Discovery and Data Mining, New York: ACM Press, 2004, pp. 719–724, 2004.

[349] D. Normile. The Metropole, Superspreaders and Other Mysteries. *Science*, 339:1272–1273, 2013.

[350] J.O. Lloyd-Smith, S.J. Schreiber, P.E. Kopp, and W.M. Getz. Superspreading and the effect of individual variation on disease emergence. *Nature*, 438:355–359, 2005.

[351] M. Hypponen. Malware Goes Mobile. *Scientific American*, 295:70, 2006.

[352] E.M. Rogers. *Diffusion of Innovations*. New York: Free Press, 2003.

[353] T.W. Valente. *Network models of the diffusion of innovations*. Hampton Press, Cresskill, NJ, 1995.

[354] The CDC and the World Health Organization. History and Epidemiology of Global Smallpox Eradication From the training course titled "Smallpox: Disease, Prevention, and Intervention". Slides 16–17.

[355] R.M. Anderson and R.M. May. *Infectious Diseases of Humans: Dynamics and Control*. Oxford: Oxford University Press, 1992.

[356] R. Pastor-Satorras and A. Vespignani. Epidemic dynamics and endemic states in complex networks. *Physical Review E*, 63:066117, 2001.

[357] Y. Wang, D. Chakrabarti, C, Wang, and C. Faloutsos. Epidemic spreading in real networks: an eigenvalue viewpoint. Proceedings of 22nd International Symposium on Reliable Distributed Systems, pp. 25–34, 2003.

[358] R. Durrett. Some features of the spread of epidemics and information on a random graph. *PNAS*, 107:4491–4498, 2010.

[359] S. Chatterjee and R. Durrett. Contact processes on random graphs with power law degree distributions have critical value 0. *Annals of Probability*, 37:2332–2356, 2009.

[360] C. Castellano and R. Pastor-Satorras. Thresholds for epidemic spreading in networks. *Physical Review Letters*, 105:218701, 2010.

[361] B. Lewin. (ed.), Sex i Sverige. *Om sexuallivet i Sverige 1996 [Sex in Sweden. On the Sexual Life in Sweden 1996]*. Stockholm: National Institute of Public Health, 1998.

[362] A. Schneeberger, C. H. Mercer, S. A. Gregson, N. M. Ferguson, C. A. Nyamukapa, R. M. Anderson, A. M. Johnson, and G. P. Garnett. Scale-free networks and sexually transmitted diseases: a description of observed patterns of sexual contacts in Britain and Zimbabwe. *Sexually Transmitted Diseases*, 31:380–387, 2004.

[363] W. Chamberlain. *A View from Above*. New York: Villard Books, 1991.

[364] R. Shilts. *And the Band Played On*. New York: St. Martin's Press, 2000.

[365] P. S. Bearman, J. Moody, and K. Stovel. Chains of affection: the structure of adolescent romantic and sexual

[365] networks. *American Journal of Sociology*, 110:44–91, 2004.
[366] M. C. González, C. A. Hidalgo, and A.-L. Barabási. Understanding individual human mobility patterns. *Nature*, 453:779–782, 2008.
[367] C. Song, Z. Qu, N. Blumm, and A.-L. Barabási. Limits of Predictability in Human Mobility. *Science*, 327:1018–1021, 2010.
[368] F. Simini, M. González, A. Maritan, and A.-L. Barabási. A universal model for mobility and migration patterns. *Nature*, 484:96–100, 2012.
[369] D. Brockmann, L. Hufnagel, and T. Geisel. The scaling laws of human travel. *Nature*, 439:462–465, 2006.
[370] V. Colizza, A. Barrat, M. Barthelemy, and A. Vespignani. The role of the airline transportation network in the prediction and predictability of global epidemics. *PNAS*, 103:2015, 2006.
[371] R. Guimerà, S. Mossa, A. Turtschi, and L. A. N. Amaral. The worldwide air transportation network: Anomalous centrality, community structure, and cities' global roles. *PNAS*, 102:7794, 2005.
[372] C. Cattuto, et al. Dynamics of Person-to-Person Interactions from Distributed RFID Sensor Networks. *PLoS ONE*, 5:e11596, 2010.
[373] L. Isella, C. Cattuto, W. Van den Broeck, J. Stehle, A. Barrat, and J.-F. Pinton. What's in a crowd? Analysis of face-to-face behavioral networks. *Journal of Theoretical Biology*, 271:166–180, 2011.
[374] K. Zhao, J. Stehle, G. Bianconi, and A. Barrat. Social network dynamics of face-to-face interactions. *Physical Review E*, 83:056109, 2011.
[375] J. Stehlé, N. Voirin, A. Barrat, C Cattuto, L. Isella, J-F. Pinton, M. Quaggiotto, W. Van den Broeck, C. Régis, B. Lina, and P. Vanhems. High-resolution measurements of face-to-face contact patterns in a primary school. *PLoS ONE*, 6:e23176, 2011.
[376] B.N. Waber, D. Olguin, T. Kim, and A. Pentland. *Understanding Organizational Behavior with Wearable Sensing Technology*. Academy of Management Annual Meeting. Anaheim, CA. August, 2008.
[377] M. Salathé, M. Kazandjievab, J.W. Leeb, P. Levisb, M.W. Feldmana, and J.H. Jones. A high-resolution human contact network for infectious disease transmission. *PNAS*, 107:22020–22025, 2010.
[378] A.-L. Barabási. The origin of bursts and heavy tails in human dynamics. *Nature*, 435:207–211, 2005.
[379] V. Sekara and S. Lehmann. Application of network properties and signal strength to identify face-to-face links in an electronic dataset. Proceedings of CoRR, 2014.
[380] S. Eubank, H. Guclu, V.S.A. Kumar, M.V. Marathe, A. Srinivasan, Z. Toroczkai, and N. Wang. Modelling disease outbreaks in realistic urban social networks. *Nature*, 429:180–184, 2004.
[381] M. Morris and M. Kretzschmar. Concurrent partnerships and transmission dynamics in networks. *Social Networks*, 17:299–318, 1995.
[382] N. Masuda and P. Holme. Predicting and controlling infectious diseases epidemics using temporal networks. *F1000 Prime Reports*, 5:6, 2013.
[383] P. Holme and J. Saramäki. Temporal networks. *Physics Reports*, 519:97–125, 2012.
[384] M. Karsai, M. Kivelä, R. K. Pan, K. Kaski, J. Kertész, A.-L. Barabási, and J. Saramäki. Small but slow world: how network topology and burstiness slow down spreading. *Physical Review E*, 83:025102(R), 2011.
[385] A. Vazquez, B. Rácz, A. Lukács, and A.-L. Barabási. Impact of non-Poissonian activity patterns on spreading processes. *Physical Review Letters*, 98:158702, 2007.
[386] A. Vázquez, J.G. Oliveira, Z. Dezsö, K.-I. Goh, I. Kondor, and A.-L. Barabási. Modeling bursts and heavy tails in human dynamics. *Physical Review E*, 73:036127, 2006.
[387] A.V. Goltsev, S.N. Dorogovtsev, and J.F.F. Mendes. Percolation on correlated networks. *Physical Review E.*, 78:051105, 2008.
[388] P. Van Mieghem, H. Wang, X. Ge, S. Tang, and F. A. Kuipers. Influence of assortativity and degree-preserving rewiring on the spectra of networks. *The European Physical Journal B*, 76:643, 2010.
[389] Y. Moreno, J. B. Gómez, and A.F. Pacheco. Epidemic incidence in correlated complex networks. *Physical Review E*, 68:035103, 2003.
[390] A. Galstyan and P. Cohen. Cascading dynamics in modular networks. *Physical Review E*, 75:036109, 2007.
[391] J. P. Gleeson. Cascades on correlated and modular random networks. *Physical Review E*, 77:046117, 2008.
[392] P. A. Grabowicz, J. J. Ramasco, E. Moro, J. M. Pujol, and V. M. Eguiluz. Social features of online networks: The strength of intermediary ties in online social media. *PLoS ONE*, 7:e29358, 2012.

[393] L. Weng, F. Menczer, and Y.-Y. Ahn. Virality Prediction and Community Structure in Social Networks. *Scientific Reports*, 3:2522, 2013.

[394] S. Aral and D. Walker. Creating social contagion through viral product design: A randomized trial of peer influence in networks. *Management Science*, 57:1623–1639, 2011.

[395] J. Leskovec, L. Adamic, and B. Huberman. The dynamics of viral marketing. *ACM Transactions on the Web*, 1, 2007.

[396] L. Weng, A Flammini, A. Vespignani, and F. Menczer. Competition among memes in a world with limited attention. *Scientific Reports*, 2:335, 2012.

[397] J. Berger and K. L. Milkman. What makes online content viral? *Journal of Marketing Research*, 49:192–205, 2009.

[398] S. Jamali and H. Rangwala. Digging digg: Comment mining, popularity prediction and social network analysis. Proceedings of the International Conference on Web Information Systems and Mining (WISM), 32–38, 2009.

[399] G. Szabó and B. A. Huberman. Predicting the popularity of online content. *Communications of the ACM*, 53:80–88, 2010.

[400] B. Suh, L. Hong, P. Pirolli, and E. H. Chi. Want to be retweeted? Large scale analytics on factors impacting retweet in Twitter network. Proceedings of IEEE International Conference on Social Computing, pp. 177–184, 2010.

[401] D. Centola. The spread of behavior in an online social network experiment. *Science*, 329:1194–1197, 2010.

[402] M. Granovetter. Threshold Models of Collective Behavior. *American Journal of Sociology*, 83:1420–1443, 1978.

[403] N.A. Christakis and J.H. Fowler. The Spread of Obesity in a Large Social Network Over 32 Years. *New England Journal of Medicine*, 357:370–379, 2007.

[404] N. A. Christakis and J. H. Fowler. The collective dynamics of smoking in a large social network. *New England Journal of Medicine*, 358:2249–2258, 2008.

[405] Z. Dezső and A-L. Barabási. Halting viruses in scale-free networks. *Physical Review E*, 65:055103, 2002.

[406] R. Pastor-Satorras and A. Vespignani. Immunization of complex networks. *Physical Review E*, 65:036104, 2002.

[407] R. Cohen, S. Havlin, and D. ben-Avraham. Efficient Immunization Strategies for Computer Networks and Populations. *Physical Review Letters*, 91:247901, 2003.

[408] F. Fenner, et al. *Smallpox and its Eradication*. WHO, Geneva, 1988. http://www.who.int/features/2010/smallpox/en/

[409] L. A. Rvachev and I. M. Longini Jr. A mathematical model for the global spread of influenza. *Mathematical Biosciences*, 75:3–22, 1985.

[410] A. Flahault, E. Vergu, L. Coudeville, and R. Grais. Strategies for containing a global influenza pandemic. *Vaccine*, 24:6751–6755, 2006.

[411] I. M. Longini Jr, M. E. Halloran, A. Nizam, and Y. Yang. Containing pandemic influenza with antiviral agents. *American Journal of Epidemiology*, 159:623–633, 2004.

[412] I.M. Longini Jr, A. Nizam, S. Xu, K. Ungchusak, W. Hanshaoworakul, D. Cummings, and M. Halloran. Containing pandemic influenza at the source. *Science*, 309:1083–1087, 2005.

[413] V. Colizza, A. Barrat, M. Barthélemy, A.-J. Valleron, and A. Vespignani. Modeling the world-wide spread of pandemic influenza: baseline case and containment interventions. *PLoS Med*, 4:e13, 2007.

[414] T. D. Hollingsworth, N.M. Ferguson, and R.M. Anderson. Will travel restrictions control the International spread of pandemic influenza? *Nature Med.*, 12:497–499, 2006.

[415] C.T. Bauch, J.O. Lloyd-Smith, M.P. Coffee, and A.P. Galvani. Dynamically modeling SARS and other newly emerging respiratory illnesses: past, present, and future. *Epidemiology*, 16:791–801, 2005.

[416] I. M. Hall, R. Gani, H.E. Hughes, and S. Leach. Real-time epidemic forecasting for pandemic influenza. *Epidemiology and Infection*, 135:372–385, 2007.

[417] M. Tizzoni, P. Bajardi, C. Poletto, J. J. Ramasco, D. Balcan, B. Gonçalves, N. Perra, V. Colizza, and A. Vespignani. Real-time numerical forecast of global epidemic spreading: case study of 2009 A/H1N1pdm. *BMC Medicine*, 10:165, 2012.

[418] P. Bajardi, et al. Human Mobility Networks, Travel Restrictions, and the Global Spread of 2009 H1N1 Pandemic.

PLoS ONE, 6:e16591, 2011.

[419] P. Bajardi, C. Poletto, D. Balcan, H. Hu, B. Gonçalves, J. J. Ramasco, D. Paolotti, N. Perra, M. Tizzoni, W. Van den Broeck, V. Colizza, and A. Vespignani. Modeling vaccination campaigns and the Fall/Winter 2009 activity of the new A/H1N1 influenza in the Northern Hemisphere. *EHT Journal*, 2:e11, 2009.

[420] M.E. Halloran, N.M. Ferguson, S. Eubank, I.M. Longini, D.A.T. Cummings, B. Lewis, S. Xu, C. Fraser, A. Vullikanti, T.C. Germann, D. Wagener, R. Beckman, K. Kadau, C. Macken, D.S. Burke, and P. Cooley. Modeling targeted layered containment of an influenza pandemic in the United States. *PNAS*, 105:4639–44, 2008.

[421] G. M. Leung and A. Nicoll. Reflections on Pandemic (H1N1) 2009 and the international response. *PLoS Med*, 7:e1000346, 2010.

[422] A.C. Singer, et al. Meeting report: risk assessment of Tamiflu use under pandemic conditions. *Environmental Health Perspectives*, 116:1563–1567, 2008.

[423] R. Fisher. The wave of advance of advantageous genes. *Annals of Eugenics*, 7:355–369, 1937.

[424] J. V. Noble. Geographic and temporal development of plagues. *Nature*, 250:726–729, 1974.

[425] D. Brockmann and D. Helbing. The Hidden Geometry of Complex, Network-Driven Contagion Phenomena. *Science*, 342:1337–1342, 2014.

[426] J. S. Brownstein, C. J. Wolfe, and K. D. Mandl. Empirical evidence for the effect of airline travel on inter-regional influenza spread in the United States. *PLoS Med*, 3:e40, 2006.

[427] D. Shah and T. Zaman, in SIGMETRICS'10, Proceedings of the ACM SIGMETRICS international conference on Measurement and modeling of computer systems, pp. 203–214, 2010.

[428] A. Y. Lokhov, M. Mezard, H. Ohta, and L. Zdeborová. Inferring the origin of an epidemy with dynamic messagepassing algorithm. *Physical Review E*, 90:012801, 2014.

[429] P. C. Pinto, P. Thiran, and M. Vetterli. Locating the Source of Diffusion in Large-Scale Networks. *Physical Review Letters*, 109:068702, 2012.

[430] C. H. Comin and L. da Fontoura Costa. Identiying the starting point of a spreading process in complex networks. *Physical Review E*, 84:056105, 2011.

[431] D. Shah and T. Zaman. Rumors in a Network: Who's the Culprit? *IEEE Transactions on Information Theory*, 57:5163, 2011.

[432] K. Zhu and L. Ying. Information source detection in the SIR model: A sample path based approach. Information Theory and Applications Workshop (ITA); 1–9, 2013.

[433] B. A. Prakash, J. Vreeken, and C. Faloutsos. Spotting culprits in epidemics: How many and which ones? ICDM'12; Proceedings of the IEEE International Conference on Data Mining, 11:20, 2012.

[434] V. Fioriti and M. Chinnici. Predicting the sources of an outbreak with a spectral technique. *Applied Mathematical Sciences*, 8:6775–6782, 2012.

[435] W. Dong, W. Zhang, and C.W. Tan. Rooting out the rumor culprit from suspects. Proceedings of CoRR, 2013.

[436] B. Barzel and A.-L. Barabási. Universality in network dynamics. *Nature Physics*, 9:673, 2013.

[437] A. Barrat, M. Barthélemy, and A. Vespignani. *Dynamical Processes on Complex Networks*. Cambridge: Cambridge University Press, 2012.

[438] S. N. Dorogovtsev, A.V. Goltsev, and J. F. F. Mendes. Critical phenomena in complex networks. *Reviews of Modern Physics*, 80:1275, 2008.

[439] P. Grassberger. On the critical behavior of the general epidemic process and dynamical percolation. *Mathematical Biosciences*, 63:157, 1983.

[440] M. E. J. Newman. The spread of epidemic disease on networks. *Physical Review E*, 66:016128, 2002.

[441] C. P. Warren, L. M. Sander, and I. M. Sokolov. Firewalls, disorder, and percolation in networks. *Mathematical Biosciences*, 180:293, 2002.

索 引

【数字，アルファベット】
2 部グラフ　58
3 部グラフ　62
6 次の隔たり　10, 20, 95, 98, 99
19 次の隔たり　98
80/20 の法則　124

BA モデル　180

CFinder　362, 372
C エレガンス　32
C エレガンス　37

$G(N, L)$ モデル　79
Girvan-Newman (GN) のベンチマーク　368–369
Girvan-Newman のアルゴリズム　349–350

H1N1 の流行　36

IBM　2, 3, 13
Infomap　374, 389, 391–394

Kerninghan-Lin のアルゴリズム　342

Lancichinetti-Fortunato-Radicchi (LFR) のベンチマーク　369
Louvain のアルゴリズム　372, 373, 389

Metcalfe の法則　59
Milgram の実験　98

NetSci　41
NP 完全　344
NP 完全性　2, 273, 344

Ravasz のアルゴリズム　338, 345–349, 366, 369, 372, 374
RFID　416
SIR モデル　405, 446–447, 450
SIS モデル　403–404, 410, 427, 447–448
SI モデル　401–403, 407–410, 446
WWW　6, 11, 12, 51, 98, 121, 124, 177

Xulvi-Brunet と Sokolov のアルゴリズム　268, 269

Zachary の空手クラブ　336, 337

【欧文人名】
Albert, Réka　8
Asimov, Isaac　8
Ball, Philipp　4
Baran, Paul　301
Béla Bollobás　19
Berners-Lee, Tim　5, 177
Bollobás, Béla　3
Brockman, Jay　13
de Sola Pool, Ithiel　9, 98
Dorogovtsev, Sergey　19
Doyle, John　19
Erdős, Paul と Rényi, Alfréd　3, 10, 11, 29, 79, 80, 92
Euler, Leonard　47, 48
Gilbert, Edgar Nelson　80
Granovetter, Mark　29
Guare, John　10, 99
Havlin, Shlomo　20
Jeong, Hawoong　7, 11, 122
Karinthy, Frigyes　99
Kauffmann, Stuart　3

Kochen, Manfred　9, 98
Mandelbrot, Benoit　200
Mendes, José　19
Metcalfe, Robert M.　59
Milgram, Stanley　10, 99
Oltvai, Zoltán　21
Pareto, Vilfredo　124
Pastor-Satorras, Romualdo　20, 42, 407
Rapoport, Anatol　80
Redner, Sid　19
Riordan, Oliver　20
Simon, Herbert　200
Solomonoff, Ray　80
Stanley, Gene　16
Strogatz, Steven　103
Vespignani, Alessandro　20, 42, 407
Watts, Duncan　13, 103
Watts と Strogatz　10, 239

【あ行】
アカマイ　34
アキレス腱　19, 286, 316–319
アップル　34
アルゴリズム　269
アルゴリズム（CFinder）　364
アルゴリズムの複雑さ　372

遺伝子　34
イベント時間　184
入れ子になったコミュニティ　350
インターネット　4, 51, 301
インフルエンザ　37
引用　222
引用パターン　41

ウイルスの拡散　37

ウェブクローラー　11
映画ネットワーク　60
枝分かれモデル　309–311
エッジ　49
エボラ熱　37
エラーや故障　285
エルデシュ・レニィ・ネットワーク　79, 108
エルデシュ・レニィ・モデル　89, 94, 105, 266
オピニオンリーダー　40
重み付きネットワーク　58

【か行】
階層性　71
階層的クラスタリング　345
階層的ネットワークモデル　351
階層的モジュラリティ　383–387
階層的モデル　351
回復性　317
外部次数　340
架橋　67
学際的な性質　32
隠れ変数モデル　149–152, 240
重なり合うコミュニティ　361–368
加速成長　233–235
過負荷モデル　311
頑健性　20, 285, 317
頑健性の強化　311
頑健なネットワーク　311
患者第1号　398, 415
感染可能状態　400
完全グラフ　57
完全結合クラスタリング　347
感染しきい値　42, 410–413, 425, 444–445
感染症　36–37, 398
感染状態　400
感染症大流行の発生源　440
感染症方程式　444
感染症予測　439
感染についてのモデル化　37
完全部分グラフ　340
完全連結領域　115

規則格子　103
基本仮説　338
究極的インパクト　223
凝集型のアルゴリズム　345
共同研究ネットワーク　30, 51

局所的機構　193–194
局所流行状態　403
巨大連結成分　12, 89, 111–113, 117, 271, 272
均一混合　401
金融危機　26
金融システム　26
グーグル　6, 34
区分　400
区分化　400
クラスター　65, 67
クラスター係数　68, 101–105, 200–201
グラフ二分割　341
グラフ理論　10, 32, 33
クリーク　57, 340
クリーク・パーコレーション　362–364, 375
クルスカル法　2
グループの類似性　346
クローラー　121

経営管理　40
計算の複雑さ　358, 364, 372
携帯電話グラフ　51
携帯電話の発信ネットワーク　423
ケイリー樹　108
経路　60
経路長　60
ケーニヒスベルク　48
ケーニヒスベルクのグラフ　48
現実のネットワーク　51
検出されたコミュニティのテスト　368–374

広域停電　25, 303
航空輸送ネットワーク　415
攻撃　18, 298
攻撃耐性　298–301
高次数のカットオフ　164
構造的次数排他性　258
構造的なカットオフ　256, 281–282
故障　18
コネクトームプロジェクト　40
コミュニティ　42, 336, 421–423
コミュニティ構造　20
コミュニティの規模分布　374–375
コミュニティの時間発展　374, 376–377
コンテイジョン　436
コンピュータウイルス　399

コンフィグモデル　147, 240, 266

【さ行】
最小次数と最大次数　111
最大モジュラリティ　356
最短経路　63
最適化モデル　197, 199
細胞ネットワーク　4, 28
塩田千春　0
自己ループ　70, 147, 149, 181
次数　51–55
指数アルゴリズム　344
指数関数的なカットオフのあるべき分布　157
次数親和的　269
次数親和的なネットワーク　250, 271
次数親和的な結びつき　273
次数相関　249, 251, 256, 268–270, 274, 421
次数相関行列　251
次数排他的　269
次数排他的なネットワーク　251, 271
次数排他的な結びつき　274
次数ブロック近似　407
次数分布　11, 20, 51–55, 83–84, 86, 87, 105, 205–208, 218–220, 419
次数保存ランダム化　148, 149, 260
シスコ　34
自然なカットオフ　128
自然な上部カットオフ　111
疾病ネットワーク　60
質量作用近似　401
射影　60
社会ネットワーク　9, 28
シャノンのエントロピー　371
樹形図　347–348
出次数　52, 124
巡回セールスマン　344
上位1パーセント　124
勝者がすべてを獲得する　192
冗長性　317
情報カスケード　304
情報伝播　422
初期誘引度　229–230
職場関係ネットワーク　50
進化するネットワークモデル　240
神経科学　37
神経ネットワーク　28
侵入パーコレーション　2
森林火災　292

推移三重項比　75
スケールフリー　125
スケールフリー性　19, 20, 351
スケールフリー・ネットワーク　15, 40, 55, 123–127
スケールフリー・モデル　180
砂山モデル　311
スノッブなネットワーク　108–109
スーパースプレッダー　398
スモールワールド　9, 95
スモールワールド現象　95, 99, 105
スモールワールド性　95, 97, 151
スモールワールド・ネットワーク　10
スモールワールド・モデル　103

生化学ネットワーク　30
正確さ　368–372
正確さの測定　370–372
生成モデル　240
成長　14, 178, 180
成長ネットワークモデル　227–236
性的ネットワーク　50
性的ハブ　415
静的モデル　239
接触ネットワーク　413, 428, 429
全域木　2
線形化された弦のダイアグラム　181
先行者利益　184, 216
選択的予防接種　431

相互情報量　371
相互連結性ゆえの脆弱性　26
総次数　52
相転移　116–117, 271, 288
組織ネットワーク　40

【た 行】
大域的クラスター係数　69, 74
ダイグラフ　49
代謝ネットワーク　49, 51
対数正規分布　157–160
対数正規分布（ゴルトン分布またはジブラ分布）　158
高い頑健性　297
多項式時間のアルゴリズム　344
多重リンク　147–149, 181
単一結合クラスタリング　347
単純な感染　423
単純なネットワーク　255
たんぱく質相互作用　51
たんぱく質相互作用ネットワーク　69, 71

知人ネットワーク　50
中心性　349
中心性指標　349
治癒状態　400
超スモールワールド性　139–143
頂点　49
頂点被覆　273
超臨界状態　92–94
ツイッター　34, 424
通信ネットワーク　28
強いコミュニティ　341

低次数の飽和　164
適応度　216, 218
適応度分布　217
適応度モデル　217
テロリズム　35
電子メールネットワーク　51
伝染性疾患　398
電波による個体識別デバイス (RFID)　416
テンポラル・ネットワーク　419
電力　26
電力網　13, 27, 28, 51

統計物理学　33
特性時間　402
トポロジーの重なり　346
トポロジーの重なり行列　346
ドミノ効果　302
富めるものはより豊かになる現象　180, 192, 226
取引ネットワーク　28
貪欲アルゴリズム　356–357
貪欲アルゴリズムによるモジュラリティ　372

【な 行】
内部次数　340
内部リンク　231
雪崩指数　304
二項分布　83–84
入次数　52, 124
ニュートラルネットワーク　250
ニューロン　37

ネットワーク医学　35
ネットワーク疫学　398, 405–413
ネットワーク生物学　34
ネットワーク直径　63, 200–201
ネットワークにおける時間　184

ネットワークの価値　59
ネットワーク薬学　35

脳　37
脳研究　32
ノード　49
ノード除去　232–233
ノートルダム大学　3

【は 行】
俳優　13, 30
俳優の共演ネットワーク　60
パーコレーション・クラスター　288
パーコレーションしきい値　11, 312
パーコレーション理論　287, 292
破たんの波及モデル　307–309
幅優先探索　63, 65, 66
ハブ　12, 13
ハブ・アンド・スポーク型のトポロジー　227
ハブ・アンド・スポーク型のネットワーク　311
ハブへの予防接種　429, 448
ハフマン符号化　392
バラバシ・アルバート・モデル　14, 178–182, 207, 227, 294
ハリウッド俳優　60
ハリウッド俳優データベース　13
ハリウッド俳優の出演ネットワーク　51
ハリ・セルダン　8

ビアンコーニ・バラバシ・モデル　216–220, 228, 240, 267
引き延ばされた指数分布　157–160
引き延ばされた指数分布（ワイブル分布）　157
非線形優先的選択　191–193
肥満　425
病原体　398, 401
標的型予防接種　448–450
非連結　65
非連結成分　67

ファットテール分布　156–157
風味ネットワーク　62
フェイスブック　34, 99
フェルミ気体　226
不均一な次数をもつネットワーク　427–428
複雑系　28
複雑な感染　423–425

複製モデル　195–196
普遍性　30–31, 135
ブール論理　2
分解能の限界　358–359
分割型のアルゴリズム　345
分割数　343
分断しきい値　296–298

平均クラスター係数　68, 75
平均クラスター類似性　347
平均経路長　65
平均結合クラスタリング　347
平均次数　51–55
べき則　12, 13, 19, 117, 123–127
べき分布をプロットする　160–163
ペスト　406
ベル数　343

ポアソン分布　83–84
ボーズ・アインシュタイン凝縮　224–228
ボーズ気体　224, 226
ボーズ統計　225
ポルト大学　13
ボンドパーコレーション　450–451

【ま行】
マップ方程式　391

密度仮説　339
密度関数　445–446

無向　49
無向ネットワーク　55, 56
無病状態　404

免疫　405

免疫をもっている　400

モジュラリティ　354–356, 387–388
モジュラリティの限界　358–361
モジュラリティの最大値　359
モロイ・リード基準　293–294, 323–324

【や行】
薬品開発　35

有限サイズスケーリング　98
有向　49
有効感染率　410
有向ネットワーク　55
友人関係ネットワーク　50
優先的選択　14, 177, 178
優先的選択を測る　188–190

予防接種　425–431
弱いコミュニティ　341

【ら行】
ラザラス効果　313
ランダムウォークの媒介中心性　349
ランダム仮説　354
ランダム・グラフ　79
ランダムな予防接種　425–428, 430, 431
ランダム・ネットワーク　79, 101, 103, 117, 239, 427
ランダム・ネットワークの成長　87–92
ランダム・ネットワークモデル　78

離散形式　125–126
臨界指数　289

臨界点　117
リンク　49
リンク・クラスタリング　365–368, 375
リンク・クラスタリング・アルゴリズム　365, 379
リンクコミュニティ　366, 367
リンク選択モデル　194–195
リンクトイン　34
リンクの重み　374, 375, 421–423
リンクの除去　297
リンクの媒介中心性　349
隣接行列　55

類似行列　345
累積優先的選択関数　190

劣線形な優先的選択　191
連結　65
連結三重項　74
連結性　65–68
連結性仮説　339
連結成分　65, 67
連結成分の大きさ　113–115
連鎖　304
連鎖破たん　26, 303, 313
連続形式　126–127

ロボット　11

【わ行】
ワクチン接種戦略　428
ワッツ・ストロガッツ・モデル　11, 103
ワールド・ワイド・ウェブ　4

監訳者・訳者紹介

[監訳者紹介]

池田 裕一 (いけだ ゆういち)

略　歴： 九州大学大学院理学研究科物理学専攻博士課程修了（1989年），日本学術振興会特別研究員（東京大学原子核研究所，1989年），（株）日立製作所（1990年から2010年），東京大学生産技術研究所准教授（2011年）．この間，University of California, Berkeley 客員研究員（1997年），International Energy Agency コンサルタント（2010年）を経て

現　在： 京都大学大学院総合生存学館・教授，理学博士（1989年）

専　門： ネットワーク科学，データ科学，計算科学

主　著： "Human Survivability Studies - a new paradigm for solving global issues", Trans pacific press, 2018年（分担執筆），"MacroEconophysics, New Studies on Economic Networks and Synchronization", Cambridge University Press, 2017年（共著），『総合生存学』，京都大学学術出版会，2015年（共著），『50のキーワードで読み解く経済学教室』，東京図書，2011年（分担執筆），"Econophysics and companies -Statistical Life and Death in Complex Business Networks-", Cambridge University Press, 2010年（共著），『経済物理学』，共立出版，2008年（共著），『パレート・ファームズ－企業の興亡とつながりの科学－』，日本経済評論社，2007年（共著），など

井上 寛康 (いのうえ ひろやす)

略　歴： 京都大学大学院情報学研究科博士後期課程単位取得認定退学（2006年），国際電気通信基礎技術研究所研究員，同志社大学研究員，大阪産業大学准教授．この間，Center for Complex Network Research, Northeastern University 客員研究員を経て

現　在： 兵庫県立大学大学院シミュレーション学研究科・准教授，Kiel University 客員研究員，博士（情報学）（2006年）

専　門： ネットワーク科学，社会および経済シミュレーション

谷澤 俊弘 (たにざわ としひろ)

略　歴： 京都大学大学院理学研究科物理学第一専攻博士課程単位取得退学（1995年），国立高知工業高等専門学校電気工学科講師（1998年），同助教授（2000年），同教授（2012年）．この間，Center for Polymer Studies, Boston University 客員研究員（2003年から2012年），および，東京大学情報理工学系研究科国内研究員（2009年から2010年）を経て

現　在： 国立高等専門学校機構高知工業高等専門学校ソーシャルデザイン工学科・教授，京都大学博士（理学）（1998年）

専　門： 物性理論（相転移，臨界現象，ネットワーク理論）

京都大学ネットワーク社会研究会
［訳者一覧］

岩崎総則（いわさき ふさのり）
略　　歴： 京都大学大学院法学研究科修士課程修了（2014年），修士（法学）
現　　在： 東アジア・アセアン経済研究センター（シニアリサーチアソシエイト）

キーリー アレックス 竜太（きーりー あれっくす りょうた）
略　　歴： 京都大学大学院総合生存学館博士一貫課程修了（2018年），博士（総合学術）
現　　在： 九州大学工学研究院（非常勤研究員），糸島小水力発電（株）（代表取締役），世界銀行・東京防災ハブ（コンサルタント）

田中勇伍（たなか ゆうご）
現　　在： 京都大学大学院総合生存学館4回生

［校正担当］

中本天望（なかもと てんぼう）
現　　在： 京都大学大学院総合生存学館3回生

栗木駿（くりき しゅん）
現　　在： 京都大学大学院総合生存学館1回生

佐田宗太郎（さだ そうたろう）
現　　在： 京都大学大学院総合生存学館1回生

佐藤大介（さとう だいすけ）
現　　在： 京都大学大学院総合生存学館1回生

向井達郎（むかい たつろう）
現　　在： 京都大学大学院総合生存学館1回生

ネットワーク科学	監訳者	池田裕一	ⓒ 2019
——ひと・もの・ことの関係性を		井上寛康	
データから解き明かす新しいアプローチ——		谷澤俊弘	
	訳　者	京都大学ネットワーク社会研究会	
原著書名：Network Science	原著者	Albert-László Barabási	
		（アルバート・ラズロ・バラバシ）	
2019 年 2 月 28 日　初　版 1 刷発行	発行者	南條光章	
2022 年 3 月 15 日　初　版 4 刷発行	発行所	**共立出版株式会社**	
		郵便番号 112-0006	
		東京都文京区小日向 4-6-19	
		電話　03-3947-2511（代表）	
		振替口座　00110-2-57035	
		www.kyoritsu-pub.co.jp	
	印　刷	藤原印刷	
	製　本	加藤製本	
		一般社団法人	
		自然科学書協会	
検印廃止		会員	
NDC 007			
ISBN 978-4-320-12447-9	Printed in Japan		

JCOPY ＜出版者著作権管理機構委託出版物＞

本書の無断複製は著作権法上での例外を除き禁じられています．複製される場合は，そのつど事前に，出版者著作権管理機構（TEL：03-5244-5088，FAX：03-5244-5089，e-mail：info@jcopy.or.jp）の許諾を得てください．